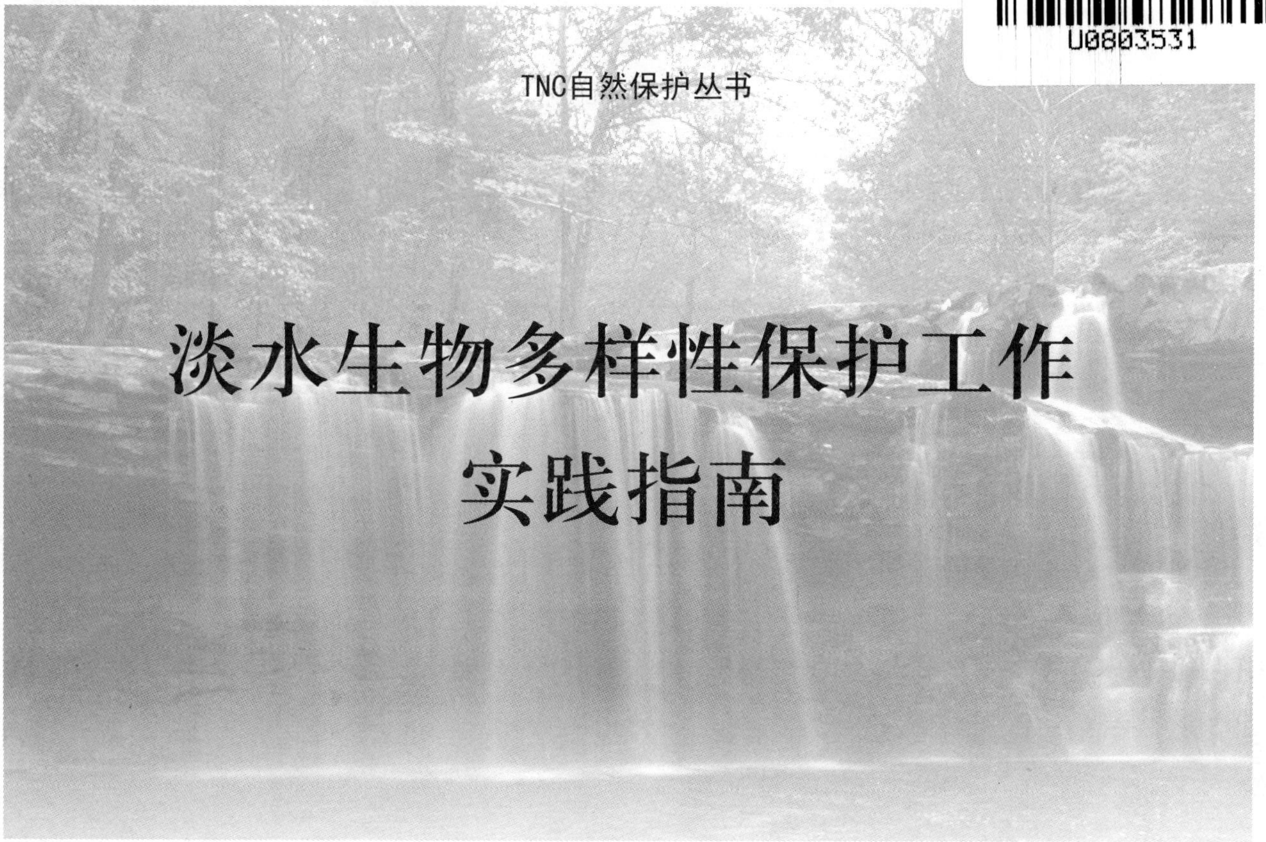

TNC自然保护丛书

淡水生物多样性保护工作实践指南

主编
〔美国〕妮可·思科
〔加拿大〕克里斯汀·斯如娜

参与者
David Allan, Ronald Bjorkland, David Braun, Mark Bryer, Rebecca Cifaldi, Jonathan Higgins, Mary Khoury, Catherine Pringle

朱琳 刘林军　译
朱琳　审校

中国环境科学出版社·北京

序言及致谢

《淡水生物多样性保护工作实践指南》的由来

《淡水生物多样性保护工作实践指南》旨在帮助生态保护工作者提高能力，以应对淡水生物多样性保护工作所面临的挑战；帮助他们明确行动方向，认清遏制淡水生物多样性日益恶化趋势最有效的做法；帮助他们建立长期改进和加强这些行动的机制。我们对生态保护工作者的定义是：任何致力于生态保护工作的人士——可以是生态保护组织及政府机构的专业人士，也可以是水资源管理者或政策决策者等。

本书指出了淡水生物多样性保护工作所面临的全球性挑战，探讨了生态系统的结构和功能是如何支持这种多样性的，并介绍了一些方法，以在较大地理区域或某些特定地点确定最需要保护的生物多样性。本书在前几章提供了一些重要的背景知识，继而回顾了导致淡水生物多样性恶化的四个主要原因（水的使用和管理、外来物种入侵、土地的使用和管理、过度捕捞和渔业管理），同时也提出了一系列有望成功的策略，这些策略的制度和地理尺度不同，但其目的都是为了减轻对淡水生态系统的威胁，保护其生物多样性。在最后一章中，作者提出了一些构想和方法，这些构想和方法可以在一个灵活的管理框架下衡量淡水生物多样性保护工作是否成功。

本《指南》的结构和内容大大得益于大自然保护协会"淡水保护计划"项目人员的集体智慧。"淡水保护计划"由大自然保护协会于1998年启动，致力于加强淡水生物多样性保护的组织能力。项目设立之初，计划于5年内筹集1亿美元，用于开展三个部分的工作：①为未来的生态保护工作确定淡水生物多样性的重要区域，开发一些工具和方法，以帮助他人确认需要优先保护的淡水资源；②研究策略，以应对导致淡水生物多样性恶化的共同因素，并找到能更有效保护淡水生物多样性的方法；③创建"淡水学习中心"，建立起淡水资源保护人员的网络，提供合作和技术学习的机会，开发可在不同受众体间分享所学知识和课程的产品（文献、指导材料、视频、网站等）。

尽管该项目专职人员只有15人，但由于这个团队所集聚的创造力，在1998—2003年间，不仅收集了现有的相关文献，网罗了大量专家，而且还成功地把世界各地生态保护规划者和工作人员联系了起来。与这些人一起，通过一系列的直接交流或网络互动，该项目实际上已经成为检验思想、方法、工具、策略和手段的学习实验室。

在"淡水保护计划"后期，工作人员还开发出淡水生物多样性保护的课程，并将其为各地区定制的版本传播给全球成千上万名从事此项工作的人员。本《指南》实际上就是该课程的配套教材，其中包括了来自世界各地的最实用信息。书中所介绍的内容都是项目工作人员认为对于淡水生物多样性保护工作人员有所帮助的内容。

尽管"淡水保护计划"项目已于2003年正式结束，

本《指南》的工作仍由大自然保护协会的“可持续水资源项目”继续推进。本《指南》的撰稿人包括大自然保护协会在美国和加拿大的工作人员，以及美国佐治亚大学生态学院和密歇根大学自然资源学院的教授和研究生。这些撰稿人有着广泛的学科（生态学、水文学、生态经济学、法学等）和专业（实地从事生态保护的工作人员、大学教授、行业专家等）背景。这也反映出保护淡水生物多样性工作所面临困难的复杂性和多学科性。

各章节的主要撰稿人有：第一章，Nicole Silk；第二章，Kristine Ciruna 和 David Braun；第三章，Mark Bryer、David Braun、Mary Khoury 及 Jonathan Higgins；第四章，引言：Nicole Silk、Kristine Ciruna 和 David Braun，水的使用与管理：Ronald Bjokland 和 Catherine Pringle，土地的使用与管理：Rebecca Esselman 和 David Allan，外来入侵物种：Kristine Ciruna，过度捕捞和渔业管理：Ronald Bjokland 和 Catherine Pringle；第五章，David Braun；附录 A，Kristine Ciruna 和 Allison Aldous；附录 B，David Braun。

除上述撰稿人之外，本《指南》还先后接受了 40 多位同行的审核，包括正在负责具体项目从事淡水保护工作的人员、正在学习以从事此种工作的人员及为他人工作提供帮助的人士等。此外，特别向 Nicole Rousmaniere 表示感谢，感谢他为这部长篇巨著提供美术设计并进行图像汇编，也感谢他对本书的“厚爱”；特别感谢 Kristine Ciruna，感谢他对来稿进行编辑并协助该项目的管理工作。本《指南》的撰写得到了美国环境保护局水办公室的部分资助。

衷心希望本《指南》对您的工作有所帮助。

妮可 · 思科

目 录

第一章

淡水生物多样性保护工作面临的全球性挑战

Nicole Silk

总论与教学目标

本章简要讲述了淡水生物多样性保护工作的必要性和重要性。首先概括了全球淡水资源的价值，继而介绍了当前淡水生物多样性的恶化趋势，最后从全球的角度提出了改善这种状况的可能性。

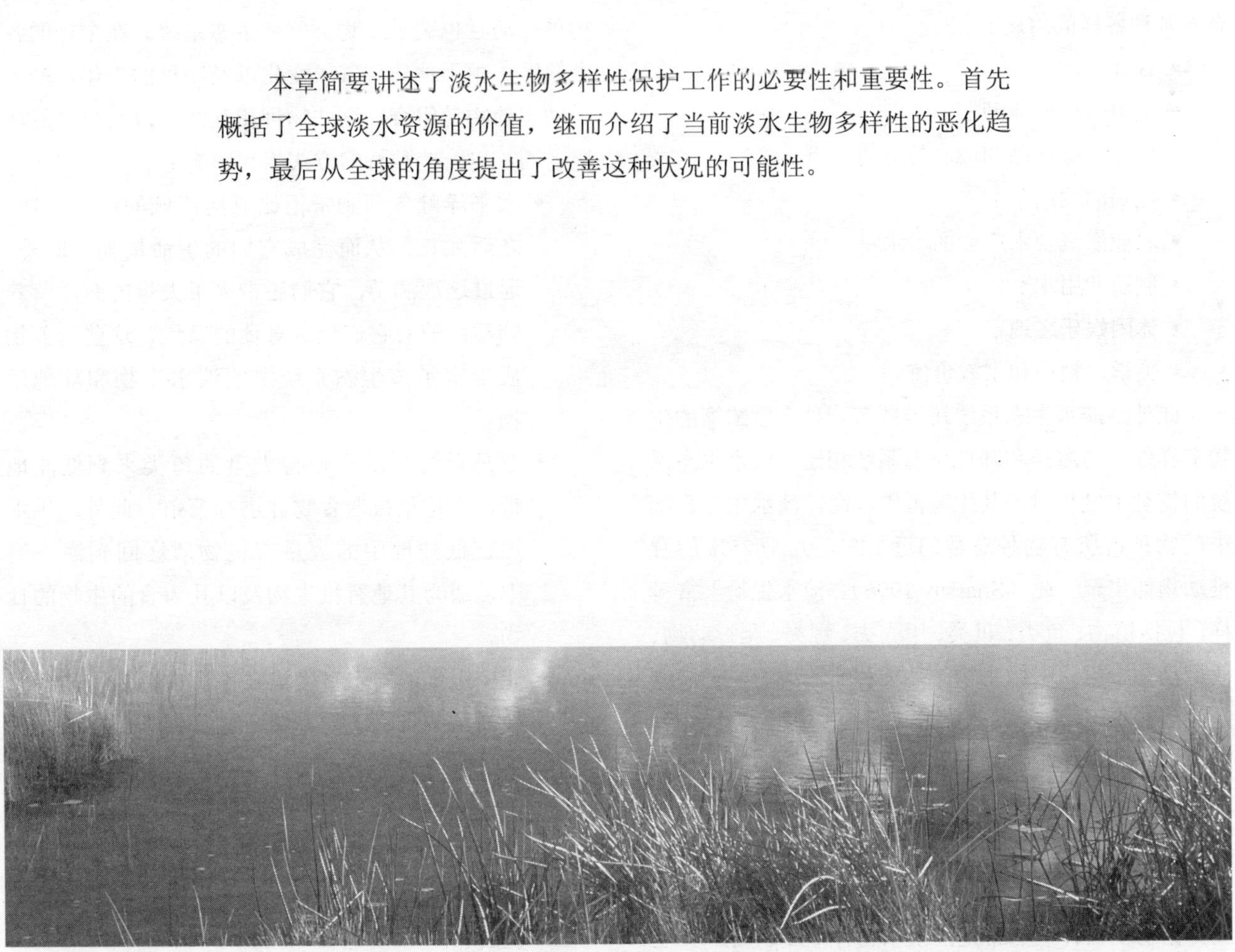

第一节　淡水资源危机：我们为什么要关心这个问题

淡水资源及其生物多样性的全球重要性

人类生存最重要的一个要素就是要有充足的淡水资源。然而，全球的淡水资源却是惊人地少。虽然约70%的地球表面为水所覆盖，但淡水只占其中的2.5%（McAllister et al. 1997）。而大部分淡水不是封存在极地的冰川里，就是储存在地下含水层（其中许多含水层的补水周期长达几千年）里，或是储存于一些土壤水分和永冻土中。可被人类利用的淡水资源只占地球水资源的0.01%，存在于河川湖泊之中（McAllister et al. 1997）。而这0.01%的地球水资源虽然仅占地球表面的0.8%（McAllister et al. 1997），却对我们的环境有着各种各样的用途：

- 处理废物；
- 供电需要的能源；
- 运送初级产品和成品的交通通道；
- 止渴的饮用水；
- 农业灌溉及水产业的用水；
- 制造业用水；
- 休闲娱乐之地；
- 美学、精神和宗教价值。

此外，淡水生态系统还维持着一种高度浓缩的生物多样性。与海洋和陆地生态系统相比，淡水生态系统的物种丰度相对于其生境范围较高。淡水生态系统中的物种占所有物种总数的近12%，几乎25%的脊椎动物都集聚于此（Stiassny 1996）。淡水生物丰富多样，包括植物、鱼类、贝类、甲壳类、螺类、爬行动物、两栖动物、昆虫、微生物、鸟类和哺乳动物。它们或是生活在水下，或者大部分时间都在水中或水上活动。其中许多物种在生命周期的各个阶段都要依赖淡水系统内的物理、化学和水文作用及生物间的相互作用。

和陆地物种丰度一样，淡水物种的丰度也是越靠近赤道越高——热带地区的淡水物种远多于温带地区。据初步估计，热带地区淡水物种丰度远高于其他地区。中非地区、东南亚和南美洲北部地区的鱼类物种数量众多，其中包括许多仅在该特定地区出现的特有种（Revenga et al. 2000）。但是，某些淡水生物群（如螯虾）的种类在热带地区就远远少于温带地区。实际上，有些温带地区的水生生物种类也是非常之多。例如，美国的淡水贝类、螺类和蝾螈及三种淡水昆虫——石蛾、蜉蝣和石蝇的种类繁多，居世界之首。美国水域中的贝类物种约占全世界贝类物种的30%。

除了这些已知的物种外，生活在淡水中的许多生命还不为人所知，也未被人们所研究和统计，其原因有三：取样困难、目标不集中（生物多样性保护物种除外）及编目资源有限。

但有一点是清楚的，即淡水生物多样性不仅关乎物种，而且也关乎生物群落和生态系统。在全球的各个地区，由于地质和气候变化以及物种的进化，产生了动态的物种组合，这些物种相互之间以及与自然环境之间，以一些独特的方式相互影响：

- 太平洋鲑鱼回到哥伦比亚河流域的源头产卵，之后死亡，从而完成它们的生命周期。此外，通过这次洄游，它们还带来了大量的海洋营养物质。随着它们疲惫身体的腐烂，这些营养物质丰富了该生态系统中的淡水生物和陆地生物。
- 亚马孙河的洪水使得大量的鱼类来到低洼地带，在这里摄取食物并进行繁殖。此外，洪水还把低洼地中的大量有机物质送回到河流当中，成为其他有机生物及以其为食的生物的食物。
- 北美土生的淡水贝类需要寄生在具有物种特异性的鱼类身上才能繁殖。这些贝类可以产出上千只叫做钩介幼虫的微小幼虫。有些幼虫附着在寄主鱼的鳃上。而毫不知情的寄主鱼就会把它们带到一个新的环境里。最后，这些钩介幼虫从寄主鱼身上落下，在新家里安顿下来，生长成熟。

只要是淡水生态系统，都会出现上述这种复杂的

图片提供：多伦多地区环保局（Toronto and Region Conservation Authority）

相互影响。

另外，所有陆地有机生物（植物、动物等）也都需要淡水才能得以生存。几乎所有的陆地生物物种都靠河川、湖泊和湿地生态系统来养育，因为它们要依赖淡水生态系统来获取水和食物，满足其生命周期里的不同需要。所有流入河川、湖泊和湿地的淡水最终会汇入海洋。淡水世界这种永无休止的生死轮回，不断地为近岸海洋生态系统输入大量的食物、泥沙和营养物质。就这样，全世界淡水、河口和海洋里的生命多样性就紧密地联系了起来。鉴于依赖淡水生态系统的生命是如此之多，显然，即使是少数淡水生态系统恶化，也会使我们很容易就失去极大的生物多样性。

危 机

淡水生物多样性的恶化已经到了令人惊诧的程度。有人预言，淡水生物的灭绝速度将是所有其他物种群落的 5 倍（Ricciardi and Rasmussen 1999）。据研究者估计，最近几十年间，世界上有 20% ～ 35% 的淡水鱼类濒于灭绝，或是受到威胁，或是已经灭绝（Ricciardi and Rasmussen 1999, Revenga et al. 2000, Gleick et al. 2002）。而且，20% 受到威胁的昆虫要在淡水中产卵，57% 的淡水海豚属易危物种或是濒于灭绝物种，70% 的淡水水獭属于易危物种或是濒于灭绝物种（McAllister et al. 1997）。任何一个国家都有淡水生物多样性恶化的现象，但在某些地区可能更令人担忧，因为这些地区现有的已知本地种极其丰富。除了物种在减少之外，整个淡水生态系统也在恶化。例如，1970 年以来，全世界淡水生态系统的情况恶化了 50%（Loh 2000）。拉丁美洲和加勒比海地区 85% 的淡水生态系统不是处于极危就是处于易危的状态（Olson et al. 1998）。非洲和亚洲淡水资源的恶化速度也同样惊人。淡水生物多样性减少的实际速度可能比以上估计的更快，因为大部分物种的数据还不全面，而有关整个淡水生物群落和淡水生态系统的数据更是少之又少。有人预测，如果我们今天不采取有力的措施，那么 25 ～ 50 年后，全世界 20% 的淡水鱼类将会灭绝（Moyle and Leidy 1992）。

导致这些淡水生物多样性恶化的原因很容易理解：正如表 1-1 所示，世界人口日益增多，需要使用淡水资源，以满足其需要。就这样，淡水生态系统遭到了破坏，其食物供给缺失，有的还受到了污染，有的甚至完全消失了。例如，现在全世界共有约 45 000 个大水坝阻塞了河川，其中仅中国就有 19 000 个、美 国 5 500 个（World Commission on Dams 2000），而超过 85% 的大水坝都是在近 35 年间建造的（Postel 1995）。世界上有一半的湿地或已经消失了（让路给其他用途的土地，如林业、农业和新家园的建造），或是被改造了（通过抽取地下水和建造水坝或引水坝来满足人们的用水需要）（Revenga et al. 2000）。

所有这些改变都持续地对地方淡水物种进行着破坏性的影响，而地方淡水物种在进化过程中不仅相互之间密切影响，而且与其淡水生态系统中所特有的化学特性、沉积物、水文状况、气温及其他物理特性也有着紧密的相互作用。实际上，正如前面所讲的，这些特性的某种组合是许多物种生命周期关键阶段所必需的。对某些物种来说，如果这些条件不存在了，它们也就不能再繁殖了。更为糟糕的是，外来物种的引

表 1-1 淡水生态系统的作用

	河川、溪流	湖泊、池塘	湿地
电力	√	√	
饮用水	√	√	
废物处理	√	√	√
农作物灌溉及景观美化	√	√	√
交通运输	√	√	
制造业	√	√	
渔业	√	√	√
调控洪水	√	√	√
休闲娱乐	√	√	√
宗教及地理	√	√	√

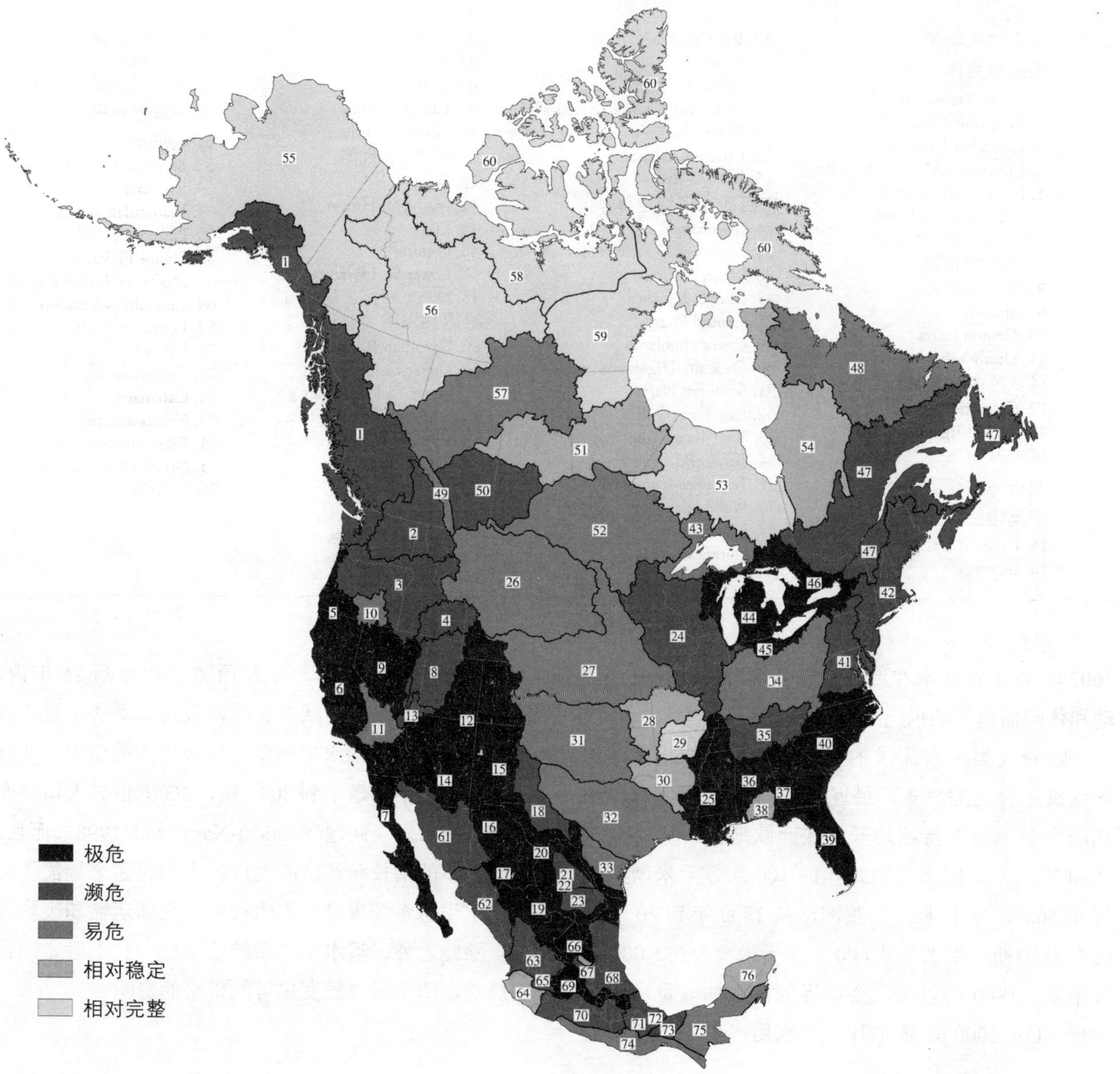

图 1-1 北美洲的淡水生态区

来源：Abell, R., D.M. Olson, E. Dinerstein, P. Hurley, J.T. Diggs, W. Eichbaum, S. Walters, W. Wettengel, T. Allnutt, C. Louks, and P. Hedao. 2000. Freshwater Ecoregions of North America: A Conservation Assessment. Island Press, Washington, DC.

进和渔业管理的不善也使得地方物种遭到破坏。

淡水生态系统的恶化导致淡水物种、淡水生物群落和淡水生态系统的减少，同时也导致了其他以淡水为生的动物的减少，并削弱了这些系统对人类提供服务的能力（如前文所述）。许多河川再也无法为下游生物群落控制洪水，因为人们已经对它们进行了疏导或是改造，使河水不再溢出河岸。此外，人们还开辟空地，排干湿地里的水，扩大不渗水层（如铺垫），改变河川的分水岭。当洪水来临时，其规模通常会更大、更具破坏性，因为洪水涌入河川的速度更快，而且无法分流或倾泄，所以就以更快的速度流向下游地区。在世界上的许多地区，直接从河川、湖泊和地下抽上来的水不再安全，除非另加处理（但通常成本昂贵）。通过水传染疾病的比率也在上升（Gleick et al.

续图 1-1

太平洋生物区
沿海综合体
1. North Pacific Coastal
2. Columbia Glaciated
3. Columbia Unglaciated
4. Upper Snake
5. Pacific Mid-Coastal
6. Pacific Central Valley
7. South Pacific Coastal
大流域综合体
8. Bonneville
9. Lahontan
10. Oregon Lakes
11. Death Valley
科罗拉多综合体
12. Colorado
13. Vages-Virgin
14. Gila
北极—大西洋生物区
里奥格兰德综合体
15. Upper Rio Grande (Rio Bravo)
16. Guzmán
17. Rio Conchas
18. Pecos
19. Mapimí
20. Lower Rio Grande (Rio Bravo)
21. Rio Slado
22. Cuatro Ciénegas
23. Rio San Juan
密西西比河综合体
24. Mississippi
25. Mississippi Embayment
26. Upper Missouri
27. Middle Missouri
28. Central Prairie
29. Ozark Highlands
30. Ouachita Highlands
31. Southern Plains
32. East Texas Gulf
33. West Texas Gulf
34. Teays-Old Ohio
35. Tennessee-Cumberland
36. Mobile Bay
37. Apalachicola
38. Florida Gulf
大西洋综合体
39. Florida
40. South Atlantic
41. Chespeake Bay
42. North Atlantic
圣劳伦斯综合体
43. Superior
44. Michigan-Huron
45. Erie
46. Ontario
47. Lower St. Lawrence
48. North Atlanitc-Ungava
哈德孙河综合体
49. Canadian Rockies
50. Upper Saskatchewan
51. Lower Saskatchewan
52. English-Winnipeg Lakes
53. South Hudson
54. East Hudson
北极综合体
55. Yukon
56. Lower Mackenzie
57. Upper Mackenzie
58. North Arctic
59. East Arctic
60. Arctic Islands
太平洋生物区
61. Sonoran
62. Sinaloan Coastal
63. Santiago
64. Manantlan-Ameca
65. Chapala
66. Llanos El Salado
67. Rio Verde Headwater
68. Tamaulipas-Veracruz
69. Lerma
70. Balsas
71. Catemaco
72. Catemaco
73. Coatzacoalcos
74. Tehuantepec
75. Grijalva-Usumacinta
76. Yucatán

2002）。许多在淡水和海洋生态系统内进行的商业活动和休闲捕鱼活动也已经因此减少或是消失了。

随着人类用水需求的增长，在不久的将来，这种危机还会更加严重。最近 50 年来，全世界每年消耗的水量一直在持续增长。在西欧地区，从 1950—1990 年，人均用水量从每年的 100 立方千米增长到每年 560 立方千米。在亚洲，从 1900 年到 20 世纪 80 年代中期，用水量从 600 立方千米增长到 5 000 立方千米。1960 年以来，全世界的淡水抽取量增长了一倍（Loh 2000）。据估计，淡水用水量的增长率是人口增长率的 2.5 倍。有人预测，在今后 25 年内，发展中国家的水量将减少 50%，发达国家的水量将减少 18%，这将对淡水生态系统造成更大的压力，并且可能导致以下问题：到 2025 年，2/3 的世界人口将面临严重的水短缺问题（Szollosi-Nagy et al. 1998）。而且，随着人口的增长和经济的发展，人们也越来越需要利用淡水生态系统来进行水力发电、交通运输和废物处理。除此之外，淡水生态系统还受到一种不确定因素的影响，即全球气候变化可能带来的影响。

第二节 面临的挑战

显然，如果要使这些宝贵的淡水遗产持续存在下去的话，我们必须现在就行动起来。我们必须做出改变，以使这些生态系统可以继续维持淡水生物多样性和人类的生命。我们的生存以及我们作为管理者的责任要求我们要帮助淡水生态系统保持健康发展、正常运行并且可以继续养育具有繁殖能力的本地动植物。本《指南》以下几章的内容就是要帮助生态保护工作者来迎接这些挑战。

对淡水生物多样性的威胁还包括外来物种的入侵，如斑马贝，这种贝附着在一种地方性生物紫踵劈蚌上（上图，摄影：K.S. Cummings, Illinois Natural History Survey）；水坝和其他引水坝对水文的改变（右上图，图片提供：U.S. Army Corps of Engineers）；农业及其他活动对水资源的过度使用（右下图，摄影：Jeff Vanugal/USDA NRCS）。

参考文献

Gleick, P.H., M. Cohen (contributor) and A.S. Mann (contributor). 2002. The World's Water 2002–2003. The Biennial Report on Freshwater Resources. Island Press, Washington, DC.

Loh, J. (ed). 2000. Living Planet Report 2000. UNEP-WCMC, WWF-World Wide Fund for Nature, Gland, Switzerland.

McAllister, D.E., A.L. Hamilton and B. Harvey. 1997. Global freshwater biodiversity: Striving for the integrity of freshwater ecosystems. Sea Wind 11(3): 1–140.

Moyle, P.E. and R.A. Leidy. 1992. Loss of biodiversity in aquatic ecosystems: Evidence from fish faunas. In: P.L. Fiedler and S.K. Jain (Eds.). Conservation Biology: The theory and practice of nature conservation, preservation and management. Chapman and Hall, New York.

Olson, D., E. Dinerstein, P. Canevari, I. Davidson, G. Castro, V. Morisset, R. Abell, and E. Toledo (eds.). 1998. Fresh-water biodiversity of Latin America and the Caribbean: A conservation assessment. Biodiversity Support Program. Washington, DC.

Postel, S.L. 1995. Where have all the rivers gone? World Watch 8: 9–19.

Revenga, C., J. Brunner, N. Henninger, K. Kassem, and R. Payne. 2000. Pilot Analysis of Global Ecosystems: Freshwater Systems. World Resources Institute. Washington, DC. 65 p.

Ricciardi, A., and J.B. Rasumussen. 1999. Extinction rates of North American freshwater fauna. Conservation Biology 13(5): 1220–1222.

Stiassny, M.L. 1996. An overview of freshwater biodiversity: With some lessons learned from African fishes. Fisheries 21(9): 7–13.

Szollosi-Nagy, A., P. Najlis, and G. Bjorklund. 1998. Assessing the world's freshwater resources. UNESCO. Nature & Resources 34(1).

World Commission on Dams. 2000. Dams and Development: A new framework for decision-making. The Report of the World Commission on Dams.

第二章

淡水基础知识：流域、淡水生态系统和淡水生物多样性

Kristine Ciruna 和 David Braun

总论与教学目标

本章介绍了淡水生态系统及相关流域的形成和功能，探讨了决定淡水生态系统位置和特性的基本要素，即气候及相关的水文循环、地质条件和流域植被。此外，本章还介绍了几种适应淡水生态系统的物种，以及全球淡水物种多样性的丰度和分布情况。本章最后的图 2-8 说明了这些信息与整个指南的关系。

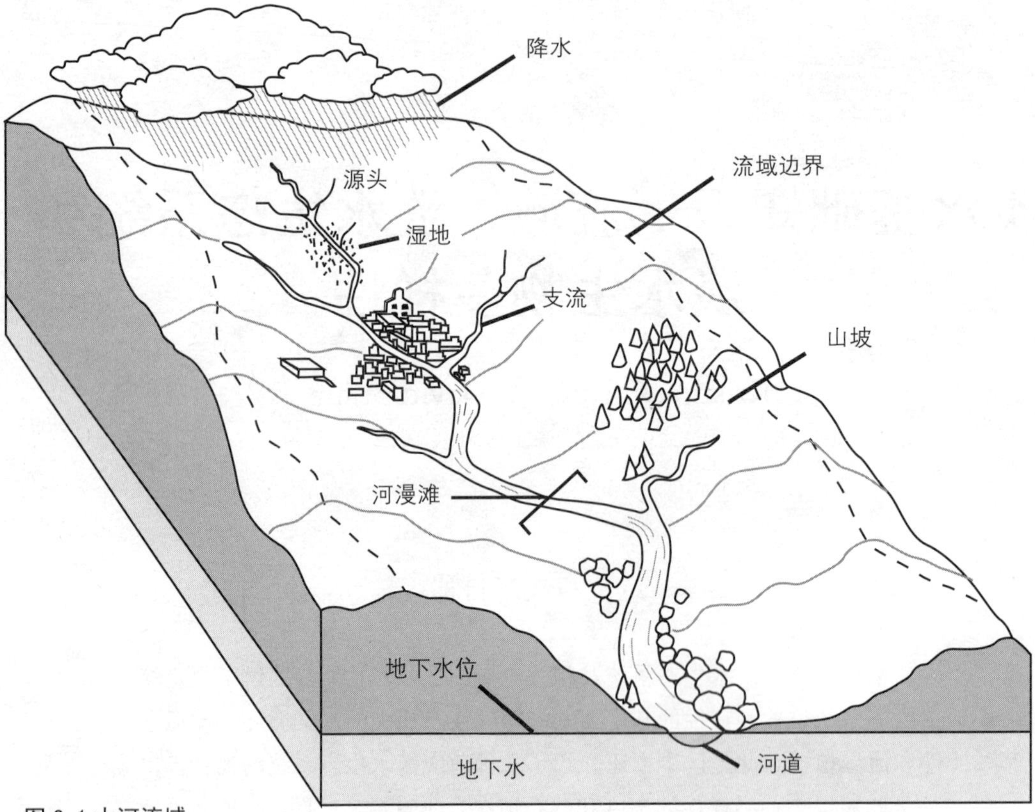

图 2-1 大河流域

来源：根据 USEPA,office of Water,1997.Volanter Stream Monitoring: A Methods Manual

第一节 流域的形成及功能

什么是流域

流域是一片集水区，将雨水或融化的雪水集中起来，并在淡水水体沿线的某个地方，将其排放到一个共同的出口（Dunne and Leopold 1978）。所有的淡水生态系统——河川、湖泊和湿地——都有相关的流域。流域的面积大不相同。河川源头的流域可能只有 2 ～ 5 英亩 (1 ～ 2 公顷)，而源头溪流所汇入的大河流域可能占地几千公顷。

图 2-1 所示为一个大河流域。流域的边界或分界线是整个流域地区的最高点。分界线一侧的降水最终会从流域的出口流出，而另一侧的降水则会流入另外一个流域。图 2-1 还表明，这个大河系统包括小溪流或支流、上游源头和湿地。大河的每一个部分都有自己的流域，即小流域。如图 2-2 所示，大流域通常由几个较小的小流域构成。而流域里如枝杈般分散开来的溪流则形成了一个排水网络。

影响流域大小的因素包括地质、气候条件和地面覆盖情况。这些因素还决定了流域的水流速度和水流方向以及泥沙、营养物质、溶解性矿物质的冲刷量，并对该流域里的各种植物产生影响。此外，如果流域里的淡水生态系统还未受到人类的干预和改造，那么

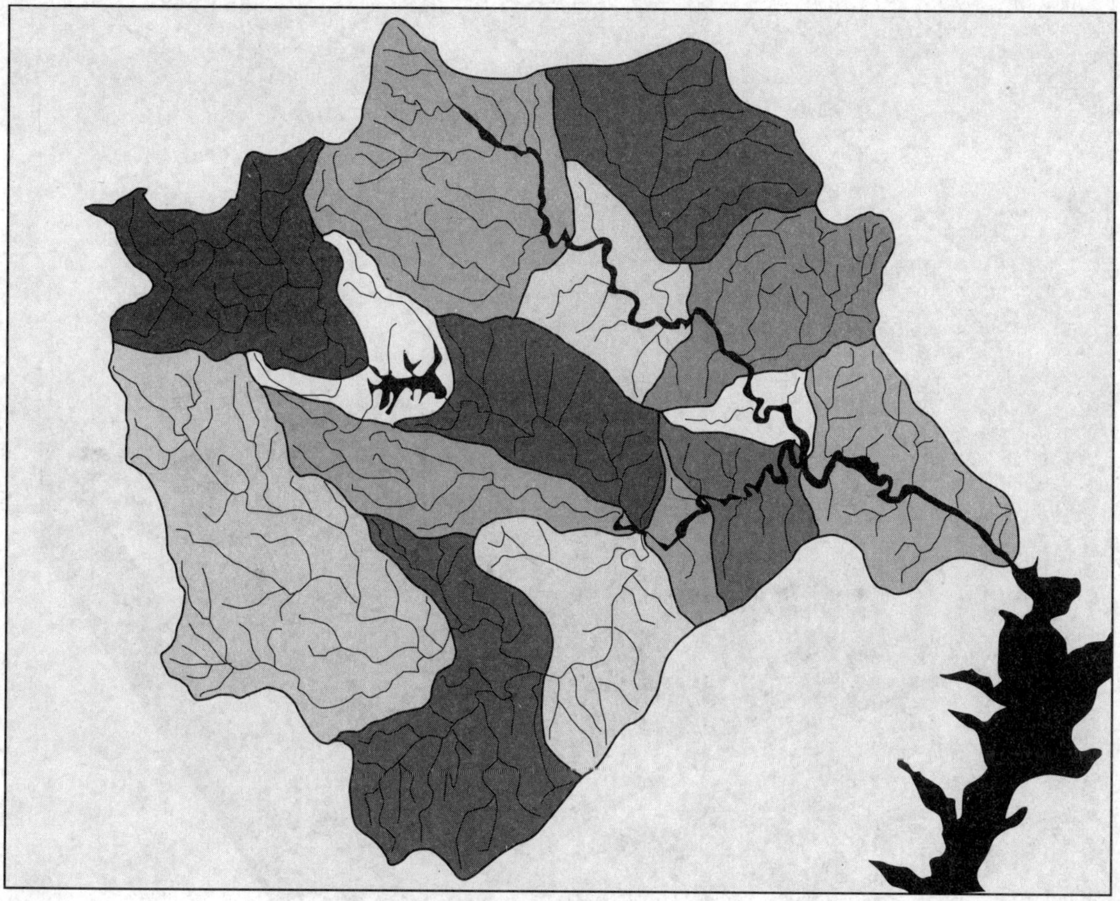

图 2-2 大流域中的次流域

这些因素也会对水的化学性质产生影响。要了解流域的形成和功能，就必须要了解这些因素整体作用。

影响流域形成和功能的整体作用

地质和气候条件是两种影响规模较大的作用，并且塑造了地球的物理面貌。规模较小一些的环境作用和因素决定了整个地理景观里生物组织的形成，既包括基因的分布，也包括整个生态系统的分布。同时，这些规模较小的环境作用和因素，如植被覆盖、水流态、湿地氮循环，也要受到所在地区的地质和气候条件的影响。

一、气候

气候是指在持续一段时间内太阳辐射、气温、湿度、降水、风力和云量的一般及极端情况。流域的气候条件对其植被群落、水流大小和速度、水温以及淡水生态系统生态要素的许多其他特性都会产生重大影响。

气候不仅可以使某个流域出现一般的天气，也可出现一些极端天气，持续一年或十年甚至一个世纪。虽然像洪水、干旱、冰冻和破坏性降雨这样的极端天气不一定每年或是每十年就会出现一次，但这样的天气有时确实会出现。这些干扰因素都是影响流域的自然现象。任何淡水生态系统中的物种都要发展演化，都要找到应对（甚至利用）这些干扰的方法，否则就无法在这里生存。这种由气候造成的干扰就如同一个巨大的生物滤池，可以将那些无法忍受这些极端气候或是无法在这种极端气候条件下保护自己的物种暂时或永远驱逐出去，也可将一些已有的植被和动物群体清除，重新塑造生态环境，提供新的集群机会。这些

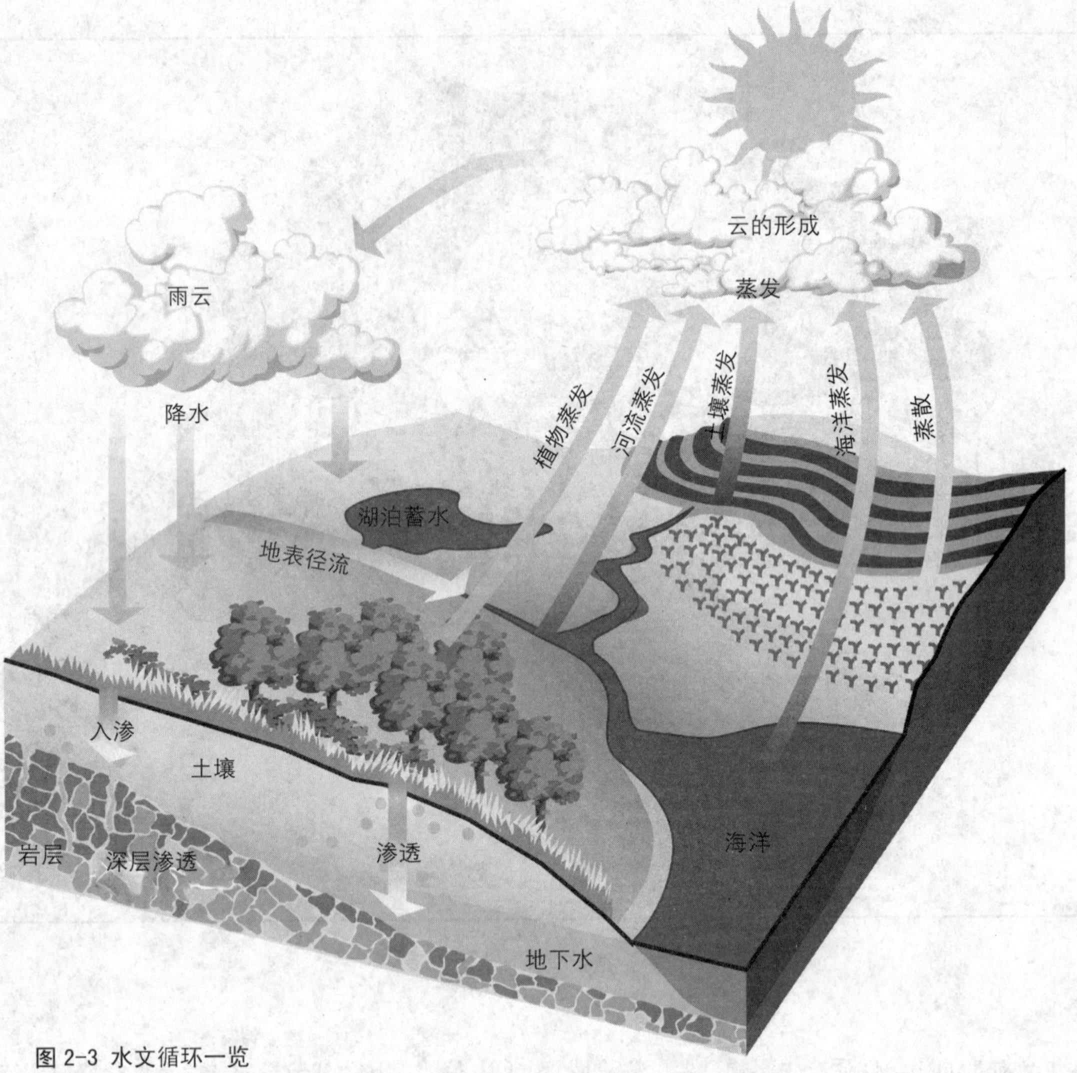

图 2-3 水文循环一览
来源：The Federal Interagency Stream Restoration Working Group. 1998. Stream Corridor Restoration: Principles, Processes, and Practices

动态因素就是淡水生态系统的自然特性。

（一）水文循环

水文循环，即淡水从大气到地球到海洋再回到大气的连续循环过程，与气候密切相关，是淡水生态系统的中枢。由于气候、地质条件和植被覆盖不同，各流域具体的水文循环——降水、蒸发、径流、地下水补给及回水的类型及湖泊、河川、湿地的水汽浓度——也不尽相同。

水文循环如图 2-3 所示，当水以降水的形式降落到地球表面时，可以有许多去处：可能直接再次蒸发；也可能直接落入淡水水体当中，然后再蒸发或是随河川流入大海；还可能以雪的形式落到地面，或是一落到地面便结为冰，并一直保持这种状态，直到天气条件允许，才会融化。此外，降水落到地面或是融化后，还可能流过地表，形成径流，最终流入湖泊、河川或湿地。湖泊、河川和湿地实际上都是生态术语，指的是流域中地表水的不同形式。降水也可能渗透到地下（可能立刻渗透，也可能融化之后再渗透），增加土壤的水分。水一旦渗入地下或是流入水体中，也可能会被提取，为植物所利用，然后再通过植物蒸散作为水蒸气回到大气当中。

1. 降水模式

流域内的降水直接影响湖泊和湿地的水流和水位变化。降水在流域流过时，不断侵蚀地表或是带来沉积物，因而改变了流域的地形。此外，降水也会对流

地下水决定了美国亚利桑那州的圣佩德罗河（San Pedro）的水流大小。摄影：Harold E.Malde

域中水的化学性质产生巨大影响。大气中的水珠可以裹挟气体，包括空气中的污染物和尘埃颗粒。而海洋表面的水珠被风吹起，其中含有海水中的溶解盐。因此，作为降水回到地球的水并不仅仅是水，而是酸、气体和盐的稀释物。而且，落到地面的水还会与其他物质（流域内的矿物质、气体、土壤里的有机物和地下地质物质）结合起来为淡水生态系统提供必要的化学物质（如碳、硅、氮和磷）。这些化学物质溶于水中，将水文循环和其他营养循环联系起来，有利于生物物种的分布及提高其丰度。

2. 地下水

水渗入地面后通常还会继续下渗，加入或补充到流域的地下水当中。地下水存蓄于土壤颗粒的空隙之间以及地下岩层的裂缝之中。地球上约 22% 的淡水是地下水，而 0.01% 的淡水为湖泊和河川（McAllister et al. 1997）。

许多类型的土壤和岩层都可储存地下水，因而也都是有效含水层。含水层是可以储存一定数量地下水的土壤或岩层。含水层具有渗透性，因此地下水可以被抽取。例如，美国西北部及世界许多地区的玄武岩就是一种主要的地表含水层。这种玄武岩有许多交错纵横的细小裂缝，可以存储大量的水。像沙和砂岩这样的未固结物质和碳酸盐岩这样的半固结物质也都是有效的含水层。其他特别坚实的岩石或岩层（如花岗岩和黏土）裂缝极少，空隙也特别小，通常无法渗透，也因而无法成为有效的含水层。而且这些物质还会阻碍地下水的活动，不仅阻止地表水渗入地下，也会阻止地下水渗出回到地表。这种地质层被称为不透水层，没有渗透性，阻止深层地下水与上一地质层中的地下水混合，也阻止地下水渗出回到地表，而被封闭在其中的地下水通常都要承受压力。

地下水从补给点（水渗入地下的地方）流到排泄点再流到地表水生态系统中，之后由于地心引力的作用又通常会再向下流渗。然而，被截留在承压层里的地下水压力很大，如果遇到裂缝，就会冲上来，有时甚至会冲到地表，形成泉或间歇泉。地下水的流速在

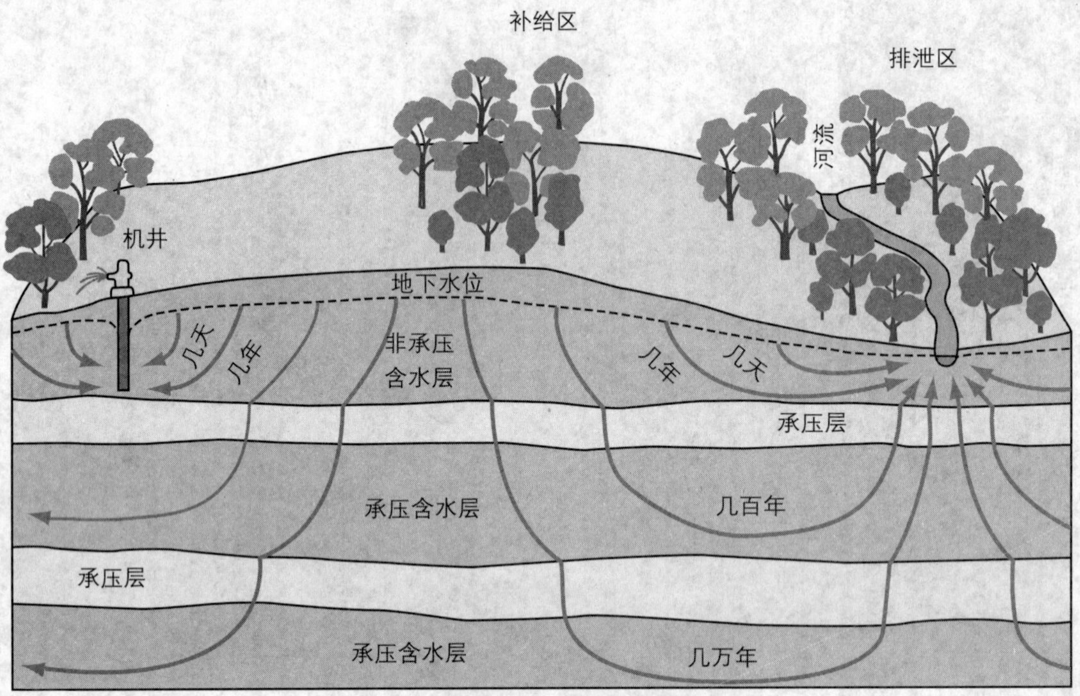

图 2-4 承压含水层和非承压含水层

来源：T.C. Winter, J.W. Harvey, O.L. Franke, W.M. Alley. 1998. Ground Water and Surface Water: A Single Resource. USGS Circular 1139. Denver: USGS.

某些地质层中比较高，取决于地质层的渗透性。因此，地下水流经地下的路线（称为流径）通常十分复杂。不同含水层和各流域的地下水流长度、深度和流经时间各不相同。事实上，地下水的结构很复杂。地表下面有许多不同的地质层，所以含水层存在于地下的不同层面。许多含水层和一些承压层经常层层相叠，每一层都有自己的地质特性（图 2-4）。同样，非承压含水层就是上面没有承压层的含水层。非承压含水层一般都是距离地表最近的含水层（也称为地表含水层）。其中，地下水的最上层水面称为地下水位。地表含水层与河川、湖泊和湿地直接互相作用，对这些淡水生态系统的影响很大，因为它们可以影响淡水生态系统内的水流形式、温度和化学性质。

埋藏在地下深处的承压含水层属区域性含水层。水流入这些深层含水层，然后再回到地表，需要几千年甚至是几百万年的时间。中间地带的含水层一般比较接近地表，水滞留在那里的时间通常有几百年。水在地表含水层中的滞留时间可能只有几天或是几年。所有这些含水层不仅与地表水相互作用，而且相互之间也会起作用。如果没有承压层的阻挡，含水层之间的水就会不断地相互交换。不管是深层含水层，还是接近地表的含水层，其流型一般与流域边界无关。所有地下水最终（有时是几天的时间，有时是上百万年的时间）都会渗出回到地球表面，与其他水体结合在一起。有些地下水渗到海洋沿岸的海水下面，其余的则排到河川、湖泊和湿地里，使其水位提高，或是对其流型产生影响。

二、地质条件

某一地形的地质条件对淡水特性的影响主要有七个方面：

第一，地质发展史决定了该地形的流域位置及生活在其中的淡水生态系统。具体来说，地壳的上升、断层、弯曲和侵蚀决定了流域的边界和河川的河道；地壳表面的凹陷也为湖泊等水体的形成提供了场地。

第二，地质条件决定了各流域内流过地表或地下的水流的具体空间流型（图 2-5）。土壤和地下岩层的渗透性决定了落在地面上的雨水或雪是渗入地下成为地下水，还是留在地表成为径流。正如前文所述，地

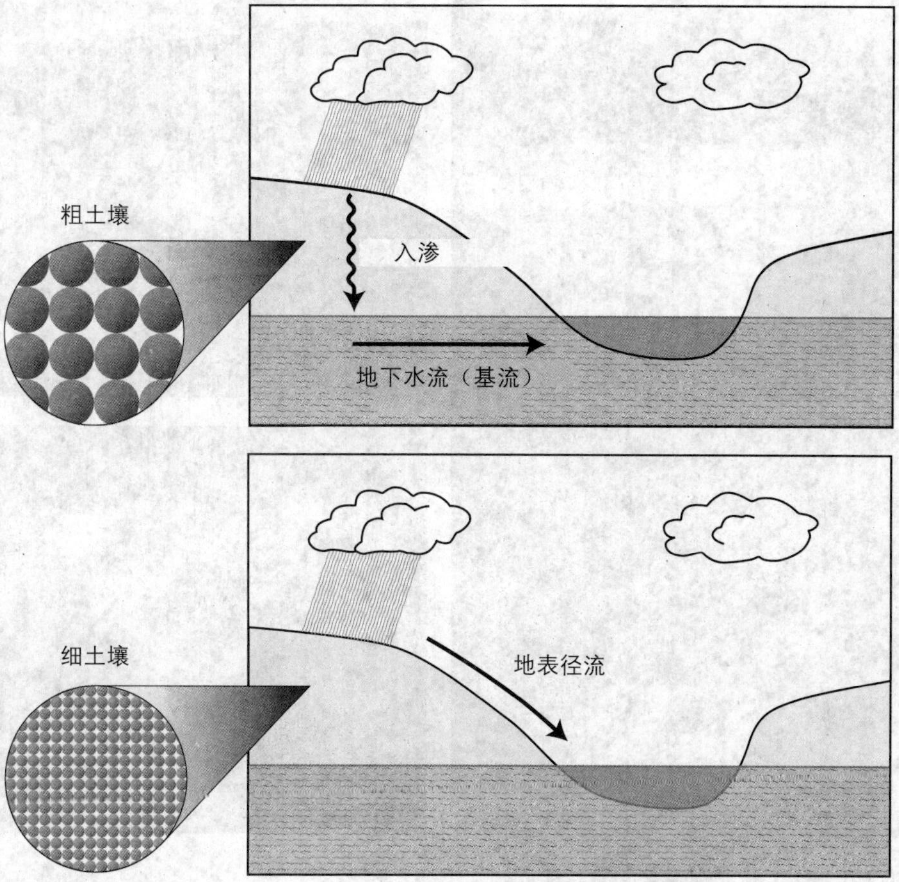

图 2-5　流域地表地质条件对水流的影响

下水一般不会一直被封闭在地下，而是最终都要顺着地质裂缝渗出，回到地表；或是在低处流出经过整个流域，形成河川、湖泊和湿地，并维持着其中的水量。如果流域主要是由具有渗透性的土壤和岩层构成的，则由于地下水的注入（我们称之为基流），其中的河川和溪流通常会全年一直保持一定的最小流量。这些河川几乎不可能干涸，因为流域内的大部分降水都渗入到地下，并维持着地下水系统。而之后地下水再渗出回到地表的速度比较慢，因而这里的水流全年都很稳定。然而，由于积雪融化和降雨的影响，即使有些溪流的基流量很大，其水位也会上下波动。相反，有的河川流域是由不透水土壤和不透水底层岩层（甚至是停车场！）构成的，这些河川通常水量较小，或是径流较快，如果长时间内降水少或是没有降水，可能会干涸。

第三，地质条件不仅可以决定水是否能够渗透变成地下水，而且还决定了地下水补给的地点、水在地下流动的形式及地下水返回地表的地点。如前文所述，地表或地下不同的土壤和岩层，其渗透性也不相同，因而地下水补给、储存和传输的能力也不尽相同。此外，地质层的分布也可以决定地下水以渗水或泉的形式如何以及在何地再次出现在地表。因此，不管是地下水的补给还是再现（即排泄），在流域里都不是均匀出现的。

第四，地质条件还对淡水生态系统中水的化学性质产生巨大影响。正如前文所述，水流经流域时（不管是流过地表，还是流经地下水系统），一路上要溶解一些矿物质和有机质。这些溶解物质相互作用，同时也和水中的动植物、空气中分解的气体以及沿途大气中的其他成分相互作用，形成了各流域中独特的水化学特性。水从地下水系统流入地表水体，由于与流域地质物质接触的时间比较长，其溶解性矿物质的含量通常要比径流水高。水温是水的一种化学特性，也受到地质条件的影响。由于地下水的温度几乎全年保

大河流域的地貌包括：源头、河流（大小不等，比降不等）、湖泊和湿地。图片提供：国家公园管理处（左上）、Harold E. Malde（右上、左中、左下、右下）、Brian Richter/TNC（右中）。

持不变，因而在温暖的季节里，地下水的温度通常比地表水低；而在寒冷的季节里，地下水的温度却比溪流（其水源来自地表水）的水温高。火山地区的地下水温度可能会很高。流域的地质条件决定了地下水如何以及在何地排泄到地表，从而也影响到其改变地表水温度的地点和程度。

第五，流域的地质条件还决定了形成淡水水体自然生境底层（海岸、湖底、河川和溪流的堤岸及河床、湿地的底土）的矿物质的类型、大小和形状。被冲入河川和湖泊并被这些水体带走的沉积物是其中最重要的物质。水可以对这些物质产生很多作用力，水流湍急时（如强风暴），可以将其冲走或是卷走；水流减缓时，再将它们沉淀下来。这就是所有淡水生态系统的显著特点，即对地形和水体底层不断改造，而且这些改造对淡水生态系统自然生境产生了影响，其影响方式在很大程度上取决于现有的地质成分。

海狸筑造的水坝
摄影：Charlie Ott

第六，流域的地质条件决定了排水系统天然缺口的位置，为淡水物质的活动设置了一道天然的屏障。这些缺口可以是瀑布，也可以是湍流，或是由多孔的地质物质所形成的地区。而这些多孔物质可以使水快速渗入，补给地下水，并可使溪流完全渗入而消失。

第七，地质条件还决定流域境内的地貌数量和分布以及海拔变化。地貌形成了淡水生态系统的几个特点。例如，流域的整个坡度决定了水流入水体的速度，河川的比降又决定了河川的流速和河川底层物质的面积。此外，河谷的形状和比降也决定了水位升高使河川发洪水的概率。湖泊和大部分湿地都出现在地形平坦、水可以汇集起来的地方。地形变化，如山坡上的缺口，也可决定湿地的位置。最后，地形对淡水系统的连通性来说也是至关重要的。地形变化，如河道沿线所建的防洪堤，可以在很大程度上改变河川与河漫滩之间的联系，特别是水、物种、沉积物和营养物质在河川与河漫滩之间的迁移。

三、流域植被

除在山地的严寒气候或是沙漠的酷热气候下，流域一般都为植被所覆盖。这些植被在独特的地质和气候因素的共同作用下经过了时间的演变。下面就谈谈流域植被对淡水生态系统的四种影响。

首先，流域植被对水的化学性质影响巨大。植物腐烂后与土壤合二为一。在腐烂的过程中，植物释放出各种有机化合物。这些有机化合物又进一步渗入到土壤中，后又被降水或洪水冲刷。由于植物种类和土壤类型的不同，这些被分解的有机物质的化学性质也不相同；虽然全都富含碳，但有些物质可能氮的含量丰富，有些物质可能酸性比较高，甚至有些物质可能对水生生物有害。一旦这些物质被冲入淡水生态系统，就会对水的化学性质产生影响，并且成为微生物的一个重要营养源，从而推动该生态系统食物链的发展。此外，植被还可以遮蔽阳光，从而改变系统的水温。

其次，流域植被，特别是淡水水体附近的植被，是植物废物（落入或是被冲入水体的树叶、树枝、果实，甚至是整片灌木丛和树林）的稳定来源。这些植物碎屑在淡水生态系统中起到两个关键的作用：成为淡水生物的食物；作为固体物质，增加了自然生境的复杂性。落入水中的种子和果实很快成为鱼类和水鸟的食物；落入水中的植物体也很快成为微生物、昆虫幼虫、螺类和其他水生无脊椎动物的食物。在有些淡

南美洲玻利维亚塔里基亚动植物保护区（Tariquia Flora and Fauna Reserve）。摄影：Ivan Arnold

水生态系统中，这些有机物质的输入成为整个生态系统最重要的碳源，而碳又是整个食物链中最重要的基础。植物碎屑是自然生境的一部分，不仅可以为动物建造巢穴提供原材料，而且还可以为一些昆虫幼虫提供外层保护。大的物质可能会被嵌在岸线、河岸和淡水水体的河床上，遮挡日光和风雨。最厉害的是，进入河流中的树木、树枝或其他木质残体可以形成大旋涡和池塘，也可成为许多鱼类和爬行动物躲避风雨和晒太阳的地方，还可以成为水鸟的栖息之地，甚至有的还可充当临时水坝。北半球的海狸为了建造水坝和自己的窝，特意把木质残片带到河流当中，从而对淡水生态系统的形成产生了巨大的影响。然而人们却设陷阱猎捕海狸，将其从主要栖息地消除，这样做严重影响了流域内的动态平衡。

再次，流域植被大大影响了水（降水或融化的冰雪）在地表发生作用的方式。流域植被和植物废物的覆盖密度越大，径流的流速就越慢，落到地面上的水流入淡水水体的时间也就越长。植被可以阻滞暴雨径流，这一作用对淡水生态系统的水文和化学特性也产生了重大影响。植被可以减缓径流的流速，从而拖延暴雨降水到达目的地（溪流、河川、湖泊或是湿地）的时间。这样不仅可以减少洪水发生的可能性，而且也可以延缓降水渗入土壤并与土壤发生化学反应的时间。此外，植被对土壤的渗透性也有重要影响。根茎活动多的土壤和因植被覆盖而吸引穴居动物的土壤，其渗透性自然要比其他土壤好。

最后，植被对各流域小气候的形成也起着关键作用。植物通过根茎从土壤中吸取水分，并通过叶子将水分蒸发。多雾地区的植物可以直接把云层中的湿气采集到阔叶或针叶上，然后再使这些湿气落到地面上，湿润土壤，并为植物根部所吸收。流域的植被越茂盛，土壤中的水分就越多，甚至有时空气本身就含有水分，不需要通过水体就可以释放到大气当中。因此，流域境内的植被数量和植被种类对空气湿度有着巨大的影响，而空气湿度又对植物的种类产生巨大影响。更有甚者，在中南美洲的雾林和北美洲太平洋海岸的大红杉林中，流域植被形成了一个小气候。这个小气候决定了森林生态系统，而森林生态系统又决定了该流域河川、湖泊和湿地的水文特性。

本章以上讨论了流域的形成和功能，以及气候、水文循环、地质条件和流域植被对淡水生态系统的位置和性质的重要性。接下来本章要对淡水生态系统的几种主要类型及使其保持健康发展并能维持生物多样性的生态要素进行总结。

第二节　淡水生态系统及其变异

淡水生态系统由淡水和河岸 / 近岸物种及其群落组成。它们之间相互作用，由共同的生境、环境效应、能源转换和营养物动态平衡联系起来。淡水生态系统的空间广度不同，边界也可能并不明确，而且还可在空间上层层相叠。保护淡水生物多样性，不仅要保护少数物种和群落的栖息地，而且还要保护整个淡水生态系统。

淡水生态系统的类型

区分淡水生态系统和陆地生态系统的一个重要特征就是其形式的可变性和系统的动态性。淡水生态系统出现的位置（如变迁的河道）和时间（如季节性池塘）经常变化，因而具有很强的动态性。淡水生态系统几乎总是相互连接、相互依存，从而形成一个排水网络，进而形成一个更大的生态系统。淡水生态系统的形式多种多样，取决于所在流域境内的气候条件、地质条件、植被覆盖和其他特征。区分淡水及相关生态系统的方法很多（见 Cowardin et al. 1979, Maxwell et al. 1995 and Higgins et al. 2003）。但一般来说，淡水生态系统可以分为三个主要类型：

- 静水生态系统（如湖泊和池塘）；
- 流水生态系统（如河川和溪流）；
- 与陆地生态系统交界的淡水从属生态系统（如湿地和河岸地区）。

洞穴通常既有静水也有流水，而且还有独特的水生生物区，并由此产生地下淡水生态系统，其保护面临着一些特殊的挑战，因其专业性较强，本《指南》对此问题不进行讨论。河川和溪流的入海口地区有另外一种类型的淡水生态系统，因其保护工作比较复杂，本《指南》也不做讨论。

一、湖泊和池塘

湖泊和池塘是一片内陆静水洼地，其水源来自冰川、河川排水、地表水径流或是地下水渗漏。湖泊和

美国俄勒冈州德舒特河国家森林公园（Deschutes National Forest）的林克湖（Link Lake）
摄影：Charlie Ott

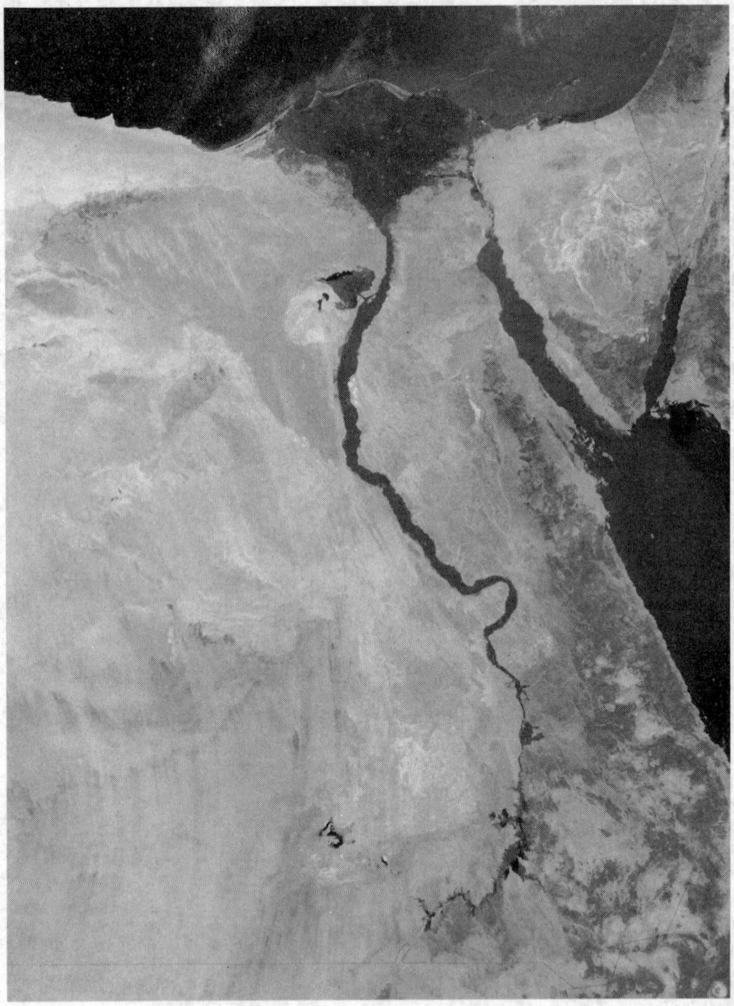

尼罗河卫星图。尼罗河是世界上最大的河流之一，最后流入地中海。
图片提供：Jeff Schmaltz, MODIS Rapid Response Team, NASA/GSFC

池塘的面积不同，有的不足 1 公顷，而有的却是一片开阔的水域，占地数千平方千米，如美国和加拿大边界的大湖区。温和气候下的湖泊具有季节性特征。湖泊和池塘的区别在于深浅而不在大小。在池塘里，阳光可以一直照射到水底，而在湖泊里，阳光无法直射到水底。因此，池塘的表面面积可能比湖泊大。湖泊水底没有阳光，就意味着植物无法在那里生长，进而又会影响到那些以植物为食的有机物和食肉动物的分布。鉴于湖泊的生态系统更为复杂，本节主要就此问题进行讨论。

夏季，湖泊里会出现三个分明的水温层。最上层水面（表水层）温度最高，接着是中间一层（变温层），最下面一层（均温层）温度最低。由于湖泊最上层水面所接受的光照最强烈，所以夏季大部分生物（浮游植物）都出现在湖泊上层。而到了春季和秋季，由于气温的下降，湖泊最上层水面的温度也随之降低，从而促进了各层湖水之间的混合。就这样，由于水流的加剧（混合），整个湖泊的水温更趋于一致，使得鱼类和其他野生生物得以在各个水域生存。在寒冷的冬季，湖水的水温层次分明，可以为需要在温暖水域里生存的有机生物提供保护：因为 4℃或 4℃以下的水要比 4℃以上的水轻，所以可以结冰浮在湖面上，形成一层冰冷的最上层水面，这层水面以下的温度比较高，有机生物可以在那里生存。当然，热带地区的湖泊水温模式就如同全年都是夏季一样。

湖泊和池塘里的水虽然被称为静水，但实际上并非完全静止不动。湖泊和池塘的水来自降水、直接径流。它们或者从溪流或地下水排泄口注入，然后又蒸发出去，或者流到溪流里，或者补给到地下水当中。有的湖泊与河川相连，其中的水流冲刷速度最大，因为河水的注入和湖水的外流形成了一种持续的流型。风和水温的变化又促进了水的混合。在大一些的湖泊里，所有这些因素都存在，但水温随着湖水深度的变化也可以形成不同的水温区，而且深层环流和盛行风也可以导致稳定水流的形成，特别是在水滨地区。此外，月球引力的作用也可以在湖泊中引起一定的水潮。池塘和湖泊的水流流型对于生境的形成和空间分布产生很重要的影响。

二、河川和溪流

流水生态系统——河川和溪流——的特点在于水沿着流域境内的独立河道流动，为一群特有的有机生物创造出一个丰富却又困难重重的生境。各种因素——如水流量和水流深度、水源、水流的时间变化、流域境内生态系统的位置——合在一起，进一步决定了河川生态系统的类型和有机生物的种类。几乎所有的溪流和河川生态系统都直接与其他溪流和河川（也包括池塘、湖泊和湿地）相连，并最终与河口和海洋生态系统相连。这种连通性对生态系统中能量、物质和生物区的流动起到至关重要的作用。河岸生态系统，即河川岸边陆地上的生态系统，特别是那些受洪水影响的生态系统，是溪流、河川生态系统和陆地生态系统之间的过渡区，为这些生态系统提供主要的栖息地（如鱼苗生长的河漫滩）、物质输入（如可以做筑窝材料和营养物的树木残体）及其他生态服务（如遮挡阳光、调节水温）。由于河川和溪流与其邻近的河漫滩河滨走廊紧密相连，因此，我们常把河川和河漫滩看做一个生态系统。在大河河谷中尤其如此，因为季节性洪水可以淹没邻近低地的大部分地区，而且一次季节性洪水持续的时间可长达几个月，如亚马孙河及巴拉圭河沿岸地区都是如此。

溪流和河川的大小大不相同，既有高踞山中的小溪流，也有像亚马孙河、密西西比河、刚果河、多瑙河、湄公河和尼罗河这样的大河。通常，溪流和河川分别指较小和较大的水流，但它们并无精确的定义。水流形成流域的排水网络。位于流域高处的小溪流汇聚形成大一点的溪流，而大溪流又汇聚形成河川，河川最后排入海洋之中。

随着流域中水流从源头小溪向下流入大型河川之中，水流的物理、化学和生物特性也发生了重要变化。此外，还有其他一些影响溪流和河川生态系统及其生物区的因素，如水文状况、地形地貌、河流温度和化学特性方面的变化以及生物地理史。

三、湿地

湿地是淡水生态系统和陆地生态系统之间的群落交错区或是过渡区，既养育着淡水物种，也养育着陆地物种。湿地指全年或是一年中不同时期（包括生长季节）都被水所覆盖并且水都渗透到土壤里的地区，或者指地表有水或是接近地表的地方有水的地区。由于水的长期存在，创造了利于具有独特适应性的动植物的生长条件，促进了湿地特有土壤的形成。除南极洲外，其他几个大洲都有湿地。但世界上 56% 的湿地都分布在热带或亚热带地区。其余的就是北极和亚北极地区的泥炭地。湿地在流域里也有许多重要的功能：

- 湿地经常被称做某个地形的肾脏。因为它们不仅可以将水流里的营养物过滤出来，也可以将其中的污染物和沉淀物过滤出去；
- 湿地具有储水功能。湿季可以调节洪水，干季可以排水；
- 湿地是无数物种（鸭、涉水鸟类、岸禽类等）的重要繁殖地和迁移中途停留地，也是许多爬行动物和两栖动物的重要栖息地。然而，由于湿地的减少，这些爬行动物和两栖动物正在全球迅速消失；
- 湿地上还生长着特有的珍稀植物，且物种丰富。

表 2-1 淡水生态系统在各大洲的分布

	非洲	欧洲	亚洲	大洋洲	北美洲	南美洲
大湖	30 000	2 027	2 7782	154	2 5623	913
河川	195	80	565	25	250	1 000
湿地	341 000	欧亚 925 000		4 000	180 000	1 232 000

注：水量以千米^{3}计，面积以千米^{2}计，湿地除外。所有的数据都是近似值，因使用方法不同而有差异（改编自 Korzun et al. 1978）。

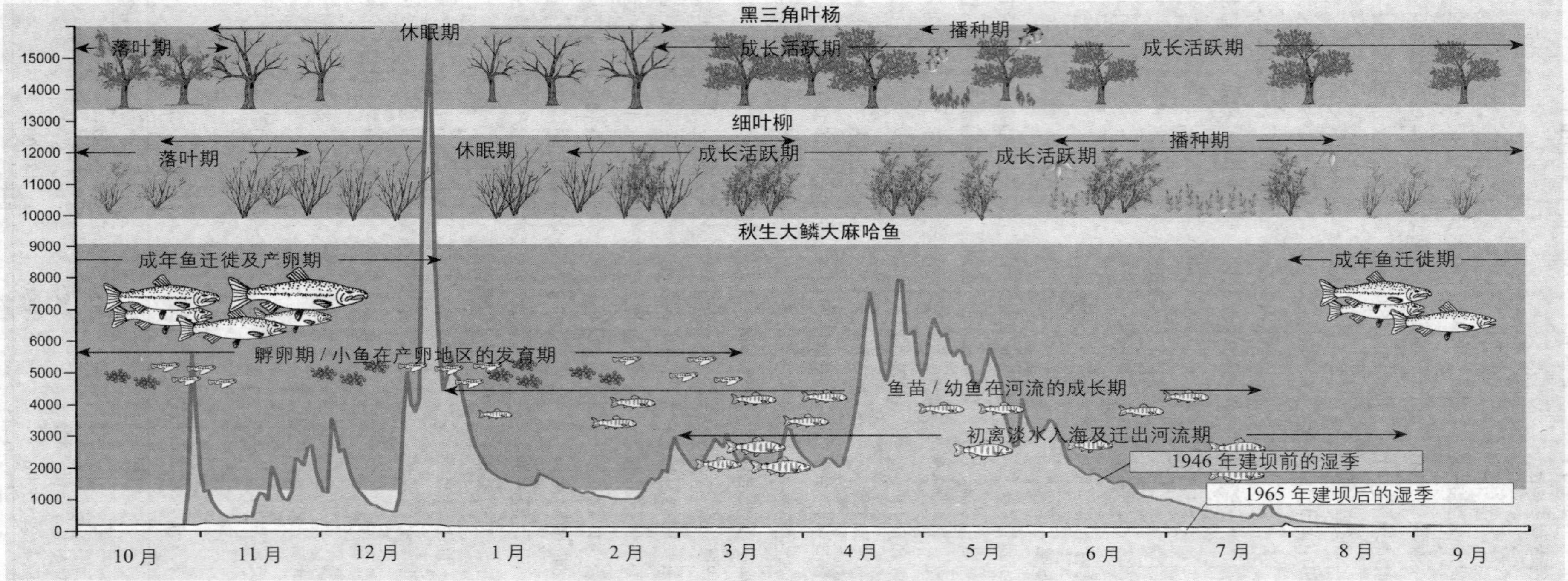

图 2-6 物种生命史与加利福尼亚特里尼蒂河（Trinity）水文状况之间的关系

来源：McBain and Trush, Inc. Arcata, California

表 2-1 概括说明了这些主要的淡水生态系统在世界各地的分布情况。

淡水生态系统自然变异的重要性

淡水生态系统并非静止不变。生命在不停地运动，繁殖、生长、死亡，通过自然选择而进行着演化。这出伟大戏剧上演的舞台就是变化着的环境，每天、每季、每年、几十年、上百年或是上千年，气候和地理条件都在发生着一些具体的变化。湿季与干季交替，涝年与旱年相叠，流域逐渐消退，湖泊为泥沙填平，河流也渐渐枯涸。有时这些具体的变化发展缓慢，不易察觉，而有时又由于洪水的到来、传染病的暴发、地震的发生或是火山的爆发而发生翻天覆地的变化。

生态系统先天或后天的环境条件和生物条件发生了巨大变化。如果某一物种无法适应这些变化，那它们就无法在这里长期生存。事实上，所有物种都已经进化演变，能够适应其所面临的环境和生物条件（包括这些条件的自然变异）的变化了。因此，自然变异并非对生态系统的生物多样性产生不利影响。相反，自然变异正是产生生物多样性的原因。自然变异改变了物种之间的相互作用，也改变了物种与其自然环境及环境进程之间的相互作用。这些变化使某些物种很难（甚至无法）在该系统中继续生存下去，但同时这些变化又使得外来入侵物种得以扎根繁殖，因而可以改变该生态系统的生物多样性（图 2-6）。

地质与气候演变、陆地生态演变及生物发展史，形成了一种特定的组合，影响着每一个淡水生态系统（湖泊、河川和湿地）。这些影响导致了淡水生态系统所特有的生态要素模式（图 2-7）。

1）水文状况：指系统中一定时间内水量和水流的变化形式。

2）水的化学性质：指水的化学性质在一定时间内的变化形式，包括温度及可溶解性物质和悬浮物质的构成。

3）自然生境条件：指由地下地质、植被和其他固体基质所形成的自然生境条件。

4）连通性：指该地区不同水体的布局或形式，它们之间的物理联系，以及这种布局在多大程度上容

图 2-7 淡水生态系统五大生态要素

许或阻碍了水体中生命形式（动物、幼体、种子和果实等）的活动。

5）生物组成及相互作用：指该生态系统所特有的生物结构、组成成分、相互作用及关键的生物过程，其中也包括营养动态（能量是如何被获取并在生态系统内流动的）。

这五类生态要素不仅决定了淡水生态系统的基本特点，也决定了该生态系统对干扰因素（极端天气、地质变化，甚至人类干预）的反应。因此，保护淡水生态系统也就是要保护这五大类生态要素，尽可能使它们保持自然状态。更确切地说，要保护淡水生物多样性，我们就必须了解这些生态要素的特点，并保证这些要素在其自然变化范围内发挥正常的作用。

“附录A——淡水生态系统类型的生态特点”对每一个主要的淡水生态系统类型（湖泊、河川和湿地）进行了深入的概括。具体来说，附录A介绍了这些类型是什么以及它们是如何形成的，并结合各生态要素，对淡水生态系统的基本结构、组合和作用进行了详细的描述。该附录是理解淡水生态系统主要组成部分的基础。要保护淡水生物多样性，就必须要保护这些主要组成部分。

第三节 淡水生物多样性

淡水生态系统的生态要素是在地质、气候和动物地理史的共同作用下形成的。它们为物种创造了生存环境，而这些物种已经进化了上百万年。据估计，有超过45 000种已知物种要依赖淡水生境生存。如果将那些未知的物种也包括进来，这个数字可能要超过100万（SSC/IUCN 1998年淡水生物多样性评估计划）。尽管与海洋和陆地物种相比，淡水物种的总数量（即物种的丰度）不多，但相对于这些物种出现的地区数量而言，淡水物种的丰度还是比较高的。例如，尽管海洋生境的数量是淡水生境的10 000倍之多，但在所有已知的鱼类物种中，有近40%（约10 000种）是淡水物种，其他60%是海洋物种。另外，淡水生态系统在地理位置上各不相连，这无疑更加突出地表明，相对于生境而言，淡水鱼类多样性还是很丰富的。

淡水生物多样性的分布格局

淡水生态系统生物多样性的分布格局与海洋和陆地系统有着根本的不同。物种会根据气候或者生态条件的变化来调整自己的生境范围。然而，相对海洋和陆地而言，淡水生境是不连续的，而且一些陆地障碍（流域边界）将整个流域分成一些不连续的单位，许多淡水物种都无法轻易逾越这些障碍。因此，严格来说，淡水物种的空间分布一般会与目前连续或是以前连续的河床或湖泊一致。流域边界以及大部分河川都要流入海洋（大多数淡水物种无法忍受海洋的生态条件），是淡水物种在各生态系统之间传播的最主要障碍。在河川流域境内，物种可以比较容易地扩大或是缩小生境范围，但若在流域之间这样做，就只能等待地质变化来改变流域边界的位置了。例如，大规模的冰冻可以通过冰层的边缘把之前相邻的流域联系起来。但同时，这种冰冻也会产生堰塞湖，把以前相连的流域分隔开来。此外，一条河流也可以流入邻近的山谷，淹没另外一条河流，而且大规模的地质活动也可以使之前局限于某一个生态系统内的物种迁移到另外一个系统当中。另外，一些意外的情况也可以扩大某些物种的生境范围。例如，物种的幼体在偶然的情况下被水鸟或洪水带走，甚至还有记录表明，物种幼体曾被龙卷风或是水龙卷带走。这些限制物种分布的因素结合在一起，对淡水物种的分布格局产生了三个方面的重要影响：

- 淡水物种无法轻易地迁出其栖息的流域，去躲避灾难性气候和生态变化；
- 某些淡水物种的生境范围、物种群落和生态系统类型具有非常强的区域性，即使是小湖泊和小溪流系统也可以养育独特的区域性生命形整体作用，包括地质和气候，相互作用而产生……

淡水生态系统的流域

- 位置
- 流域植被覆盖
- 流域的海拔、梯度及排水模式

在以下……建立起自然变化模式

淡水生态系统五大生态要素

- 水文状况
- 自然生境条件
- 水的化学性质
- 连通性
- 生物组成及相互作用

（第二章）

同样，这些要素可以被……改变

人类活动

- 土地的使用与管理
- 水的使用与管理
- 外来入侵物种
- 过度捕捞与渔业管理

由于这些活动可以对……产生负面影响

地球物理条件

- 流域植被覆盖
- 土壤侵蚀率
- 地表水及地下水水文状况
- 土壤和水的化学性质
- 通道 / 海岸线形态

水生生物条件

- 分类组合及基因组合
- 个体的健康
- 生物过程
- 生态过程
- 进化过程

必须通过……制止或减缓这些负面影响

保护策略

- 恢复和水土保护
- 具体的土地使用政策与实践
- 具体的可持续水资源管理政策与实践
- 外来入侵物种的管理政策与实践
- 渔业管理和捕捞政策与实践
- 其他

（第四章）

我们可以通过……来提高成功率

监测与适应性管理

（第五章）

图 2-8

式；

- 即使由于地方特殊性和地区变异，某一特定区域邻近流域内的物种数量很少，但流域间的淡水物种多样性还是很丰富的。

淡水湖泊是典型的生境岛屿（即为陆地海洋所包围的淡水岛屿）。和岛屿一样，面积较大、历史较长的湖泊，其地方特殊性也比较突出。例如，非洲的地堑湖养育了上百种物种，其中超过 90% 的物种在世界其他地方找不到。

在许多情况下，淡水生态系统内物种的生境范围还受限于具体的生境需求，如物种必须要寻找或是避开具有特定形式的水涡或流速、庇护地、底层等地区。在物种生命周期的不同阶段，这种对生境的偏好通常也不相同。例如，一些淡水鱼的产卵发育、鱼苗的早期成长和成年鱼的饲养与繁殖，都需要不同的条件和不同的地点。

许多生活在洞穴或是地下的淡水物种（如鱼类、两栖动物和甲壳类）的生境范围也很受局限，有的甚至只局限于一个洞穴或是含水层内，四处分散的机会非常有限，即使有，也要取决于周围的地质条件及相应的生态形态。

有的昆虫在水中产卵，成年后才长出翼。它们通常会被局限在某个特定的河流领域里；即使成年昆虫可以分布得很广泛，也不可能在其他地方找到合适的生境。然而，这些昆虫可以在流域间迁徙，在这一点上它们所受的局限一般比其他淡水物种少。大量的物种，特别是甲壳类物种，已经通过进化可以占据一些临时池塘，度过生命中的一段抗干燥时期。就这样，物种可以被动地被分布到很远的地方，因而有些物种的分布范围很广。

水生维管束植物的祖先是陆地植物。大部分内陆水生植物的分布都比较广泛，其范围不仅局限于一个大陆块。有些水生维管束植物是世界性的，世界各地甚至某些偏远的岛屿上都有它们的踪影。这些物种分布范围广泛，其中有些物种主要生活在北方温带地区，现在却也来到了热带地区；而还有些物种主要生活在热带地区。物种局限在一个大陆或是一个国家或是更小的地区内，这一点在亚洲、非洲和南美洲的热带地区最为突出（WCMC 2000）。

淡水生物多样性的适应性和丰度

淡水生态系统具有代表性的有机生物，通过形态和行为上的适应，已经可以在不同的淡水生境中生活了。下面举例说明它们的这种独特的适应能力：

- 和海洋鱼类一样，淡水鱼类也已长出鳃来，以便从水中吸取氧气，而且它们的肾脏也进化出一种特殊的功能，既可以将水分排出体外，又可以保留其生理活动所必需的盐分。一些有鳃的小型无脊椎动物（如昆虫幼虫和蠕虫）要经常摆动鳃，以形成一股水流，并从中吸取氧气。
- 生活在水下的淡水物种也同样从形态上进行了适应：它们的身体形状经过进化，符合水动力原理，无需花费多大力气，便可自由地从水中游过。
- 居住在河川底部的物种也通过进化形成了一些特殊的附肢，这样就可以附着在河流的底层，避免被下游水冲走。许多鱼类和淡水植物还会利用水流来传送幼体、幼苗和种子。
- 沉水淡水植物也做了一些形态上的适应。它们虽然没有坚硬的外表来防止水分的流失，也没有粗壮的茎干来支撑其在水下生存，但许多植物根系发达，可以固定扎根，否则可能会被水流冲走。此外，还有许多沉水植物可以利用水流来传播种子。
- 在陆地生态系统和淡水生态系统的边缘生存着一些特殊的物种。它们的生存既要依赖陆地生态系统，也要依赖淡水生态系统。两栖动物在水中产卵，在陆地上生活。青蛙和蟾蜍在水中产下一长串的卵，这些卵长成水生蝌蚪，然后又变成呼吸空气的成年青蛙和蟾蜍。另一方面，有些爬行动物生活在水中，却将卵产在陆地上。这类爬行动物包括水蛇、巨蜥、鳄鱼和淡水龟。

生活在淡水生态系统中的有机生物共有 19 个主要分类，见表 2-2。这些物种相互作用，形成了湖泊、河川和湿地生态系统里的复杂食物网 / 营养结构。附录 A 中标题为生物组成及相互作用的部分就说明了各淡水生态系统类型中的这种营养结构。

表 2-2 主要的淡水有机生物群（世界保护区监测中心，2000）

		普遍特点	对淡水的影响
	病毒	微生物，只在其他有机生物的细胞里繁殖，但无需寄主便可传播和生存	在许多水生有机生物中引发疾病，与人类的水传播病（如肝炎）有关
	细菌	微生物，数量非常丰富，每立方厘米可达 1 000 000，但相对于土壤中的含量较少；循环有机物质和非有机物质；大部分细菌从非有机化学物质或是有机物中获取能量	负责腐蚀死亡物质；生活在所有水中碎石上，因为这里是水生无脊椎动物的食物来源；许多细菌可以引发水生有机生物和人类的疾病
	真菌	微生物；循环有机物质；负责腐蚀死亡物质；在分解过程中喜欢跟随细菌；可以分解纤维植物细胞壁和壳类昆虫的外骨骼	生活在所有水中碎石上，因为这里是水生无脊椎动物的食物来源；一些真菌可以引发水生有机生物和人类的疾病
	藻类	微生物，肉眼可见，包括各种各样的单细胞和集群光合生物；没有高等植物的叶子和维管组织；绿藻和红藻包括淡水物种；轮藻也主要是淡水生物	在大多数水生生态系统中，主要负责初级生产（生物量的增长）。湖泊及河川慢流区浮游植物的主要生产者；湖泊和溪流浅水区的主要附着物
	植物	光合生物；大多是有叶子和维管的高等植物；苔藓、水韭和蕨类植物在某些生境中很重要；一些是浮在水面的物种（如满江红、浮萍）；大部分为只在水边生长的有根植物	为其他有机生物提供一个蓄水层，同时也为许多其他生物提供食物；树木的生态意义重大：它们可以提供树荫和有机碎屑（树叶、果实），以及建筑材料（落下的树干和树枝），从而加强脊椎动物多样性，而且树木还可促进河岸的稳定性，并可对洪水起限制或调节作用
无脊椎动物	原生动物	易被移动的单细胞微生物；分布广泛，在静止期被动传播；具有附着性，自由生活；许多原生动物是滤食生物	几乎所有的淡水生境中都有其踪影；有机物质、细菌和藻类丰富的水域原生动物的数量最多；以碎石或其他微生物为食；许多原生动物寄生在藻类、无脊椎动物或脊椎动物上
	轮虫	接近微生物；分布广；大多为附着性的滤食生物，还有一些为食肉生物	对湖泊中的浮游生物很重要，可支配河流中的浮游动物
	粘原虫	微生物，生命周期复杂，有些黏原虫有肉眼可见的囊。以前曾归类为原生动物，但实际上是后生动物	是鱼类体内或是身上重要的寄生生物
	扁形虫	大群像虫形或带形的扁形虫，包括深海生物（涡虫）和寄生生物（吸虫、绦虫）	涡虫包括那些生活在水底的易被移动的捕食性扁形虫。吸虫包括各种各样的吸虫，如可引起裂体血吸虫病的热带裂体血吸虫；绦虫也是带虫。这两种虫类是鱼类和其他脊椎动物（包括人类）身上的重要寄生虫。软体动物通常是中间寄主
	线虫	一般为微生或是接近微生的蛔虫	可寄生，食草或食肉。主要生活在河流底部的沉积物里。有些寄生性线虫的体积相当大。人们对其知之甚少，种类可能会比已知的多
	环虫	在淡水中主要有两大类：寡毛虫和水蛭	寡毛虫居住在水底，以沉积物为食；水蛭主要寄生在脊椎动物身上，有些水蛭是食肉生物
	软体动物	淡水中主要有两大类：双壳类（蚌等）和腹足类（蜗牛等）。物种非常丰富；属地方特有物种	蜗牛是可移动的食草及食肉动物；双壳类动物是附着性滤食动物，生活在水底。这两类动物的物种在某些淡水生态系统中非常丰富。许多双壳动物的幼卵寄生在鱼类身上。双壳动物的进食方式使得它们有助于保持水质，但也容易受到污染
	甲壳类动物	这一大类动物有一个相连的外骨骼，通常会被碳酸钙硬化	包括生活在水底的一些更大的物种（虾、小龙虾）和生活在湖泊边缘、溪流、冲积的森林及河口地区的蟹。此外，还包括大一些的浮游生物：滤食性水蚤及滤食性或掠食性桡足动物。许多等脚类动物和桡脚类动物都是寄生在鱼类身上的重要动物
	昆虫	目前已知的最大一类有机生物。外骨骼相连。绝大多数昆虫都是陆地生物，都要呼吸空气	在河川和溪流中，食草和食肉的水生昆虫（特别是成年两翼昆虫的幼卵）是食物网中间层（以卵为主的微生物生产者和鱼类之间）的主导者。而且，此类昆虫在湖泊生物群落中也很重要。在某些地方（如北极溪流或是含氧低的湖床），有翼昆虫的幼卵数量众多，是一些人类疾病（如疟疾、河盲）的传播媒介

		普遍特点	对淡水的影响
脊椎动物	鱼类	鱼类占所有脊椎动物物种的一半多，主要分为四大类：八目鳗（海洋鱼类）、七鳃鳗（淡水鱼，或游到河中产卵）、鲨鱼和魟鱼（几乎完全属于海洋鱼类）、典型的条鳍鱼（超过 8 500 的物种生活在淡水中，占所有鱼类的 40%）	从生物量、摄食生态和对人类的意义来说，在几乎所有的水生生境（包括淡水生境）里，鱼类都是最主要的有机生物。在某些水域的系统中，特别是在热带地区，鱼类物种极其丰富。许多物种仅生活在某个湖泊或是河川流域里。地方性鱼类物种是热带和温带地区内陆水域的主要渔业基础
	两栖动物	青蛙、蟾蜍、蝾螈、火蜥蜴、蚓螈，需要淡水生境	大部分物种的幼卵只有在水中才能发育。有些青蛙、火蜥蜴和蚓螈完全是水生生物，通常生活在溪流、小河和池塘之中。幼卵是典型的食草生物，成年的两栖动物是食肉生物
	爬行动物	甲鱼、鳄鱼、蜥蜴、蛇。所有鳄鱼和许多甲鱼都生活在淡水中，却在陆地上筑窝。许多蜥蜴和蛇在水边出没；一些蛇类也是水生生物	由于体积较大，鳄鱼可以丰富水中的营养，塑造生境结构，在水生生态系统中起重要作用。它们和淡水龟及蛇类一样都是食肉动物或是食腐动物
	鸟类	许多鸟类，包括涉禽类和苍鹭，都与湿地和水边紧密相关。鸟类的数量相对较少，包括潜水鸟、鸊鷉和鸭，都只在河川和湖泊生态系统里生活	高级食肉动物。湿地通常是候鸟的主要摄食地和集结地。可能有助于小型水生生物的被动传播
	哺乳动物	只有极少数的哺乳动物完全属于水生动物（如淡水豚、鸭嘴兽），有几种哺乳动物以水生为主，但在水边地区出没（如海狸、麝香鼠、獭鼩、水鼠、水负鼠、河马）	高级食肉动物和食草动物。大型哺乳动物受到生境改变和捕猎的广泛影响。海狸通过筑坝，对生境的塑造和形成起到了重要作用

参考文献

Cowardin, L.M., V. Carter, F. Golet, E.T. LaRoe. 1979. Classification of Wetlands and Deepwater Habitats of the United States, U.S. Department of the Interior Fish and Wildlife Service Office of Biological Services, Washington, DC.

Dunne, T., and L.B. Leopold. 1978. Water in Environmental Planning. W.H. Freeman Co. San Francisco, CA, 818 pp.

Higgins, J.V., M.T. Bryer, M. Lammert, T.W. FitzHugh. 2003. A Freshwater Ecosystem Classification Approach for Biodiversity Conservation Planning. Conservation Biology (submitted)

Korzun, V.I., A.A. Sokolov, M.I. Budyko, K.P. Voskresensky, P. Kalinin, A.A. Konoplyantsev, E.S. Korotkevich, and M.I. L'vovitch, eds. 1978. Atlas of world water balance. USSR National Committee for the International Hydrological Decade. English translation. Paris, UNESCO. 663 pp.

Maxwell, J.R., C.J. Edwards, M.E. Jensen, S.J. Paustian, H. Parrott, and D.M. Hill. 1995. A Hierarchical Framework of Aquatic Ecological Units in North America (Neararctic Zone). General Technical Report NC-176. St. Paul, MN: U.S. Department of Agriculture, Forest Service. 72 pp.

McAllister, D.E., A.L. Hamilton and B. Harvey. 1997. Global freshwater biodiversity: Striving for the integrity of freshwater ecosystems. *Sea Wind* 11(3): 1–140p.

SSC/IUCN Freshwater Biodiversity Assessment Programme. 1998. http://www.iucn.org/themes/ssc/programs/freshwater/index.htm

World Conservation Monitoring Centre. 2000. Global Biodiversity: Earth's living resources in the 21st century. By: B. Groombridge and M.D. Jenkins. World Conservation Press, Cambridge, UK.

第三章

集中进行淡水保护工作

Mark Bryer, David Braun, Mary Khoury 和
Jonathan Higgins

总论与教学目标

由于资金和人力资源的紧缺以及技术和其他方面的限制，淡水生态系统保护工作者必须做出抉择：在哪里施展才能最有效地完成生物多样性的保护工作。简言之，能做些什么，是我们所面临的一个挑战。本章将探讨这一困境，并提出三个问题。如果这三个问题能够得到解决，那么保护工作者就会明确该如何去集中进行保护工作（改编自 Redford et al. 2003）：

- 什么样的生物多样性应该受到保护？
- 哪里的生物多样性应该受到保护？
- 如何最有效地保护生物多样性？

另外，本章还介绍了一些方法，可以在区域和地方上集中进行生物多样性的保护工作。

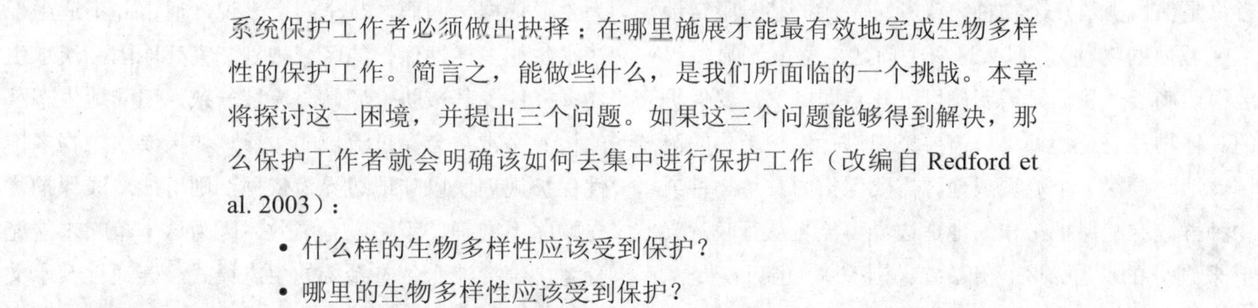

第一节　什么样的生物多样性应该受到保护？哪里的生物多样性应该受到保护？

许多从事自然资源保护工作的机构、组织及个人都在努力明确以下几个问题：应该在哪些地方开展工作？如何集中进行这些地方的保护工作？这种地方性的工作如何对更大范围内的保护工作作出贡献？随着保护网范围的扩大，以及保护工作重要性的增加，这些问题也变得越来越复杂。我们的目标是什么呢？是保护某一流域里的个别贝类濒危物种，还是要保护大范围的鲑科鱼类洄游通道，还是地球上所有具有代表性的生物多样性呢？

什么样的生物多样性应该受到保护？哪里的生物多样性应该受到保护？这两个问题常常相互关联。如果保护工作范围狭窄（例如，只是保护某个物种，或者只是保护少数几个物种，或者只是保护某一限定地理区域内的物种），那么这两个问题的答案则显然已经很明确了。我们只需明确以下几点即可：需要保护的具体物种或是物种群、需要集中进行保护工作的流域或地区、在某个流域或地区需要保护的具体物种或物种群。这些保护工作的地理边界可能是从行政意义上来划分的（县 / 区、州 / 省、国家），也可能是从生态意义上来划分的（如全世界、生态区、流域等）。但是，如果保护工作的范围比较广（如保护所有的生物多样性），那么，以上两个问题的答案就比较复杂了。然而，不管范围大小，由于资金和技术的局限，这些保护工作都不可能把所关注的一切生物多样性全都保护起来。因此，制定战略规划，进行战略考虑，有助于各组织将有限的资源集中起来，取得更大的保护成效。生态区保护方法就是出于战略性考虑。对于那些保护工作涉及范围较小的组织来说，了解这一点，有助于他们更有效地制定保护战略并在适当范围内采取行动。对于保护工作涉及范围较广的组织来说，了解这一点，有助于明确工作的先后顺序，将工作集中在大范围内的某些特定生物多样性群落及地区上。

生态区是相对较大的陆地或水域，因气候、植被、地质条件及其他生态和环境模式不同而不同。目前我们普遍使用三种生态区划分方法，分别是由贝利（Bailey 1989）、奥默尼克（Omernik 1987）和迪纳斯坦等人（Dinerstein et al. 1995）提出的。贝利所提出的生态区划分以气候、地形和自然植被为依据（1989）。而奥默尼克的生态区划分是针对美国的，也同样以气候和地形为依据，但把地表水水质变化的自然因素和人为因素也纳入了考虑范围，这一划分方法已被广泛应用，成为水质监测的指导框架（Omernik 1995）。迪纳斯坦等人（1995）对生态区的划分是世界自然基金会全球生态区划分的一部分，通过对陆地天然生态群落的独特地理组合的评估，对中美洲和南美洲的生态区进行了界定。

然而，这三种生态区的划分都是以陆地划分标准为主要依据，因而，从空间上来说，通常并不适用于淡水生物多样性保护的区域规划。究其原因，淡水生物多样性及其威胁来源常与流域一致，但陆地生态区的边界又常常会穿过流域的边界。如果淡水生物多样性保护规划仅以陆地边界为依据，则可能造成保护优先顺序不准确、策略没有成效，因为这一策略未能充分考虑维持淡水生态系统的生态模式、连通性及水文状况。最近，世界自然基金会（Abell et al. 2000）开始对淡水生态区进行划分，不仅将流域包括在内，而且还将淡水生态系统的动物地理格局及气候和地形状况也一起考虑在内。这一工作本是针对北美洲地区进行的，但现在全世界都在效仿，成为保护淡水生物多样性的一个全球性框架。

生态区保护规划以生态区为单元，确定保护优先顺序（Groves et al. 2002，Groves 2003），是解决“哪里的生物多样性应该受到保护”这一问题的方法之一（详见 Redford et al. 2003）。生态区保护规划包括：①确定生态区保护对象，标出其分布（见下文）；②制定保护这些对象的生态区目标；③核定保护对象的完整性；④筛选足够数量的保护对象：要实现保护目标，就要求这些物种具有一定的完整性，并且空间分布合理；⑤划分选定对象的保护区域，以便更集中地进行保护调查。调查工作最终会形成一些书面文件、

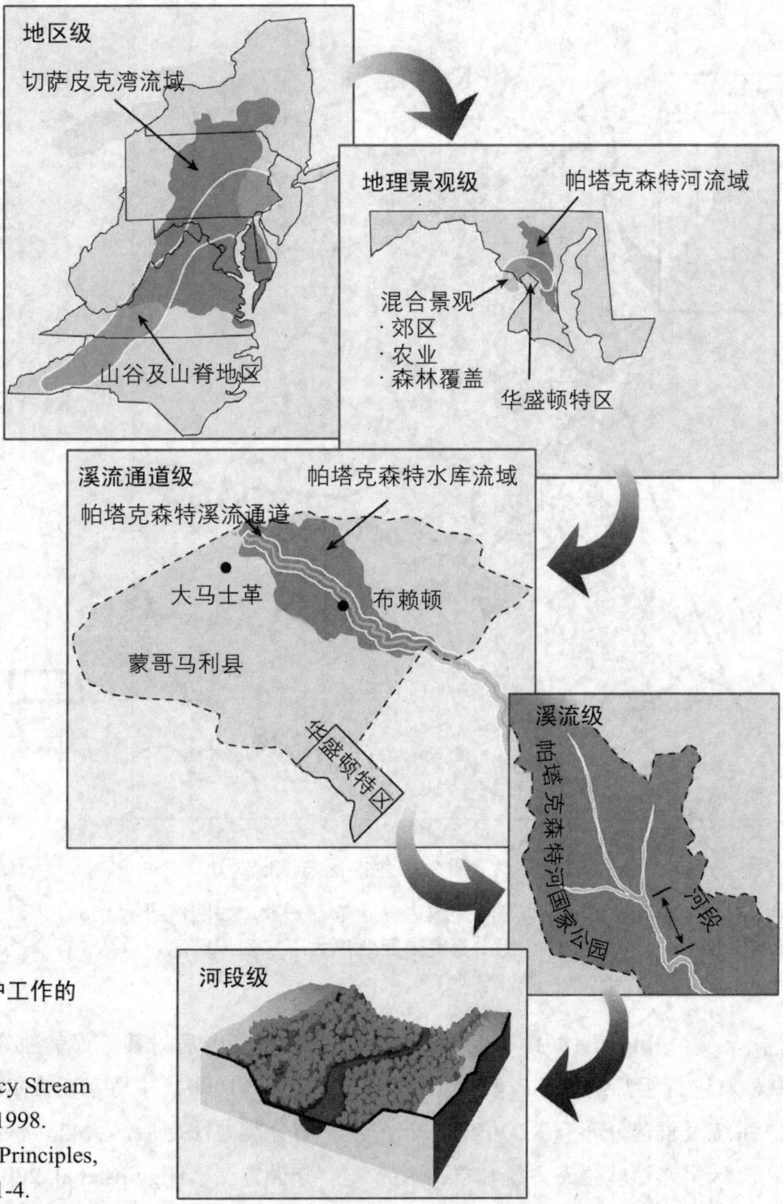

图 3-1 淡水生物多样性保护工作的不同层次

来源：The Federal Interagency Stream Restoration Working Group. 1998. Stream Corridor Restoration: Principles, Processes, and Practices, pp. 1-4.

地图和数据库，并会促成相关组织间的合作。下面就对其工作的每一个步骤进行详细的介绍。

确定生态区保护对象

即便生态区仅仅是一个淡水生物区，也会有上百个物种、群落和生态系统需要特别保护。此外，还有上千个已知或未知物种，它们都是该生态区丰富生物的一部分。当然，如果每次都要为每一个生态区、物种、群落或生态系统制定一个保护规划，是不可行的。因为这样做不仅代价高昂，而且浪费时间。比较好的办法就是选择一定数量的物种、群落或是生态系统进行保护，这样才能对整个生态区进行恰当的保护。而这些被选定的物种、群落或生态系统被称为生态区保护对象。

那么，要使我们所选的保护对象能够代表整个生态区的生物多样性，我们在进行规划时就要采取粗筛 / 精筛的方法。首先，要集中保护各生态区内各个生态系统和群落中的代表物种（即粗筛单位），这样才能保护这些生态系统和群落里的大量普通物种，维持

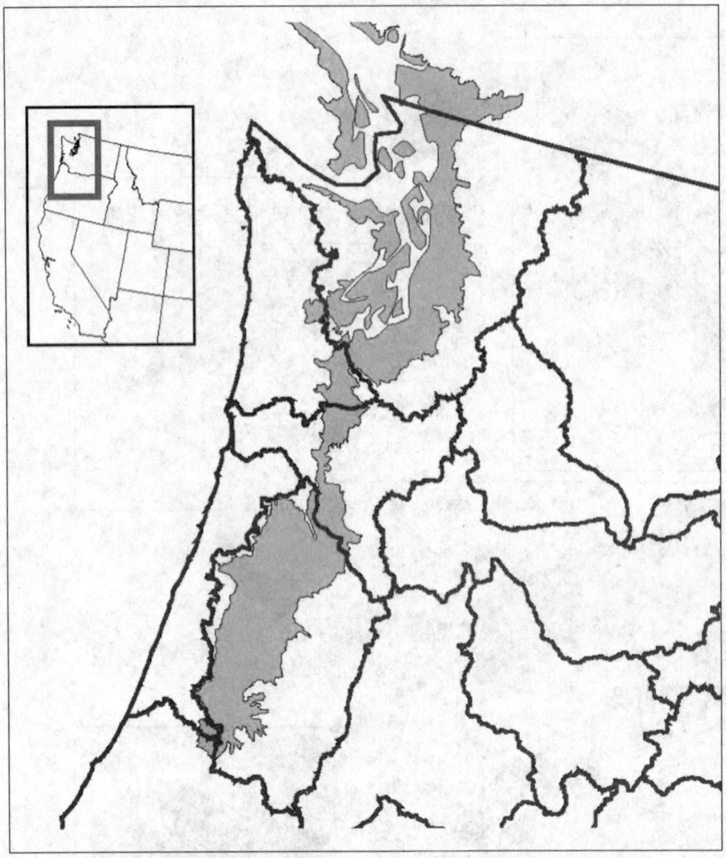

流域边界

皮吉特沟（Puget Trough）-威拉美特谷（Willamette）-乔治亚盆地生态区

图 3-2 生态区与流域对比

生态区与流域边界通常不一致，如图例所示。

图中为美国西北部太平洋沿岸地区。

其生态条件和进化环境（Hunter 1991，Groves et al. 2002）。在对保护对象进行粗筛选择时，我们应该利用一切和淡水生态系统及群落分布有关的信息，但在多数较大的地区和流域里，这些生态系统和群落通常根本没有分类。淡水生态系统、群落和物种的自然组合形式和分布格局与某些持续的环境变量相一致，这一点可以解决生态系统和群落分类的问题（Moyle and Ellison 1991，Pflieger 1989，Maxwell et al. 1995，Angermeier and Winston 1999，Angermeier et al.2000，Oswood et al. 2000，Rabeni and Doisy 2000）。淡水生态系统、群落和物种的自然组合形式和分布格局与某些持续环境变量间的这种关系可以形成一种分类方法，通过一些非生物因素（如气候、地质条件、地形和河流等级——已有证据说明这些因素可以影响生物格局）来说明某一生态区淡水生态系统和群落的分类和分布情况。我们还可以用图将这些分类单位标示出来，以便今后对其进行单独分析。另外，继唐恩（Tonn）等人（1990）和马克斯威尔（Maxwell）等人（1995）的分类方法之后，大自然保护协会又采用了一种层次分类方法（Higgins et al. 2003），见专栏 3-1。

接下来，我们还要选出一定数量的物种（即精筛对象）对粗筛对象进行补充，以防生态系统和群落保护对象出现间断，并对需要特别关注的物种提供必要的保护。经过精筛挑选出来的淡水保护对象类群有：鱼类、甲壳类、软体动物、两栖爬行动物、水生植物和需要在水中生活一段时间的昆虫。决定这些保护对象的因素有：该对象是否属稀有或濒危物种（如自然服务（Nature Serve）、政府机构、世界自然保护联盟濒危物种名单及专家访谈中所提出的稀有或濒危物种）；是否属数量正在减少或是需要特别关注的物种；是否属分布范围广但却容易受到系统连通性大范围恶化的影响；是否属地方性或是间断物种。

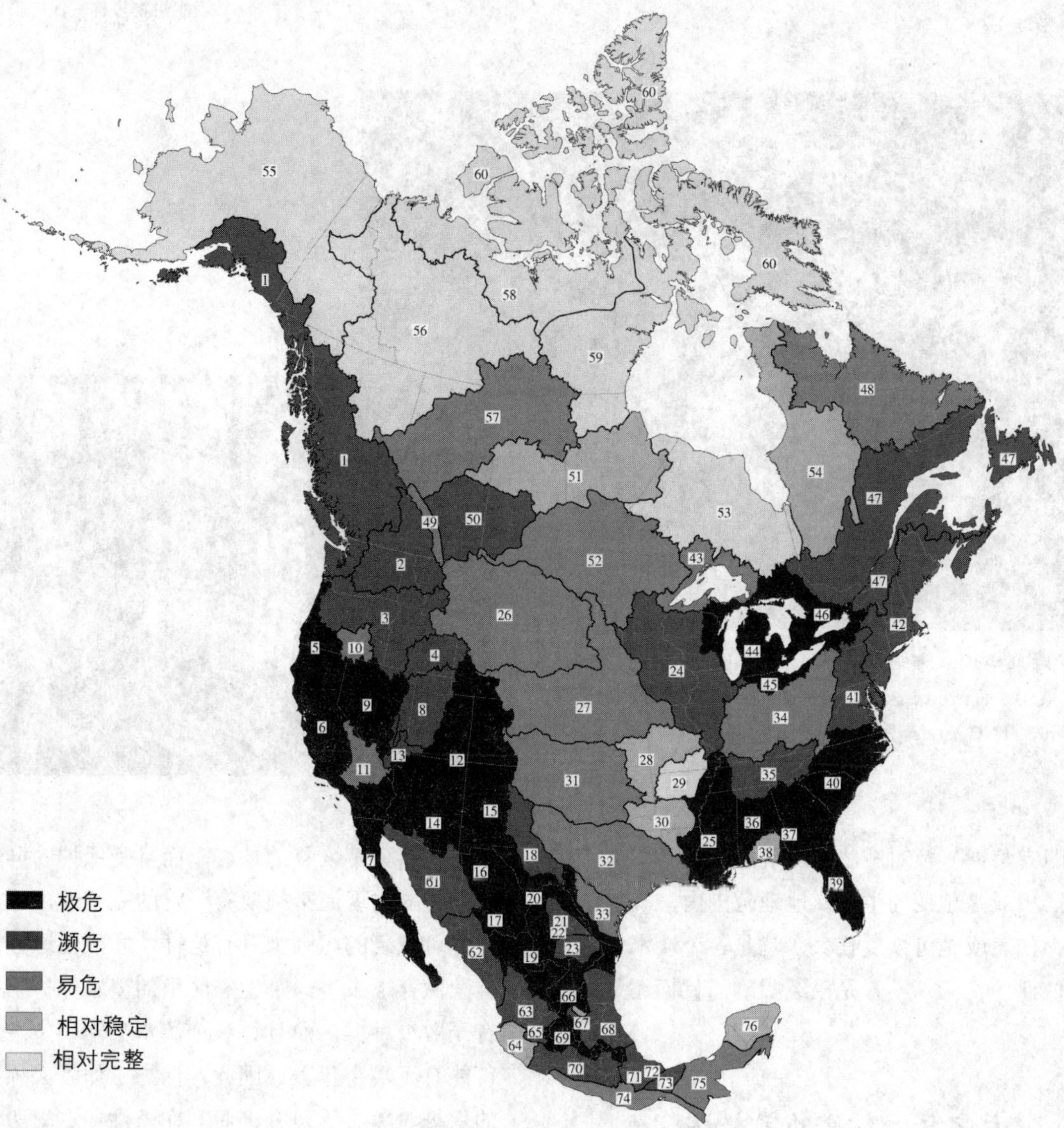

图 3-3 北美洲淡水生态区

来源：Abell, R., D.M. Olson, E. Dinerstein, P. Hurley, J.T. Diggs, W. Eichbaum, S. Walters, W. Wettengel, T. Allnutt, C. Louks, and P. Hedao. 2000. Freshwater Ecoregions of North America: A Conservation Assessment. Island Press, Washington, DC.

粗筛 / 精筛方法可以保护生态区的绝大部分生物物种，而且保护对象的名录又不至于过长。然而，我们在挑选保护对象的时候，正确答案通常不会只有一个，也就是说，不同的对象组合也同样可以代表该地区丰富的物种、群落和生态系统，也能说明维持这些物种、群落和生态系统的生态条件。

制定保护这些对象的生态区目标

生态区保护对象的名录一经确定，保护规划的下一步工作就是要为每一个保护对象确定目标。确定保护目标的目的，就是要确定可以全面并且持续代表某个地区生物多样性的必要条件。生态区保护目标是找出具有重要生物多样性地区的基础，而重要的生物多样性包括：物种的必要数量、面积、状态（完整性）及各个保护对象的理想分布。就淡水保护工作而言，生态区里的各个生态流域单位通常都要制定自己的物种、群落和生态系统保护目标（专栏 3-1）。

保护淡水对象的目标就是要保证可存活种群的数量；有时是要保证生态流域单位里个别物种的数量。这一目标的基础就是要考虑物种的全球稀有度、相对于生态区的分布情况及其生活史需要。通常，淡水群落和生态系统的保护目标建立在以下基础上：目前的分布情况（相对于其历史分布而言）、相对丰度、面积、

粗筛保护对象实例：阿巴拉契科拉河（Apalachicola）干流（左图，摄影：Harold E. Malde）及河漫滩（右图，摄影：Brian Richter/TNC）生态系统。

状态（即完整性）及对威胁及随机影响的敏感性。在整个生活史或是预期的生态及地理范围内，确定该系统的生存代表或是可恢复代表，就是各个淡水生态系统的最低保护目标（不管是已经明确的目标还是预期目标）。

核定保护对象的完整性

生态区保护规划的一个主要目标就是在生态区里选择保护地区，集中开展保护工作，以实现保护具有代表性生物多样性的目标。正如上文所述，选择保护区的原因很简单，即该保护区里有受保护的群落或生态系统，或是仅保护一个物种的种群是不够的。此外，所选保护区里必须要居住着被保护物种的可生存种群或是生存力可恢复的种群，而且受保护的群落或是生态系统的出现还必须要有一定的完整性，或是其完整性是可恢复的，因为只有这样，才能使这些保护对象继续生存下去。一个生态区里的淡水保护物种可能会有无数个种群，而且每一个淡水群落和生态系统中也可能有无数个代表。因此，保护工作者必须要对所有的保护对象进行研究，对其完整性（这里所说的完整性既指种群的生存力，也指群落 / 生态系统的完整性）进行评估，这样才能在制定保护规划时确定最具代表性的保护对象。

保护工作者们可以把质量数据和数量数据结合起来，以评估个别保护对象的完整性。自然遗产计划 / 保护数据中心是确定淡水物种保护对象的主要信息来源，许多项目都已经根据物种的完整性对其进行了等

专栏 3-1 层次分类法：通过非生物因素来说明淡水生态系统的分类和分布

地区级单位（淡水生态区和生态流域单位）。大流域区是本分类下最大一类淡水生态区。各大流域的区别在于本地鱼类的分布格局不同。淡水生态区可以说明淡水生态系统内地质、气候和生物历史是如何形成的。地区性鱼类的分布格局就是大规模地质气候变化（如冰河时代的冰川活动）和进化发展的结果（Maxwell et al. 1995，Abell et al. 2000）。生态流域单位（EDUs）要说明淡水生态区的变异，提出具有生态意义的分级单位，以保证确定保护对象的目的是为了保护整个主要的环境梯度。生态流域单位由几个流域组成，它们不仅具有相同的动物地理史，而且还有相同的地形和气候特点。生态流域单位说明同类物种的分布格局，通常也有自己独特的物种群落和生境。我们可以

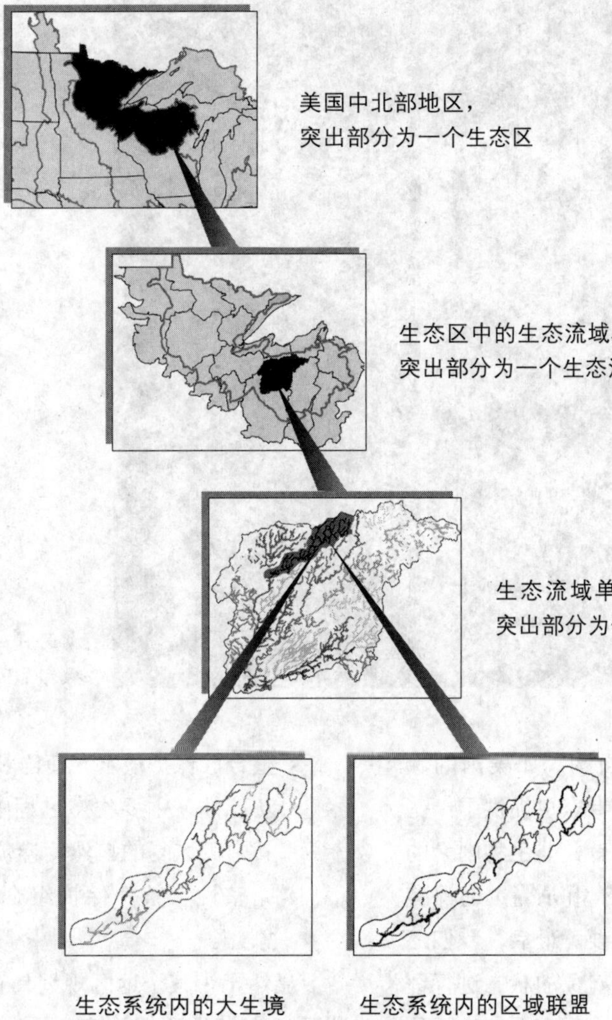

利用一些有用的资料来确定生态流域单位，包括物种分布地图、气候模式、岩石状况、地表地质状况以及其他可用地图标出的地形信息。

中级单位(水生生态系统)。我们几乎找不到足够的生态信息来对淡水生物群落或淡水生态系统进行分类或说明。然而，我们可以利用一些非生物数据来说明淡水生态单位里的环境特点。而这些环境特点又是按照生物特性划分的淡水生物群落和淡水生态系统的物理特性。水生生态系统指的是溪流、湖泊及湿地网络，这些网络在营养流动、能量交换和集合种群动态方面各不相同，而这些因素又影响着群落和个别物种的分布。水生生态系统是地方级单位或大生境(见下)的集合体。生态要素的独特组合形成了水生生态系统的独特特点。而这些要素又因生态区不同而不同。水生生态系统本身并不具有预测性，无法确定生物多样性的具体格局。但是，如果与生物信息结合使用，水生生态系统可以加强我们对生物区及其环境之间的关系的理解。

地方级单位（大生境）。中小型湖泊和溪流的河谷段是由水文状况及地图参数（如溪流大小、坡度和连通性）来界定的，可以说明局部的环境格局和环境作用。大生境指河谷（通常为 1 ～ 10 千米长）及中小型湖泊或湖泊盆地（通常小于 1 000 公顷)，在水文状况、温度、化学性质和生物形态方面比较均一。西尔巴克（Seelbach）等人（1997）及卡普（Cupp）(1989）对大生境进行了分类，并绘图说明了其分布情况。此外，波斯蒂安（Paustian）(1992）所提出的河谷类型也与大生境相符；布希（Busch ）和斯莱（Sly）(1992）所提出的湖泊分类方法也与大生境类似。

湖鲟是一种典型的精筛对象。
摄影：Eric Engbreston/USFWS

级排列（专栏 3-2）。另外，政府机构（如美国的濒危物种恢复计划）及其他一些淡水专家也提供了一些相关的生物数据。此外，还有一些有关非生物因素的数据，这些非生物因素（如水的数量和质量）对保持淡水生态系统的完整性来说至关重要。最后，我们还可以使用一些间接的手段来对保护对象的状态进行评估。据我们所知，这些手段都与淡水生态系统的恶化有关，而且可以从许多空间数据当中获得。例如，某个流域中水坝的密集程度及不透水区的比例。要对保护对象的完整性进行最终评估，淡水专家应该始终对以下数据进行审查：对保护对象生物完整性进行直接评估、对主要非生物因素的评估及对间接手段的评估。

选择具有生物多样性意义的保护区

选择个别保护区及具有生物多样性意义的保护区组合，具体标准如下：

- 粗尺度重心（生态系统和群落）；
- 精尺度重心（个别重要物种）；
- 代表性（各环境梯度所有保护对象的多个样本）；
- 效率（维持多个保护对象的地区）；
- 整合（保护淡水、海洋和陆地对象的机会）；
- 功能性（主要生态过程中的自然变异范围，或其中可恢复的自然变异范围）；
- 完整性（整个保护组合要包括所有的保护对象）。

显然，为某个地区规划具有生物多样性意义的保护区组合，需要把许多方面的数据综合起来，而且最好由一个本地和地区专家组来承担这项工作。此外，保护区组合的规划也可以利用一些诸如计算机程序这样的工具，以使保护区的选择工作更加完善（如 Possingham et al. 1999）。专家们在考虑如下问题时，应该以使用计算机程序所得出的数据为出发点：

- 是否有被遗漏或未获得保证的保护对象（包括对生态系统的分类工作进行批判性审查）？
- 是否有针对保护对象的更合适的保护目标？
- 主要物种的健康、可存活种群是否明确？其居住地与其他生境的连通性是否能保证满足其整个生活史的需要？
- 没有以上种群的地区是否也具有重要的淡水生物多样性？
- 该地区还有什么物种、群落和生态系统是保护草案未包括在内的？其生存力或相对完整性如何？

- 被选中的保护区当中，是否有淡水生物多样性不具备存活力的？如果是，是否还有其他具有类似且可存活目标的区域可以替换此保护区的？
- 所使用的数据是否是最新、最精细的？

划分保护区

通过生态区保护规划所选定的淡水生物多样性保护区包括：溪流和河流的上中下游、池塘和湖泊、湿地及河岸区。这些区域集中在一起，涵盖了整个河流流域网络。保护规划的最后一步工作，就是把这些区域集中起来，以便作为保护区统一管理。保护区就是可以把保护淡水生物多样性与保护陆地甚至海洋生物多样性结合起来的地区。威胁虽然可能仅局限在某一个区域内，但许多威胁很可能会蔓延到更大的区域。同样，保护区可能仅局限于现有的政治疆界内，受现有制度的辖制，但也可能并非如此。

划定淡水生物保护区的边界，就要做出切实可行的决定，需要考虑以下几个因素：水文系统内保护对象的分布地点；土地、水及构筑物的所有权形式；潜在合作伙伴的利益及其他利益相关人可能提出的反对意见；对各个保护对象分布集群造成威胁的人类活动。

另外，划分保护区不仅从制度上来讲是可行的，而且还应该达到以下四个具体标准，这些标准的基础就是保护对象的选择标准。

- 完备性——每个选定的保护对象都要设立一个保护区；
- 完整性——每个保护区的划分都应该包括选定保护对象的全部样本；
- 功能性——每个保护区都应该可以保护五类生态要素的自然动态；
- 统一性——划分保护区应尽可能地利用各种机会，同时保护淡水、海洋和陆地的保护对象。

至此，我们只是粗略地划分了保护区的边界。然而，重要的是，我们还要注意到，这样做只是明确了多样性物种的生活之地，不一定能确定物种存活所需的条件。若要更精确地划分保护区的边界，达到保护选定生物多样性的目的，最好还是进行保护区规划——下一节将会讨论这一问题。

专栏 3-2 “自然服务”

“自然服务”是一个非营利性的保护组织，提供必要的科学信息和工具，指导采取有效的保护行动。“自然服务”有一个普查生物目录的国际网络——被称为自然遗产计划或保护数据中心，涉及美国50个州及加拿大、拉丁美洲和加勒比地区。这些组织对有关动植物及生态系统的详细地方性数据进行收集和管理，并形成信息成果，开发出数据管理工具，为保护工作提供服务，以满足地方、国家及全球生态保护工作的需要。

“自然服务”可提供一些有关淡水物种的网上数据产品。自然服务网（www.natureserve.org/explorer/）是环境保护的网上资料库，有美国和加拿大50 000多种动植物及生物群落的信息。自然信息网（www.natureserve.org/infonatura/）是一个可查询的环境保护数据库，上有拉丁美洲及加勒比地区5 500种鸟类和哺乳动物的信息。要了解更多有关“自然服务”及其数据产品的信息，请登录其网站 www.natureserve.org.

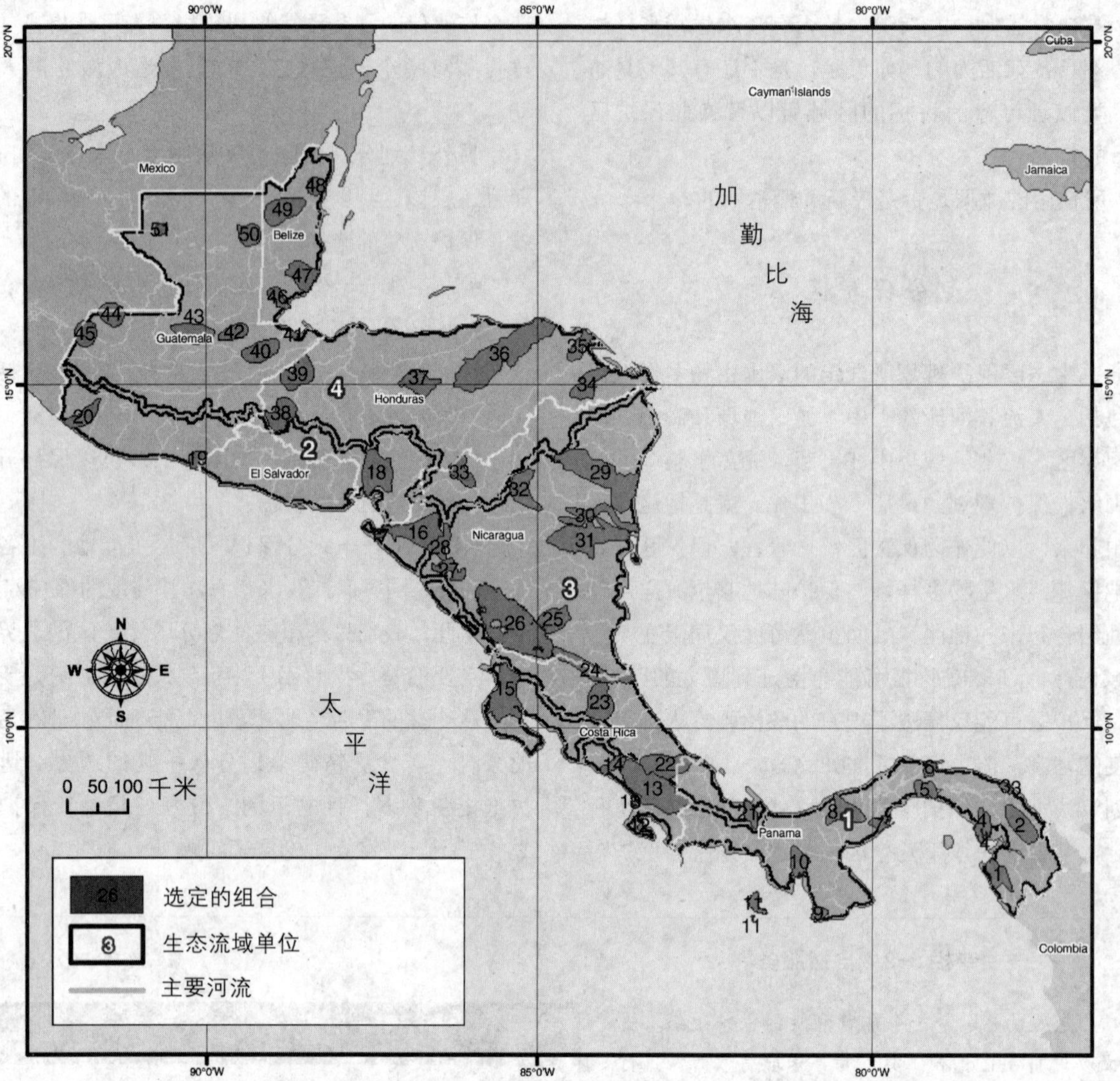

图 3-4 大自然保护协会的中美洲地区淡水生物多样性评估组合

第二节　如何最有效地保护生物多样性?

在较大的地理区域内，确定淡水生物的保护优先顺序，会产生三种结果：①可以将该地区具有较高保护价值的淡水物种、群落和生态系统一一列出来；②可以将具有生物多样性的具体区域的地图绘制出来；③可以为该地区的淡水生物保护工作制定出一套总的目标。然而，虽然进行地区规划可以明确具有重要生物多样性的区域，但仍然解决不了“怎样才能最有效地保护这些区域里的生物多样性”这样的问题。即使有些机构的保护任务相当明确（如对某一特殊物种或地理区域预先设定工作重心），也必须要解决这一关键问题才行。

如何最好地保护某一区域的生物多样性，即如何最好地把保护策略结合起来，要明确这一点，需要在地方和区域空间尺度上进行细致分析。分析的结果通常被汇编成一个书面文件，我们称之为“保护区计划”或“管理计划（保护计划）”。这一保护

表 3-1 淡水生态系统的主要生物模式和生物过程

生物学标度	模式	过程
物种	·遗传组成 ·种群组成 ·丰度 ·分布区	·遗传隔离、基因突变、基因组杂交 ·聚集和分散；迁移 ·补充与死亡 ·健康动态
种群	·种类组成（包括优势种类以及稀有和濒危种类） ·种群组成 ·分布区 ·种类间的空间格局（1 维、2 维及 3 维）	·竞争与排斥
群落或生态系统	·种类组成（包括优势种类以及稀有和濒危种类） ·功能组成（针对功能共位群和关键物种而言） ·演替系列阶段组成 ·分布区 ·种类、功能群、演替系列阶段之间的空间格局（1 维、2 维及 3 维）	·演替 ·捕食 ·植食 ·生育 ·营养动态 ·化学及自然生境的生物转化

计划要明确并指导具体的管理工作，也就是一些最有必要且最恰当的管理工作，以维持或改善受保护生物多样性的生态状况（完整性），减少对其的威胁（Poiani et al. 1998）。保护计划还要明确该地区淡水生物多样性保护工作所面临的挑战；制定具体的保护目标；确定实现这些目标所必须采取的行动；建立评估保护行动及其优良成果的方法；明确深入了解该区域及其生物多样性所需进行的研究。只有这样才能有助于保护工作的规划者和实施者将有限的资源集中起来，保护某一区域内最重要的生物多样性，或是开展最有可为的保护工作。

下面一节简要综述了淡水生物多样性保护区规划工作所面临的挑战，指出构成保护区规划的主要要素，并加以解释。

保护区规划背后的科学与挑战

保护个别保护区的淡水生物多样性，必须要维持该地区淡水生态系统的完整性，即生物结构和生物组成的自然模式以及在空间和时间上形成这些模式的生物过程和环境状况（Noss 1990）。表 3-1 总结了淡水生物结构和组成的一些最常见的主要模式以及不同规模生物群体的主要生物过程。我们必须对这些主要生物过程进行保护，保证不同规模保护对象的持续性（Noss 1990，Karr 1991，Karr and Chu 1999，见第二章及附录 A）。

在实践中，个别保护区淡水生物多样性的保护工作面临两个挑战。首先，保护区的规划和管理无法满足某一地区每一个淡水物种的迫切需要。也就是说，我们根本无法了解此地每一个物种的情况，更不用说去了解它们的保护要求了。更为棘手的是，淡水生态系统本身是动态的，其生物组成本身也是不断变化并随时间而演变的。其次，我们再也找不到未受人类影响的原始生态系统了，即使是在地球上最恶劣的环境里。人类对生态系统的影响有很多。例如，人类在世界各地的活动把无数个物种和化合物带入淡水生态系统当中。因此，保护淡水生态系统最终要解决的问题，不是如何避免或消除人类的影响，而是确定并管理这些影响，以维护本地生物多样性的完整。

大多数生态保护组织（包括大自然保护协会）解决这些挑战的方法都包括以下两个相互呼应的方面：

1）重点保护一定数量的目标物种、自然群落和生态系统。这种保护工作应该形成一个安全网络，以保护整个区域（Noss and Copperrider 1994，Schwartz 1999，The Nature Conservancy 2000，Poiani et al. 2000）；

2）保护目标的确定要针对实际的生态系统，而不是假设的自然生态系统或原始生态系统；也就是说，保护目标应该可以“维持重点目标物种、群落和生态系统，在其自然变异范围内维持其相应的生

专栏 3-3 确定某地区淡水生物保护对象组合的指导方针

- 保护区对象和生态区对象不一定要一致。然而，对本地对象的保护应确保可以保护该保护区内的生态区对象。
- 确定保护区对象，应明确或要求该保护项目要保护形成该地区整个生物多样性的主要环境状况和环境限制条件。此外，若该地区的淡水生物区系在两个或两个以上空间尺度有着重大差异，还应该明确或要求保护造成这些差异的因素。
- 要保护一个或多个对象，应该要保证保护区内不同淡水生境类型间的连通性以及整个保护区与更大水生系统之间的连通性。
- 确定保护对象，不应该只是继续重复必需的保护工作，而应该保证通过保护一个或多个保护对象，解决该保护区淡水生物多样性所面临的各种威胁，并确保对稀有及濒危物种和群落进行保护。
- 保护对象必须是可以随时修改的，这样便于监测保护工作的实施情况。此外，保护对象应该不仅是生态区的保护目标，也应该是战略目标或项目目标，比如，要考虑到主要利益相关者或是潜在合作组织的利益。
- 保护对象不能过多，也不能过少。保护对象数量过多，要针对每个保护对象采取不同的保护策略，必将造成管理上的混乱。另一方面，保护对象数量过少，也很难保护淡水生物多样性在一个或多个空间尺度内的独特特征。

态格局和生态过程”（Poiani et al. 2000，Noss 1990，Christensen et al. 1996，Balmford et al. 1998, Redford and Richter 1999）。

选定保护区淡水生物多样性保护对象

与生态区保护对象一样，保护区保护对象可以是物种，也可以是群落，还可以是生态系统。将保护区内淡水生物保护重心集中在一定数量的保护对象上，有两个重要作用。首先，可以为该地区设定明确的保护目标，明确具体保护对象所要达到的理想状态。这样做有助于建立一些具体的评估手段，以评估保护工作是否已经达到目的或没有达到目的；其次，可以根据具体保护对象所面临的威胁，明确在整个保护区内所要采取的具体行动或策略，确定保护优先顺序。对于那些保护任务范围广泛的组织来说，这种方法还有一个好处：如果保护对象选择正确的话，那么由此制定的保护目标和所采取的保护措施及策略不仅可以保护其对象本身，而且还可以保护整个地区的淡水生物多样性。

例如，某河流最下游地区有一片较大的河漫滩河谷，其中生活着一个独特的水生群落。河谷里的大部分生态活动都取决于整个河流流域的水生条件和陆地条件以及人类在水中和陆地上的活动。因此，要保护河谷里水生群落的完整性，就必须要保护上游流域的维护条件。换言之，把该河谷里的水生群落作为保护对象，至少能够形成一个安全网络，可以保护河流上游的生物多样性。

要保证淡水生态系统内适合所有本地物种生存的生态条件的持续性和广泛性，保护工作最好不仅仅是把重点放在几个物种上，而且还要集中保护整个群落及生态系统的生态组合和结构（如 Noss 1990 and 1996，Christensen et al. 1996，Karr and Chu 1999，Karr 1999，Schwartz 1999，Poiani et al. 2000）。此外，要保证不同空间尺度生态格局和生态过程的完整性，最好要明确那些适应不同空间尺度生态条件的保护对象（如 Noss 1990 and 1996, Christensen et al. 1996, Poiani et al. 2000）。具体来说，要确定个别保护区的核心淡水生物保护对象，关键是要弄清楚河流流域作为淡水生物多样性地理景观的功能，弄清楚有哪些保护对象只有在整个流域正常工作的前提下才能得到保护。

专栏 3-3 提出了一些指导方针，指出如何确定一整套最好的保护对象组合，以保护保护区的淡水生物多样性。

确定保护区淡水保护对象的保护目标，对其现状进行评估

保护淡水物种、群落和生态系统，也就是要维护或恢复其生物组成及在自然变化幅度内维持其生存的

专栏 3-4 制定淡水保护对象及其生态要素概念性生态模型的指导方针

- 模型不能太复杂。无论是五类生态要素中的哪一类，我们都可以明确指出形成保护对象状态或是造成其变化的许多具体因素。因此，我们要尽量在五类生态要素当中或是在五类要素之间，找出体现保护对象特点所需的生态因素，数量越少越好。这一点很重要，因为模型中生态因素数量的增加不利于模型的精确性，而且还会使确定保护对象状态监测方法这一工作复杂化。
- 时刻要考虑这样一个问题：保护对象的哪些特点如果改变（如春季洪水强度、冬季的水温、关键物种的相对优势）或是缺失（如洄游的鱼类被下游水坝阻挡，无法到达其生活的地区）了，将会严重威胁其继续生存的能力。人类对各个保护对象或保护对象类型的影响（不管是区域性的还是整体性的影响）可以被看做是一种广泛的未受控实验，通常可以说明哪些因素对某一特定对象来说最重要。有些生态因素被人类活动改变之后，对保护对象的完整性产生了重要影响，模型当中要始终包括这些已知或是可疑的因素。
- 认真考虑保护对象不同生物动态变化的时间尺度和时间选择——干扰及建群循环、繁殖的时间选择及促进因素等。不同的因素在不同的时间尺度上发生作用，模型应该将相似时间尺度上的各因素集合起来。此外，为了便于管理，模型还应将重点集中在一些因素和时间尺度上，这样才可以适当地评估和管理生物动态和威胁动态。
- 模型应该是管理保护工作的实用工具。其目的有二：一是确定那些需要监测的生态要素，以便了解保护对象的保护状态，或是更好地了解保护对象的动态变化；二是要确定这样一些因素，如果改变的话，这些因素可能就意味着（或是导致）保护对象状态发生不可接受的变化。

生态格局和生态过程。具体来说，各淡水保护对象在相对未受干扰的情况下，都与以下因素有关：①独特的水文状况；②独特的水化学性质；③独特的自然生境条件及其动态变化；④对于连通性的独特要求；⑤独特的生物格局和生物过程，包括物种与物种之间以及物种与自然环境之间的相互作用（Poff et al. 1997，Karr et al. 1986，Karr 1999，Karr and Chu 1999）。因此，为以上五类生态要素制定明确的保护目标，是保证保护区各个淡水保护对象保护工作的最有效方法（Parrish et al. 2003）。附录 A 就概括说明了湖泊、河流和湿地的生态要素。

为各个淡水保护对象的五类生态要素制定明确的目标，需要了解两种信息。首先，保护工作者需要确定具体的生态因素以及衡量其状态的方法，即衡量的指标；其次，保护工作者需要制定一些指导方针，明确这些衡量指标的可接受变化幅度。这些工作完成之后，保护工作者们就可以对保护对象的现状进行评估了，确定保护对象的分布是否符合保护目标。这是最后一步工作，可以提供一些重要数据，以便我们对威胁进行评估，明确恢复或维持保护对象状态所需进行的工作。

一、选择正确的生态因素和衡量指标

明确具体的生态因素和衡量指标及其可接受的变化幅度，需要为保护对象建立一个概念性的生态模型。即便这样的模型很简单，也是聊胜于无，因为这个模型可以反映出保护对象的主要状态以及使这种状态在一定时间和空间内发生变化的主要动态因素。专栏 3-4 提出了一些建立这种模型的指导方针。图 3-5 就是一个概念性生态模型的例子。

同样，为每一个生态要素制定具体的保护目标，也需要使用具体的衡量指标，其原因很简单：如果无法衡量，那么设定目标就没有任何意义。简言之，衡量指标就是生态要素的可衡量因素。

本《指南》的第五章和附录 A 对如何选择恰当的衡量指标做了进一步说明。在这里，我们只是把一些有用的选择标准列举出来。理想的衡量指标应该是：①具有科学性，即可以对生态要素进行准确的评估；②具有一致性且可衡量，也就是说，衡量步骤的重复性很强，而且最好是标准的，错误率很低的；③成本低，即每一工作单元及成本单元的信息量达到最大化；④反应迅速，即可以尽快发现变化，并能在单一尺度

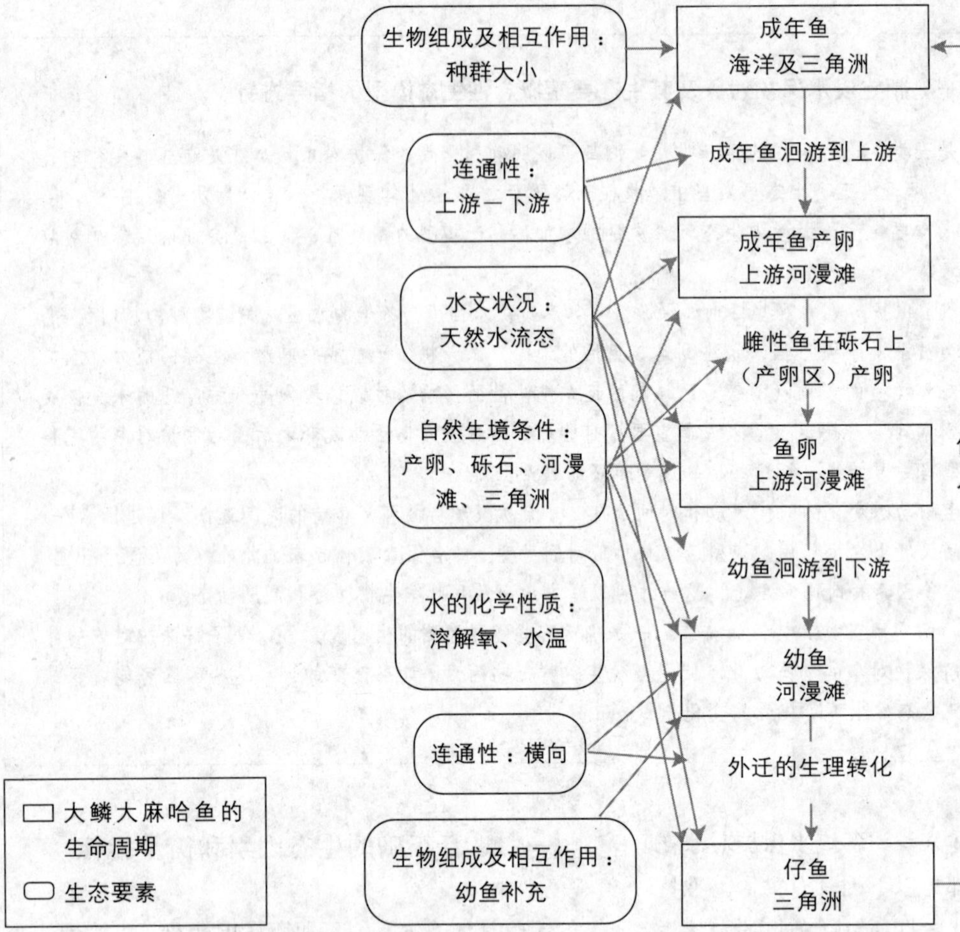

图 3-5 保护对象加利福尼亚州科森尼斯河（Cosumnes）大鳞大麻哈鱼的生态要素

上显示出变化的程度；⑤具有制度性，也就是说，主要利益相关者或保护合作伙伴都要重视或尊重并遵守这一指标。此外，衡量指标除了要体现每个生态要素的自然特性外，还要体现出生态要素受人类干扰影响的特点。例如，生物组成及相互作用的衡量指标就要能体现出外来入侵物种所造成的影响。此外，生态系统中的有些化学品并非是自然出现的，如合成有机化合物、工业金属等。水化学性质的衡量指标就必须能够体现出这些化学品的分布情况。总之，衡量指标必须符合前三个标准，并尽可能符合其他标准。

二、确定可接受的变化幅度

正如前文所提，保护淡水生物多样性，必须始终保护在自然变化幅度内形成这种多样性的生态格局和生态过程。自然生境、连通性、生物组成及相互作用、水文状况及水的化学性质，这些因素的自然变化幅度之所以重要，主要原因有两个（这一点在第二章及附录 A 中也有所说明）。首先，物种通过进化，已经适应了各个独特的淡水生态系统中的自然环境及其他的生物区，其中包括适应了其中的正常生态条件及其自然干扰。如果这些生态条件及其干扰形式发生了改变，那么，这个生态系统就可能不太适宜某些物种的生存，甚至不利于某些物种的生存；相反，却可能更适宜那些以前在该系统中并不重要的物种的生存。个别物种所发生的这种改变，会对其他物种产生连锁影响，最终会在该生态系统及其生物多样性方面产生重大改变（如 Pace et al. 1999，Scheffer et al. 2001）。其次，即使在自然变化幅度内，也没有一个淡水生态系统可以一直为所有的物种提供理想的适合生存的生态条件。相反，正如我们在前面所强调的，物种之所以出现在某一淡水生态系统中，只不过是在那里找到了

专栏 3-5　纽约州内弗辛克河的生态要素变化幅度

内弗辛克河（Neversink）是纽约州东北部特拉华河（Delaware）上游的一条支流。洄游鱼（在淡水中产卵，然后洄游入海的鱼）——包括美国鲥鱼在内——是内弗辛克河流域的保护对象之一。为该对象建立的概念性生态模型说明水文状况（由于产卵的需要，早春到初夏的水文状况尤其重要）是一个重要的生态要素。内弗辛克水坝的兴建与运行是引起这一生态要素发生变化的首要原因。了解这个生态要素的变化幅度以及水坝改变这些变化的方式（如图中的美国鲥鱼产卵需要），有助于制定恢复目标和管理目标。

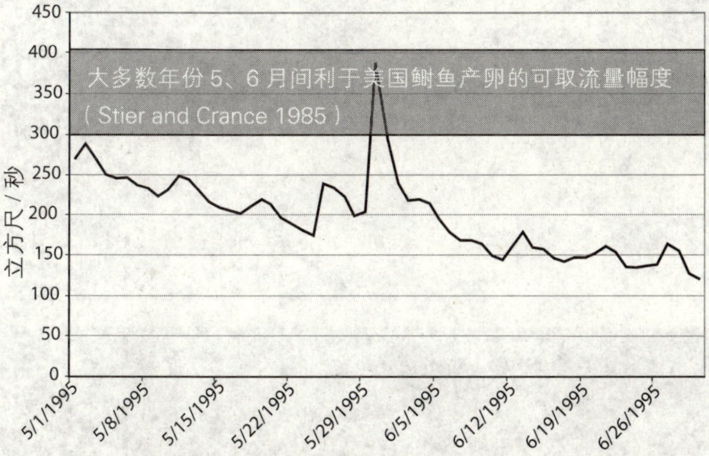

1995年（枯水年）5月和6月内弗辛克河在纽约州戈弗雷（Godeffroy）的流量。黑线表示标准年（1995）内弗辛克河在早春及初夏时期的实际流量，灰条部分表示维持美国鲥鱼产卵条件所必需的自然变化幅度。建坝前同时期的平均流量为500多立方尺/秒。此图来自Schuler。

适宜的生境条件，足以维持它们的生存而已。因此，各个淡水生态系统中的生物多样性是不断变化的，每一年、每十年，甚至每个世纪都不一样。要全面保护这种生物多样性（包括其自然变异及其将来的进化），就必须要保护所有引起这种变化的自然过程和相互作用（Poff et al. 1997）。

因此，在充满变化的淡水生态系统中，确定每个生态要素的自然变化幅度，是保护工作者所面临的严峻挑战。在实践中，也就是要确定每一个生态要素衡量指标的可接受变化幅度。因此，保护工作的目标就是要维持或恢复各个保护对象的状态，因为只有这样，它的生态要素才能保持在可接受的变化幅度内（Christensen et al. 1996, Parrish et al. 2003）。对各个保护对象而言，确定生态要素的可接受变化幅度就是要明确各个衡量指标的临界值，因为如果指标过高，将会直接引起或导致保护对象的生物结构和生物组成发生重大改变（Parrish et al. 2003）。

第三节　区域规划与保护区规划相结合

至此，针对前面文中所提出的三个问题：①什么样的生物多样性应该受到保护？②哪里的生物多样性应该受到保护？③如何最有效地保护生物多样性？本章分别介绍生态区规划和保护区规划的步骤。在实践中，这两种规划相互作用。具体来说，保护区规划可以在某些方面为生态区规划提供宝贵的反馈信息，如保护区界限的划分与生态区保护对象完整性的评估。此外，生态区规划和某个生态区内的保护区规划结合起来，有助于确定多个保护区内生物多样性所面临的威胁，从而为在多个保护区同时实施保护策略提供了可能。当然，将每个保护区的成功结合起来，就可以成功地保护生态区规划中的保护对象。

将多个保护区的保护工作结合起来

整个生态区内的各保护区规划不应该是独立制定

保护区规划应该考虑广域性物种，如鲑鱼（上图，图片提供：USFWS），以及在多个保护区中出现的威胁，如水坝（下图，摄影：Doug Thiele/USACE）。

出来的。我们规划的范围应该更大一些，并且要涵盖多个地区，这样我们在采取保护行动时才能明确缩小保护范围。例如，许多保护对象可能不止出现在一个保护区里，如广域性物种或是那些分布范围虽广数量却很稀少的物种（如洄游性鱼类或是某种依赖洪水才能生长的植物）。许多保护区里都有这样的保护对象，这就需要我们同时制定几个保护区规划，以确保我们在各保护区里所采取的行动可以有效地保护这些对象。同样，许多保护区的淡水生物多样性可能会面临同样的威胁，如市政废水设施造成污染，或者建设水坝用来发电或（及）控制洪水，从而造成水流的改变。事实上，在制定详细的保护区规划之前或在制定生态区规划的过程中，这些威胁的因素就可能已经显现出来。若要制定一套有效的保护策略，减少生态区里的威胁因素，了解这些威胁因素很重要。从长期来说，最有效的行动就是推动整个区域政策的改变，这样可以在更大范围内（而不是一次一个保护区）减少人类活动的有害影响。

此外，在保护区内及保护区之间保护生物多样性，也有利于下游陆地及沿海 / 海洋生物多样性的保护。保护河流流域、盆地或其他大一些地理景观里的淡水生物，通常需要减少人类使用土地所造成的威胁。人类对土地的使用也可对陆地生物多样性造成威胁，例如，改变土地的覆盖和渗透性；排干湿地的水分；利用防洪堤将河漫滩与河流隔离开来；传播有害化合物等。这里所进行的保护工作旨在减少对淡水生物多样

图 3-6 陆地、淡水及海洋生境的关联性
陆地、淡水生境图片摄影：Harold E. Malde；海洋生境图片摄影：Nancy Sefton；
沿海湿地和河口生境图片由 NOAA 提供

性的威胁，也很可能会给陆地生物多样性带来好处。同样，所有河口生态系统和有些海洋生态系统的生态完整性都要取决于汇入其中的淡水的生态完整性，但有时，情况却正好相反。因此，如果对受到了威胁的淡水生物多样性和沿海 / 海洋生物多样性进行协调一致的保护行动，可能会带来诸多好处，以最低的成本给两种生态领域带来最大的好处。最后，对于陆地、淡水和沿海 / 海洋生物多样性的保护，应该是持续保护机制的一部分（如 Groves et al. 2002）。

在某生态区多个保护区之内或多个保护区之间对生物多样性进行保护，可以成功地保护整个生态区。这就是生态区保护规划背后的依据。要成功地对保护区和生态区进行保护，不仅需要认真制定明确的目标，而且还要准确地评估威胁程度，找出减少这些威胁的最好方法及最好的尺度，并且实施精心设计的监测及研究方案。第四章及第五章将对此进行说明。

参考文献

Abell, R. A, D.M. Olson, E. Dinerstein, P.T. Hurley, J.R. Diggs, W. Eichbaum, S. Walters, W. Wettengel, T. Allnutt, C.J. Loucks, and P. Hedao. 2000. Freshwater ecoregions of North America: A conservation assessment. Washington, DC: World Wildlife Fund-US, Island Press. 319 pp.

Angermeier, P.L., and M.R. Winston. 1999. Characterizing fish community diversity across Virginia landscapes: prerequisite for conservation. Ecological Applications 9: 335–349.

Angermeier, P.L., R.A. Smoger, and J.R. Stauffer. 2000. Regional frameworks and candidate metrics for assessing biotic integrity in Mid-Atlantic highland streams. Trans. Am. Fish. Soc. 129: 962–981.

Bailey, R.G. 1989. Ecoregions of the continents. Washington: U.S. Department of Agriculture, Forest Service. Map 1:30,000,000.

Balmford, A., G.M. Mace, J.R. Ginsberg. 1998. The challenges to conservation in a changing world: Putting processes on the map. In G.M. Mace, A. Balmford, J.R. Ginsburg, eds. Conservation in a Changing World. Cambridge, UK: Cambridge University Press. Pp. 1–28.

Carignan, V. and M.A. Villard. 2002. Selecting indicator species to monitor ecological integrity: A review. Environmental Monitoring and Assessment 78: 45–61.

Caro, T.M., and G. O'Doherty. 1999. On the use of surrogate species in conservation biology. Conservation Biology 13: 805–814.

Christensen, N.L., A.M. Bartuska, J.H. Brown, S. Carpenter, C. D'Antonio, R. Francis, J.F. Franklin, J.A. MacMahon, R.F. Noss, D.J. Parsons, C.H. Peterson, M.G. Turner, and R.G. Woodmansee. 1996. The report of the Ecological Society of America Committee on the Scientific Basis for Ecosystem Management. Ecological Applications 6: 665–691.

Dinerstein, E., D.M. Olson, D.J. Graham, A.L. Webster, S.A. Primm, M.P. Bookbinder, and G. Ledec. 1995. A Conservation Assessment of the Terrestrial Ecoregions of Latin America and the Caribbean. Washington, DC: World Wildlife Fund and The World Bank.

Flather, C.H., K.R. Wilson, D.J. Dean, W.C. McComb. 1997. Identifying gaps in conservation networks: Of indicators and uncertainty in geographic-based analyses. Ecological Applications 7: 531–542.

Fleishman, E., D.D. Murphy, and P.F. Brussard. 2000. A new method for selection of umbrella species for conservation planning. Ecological Applications 10: 569–579.

Groves, C.R., D.B. Jensen, L.L. Valutis, K.H. Redford, M.L. Shaffer, J.M. Scott, J.V. Baumgartner, J.V. Higgins, M.W. Beck, and M.G. Anderson. 2002. Planning for biodiversity conservation: Putting conservation science into practice. BioScience 52: 499–512.

Groves, C.R., 2003. Drafting a Conservation Blueprint: A Practitioner's Guide to Planning for Biodiversity. Washington, DC: Island Press.

Higgins, J.V., M.T. Bryer, M.L. Khoury, and T.W. FitzHugh. In review with Conservation Biology. A freshwater classification approach for biodiversity conservation planning.

Holling, C.S. 1973. Resilience and stability of ecological systems. Annual Review of Ecology and Systematics 4: 1–23.

Holling, C.S. 1992. Cross-scale morphology, geometry, and dynamics of ecosystems. Ecological Monographs 62(4): 447–502.

Holling, C.S. and G.K. Meffe. 1996. Command and control and the pathology of natural resource management. Conservation Biology 10: 328–337.

Hunter, M.L., Jr., 1991. Coping with ignorance: The coarse filter strategy for maintaining biodiversity. In Balancing on the Brink of Extinction. L.A. Kohm, ed. Washington, DC: Island Press.

Karr J.R. 1991. Biological integrity: A long neglected aspect of water resource management. Ecological Applications 1: 66–84.

Karr, J.R. 1999. Defining and measuring river health. Freshwater Biology 41: 221–234.

Karr, J.R. and E.W. Chu. 1999. Restoring Life in Running Waters. Washington, DC: Island Press.

Karr, J.R., K.D. Fausch, P.L. Angermeier, P.R. Yant, and I.J. Schlosser. 1986. Assessment of biological integrity in running waters: A method and its rationale. Illinois Natural History Survey Special Publication No. 5. Springfield, IL: Illinois Natural History Survey.

Lambeck, R.J. 1997. Focal species: A multi-species umbrella for nature conservation. Conservation Biology 11: 849–856.

Maxwell, J.R., C.J. Edwards, M.E. Jensen, S.J. Paustain, H. Parrot, and D.M. Hill. 1995. A hierarchical framework of aquatic ecological units in North America (Nearctic Zone). General Technical Report NC-176. St. Paul, MN: USDA Forest Service, North Central Forest Experimental Station.

Moyle, P.B., and J.P. Ellison. 1991. A conservation-oriented classification system for the inland waters of California. California Fish and Game 77:161–180.

Naeem, S., F.S. Chapin III, R. Costanza, P.R. Ehrlich, F.B. Golley, D.U. Hooper, J.H. Lawton, R.V. O'Neill, H.A. Mooney, O.E. Sala, A.J. Symstad, and D. Tilman. 1999. Biodiversity and ecosystem functioning: Maintaining natural life support processes. Issues in Ecology 4, Fall 1999. Ecological Society of America.

Noss, R.F. 1990. Indicators for monitoring biodiversity: A hierarchical approach. Conservation Biology 4: 355–364.

Noss R.F. 1996. Ecosystems as conservation targets. Trends in Ecology and Evolution 11: 351.

Noss R.F, A.Y. Cooperrider. 1994. Saving Nature's Legacy: Protecting and Restoring Biodiversity. Washington, DC: Island Press.

Omernik, J.M. 1987. Ecoregions of the conterminous United States. Annals of the Association of American Geographers 77:188–125.

Oswood, M. W., J.B. Reynolds, J.G. Irons, and A.M. Miller. 2000. Distributions of freshwater fishes in ecoregions and hydroregions of Alaska. J. N. Am. Benthol. Soc. 19(3):405–418.

Pace, M.L., J.J. Cole, S.R. Carpenter, and J.F. Kitchell. 1999. Trophic cascades revealed in diverse ecosystems. Trends in Ecology and Evolution 14: 483–488.

Parrish, Jeffrey D., David P. Braun, and Robert S. Unnasch. 2003. Are we conserving what we say we are? Measuring ecological integrity within protected areas. BioScience 53: 851–860.

Poff, N.L., J.D. Allan, M.B. Bain, J.R. Karr, K.L. Prestegaard, B.D. Richter, R.E. Sparks, and J.C. Stromberg. 1997. The natural flow regime: A paradigm for river conservation and restoration. BioScience 47: 769–784.

Poiani K.A., J.V, Baumgartner, S.C. Buttrick, S.L. Green, E. Hopkins, G.D. Ivey, K.P. Seaton, R.D. Sutter. 1998. A scale independent site conservation planning framework in The Nature Conservancy. Landscape and Urban Planning 43: 143–156.

Poiani, K.A., B.D. Richter, M.G. Anderson, and H.E. Richter. 2000. Biodiversity conservation at multiple scales: Functional sites, landscapes, and networks. BioScience 50: 133–146.

Possingham, H., I. Ball, and S. Andelman. 1999. Mathematical models for identifying representative reserve networks. Chapter 16 in S. Ferson and M.A. Burgman, eds. Quantitative Methods for Conservation Biology. New York: Springer-Verlag.

Rabeni, C.F., and K.E. Doisy. 2000. Correspondence of stream benthic invertebrate assemblages to regional classification schemes in Missouri. J. Am. Benthol. Soc. 19(3): 419–428.

Redford, K.H. and B.D. Richter. 1999. Conservation of biodiversity in a world of use. Conservation Biology 13: 1246–1256.

Redford, K.H., P. Coppolillo, E.W. Sanderson, G.A.B. Da Fonseca, E. Dinerstein, C. Groves, G. Mace, S. Maginnis, R.A. Mittermeier, R. Noss, D. Olson, J.G. Robinson, A. Vedder, and M. Wright. 2003. Mapping the conservation landscape. Conservation Biology 17 (1): 116–131.

Sanderson, E.W., K.H. Redford, A. Vedder, P.B. Coppolillo, and S.E. Ward. 2002. A conceptual model for conservation planning based on landscape species requirements. Landscape and Urban Planning 58: 41–56.

Scheffer, Marten, Steve Carpenter, Jonathan A. Foley, Carl Folke, and Brian Walker. 2001. Catastrophic shifts in ecosystems. Nature 413: 591–596.

Schwartz M.W. 1999. Choosing the appropriate scale of reserves for conservation. Annual Review of Ecology and Systematics 30: 83–108.

Simberloff, D. 1999. Flagships, umbrellas, and keystones: Is single-species management passé in the landscape era? Biological Conservation 83: 247–257.

The Nature Conservancy. 2000. The Five-S Framework for Site Conservation: A Practitioner's Handbook for Site Conservation Planning and Measuring Conservation Success. Arlington, VA: The Nature Conservancy.

Tonn, W.M., J.J. Magnuson, M. Rask, and J. Toivonen. 1990. Intercontinental comparison of small-lake fish assemblages: the balance between local and regional processes. American Naturalist 136: 345–375.

第四章

了解淡水生物多样性所面临的威胁 制定有效的保护策略

Nicole Silk, Kristine Ciruna, David Braun,
Ronald Bjorkland, Catherine Pringle,
Rebecca Essleman 和 David Allan

总论与教学目标

人类的生存有赖于淡水生态系统。本章将通过分析淡水生态系统所面临的威胁，说明如何着手去弄清楚淡水生态系统恶化的原因，解释保护对象所面临的威胁与生态要素之间的关系，探讨将保护策略直接与减少或防止具体威胁联系起来的重要性。此外，本章还全面评析了淡水生物多样性所面临的四种主要威胁，以及减少或防止其中每一种威胁的可行策略：

- 水的使用和管理；
- 土地的使用和管理；
- 外来入侵物种；
- 过度捕捞 / 渔业管理。

本章所提及的策略包括技术手段、法律和制度途径以及以社区为主的工作方法。所有这些方法都以保护工作者的实际经验为基础。第四章引言最后的图 4-4 说明了本章与整个指南的关系。

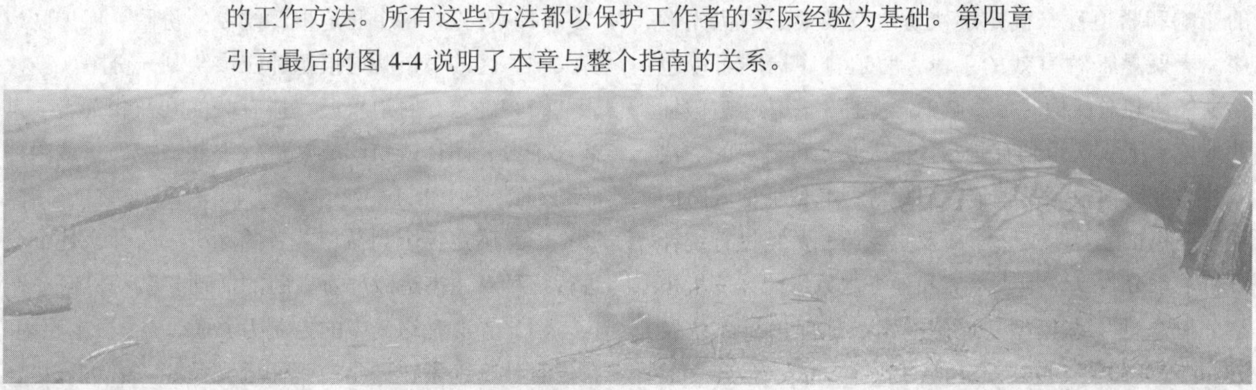

引 言

与陆地及海洋生态系统相比，淡水生态系统中物种和生境的丧失比例更大，使淡水生态系统成为地球上受到威胁最严重的生态系统，尽管对此说法还有些争议（McAllister et al. 1997）。每个国家而且几乎世界上的每个流域都存在着对淡水生物多样性的威胁。这些威胁虽类型众多，但可以分为四大类：水的使用和管理、土地的使用和管理、外来入侵物种以及过度捕捞 / 渔业管理。本章的引言比较简短，提出了一些分析威胁的手段，并说明如何制定和实施保护策略。随后，本章将重点介绍这四类威胁以及减少或消除这些威胁的具体策略。

了解生物多样性所面临的威胁：找出胁迫及其根源

胁迫指由人类引起的物种、群落或生态系统生态要素的具体改变，如泥沙和水流的改变，或者由于外来入侵物种的掠食，使生态要素处于自然变化幅度的边缘，甚至超出了自然变化幅度。胁迫的根源就是具体的人类活动。明确了解胁迫及其根源，有利于规划人员制定有效且重心突出的保护策略。实质上，若要解决问题，首先要弄清问题所在。

确定胁迫及胁迫根源需要做大量的工作，而且制定和实施保护策略的资源通常有限，因此，想集中进行保护工作就越发困难。在这种情况下，根据胁迫的影响和紧迫性来确定解决胁迫及其根源的优先顺序，无疑是一种有效的手段。胁迫排序标准可以包括：评估其对保护对象影响的严重性；评估胁迫破坏的地理范围；认识到有些预计损失是不可避免的；决定胁迫或胁迫根源是否迫在眉睫等。其他评估威胁的手段还包括：对水文、水质及生物监测数据进行统计分析；水分收支、地表水流和地下水系统的计算机模型；概念性生态模型；遥感技术；地理信息系统及分析（USEPA 1995，USEPA 1997a，http://www.epa.gov/owow/watershed/tools，Richter et al. 1996，TNC 2000a）。其中概念性生态模型尤其有效。它可以将有关威胁的信息整合起来，说明保护对象的生态要素与其所面临的胁迫及其根源之间的关系。图 4-1 就是这样一个整合模型的例子。

深入了解胁迫根源：利益相关者分析

一旦保护区或更大区域里的保护对象所面临的主要威胁（胁迫及其根源）被确定后，下一步就要确定从事造成胁迫活动的利益相关者，并对其行动背后的驱动力进行评估。利益相关者形势图是一个有效的工具，可以说明这其中的关系。利益相关者形势图的产生过程实质上就是绘图的过程，因为胁迫根源、利益相关者及其行为背后的驱动力或动机（根本原因）这三者的关系都可在图上表现出来。利益相关者形势图有助于明确主要威胁及利益相关者之间的因果关系（无论是正面的还是负面的），不仅可以把复杂的情况用图标示出来，还可明确那些可能会被忽略的利益相关者。最后，绘制这样一个图表，还有助于确定这些关系中的要点，以便共同采取保护行动，促进生物多样性的健康发展，减轻其所面临的严重威胁。图 4-2 就将这些信息整合起来，形成了一个大鳞大麻哈鱼的保护模型。

接下来就简单概括一下绘制利益相关者形势图的主要步骤：

（1）首先将每个胁迫根源绘制一份图：保护区或有关生态区的每个胁迫根源都应该绘制一份图。

（2）确定与胁迫根源直接有关的利益相关者：是谁（个人、团体或组织）在进行那些造成严重威胁的活动？

（3）确定各个利益相关者的动机：为什么他们会进行这种对生态造成严重威胁的活动？其动机何在？

（4）弄清楚这其中的控制力 / 驱动力 / 根本原因：有没有什么因素在鼓励或是促进利益相关者进行这些活动？控制力就是那些可以决定利益相关者在多大程

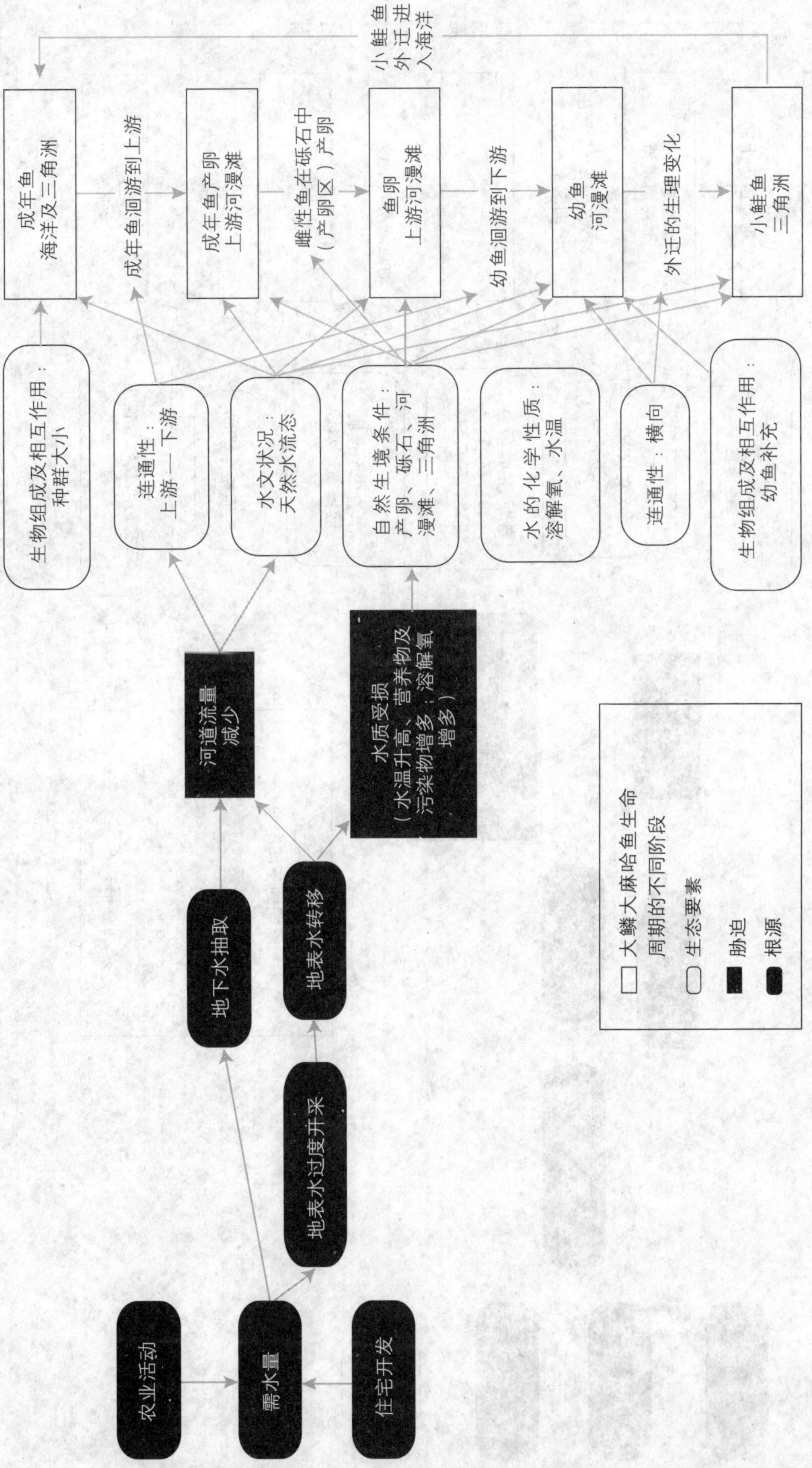

图 4-1　大鳞大麻哈鱼的概念性生态模型及其所面临威胁的综合信息

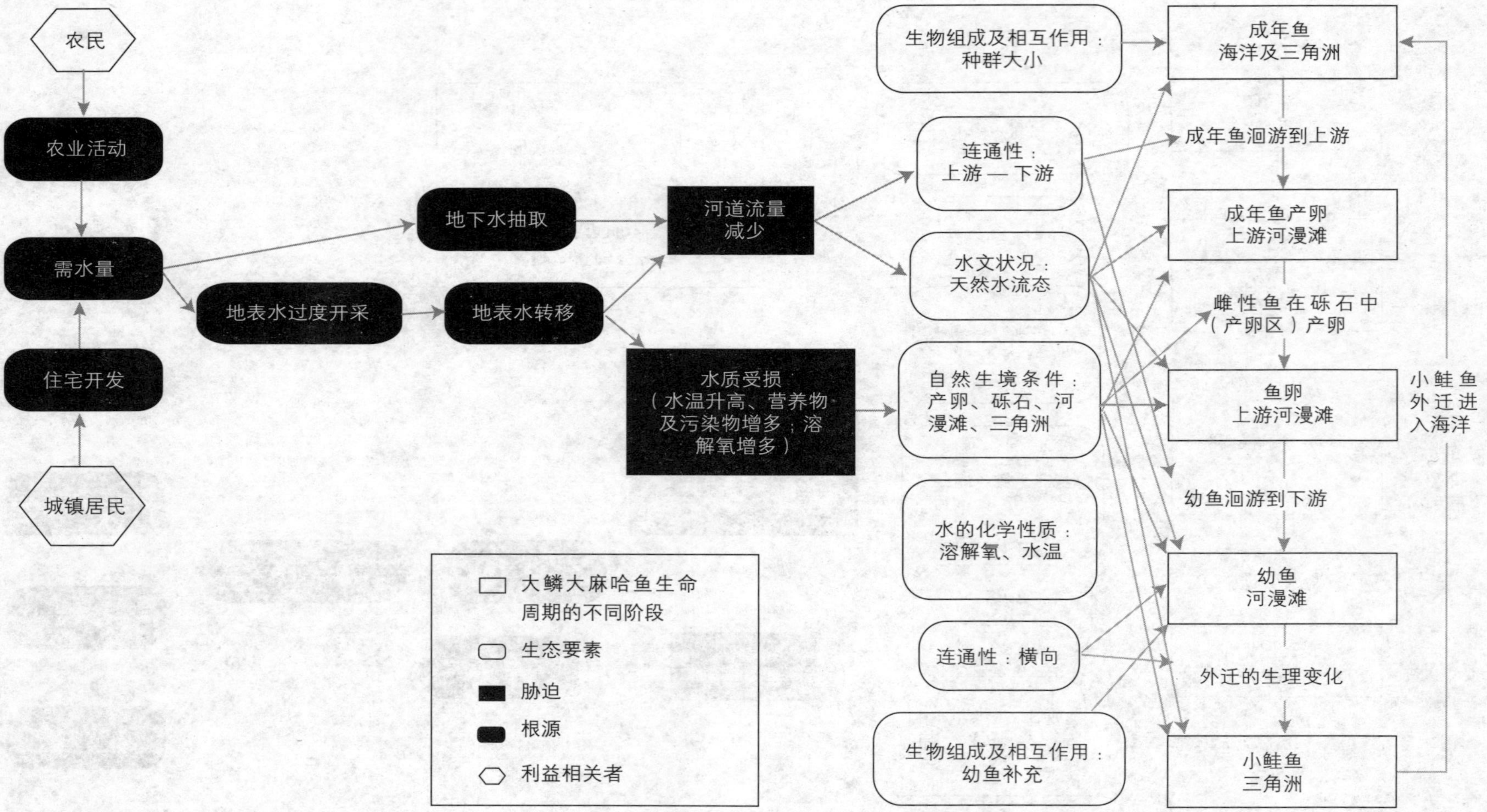

图 4-2 大鳞大麻哈鱼的概念性生态模型及其所面临的威胁和利益相关者的综合信息

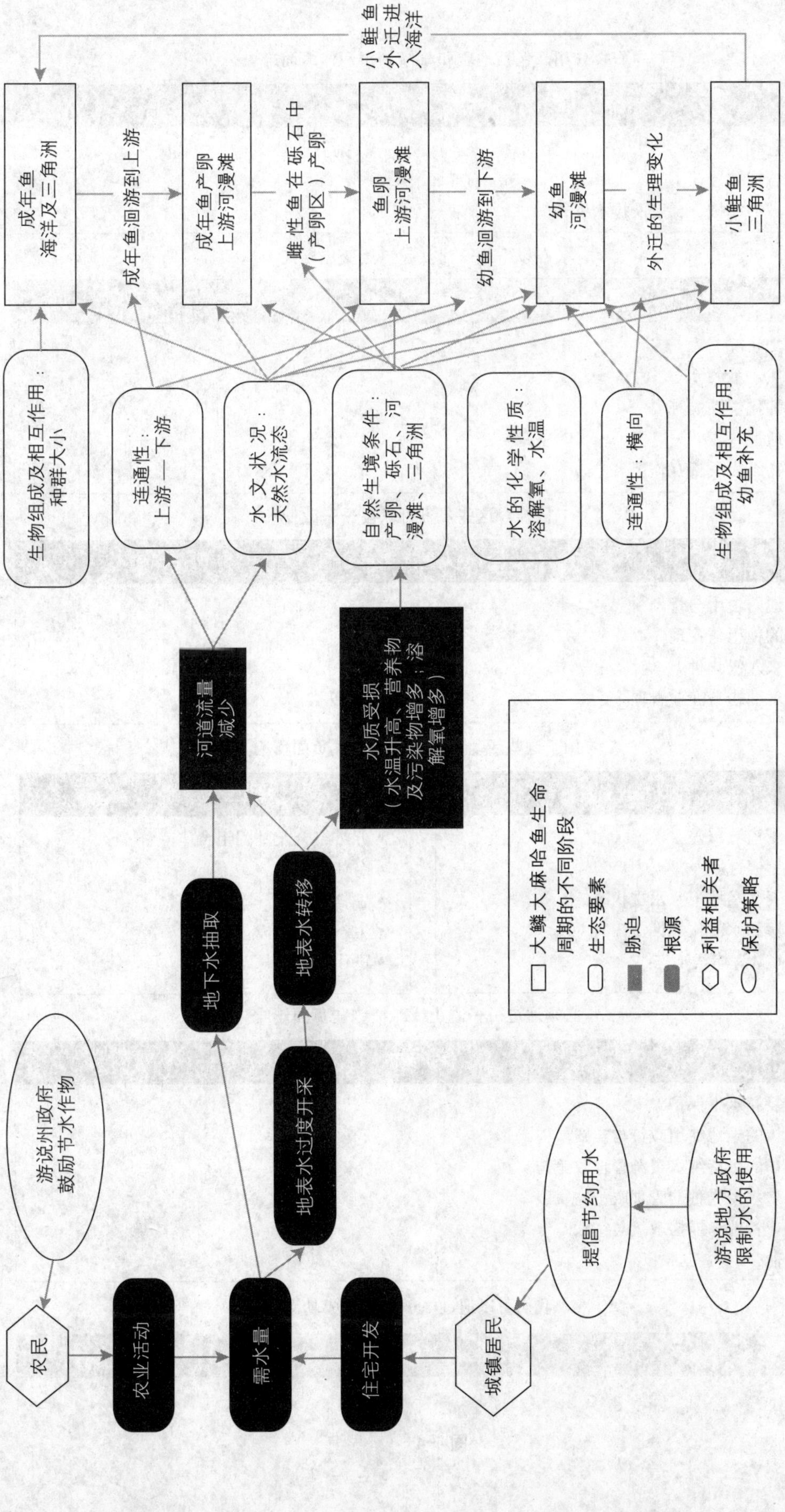

图 4-3　大鳞大麻哈鱼的概念性生态模型及其所面临的威胁、利益相关者和保护策略的综合信息

整体作用，包括地质和气候，相互作用而产生……

淡水生态系统的流域

- 位置
- 流域植被覆盖
- 流域的海拔、梯度及排水模式

在以下……建立起自然变化模式

淡水生态系统五大生态要素

- 水文状况
- 自然生境条件
- 水的化学性质
- 连通性
- 生物组成及相互作用

第二章

同样，这些要素可以被……改变

人类活动

- 土地的使用与管理
- 水的使用与管理
- 外来入侵物种
- 过度捕捞与渔业管理

由于这些活动可以对……产生负面影响

地球物理条件

- 流域植被覆盖
- 土壤侵蚀率
- 地表水及地下水水文状况
- 土壤和水的化学性质
- 通道/海岸线形态

水生生物条件

- 分类组合及基因组合
- 个体的健康
- 生物过程
- 生态过程
- 进化过程

必须通过……制止或减缓这些负面影响

保护策略

- 恢复和水土保护
- 具体的土地使用政策与实践
- 具体的可持续水资源管理政策与实践
- 外来入侵物种的管理政策与实践
- 渔业管理和捕捞政策与实践
- 其他

第四章

我们可以通过……来提高成功率

监测与适应性管理

第五章

图 4-4

度上继续进行某种活动的因素或问题。通常，最成功的保护策略就是能找到控制力的策略。

（5）找出那些与控制力有关的利益相关者：有没有个别利益相关者与控制力有关？这些利益相关者可以决定一些重大的政策问题，对某一活动产生间接影响（即控制力）。

（6）利用形势图，为各个严重威胁制定依据充分的解决策略：要记住，绘制形势图的目的在于制定有效的策略，取得实际成效。

此外，我们还要尽可能地与利益相关者进行有意义的对话，包括就某一个保护区达成共识。有时，利益相关者的参与可能会增加保护工作的成功概率。

制定并实施有效的保护策略

保护策略就是采取具体行动，改善某一地区多样生物的某些生存能力。这些行动可以消除胁迫的根源，从而直接减少生物多样性所面临的威胁；也可消除对保护对象的残余胁迫（其根源早已不再活跃），使该对象得到恢复；还可改变利益相关者的活动，而正是这些活动直接导致了具体胁迫的产生。图 4-3 中的大鳞大麻哈鱼模型就将这些信息全都结合了起来。最有效的保护策略通常是那些重点针对胁迫最终根源的策略，换言之，就是那些旨在改变某一利益相关者的行动或活动的策略。

一般来说，有效保护策略可以分为三类：

技术策略：通过改变引起胁迫的具体人类活动，着重减少或消除胁迫根源的影响。例如，说服或刺激农民实行农业最佳管理实践活动，以减少土壤的流失和耕地过程中使用的化学物质；说服水库及水电厂运营者改变对水坝的运行，以维持更多的天然水流；说服园林设计者们，不再出售入侵性的湿地物种；直接取得土地权或水权，以保护重要的资源。技术策略还包括：如有计划烧除、重新种植本地河岸植被、消除外来入侵物种或是重建历史河道等一些活动，并且还要利用这些手段，加强并恢复生态系统或生物多样性的完整性。

制度及法律策略：该策略重点在于利用或改变法律、社会或 / 及经济制度，鼓励人类进行无害于淡水生物多样性的活动。例如，改进薄弱的分区法规；加强提供低息贷款制度的推进，让土地持有人有能力购买更好的设备；为生态永续性产品创造市场等。

社区策略：指与本地利益相关者一起来影响保护实践、政策和方法，减少生物多样性的威胁，或者使他们具有这种能力。这种利益相关者方法通常不属于上述两类策略。

这三类策略之间有许多重复交叉的地方。例如，保护工作者可以争取社区的支持，使某项法律获得通过，而通过立法又可以为购买湿地提供资金。类似的例子在这三类策略中还有很多。

此外，这些策略必须在适当的空间和时间尺度上实施才能有效，才能解决生物多样性所面临的威胁，才能最大限度地有效利用各种资源和合作伙伴关系。评估威胁就是一个非常有效的工具，不仅可以评估威胁的范围和程度，而且还可以评估为减少和缓和具体威胁而采取的保护策略的有效范围和程度。

我们应该根据以下三个标准来对可能采取的保护策略进行评估和分级：可能给生物多样性和明确保护对象带来的好处；策略的可行性和成功的可能性；保护策略的实施成本。保护策略给生物多样性和明确保护对象带来的好处可能是直接的，也可能是间接的，也可能对其他保护工作产生重要的影响。而实施成本包括实施保护策略所必需的实际人力资源和财政资源，也包括策略实施失败可能产生的影响或成本。事实证明，明确实施保护策略所必需的具体行动及地区，也同样大有益处。将保护策略与影响具体保护对象的具体威胁联系起来，可以保证资源和人力全都用在生物保护最重要的管理需要上。

——作者：Nicole Silk，Kristine Circuna 及 David Braun

水的使用与管理

为满足人类需要，从淡水生态系统中抽取的水量在过去300年间增长了35倍，其中有一半以上的增长出现在1950年以后（Revenga et al. 1998）。结构性改造（如水坝和引水坝、防洪工程、河道整治和地下水开采）加快了人类对水的使用，但却使基本生态系统付出了极大的代价。这些改造大大改变了淡水生态系统的动态，不仅使现有的生态系统支离破碎，还把以前互不相连的生态系统结合了起来，导致捕鱼量减少、淡水生物多样性丧失、洪水的频率和严重性增加、河漫滩土壤中的营养流失、疾病（如血吸虫病和疟疾）的发生率增加（Revenga et al. 1998）。

本部分探讨了以下几种主要的水的使用和管理活动对淡水生态系统所造成的威胁和改变：

- 水坝；
- 地表水引用；
- 河床及河岸结构的改变（河道整治、清淤、防护、筑堤）；
- 地下水的过度开采。

针对以上每种威胁，本部分还介绍了一些可以减少其对淡水生物多样性影响的具体策略，以及一些可以消除威胁本身的策略。

第一节 水 坝

引 言

水坝可以阻止河水，满足人类的各种需要，包括防洪、水坝蓄水区的休闲、灌溉泄水、水力发电、航运、河内休闲（划船和垂钓）、饮用及工业用水。各个水坝由于设计（包括水坝的规模、地点及可用的建筑材料等）和目的不同具有各自的独特性。

水坝大体上有以下三种建筑设计：堤坝、重力坝和拱坝。石堤和土堤坝通常建造在宽阔的溪谷里，建造成本最低，在所有大型水坝中所占比例超过80%。重力坝由厚厚的混凝土墙筑成，建造在相对较狭窄且基岩坚硬的峡谷中。和重力坝一样，拱坝也是由混凝土筑成的，只建造在狭窄的溪谷里。与重力坝相比，拱坝溯河方向的拱面可以吸收更多的压力，因此需要的建筑材料比较少（McCully 2001）。

大小相同的水坝因其根本目的不同，蓄水量也不相同。防洪坝可以在汛期开始时使水库保持低水位，这样在暴雨来临时就可以把河流径流蓄存起来。这种水坝建造在那些经常洪水泛滥并且威胁到附近土地的河流沿岸。相反，供水水库的大坝意在蓄存尽可能多的水，以满足诸如灌溉这样的供水需要。水电站的水坝旨在将水头增加到最大限度，以产生电力。水头即水坝的水库表面与水坝下方河流之间的高度差。水闸将承压水输送到涡轮机中，产生电力。与单一用途的水坝相比，有些水坝发挥着多种作用。1963年投入使用的科罗拉多河格伦峡谷水坝起初是为供水而设计的。然而，由于财政和政治方面的压力使设计者不得不在水坝的建筑设计和运行标准中把水力发电、下游分配和休闲功能也包括进去。

一般的水坝将河水围起，蓄存在水库里。堰和闸堰被称为河床式水坝。它们在河流中形成一个水头，可以将一部分水流引开。堰和闸堰没有蓄水库，或者蓄水能力非常有限。堰通常是较小的构筑物，用来测量水流，一般不会给河川造成整体影响，或者整体影响极小。相比之下，闸堰就是较大型的构筑物了，有些闸堰可达20多米高、数百米长。闸堰位于大型（4

水坝建造设计的两种基本类型：堤坝［左图，爱荷华州的雷德罗克坝（Red Rock），图片提供：U.S. Army Corps of Engineers］及重力坝［右图，肯塔基州的马丁斯福克坝（Martins Fork），图片提供：U.S. Army Corps of Engineers］

级或以上）河流上，用于发电、引水灌溉及调节下游的水流量。虽然闸堰通常比一般的水坝小，但却会对河流生态系统产生重大影响。印度东部恒河上的法拉卡闸堰（Farrakka Barrage）把一部分水引到巴吉拉什—胡格利河（Bhagirathi-Hooghly）中，而巴吉拉什—胡格利河又在加尔各答港入海。因此，法拉卡闸堰不仅改善了航运，而且还补充了加尔各答的供水。然而，这项工程也改变了河岸和河口生物群的组成和结构（Sinha et al. 1996, Prakash 2002），引起农业和渔业生产的衰退，减少了供水量，并加重了印度和巴基斯坦之间的紧张关系（Tanzeema and Faisal 2001）。登录美国网站 www.amrivers.org/tableofcontents/glossary.htm 及 www.amrivers.org/glossary/default.htm 可找到一个完整的水坝术语表。

正如第一章曾经提到的，全球共有超过 45 000 个大型水坝，其中中国所占的比例最大，有超过 22 000 个大坝，美国约 6 600 个。其他拥有大坝数量比较多的国家还有印度（4 300）、日本（2 700）和西班牙（1 200）。全球超过 140 个国家至少有一个大型水坝。除大型水坝外，全球还有超过 800 000 个小型水坝（小于 15 米高），其中美国有超过 100 000 个（McCully 2001）。这些水坝合在一起，使世界上 60% 的大型流域变得支离破碎（McCully 2001），而且还阻挡了鱼类洄游和泥沙、营养物及水的自然流动。与大型水坝相连的水库也在很大程度上改变了淡水生态系统，对整个生物过程产生了重大影响。目前，全球水库的联合蓄水量可达 10 000 立方千米，相当于全世界所有河流水量的 5 倍（Chao 1995），足以将全世界的陆地淹没在 10 厘米的深水中（Pielou 1998）。全球被大型水坝水库淹没的面积超过 400 000 平方千米，相当于美国加利福尼亚州的面积。大型水库蓄水的重量已经引发了地震，而且有些地球物理学家还指出，水库对重量的重新分配影响了地球自转的速度、倾斜的角度以及万有引力场的形状（Chao 1991, 1995）。全世界河流中水坝数量的增加意味着河流流域的健康和生物完整性正面临着巨大的挑战。

水坝对淡水生态系统的影响

水坝的大小和运行方式及其在流域中的位置不同，对当地环境产生了一系列的影响，而这些影响对每个被水坝围起来的水体来说又通常是独特的（Collier et al. 1996）。此外，水坝也可以在地区甚至全球范围产生累积性影响。本节将讨论水坝对淡水生态系统五大生态要素的影响：水文状况、水的化学性质、自然生境条件、生物组成及相互作用。

一、水文状况

水文状况是淡水生态系统的首要推动力。水坝控制了河流的自然水流，从而改变了河流的水文状况（Rosenberg et al. 2000）。对河流自然水流的破坏不仅改变了水、泥沙和营养物的流动，而且也改变了河流沿岸的纵向生物区及河道与河漫滩之间的横向生物

为多种不同用途设计的水坝，包括航运［左上图，俄亥俄州的贝尔维尔闸和坝（Belleville），摄影：Cheryl Payton, U.S. Army Corps of Engineers］、供水［右上图，俄克拉何马州的大盐平原坝（Great Salt Plains），摄影：Cheryl Payton, U.S. Army Corps of Engineers］、防洪［右下图，新罕布什尔州的奥特溪水坝（Otter Brook），图片提供：U.S. Army Corps of Engineers］、发电及休闲［左下图，爱荷华州的德沃夏克坝（Dworshak），图片提供：U.S. Army Corps of Engineers］

区。这种破坏削弱了河流的生产力及渔业生产，危及河川及河漫滩的完整性（Freeman et al. 2003）。对水流的控制，可导致生产力减少、有效生境丧失以及水质受损，同时也影响到那些靠自然水流维持的下游湖泊和湿地。

二、连通性

河流的路径在三个空间维度上相互作用：纵向（源头—河口）、横向（河边—河岸 / 河漫滩）以及垂直（河边—地下水）（Ward and Stanford 1989）。附录A对连通性及其对淡水生物多样性的重要性进行了深入的讨论。水坝改变了河岸生物群落和河道本身，也改变了三角洲、海洋和其他受纳水体，因此对连通性的破坏性最大。

纵向连通性指的是河流上下游之间的联系（Ward 1986）。任何对这种连通性的破坏都可能对整个河系的生态完整性造成威胁。改变这种连通性的时机、范围和强度，也同时会改变河流与其河漫滩的连通性。水坝可以永久性地改变下游的泥沙通道、大型木质残片、精细有机物和营养物，也可改变通常生活在自由流动河流里的水生及河岸物种（Tracy 2000）。例如，密西西比河上的一系列水坝和其他构筑物使河流及河岸生境变得支离破碎，改变了水流状况，也改变了泥沙沉淀的格局，严重破坏了当地的地形（Delaney and Craig 1997）。

由于河流流域与海岸和海洋环境相连，水坝也可以改变海岸及近海水域的生产力。例如，海洋中硅酸

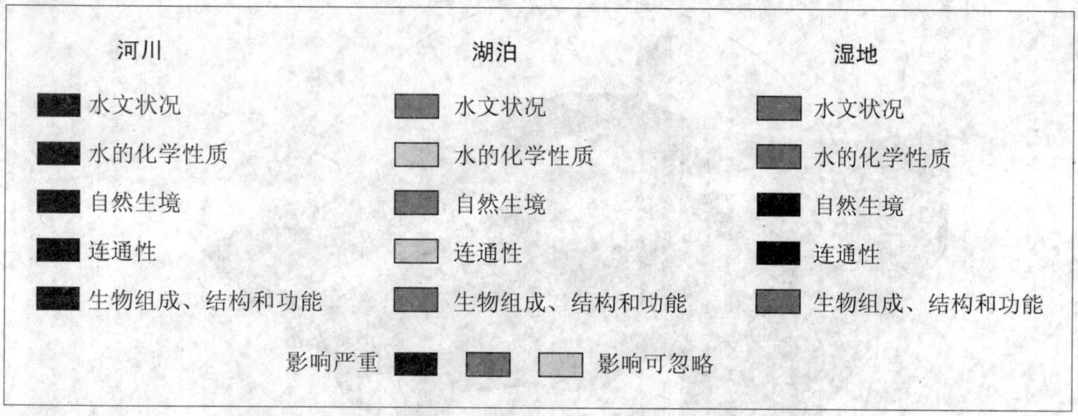

图 4-5 水坝对淡水生态系统影响一览

盐总量的 80% 以上来自河流。硅酸盐可以刺激硅藻的繁殖，而硅藻的繁殖又可以刺激食物网，并对二氧化碳的摄取起到至关重要的作用。世界各地海岸地区硅酸盐含量的减少（与硝酸盐和磷酸盐相比），可以引起营养状况的改变，妨碍以硅酸盐为生的硅藻的生长，但却有利于滋扰藻类的生长（Justice et al. 1995），而滋扰藻类又会对河口及河岸食物网的生态完整性产生负面影响（如 Turner et al. 1998）。

横向连通性包括河道本身的形状和动态，以及河流及其河岸区（包括河漫滩）之间的相互作用（Ward 1988）。水坝破坏了上下游河水、泥沙、营养物和有机物的横向传输（Ward and Stanford 1989）。水坝的建造一般会缩短高流量水流的持续时间，通常也会降低其强度，因而使河水无法溢出河岸、通过水压与河漫滩相连。这就使得河流生物群落与主要产卵区、庇护所及觅食栖息地脱离。横向连通性的断裂还可改变河边及河岸植被的丰度与多样性（如 Dister et al. 1990, Keller and Kondolf 1990）；地下水位的降低可使远离河道的湿地干涸萎缩；水坝下方地表水与地下水的混合还可降低鱼类在砾石中产卵繁殖的成功率（Curry et al. 1994）。

水坝后面的水库淹没了河岸区，也可形成新的河岸区。新洪水泛滥区的水位可以调节，但却无法弥补周期性自然洪水的缺失。这一变化尤其不利于那些生活在河漫滩上以陆地食物来源（如陆地节肢动物、果实、种子及落入水中的花朵）为生的鱼类。水库泛滥使得复杂的上游水域变得简单化，而水坝中的积滞水却有利于那些适合在流速较慢水域里生活的鱼类。有研究表明，将岛屿及其两侧的土地永久性淹没，会使重要的鱼类栖息地和取食地消失，因而影响渔业生产（Gosse 1963, Ward 1985）。

河流一直与地下水相连，它们之间的相互作用对生境条件产生了重要影响。地表水流的改变，通常也会改变地表水和地下水在时间及空间上的补水和排水格局（Pringle and Triska 2000）。地表水流的减少可使附近的地下水水位降低（Galay 1983, Golz 1994），而且水位的细微变化甚至还会减少河内有效生境的数量，干季的时候更是如此（Welcomme 1979）。此外，地下水水位对河岸、河漫滩及湿地植被的组成和生产力也很重要（Décamps 1984）。

三、自然生境条件

（一）生境结构变化

水坝最明显也是最突出的影响就是对上游陆地、湿地及河岸生境的影响。有时，水库可以扩大现有湖泊和池塘的面积；而有时水库又会形成前所未有的大型水体。这些水库把河边生境变成了静水（湖泊）生境，而静水生境又不适合那些喜欢在激流和溪流里生活的有机生物。它们为生活在湖泊中的物种（通常为外来入侵种）所替代，接着这里的动植物也跟着发生了变化，进而可能会在整个流域产生摄食级联效应。

水坝的建造会引起泥沙的减少以及相关河道形态的变化，因而，水坝下游的河内生境也会发生重大变化。随着河流适应新的生态条件，河道基质以及静水

图 4-6 河川廊道三维图

来源：The Federal Interagency Stream Restoration Working Group. 1998. Stream Corridor Restoration: Principles, Processes, and Practices, pp. 1–i.

生境（池塘）、急流生境（浅滩）和缓流生境也都随之发生了变化。水坝的建造，使得上游输送到下游的粗木质残体减少，因而也改变了那些需要遮盖物物种的自然生境条件。

（二）泥沙状况

任何河流中都有泥沙，而泥沙的输送量与河流的排水量或水流量成比例（Waters 1995）。流速较快的大型河流可携带大量的泥沙，在干旱区尤其如此，因为干旱区的土质疏松，而且降水的时间通常很短（Collier et al. 1996）。所有河系高涨潮期携带的泥沙量最多。

水坝阻挡了流向下游的水流，有助于泥沙颗粒从水柱中流出并在水库底部沉淀。许多在生物体内聚积并且有毒的持久性有机污染物都与泥沙有着密切的联系(Miller 2001)。这些污染物会对生物区系造成威胁，因为蓄意泄水、高压水流或是冰蚀现象可以把大量的有机污染物集中带到下游。

水坝可以阻挡泥沙、营养物和其他物质向下游的输送，因而也可对河道内的下游生境产生影响，同时也会影响到相关河漫滩、三角洲及海岸地区的生境。如果河道退化了，河滨及回水处的数量就会减少，那么河岸、三角洲及河漫滩生境的面积也通常会减少，其形态也会发生变化。

正如前文所述，水坝也阻止了粗木质残体向下游的移动。粗木质残体是一种重要的基质，也是一种食物来源和鱼类的庇护所。粗木质残体也可以形成池塘，阻止泥沙的运动，从而改变河道的形态。这种物质的丧失会对淡水物种——尤其是那些与河漫滩生境密切相关的物种——产生重要的影响（Wilson et al. 2001）。粗木质残体的丧失，破坏了许多鲑鱼种群的生境质量，甚至使其最终消失（Dooley and Paulson 2003）。

四、水的化学性质

（一）尾水水温及化学性质

根据温度梯度，湖泊及水库中的水可以分为两层：底层（均温层）的水温度低且重；而太阳及周围的气温使重量轻的表层水（表水层）变得温暖。在温暖季节及深水库（水混合最少）中，这种温度层次尤其突出。水温层可以阻止气体在含氧丰富的表层水和氧气不足的底层水之间移动。但从水坝泄出的尾水全都不是来自以上两种水温层，因此造成的影响有很大的不同。从表水层中提取的水可以提高受纳水体的水温，从而加快生物生命周期各阶段的发展速度，导致生命周期时机的选择错误（Davies and Day 1998）。从均温层排出的水可以降低受纳水体的水温及下游的生产力，改变其生物组成，使之有利于冷水物种的生存（Wetzel 1983, Horn and Goldman 1994, Collier et al. 1996, Bednarek 2001）。

均温层尾水的排放可以将水库底部泥沙中的有毒物质搅起，特别是有机化学物，并将其排放到下游。这些携带污染物的泥沙和颗粒物可能会被摄入鱼类、底栖有机物、大型无脊椎动物及其他生物区系的体内，从而进入食物链中，并在顶端捕食者体内积聚（Miller 2001）。美国纽约州哈得孙河（Hudson）的爱荷华堡大坝（Fort Edward）于1973年被拆除时，曾释放出大量的多氯联苯（PCB）污染物，这些污染物又被河流泥沙携带到下游地区。由此造成的下游污染，需要进行大规模的清理工作才能消除（American Rivers 2002a）。

（二）甲基汞

水库的建造（及湿地的消除）增加了有机物质和无机物质（包括天然及人造汞）的流动性（U.S. EPA 1999）。水库中有些条件可以促进无机汞转化成有毒的甲基汞（也就是说，许多分层水库的均温层可以维持硫酸盐还原菌生存，而硫酸盐还原菌又可吸收无机汞，并将之转化成甲基汞）。甲基汞很快就在生物体内积聚并被吸收到活性组织当中，结果是大型鱼类体内的甲基汞浓度增加，可高达周围水域含量的几百万倍。美国“鱼类消费建议”中所公布的禁食鱼类数量之多，可以说明甲基汞已经成为一个很严重的问题了。例如，1999年7月，美国40个州（大部分在美国的中西部和东部）公布了1 931个有关汞的“鱼类消费建议”。

（三）温室气体

由修建大坝所形成的水库也可能是一个重要的温室气体来源。水库淹没地区的植被腐烂后会释放出二氧化碳和甲烷，这是两种吸热（温室）气体。对巴西巴比那和土科瑞大坝（Balbina and Tucurui）水库所释放的温室气体研究表明：植被开始腐烂的时候，温室气体的释放量很高，随后逐渐减少，二氧化碳尤其如此。而随着水生植物缓慢而又持续的腐烂，甲烷的释放量却一直持续不变。巴比那水库所排放的温室气体对全球变暖的影响相当于产生相同电力煤电站的26倍之多（McCully 2001）。世界其他地方进行的研究也表明，水库温室气体的排放都有类似的趋势。然而，水库越深、温度越低，温室气体的含量也越低，

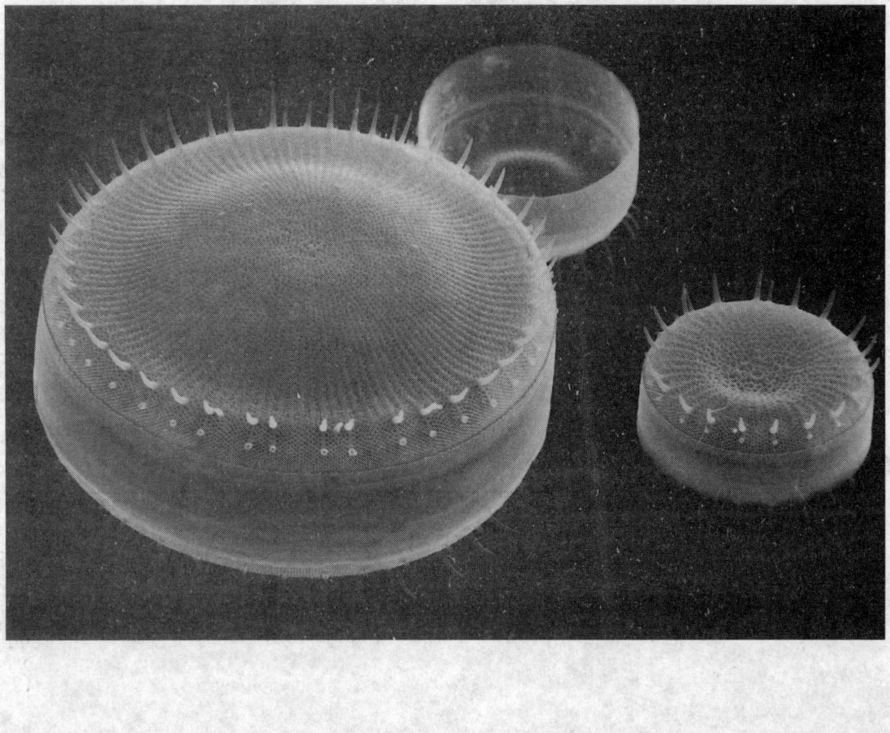

尼亚加拉冠盘硅藻（diatom stephanodiscus niagarae）是北美洲许多温带湖泊中的常见水藻。图片提供：Mark Edlund/Science Museum of Minnesota

比如那些位于高纬度地区（包括美国北部、加拿大和欧洲）的水库。

五、生物组成及相互作用

水坝用均一的生态条件取代了极端的生态条件，因此可以改变水量和水质，也可以改变形成淡水生态系统河床及河岸的物质的性质及组成。同样，这些变化又会改变淡水生态系统的结构、功能和生态完整性。

（一）结构

水坝作为一个物理屏障，会使物种的运动中断。物种流动性的减少，会在物种组成及物种消失方面产生重大影响。由水坝引起的生物贫化总趋势包括：①洄游鱼类的灭绝或濒危（包括溯河产卵的鲑鱼及其他许多洄游方式不同的鱼群）；②动物分布范围的破碎化及种群的隔离；③有些类群的灭绝或濒危，因为这些类群受地理条件限制，需依赖独特的河边生境才能生存；④依赖洪水及淡水河口生境生存的类群丰度的降低；⑤静水类群及非本地类群的增加（见 Pringle et al. 2000 的总结）。在南美洲和亚洲的热带地区，有关水坝对淡水生态系统生物完整性影响的出版物少之又少。鉴于淡水生态区系的地方性程度、洄游鱼类的洄游范围、河漫滩季节性泛滥对鱼类洄游的重要性，以及热带水库或尾水中经常产生的负面物理或化学条件，新热带区的河流生态也容易受到水电站兴建的破坏（见 Pringle et al. 2000，Dudgeon 2000 的总结）。此外，水坝也从整体上改变了那些对水文变化特别敏感的河岸生态系统（见 Nilsson and Berggren 2000 的总结）。消除或降低洪水的干扰，不仅可以改变河边植被的物种组成，而且还可改变不受洪水影响的高地上特有的森林类型（Décamps et al. 1988）。

（二）功能

洄游鱼类及其他有机物可以将海洋的营养物及能量带到淡水生态系统中，并通过这种方式影响当地的生境和生物群落（Ben-David et al. 1998, Gresh et al. 2000）。虽然有关其他水系不同河段间的洄游鱼类群（如鲟鱼、亚口鱼和亲吻鱼）的研究还较少，但它们也能起到类似的作用（Hall 1972）。而水坝改变了淡水生态系统内的物种分布格局和丰度，从而也改变了这些作用。此外，双向洄游虾类（amphidromous shrimps）及河川洄游鱼类（potamodromous fish）对水坝上方静水有机物及藻类和无脊椎动物群落的消

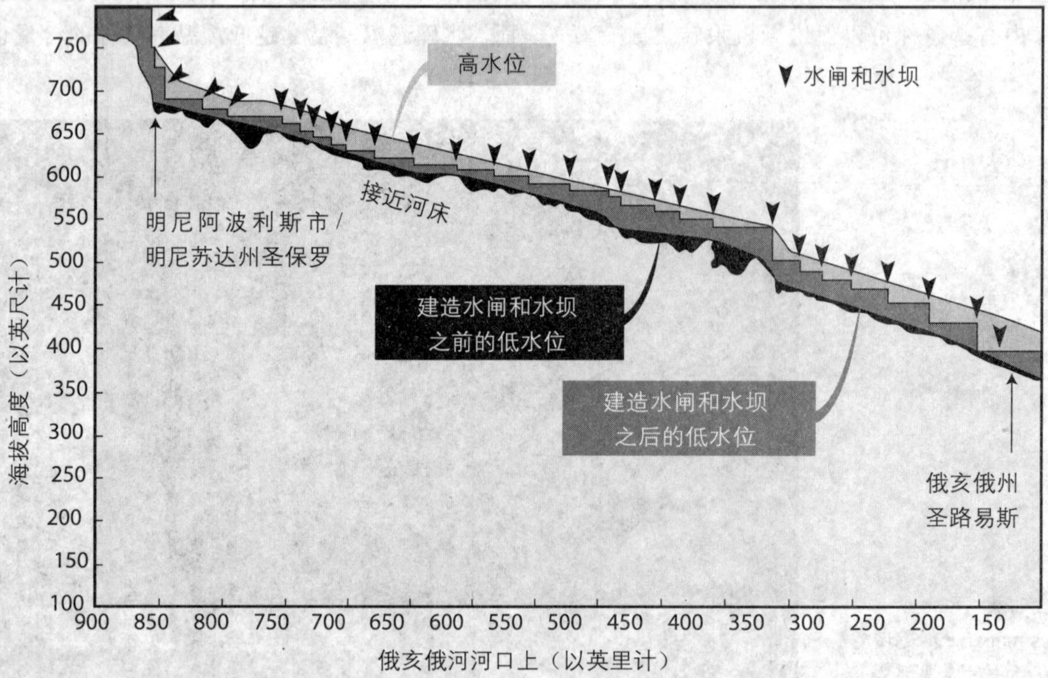

图 4-7 密西西比河剖面图（表明水闸和水坝建造前后的水位）

来源：改编自 U.S. Army Corps of Engineers, http://www.usace.army.mil/navdata/locpic.htm

被洪水淹没的澳大利亚墨累河河漫滩沿岸的赤桉树林。
摄影：Amy Jansen

耗，也可能会对生态系统过程（如初级生产和碎屑处理）产生重大影响（Flecker 1997）。有些藻类仅生长在河底某一附着层或生物膜上，但由于水坝的兴建，可能会在水库内形成一个更大的浮游生物群落（浮游藻类）。因为水库的浊度较低，再加上径流受到污染，可能会提高初级生产力，并导致这种浮游藻类的滋生。热带及亚热带水库经常会受到外来大型水生植物［如水葫芦（凤眼莲）（*Eichornia crassipes*）］滋生的困扰，随着这些物种的死亡和分解，又会造成缺氧（对其他水生生物区系有害）。最后，由于水坝把淡水贝类与其洄游鱼类寄主隔离开来，造成淡水贝类的减少，也会对河流的水质及水底稳定性产生不利影响（Strayer et al. 1994, Kowalswki et al. 2000）。

水坝的兴建，缩短了洪水的持续时间，降低了洪水的强度，并影响到了河漫滩、河岸区、三角洲及湿地的自然生产力。这些区域的许多物种都离不开周期性洪水，因为周期性洪水可以为它们提供营养物，把它们与河道联系起来，而且对它们所赖以生存的浅层地下水进行补充。澳大利亚墨累河（Murray）河漫滩上桉树林的再生就离不开周期性的天然洪水。但现在洪水被水坝拦住了，阻碍了桉树林的再生。相反，水坝泄水的时机不对，也可能会摧毁南非蓬戈拉波特大坝（Pongolapoort）下方的发烧树（*Acacia xanthophloea*）树林（WCD 2000）。由于没有了天然的淤泥、营养物和水分供给，这些河漫滩的形态发生了变化，在当地常驻种中引起了级联效应，增加了外来物种的入侵概率。

减轻／减少水坝对淡水生态系统影响的策略

显然，水坝是损害淡水生态系统的罪魁祸首，这一点众所周知。也许正因如此，各种各样的利益相关者们才会制定和实施各种策略，减少水坝对这些生态系统的影响。这些策略包括各种技术、法律和制度，也包括社区方面进行的相关工作，目的就是要修改建坝计划、改变水坝的运行，或是开展工作拆除水坝。本节旨在将这些策略综合起来，形成一个条理清楚的工具箱。

一、技术策略

河流经过治理，有些技术策略可以改善其水流形

2001 年 7 月，泰国帕克穆水坝泄水闸门开启时，一位年轻的村民在庆祝。图片提供：the Assembly of the Poor, Thailand。

式，包括：改进水坝的运行；停用及拆除水坝；改变河道及其他控水构筑物，调整整个河流系统。接下来我们就对以上几点分别进行讨论。

（一）改进水坝的运行

只要拆除水坝（详见下文），有些河流的天然水流就可以恢复。尽管如此，大部分大型水坝近期还是要保持现状。不过，改进水坝结构及运行，可以使坝中排出的水流与河流的天然水流态更加一致。对水坝进行保养、维修或行政检查的时候，就是实施改进措施的最佳时机。然而，要充分利用这一关键时机，通常还必须与水管理者及其他利益相关者们进行沟通（这一点很重要），或者介入行政程序。例如，美国联邦能源管理委员会（FERC）是负责向美国境内大部分小型水力发电项目发放许可证的重要机构。该委员会发放许可证，同意在限定时间内对现有项目进行建造和 / 或持续运行，但时间到期后，水坝运行者们必须重新申请许可。这种许可颁发工作是一次对水坝运行产生重大影响的特别时机。利益相关者们可以影响决策，因为委员会在必须做许可发放决定时，要对环境、休闲、鱼类及野生动物以及该项目所产生的其他非能源价值和发展目标给予同等考虑（FERC 2002a）。把重新发放许可与改善水坝泄水联系起来，可以成为恢复河流生态的一个重要工具（Haeuber and Michener 1998）。下面我们就进一步讨论可以影响联邦能源管理委员会决策的一些策略以及如何与之接触的建议。

（二）重新运行水坝，模拟天然水流

科学家及水资源管理者们正在试验实行一些新的水坝运行策略，并对水坝设计进行改良，以最大限度地降低水坝及水坝运行对水流及水生和河岸生物区系的负面影响，改进水坝向下游淡水生态系统泄水的方式。

1996 年高调进行的“河滨生境水流重塑”实验证明了短期泄水的可恢复能力。这次实验模拟了一次春季洪水，以每秒钟 1 274 立方米的速度把格伦峡谷大坝（Glen Canyon）中的水泄入科罗拉多河中（Poff et al. 1997, Collier et al. 1997, 1996）。这次实验的泄水量是水坝调节外流水量的几倍之多，但仅是春季洪水历史平均年水量的 35%。这次实验的总目标是：通过管理泄水，使之更接近天然形式，以了解河流的恢

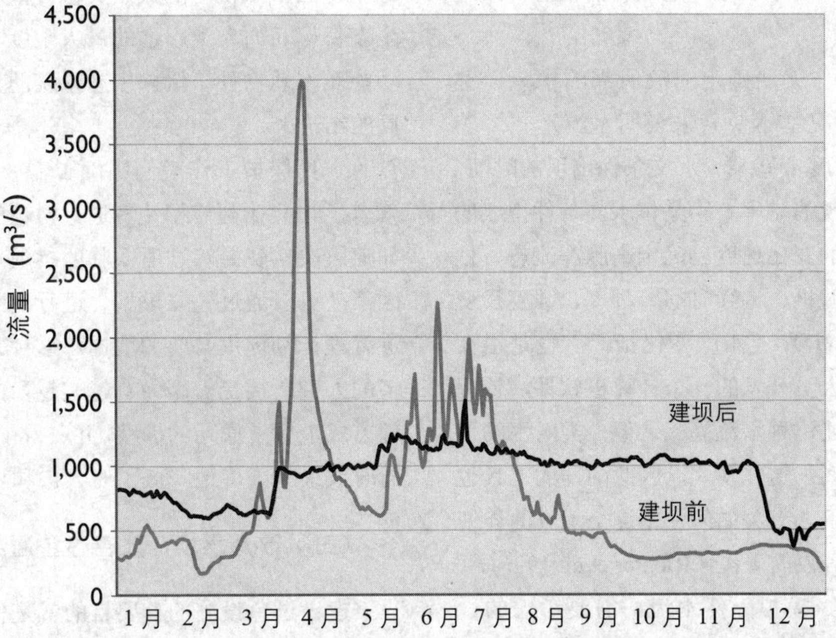

图 4-8 水坝调节前后的密苏里河流量

来源：Postel, Sandra and Brian Richter. 2003. Rivers for Life: Managing Water for People and Nature, (Washington, DC: Island Press) p. 126.

复潜力。具体目标包括：①重新沉积高海拔拦门沙；②保护及修复露营河滨；③冲走非本地鱼种；④修复本地鱼种的回水生境；⑤冲刷出新的高水位区；⑥为旧高水位区的河岸植被生长供水。这次实验最重要的一个成果也许是政治方面的成功：使为恢复河流而进行的增加水流的管理行为合法化。另外，美国和世界其他地区的河流还进行了一些规模较小的修复泄水受控实验（见 Freedman 2002 的总结及 www.freswaters.org 上的水流修复数据库）。最近在泰国帕克穆水坝（Pak Mun）进行的模拟泄水起因是来自社区的压力，这些社区全都受到捕鱼量减少及重大经济困难的影响。水坝的闸门开放一年之后，水库的水位回到了正常水平，超过 152 种鱼类物种（其中包括 145 个本地鱼种）也回到了水坝下方的河段，河岸植被也开始得到修复（RWESA 2002）。

有时，改变水坝的管理模式，不仅可以改善生态条件，而且还可以提供下游人类用水。大自然保护协会的工作人员开发出一种方法，其中有一个“生态可持续发展的水管理”（ESWM）框架。我们可以利用这一框架来实现那些看似矛盾的管理目标。“生态可持续发展的水管理包括以下六个步骤”：

第一步：评估生态系统的流量需要。维持本地物种和自然生态系统的功能需要一定的水流量。我们首先要对此水流量的主要方面进行初步数值估计。

第二步：确定人类对水流态的影响。水文模拟计算机模型可方便地检查人类对河流流态的改变。通过开发这样一个模型，我们可以了解目前及将来人类对水的使用情况。

第三步：确定人类及生态系统需求的不相容之处。评估人类及生态系统需求之间的不相容之处，特别要注意它们的空间及时间特点。

第四步：共同寻找解决方法。公开对话可以明确价值观，分享信息，还可在利益相关者之间建立起信任。我们可以用这种方法来寻找减少或消除人类与自然需求之间矛盾的方法。

第五步：进行水管理实验。一些重要的不确定性因素可以破坏我们把人类需求和自然需求结合起来的努力。我们可利用实验、监测及科学实验来解决这一问题。

第六步：制订并实施适应性水管理计划。针对生态系统健康、经济利益和其他社会需要，明确双方都能接受的目标；制订监测计划，跟踪为达到这些目标而进行的工作；建立一个程序，根据新的信息，改进水管理工作。

其中第一步工作就要确定河流所需的水量，并用以下 5 种水文状况基本要素来说明水流形式：①任一时间的水流强度；②某一水文条件出现的时间；③某一水文条件出现的频率；④具体水文条件持续的时间；⑤水文条件的变化速度。确定高脉冲流态、枯水期和洪水活动的时机、持续时间、频率、强度及变化速度也同样非常重要。"水文变化指标"也是由大自然保护协会工作人员开发的一个计算机软件，使用了一大套参数来描述这种水流模式。但人类对水的使用使得河流水流偏离了这些模式，因此同样的工具也可用来测量偏离程度。有关如何使用这个工具的详细介绍，参见瑞奇特等人的著作（Richter et al. 1996）。

重新运行水坝，模拟天然水流，需要考虑的一个中心问题是要保证河流的持续健康和完整性，最多可对（天然）水流条件进行多少改变。针对这一问题而制定的新策略把河流的水文、物理、化学、生境和生物特征等数据全都集合起来，制定出一个科学合理的整体数据图表（Postel and Richter 2003）。最近又开发出几种收集和汇编数据的方法，包括积木组合法（BBM）(Tharme and King 1998)、整体分析法 (Arthington 1998) 及标杆管理法 (Brizga et al. 2002)。这些方法虽然使用的数据类似，但却可以根据不同的生态目标（如人类用水的最大限度、保护生态系统的功能及本地物种、保护生态系统的天然状态）得出不同的结论来。

一旦保护工作者们明确了需要改善的水流模式，就有了与其他利益相关者进行讨论的基础，可以讨论如何解决水资源管理所面临的挑战。对于那些不确定因素，可以通过建立模型、进行实验和开展监测为改进管理计划提供必要的数据。这种方法正在被越来越多的人们所接受，因为有越来越多的项目对现有水管理方式进行了成功的调整，并取得了重大的生态收益，同时又最大限度地降低了对人口和机构供水的影响。

（三）改造水坝，改善过鱼通道

建设过鱼设施的首要目的就是使洄游鱼类可以在水坝附近活动。这些设施可以在水坝建造初期或之后的改造过程中建在水坝工程里。

鱼类通道包括以下几种类型和运行方式：

鱼梯：鱼梯是由一系列相互联系的倾斜河道组成的。水流从堰坝和缓冲带流过形成了池塘，鱼梯也包括这些池塘。鱼梯是鱼类从河流进入水库的通道。这类设施有许多不同的设计，以满足具体的环境条件和物种需求。例如，现在有些堰坝的设计，

华盛顿州艾斯港水闸和水坝（Ice Harbor Lock and Dam）的成年鱼鱼梯。图片提供：U.S. Army Corps of Engineer

法国卢瓦尔河（Loire）支流阿列河（Allier）上圣艾蒂安迪维甘村（Saint-Etienne du Vigan）附近一个大坝的拆除：爆破前（左上图）、爆破中（左下图）及1998年水坝拆除后的第八周（右上图）。图片提供：ERN Europe Rivers Networks/SOS Loire Vivante。

会在堰底留一个口，鱼类和推移质可以通过这个口，改善对水流的调节。然而，即使是最简单的池塘和堰坝类型的鱼梯，其效率也不过仅有2%。决定鱼梯成功的主要因素有：①要有足够的水流，可以把鱼类引到通道口；②随着重力水头的改变，通道里的水流要合适；③河道坡度；④没有像残木这样的阻塞物（Word Bank 2002）。

闭闸和开闸系统：闭闸和开闸系统的运行与船闸类似。首先，把鱼类吸引或集中到闸室里，闸室满了之后闭上闸门，把鱼类（及水）输送到上游或下游的下一级水库中。闸室到达下一级水库之后，闸门打开，鱼类释放出来。

丹尼尔式鱼道和竖缝式鱼道：该鱼道指水闸上有一连串的垂直缓冲区，水可以从缓冲区流过。这一设计可以调节自流量，为鱼类提供栖息地，而且也有助于推移质的输送。

诱鱼入槽和输送：诱鱼入槽和输送就是先把鱼捕获，然后再通过升鱼机、集运渔船或卡车将鱼运到水坝附近，或者重新安置在另一条河里。需要长距离运送的鱼可能还需要冷藏。这种运输方式的成本很高，而且鱼类洄游的成功概率还不足0.5%（Lovett 1999）。

遗憾的是，过鱼设施建设与维护的成本非常高，尤其是水坝建造完成之后再附加的过鱼设施。例如，在缅因州的锡巴斯蒂库克河（Sebasticook）上，为诸如灰西鲱、美国鲥鱼和大西洋鲑鱼这样的海洋鱼类安置升鱼机（IRN 2002a）的成本为300万～400万美元。南美洲巴拉纳河（Parana）的雅西瑞塔水坝（Yacyreta）上安置的升鱼机价值3000万美元，但却并未利于鱼类的洄游（McCully 2001）。

此外，由于设计不合理和运行不当，过鱼设施并非总是利于鱼类的洄游（Jobin 1998）。许多鱼类通道都建立在鲑鱼模型的基础上，全都假设鱼类物种是优秀的游泳选手，在水流速度较快的水域里能游到上游去产卵（McCully 2001）。这种模型并不适合那些有其他洄游方式和需要的鱼种，如降海产卵鱼（在河流中生活，在河口或海岸水域产卵的鱼种）、双向洄游鱼（既在淡水又在咸水中产卵和成熟的鱼种）及淡水洄游鱼（完全在淡水里洄游的鱼种）或是生活在水流速度较慢水体里的鱼种（Pringle et al. 2000, Dudgeon 2000）。虽然参照北美洲和欧洲河流模型建立了鱼梯，澳大利亚东南部的本地淡水洄游鱼种澳洲银鲈还是自 20 世纪 40 年代以来减少了 90%，现在已被列为易危物种（McCully 2001）。南美洲巴拉纳河（Parana）的已知鱼种有 250 多种，其中有些鱼种要在整个生命周期中从双向洄游到河中几次，但雅西瑞塔水坝（Yacyreta）里的升鱼机却只是为溯河洄游而设计的（McCully 2001），并且逆河洄游的需要也仍未能得到满足。此外，水生爬行类种群（如虾、虾虎鱼和螺）的需要直到最近才被考虑（March et al. 2003）。有关鱼类通道的更多信息，请参见奥德的大作（Odeh 1999, 2000）。

（四）拆除水坝

拆除水坝是另一个可以减缓水坝对淡水生态系统负面影响的有效方法。此外，拆除水坝还有一些其他理由：安全考虑；满足不断增长的休闲需要；水坝最初投入使用时所要满足的那些需要（如电力、控洪、航运、市政供水及将木材运到下游）现在已经有了新的解决办法（Gleick 2000）。有些正在运行的水坝所造成的环境破坏大于其所带来的收益，因此，拆除这些水坝是一个合理的解决方法（Maclin and Sicchio 1999）。若要影响水坝的拆除，这些附加的环境理由是关键。

美国自 1912 年以来已经拆除了约 500 座水坝（Poff and Hart 2002, Maclin and Sicchio 1999, Flavin et al. 2002），其中有约一半是 20 世纪 90 年代以后建造的。威斯康星州在拆除水坝工作中遥遥领先，共拆除 73 座水坝。其中最大的一个是位于爱达荷州克利尔沃特河（Clearwater）的格兰杰维尔大坝（Grangeville），高达 19 米（1963 年为修复鲑鱼洄游而被拆除）。但绝大部分被拆除的水坝都是小型水坝，平均高度只有 7 米，而且仅占高于 2 米水坝总数的 0.5%。除美国外，其他国家也有拆除水坝的实例，包括 1998 年法国为修复鲑鱼生境而拆除的两个小水坝（IRN 2002c）；2002 年拉脱维亚为改善渔业而拆除的一个小水坝；1991 年捷克共和国为修复河岸及林地生境而拆除的一个小水坝；2000 年澳大利亚拆除的一个大水坝以及在不久的将来为修复水流量及水质而要拆除的其他 9 个水坝（River Alliance of Wisconsin 2002）。

拆除水坝的倡导者们还会把水坝的使用寿命作为拆除的理由。美国有 25% 的水坝已经超过了 50 年的使用寿命，到 2020 年，这个数字将增长到 85%。许多水坝已经老化和淤塞，其运行非但已经不合算了，而且还危害到公共安全。“国家水坝目录”(USACE 2002b) 指出，32% 的水坝很有可能或极有可能对下游造成危害，但其中大部分水坝都没有应急运行方案来应对故障或操作疏忽。随着水坝的老化，公共安全成了一个非常重要的问题。除此之外，水坝在运行 25 ～ 30 年之后，维护和运行成本就要大幅增加，而许多水坝的维护和运行成本已经超出了其所带来的经济效益。为使水坝正常运行和节约成本，就要对水坝进行修复和翻新，但其成本通常比直接拆除还要高（McCully 2001, Maclin and Sicchio 1999）。

大部分水坝拆除项目都给河流生态系统、河岸生物群落及水坝业主和运行者带来了极大的好处。虽然有时拆除水坝也会带来一些不尽如人意的生态后果（如拆除阻挡上游外来入侵物种的屏障、将泥沙和污染物释放到下游水域等），但从长期来看，拆除水坝可以修复河流，这一好处通常要高于拆除水坝的代价。具体而言，水坝拆除的好处包括：

- 修复河流生境；
- 改善水质；
- 重新建立上下游之间的鱼类通道；
- 恢复易危及濒危物种；
- 改善河岸及河漫滩生境；
- 消除水坝的安全隐患及相关的不利条件；
- 节约纳税人的钱；
- 取消水坝维护及运行成本；
- 提升美感；
- 增加钓鱼的机会；
- 增加游船休闲的机会；
- 促进河流及其上下游地区向公众开放；
- 为公众及土地持有人创建新的土地；
- 促进河边休闲；
- 增加旅游机会。

专栏 4-1　案例研究：美国缅因州肯纳贝克河爱荷华兹大坝的拆除

1999 年 2 月，美国缅因州肯纳贝克河的爱荷华兹大坝。
图片提供：Maine State Planning Office

在历史上，缅因州的肯纳贝克河（Kennebec）维持着大量的商业洄游鱼种，如大西洋鲑鱼、鲱鱼、鲟鱼和花条鲈。爱荷华兹大坝（Edwards）是在 1837 年建造的，开始为锯木厂、谷物磨坊及纺织厂提供机械动力，后来又开始生产电力。但是，爱荷华兹大坝却遭到了当地居民的反对，因为他们担心大坝会影响当地的渔业。水坝建成后，捕鱼量陡然下降。建坝前，一个渔民每季可以捕获 500 条鲑鱼，四个渔民一天之内便可捕获 6 400 条鲱鱼，仅一次高涨潮就可在一个堰里捕获 1 000 条花条鲈。但截至 1880 年，仅剩下 12 个渔民还在从事花条鲈的捕捞活动，年捕获量也从 66 000 公斤下降到 2 500 公斤。

肯纳贝克河联盟于 1989 年成立，旨在促成爱荷华兹水坝的拆除，以恢复肯纳贝克河。1997 年 11 月，美国联邦能源管理委员会拒绝为水坝的运行重新颁发许可，这也是该机构第一次行使此种权力。1998 年 5 月，肯纳贝克河联盟、利益相关者、商业集团、大坝业主及几家联邦和州级机构公布了一项预算，以资助拆除水坝、援助渔业恢复项目。许多商业集团、基金会、组织和个人也进行了捐款和物资捐赠，以实现改善和保护肯纳贝克河及其生物群落的目标。拆除水坝的总费用为 300 万美元，其中约 210 万美元用于破坏大坝，剩余的 800 000 多美元为工程费用和征地费用，由上游水坝运行者和下游的一家造船厂共同承担。作为总协议的一部分，上游运行者获准延迟实施成本为 900 万美元的渔业恢复项目，而造船厂也获准进行扩充。这次拆坝的总费用还不到安置过鱼通道费用的三分之一，水坝业主及地方、州级和联邦政府机构分担了这一费用（American Rivers 2002c,d, IRN 2002b）。

拆除过程中的爱荷华兹大坝，残余的大坝上开了一个通道。
图片提供：Maine State Planning Office

水坝拆除工作于 1999 年 7 月开始，历时 5 个月。为方便使用重型设备拆除主坝，人们建造了一个砾石围堰[1]。一旦水坝被拆除，这些围堰也将会被破坏，这样河流才能稳定下来。爆破残留物可用来填埋（河流西岸的）动力渠或其他地方。

爱荷华兹大坝的拆除标志着 160 年来肯纳贝克河的洄游鱼（包括大西洋鲑鱼、大西洋鲟鱼、短吻鲟、蓝背西鲱、亚洲胡瓜鱼、花条鲈和灰西鲱）首次可以从水坝所在地再往前游出 27 千米，到达沃特维尔（Waterville）。水坝拆除后的几个月内，野生动物观赏种群及水生昆虫种群都有了很大的改善。鱼类的洄游已经使其他水生动物（如鱼鹰、秃鹰、翠鸟、大蓝鹭、矶鹞和鸬鹚）的数量也增加了。仅拆除的几个星期内，自生植被就已经开始在以前水库的岸边聚集生长了。

[1] 围堰是一个临时屏障，可以使常被淹没的地区不被水淹。围堰通常由木材、钢铁和混凝土板桩建成，主要用于建造水坝、桥梁及类似水中建筑的地基，也可作为临时干船坞使用。

水坝拆除使水质改善，渔业与旅游经济得以恢复，当地区域经济也可从中获益。这种多方持续合作的工作模式也成为一个榜样，鼓励社区参与环境条件改善，同时又可使当地社区多方受益（Kennebec Coalition 1999）。

爱荷华兹大坝拆除后，长期未出现的洄游鱼种回归，鱼鹰与其他野生动物也回到了肯纳贝克河。摄影：Marian McSherry

（改编自 Maclin and Bowman 2002）

拆除水坝的成本各不相同，要视众多因素而定，如水坝的大小、结构的复杂性以及河流的特点。拆除水坝少则 1 500 美元［宾夕法尼亚州的马迪河（Muddy）]，多则 320 万美元［新墨西哥州圣菲（Santa Fe）的两英里河（Two Mile）]。迄今为止，承担水坝拆除费用的机构有很多，包括地方政府、州级 / 省级和联邦政府、水坝业主、普通公民及社团法人。通常，水坝拆除成本由多个实体分担。水坝拆除资金可融入许可申请费用，即水电改革联盟建议美国联邦能源管理委员会颁发许可证收取的费用，或者来自许可证的出售及要保证河流其他水坝继续运行的减灾资金。

（五）水坝拆除步骤

水坝拆除是一项重要的工作，应该对拆除的好处和弊端慎重考虑之后再进行。和水坝建设不同，水坝拆除是一个新兴的策略。拆除工作通常会陷入以下困境：决策过程不充分、信息不完整、不准确，感情用事和存在分歧。我们应该在一个公开而且有建设性的气氛下来检查方案的可行性。科学家与水管理者们认识到了改善决策过程的必要性，开始应用社会科学理念，来实现一个具有生态可持续性并符合大众利益的结果（Johnson and Graber 2002）。

每项水坝拆除工作都各具特色，需要制定各自的实际行动方案，而这些方案常常要花几年甚至几十年的时间才能完成。经验证明，水坝拆除决策不仅要必须考虑多个利益方的需求，而且还要考虑行政、政治、社会、经济和环境方面的问题。要做到这一点，最好的方法就是制定一个全面的策略，应包括以下几个方面的内容：信息收集、沟通、组织和获取支持，以及确定现有制度、法律和其他实施工具。下面就是做出合理决策的基本步骤，适用于大多数情况：

步骤 1：确定目标；

步骤 2：明确需要解决的主要问题；

步骤 3：收集数据，进行评估；

步骤 4：做出决定（如果决定拆除水坝，则还需包括以下两个步骤）；

步骤 5：拆除水坝；

步骤 6：收集数据，进行评估，并开展拆除后的监测工作。

美国亨氏科学经济及环境中心于 2002 年发布了一个名为“水坝拆除：科学与决策”的文件，对以上各步骤进行了详细的讨论。该文件可免费索取，其 PDF 文件也可从网上下载：http://www.heinzctr.org/publications.htm (Heinz Center 2002)。

更多详情及有关水坝拆除事例、问题和考量的介绍，请参见以下出版物：

Bolling, D.M. 1994. How to Save a River. A Handbook for Citizen Action. River Network.

Echeverria, J.D., P. Barrow, and R. Roos-Collins. 1989. Rivers at Risk. The Concerned Citizen's Guide to Hydropower. American Rivers.

The Aspen Institute. 2002. Dam Removal. A New Option for a New Century. 81 pp. http://www.aspeninst.org/eee/pdfs/damremoval option.pdf.

Trout Unlimited Small Dams Campaign. Multiple publications, and some may be downloaded free through http://www.tu.org.

- Dam Removal Success Stories: Restoring Rivers Through Selective Removal of Dams that Don't Make Sense (December 1999)
- Dam Removal: A Citizen's Guide to Restoring

Through Selective Removal of Dams that Don't Make Sense (December 1999)
- Dam Removal: A Citizen's Guide to Restoring Rivers (November 2000)
- Taking a Second Look: Communities and Dam Removal (December 2000)
- Small Dam Removal: A Review of Potential Economic Benefits (October 2001)
- Exploring Dam Removal: A Decision-making Guide (Spring 2002)
- Removing Small Dams: A Practical Guide to Engineering and Other Scientific Considerations (Fall 2002)

（六）影响水坝的兴建

越来越严厉的环境保护法和安全保护法为保护工作者们提供了一个可以影响未来水坝建设的工具。实质上，保护工作者们可以从两个方面入手：就一个或多个水坝的兴建对水资源管理者及技术人员进行培训；利用现有的政策来影响对要建水坝的批准。

许多利益相关者（包括保护组织在内）可能会提出，工程人员及管理者们所开展的项目应该是可持续发展的，应该适应不断变化的环境条件和人类社区的需要。然而，水坝设计者和水资源管理者们目前所受的培训，并不能给他们提供有效的指导，使其了解除水坝构筑物和运行方式外，没有其他的选择，因而无法使他们做好充分的准备来正确解决这一问题。因此，我们应该对工程课程进行补充和修改，同时继续进行实验，进行恰当的设计并确立运行模式。这样我们才能在这些方面提供更全面的培训（Jobin 1998）。此外，利益相关者的参与也可在以下几个方面对水坝的兴建产生影响：审查现有水坝是否符合相关法律以及既定目标是否实现；对具体水坝的建设需要进行初步评估；对未来的水坝项目实行许可申请制度；确定监测标准，收集数据，评估项目提案和现有水坝绩效。世界水坝委员会为新建水坝制定了一套指导方针，利益相关者还应考虑对这些指导方针的探讨及认可（改编自 WCD 2000）。

二、制度及法律策略

保护工作者们可以利用各种制度及法律规定（或对其产生影响），来保护和改善水流。各级管理中（无论是地方还是国际上）都有可以利用的制度和法律规定。例如，精心制定地方分区法令和土地使用计划，保障河流的必要流量，保护河岸地区及湿地。已经有人成功地利用各州及联邦环境与安全法规，拒绝重新颁发水坝运行许可，或是要求改进需要重新运行的水坝。国家之间及国际的环境保护协议也越来越多，为保护共有水资源提供了一些有限的指导原则。尽管针对水流管理制定了一些水道条约，如联合国大会通过的《国际水道非航行使用法公约》，但其规定全都集中在水流的作用上：生产、防洪及保护商业鱼类。到目前为止，还没有一个水流管理条约是针对保护整个河流系统的化学、物理和生态完整性的（IUCN 2002）。

保护工作者们若要制定具体的制度及法律策略，以减少水坝的影响，应该首先提出并回答以下几个关于水坝的基本问题：

要解决的问题或争议是什么？

- 水坝建设；
- 水坝重新运行；
- 水坝停用。

拟建活动（建造水坝、重新运行水坝）的目标是什么？

- 经济发展（灌溉、水力发电、工业）；
- 提高水坝运行效益；
- 扩大水坝运行能力（如提高水库储水量）；
- 遵守法规（环境法规、安全法规、其他法规）。

利益相关者的目标是什么？

- 环境保护（保护物种、河岸及湿地）；
- 经济目的（休闲、旅游、垂钓）；
- 文化保护；
- 安全考虑。

当前的威胁是什么？

- 生境被淹没；
- 下游湿地供水不足；
- 鱼类洄游通道受阻；
- 水质受损；
- 盐渍化程度加重。

负责水坝运行和维护的机构／一方是什么？

- 私人业主；

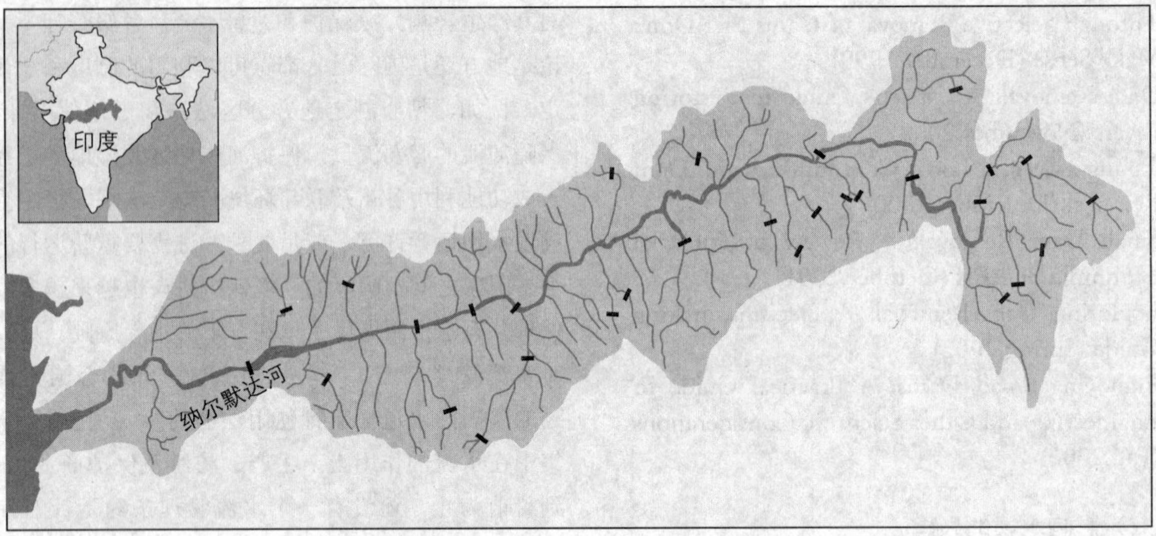

图 4-9 印度纳尔默达河沿线的 30 个水坝（其中许多已经建成）

- 市政机构；
- 水务监管部门；
- 州级和联邦政府机构。

可以利用哪些工具来改变决策？

- 分区法规；
- 灾害法和安全法；
- 环境保护法；
- 历史文化保护法；
- 部落保护法；
- 国家间及国际的条约和协议。

可以影响哪些机构？

- （流域）委员会；
- 水务监管部门；
- 政府机构（地方级、地区级、联邦级；
- 国际组织（如世界银行、国际货币组织、亚洲发展银行等借贷机构）；负责实行条约及公约的实体、环境保护组织，如联合国环境署；
- 水坝业主及运行者；
- 政府官员及社区领导。

拟建行动的时间表是什么？

- 当前；
- 长期。

拟建活动是否是其他大型项目的组成部分？

- 地区防洪；
- 地区供水或供电；
- 恢复行动；
- 地区发展。

哪种策略可以最有效地影响决策者？

- 游说政府官员；
- 游说机构官员；
- 出席信息通报会和公众意见发表会；
- 利用媒体、公众集会和一般会议进行公共宣传；
- 法律工具，包括因环境、历史、文化和安全原由，征用设施并向更高一级法院提请诉讼和上诉；及利用现有的工具，如美国的《濒危物种法案》和《清洁水法》；
- 协作或合作妥协；
- 指定保护区或特别关注区，如美国的《自然与风景河流法案》；
- 买断设施或土地。

此外，制定制度及法律策略还面临着其他的挑战：现有制度结构不利于决策参与；环境法、安全法及历史文化保护法缺乏、不足或实施不力；开展保护活动和进行立法工作缺乏财政来源；可用数据有限，妨碍了评估现状、预测拟建行动影响及确定替代方法等方面的工作（WCD 2000）。例如，印度政府不顾关心环境、经济、安全及人权问题（如大批人口移民、赔偿不足）的地方及国际社会的批评，也不顾世界银行的撤资，继续在纳尔默达河流域（Narmada）兴建了多个水坝（Friends of the River Narmada 2002）。

下面将进一步介绍如何利用国际及美国的制度和法律规定，在水坝的兴建与拆除及重新颁发许可方面

专栏 4-2 案例研究：肯塔基州绿河水坝的重新运行

绿河（Green）是美国东南部地区淡水生物多样性的一个至宝。生活在这里的淡水物种有151种，其中包括12种地方性鱼种、59种贝类以及一群独特的洞穴动植物。但绿河受到以下因素的威胁：农业生产的非点源污染、外来物种的竞争与捕食以及土地开发。然而，最主要的威胁还是水文状况的变化，而引起水文变化的首要原因就是美国陆军工程兵团在河流源头运行的绿河水坝。30多年来，兵团一直对湖泊水位、下游流量以及水温进行着严格的控制，以达到休闲、灌溉和防洪之目的。结果，河流该泛滥的时候水流量却不足，而河流流量该减少的时候却又水量过大。另外，对本地物种来说，河水的温度也一直过低。显然，要改善当地的生物多样性，改变绿河水坝的运行方式很关键。

大自然保护协会一段时间以来一直在绿河流域里开展保护工作。尽管影响水坝运行这一目标很宏伟，但工作人员迄今还缺少与兵团合作实现这一目标的经验。当被问及“你们希望怎样”时，协会工作人员开始介绍天然水流态概念以及美国其他地方为恢复天然水流态所做的工作。兵团工程师们似乎立刻就明白了，并马上草拟出一个改变水坝泄水时间表的可行性计划，这一计划一方面改变了水坝30年来的标准运行方式，另一方面仍符合其防洪及满足休闲需要的目标。而且，兵团也愿意改变水库泄水的水温，以恢复一个较自然的水温状态。从这次美国陆军工程兵团与大自然保护协会的首次合作中，我们可以得到一些重要的经验：①提出关键问题，是保护淡水生物多样性的第一步工作；②多个利益相关者可以合作，满足多重需要。

绿河水坝的这次经验说明水坝管理可具有生态可持续性。2002年，美国陆军工程兵团启动“河流可持续发展项目”。这一项目首先要对美国全国12个水坝进行改造，而且在项目中兵团将引进这次与大自然保护协会的合作经验。这一项目为我们提供了一个更广泛的基础，可以对兵团所辖水坝重新运行的成效、问题和解决方法进行分析，同时也是我们的下一步工作，使兵团所辖其他水坝的水流更具生态可持续性。

肯塔基州的绿河。摄影：Lynda Richardson

影响决策。

（一）美国的制度及法律规定

1. 利用或影响联邦能源管理委员会

美国能源管理委员会是美国能源部下属的一个独立机构，对私营、市政及国家的水电项目进行管理[2]。目前，受能源管理委员会管辖的许可颁发了约100个，许可豁免近600个。换言之，非联邦政府所有的约96%的私营或公营水坝都归其管辖，占美国所有水电设施的约43%。该委员会的职责就是颁发水坝建造或继续运行许可。他们要从工程、环境和经济角度对申请进行审核，之后颁发50年的运行许可。审核包括：①减少负面影响的建议；②其他政府机构及利益相关者的建议；③最适合综合性计划的提议，以改善或开发水道，便于公共使用（FERC 2002b）。

能源管理委员会的政策和工作程序使公众可以参与到水坝的建造与运行中来，并为减轻水坝的负面影响确定了指导方针，具体来说，要求：①为利益相关者提供机会，参与（重新）许可程序；②减轻负面影响的建议必须以州级或联邦渔业及野生动物管理部门的建议为基础，若出现歧义，必须与这些部门进行协商；③在做颁发许可决定时，考虑能源及发展目标的同时，也要考虑环境、休闲、渔业、野生动物及其他非电力价值问题；④禁止许可证持有者滥用根据联邦法律建立的公园、休闲地区或野生动物庇护所的土地征用权；⑤许可申请人必须为环境影响报告书和其他相关研究提供资金。

首次运行许可到期后，重新颁发许可为促进河流保护及流量减少计划提供了一个前所未有的机会，使机构和利益相关者们有机会利用最新的社会及科学知识，去调查和寻找水电站运行和管理的最佳方式。自1993年起，已经有150多个水坝项目获得重新运行许可，另外还有250个项目将于2010年到期（American Rivers 2002b）。委员会在进行环境影响评价时必须做出一个“环境影响报告”（EIS）或“环境评估报告”（EA）。这两个调查报告要对拟建水电项目的环境影响进行评估，并与其他选择进行比较。

美国河流协会的“水电站大坝改革工具包”明确说明了如何参与及影响水电站大坝的运行。该工具包概括了美国能源管理委员会水电站大坝许可重新颁发程序的14个步骤，详情可登录http://www. amrivers. org/hydropowertoolkit/relicensing14steps.htm 。

此外，水电改革联盟（HRC），一个河流保护非政府组织，也于1997年出版了一本指导手册——《许可重新颁发工具包：有效参与美国能源管理委员会许可重新颁发程序的指导方针》。同时，联盟也欢迎地方团体，可作为社区活动的技术或法律顾问或组织者，干预重新颁发许可工作。其他有关通过重新颁发许可来改善河流的信息可参见“河流、荒野小道及保护援助计划”、国家公园管理处和美国河流协会于1996年出版的《河流恢复：通过水电站大坝许可重新颁发来恢复河流》。最后，有意了解更多信息，可查询《联邦电力法案》16USC791-828c中所列出的官方指导完整名录以及18CFR Parts 4和16中的实施规定。

2. 利用或影响美国陆军工程兵团

美国陆军工程兵团（以下简称兵团）是美国最大的水源开发者，也是一些大型河流的主要管理者，包括哥伦比亚河、伊利诺斯河、密西西比河、密苏里河、俄亥俄河以及斯内克河（Snake）。兵团负责管理全国多个水坝及其他控水构筑物。这些水坝和控水构筑物严重破坏了水文连通性和生境，对上百种物种造成了威胁。然而，兵团越来越有意于改变水坝的运行，使其更具有生态可持续性，“河流可持续发展项目”（SRP）可说明这一点。要了解这一项目的更多详情，请登录 http://www.freshwaters.org/eswm/sustrivs.

3. 利用或影响美国垦务局

作为一个水资源管理机构，美国垦务局（以下简称垦务局）已经在美国西部17个州建造了600多个水坝和水库，并对其进行管理，其中包括科罗拉多河上的胡佛水坝（Hoover）和哥伦比亚河上的大古力水坝（Grand Coulee）。这些水坝是电力、灌溉用水及地区休闲的主要来源。和兵团管辖的水坝一样，垦务局管辖下水坝的控水构筑物也在很大程度上改变了河流的天然水流态，导致许多鱼类物种（包括鲑鱼）数量急剧下降（Brec 2002）。垦务局是一个公共机构，因此，公众参与（如与当选官员或政府官员进行公众会议和

---

[2] 相比之下，联邦水电设施归美国垦务局、美国陆军工程兵团和田纳西流域管理局管辖。

马里兰州及弗吉尼亚州之间大瀑布国家公园（Great Falls National Park）里的波托马克河。
图片提供：National Park Service

接触）可以影响其关于水坝设施运行的决策。

4．利用或影响各河流流域管理委员会

世界各地的河流流域管理委员会负责制定指导方针和政策，对某一具体流域进行管理和开发，是社区和政府官员的一个重要信息来源。美国的利益相关者们可以通过参加公众会议或是利用委员会委员及公民顾问组织，来影响委员会的工作。委员会的工作目标包括：①管理地区间、各州间及国际间的河流协定及协议；②为研究、讨论和制定水资源及相关陆地资源的地区政策提供一个平台；③协调水资源规划和陆地资源规划；④在地方、地区及联邦机构代表地区利益；⑤调查、研究并审查与水有关的问题及所辖各州所关心的问题；⑥为制定国家及国际水政策献计献策。此外，委员会还可在各州政府机构及其他利益相关组织之间建立起合作伙伴关系。例如，《佩科斯河协定》委员会2002年同意向自流水层注水，以增加佩科斯河（Pecos）的水量，并通过移除外来树种柽柳来实施供水（State of New Mexico 2002）。波托马克河流域管理委员会负责确定标准，协商贷款拨款等，并且实施行动（PRBC 2002）。俄亥俄河流域管理委员会为实现目标，开展研究、召开会议、举办讲习班、组织信息交流以及实施政策（ORBC 2002）。1997年成立的阿巴拉契科拉 - 查特胡奇 - 弗林特河流域管理委员会(ACF)负责监督阿拉巴马、佐治亚和佛罗里达三州间用水协定的制定与实施情况，包括配套的监测措施及资金情况（Richter et al. 2003, Kerr and Reheis 2002）。

（二）国际制度及法律规定

国际上有许多两国或多国之间用水及分享其他河流资源的协议。全世界共有261个跨国河流系统，其中一半以上设有管理委员会，由沿岸国家来监督协议和水坝项目的实施情况（DSE 1998）。湄公河管理委员会（柬埔寨、老挝、泰国和越南）的“环境计划”主要负责监督湄公河流域的环境情况，制定政策和进行立法，促进沿岸国家间的合作，并努力提高公众的环境保护意识（MRC 2002）。此外，该委员会还负责对采取的点位和水位进行指导，并制定了一个监督干流跨流域引水的机制（IUCN 2002）。其他国际河流管理委员会还包括：莱茵河管理委员会（欧洲）、印度河流域管理委员会（印度、巴基斯坦）、乍得河流域管理委员会（喀麦隆、中非共和国、几内亚、乍得、尼日尔及尼日利亚）、贝尔梅霍河（Bermejo）管理委员会（阿根廷和玻利维亚）以及涉及三国的皮可马约河委员会（阿根廷、玻利维亚和巴拉圭）。

事实证明，这些法律和条约以及下文总结的其他

专栏 4-3 密西西比河源管理局的成立

20 世纪 70 年代末，根据联邦《自然与风景河流法案》，密西西比河上游 650 千米长的河段被认定为适合保护。明尼苏达州立法机构想对州内更多的土地进行联邦司法管辖，于是成立了密西西比河源管理局（以下简称管理局）（Mississippi Headwaters Board，MHB），并为其活动提供资金，以保护和维持河流源头的自然、文化、风景、科学和休闲价值。管理局于 1980 年成立，是《自然与风景河流法案》系统提出的指定替代保护机构，由密西西比河沿岸前八个县的代表组成。管理局同意制订一项河流管理计划，以保护密西西比河不受发展和污染的影响。

明尼苏达州牛翼河（Crow Wing）附近的密西西比河。
图片提供：Parks and Trails Council of Minnesota

由于这一段密西西比河的大部分土地都为私人所有，所以管理局组织当地居民、政府和非政府组织在土地使用规划、调查研究、管理及支持工作方面进行合作，以实现保护河流的目标（MHB 2002）。此外，管理局还与国家公园管理处一起制订并实施河流保护与管理计划，并最终获得认可，管理局由此成为一个州级权威组织。

管理局目前所监管的河段是美国最长的一个受保护河段，除对参与各县进行指导外，还要保证整个地区都遵守规定，成为个人及商业团体不得违反规定的安全线。同时，作为州级权威组织，管理局还可对那些对河流造成重大影响的活动采取行动。管理局的首要管理工具就是制定一个最低标准，对住宅区面积、楼宇建筑位置、污水下水道的设计与布局以及植被砍伐等方面的活动进行管理。管理局履行职责的方法有三种：制定规则、进行监督和实施管理。管理局要求严格遵守地方土地使用规定，而不是联邦法规。自管理局之后又出现了一些其他地方河流保护团体，其中包括平民水质监督计划“密西西比河源河流观察组织”及“河源遗产”——一项河流管理计划，旨在培养一种河流保护意识。

策略对那些在国际舞台上寻求指导的人们来说颇有启发性。本节虽然没有从各个国家的角度来探讨有关水坝拆除和重新运行的制度及法律规定，但我们确实列出了一些实用的资源，包括一些总结世界各地经验的文献（表 4-1）。

三、社区策略

地方平民组织保护河流的工作也很有效。虽然有些社区要依靠联邦或各州立法来实施河流保护计划，有些社区却可以利用地方或地区机制来组织并动员当地官员和平民制定其他的保护策略。

许多社区都无法决定对老式和过时的水坝该进行修复还是拆除，有些社区觉得这些问题太复杂了，需要一些专业的帮助和资源。许多地方、地区及国家级组织可以帮助利益相关者制定和实施替代策略。鲑鳟类保护协会和水电改革联盟就是两个这样的组织，其活动包括：公众教育、组织工作、调查研究、宣传、项目集资及技术咨询。

有关其他致力于水坝拆除和重新运行的非政府组织的详情，请登录以下网站：

- 国际河网（IRN）——使国际社区了解与水有关的威胁，http://www.irn.org/index.html
- 美国河流协会 / 水电改革联盟 http://www.americanrivers.org
- 俄勒冈河流观察组织——收购河道内的正常流量权，http://www.waterwatch.org/
- 美国激流协会——每年颁发一次“最招人嫌”奖，即“水狂奖”，以引起人们对那些破坏环境的水电站项目的关注，http://www.

表 4-1 国际制度及法律规定

国际
Convention Relating to the Development of the Hydraulic Power of International Affecting More Than One State, and Protocol of Signature. Done in Geneva, 9 December 1923
UN Convention on the Law of the Non-navigational Uses of International Watercourses (May 1997)
Helsinki Rules on the Uses of the Waters of International Rivers, International Law Association (1966)
Madrid Declaration on Int'l Regulations Regarding the Use of Int'l Watercourses for Purposes other than Navigation, Institute of International Law, 24 Annuaire de l'Institut de Droit International (1911)
General Comment No. 15 (2002). The Right to Water, Substantive Issues Arising in the Implementation of the International Covenant on Economic, Social and Cultural Rights, U.N. (Economic and Social Council, E/C.12/2000/11 (26 November 2002)
Dublin Statement on the Water and Sustainable Development
UN Conference on Environment & Development (Rio de Janeiro/Brazil, June 1992), Chapter 18 - Protection of the Quality and Supply of Freshwater Resources: Application of Integrated Approaches to the Development, Management and Use of Water Resources
Agenda 21, Chapter 18: Protection Of The Quality And Supply Of Freshwater Resources: Application Of Integrated Approaches To The Development, Management And Use Of Water Resources
Dams and development: A New Framework for Decision-Making, The World Commission on Dams (2000)
Arechaga, F.J., International Legal Rules Governing Use of Waters from International Watercourse, 2 Inter-Am. L. Rev. 329 (1960)
Arechaga, F.J., International Legal Rules Governing Use of Waters from International Watercourse, 2 Inter-Am. L. Rev. 329 (1960)
Bradlow, D., Eckstein, G. *et al.*, Report on International and Comparative Water Law Applicable to Large Dam Construction, submitted to The World Commission on Dams as background for Dams and Development: A New Framework for Decision-Making Garretson, *et al.*, eds., The Law of International Drainage Basins (1967)
Lee, Terence R., Water Management in the 21st Century: The Allocation Imperative (Edward Elgar 1999)
Legge, D. The Sustainability of the Water Industry in a Regulated Environment, 12 J. Envtl. L. 3 (2000)
McCully, Patrick, Silenced Rivers: The Ecology and Politics of Large Dams (London: Zed Books 1996)
Palmieri, A., Bradlow, D. & Salman, S.M.A., Regulatory Frameworks for Dam Safety: A Comparative Study, World Bank (2002)
United Nations Food and Agriculture Organization, Systematic Index of International Water Resources: Treaties, Declarations, Acts and Cases, by Basin. Volume II. Legislative Study #34 (1984)
United Nations Food and Agriculture Organization, Systematic Index of International Water Resources: Treaties, Declarations, Acts and Cases, by Basin. Volume I. Legislative Study #15 (1978)
United Nations Food and Agriculture Organization, Sources of International Water Law, Legislative Study # 65 (1998)
Utton, Albert E. & Utton, John, International Law of Minimal Stream Flows, 10 Colo. J. Int'l Envt'l L. & Pol'y 7 (1999)
Sevette, Legal Aspects of Hydro-Electric Development of Rivers and Lakes of Common Interest, U.N. Doc. E/ECE/136 (1952)
欧洲
Treaty for the International Commission for the protection of the Meuse and Scheldt Rivers (French) (German) (Dutch)
Convention on the International Commission for the Protection of the Oder. Done in Wroclaw, 11 April 1964
Vinogradov, Sergei & Langford, Vance P.E., Managing Transboundary Water Resources in the Aral Sea Basin: In Search of a Solution, 1 Int'l J. Global Envt'l Issues 345 (2001)
Pichyakorn, Bantita, Sustainable Development and International Watercourse Agreements: The Mekong and the Rhine, International(Union for the Conservation of Nature (Draft 30 June 2002)

续表 4-1

欧洲
Bostian, I.L., Flushing the Danube: The World Court's Decision Concerning the Gabcikovo Dam, 9 Colo. J. Int'l Envtl. L. & Pol'y 401 (1998)
Food and Agriculture Organization of the United Nations, Land and Water Legislation Section, Water Laws in Selected European Countries (1975)
Schwabach, Aaron, From Schweizerhalle to Baia Mare: The Continuing Failure of International Law to Protect Europe's Rivers, 19 Va. Envtl. L.J. 431 (2000)
Williams, Paul R., International Environmental Dispute Resolution: The Dispute Between Slovakia and Hungary Concerning Construction of the Gabcikovo and Nagymaros Dams, 19 Colum. J. Envtl. L. 1 (1994)
中东
Baim, Karen A., Come Hell of High Water: A Water Regime For the Jordan River Basin, 75 Wash. U. L. Q. 919 (1997)
Batstone, The Utilization of the Nile Waters, Int'l & Comp. L.Q. 523 (1959)
Caponera, Dante, Water Laws in Moslem Countries (1954)
Caponera, Dante, Water Laws in Moslem Countries (1973–78)
Carroll, C.M., Past and Future Legal Framework of the Nile River Basin, 12 Geo. Int'l Envt'l L. Rev. 269 (1999)
Chenevert, Donald J., Jr., Application of the Draft Articles on the Non-Navigational Uses of International Watercourses to the Water Disputes Involving the Nile River and the Jordan River, 6 Emory Int'l L. Rev. 495 (1992)
Cohen, Jonathan E., International Law and Water Politics of the Euphrates, 24 J. Int'l. L. & Pol. 503 (1991)
Kasimbazi, E., The Relevance of Sub-Basin Legal and Institutional Approaches in the Nile Basin 5 S. Afr. J. Envtl. L. & Pol'y (1998)
Kibaroglu, Aysegül, Building a Regime for the Waters of the Euphrates-Tigris River Basin, International and National Water Law and Policy Series: Volume 7 (Kluwer Law 2002)
北美
Treaty relating to cooperative development of the water resources of the Columbia River Basin (with Annexes), Done 17 January 1961
Treaty between the United States of America and Canada relating to the uses of the waters of the Niagara River. Signed at Washington, 27 February 1950; in force 10 October 1950
Colorado River Storage and Interstate Release Agreement among the United States of America, acting through the Secretary of the Interior; the Arizona Water Banking Authority; the Southern Nevada Water Authority; and the Colorado River Commission of Nevada
International Boundary and Water Commission, United States and Mexico, Minute 242, Permanent and Definitive Solution to the International Problem of the Salinity of the Colorado River, 30 August 1973
Treaty between the United States of America and Mexico relating to the utilization of the Waters of the Colorado and Tijuana Rivers and of the Rio Grande, signed at Washington February 3, 1944; protocol signed at Washington November 14,1944, Entered into force November 8,1945, 59 Stat. 1219; Treaty Series 994
Agreement between U.S. and Mexico, Re-diversion, Allocation and Equitable Division of the Waters of Rio Grande (May 21st, 1906) Consolidated Treaty Series, vol. 201 (1906); A.J.I.L., I, 281; U.S. stat, XXXIV, 2953; Mex. Tr. 1909, I, 318.
Treaty to Resolve Pending Boundary Differences and Maintain the Rio Grande and Colorado River as the International Boundary Between Mexico and the United States, 23 November 1970. 23 U.S.T. 371, T.I.A.S. No. 7313.
Fort, D.D., Restoring the Rio Grande: A Case Study in Environmental Federalism, 28 Envtl. L. 15 (1998)
Lopes, M., Border Tensions and the Need for Water: An Application of Equitable Principles to Determine Water Allocation from the Rio Grande to the United States and Mexico, 9 Geo. Int'l. Envtl. L. Rev. 489 (1997)

续表 4-1

中美和南美
Treaty for Amazonian Co-operation. Done at Brasilia, 3 July 1978.(Bolivia, Brazil, Colombia, Ecuador, Guyana, Peru, Suriname, Venezuela
Argentina-Brazil-Paraguay: Agreement on Paraná River Projects (1979)
Treaty Between the Federative Republic of Brazil and the Republic of Paraguay Concerning the Hydroelectric Utilization of the Water Resources of the Paraná River Owned in Condominium by the Two Countries, From and Including the Salto Grande de Sete Quedas or Salto Del Guaira, to the Mouth of the Iguassu River (1973)
Agreement Between The Argentine Republic and the Republic of Paraguay Concerning a Study of the Utilization of the Water Power of the Apipe Falls, Done at Buenos Aires, 23 January 1958
Dourojeanni, Axel, Water Management at the River Basin Level: Challenges in Latin America, Serie Recursos Naturales e Infraestructura No. 29, LC/L.1583-P, (August 2001)
Legislacion de Aguas en Los Paises del Grupo Adino. (Water Legislation in the Andean Pact Countries)
非洲
Caponera, Dante, Water Law in Selected African Countries (Benin, Burundi, Ethiopia, Gabon, Kenya, Mauritius, Sierra Leone, Swaziland, Upper Volta, Zambia) (1979)
Chenevert, Donald J., Jr., Application of the Draft Articles on the Non-Navigational Uses of International Watercourses to the Water Disputes Involving the Nile River and the Jordan River, 6 Emory Int'l L. Rev. 495 (1992)
Kasimbazi, E., The Relevance of Sub-Basin Legal and Institutional Approaches in the Nile Basin 5 S. Afr. J. Envtl. L. & Pol'y (1998)
Lebotse, K.K., Southern African Community Protocol on Shared Watercourses: Challenges of Implementation, 12 Leiden J. Int'l L 173 (1999)
Leestemaker, Joanne Heyink, An analysis of the new national and sub national Water Laws in Southern Africa: Gaps between the UN-Convention, the SADC protocol and national legal systems in South Africa, Swaziland and Mozambique
亚洲
Browder, Greg & Ortolano, L., The Evolution of an International Water Resource Management Regime in the Mekong River Basin, 40 Nat. Resources J. 499 (2000)
Caponera, D.A., The Legal Aspects of Mekong River Projects, 16 Indian J. Power & River Valley Devel. 35 (1966)
Desai, B., Sharing of International Water Resources: The Ganga and Mahalaki River Treaties, 3 Asia Pac. J. Envt'l Law 172 (1998)
Gheleta, M.A., Sustaining the Giant Dragon: Rational Use and Protection of China's Water Resources in the Twenty-First Century 9 Colo. J. Int'l. Envtl. L. & Pol'y 221 (1998)
Imhoff, Aviva, Power Struggle: The Impacts of Hydro-Development in Laos, in Conference on the Mekong River at Risk: The impact of development on the river, her delta, and her people, MekongForum (May 8, 1999)
Institute for the Development of Indian Law, Indian Water Rights (1984)
Salman, S.M.A. & Uprety, K., Conflict and Cooperation on South Asia's International Rivers, International and National Water Law and Policy Series: Volume 8 (Kluwer Law 2002)
Salman, S.M.A. & Uprety, K., Hydro-Politics in South Asia: A Comparative Analysis of the Mahakali and the Ganges Treaties, 39 Nat. Res. J. 395 (1999)

americanwhitewater.org/

- 世界资源研究所 http://www.wri.org
- 世界自然保护联盟“水与自然计划” http://www.iucn.org
- 全球水伙伴关系 http://www.wsp.org/english/partnerships/gwp.html
- 美洲水资源网 http://www.iwrn.net/mainenglish.html

第二节 地表水引水

引 言

地表水引水指可以改变河流、湖泊和湿地里水流方向的构筑物，如水坝导水管或排水沟网络。地表水引水有多重目的，包括灌溉、民用给水、水力发电、运输、防洪及休闲。在美国，特别是在西部干旱地区，为满足农业生产和其他人类需要而进行的地表水引水，对鱼类物种和其他野生动物造成了威胁。最近就有一些由于地表水引水对物种造成负面影响的例子：里奥格兰德河（Rio Grande）的银白鱼（*Hybognathus amarus*）、科罗拉多河的科罗拉多大白鱼（*Ptychocheilus lucius*）和剃刀背胭脂鱼（*Xyrauchen texanus*）、国家静水野生动物庇护所（Stillwater National Wildlife Refuge）湿地里的候鸟和岸鸟、沃克湖（Walker）的双色骨尾鱼（*Gila bicolor*）和美洲鲑（*Oncorhynchus clarki henshawi*）。20世纪初期为城市供水而进行的欧文斯河（Owens）引水（从欧文斯湖到加利福尼亚州的洛杉矶），几乎将整个湖泊系统的水全部排干，导致了生物多样性的丧失。目前，干枯的欧文斯湖床是美国单位面积浮尘[3]（含砷）最大的单一源。据估计，

图片中心部分曾经是欧文斯湖。在这里，西边的内华达山脉（Sierra Nevada）和东边的印优山脉（Inyo）形成了一个干涸的盐滩。1913年，纵贯南北向的欧文斯河被分流到洛杉矶渡槽（Los Angles Aqueduct），于是，欧文斯河很快就干涸了。

图片提供：NASA Earth Sciences and Image Analysis Laboratory, Johnson Space Center

[3] 浮尘是非源空气污染型，由于大气颗粒物组成，并不是来源于像采石场或排气装置这样的特殊排污点。浮尘源于大面积少量。

路易斯安那州境内密西西比河沿岸新奥尔良市南部的卡那封淡水引水构筑物。
摄影：Arthur Belala/USACE

这里的浮尘产量每年高达数百万吨（Cahill 1996）。

引水引起的严重后果并不局限于美国。俄罗斯为发展农业对阿姆河（Amu Dar'ya）和锡尔河（Syr Dar'ya）进行引水，使得咸海（Aral）表面面积在不到40年的时间里减少了40%以上，水量减少60%，盐度增加了3倍。来自海洋的24个本地鱼类物种全部灭绝，而且商业鱼年产量也从40 700公吨减到0（Postel 1997）。同样，位于马其顿和希腊边界的多伊兰湖（Dojran）原有表面面积42.5平方千米，但由于对其供给溪流进行的直接开采和引水工程，其面积也减少了。此外，多伊兰湖的水位也比1956年双边协定所规定的最低水位减少了2.5米，这一变化不仅破坏了该地区历史上产量颇丰的渔业，并且使得整个湖泊变成了一片沼泽（ESN 2001）。

目前，地表水引水的有害影响已经蔓延到了世界上比较湿润的地区。例如，在美国，大城市的快速增长和对农业灌溉依赖性的增加，加重了阿拉巴马州和佐治亚州之间对阿拉巴马－库萨－塔拉普萨河（Alabama-Coosa-Tallapoosa）用水的争夺，也加重了阿拉巴马州与佛罗里达州和佐治亚州对阿巴拉契科拉—查特胡奇—弗林特河（Apalachicola-Chattahoochee-Flint）用水的争夺。在大湖区，五大引水工程合在一起，使湖泊水位发生了变化。如果建造成功，千岁河（Chitose）分水渠将会危害日本的乌托耐湖（Utonai）——拉姆萨尔公约指定的保护湿地（Ono 1996）。尼日利亚北部地区哈德加河（Hadejia）和贾马里河（Jama' are）的不断引水在很大程度上改变了河漫滩里的河水泛滥情况，对湿地的生物多样性构成威胁（Acharya 1997）。在亚马孙河流域，对支流河水的抽取导致了河水水位的降低，使得亚河豚被搁浅在干枯的池塘里。在波多黎各加勒比国家森林里，许多溪流的流水在城市供水取水口之下消失达几个星期，对该地区河川和溪流的生物完整性造成了威胁，引起在河流源头与海岸河口之间洄游的虾类和鱼类的大量死亡（Pringle 1997, Pringle et al. 2000, March et al. 1998, Benstead et al. 1999）。由于为满足农业和工业需要而进行的河水引水，位于中东地区约旦和以色列边界的死海表面水位每年以50～70厘米的速度下降，而且40年来，其长度也从80千米缩短到50千米。有人提议，进行一项耗资10亿美元的工程，把红海里的水抽到死海里去，以遏制死海面积的快速萎缩（BBC News 2002, UNDESA 2002）。

因河水引水引起的争端也危及周边国家之间的关系。土耳其最近在幼发拉底河上刚刚完成的引水工程可能会截断伊拉克和叙利亚境内下游地区的农业用水（Jehl 2002）；而黎巴嫩最近决定要开采瓦扎尼河（Wazzani）——约旦河南向的一条支流，这一决定进一步恶化了以色列与其邻国的紧张关系（ENN

2002）。

跨流域调水（IBWT）是地表水引水的一种具体形式，指通过输水系统（如水渠、输水管、隧道）和抽水及蓄水设施，将水实体从一个流域转移到另外一个地理位置不同的流域（Davies and Day 1998）。有些输水系统还可利用天然形成的河川和湖泊（含水层），把它们作为主要的过水通道或是蓄水设施。跨流域调水通常属于一个复杂的、具有多重目标的水资源管理计划。重要的是，这些输水工程使有些地区的城市和农业得以发展，否则，它们的发展将会因供水不足而受到局限。跨流域调水在干旱地区尤其有效，这一方法已经使用了几百年，至今在世界上许多国家和地区仍是一种进行水管理的根本方法，其中包括亚洲大部分地区（特别是印度、中国和俄罗斯）、中东地区、非洲部分地区（特别是南非）及美国（UNESCO 1999）。

地表水引水对淡水生态系统的影响

导流渠可以减少主河道里的水流量，将水引到一个替代河道或人造河道里。引水对河流系统的影响范围很广，从个别溪流乃至整个流域都会受引水的影响。河流源头供水的减少，直接威胁到水域、河岸及湿地的生物群落，包括对以下方面的改变：食物供应、有效生境、营养循环、泥沙含量及水质。随着河流冲刷力的减小，下游三角洲及河口的盐度增高，泥沙和重要营养物变得匮乏，严重影响了当地的渔业。渐渐地，由于引水、外用消耗及干旱，里奥格兰德河和科罗拉多河的水量都无法再到达其历史上的三角洲和受纳湾的水量了。虽然有些引水工程引开的河水还可以再回到下游干流中，但这种回流水的水质通常都会因化学污染、病原体和泥沙而下降，不再适合下游淡水有机物的生长。

引水的主要生态影响与水坝类似。关于这些影响的概述，请参考本章第二部分第一节。下面将明确说明地表水引水对淡水生态系统具体生态要素的独特影响，包括水文状况、自然生境条件、水的化学性质以及生物组成和相互作用。

在各种地表水引水中，跨流域调水对生态系统的改变是最重要的，包括形成一些与天然生态系统完全不一样的替代生态系统。跨流域调水工程可带来以下危害：生物地理完整性和地方生物区系的丧失、水文状况的破坏、水质受损、外来入侵物种和疾病的传播以及重要生态过程的中断（Davies et al. 1992, Arthington and Welcomme 1995）。调水可把之前毫不相干的生物区系、群落和种群混合起来，对本地淡水生物多样性产生威胁。例如，西班牙的“国家水文计划”将会对超过 5 个流域的水域环境产生重大影响，其中包括埃布罗河——拉姆萨尔公约指定的保护湿地，也是西班牙第三大最重要的湿地（WWF 2001, Rivernet 2002）。图 4-10 根据淡水生态系统的类型，对地表水引水的影响进行了总结。

一、水文状况

大多引水工程对水文状况的影响与水坝类似。引水工程可以调节河流的水量及水流的时机。许多情况下，河漫滩供水不足，无法养育本地植被和动物群落。最近对拉姆萨尔公约指定的澳大利亚四个保护河漫滩的研究表明，引水工程严重改变了当地的天然水文状况。这些变化使本地水生植被覆盖减少，其健康状况恶化，限制了适合饲育和繁殖的生境，改变了水质，从而对生物多样性产生威胁（Kingsford 2000）。

通过增加和转移地表水来调节水位也可切断湖滨生物的食物来源。通常，水浪夏天把泥沙带到岸边，冬天又从岸边把泥沙带走。如果人为增加湖面水位（以增加储水量），那么被淹没湖滨的泥沙将会因为太深而无法被送到岸边，于是水浪就会去侵蚀新形成的湖滨的物质。这种侵蚀作用同时把土壤中的有机物、矿物质和营养物释放到湖里，从而使水质发生变化。如果人为降低湖面水位，近岸植被的根系就会暴露在外或是水分不足，从而威胁到植被的生长或是造成植被枝叶枯萎。而植被根系的丧失，又可加重土壤侵蚀，或引起湖泊底切岸边的塌陷。

跨流域调水对于供体和受纳淡水生态系统的水文状况都非常不利，因为这些引水工程可以影响水文状况的各个方面，尤其是水流、强度、时机和频率。引水的影响是地区性的，即使在短距离内，也可能会有很大的不同，而且这种影响通常都比较持久。在供水

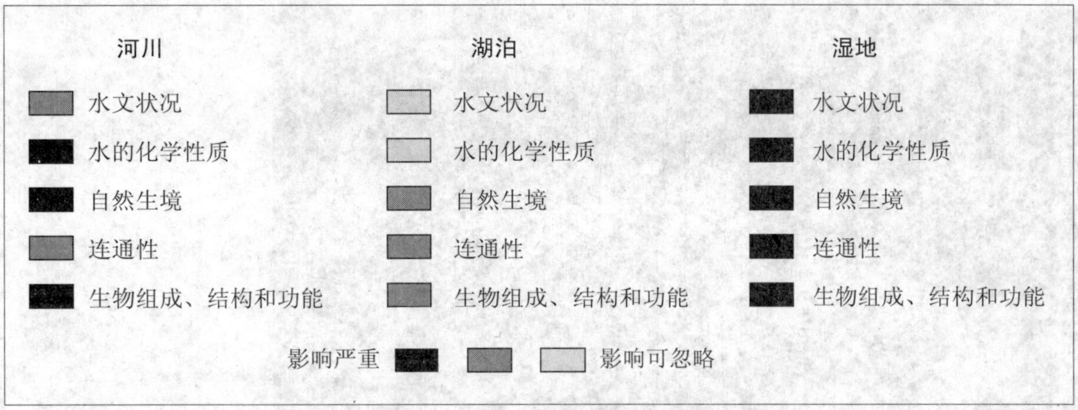

图 4-10 地表水引水对淡水生态系统影响一览

水系中，如果水被全部调走，那么抽水点下游河段的水文状况就会完全消失，而受水水系引水入水处以下的水流强度就会增加。此外，引水还可稳定引水路径沿线的水流，因而降低水流的强度，减弱河水与陆地之间的相互作用（如周期性河水泛滥）。

二、连通性

河流上如果建造多个引水构筑物，将会对其连通性产生重大改变。地表水引水，尤其是多次地表水引水，可以降低河流与其河漫滩之间的横向连通性。另外，引水会导致水流减少，也会破坏河流的纵向连通性。这些变化都会对本地鱼类的繁殖和洄游模式造成破坏。

三、自然生境条件

地表水引水通过引水回流增加了淡水生态系统里的泥沙含量，从而影响了自然生境条件。当河水第一次经过引水构筑物时，或是当排水量急剧增大时，泥沙含量的增加也是最快的。此外，引水渠建成之后，河流条件恶化，形成了新的平衡，因而干枯的河段通常会被侵蚀。如果引水构筑物将河流中的大部分水流引走，那么由于水流量减少，引水处下游河流输送泥沙的能力也会下降，从而导致细沙沉淀的增加（Glasser 2000）。而沉积的细沙会把鱼卵和食物来源掩埋起来。另外，细沙对鱼鳃的磨蚀也加剧了对鱼类的危害。

四、水的化学性质

（一）污染

地表水引水造成水流量减少，从而使污染物浓度增加。有些污染物回流到地下水中，然后又垂直流入湿地和河岸地区。此外，水的酸度通常也会增加（pH 值减少），从而改变水中的金属可溶性和化学反应速度（Glasser 2000）。

（二）水温

由于水流减少，引水处下游的水温在夏季可能升高。在冬季寒冷的地区，水体水流的减少也容易使水体结冰，从而对鸟类和其他依赖开阔水面繁殖的动物造成影响。

（三）盐渍化和其他矿物质沉淀

引水造成水流量减少，提高了河漫滩及河川干流的盐度水平，从而对引水处下游的河岸植被和水生生物区系造成威胁。盐度提高对许多陆地和淡水植物不利，可引起本地植物枝叶枯落以及耐盐物种（如柽柳）的入侵。此外，美国西部灌溉集中地区的盐渍化及世界其他地区的干旱化，也使土壤里天然有毒物质（如硼）的含量增加（Lemly et al. 1993）。盐分及有毒物质含量提高所带来的损害不仅仅限于水体本身，这些物质还可以被风吹到附近的土地上，其中包括农业用地。例如，流入哈萨克斯坦和乌兹别克斯坦死海里的大部分淡水被引水坝截断，结果导致水体变浅、表面

科罗拉多州某地盐分增加。
摄影：Tim McCabe/USDA NRCS

面积减少以及盐度升高。实际上，此地河水的盐度甚至高于海水的盐度，而且暴露在消退河岸上的河沙又被风吹到附近的农业区，给农业生产造成了巨大的破坏（Nilsson and Berggren 2000）。

（四）跨流域调水造成的水体混合

跨流域调水可以改变水流流态，使水体混合，同样也会改变水质。跨流域调水会在以下几个方面带来改变：主要离子和营养物的浓度、热特性、pH 值以及运输和持留特性（Snaddon et al. 2000）等。

五、生物组成及相互作用

引水改变了河道的形态，有利于外来入侵植被和鱼类物种的生长，从而造成许多本地鱼类物种数量的减少（Golladay and Hax 1995），改变水生和河岸生物群落的结构（NSWEPA 2002）。此外，流入河湾水流的减少，也造成河口和近岸动物群落（如虾、斯诺克鱼及红鲑鱼）补充新成员的减少、食鱼鸟类（如鱼鹰和苍鹭）繁殖能力的下降，以及哺乳动物（如西印度海牛）、爬行动物（如美洲鳄）和河口地区涉水鸟分布的改变（McIvor et al. 1994）。

跨流域调水为物种（如入侵物种、寄生物及病毒）提供了入侵通道，使它们得以进入供体和受纳集水区。对于那些具有高度地方性[4]和生物多样性的淡水生态系统来说，这种威胁尤为严重。例如，通过跨流域调水而进入湄公河的外来入侵物种现在已经威胁到了内陆渔业生产（Coates 2001）。引进中国湄公河流域的鱼种现在也进入了泰国（Vidthayanon and Kottelat 1995）。在北美地区，通过北达科他州的一项跨流域调水计划——盖里森引水项目，9 个密苏里河本地鱼种预计要入侵位于加拿大曼尼托巴 (Manitoba) 的温尼伯湖（Winnipeg）。若要深入了解外来入侵物种对淡水生物系统的影响及减少其威胁的策略，请参见本章专门讨论这一问题的部分。

河水流速的细小变化也会干扰本地物种的行为和生命周期，减少易受水流影响的生物类群［如蜉蝣（*Ephemeroptera heptagenii*）和石蛾（*Trichoptera leptocerid* 及 *Micronecta poweri*）］的丰度（Gibbins et al. 2000, Snaddon and Davies 1998）。水流量的减少也可干扰海两侧洄游型鱼类繁殖洄游的刺激条件。此外，受纳水体泥沙含量的增加，会降低光合作用和浮游生物的繁殖力，减少鱼群的总体食物来源（Yu 1983）。

[4] 地方性指物种在某一特定地理区域里局部进化，不在世界其他地方出现。物种的地方性通常出现在地理位置比较孤立的地方。

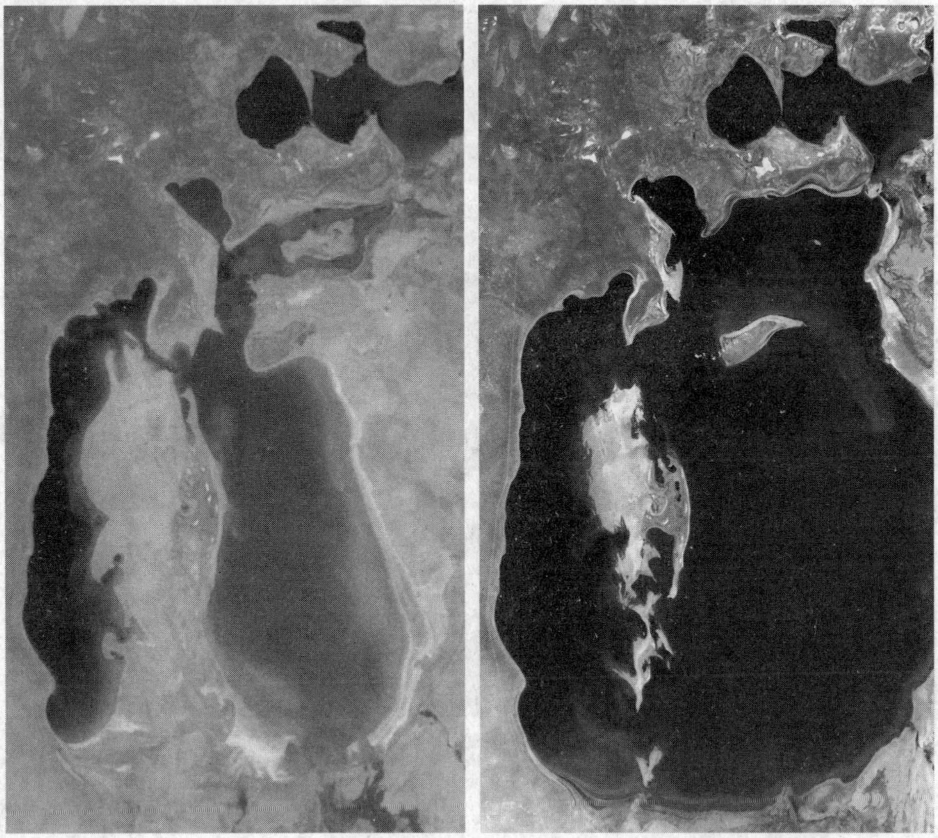

1989 年（右图）及 2003 年（左图）哈萨克斯坦和乌兹别克斯坦边界的死海。死海曾经是世界第四大湖泊，最近几十年面积一直在减少，究其原因，是由于从湖泊供水河川中把水引走，进行农业生产力。暴露土壤中的盐分被吹到邻近土地，污染了土壤。图片提供：NASA Earth Observatory (http://earthobservatory.nasa.gov/)

减轻／减少地表水引水对淡水生态系统影响的策略

下面一节将提出一些成功的策略，可以减轻地表水引水对淡水生态系统所造成的影响。其中包括：为提高用水效率而使用的技术策略及制度或法律规定，保持天然水流模式及把技术手段与操作程序结合起来。

一、技术策略

减少地表水引水对淡水生态系统影响的技术策略包括：对水资源进行引导或重新分配，使其回归自然；实施对环境危害较小的引水工程；促进水资源保护措施的实施；恢复、改善和创造湿地。这些策略通常是针对水权所面临的市场动力和法律难题而制定的。

（一）引导灌溉用水回归自然

对灌溉用水重新分配，使其回归自然区域（如野生动物庇护所或河川），以保护生物多样性。把水流重新分配到这些区域，需要解决一些复杂的法律、行政和技术问题。这一过程有些复杂，因为各个政治区域都有自己关于水权管理、引水和用水的政策和法律。而且，水权法还可能阻碍或限制河内用水的水量分配。

把更多的水流重新分配到自然区域里，或是在自然区域里重新建立天然水流，可以改善水域和河岸野生动物的生境、水质、食物供应及繁殖情况。例如，美国于 1992 年制定的《中央河谷工程改进法案》除了增加对加利福尼亚州中央河谷湿地和野生动物的用水分配（每年增长 413 219 000 立方米）外，还从自愿卖家手里购买水权。这一具有法律效力的规定也使得加利福尼亚州三一河（Trinity）和中央河谷河内水流量增加。其结果颇令人鼓舞：硒浓度降低、候鸟及其他湿地野生动物的食物供给增加、大鳞大麻哈鱼及其他双向洄游鱼类种群的储备量也大大提高（NRLC 1997）。

水流重新分配既可以在公共土地上进行，也可在私人地产上进行。然而，在美国及其他国家，大规模

科罗拉多州大章克申（Grand Junction）附近的政府高线渠7号营（Government Highline Canal at Camp 7）进水闸。
摄影：Joe Sullivan/USGS

的政府配水项目必须要符合国家和各州的要求，其中包括要进行环境评估和考虑替代方法。具体例子可见美国的《国家环境政策法案》及各州的相关法律。

对自愿卖家水权的买断是最成功的重新配水活动。这一方法有两个好处：一是给卖家带来经济利益；二是确定了需要保护的最小河内水流量。有时候，灌溉者也会意识到，如果提高灌溉效率，改变作物形式，种植用水少的农作物，或是减少灌溉作物的面积，就不会因为供水减少而对其农业运营造成负面影响了。而有时候，如果灌溉耕地的经济情况对农民不利，他们可能会选择退耕，不再从事农作物生产，这样就可以把水节省出来，以便重新分配，使之回归溪流。

（二）建造对环境危害较小的引水构筑物

低水头引水坝可能会成为各种洄游物种的巨大障碍，导致某些水生物种大量死亡，枯水期尤其如此（Benstead 1999）。地下排水盲沟是一种可以替代引水坝的方法，由一系列的立管组成，立管可以抽干河水，把河水传送到河床以外的某地，然后，再通过重力送水或抽水设施传送到紧邻河川的水库里，并在水库里储存起来。可以在水库里建造一个泥沙池，以防止泥沙的增多。这种抽水和蓄水设施的优势在于：①对河道形态的影响最小；②在河道里形成连续水流；③对进水口实行最大控制（防止夹带幼卵及阻塞泥沙）；④降低水库建设和维修成本（因为可以消除河水的暂时引水需要）。例如，波多黎各法哈多河（Rio Fajardo）上兴建的水库可成功蓄水550万立方米（March et al. 2003）。

“科罗拉多河上游恢复实施计划”（简称恢复计划）就是一个改变引水结构设计和程序的例子。恢复计划可以最大限度地减少经过科罗拉多州政府高线（引水）渠的运行溢水量。此计划旨在以每秒11～20立方米的幅度减少引水量，从而节省干流中的水量。实施恢复计划之前，引水渠下方的河水流量大大减少，40千米主要河段的生境也发生了重大改变，并威胁着鱼群的生存，其中包括濒危的科罗拉多大白鱼和剃刀背胭脂鱼。恢复计划包括：①兴建新的淤地坝，扩充现有的淤地坝；②增设抽水站和输水管；③安置监测及控制设备，开发软件，利用河道改善水流管理；④改变运行程序。改善基础设施需要200万～300万美元，主要来自联邦及各州政府的直接拨款以及水电使用费。该项目涉及多个利益相关者，他们要在建立共识的基础上进行合作，共同解决有关水权和河内流量的复杂法律问题，保证农业生产的持续用水（USFWS

加利福尼亚州帝王谷（Imperial Valley）以滴灌形式种植的葡萄藤幼苗。滴灌的成功在于可以长期提供少量的水，这样可以减少因蒸发而造成的水量损失。
摄影：Tim McCabel/USDA NRCS

2002a;Tom Iseman, 大自然保护协会，个人通信）。了解更多有关科罗拉多河濒危鱼种恢复计划的详情，请登录 http://mountain-praire.fws.gov/coloradoriver/Index.htm。

（三）促进水资源保护措施的制定

社会各个部门都在浪费水资源。实施水保护策略，可以减少为满足人类需要的用水要求，有时还能进行额外供水，以满足生态系统的需要。水资源管理的这种非结构性方法把节水技术、经济刺激和制度手段结合了起来（Gleick 2000）。据估计，仅在农业部门，生产者在不改变经济产值或生活方式的情况下，可将耗水量减少 50% 以上。工业部门用水量可减少 40% ～ 90%，生活用水和城市用水可以减少 30% 以上（Postel 1997）。

水资源保护是指改变工程实践（修改管道、房屋的各种装置及供水操作程序）和行为实践（如改变用水习惯）。政策和技术是保护策略有效实施的必要条件。政策包括建立一个可以反映出以下几方面问题的价格结构：实际供水总成本；鼓励保护水资源的激励措施（如经济刺激）；供水、用水装置及机械装置的国家标准；节水装置的适用性及其推广（如低水量抽水马桶、低流量淋浴喷头等）；保证符合水资源保护目标的会计制度以及宣传活动。技术投入包括：改善输水系统及损失监测；改善用水装置、机械装置及生产过程；制定配水策略。下面一节将重点介绍一些可以提高农业及工业用水效率的工程实践和行为实践。

1. 农业

许多灌溉系统的效率很低。事实上，通常只有不到一半的灌溉引水真正用于农作物生产。灌溉效率如此之低的原因：①水传送到田地时，未衬砌灌溉水渠渗水；②输水渠道和土壤蒸发；③应用时蒸发；④虽按固定时间安排定期给水厂供水，但却不符合水厂的需要；⑤在成排植物之间蒸发（WWI 2002）。

另外，许多水资源管理体制又助长了浪费的行为。世界上有些国家（美国）用水成本相对较低，而在其他国家（如印度和巴基斯坦），政府还会对用水成本给予补贴。目前，美国许多地方的水权立法都助长了低效用水的行为，因为水权一般都是建立在“使用或不使用”的基础上的：如果这一年分配的水没有全部用完，那么接下来几年的用水分配量就会减少。用水管理缺乏效率，并且在半干旱区种植耗水作物（如棉花、紫花苜蓿和玉米），也需要大量的水，而灌溉到田地里的水又通常都过量。过度灌溉也会降低土壤的肥力，因为盐渍化和涝灾会严重限制生产力。

对用水实施有效管理，可以大大提高农业生产力，

爱荷华州一片恢复后的湿地。
摄影：Lynn Betts/USDA NRS

同时最大限度地减少对水的浪费。用水需求的减少，可以影响用水供应，导致从河川引水或从湖泊中抽取水量的减少。这些节省下来的水可以：①替代回流；②重新分配，满足其他农业或生活用水的需要；③定价，反映其价值（不仅仅只反映其成本）；④减少灌溉的环境影响，包括水质和水量问题（Clyma and Shafique 2001）。省下来的水的有效价值高于回流水的实际价值，因为其可溶解矿物盐的浓度较低，而且还可能带来其他好处。

在改善用水管理的同时，还要开发可以有效用水的技术，包括：

- 制水结构，以改善供水控制；
- 调节水库，以在高供水期短期蓄水；
- 加压水管，代替（灌溉渠）泥土侧沟；
- 喷灌和滴灌，代替满灌和沟灌；
- 用混凝土对渠道进行衬砌，以最大限度地减少渗漏；
- 激光平地；
- 提高测量排水及耗水的准确率。

2．城市用水

在过去的十年间，城市用水的效率有了很大的提高。提高水资源保护的工程实践包括：

- 安装低流量淋浴喷头（每分钟 9.5 升水）；
- 安装节水马桶（抽水量为 6 升）[（墨西哥城的一个水资源保护项目更换了 350 000 个抽水马桶，节约下来的水可以再供给 250 000 户居民使用（Postel 1997）]；
- 安装节水器，可以减少 60% 的用水，同时还能保持充足的水流；
- 安装减压装置。

对工业生产或制造业（如金属制造业、化学品制造业和纸业）的改造，更是可以大幅减少用水量。例如，如今炼钢业的用水量比 70 年前减少了 10 ～ 16 倍（Gleick 2000）。由于铝制品和塑料制品生产用水需求较小，因此现在也成为钢铁的常用替代材料。

贮水和输水构筑物中的蒸发和渗漏也可导致水量的减少。失水量因结构设计、贮水材料和输水结构、气候条件及设施的运行情况而不同。美国西部地区因蒸发而损失的平均水量为 6%；而有些水库的失水量可超过 40%。减少水分蒸发损失的方法有：减少表面积、涂反射膜、涂表面膜及加机械覆盖层。渗漏出现在水库的四周和底部及水道内。据估计，美国西部地区的水渗漏量约为 5%。与控制蒸发量相比，控制渗水量比较容易而且成本较低，目前控制渗水的方法有：刚性衬砌表面（如混凝土、沥青等）、防渗膜、渠道及水库底部和四周的土壤封闭层（OTA 1983）。

经过处理的废水是另外一种宝贵的水资源。越来越多的社区开始使用再生水来补给蓄水层、进行工业供水、维护公园和公共场所、灌溉某些作物、增加饮用水供给及补充河川和湿地的天然水流量。废水的优势在于：它是一种可靠的水源，其水质已为人们所知，而且通常都出现在用水需求中心的附近（Gleick 2000）。

关于水资源保护和有效使用水资源的更多详情，请登录：http://www.hireskip.com/enviro/keyissues2c.htm-conserve。

（四）恢复、改善旧湿地，形成新湿地

虽然兴建水坝所引起的水文变化和土地转为其他用途也可以使湿地面积减少，地表水引水还是大大减少了湿地的面积。因此，恢复湿地也是一个保护淡水资源的技术策略，与本《指南》的其他章节一致。湿地的恢复可以改善地表水流的水文状况和水质，优化野生动物，并实现废水处理、矿井排水以及暴雨截流和暴雨控制（Mitsch and Gosselink 1993）。湿地恢复措施包括对以前的湿地进行重建和（或）修复遭到破坏的湿地。湿地重建可以增加湿地面积，而湿地修复则可恢复或提高遭破坏湿地的功能性涵容量。此外，湿地还可以进行优化或新建。湿地优化是指改变现有湿地的条件，以加强或促进该湿地的某个或多个功能，如利于水禽或河岸鸟类的生长。湿地新建是指建立一个新的湿地（Tiner 1998），通常是为遵守湿地保护规定而做出的一种缓和或补偿活动。例如，美国联邦湿地保护法案规定，如果某个湿地不可避免地被用做其他土地用途，则必须新建一个湿地来代替或是减轻损失。同样，《拉姆萨尔公约》要求其缔约国对公约指定的保护湿地的丧失提出补偿措施，其中包括生境的创建或恢复（DEFRA 2002）。

恢复水文状况、建立湿土和营养流、找到有效的种子来源、最大限度地降低外来植物物种的影响，所有这些活动都有利于湿地恢复、优化和新建工作的顺利实施。之前的土地使用情况也是一个成功的重要因素。湿地恢复通常比湿地新建更成功，原因如下：①恢复地以前就是湿地，因此可以维持预期的功能；②土壤通常都是现成的；③通常可以恢复原始水文状况；④通常有一个天然的水生植物种子库，有利于植物群落的重建（Tiner 1998）。印度奥里萨邦州奇利卡发展局的工作就是修复遭破坏湿地的一个成功例子。其项目的一个重要组成部分就是恢复面积达116 500公顷的奇利卡湖（Chilika）（拉姆萨尔指定湿地）的天然水流和盐度水平。

有关湿地生态及湿地恢复和新建项目的规划、实施、监测和管理的更多信息，可查询下列出版物或是登录以下网站：

1. Interagency Working Group on Wetlands Restoration (National Ocean and Atmospheric Administration, Environmental Protection Agency, Army Corps of Engineers, Fish and Wildlife Service, and the Natural Resources Conservation Service). 2003. "An Introduction and User's Guide to Wetland Restoration, Creation, and Enhancement." Washington, DC http://www.epa.gov/owow/wetlands/finalinfo.html.
2. Tiner, R. 1998. In Search of Swampland. A Wetland Sourcebook and Field Guide. Rutgers University Press, New Brunswick, NJ.
3. Mitsch, W.J. and J.G. Gosselink. 1993. Wetlands. 2nd edition. VanNostrand Reinhold, New York, NY.
4. The Ramsar Convention on Wetlands. The Ramsar Convention's Resources on Wetland Restoration http://www.ramsar.org/strp_rest_index.htm.
5. Kentula, M.E. 1999. Restoration, Creation, and Recovery of Wetlands. Wetland Restoration and Creation. National Water Summary on Wetland Resources. U.S. Geological Survey Water Supply Paper 2425. http://water.usgs.gov/nwsum/WSP2425/restoration.html.
6. Northern Prairie Science Center and Midcontinent Ecological Science Center. 1996. Wetland restoration bibliography. (Version30SEP2002) http://www.npwrc.usgs.gov/resource/literatr/wetresto/wetresto.htm.

二、制度及法律策略

若要有效利用制度制定减少地表水引水策略，了解有关水权、调水和配水的法律框架很重要。下文总结了一些有关跨流域调水的制度和法律规定以及减少或减轻美国或世界其他国家地表水引水威胁的一般性策略。

（一）美国的制度及法律规定

美国有两种法律制度：河岸权，根据其中一种（或

印度奇利卡湖，渔民正在展示所捕获的鱼。摄影：Najam Khurshid/Ramsar

两种结合起来）[5]规定，水权受州法律的管辖。在水资源比较丰富的地区（如美国东部的大部分地区），河岸权是水资源分配法的基础。这些法律承认，居住在河岸地区的土地持有人有权合理使用河流。合理用水指土地持有人可以用水满足其饮用、生活和饲养牲畜的需要，这种权利不会因为不使用水而丧失。另外，许多州还对河岸权进行了修改；或通过颁发一定数量的用水许可证来调节用水；或限制某些地区的用水。

由于水资源缺乏，美国西部许多州——如西南部和落基山脉地区——采用的是优先专用权。优先专用权的根本原则是"时间优先、权利优先"。优先专用权以水的使用为基础，而不是以土地所有权为基础。根据法律，各州的水资源归公众所有，个人拥有永久使用权，只要水的"用途有价值"，没有浪费，便可以开采河水，不必考虑河道内的需要。第一用水方即高级使用者，获得河水的将来使用权（即优先权），与后来使用者即"次级使用者"相对。这一法律把权利赋予了水的实际使用者，因而其本身并不鼓励保护河道内的正常用水。各州可以通过立法、司法判决和机关行为来弥补这一不足，建立鼓励机制和指导框架，以保证河道内的正常水流量。此外，还可以考虑购买或是租用高级用水权，以增加河内的水流量，下文将对此进行详述（Castle 1999, Shane 2001, Water Watch 2002）。

有些河流流域横跨国际边界，因而地表水引水也具有国际性。然而，除柬埔寨、老挝和越南签署的《湄公河流域持续发展合作协定》之外，目前还没有明确表明要保证环境流量的国际条约。联合国大会的《国际水道非航行使用法公约》针对的是河岸国家间水资源的公平分配问题，并没有具体明确河道内的正常流量，但该法律要求各缔约国保护国际水道及其生态系统。

（二）购买水权，还水于河

在美国，水权可以通过各种方法获得，其中包括购买或租用。这些方法对于保护河流不至于在枯水期完全干涸尤其重要。除了各州政府曾购买水权外，美国也曾有联邦政府购买水权的先例。

有些私营组织，如大自然保护协会和奥杜邦学会，也已经利用市场手段积极地开展对河道正常水流量的

[5] 加利福尼亚州、得克萨斯州和佛罗里达州既承认优先专用权，也承认河岸权。

保护。但联邦政府参与各州的水事务并不太受欢迎，因此，私营部门的参与，特别是那些非营利性组织的参与，现在已经更加普遍了，但也仅局限于法律法规的制定。美国西部许多州一般都是私人水权的强硬支持者，不允许私营者为保护河道水流而申请、购买或拥有水权，而如果公营实体申请、购买或拥有水权的目的是为了增加河道内水流的话，有些州甚至还对它们有所限制。在爱荷华州、堪萨斯州和犹他州，政府机构建议的河内水流分配或最低水流量必须要获得州立法机构的批准（Gillian and Brown 1997）。

租用水权是解决河内水流问题的一个临时方法，或是其他生境保护行动的一个组成部分。例如，1988—1989 年冬，大自然保护协会和喇叭天鹅协会各从一个水银行里租用了 3 947 142 立方米（3 200 英亩尺）的水，再加上斯内克河 1 号水区捐赠的 12 334 818 立方米（10 000 英亩尺）的水，排入斯内克河亨利岔流里的水可以破除河里形成的冰，而正是因为这些冰，使得鸟类无法觅到食物。另外一个水权购买的案例起源于一次影响评估——评估冬季水流的改善对科罗拉多州北圣弗兰溪（North St. Vrain Creek）渔业的影响。一些利益集团（如鲑鳟类保护协会、地方水利局及地方市政当局）主要利用公共资金，每年以 8 000 ～ 14 000 美元购买 740 000 ～ 1 233 500 立方米的水权，进行为期 5 年的研究。

（三）实施成文法，还水于河

法律——包括法令法规、司法判决、国际公约和立法授权——通常是保护受引水威胁的淡水生物多样性的有效工具。美国的成文法（如《濒危物种法案》）已经成功地制止了一些拟建用水项目的实施，或者要求它们实施减轻影响的策略。例如，六个国家级、地区级和地方级保护团体曾提出诉讼，指责联邦政府水资源管理人员违反了联邦《濒危物种法案》和《国家环境政策法案》，未能恢复格兰德河银白鱼和西南部柳蚊霸鹟的生境。此外，还有人利用《濒危物种法案》来增加克拉玛斯河（Klamath）流域的河内水流。

美国和加拿大于 1909 年签署的《边界水域条约》是一个开创性的国际协议，对影响大湖区水文状况和水质的引水工程进行管理。该条约规定：“若未根据美国或加拿大各自的法律规定，并获得联合委员会即国际联合委员会的批准，得到其中一个国家的授权，不得临时或持久对分界线两侧的边界水域做进一步使用或其他用途，不得对其进行阻塞或引水”（CGLG 2002）。1967 年，美国最高法院在反对通过密歇根引水工程（Michigan Diversion）来增加水流量的时候，就援引出了这一条约。

（四）提高用水效率，减少用水需求，减少引水需要

大多主要引水工程的建造和维护费用都是由公众来承担的，但这种“改善”通常并未惠及消费者，或者仅给他们带来了一些微小利益。水利项目缺乏市场动力，这是早期复垦工程的遗留问题。复垦工程是由美国联邦政府出资进行的一项工程，旨在发展西部各州的农业。这些政策通常助长了过度用水和无效率用水的行为。例如，在西部许多州里，水政策加快了水资源的开采，并助长了对水资源的过度使用（MacDonnell and Bates 1993）。但有迹象表明，这种情况正在改变，如用水政策的调整、技术的进步和利益相关方合作关系的改善。由于财政资金的减少和环境影响意识的提高，政府也越来越不愿意去开展新的引水项目，而且社区也越来越不支持这种项目了。此外，对于现有引水项目的监督也有所加强，从而提高了项目的运行效率（MacDonnel 1999, MacDonnel and Bates 1993）。

水资源管理者本身也可实施计划，提高当前的用水效率。例如，20 世纪 90 年代干旱时期，华盛顿州雅基马河（Yakima）流域的罗查水区（Roza）启动了一项计划，鼓励农民把经济价值低且耗水农作物（如紫花苜蓿）改成经济价值高的作物（如水果）。特拉基 - 卡森灌溉区（Truckee-Carson）为了能将内华达州特拉基河（Truckee）调水工程的影响降到最小，①确定各个农场的项目效率目标[6]；②实行惩罚机制，对无法完成目标的农场实施惩罚；③改变对现有调节水

[6] 项目效率是指农场田间进水闸（被整个饮水工程分隔开来）的送水量。

库的使用方法；④缩短灌溉季节。然而，如果对该水系生态系统不是完全了解的话，强制提高引水工程的效率，也会产生意想不到的负面影响。上文提到的特拉基－卡森灌溉区项目就可以减少灌溉区辖下复垦工程终点静水湿地的供水量。

改善合作关系和分享资源也受到越来越多人的欢迎。合作管理是指多方利益相关者可以逐渐影响用水政策。例如，1995年，华盛顿州两个邻近的罗查和森尼赛德水区（Sunnyside）同意成立一个联合管理董事会。在这里，两个水区一方面拥有一些相同的功能和工作人员，另一方面又保持着自己独立实体的地位。这样，作为水资源保护行动的一员，罗查水区出资，改善了森尼赛德水区的状况（MacDonnel 1999）。此外，如果公民团体参与流域的保护工作，也可达到类似目的。

最后，当前用水需求大幅减少，这是水资源保护的成果。水资源保护政策的目标很宽泛，即减少为扩大用途而产生的不必要用水，或是尽量减少从河里分流的水量。为实现这一目标，有些州现在已经开始立法，鼓励保护水资源。这一场政策改革的重心就是减少用水需求，可以在地方、州和联邦各级展开，包括：

（1）管理方法

许可——进行新的立法，建立恰当有效的许可机制。

实施——提供必要的资源，提高法律的执行力；消除法令实施过程中的繁文缛节。

建立市场——建立法律框架，利用自由市场来改变现状。水市场有助于管理现有供水体制的用水需求，现在也越来越受欢迎。

（2）财政资助

研究资金——以提高技术和改善管理策略。

生产者支付——利用支付补助金来奖励水使用者，以改善水管理实践。

减税和商业奖励——以促进提高用水效率的主动性。

（3）宣传教育

技术咨询和监督——建立信息资源，包括进行信息交换，以帮助培养和发展水资源管理的积极性。

培训计划——培训水消费者，实施最佳管理实践。

（改编自 Covalla et al. 2001）

（五）利用现有政府奖励机制，减少地表水引水，保护湿地

地表水引水改变了河流的天然水流，从而间接改变了湿地，而排水工程对湿地的破坏却是直接的。改变河流水流模式、对湿地造成破坏的例子有美国的克拉玛斯河流域（Klamath）（TCWN 2002）、莫诺湖流域（Mono）（Living Lakes 2003）、科罗拉多河（Nabhan and Holdsworth 1998）及澳大利亚的马兰比吉河（Murrumbidgee）（Kingsford and Thomas 2001）。美国的湿地丧失问题很严重，为解决这一问题，联邦政府通过《农场法》提出了一些奖励计划，对私人产业上的湿地进行保护和恢复。最近通过的2002年《农场法》又延续并扩大了这些湿地保护计划如：

- “可耕湿地试点计划”，可帮助生产者改善可耕湿地及相关缓冲区的水文状况和植被情况。
- “湿地保留计划”（WRP），可支付恢复和保护湿地的费用。
- “沙漠终端湖区计划”，资助那些面临危险的沙漠湖泊及其相关湿地。
- “环境质量激励计划”（EQIP），支持那些保护地表水及地下水的行动，利用成本分担、经济奖励和贷款等手段，改进灌溉方式，促进农业转产，种植少水作物。

（NRCS 2002）

事实证明，通过立法创造经济诱因以遏制湿地的转型，也是一种很有效的手段。美国1985年制定的《食品安全法》中有一些湿地保护条款，如禁止从保护湿地抽水的土地持有人或农民从联邦农业计划中受益。此项法律使生产者失去了1 100万美元的利益，总面积达6 070公顷。此外，《税收改革法案》曾有规定，允许把湿地排水和耕地开垦的资本投资作为年度支出，享受资本盈利的税收优惠待遇。但1986年的《税收改革法案》废除了这项规定（Heimlich et al. 1998）。

《清洁水法》第404款是美国国家湿地管理的主要依据，由美国陆军工程兵团负责执行。兵团负责执行的另一项法律是《河道和港口法》。《清洁水法》及《河道和港口法》都可以用来管理涉及河流疏浚的活动，从而起到保护湿地的作用。河流疏浚工程必须首

科罗拉多州北圣弗兰溪（North St. Vrain Creek）上的引水构筑物。摄影：Nicole Rousmaniere

先获得兵团的许可才可动工，而许可颁发之前，还必须要留出一段时间进行公示和公开讨论。这一机制可以使利益相关各方有机会表达顾虑和寻找其他的替代方法（USACE 2003, USEPA 2003a，b）。

（六）国际制度及法律规定

和美国一样，世界上许多发达国家和发展中国家有关地表水引水的国家级和地区级管理政策和管理框架比较复杂。本节虽然没有就每一个国家有关地表水引水的制度和法律规定进行讨论，但也提供了一些有用的资源，包括相关的国际法和国际条约以及重要的文献，并总结了世界各地的经验（表 4-2）。

（七）有关跨流域调水的制度及法律规定

跨流域项目本身很复杂，而且经常引起分歧。有关跨流域调水的制度模式有：①商业机构；②双方均可获利的合资企业；③一个统一体，可以将缺水地区与水资源丰富的地区联系起来。这方面的制度结构及法律规定很复杂，所涉及的行政及政治司法机构的数量和类型也很多，国际引水计划尤其如此，因为对某一项目进行平行或交叉管理，会使项目管理变得混乱（UNESCO 1999）。

在美国，与跨流域调水有关的管理方法和限制措施包括：①现行的条约及限制规定，如 1994 年为科罗拉多州格兰德河和提华纳河（Tijuana）水域制定的《利用水域条约》；②联邦或州立法机关制定的保护规定，如《自然与风景河流法案》和《濒危物种法案》；③国家及各州的禁止引水规定；④水源的既定水权；⑤州际协议中的分配规定；⑥联邦政府保留水权及土著人民水权的不确定性；⑦当前缺乏多功能全面的地区规划；⑧（许多州）缺乏地方、地区和国家级的用水计划，包括缺乏对未来用水需求的预测；⑨公众反对跨流域用水项目（特别是在项目发起地区）（OTA 1983）。最近，引水和引水管理又出现了一个新的问题，即如何应用交易法和交易原则（如世界贸易组织的指导方针和原则）。

其他国家可能有、也可能没有类似的跨流域调水管理措施和限制措施。但是，联合国教科文组织（UNESCO）提出了四个评估跨流域调水项目提议的标准，具体如下：

- 经济生产力影响——调水受纳区必须是面临严重缺水的地区，而且缺水限制了该地区的发展。相反，供水区必须水量充足，可以满足其当前和未来建设的需要；

- 环境质量影响——对调水受纳区、供水区和中转区的环境影响必须降到最低，而且还要采取补偿行动，抵消对环境造成的破坏；
- 社会文化影响——对调水受纳区、供水区和中转区的社会文化影响必须降到最低，而且还要采取补偿行动，抵消对环境造成的破坏；
- 利益分配——调水受纳区、供水区和中转区应该获得净利。(UNESCO 1999)

三、社区策略

社区成员越来越多地参与到水资源管理及相关的制度改革当中来。资源管理者、政府官员及社区成员必须共同解决这些环境、社会和经济问题，以了解并制订有效的水资源管理计划。下面提出的指导方针可以对大规模地表水引水工程（特别是跨流域调水工程）的水资源管理新提案进行评估。通过对地表水引水新提案的适宜性进行评估，可以：

- 为公众了解情况并参与拟建项目的规划及分析提供大量的实践机会；
- 评价引水对源头区、受纳区和途经的所有地区所造成的经济、社会和环境影响，以便决策者和公众可以获得足够的信息，并在此基础上作出决定；
- 审核所有短期及长期经济成本［包括（但不限于）建筑、传输、运行、维护的费用］及市场利率；
- 审核其他供水选择，如水资源保护、水资源定

专栏 4-4 内华达州卡森和特拉基河的静水国家野生动物保护区

图片摄影：George Gentry/USFWS

静水国家野生动物保护区群（Stillwater National Wildlife Refuge）是美国西部干旱地区的一个重要的野生动物绿洲。这里面有大量的各种各样的生境条件，包括淡水沼泽、淡水河流、半咸水沼泽、碱滩、大片盐沙漠灌丛、沙漠湖及岛屿亚群以及一个长达 40 千米的沙丘群。近 400 种脊椎动物（包括 260 多种留鸟和候鸟）生活在这些多样的生境里。保护区的附属湿地对于太平洋候鸟迁徙区的水鸟和岸鸟来说至关重要。1988 年，鉴于对迁徙岸鸟和水鸟的重要性，静水国家野生动物保护区群成为西半球水鸟保护网络的一个专门保护区。这里是 350 000 只水鸭和同样数量岸鸟的中途停留地。这片保护区面积为 66 367 公顷，位于内华达州雷诺市（Reno）以东 113 千米处大盆地（Grand）的卡森沙漠（Carson）里。这里有静水国家野生动物保护区（NWR）、静水野生动物管理区（WMA）、法伦国家野生动物保护区（Falon NWR）和阿纳霍岛国家野生动物保护区（Anaho Island NWR）。这一保护区群没有外流河川。

特拉基河和卡森河（Carson and Truckee）在历史上是流入这一保护区群的主要河流来源，但灌溉或其他用水活动现在已经大大改变了这两条河流。由于静水保护区群这个水系没有外流水体，所以蒸发降水比很高，因此，这里的湿地尤其容易受到灌溉回流水水质下降的影响。流入湿地的水流所携带的污染物沉积下来，使得野生动物生活在一个沉淀物含量很高的环境里（见 Pringle 2000 的总结）。正因如此，1986—1987 年，这里鸟类、鱼类和脊椎动物的死亡率很高。

为改善静水国家野生动物保护区群的水质和生境条件，大自然保护协会与内华达州水禽保护协会及内华达州政府一起合作，于 1989 年开始购买水权，建设保护区。所收购的水通过灌溉系统回到湿地。接着，1990 年颁布的《水权纠纷解决法》授权一家联邦机构购买水权，以减少农业用水的需求，进而满足湿地的需要。这一开创性的行动表明，水权转让可以从发展农业过渡到满足环境需要。联邦政策明确规定，要长期维持拉洪坦谷（Lahontan）的湿地生境（面积约为 10 117 公顷），每年需要 154 185 230 立方米的水。截至 2001 年 9 月，内华达州政府、大自然保护协会、垦务局和印第安人事务局合作，共从自愿卖家手里购买了约 39 964 811 立方米的水权。受灌溉用水减少影响的社区（丘吉尔县和法伦市）不断地对这些购买行为提出法律诉讼，想要获得更多的用水权。

表 4-2 国际制度及法律规定

国际
UN Convention on the Law of the Non-navigational Uses of International Watercourses (May 1997)
Ramsar Convention on Wetlands of International Importance especially as Waterfowl Habitat, Done at Ramsar, Iran, 2 February 1971
Helsinki Rules on the Uses of the Waters of International Rivers, International Law Association (1966)
Madrid Declaration on Int'l Regulations Regarding the Use of Int'l Watercourses for Purposes other than Navigation, Institute of International Law, 24 Annuaire de l'Institut de Droit International (1911)
General Comment No. 15 (2002), The Right to Water, Substantive Issues Arising in the Implementation of the International Covenant on Economic, Social and Cultural Rights, U.N.(Economic and Social Council, E/C.12/2000/11 (26 November 2002)
Dublin Statement on the Water and Sustainable Development UN Conference on Environment & Development (Rio de Janeiro/Brazil, June 1992). Chapter 18 - Protection of the Quality and Supply of Freshwater Resources: Application of Integrated Approaches to the Development, Management and Use of Water Resources
Arechaga, F.J., International Legal Rules Governing Use of Waters from International Watercourse, 2 Inter-Am. L. Rev. 329 (1960)
Bains, The Diversion of International Rivers, 1 Indian J. Int'l L. 38 (1960-61)
Bergkamp, Ger & Pirot, Jean-Yves, The Freshwater Challenge: Drain or Gain?, World Conservation 3 (May 1999)
Agenda 21, Chapter 18: Protection Of The Quality And Supply Of Freshwater Resources: Application Of Integrated Approaches To The Development, Management And Use Of Water Resources
Caponera, Dante A., Patterns of Cooperation in International Water Law: Principles and Institutions, 25 Nat. Res. J. 563 (1985)
Dellapenna, Joseph W., Forward: Bringing the Customary International Law of Transboundary Waters into the Era of Ecology, 1 Int'l J. Global Envt'l Issues 243 (2001)
Dellapenna, Joseph W., The Customary International Law of Transboundary Fresh Waters, 1 Int'l J. Global Envt'l Issues 264 (2001)
Dellapenna, Joseph W., Treaties as Instruments for Managing Internationally-Shared Water Resources: Restricted Sovereignty vs. Community of Property, 26 Case W. Res. J. Int'l L. 27 (1994)
Garretson, et al., eds., The Law of International Drainage Basins (1967)
Lee, Terence R., Water Management in the 21st Century: The Allocation Imperative (Edward Elgar 1999)
Legge, D. The Sustainability of the Water Industry in a Regulated Environment, 12 J. Envtl. L. 3 (2000)
Simsarian, The Diversion of International Waters (1939)
United Nations Food and Agriculture Organization, Systematic Index of International Water Resources: Treaties, Declarations, Acts and Cases, by Basin. Volume I. Legislative Study #15 (1978)
United Nations Food and Agriculture Organization, Systematic Index of International Water Resources: Treaties, Declarations, Acts and Cases, by Basin. Volume II. Legislative Study #34 (1984)
United Nations Food and Agriculture Organization, Sources of International Water Law, Legislative Study #65 (1998)
Utton, Albert E. & Utton, John, International Law of Minimal Stream Flows, 10 Colo. J. Int'l Envt'l L. & Pol'y 7 (1999)
Brunnée, J. & Toope, S.J., Freshwater Regimes: The Mandate of the International Joint Commission, 15 Ariz. J. Int'l & Comp. L. 273 (1998)
欧洲
UN/ECE Convention on the Protection and Use of Transboundary Watercourses and International Lakes, done at Helsinki, 17 March 1992.(31 I.L.M. 1312 (1992)
Convention on Cooperation for the Protection and Sustainable Use of the Danube River. Done in Sofia, 29 June 1994
Convention on Cooperation for the Protection and Sustainable Use of the Danube River. Done in Sofia, 29 June 1994

续表 4-2

欧洲
Treaty for the International Commission for the protection of the Meuse and Scheldt Rivers (French) (German) (Dutch)
Convention on the International Commission for the Protection of the Oder. Done in Wroclaw, 11 April 1964
Convention on the Protection of the Rhine. Done at Rotterdam, January 22, 1998. Federal Republic of Germany, France, Luxembourg, the Netherlands, Switzerland, and the European Union
Agreement regulating the withdrawal of water from Lake Constance (with Final Protocol). Signed at Berne, on 30 April 1966. Came into force on 25 November 1967. Switzerland, Austria and Federal Republic of Germany
Agreement Between the Government of the Czechoslovak Republic and the Government of the Polish People's Republic Concerning the Use of Water Resources in Frontier Waters; signed at Prague 212 March 1958; in force 7 August 1958
Agreement Between the government of the Polish People's Republic and the Government of the Union of Soviet Socialist republics Concerning the Use of the Water Resources in Frontier Waters. Signed at Warsaw, 17 July 1964; in force, 16 February 1965
Agreement Between the Peoples Republic of Bulgaria and the Republic of Turkey Concerning Co-operation in the Use of the Waters of Rivers Flowing Through the Territory of Both Countries (Maritsa/Marica, Tundzha, Veleka, Rezovska Rivers), Done on 23 October 1968
European Commission, Towards sustainable water resources management - A Strategic Approach, Comprehensive Guidelines for water resources development co-operation (available in English, French and Portuguese
Vinogradov, Sergei & Langford, Vance P.E., Managing Transboundary Water Resources in the Aral Sea Basin: In Search of a Solution, 1 Int'l J. Global Envt'l Issues 345 (2001)
A-Khavari, Afshin & Rothwell, Donald R., The ICJ and the Danube Dam Case: A Missed Opportunity for International Environmental Law? 22 Melbourne U. L. R. 507 (1998)
A-Khavari, Afshin, The Danube Dam Case: The World Court and the Development of Environmental Law, 3 Asia Pac. J. Envtl. L. 101 (1998)
Pichyakorn, Bantita, Sustainable Development and International Watercourse Agreements: The Mekong and the Rhine, International(Union for the Conservation of Nature (Draft 30 June 2002)
Food and Agriculture Organization of the United Nations, Land and Water Legislation Section, Water Laws in Selected European Countries (1975)
Schwabach, Aaron, From Schweizerhalle to Baia Mare: The Continuing Failure of International Law to Protect Europe's Rivers, 19 Va. Envtl. L.J. 431 (2000)
Vinogravov, S.V. & Wouters, P.K., The Caspian Sea: Quest for a New Legal Regime, 9 Leiden J. Int'l L. 87 (1996)
中东
Baim, Karen A., Come Hell of High Water: A Water Regime For the Jordan River Basin, 75 Wash. U. L. Q. 919 (1997)
Batstone, The Utilization of the Nile Waters, Int'l & Comp. L.Q. 523 (1959)
Caponera, Dante, Water Laws in Moslem Countries (1954)
Caponera, Dante, Water Laws in Moslem Countries (1973-78)
Carroll, C.M., Past and Future Legal Framework of the Nile River Basin, 12 Geo. Int'l Envt'l L. Rev. 269 (1999)
Chenevert, Donald J., Jr., Application of the Draft Articles on the Non-Navigational Uses of International Watercourses to the Water Disputes Involving the Nile River and the Jordan River, 6 Emory Int'l L. Rev. 495 (1992)
Cohen, Jonathan E., International Law and Water Politics of the Euphrates, 24 J. Int'l. L. & Pol. 503 (1991)
Kasimbazi, E., The Relevance of Sub-Basin Legal and Institutional Approaches in the Nile Basin 5 S. Afr. J. Envtl. L. & Pol'y (1998)
Kibaroglu, Aysegül, Building a Regime for the Waters of the Euphrates-Tigris River Basin, International and National Water Law and Policy Series: Volume 7 (Kluwer Law 2002)
Agreement of the Republic of Kazakhstan, Republic of Kyrgyzstan, Republic of Tajikistan, Tuskmenistan, and Republic of Uzbekistan on joint activities in addressing the Aral Sea. Signed 26 March 1993
Agreement Between the Republic of Syria and the Hashemite Kingdom of Jordan Concerning the Utilization of the Yarmouk Waters. Signed at Damascus, 4 June 1953; in force 8 July 1953
The Syrian-Iraqi Agreement on the Utilization of the Euphrates Waters, signed April 1990

续表 4-2

北美
Treaty relating to cooperative development of the water resources of the Columbia River Basin (with Annexes), Done 17 January 1961
Treaty between the United States of America and Canada relating to the uses of the waters of the Niagara River. Signed at Washington, 27 February 1950; in force 10 October 1950
Colorado River Storage and Interstate Release Agreement among the United States of America, acting through the Secretary of the Interior; the Arizona Water Banking Authority; the Southern Nevada Water Authority; and the Colorado River Commission of Nevada
International Boundary and Water Commission, United States and Mexico, Minute 242, Permanent and Definitive Solution to the International Problem of the Salinity of the Colorado River, 30 August 1973
Treaty between the United States of America and Mexico relating to the utilization of the Waters of the Colorado and Tijuana Rivers and of the Rio Grande, signed at Washington February 3, 1944; protocol signed at Washington November 14,1944, Entered into force November 8,1945, 59 Stat. 1219; Treaty Series 994
Agreement between U.S. and Mexico, Re-diversion, Allocation and Equitable Division of the Waters of Rio Grande (May 21st, 1906) Consolidated Treaty Series, vol. 201 (1906); A.J.I.L., I, 281; U.S. stat., XXXIV, 2953; Mex. Tr. 1909, I, 318.
Treaty to Resolve Pending Boundary Differences and Maintain the Rio Grande and Colorado River as the International Boundary Between Mexico and the United States, 23 November 1970. 23 U.S.T. 371, T.I.A.S. No. 7313.
Fort, D.D., Restoring the Rio Grande: A Case Study in Environmental Federalism, 28 Envtl. L. 15 (1998)
Jones, Patricia, The U.S. Mexico Boundary Waters Regime and North American Environmental Agreements: What Lessons for International Water Agreements' Compliance Mechanisms?, CEPMLP Annual Review 1999
Lopes, M., Border Tensions and the Need for Water: An Application of Equitable Principles to Determine Water Allocation from the Rio Grande to the United States and Mexico, 9 Geo. Int'l. Envtl. L. Rev. 489 (1997)
中美和南美洲
Treaty for Amazonian Co-operation. Done at Brasilia, 3 July 1978. Bolivia. Brazil, Colombia, Ecuador, Guyana, Peru, Suriname, Venezuela
Argentina-Brazil-Paraguay: Agreement on Paraná River Projects (1979)
Dourojeanni, Axel, Water Management at the River Basin Level: Challenges in Latin America, Serie Recursos Naturales e Infraestructura No. 29, LC/L.1583-P, (August 2001)
Legislacion de Aguas en Los Paises del Grupo Adino. (Water Legislation in the Andean Pact Countries)
非洲
African Convention on the Conservation of Nature and Natural Resources. Done in Algiers, 15 September 1968. Gambia River Basin
Convention Relating to the Creation of the Gambia River Basin Development Organisation. Signed at Kaolack, 30 JUNE 1978
Revised Protocol on Shared Watercourses in the Southern African Development Community, Done August 7, 2000
Caponera, Dante, Water Law in Selected African Countries (Benin, Burundi, Ethiopia, Gabon, Kenya, Mauritius, Sierra Leone, Swaziland, Upper Volta, Zambia) (1979)
Chenevert, Donald J., Jr., Application of the Draft Articles on the Non-Navigational Uses of International Watercourses to the Water Disputes Involving the Nile River and the Jordan River, 6 Emory Int'l L. Rev. 495 (1992)
Hitchcock, Robert K., The Kavango Basin: A Case Study
Kasimbazi, E., The Relevance of Sub-Basin Legal and Institutional Approaches in the Nile Basin 5 S. Afr. J. Envtl. L. & Pol'y (1998)
Lebotse, K.K., Southern African Community Protocol on Shared Watercourses: Challenges of Implementation, 12 Leiden J. Int'l L 173 (1999)
Leestemaker, Joanne Heyink, An analysis of the new national and sub national Water Laws in Southern Africa: Gaps between the UN-Convention, the SADC protocol and national legal systems in South Africa, Swaziland and Mozambique
Rothert, Steve, Meeting Namibia's Water Needs While Sparing the Okavango

续表 4-2

亚洲
Agreement on the Cooperation for the Sustainable Development of the Mekong River Basin. Done in Chiang Rai, 4 April 1995. Cambodia, Lao People's Republic, Thailand and Viet Nam
Pichyakorn, Bantita, Sustainable Development and International Watercourse Agreements: The Mekong and the Rhine, International(Union for the Conservation of Nature (Draft 30 June 2002)
Browder, Greg & Ortolano, L., The Evolution of an International Water Resource Management Regime in the Mekong River Basin, 40 Nat. Resources J. 499 (2000)
Caponera, D.A., The Legal Aspects of Mekong River Projects, 16 Indian J. Power & River Valley Devel. 35 (1966)
Desai, B., Sharing of International Water Resources: The Ganga and Mahalaki River Treaties, 3 Asia Pac. J. Envt'l Law 172 (1998)
Gheleta, M.A., Sustaining the Giant Dragon: Rational Use and Protection of China's Water Resources in the Twenty-First Century 9 Colo. J. Int'l. Envtl. L. & Pol'y 221 (1998)
Institute for the Development of Indian Law, Indian Water Rights (1984)
Salman, S.M.A. & Uprety, K., Conflict and Cooperation on South Asia's International Rivers, International and National Water Law and Policy Series: Volume 8 (Kluwer Law 2002)
Salman, S.M.A. & Uprety, K., Hydro-Politics in South Asia: A Comparative Analysis of the Mahakali and the Ganges Treaties, 39 Nat. Res. J. 395 (1999)
Salman, S.M.A., Co-Management of Resources: the Case of the Ganges River, Conference-Water: Dispute Prevention & Development, Center For the Global South, October 12–13, 1998, Washington College of Law, American University, Washington, DC

专栏 4-5 满足波士顿市的人类需要：康涅狄格河

20 世纪 80 年代，波士顿大都市区的用水需求为每天 3.3 亿加仑，而每天的可用供水量仅为 3 亿加仑。于是，马萨诸塞州水资源管理局（MWRA）开始寻求满足这一需求的方法。其中一个方法就是将康涅狄格河（Connecticut）的水引到阔宾水库（Quabbin），以增加供水量。然而，公众对这项工程的担心最终导致了《跨流域调水法》（ITA）的通过。《跨流域调水法》要求，马萨诸塞州 27 个流域之间的调水工程必须获得本州水资源管理委员会的批准，而且必须要调查寻找新的水源、考虑保护措施、实施渗漏检测及修补措施。因此，马萨诸塞州水资源管理局开始实施一项全面的渗漏检测及修补计划。结果，该地区每天的需水量降到 24.5～25 亿加仑，远低于每天 3 亿加仑的供水量——节省用水近 25%！另外，其他水资源保护措施（如马桶更换计划等）还可以进一步降低需水量。因此，康涅狄格河调水工程不再是增加对波士顿大都市区供水的一个选择。

波士顿市中心油轮码头一景。图片提供：NOAA

价和水资源回收；
- 使所有政府相关部门参与和审核；
- 提供解决政府间冲突的程序；
- 遵守（适用的）国际条约；
- 规定使用者承担主要集资的责任，政府不予补贴，不提供担保贷款或借贷；
- 制定可执行的政府间协议，把监督与实施分开，保证任何减少负面影响的缓和行动都可得到资助；
- 把水资源保护列为各相关政府实体的工作目

专栏 4-6　中国的两个跨流域调水工程

经济的迅速发展，水位的下降，以及地区性干旱时间的延长，促使中国政府开始兴建两个新的重要调水工程，以增加北方干旱地区的供水。万家寨引黄工程（WWTP）是一项耗资 14 亿美元的跨流域调水工程，将黄河里的水向北调入太原、大同和寿州。这个工程每年将通过 285 千米长的隧道和渠道调水 12 亿立方米（CNS 2002, CDG 2002）。此外，该工程还包括：制度改革（如放开水定价、制度自主权等）、水污染管理和工业废水管理（包括设备、培训及污染预防计划）。世界银行贷款 4 亿美元，支持这项工程 (World Bank 1997)。

第二个跨流域调水工程——南水北调工程，将每年通过三个相互联系的路线（东线、中线及西线），将长江上中下游 380 ~ 450 亿立方米的水输送到中国北方地区（China Daily 2001）。西线将长江上游的水调到黄河，以解决北部和西北部地区常年干旱所引起的缺水问题；中线把水引到北京、天津及北部地区，增加 64 亿立方米的城市用水和工业用水及 30 亿立方米的农业用水；东线将为东北部城市中心（如河北及天津）提供 143.3 亿立方米的工业、农业和生活用水。工程成本除耗资超过 590 亿美元外，还包括工程沿线 370 000 人民的安置费用（Chang 2002, US Water News 2003）。

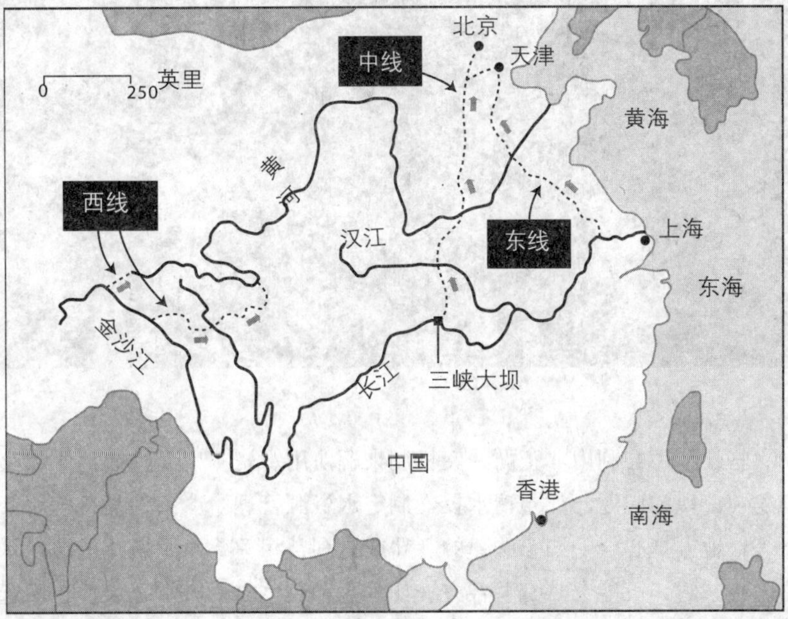

标；

- 建立水核算体制，把管理策略建立在用水计划的基础上；
- 加强多国政府委员会和特别小组的工作，这一点对跨越多国边界的水资源来说尤其重要，如 1909 年美国和加拿大就大湖区共同水域签署的《边界水域条约》，1994 年美国和墨西哥就科罗拉多河、格兰德河及其他河流的共同水域签署的《利用水域条约》；
- 在缔约政治实体之间（如各州或各国）合作管理水资源。

（改编自 League of Women Voters 2002）

利益相关团体和公众应该参加所有的会议。除此之外，水政策制定者还应该建立一个工作机构，为有关各方提供真正切实的机会，使其参与河流流域管理。此外，主管机构应该向公众公开信息，其中包括与流域管理有关的监测数据（Florida Wildlife Federation 2002）。

公众的积极参与可以给水资源管理工作注入重要的活力。例如，美国佐治亚州立法机关成立了两个平民委员会，以制订一个全面的水资源管理计划。该委员会的工作包括：①研究当前的水资源问题，包括水量和水质问题；②考虑现行水资源管理政策、法律、条例和计划；③建议制订全面计划的程序和日程安排；④制定计划原则；⑤必要时，建议采取行动并草拟法案。该委员会成员来自各个领域，有科学、商业、农业、渔业、娱乐界和学术界人士，也有环境保护团体、水资源专家和平民组织（CVIOG 2001）。

得克萨斯州的圣马科斯河。
摄影：Jerry Touchstone Kimmel

一些社区还会利用非正面冲突机制来解决用水资源分配中出现的问题，如申请水权，制定水资源管理战略等。地方担心会受国家法律的惩罚或是利益相关者的诉讼威胁，可能会使有关各方（如水区和个体农民）主动制订计划，恢复河道内的正常水流。

圣马科斯河基金会（SMRF）的工作可以说明，地方社区可以利用现行的水权法律，挑战传统的水资源分配形式。瓜达卢普河（Guadalupe）河系的入水水流减少，导致盐分升高，从而在瓜达卢普湾和河口产生了一种富营养化现象，严重损害了当地的鱼虾养殖场。在这里过冬的鸣鹤属高度濒危物种，其死亡率高达12%。此外，咸水鱼和虾产量的下降也都说明了瓜达卢普湾的生产力在下降。如果此地的营利性渔业垮掉了，经济损失将每年达2000万美元，而且当地与旅游有关的活动也会大大减少（据估计，每年将减少600万美元）。由于担心流入墨西哥湾淡水水量的减少会影响到本地的野生动物和渔业，一个小型平民组织根据得克萨斯州水法，按照规定程序，申请了水权许可证。如果获得批准，这次申请每年可涉及1 418 510 000立方米的水资源。圣马科斯河基金会提议将水权交给一个州立水资源托拉斯管理，前提条件是这些水必须要全部用于维护河道内水流。得克萨斯州的这次水权申请是一个新的方法，不仅数量非常之大，也引起了相当大的争议。水资源使用者包括州水务部门以及迅速发展起来的大城市［如圣安东尼奥市（San Antonio）］——提出要兴建多个水坝、引水渠和输水管，这些工程将进一步减少河道内的正常流量以及到达海湾的水量。但社区团体强烈反对给这些工程颁发许可证，有些团体还向法院提出请求，要求驳回许可申请。然而，此申请提出还不到两年，一个专家检查组就又提议为一个1 233 490 000立方米的水项目颁发许可。尽管这项提议最终很可能会遭到反对，但对水权的这种开创性的利用，说明小团体也有能力保护整个河流系统。现在，这次行动已经赢得了150 000多位受影响地区居民的支持，并引起一些国家环境保护组织的重视，如美国河流协会、塞拉俱乐部和环境保护基金会（American Rivers 2002, Texas Observer 2002, Dianne Wassenic-San Marcos River Foundation, 私人通信）。

第三节　河床及河岸结构的改变

（河道整治、疏浚、河床粗化及筑堤）

引　言

河道通常会因防控洪水、改善地面排水、减少河岸侵蚀、为驳船和水上交通提供必要的条件被改变。据估计，美国已经变更的河道超过100万千米（NRC 1992），而且某些州的河道变更率非常高（如截至1972年，伊利诺伊州有27%的河流曾被整治过）（Lopinot 1972）。欧洲河道变更的比例更高，其低地的大部分河道都被变更过了，如丹麦89%以及英国低地98%的河道都曾被整治过（Brookes and Shields, Jr. 1996）。对湖泊沿岸进行稳固，以便减少侵蚀和建造方便人类利用湖泊及附近地区的构筑物（如建造水闸、控制水位等），也会破坏其独特的生境，导致许多淡水物种的减少。例如，幼年红鲑在湖泊里生活1～2年后再洄游到大海里，但本地植被被清除，岸线地带侵蚀加重，对红鲑的食物供应也产生了负面影响，因此，由于近岸产卵地的丧失，红鲑的生长速度和繁殖能力都受到了负面影响，从而引起存活率的整体下降。

对于河床及河岸结构的改变包括：

- 清除物理材料，改变河流或河道的形状，增加其输水能力或航运能力（称为河道整治）；

河道变更包括筑造堤坝，如路易斯安那州西阿查法拉亚流域（West Atchafalaya）（左，摄影：Michael Maples/USACE）；河岸衬砌，如密歇根州南部的鲁日河（Rouge）（右上，图片提供：USACE）；用乱石加固防洪岸壁和河岸，如北卡罗来纳州芒特艾里（Mt. Airy）的亚拉腊河（Ararat River）（右下，摄影：Bud Davis/USACE）。

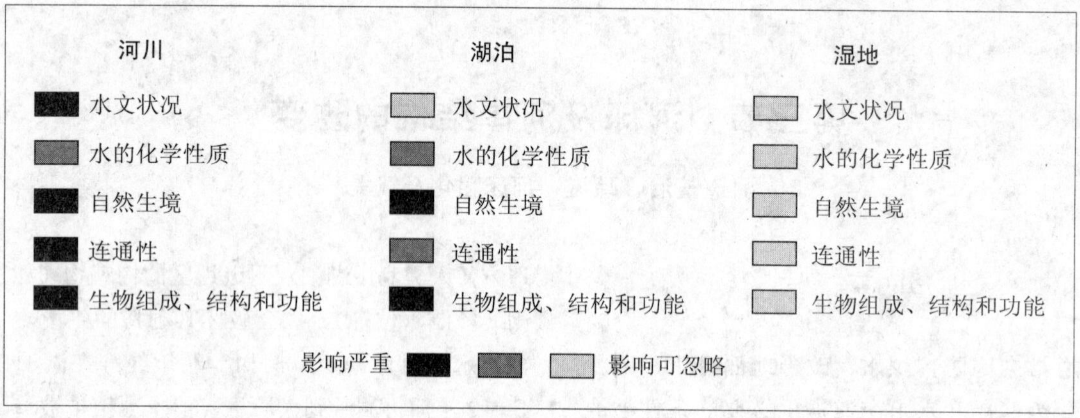

图 4-11 河床河岸结构改变对淡水生态系统影响一览

- 加入材料（石头、预制砌块、模制混凝土），以保护河岸和湖岸不会坍塌（称为河床粗化）；
- 筑堤以防止低洼地区洪水泛滥，通常在河流及其河岸或河漫滩地区之间建立更有效的边界；
- 在岸线地带或附近建造构筑物，改变水流模式及水与陆地之间相互作用的天然模式（驳岸、防波堤、丁坝）。

下面主要讨论河床及河岸结构改变对淡水生态系统的影响。

河床及河岸结构改变对淡水生态系统的影响

河床及河岸结构改变对河川、湖泊、湿地及河岸地区的影响有空间和时间的差异，造成差异的因素有：气候、土壤、河道形态、水流模式、流域特点、植被覆盖和土地使用情况。然而，在许多情况下，这种结构性的改变永久性地改变了水质和水流模式，导致了以下后果：生境的丧失、碎裂和隔离；河岸侵蚀的加重；生物结构多样性的降低；物种多样性的减少及下游洪水次数的增加（Brookes 1988, USEPA 2002a）。

同样，对湖岸的稳固也会对生境和生物区系产生影响，但影响的程度因稳固手段和湖泊本身的特点而异。岸边的泥沙沉积和移除之间的天然平衡主要是靠水的波浪作用来维持的。大部分的加固工程都不过是暂时保护湖岸不被侵蚀，或不会坍塌，但有些加固措施实际上反而会加速湖岸的侵蚀或坍塌。

下面先总结一下河床河岸改变对淡水生态系统生态要素的影响。

一、水文状况

通常，曲流河在降水发生后会向附近的河岸地区泛滥，因此，河岸地区可以作为缓冲区，来应对雨水激增。河道整治有利于地表水排出陆地，增加干流和支流的水流量；还可以消除曲流，缩短河道的长度和宽度，增加河道的坡度，改变水流状况。爱达荷州苏城（Sioux）下方的密苏里河河道整治工程使河水宽度减少了 2/3，长度减少了 204 千米以上。河道整治和建筑堤坝使河道变窄，从而加重了流水的作用（如河床冲刷、河岸坍塌及侵蚀）。有些河道整治工程，如佛罗里达大沼泽地，可以减少水位的季节性变化，并用更稳定的水位取而代之。然而，其他河系却受到了相反的影响。河道整治通常会减少上游地区天然洪水的发生频率和强度，尽管如此，河道整治仍会大大增加下游地区发洪水的机会，尤其是当干流和支流洪峰同步的时候（Brookes 1988, Shankman and Samson 1991, Wyzga 1993）。例如，爱尔兰进行的大面积陆地排水，使 12 个集水区当中 7 个集水区的洪水流量增加了 57% ～ 65%（Bree and Cunnane 1980）。河道裁弯取直和筑造堤坝强行使水流绕过可释放能量的河漫滩和湿地。例如，美国马萨诸塞州伊普斯威奇河（Ipswich）1 700 多万立方米的天然流水被河漫滩阻拦，降低了下游的洪峰（Sammell et al. 1966）。

河道整治也会破坏地下水的补给，通常会降低水位，而且这些影响还会蔓延到附近地区。在出现溯源冲刷（河道整治的一种常见地貌变化）的地区，地下水的水位更低。

美国中西部各州河漫滩生境的丧失导致匙吻鲟濒危。摄影：Timoth Knepp/USFWS

二、自然生境条件

（一）泥沙情况和侵蚀

河道整治可以改变泥沙的特点，包括泥沙的组成、形成速度、侵蚀路径、泥沙输移及沉积。陆上泥沙输移（从农耕地、伐木场、建筑工地等）、溯源冲刷及支流（其河道经过整治）侧岸的坍塌，都会导致干流河道淤积和谷内沉积物的形成。同样，河道堵塞也会增加季节性洪水的深度、面积和持续时间，改变泥沙沉积的方式，影响附近谷底大面积植被的构成。整治后的河道经常容易受到干扰，其中包括河岸侵蚀。这些自然调整通常需要对河段进行重新整治或疏浚以及重新筑堤，以便进行水文管理。

（二）生境

河道整治将天然结构相异的河段变成了一个简单化的单一系统，减少了生境的多样性。这些干扰的影响范围很广，从河道到河岸，并蔓延到河流的上游和下游。此外，河道整治还会降低河流的曲折度，使一些独特的生境丧失，并且改变浅滩的形状。下游泥沙的沉积使池塘生境消失，可引起河床抬升，导致河流水位过浅，鱼类无法生存。整治河道时，常会把河里的卵石和暗桩清走，同时也使栖息地消失（NRC 1992）。此外，有些物种利用河漫滩与河流之间的联系来捕食、产卵、饲育和寻求庇护（如匙吻鲟[7]和密苏里铲鲟[8]），但河漫滩与河道的分离，使得它们的这种生境也随之丧失。

河床及河岸的维护（如整治和筑堤）也会破坏河道与河漫滩之间的连通性。这些维护控制了河漫滩泛滥自然出现的范围和时机，影响了河漫滩生物群落的组成及生态过程。对于许多留鸟和迁徙鸟类及水生和陆地生物类群来说，河漫滩及河道外的湿地是很重要的生境，不仅是这些动物繁殖和产卵的地方，也是河内生态过程的一个丰富的营养物来源。美国中西部地区河漫滩的大量丧失，使得许多生活在这里的新热带候鸟［如斯温森莺（*Limnothlypis swainsonii*）］和地方性鱼种（如匙吻鲟）濒于灭绝。

---

[7] 匙吻鲟（*Polyodon spathula*）分布在美国的许多州，现在被列为州级濒危物种。大型河川的筑坝工程和河道整治已经控制了春季洪水，使河水滞留在河岸以内，因此也使匙吻鲟的大部分产卵栖息地消失。

[8] 密苏里铲鲟（*Scaphirhynchus albus*）分布在密苏里河和密西西比河流域，被列为国家级濒危物种。导致其数量急剧下降的主要原因在于河道整治、筑坝围水及水流量的相关变化改变了其生境。这些变化阻碍了密苏里铲鲟的移动，破坏或改变了它们的产卵地，减少了它们的食物来源或降低了捕食的能力，也同时改变了水温和其他环境条件。

加利福尼亚州萨克拉门托河（Sacramento River）行船河道疏浚。
摄影：Michael Nevins/USACE

河床粗化使湖岸线简单化，降低了湖泊沿岸带[9]生境的数量、质量和多样性。沿岸带的繁殖能力很强，这里水位较浅，光线充足，泥沙营养含量丰富，这些都是植物生长的理想条件。而水生植物又为许多动物提供食物和栖息地，如鱼类、青蛙、鸟类、麝鼠、龟类、昆虫和螺类。传统的河床粗化（如挡土墙）将近岸生境与湖泊分离开来，减少了营养物和基质（如木质残体、腐烂的树叶及其他植被）的注入，降低了湖岸线阻碍泥沙和污染物流入水体的“过滤”能力。这些岸边活动的影响也会蔓延到附近的水体。此外，生态结构复杂性的降低，还会使被食者的庇护所消失，增加了被食者被捕食的危险，从而降低了物种的丰富性（Cooper and Crowder 1979）。

（三）水的化学性质

河道整治改变了地表水的物理和化学性质，包括浊度、盐度、水温、营养物、溶解氧、需氧量和污染物。河岸植被的消失使河水更多地暴露在阳光下，导致水温升高以及河内植物和水藻快速生长。将有机物质从河道里清除，提高水流速度和振荡强度，可以提高溶解氧的含量。然而，如果疏浚暴露出来的物质（包括基质、泥沙和被掩埋的有机物质）过多，这些物质的氧化也可以耗尽储备的溶解氧。同时，疏浚还可以释放有毒物质，或使有毒物质重新漂浮起来，如硫化氢、甲烷、有机物、重金属、杀虫剂及其他化学污染物和生物病原体（如粪大肠菌群）（Grimes 1975）。此外，如果河道整治加重了河岸的侵蚀，那么营养物（如氮和磷）、有机物和污染物就会从陆地流入河川，改变河水的化学性质。筑造堤坝破坏了陆地淡水流过河岸湿地时的自然冲刷力，引起盐度的增加，并使盐水流入内陆。水的化学性质的这些变化对树木、湿地植被、贝类及鱼类都造成了威胁（U.S. EPA 2002b）。

（四）生物组成及相互作用

河床及河岸的改变，使水生生物的生境消失或者改变。河道被加固或拓宽时，那些曾利用沙洲、暗流、U 形弯、水塘及激流的有机物也随之消失（NRC 1992）。基质的改变也对生物饲育产生了威胁，并可引起物种的行为（如产卵）改变。鲑鱼必须要在大小不一的砾石上产卵，而雌性镖鲈却要把卵产在细小的砾石上。杜父鱼或松江鱼在砾石片或砾岩上产卵，而在隙缝里产卵的物种则必须要有隙缝或岩石上的裂缝

[9] 沿岸带是位于干涸的陆地与湖泊开阔水面之间的一个的过渡区。这里虽然水位较浅，但光线却无法到达湖底，因而遏制了植物的生长。湖泊内部及湖泊之间沿岸带的宽度各不相同。如果湖底的坡度较陡，沿岸带可能就比较窄，只与湖岸线距离几英尺。相反，如果湖泊较浅，则沿岸带可能就比较宽阔。

河流河道整治之后，水生昆虫（如碧胸晏蜓）的数量和多样性下降。摄影：Janet Haas

才能产卵（Simpson et al. 1982）。河道整治后，软体动物和水生昆虫（如蜻蜓和石蝇）的数量和多样性锐减。而对干扰不太敏感的无脊椎动物（如摇蚊和黑蝇）却在河道整治后不久就在水生无脊椎动物群落中占据了优势。河道整治对生物群落组成及功能的影响可能是长期的。例如，在河道整治52年以后，密西西比河上的拉克塞帕里拉河（Luxapalila）的生物量、繁殖力、多样性和大型无脊椎动物的数量仍有显著的下降。之所以会产生这些长期的影响，是因为河段整治后，基质由卵石变成了细沙（Arner et al. 1975）。未被整治河段的漂移率[10]一般比较高，这里的优势大型无脊椎动物物种都生活在激流中，如纹石蛾和扁蜉。在河道被改变的河川中，优势物种一般多为穴居物种，它们喜欢生活在缓慢的水流和柔软的基质里，如寡毛类蠕虫和摇蚊（Brookes 1988）。另外，筑堤会消除逆流水，减少生境，限制物种在干流河道与河漫滩之间移动（Funk and Robinson 1974）。

湖泊及河川河床和河岸的改变也会影响到两栖动物、爬行动物和哺乳动物。生境的丧失减少了食物及庇护场所的数量，限制了饲育地的使用，增加了野生动物被捕食的风险。例如，密苏里河下游河道生境的丧失，使《濒危物种法案》把密苏里铲鲟和内陆小燕鸥（*Sterna antillarum*）列为保护物种。有研究表明，河道被整治之后，生活在岸边的哺乳动物数量和多样性也减少了。然而，如果河岸地区重新恢复，不再受当初河道改变的干扰，多样化的生境就会增加，这些哺乳动物的数量和多样性也会随之增加（Simpson et al. 1982, Manson 1995）。最后，河流及湖泊岸线的整治，导致浅水区域减少，使一些水生大型无脊椎动物（如蜻蜓）和鱼类失去了繁殖地和饲育地。此外，湖泊沿岸地带的水体比较温暖，是体型较小的鱼类和幼鱼的庇护所，因此，这些区域的消失增加了许多鱼类被捕食的机会（Close and Lieschke 2002）。

（五）连通性

河道整治和筑造堤坝把河漫滩与河川分离开来。河道整治破坏了周期性泛滥洪水的自然过程，而周期性洪水为湿地和河岸地区提供营养物和有机物，同时也带走污染物，补充地下水。如果河道被整治，附近陆地的地表水就会被抽干。此外，筑堤也会限制河水流向两侧，流过河漫滩。这些水文变化不仅限制了物质和能量的交换，而且还限制了野生动物、鱼类和无脊椎动物的迁移，进一步改变了生态系统的结构。另外，河道整治和筑造堤坝都会减少地下水的补给，使河漫滩的水位降低，引起植被和野生动物的巨大变化。湖泊岸线粗化使淡水不再受海洋和陆地的影响，同时也减少了流入湖泊的营养物、泥沙和粗木质残体，阻止近岸陆地物种从湖泊中获取饮用水和食物。

[10] 漂移率指水流中水生有机物向下游的传送比率。

减轻／减少河床河岸改变对淡水生态系统影响的策略

改变河床及河岸结构的传统方法[11]产生了一些有害影响，这就促使人们制订一些新的河流治理计划，而这些计划的重点就在于要与河流“合作”（Brookes 1988）。虽然在许多环境里（如城市地区），有些传统的河流管理方法或是结构治理方法仍然很重要，但现在河流管理的重点越来越多地放在了对河流—流域的综合管理上。这一方法强调改善并结合土地使用管理，同时也特别重视要结合河流的天然特点。下面就对这些方法进行简要的介绍。

一、技术策略

我们可以利用多种技术手段来改进对河道和湖岸的管理。本节将探讨三种常用的技术方法：河道恢复、河漫滩综合管理及湖岸保护。

（一）河道恢复

科学家及管理者们认识到，必须要找到有效的工程及管理手段才能减轻河道改变所带来的破坏（Ward et al. 2001）由于有法律规定必须要减轻对河川生境的破坏，这是人们越来越关注河道恢复并增加投资来恢复河道的重要原因。要成功恢复河道，重新建立天然的水文状况和地形地貌是关键（NRC 1992）。然而，立法不足、资金短缺和多种土地使用活动仍然限制着河流的恢复（Brookes 1996）。

河道恢复的目标通常包括：①恢复或改善水生和岸边生境；②在城市地区建立一个功能性休闲通道；③改善水质。

河道恢复的策略有：①重新建立河曲；②改变河床及河曲的形状；③为鱼类及其他野生动物创造生境；④种植植被，改变结构，稳固河岸；⑤为以前隐藏在地下涵洞里的河流开辟河道（Kondolf 2002）。有时，河道恢复可能仅仅是消除干扰（如防止牲畜进入河流）。这种情况下，重新种植天然植被，可以加固河岸，给河流带来生态效益。然而，河道恢复的过程可能会很缓慢。破坏严重的河流需要进行工程施工，以重新塑造河道及河岸，恢复它原来的形状。

河道恢复有三个基本步骤：①评估；②数据合成与设计；③实施。评估指通过大规模的数据收集工作，把河道的当前及历史特性（如形状、模式、梯度）、水流情况、河岸及河道内生境、鱼类及野生动物普查等进行量化。数据合成与设计指在制订河道恢复计划时要结合数据，而恢复计划可以包括多个任务，如建设河漫滩、绿化河岸和河岸区、创造生境以及改变当前的水流模式。制订恢复计划时应该模拟河流与其流域间的动态平衡，建立一个复杂多样的河道系统，不仅可以传送水流和泥沙，而且还能将基本生境特征与

佛罗里达州的基米西河恢复工程。
摄影：Tony Santana/USACE

[11] 传统方法包括河道取直、加深、加宽，清除植被，建造堤岸及河床和湖岸粗化／加固。

专栏 4-7 科森尼斯河：堤坝拆除及河流与河漫滩重新相连

科森尼斯河（Cosumnes）的面积为 3 000 平方千米，汇入莫凯勒米河（Mokelumne），形成一个完整的萨克拉门托湾三角洲（Sacramento）生态系统。流域下游是肥沃的河漫滩、广阔的湿地和动植物的河岸栖息地。春池及小湖里生长着稀有的动植物，河川及河漫滩里居住着许多本地鱼种，包括大鳞大麻哈鱼。周围一排排的美国白栎、阔叶白蜡木、白蜡槭和柳树形成了一片独特的冬季落叶林。

历史上，科森尼斯河的洪水周期性泛滥，在这里留下了大量的冲积土，现在滋养着一大片农场和养牛牧场。过去 100 年间对该流域的开发，其中包括一系列堤坝的建造，把科森尼斯河与其河漫滩完全隔开，只剩下了一个河道。堤坝将河水限制在河道里，增加了河水的侵蚀力，使河道河床在 40 年的时间里下降了 3 米多。河流的加深，使河岸变得陡直，植被无法生长。

1997 年初发生了一场严重的洪水灾害，造成 3 500 多万美元的财产损失（MCWA 2002）。这场洪水也促使人们对河漫滩管理政策进行重大审核和全面检查。科森尼斯河特别小组就是在这种情况下成立的，“以制定一个长期策略，鼓励恢复流域的健康状况，改善洪水管理方法。”特别小组的成员来源广泛：有国家及州级政府机构，也有保护组织和非政府组织。管理计划若想获得成功，还必须要认识到流域容易受到破坏的特性，了解地方土地持有人的需要和投入，认识到保护公共信托资金的必要性，并了解其经济可行性。

这次洪水发生的两年前，大自然保护协会就已经发起了一项中断堤坝的国际示范项目，以恢复河漫滩并示范河漫滩的重要性。结果，洪水把沙、营养物和种子送到了农耕地上。沙坡和植被使土地变得更加粗糙，进而又促进了更多泥沙的沉积和冲刷，延长了泥沙、营养物和水在河漫滩里的停留时间。

在中断堤坝国际示范项目成功的基础上，科森尼斯河特别小组草拟了一个管理计划，其中包括提议把堤坝的位置从河边向后移。这样，河流与河漫滩就会重新相连，有助于消除洪峰的能量和水流，减少洪水可能对下游地区所造成的危害。另外，这样做还可实行宝贵的生态功能：补给地下水、输送营养物、丰富河漫滩以及冲走污染物。

加利福尼亚州的科森尼斯河。摄影：James A. Mratin

和鱼类及其他水生动植物恢复相关的生态过程结合起来。实施恢复计划应该利用从当地获得的材料，最大限度地减少成本，避免引进外来物种。此外，要实现恢复目标，还必须进行追踪监测、维护及评估（Brown et al. 2002）。

人们已经尝试进行了多个河道恢复项目，但许多项目的结果毁誉参半，还有很大一部分项目以失败告终（Lockwood and Pimm 1999）。迄今为止，大部分河流恢复项目的规模都比较小（如河段恢复项目）。然而，佛罗里达州南部的基米西河－奥基乔比湖－大沼泽地生态系统（KOE）的实验项目就是一次在流域规模上的尝试。20 世纪 60 年代对基米西河河道的改造使超过 75 千米的河流以及 12 000 ～ 14 000 公顷的湿地生境消失。而当前恢复工作的目标就是要恢复河流的天然水流态和大部分消失的河漫滩。基米西河的恢复策略包括：重建河曲、重新形成河道、拆除一些控水构筑物及相关的堤坝，以及回填一些被改造的河道。预计这次生境恢复工作可惠及 32 种以上的鱼类和野生动物（Koebel 1995）。

以下出版物提供了更多有效恢复技术的信息，可供读者参阅：

密歇根州圣约瑟夫（St. Joseph）密歇根湖的填沙护滩工程。图片提供：USACE

- Federal Interagency Stream Restoration Working Group (FISRWG). 1998. *Stream Corridor Restoration: Principles, Processes, and Practices.* Washington, DC. Website links: http://www.usda.gov/stream_restoration.
- Riley, A. L. 1998. *Restoring Streams in Cities: A Guide for Planners, Policy-makers, and Citizens.*
- Shields, F. D. (ed.). 1996. *River Channel Restoration: Guiding Principles for Sustainable Projects.*
- Williams, J.E., C.A. Wood, and M.P. Dombeck (eds.). 1997. *Watershed Restoration: Principles and Practices.*
- Resources and Abstracts on Adaptive Management, at: http://www.iatp.org/AEAM/abstracts.htm, especially Anecdotal History: A Tool for the Kissimmee River Restoration Project by Kent Loftin, Earth-Tech, Inc. for Kissimmee R. restoration project specific, at http://www.iatp.org/AEAM/anecdote.htm.

（二）河漫滩综合管理

河漫滩与河川的分离以及城市和农村对河漫滩的开发凸显了改善河漫滩的必要性。河漫滩管理的困难在于：如何利用物理基础结构和其他降低洪水风险的手段来进行适当的防洪管理。为了做出明智的资源管理决定，规划和管理者们必须要了解河漫滩在环境、社会和经济方面的重要性。河漫滩综合管理计划的根本在于信息管理（收集、分析、合成及综合）和提高公众对河漫滩地区土地使用活动影响的认识（ARMCNZ 2000）。

河漫滩综合管理要考虑整个集水区，把政府部门与各利益相关者的作用和责任结合起来，并收集有关河漫滩活动的信息。如果管理措施制定不当，则可能把影响从一个地方转移到另外一个地方。为了避免产生这样的问题，在进行河漫滩综合管理时必须把整个集水区考虑在内。例如，筑造堤坝可能会减少某块土地上的洪水，却会增加其上游或下游其他土地上的洪水。因此，我们必须把政府部门与各利益相关者的作用和责任结合起来，以保证在制订可行性管理计划时把各种技术手段和规划方法（如抗洪应急计划和救灾工作、多种土地使用实践等）结合起来。

虽然当前的河漫滩综合管理计划针对的地点和目标不同，但通常都包括以下几个方面和步骤：

规划——利益相关者收集和分析信息，明确各种选择并对其影响做出评估，然后做出有关河漫滩及流域资源的管理决定。这些决定要把河漫滩看成一个统一体，其中的经济、社会和环境因素相互作用。

实施——除制订实施计划外，还要确定有效的监督和评估框架，确立协调机制，明确相关机构的责任，并寻找适当的管理手段。

制度建设——在管理计划的各个阶段，为社区参与创造机会，包括：寻找与公众沟通的策略和手段；

加强非政府组织的规划和管理能力；在整个社区实行河漫滩规划及管理的外展活动及培训工作。

为河漫滩发展提供资金——制定策略，寻找各种不同的收入来源（包括私人、外资、地方及州政府），以降低风险。

（改编自 IUCN 2002）

利用非工程措施对河漫滩进行管理这一方法于20世纪60年代中叶出现在美国，之后越来越多地为人们所用，并逐渐取代了筑堤、建坝和改变河道的传统方法。非工程方法调整，即不再利用河漫滩来改变河川的天然水流状况，而是利用河漫滩来应对洪水威胁。该措施包括洪水警报和疏散制度、土地使用规定（如区域划分、制定标准、指定用途等）以及政府部门和保护组织进行的土地收购。同时，还可利用经济刺激（如取消洪水保险补贴、减少联邦政府对洪水设施的资助）来减少对河漫滩的开发。此外，联邦政府及州立湿地保护法中有一项“无净损失”原则，可以更进一步促使人们采取河漫滩综合管理方法。例如，美国陆军工程兵团的宗旨就是“提高项目的现有环境价值，进行湿地恢复，确立示范项目”（NRC 2002）。

（三）湖岸保护

湖泊水位的天然变化、暴雨及其他自然作用一直不断地通过波浪作用、洪水泛滥和侵蚀作用，改变着湖岸地带的形状。这些自然作用是整个生态系统不可分割的一部分，限制这些作用无论是从经济上还是从环境上来说都是不可行的。最有效的策略就是要认识到：岸线作用是动态的，必须受到保护，这样才能保证湖岸的生态功能，包括保护水质、保证湖滨的营养、维持水生和湖岸生境。对湖岸的开发和修复必须要保证：①不能中断沿岸漂移；②不能增加波浪能；③溯湖方向的改变不能破坏逆湖方向[12]的性质；④湖岸地

专栏 4-8　河漫滩综合管理：潘特纳尔河

潘特纳尔河 (Pantanal) 位于亚马孙流域南部，绵延 130 000 平方千米，流经巴西中西部、玻利维亚东部和乌拉圭东部。潘特纳尔河的生境多种多样，其中包括洪溢林和干稀树草原。潘特纳尔是世界上保留下来的最大也是最重要的湿地之一，养育着近 300 种鱼类、650 种鸟类、100 种哺乳动物、180 种爬行动物及 3 500 种植物。同时，潘特纳尔河还提供农业用水及其他人类用水，也是运输货物和服务的交通通道，而且还供应各种各样的其他商品（鱼类、木材、泥炭、野生动物），惠及上百万居民。潘特纳尔河的环境功能还包括：传递泥沙、清除污染物、为季节性洪水供水及把营养物运到陆地上。巴西和玻利维亚两国的潘特纳尔河段上都有《拉姆萨尔公约》指定的保护湿地。

但潘特纳尔河及其生物多样性面临着一个重要的威胁，即拟建巴拉那 - 巴拉圭水道巨型工程（Paranà-Paraguay Waterway Megaproject）——又称巴拉圭 - 巴拉那水道工程 (Paraguay-Paranà Hidrovia Project) 所带来的水文变化。这一项目的推动者是拉普拉塔河（La Plata）流域国家（阿根廷、玻利维亚、巴西、巴拉圭和乌拉圭）。该项目将利用潘特纳尔河建造一条 3 442 千米长的运河。这条运河将促进地区的发展和出口，扩大农业企业和矿业的发展，并促进这一地区政治一体化。然而，这一项目的直接和间接代价预计将非常高，其中包括破坏流域内大部分地区的天然水文状况和洪水模式及破坏巴拉圭查科（Chaco）地区的湿地。

潘特纳尔河流域巴拉圭河水位的微小变化便可使河流与其河漫滩分离开来，导致湿地的丧失，丧失面积相当于佛罗里达州的大沼泽地。

摄影：David Harrison

鉴于该项目对潘特纳尔河生态影响所引起的争议，巴西境内潘特纳尔河段上的建造工程于 1998 年停工。这一决定是 1997 年所通过的水政策的一部分。该政策的目的就是要保持水资源的可持续发展。此外，巴西政府还明确了一系列的私人土地保护地役权，以保护重要的湿地生境。

[12] 逆湖方向是沿岸物质的主要移动方向。

带每天或季节性或年度性或周期性的自然过程可以以预期的强度进行。这些策略通常需要把结构性改造与最佳管理实践[13]结合起来，例如，进行必要的位置后移、建立植被缓冲区、限制坚硬表面及不透水表面的面积，以及恢复沿岸地带。

与工程方法相比，非工程方法的建设及维护成本通常较低，而且如果处理得当，也不会产生和工程措施一样的副作用。例如：

植被恢复 可使理想物种扎根，以维护陡岸和湖滩的稳固性。虽然这种方法成本最低，但在水浪很大或水流速度较快的水体中却不太有效。各种各样的地被植物（如草、苔等）及灌木和树木可以阻挡沙粒，稳固岸线地区。此外，大面积的岸边湿地也可以有效地消除波浪对附近湖滩的作用。

陡岸排水 针对的是泥土或混合陡岸常见的渗水问题。如果湖岸上层浸水、脱落并最终被波浪带走，渗水又会加剧陡岸的不稳定性。瓦管排水可以解决较浅地下水的排水问题，而水泵抽水则可解决较深地下水的排水问题。

重整坡度 就是把陡岸或湖岸的坡度变缓。这种方法通常与植被恢复同时进行。

填沙护滩 是指通过陆上搬运或近岸开采，把沙、砾石或石头放到湖岸线上。这些沉淀物形成一个缓冲带，可以延缓侵蚀。波浪作用把这些物质带离湖岸，形成沙洲，使水浪远离湖滩。养护湖滩的有效寿命取决于滩上物质的大小和数量以及对这些物质有侵蚀作用的暴雨频率和强度。使用比一般天然物质大且沉的沉淀物来养护湖滩，可以减少波浪作用带走补充物质的机会。

搬迁 指拆除容易受洪水和侵蚀破坏的构筑物。这一方法表明人们已经认识到了侵蚀及岸线衰退是一个自然过程，无法完全避免。与大部分工程方法相比，这一方法可以节约更多的成本，而且从长期来说也是一个最可靠的方法。

（改编自 MCCIS 2003）

二、制度及法律策略

要有效地解决河床河岸改变所引起的环境问题，必须要有所有利益相关者（水及资源管理者、社区居民、尤其是那些进行河流及湖滨投资的人，商业人士及政府官员）的参与和协调努力。最成功也是最具成本效益的方法就是针对河流和岸线所受到的各种影响，同时还要考虑到其他长期投资选择及投资可避免的成本。无论是地方政府还是联邦政府，都要推进有关河流及湖岸区域划分的法规法令和开发标准的制定，以保护和改善河流及湖岸环境。此外，我们还可利用《濒危物种法案》和《清洁水法》等资源保护法。例如，我们可以根据水生或湖岸物种目录来制订管理计划，寻找保护手段；或是制订符合水质及健康规定的管理计划，或是寻找符合这些规定的保护手段。已经有人成功地利用联邦和州计划（其中包括税收鼓励、财政支持和买断敏感地区）来保护河流和河岸地区了。下面就介绍一些可以通过美国土地使用规定和国际政策来实施的工具和工作。

（一）美国的制度和法律规定

1. 利用自然资源保护局的工具和计划

美国有超过 70% 的土地为私人所有，其中大部分为农业生产所用。鉴于利益相关者对这些地理景观及相关淡水生态系统的巨大影响，保护工作应该包括对他们进行恰当的指导与帮助。美国农业部下属的自然资源保护局（NRCS）就为美国境内私人耕地管理规划和保护措施的制定提供帮助。其任务就是：“领导各方进行合作，帮助人们保护、维护和改善自然资源和环境。”保护局主动向私人土地持有人、政策制定者以及地方、州和联邦政府部门提供自然资源管理和农业生产方面的技术帮助。一共设立了 3 000 个保护辖区，几乎遍及美国的每一个县，并且与合作部门及利益相关团体[14]一起：①满足消费者对地方资源的需要；②制定可行的环境经济政策；③提倡完全利用自然资源来开展保护工作；④维持和提倡平民保护传达机制。

---

[13] 最佳管理实践即规定的活动及其日程安排、禁止行为、维护程序及其他可以达到理想环境效益的管理方法。

[14] 这些团体包括：（1）保护辖区；（2）地方社区；（3）联邦及州政府机构；（4）农业及环境组织；（5）专业社团；（6）学术机构；（7）保护组织；（8）农业企业；（8）自然资源保护局地球小组（Earth Team）的志愿者们；（9）保护研究与发展顾问。

在自然资源保护局实施改善附近湖泊的水质的计划中，美国爱荷华州谢尔比县（Shelby）的农民所使用的方法包括梯田、缓冲区及保护性耕作。
摄影：Tim McCabel/NRCS

自然资源保护局的各项计划为土地持有人提供财政、技术和培训帮助，以开展保护实践活动。这些计划的成本可以分摊，重点在于防止土壤侵蚀、改善水质和保护生境，现总结如下：

湿地保留计划（WRP）——利用成本分担和收购地役权，为湿地保护和恢复提供资金。

野生动物栖息地激励计划（WHIP）——利用成本分担，提供财政激励，在私人土地上为鱼类和野生动物开发栖息地。

保护储备计划（CRP）——鼓励农民转产，把侵蚀性高的农田或其他易受环境影响的土地转为种植植被，以减少侵蚀，为野生动物提供栖息地。农民每年可从中获得租金，而且种植植被的成本也要分担。

环境质量激励计划（EQIP）——对保护实践进行物质激励并分担其成本，如粪肥管理、害虫控制、侵蚀控制及其他改善和维护自然资源健康的实践活动。能实现水质管理目标的项目要予以优先考虑。

耕地保护计划（FPP）提供资金，从土地持有人手里购买开发权，以继续使用多产的土地，或者收购地役权或其他利益。

紧急保护计划（ECP）——资助水资源紧急保护措施及灾后保护设施（如梯田、永久性围栏和清渣）的恢复。

流域紧急保护计划（EWP）——为灾后各种稳固流域的项目提供帮助，包括：清除和种植植被、沟蚀防治、安装河岸保护装置及清除碎屑和泥沙。此外，还可将资金用于购买河漫滩的地役权。

（NRCS 2002）

与自然资源保护局合作或是通过以上计划取得自然资源保护局的支持通常不失为一种有效的策略，可以保护淡水生态系统首先不受这些改变的影响。

2. 利用地方土地使用规划和规定

许多社区都认识到了保护水体的重要性，并制定了各种法令法规及其他规定，以保护和管理河漫滩和河川廊道。尽管有些资源管理和水资源保护工作（如《清洁水法》）应该遵守州及联邦法律，许多地方社区还是制定了一些不受州法律和联邦法律的约束的规章。地方规章包括区域划分法规、建筑法规以及土地细分规则。这些规章包括禁止在洪水容易泛滥的地方兴建建筑物，或规定建筑物的兴建必须要先符合某些条件。此外，地方社区还可完全购买土地及地役权，用以保护河川、河漫滩和湿地。这样做的好处在于地方政府不仅可以控制土地的使用，还可为居民提供一些休闲设施。

社区发展战略需要将各个部门结合起来，只有这样，地方土地使用管理规定才能有效发挥作用。水体及湿地保护条例应该包括：①禁止对河流进行破坏性的改造，如河道整治、河道取直、河道填埋、筑坝围水、排水及河床粗化；②对不可避免的干扰必须采取缓和措施；③保护水体及湿地沿岸的天然缓冲区；④

建筑物及道路必须后移；⑤禁止将未经处理的雨水直接排入现有湿地当中（NIPC 2002）。

（二）国际制度及法律规定

前文在谈到美国的土地使用规定时曾指出，有关淡水生态系统中河床河岸改变的管理规定和相关政策在地方及地区实行时是最有力的。表 4-3 总结了相关的国际法律和条约及一些介绍世界各地经验的重要文献。

三、社区策略

现在，越来越多的公众参与到流域管理策略的制定工作中来，而且流域管理策略也越来越需要公众的参与。然而，要一直引起公众的关注并让他们一直参与其中却不是件容易的事情。由有意并且愿意采取行动来管理水资源的当地群众来兴建流域工程不失为一个成功的管理方法（Mullen and Allison 1999）。当前，公众参与“正在经历一个模式上的变化：从对抗到合作，从自上而下到自下而上，从召开公共会议到以平民为主并由平民组织”（Griffin 1999）。流域委员会数量的增长，也有力地证明了社区参与模式的变化。流域委员会指各团体合作参与流域内的水资源管理，包括政府机关、利益相关者及环保工作者。

流域委员会的目标、组成、策略及在决策中的作用各不相同。虽然大部分委员会都以改善水资源管理（如防洪、提供可靠的供水）为目标，但仍有一些委员会的目标更广泛（如加强地方对自然资源的管理、将资源规划与管理结合起来）。

自然灾害（如洪水）及人类对资源的管理不善（如物种及生境的丧失）通常会促使社区及利益相关者采取行动。例如 1986 年，加利福尼亚州纳帕河（Napa）暴发洪水之后，利益相关者及地方官员主动参与修改减灾计划。该计划最初是由美国陆军工程兵团提出的，当时采用的是一个比较传统的方法，即扩大现有河道，将河水限制在干流河道里。但这一方法存在的主要问题有：河道加深导致河水盐度的增高、河流水质的下降、疏浚污染物质的处理以及该项目总体而言对环境的敏感性不够。为了就抗洪计划与社区达成共识，并取得他们的支持，保护辖区在整个社区建立了一个联盟，以寻找其他的解决方法。利益相关者都支持“生命之河”的理念或是支持这样一个河流系统：其物理、化学及生物成分均可正常运行，从而形成复杂而多样的动植物群落。为实现这一目标，在制订项目计划时就要包括恢复策略，以减少对河床和河岸结构的改变（USACE 2002b）。

表 4-3 国际制度与法律规定

国际
Helsinki Rules on the Uses of the Waters of International Rivers, International Law Association (1966)
Madrid Declaration on Int'l Regulations Regarding the Use of Int'l Watercourses for Purposes other than Navigation, Institute of International Law, 24 Annuaire de l'Institut de Droit International (1911)
General Comment No. 15 (2002), The Right to Water, Substantive Issues Arising in the Implementation of the International Covenant on Economic, Social and Cultural Rights, U.N. Economic and Social Council, E/C.12/2000/11 (26 November 2002)
Dublin Statement on the Water and Sustainable Development UN Conference on Environment & Development (Rio de Janeiro/Brazil, June 1992), Chapter 18 - Protection of the Quality and Supply of Freshwater Resources: Application of Integrated Approaches to the Development, Management and Use of Water Resources
欧洲
Third Protocol amending the Convention on the canalization of the Mosel. Done in Trier, 12 May 1987; in force, 1 January 1988
Convention on the International Commission for the Protection of the Oder. Done in Wroclaw, 11 April 1964
Convention on the Protection of the Rhine. Done at Rotterdam, January 22, 1998. Federal Republic of Germany, France, Luxembourg, the Netherlands, Switzerland, and the European Union

第四节　地下水开采

引　言

地下水指储存在土壤颗粒之间及岩石缝隙之内的地表以下的水。地下水多存储在含水层内，并可以顺利穿过其中的岩石和土壤。地下水水位（最上层含水层的表面）可能位于地表之下 1 英尺（0.304 8 米）处，也可能位于地下几百英尺之处。地下水与地表淡水生态系统（河川、湖泊和湿地）之间在水文、化学和生物方面有着紧密的联系。若要深入了解地下水，可参见本《指南》的第二章。

地下水是可以满足人类需要的最大的活性淡水储备。据估计，地下水水量是世界上所有河川溪流瞬时水量的 6 000 倍。全球地下水总量为 $11\times10^6\sim60\times10^6$ 立方千米（占整个地球水资源的 0.61%）（Davis and Day 1998, Gleick 1993, Freeze and Cherry 1979）。全球近 20 亿人口的饮用水几乎完全来自地下水，包括发展中国家一些大城市里的居民，如雅加达、达卡、利马及墨西哥城（Sampat 2000）。全球约 20% 的用水（每年近 600 ～ 700 立方千米）来自地下水源（Shiklomanov 1997）。在美国，地下水占所有淡水用水量的 22%。超过 37% 的灌溉用水、公共供水总量的 38% 以及 62% 的饮用水都来自地下水储备（USGS 1999a, NRC 2000）。亚利桑那州年用水总量的约 60% 来自地下水（Saliba and Bush 1987）。佛罗里达州的比斯坎湾（Biscayne）含水层是迈阿密地区超过 300 万居民饮用水的唯一水源，而爱荷华兹（Edwards）含水层是得克萨斯州圣安东尼奥市（San Antonio）的主要供水来源（NRC 2000）。在南非，总人口的 50% 要依靠地下水（SADC 2002），而中国北方城市 90% 的用水都来自地下水（Lierong 2002）。利比亚撒哈拉沙漠 87% 的用水来自化石含水层（Lopez and Morales 2002）。相比之下，俄罗斯的地下水仅占饮用水供应的 10%（World Water Forum 2000），澳大利亚占 20%（National Land and Water Resources Audit 2001）。

由于当前的开采速度过快，世界上有些地区的用水量或是抽取量超过了补水量（称为超采），因此这些地区地下水资源在减少也就不足为奇了。事实上，全球含水层正在以每年超过 1 600 亿立方米的速度减少（Postel 1999）。除此之外，有些含水层还受到人类活动所带来的有毒化学物质和病原体的污染，而且过度开采地下水，也可使海水进入含水层，而这些被污染的水就不再适合人类的大部分需要了。目前，世界上有些地区的超采程度很严重，包括中国、印度、中东、北非及美国和俄罗斯等。通过世界上有些含水层的抽取与补给比率，我们可以看出这一问题的普遍性：如沙特阿拉伯的萨克（Saq）含水层为 4.8:1；加沙地带的海岸含水层为 1.6:1；美国的奥加拉拉（Ogallala）含水层为 3.2:1；也门的夏布瓦盆地（Sana’a Basin）为 5.3:1；业利桑那州的一些地区为 10:1（Ayelel and Al Sahdily 2000）。在利比亚北部的热法拉平原（Jefara）上，集中发展和人口增长导致了对地下水的过度开采，具体表现在水位下降、海水入侵、水质下降、可用含水层枯竭、土地生产力降低及生物多样性减少等（Alghariani 1999）。

下面介绍过度开采地下水对淡水生态系统造成的危害，以及减轻这些危害的策略。

地下水提取对淡水生态系统的影响

地下水与地表水紧密相连。它们之间的相互作用是指水、能量及物理和生物物质在空间及时间上的转移（Winter et al. 1998）。无论是在河川、湖泊和湿地，还是河口、海湾及海岸地区都有这种相互作用。含水层就像一块巨大的海绵，对含水层的抽取可以影响抽取点周边的供水。当前的水资源管理计划通常未能认识到这种空间关联性。例如，地下水开采可导致许多河流路线的改变和 /（或）河流的干涸（Reisner 1993）。抽取含水层的水就好像在用吸管喝饮料一样：只需几口水井或用吸管吸几口便可迅速降低储备水位，即便对一个大含水层来说，也是如此。在美国西

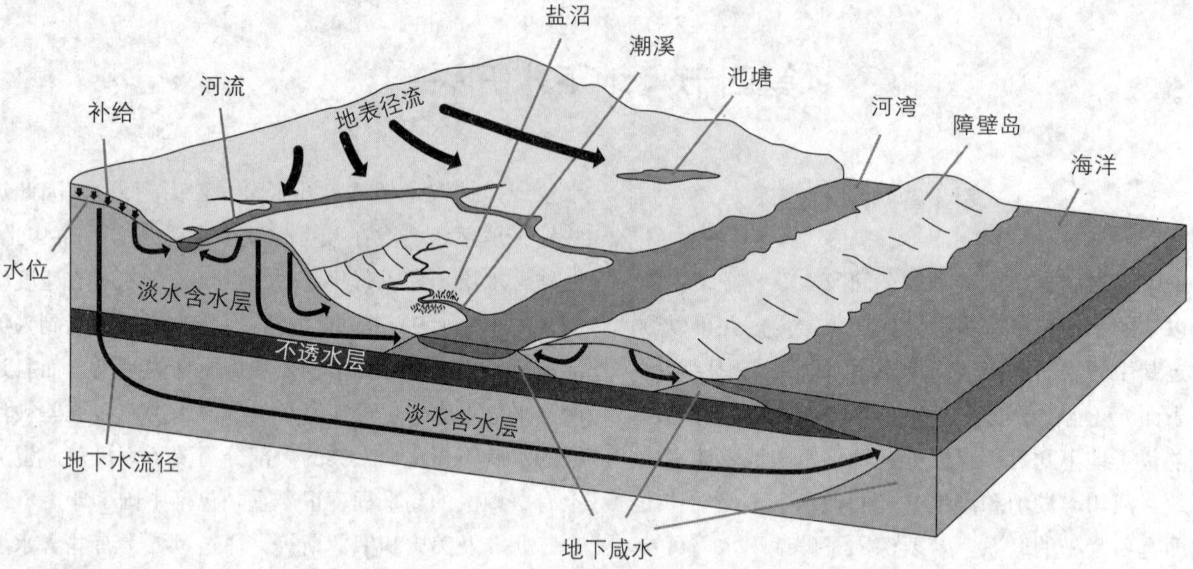

图 4-12 地下水—地表水的相互作用

改编自 Paul M. Barlow. 2003. USGS Circular 1262, Groundwater in Freshwater-Saltwater Environment of the Atlantic Coast. 见 http://water.usgs.gov/pubs/circ/2003/circ1262/index.html

部的一些地区，邻近地区间的地下水水权问题及地下水抽取的问题是不断引起诉讼的核心。下面就明确介绍一下地下水开采对淡水生态系统各生态要素的显著影响。

一、连通性

大部分流域的地下水与地表水相互联系。地下水抽取首先会引起抽水点水位的下降，而水位下降，或地下水降落漏斗，会继续向外蔓延，直到通过水与地表水体相连。接着，地表水体又因为抽取而枯竭（Johnson et al. 1998）。由于地下水是大部分河流基流的来源，其水位的降低也会导致河道内水流的减少。亚利桑那州坦基佛得角溪（Tanque Verde Creek）沿岸开凿了一些高产能水井，水泵附近的水位平均每年降低 3.7 ～ 6.5 米，离抽水站远一些的地方的水位每年下降 0.5 ～ 1.5 米（Stromberg 1992）。由于农作物对地下水的过度依赖，美国大平原地区奥加拉拉（Ogallala）含水层的水位在过去 60 年里下降了 16 ～ 50 米。据估计，仅 1999 年一年的累计净枯水量便可达 271 368 000 000 立方米（USGS 2002）。河流最终流入海湾和海岸地区，所以地下水位的下降也可影响这些河口地区。在南非，由于地下水的过度使用，许多河口不仅变浅了，而且还携带了许多泥沙。而由于河道内水流量的减少，沉积物经常会把河口给封上（Davies and Day1998）。

二、自然生境条件

除影响水流量及水位外，大规模的地下水开采还可引起地面沉降。地下水被抽走后，含水层塌陷，土壤也变得更加密实，从而不可避免地减少了地下水的储水量。在美国奥加拉拉含水层的中南部，开发前还饱和的含水层现在有超过 50% 已经枯竭了。枯水量相当于该地区人工水库总蓄水量的 40% 以上。在美国加利福尼亚州的圣华金河谷，由于抽取地下水进行农业灌溉，截至 1972 年，超过 13 500 平方千米的水浇地下沉了 30 厘米（Poland et al. 1975）。加利福尼亚州旧金山以南地区大面积地抽取地下水，使得圣克拉拉谷（Santa Clara Valley）的地面大幅度沉降。从 1910 年开始，加利福尼亚州圣何塞（San Jose）市商业区的地面在 85 年间下降了 4 米多。1910—1969

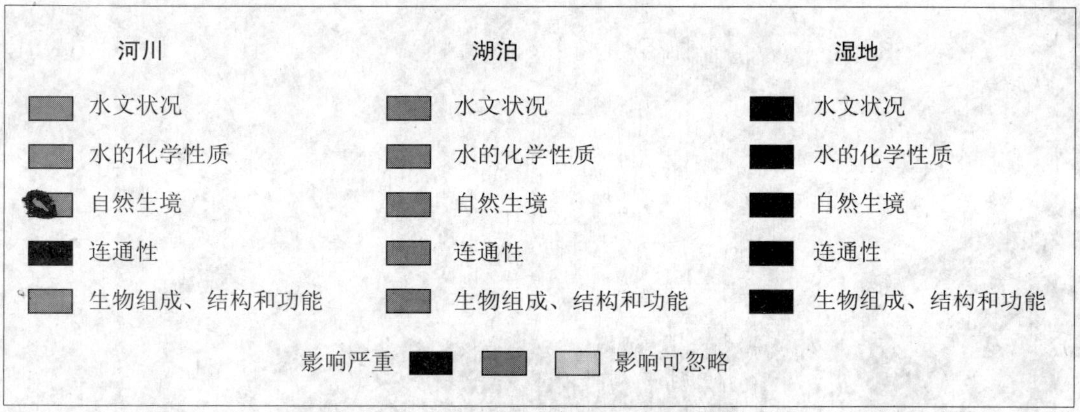

图 4-13　地下水过度开采对淡水生态系统影响一览

年，旧金山湾南部附近的地面平均下沉了 0.6 ～ 2.4 米，使得 44 平方千米的旱地处于高潮水位下。美国其他地区也发生了一些重大沉陷，包括得克萨斯州的休斯敦地区（Houston-Galveston）、路易斯安那州的巴吞鲁日（Baton Rouge）及亚利桑那州的菲尼克斯（Phoenix）。美国东南部（特别是佛罗里达州）把水从碳酸盐含水层里抽出来，形成了许多排水口，因此在这些地方小面积的地面沉降也很常见（USGS 1999b）。

三、水的化学性质

（一）咸水入侵

抽水可使淡水水头[15]降低，咸水便可进入，于是淡水含水层就被咸水污染。美国大西洋沿岸许多地区都因为地下水的抽取而受到了咸水的入侵。20 世纪 30 年代，由于纽约布鲁克林区对地下水的抽取，使水位比海平面低了 9 ～ 15 米，该地区的含水层受到了破坏（Fetter 1994）。塞内加尔首都达喀尔 80% 的饮用水来自地下水，但到 21 世纪中叶，过度开采使大量咸水入侵含水层，有可能会使这些地下水不再适合人类饮用。因为目前咸水正在以每年 40 米的速度污染着这里的含水层（Potworowski 1990）。内陆地区有些含水层中也有咸水，过度抽取淡水含水层里的水将会增加咸水由下至上侵入的机会。例如，阿肯色州从冲积含水层抽取地下水，导致咸水向上流入淡水水源（Morris and Bush 1996）。

（二）盐渍化及其他化学变化

由于地下水被抽取，导致地表水的浅水体（如湿地、湖泊）干涸，使土壤最上层的矿物盐（如钠、镁、钾、钙及硫酸盐）析出并集结在一起。而且，如果地下水位降到一个临界深度（如澳大利亚的临界深度为 2 米）时，就会通过毛细上升而蒸发，而蒸发又可将可溶盐带到土壤表面。矿物盐含量低是植物生长的一个重要因素，矿物盐含量高对大部分动植物都是有害的。干旱地区的盐渍化尤其普遍，对本地植物、作物和牧草来说是个严重的问题（Yahyaoui and Ouessar 1999, Seiler and Lindner 1995）。

相反，由于水位上升，澳大利亚（世界上最干旱的地区之一）许多地方的土壤盐分正在增加。用根系较浅的一年生作物和牧场代替根系较深的本地植被，可导致地下水位上升，土壤表面的盐分也随之增加。此外，水文变化（如由于兴建水坝和引水坝而引起的水文变化）消除了天然水流的冲刷力，也可使盐在地表附近集结。盐分的增加可以带来严重的社会和经济后果。据预测，澳大利亚阿德莱德市（Adelaide）的饮用水 50 年之内将不再适合饮用，而且 1 500 万～ 1 900 万公顷的土地将只能维持最低生产力（Planet Ark 2000）。

[15] 水头指地下水流过含水层所需的总能量。水头的测量是通过水柱在参考海拔（如平均海平面）上的高度来衡量的。地下水从高水头流向低水头。一定方向一定距离内的水头变化称为水力梯度。

用水量的增加和水位的降低导致切萨皮克湾（Chesapeake Bay）地区海平面提升，使得低洼地区经常为洪水所淹没。
摄影：Mary Holliger/NOAA

四、生物组成及相互作用

结 构

地下水抽取对生物群落结构的影响在干旱地区表现得最为明显，因为干旱地区的地表水供应和降水都很有限。地下水抽取影响了地表水结构，限制了有效食物与生境，从而也对底流区[16]生物群落产生影响。流入河流的水流经底流区，带来了有机物质，以维持这里的食物网。生活在这里的细菌、原生动物（如变形虫和草履虫）及小型动物（非常小的昆虫、蠕虫和甲壳类动物）吸收了这些有机物，又成为小型底栖鱼类、两栖动物和水生无脊椎动物的食物来源。地下水抽取可减少或消除底流区的水流，对那些以这些食物资源为生的生物群落造成威胁。过度开采还会降低水位，使河道、河岸区、河漫滩及湿地水生植物因缺水而枯死。例如，亚利桑那州圣佩德罗河（San Pedro）的河岸上生长着大面积的三角叶杨和柳树，养育着东北部地区濒危物种柳蚊霸鹟（*Empidonax traillii extimus*）以及瓦楚卡水伞花（*Lilaeopsis schaffneriana ssp. recurva*）——一种列入保护名录的多年生半水生草本植物。与历史相比，水位的下降使得该生境面积大大减少。同样，亚利桑那州佛得河（Verde）下游沿岸的三角叶杨也因地下水抽取而减少了（Stromberg 1992）。此外，地下水过度开采导致土壤盐分增加，也给外来入侵物种［如柽柳（*Tamarix aphylla*）］带来有利时机，进一步恶化了它们与本地植物之间的竞争。地下水抽取还会影响流入海口及海湾的水量，其生物群结构也会变得对喜盐物种更为有利。

有些水生物种生活在地表以下充满水的洞穴里，而对得克萨斯州爱荷华兹含水层（Edwards Aquifer）的过度抽取对这些水生物种产生了威胁，同时也对河流及河口的生物类群产生了威胁。含水层脱水，咸水入侵含水层，从含水层抽水造成物种直接死亡以及人类活动对含水层造成污染，所有这些都对宽口撒旦鮰（*Satan eurystomus*）和洞鮰（*Trogloglanis pattersoni*）及40多种大型无脊椎动物产生了威胁。宽口撒旦鮰和洞鮰属地方特有种，分布范围很有限，一般生活在400～600米深的水中（TSHA 2002）。此外，含水层抽水也会减少地表河流及泉水的供水，破坏水质和水生生境。

五、水文状况

地下水抽取也可影响基流的水位，改变淡水生态系统的水文状况。对于地下水抽取引起的水文变化，

[16] 底流区指河流底部及附近的饱和泥沙，地下水和地表水在这里混合。这里是生物多样性的聚集区，有着比较活跃的物理和化学梯度。

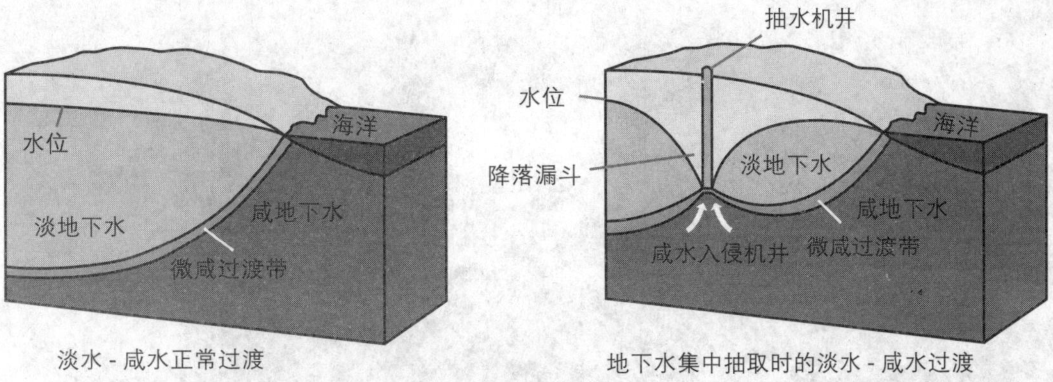

图 4-14　地下水集中抽取可造成咸水入侵

那些大部分水源来自地下水的河川、湖泊和湿地自然受其影响最大。世界上许多地区河川溪流的基流几乎完全依赖地下水，而在没有降水或径流的时候，这些基流又通常是唯一的水源。然而，这些影响与上文提到的连通性影响非常类似，更多详情，请参阅上文。

减轻／减少地下水抽取对淡水生态系统影响的策略

地下水资源是满足人类和生态系统需要的宝贵淡水来源。然而，决策者们在考虑各种管理方法时，却通常不会考虑地下水抽取对淡水生态系统完整性的影响。而且，对地下水抽取活动的管理也通常不力，即使对这些活动进行管理，也通常会与地表水的需要和使用权脱离。人们在制定地下水管理决策时，很少考虑社会、经济和环境因素（Kidd 2002）。下面就介绍一些策略，可以成功地减少过度开采地下水所产生的影响。由于地下水位于地下，不为人们所见，所以我们应该特意去了解这种水源并评估所有策略的有效性，如制作地下水分布图和监测地下水水量及水质等。

一、技术策略

生态系统需要的水资源管理行为应该包括保护地下水，避免对其进行过度开采，因为地下水资源与地表水资源之间有着紧密的联系。保护地下水的技术策略包括：限制过度抽取地下水；保护主要补水点，或者通过向地下储水区补充水来增加地下水补给。下面就简单介绍一下这些技术手段。

（一）限制过度抽取地下水

避免对含水层过度开采的一个方法就是减少用水需求。这一方法既有技术层面的考虑，也有管理层面的考虑，指利用其他资源，或是通过提高用水效率来减少耗水总量，以此来减少对地下水的需求。据估计，提高用水效率和使用回收水，可以使城市人均需水量减少 46%（Haasz 1999）。加利福尼亚州的蒙特雷县（Monterey）有一项耗资 7 500 万美元的项目，每年可输送 200 000 立方米的循环水到 5 000 公顷的农田，这样便可减轻海岸含水层的供水压力（Gleick 2000）。还有一个方法就是使用脱盐水来补充供水。佛罗里达州坦帕湾水区（Tampa）建造了一个反渗透法脱盐水厂，日产量为 95 000 立方米，以遏制因地下水过度开采而造成的海岸湿地退化及海水入侵。这家水厂与附近的能源热电厂合为一体，共同利用废热。脱盐水的成本为每立方米 0.55 美元，仅为世界其他地方（新加坡、塞浦路斯、特立尼达）类似设施成本的 20% ～ 25%。但此项目也造成一些环境问题，即水的使用对当地生态系统的影响以及脱盐后卤水的处理（Gleick 2000）。其他减轻地下水资源压力的方法还有：通过河道或管道，把其他地方的地下水源或地表水源（如水库、湖泊和河川）调过来。这种调水方法有许多例子，如中央亚利桑那工程（Central Arizona Project）和加利福尼亚州的中央谷工

河边林立着柽柳。由于地下水过度开采，土壤盐渍化愈发严重，有利于柽柳这样的外来物种入侵。摄影：Scott T. Smith

程（Central Valley Project）。然而这些调水工程都有各自的环境风险。

（二）限制在主要补水区建设不透水表面，促进/增加地下水补给

不透水表面可反映出城市化程度，也严重影响了地下水的补给和质量。世界各地城市地区的快速发展将会造成地下水补给的重大损失，除非水资源管理计划也能指导城市的发展。例如，据估计，佐治亚州亚特兰大市1982—1997年平均每年的补给损失在215 390 000～502 703 000立方米；华盛顿州的西雅图市为39 746 800～93 121 100立方米（Smart Growth America 2002）。

保护地下水资源的关键在于制定可以保护补给区完整性的土地使用规划。人们逐渐意识到既要保护环境又要满足人类需要的精明增长[17]的必要性。这种土地使用规划主要包括：

- 分配必要资源，明确及保护开阔地和水生区；
- 制定严格全面的法律——包括奖励精明增长和指定发展区，进行合理的发展管理；
- 把道路建设和其他建设项目与水资源管理活动协调起来，把供水纳入管理规划；
- 在建设新设施之前，先修复基础设施（即发展中的“修复第一”策略），将资金投放在现有的社区里；
- 进行集中开发，将地产、商业和住宅开发结合起来；
- 利用天然系统来管理雨水，如有可能，使用可以开发地方渗透力且影响较小的开发技术；
- 分配资源，研究和分析开发水资源的影响；
- 使公众了解研究和分析成果。

（改编自Smart Growth America 2002）

有关增长的详细信息，请参见下文“土地使用与管理”中的“城市化与工业化”部分。

法规政策、自愿性原则和以奖励为基础的计划都可指导地下水的保护工作。马萨诸塞州的州法律就是这样一种法规政策。该法律要求各市政当局对不透水表面进行控制；规定禁止“使用土地后其不透水层超

[17] 精明增长是一种精心计划的发展，既可保护开阔地和农田，也可复兴社区，维持“平价”住房，提供更多的交通选择。

专栏 4-9 亚利桑那州圣佩德罗河岸国家保护区

1988 年美国国会指定的圣佩德罗河国家保护区（SPNCA）占地面积达 23 471 公顷，是一个独特的沙漠河岸生态系统，也是圣佩德罗河上的一颗璀璨明珠。圣佩德罗河北向的常流河段滋养着河岸植被的残存群落（如三角叶杨、柳树、白蜡树、胡桃树、柔毛斑叶兰和朴树），而奇瓦瓦（Chihuahuan）沙漠灌木群落（如焦油灌木、石炭酸灌木和金合欢灌木）却在较干旱的河段占据了优势。圣佩德罗河国家保护区里生活着 350 多种鸟类、80 种哺乳动物、40 多种两栖动物和爬行动物以及 2 个本地鱼种和几个引进鱼种。保护区下面的地下水不仅可以在枯水期保持河床的水分，而且还可以为日益扩大的谢拉维斯塔市（Sierra Vista）、瓦丘卡堡陆军基地（Fort Huachuca Army Base）及周围地区提供用水。然而，这个独特水系继续供养如此多样丰富的动植物及满足人类需要的能力现在却岌岌可危。谢拉维斯塔 / 瓦丘卡堡地区对地下水的抽取使水位降低，也使每年流入圣佩德罗河的基流减少了 30%。目前这里的地下水过度开采率为每年 860 万立方米，预计 30 年之内将超过 1 600 万立方米。

17 个地方、州及联邦组织认识到了维持生态系统离不开充足持续的供水，它们组成了一个“圣佩德罗上游伙伴关系”，共同制订了一个保护计划，目标就是“保证长期充足的地下水供给，满足本地区居民及（当前及未来）业主和圣佩德罗河国家保护区的合理需要”（TNC 2000）。这一不同层面的伙伴关系的工作包括：保护水资源、改善地下水补给以及进行社区培训和支持倡议。简单介绍一下其中的一些工作：

- 瓦丘卡堡计划通过水资源保护活动，每年减少用水消耗 325 500 多立方米。水资源保护活动包括：检测和修补渗漏、安装节水及无水装置及实施有成效的保护培训计划（FEMP 2003）。
- 谢拉维斯塔市计划把经过处理的废水回灌利用，作为“谢拉维斯塔废水补给项目”（Sierra Vista Wastewater Recharge Project）的一部分，这样每年可将 300 万～370 万立方米的替代水注入圣佩德罗水系中（DOI 2000）。一项由联邦政府、亚利桑那州政府和地方政府共同签订的成本分担协议拨出 750 万美元，用于建设一家中水厂、4 公顷大的泄湖、20 公顷的湿地群及一个 12 公顷大的地下水补给盆地，以增加地下水的补给。
- 大自然保护协会希望通过收购农业用地，或将农业用地改建成本地草场生境，或使其退出农业生产，来减少用水需求（TNC 2002）。

亚利桑那州的圣佩德罗河。摄影：Harold E. Malde

专栏 4-10 墨西哥城的水位下降及地面沉降

墨西哥城占地 3 773 多平方千米，有 1 800 多万人口，是世界第三大城市。历史上，墨西哥城主要靠从墨西哥盆地地下含水层抽取地下水，再加上少量的地表水做补充，来满足用水需要。为满足目前的用水需要，墨西哥城每天从主要含水层抽取的水量可达 480 万立方米，占总需水量的 72%。但墨西哥盆地含水层的天然补给水量却仅为每天 240 万立方米。尽管对含水层的过度开采早在 20 世纪初就开始了，但这一问题目前愈发严重。地下水位每年以 1 米的速度在下降，1986—1992 年，重开采区的地下水位更是下降了 6～10 米。尽管从莱尔马河流域和库察马拉河流域（Lerma and Cutzamala）调水输入弥补亏空，补充含水层，但也只能解决部分问题。

墨西哥城卫星影像。METI/ERSDAC

由于过度开采，墨西哥城发生严重的地面沉降。在过去 100 多年的时间里，墨西哥城中心区平均沉降了 7.5 米；目前的沉降速度为每年 6 厘米（Morgan 2002）。沉降造成的直接影响有：对建筑物及其他设施（如污水系统、输水管和输气管道）造成结构性的破坏；暴雨期洪水不断泛滥。此外，该地区还经常发生地震，而沉降所造成的破坏又在很大程度上加重了地震的破坏。1900 年，特斯科科湖（Texcoco）湖底比市中心平均地面低 3 米；到 1974 年，湖底却比城市高出 2 米来。此外，含水层还受到污染物和咸水入侵的威胁。墨西哥城 90% 的工业和市政废水未经处理就被排入污水系统，而有些污水系统还受到地面沉降的破坏。仅工业一项每年便可生产出 300 万吨的有害废水，而许多地区的工业废水从未衬砌的排水渠道流过（WRI 1997, Hunt 1990）。

墨西哥城的海拔高度（2 300 米）和地理环境（封闭盆地）为水的输入（如从较远地方调水成本比较高，而且在技术上也有很大的挑战性）带来了独特的挑战。尽管如此，墨西哥城还是一直在寻找各种手段减少用水需求，加强水资源保护，包括修复配水网、更换节水型马桶及安装水表。政府部门还制定了一个新的用水定价体系，将城市用水的全部成本（如建设污水处理系统和废水处理厂、制定用水定价的成本等）包括在内。而目前的定价体系只反映出供水边际成本的 10%。随着消费水平的提高，新的价格结构将提高单位用水的收费，目标就是刺激用水工业保护水资源，最终实现全部成本回收（WRI 1997）。

过 15% 或 232 平方米，除非进行人工降水补给，使地下水质不至于恶化”（Massachusetts 1999）。另外，地方法规或州法规还可禁止或限制在地表水流及渗透的关键地区（如河漫滩和湿地）建造建筑物。

（三）进行人工注水，保护地下水资源

许多市政当局及其他担心水位下降的组织还使用另外一种方法来保护地下水，即向现有的地下水中进行人工注水。显然，这种方法对水质要求高，因为水污染是需要关注的问题。这个方法的一个优势就是有利于减少“地下水降落漏斗”的扩大（见专栏 4-9 和专栏 4-10），使河流基流不再减少，而且还能维持地表水与地下水之间的联系。此外，人工注水还可防止海岸地区地下含水层受到咸水的入侵。

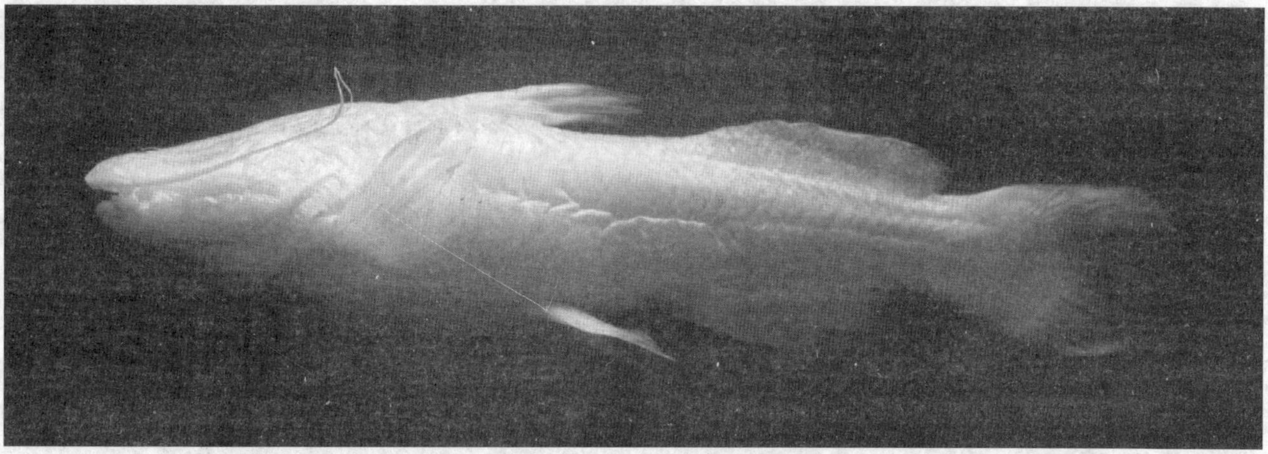

得克萨斯州爱荷华兹含水层的地方种宽口撒旦鮰受到了地下水过度开采的威胁。摄影：Garold W. Sneegas

循环水（即处理并消过毒的废水）及饮用水经常被用来进行人工注水。然而，中水对含水层的污染一直是个健康和生态问题，但是，废水在补给地下水之前预先做好处理，再加上有效的监督，就可以解决这一问题。20世纪60年代以来，加利福尼亚南部的水资源管理机构及废水处理机构合作，一直用处理过的废水来补充中央盆地的含水层。在以色列，经过处理的废水已经占到总供水量的30%，而且这一比例还有望在2025年增加到80%（Postel 2001）。这一方法可能造成的生态影响与跨流域调水过程中的地表水引水所造成的生态影响类似。

二、制度及法律策略

在美国及世界大部分地区，地下水资源所有权通常属于地下水正上方的土地持有人。对这些资源的使用管理，一般都是审核使用是否合理，而不关心地下水的使用是否在地下水补给区内。在许多情况下，这是一个管制范围的问题。大部分政府对地下水资源的管理都存在以下几个问题：①不能保护地下水免受土地使用变化的影响；②没有采取一个保护生态系统的方法；③随各级政府和政治实体不同而有很大的不同，因此管理制度也是七拼八凑；④缺乏必要的跨界管理机制；⑤通常受供水管理原则的支配；⑥受对地下水资源了解贫乏（如对地下水储备、补给率及地下水与地表水相互作用的评估）的局限（Kidd 2002）。历史上从未对地下水进行过重要的管理控制，一是因为地下水是看不到的资源；二是由于所监测的水量、水质不断变化，使人们对地下水与地表特征及过程之间的联系知之甚少。

（一）美国的制度及法律规定

与各州立机构一起制定有关地下水抽取的规定

地下水保护计划的要点在于法律工具、相关信息和资源支持。具体包括：

- 立法，包括制定保护规定；
- 机构间以机构内部与地表水计划及其他计划的协调；
- 地下水分布图和分类；
- 监测周围地下水的水质；
- 综合数据管理体制；
- 污染地的预防及补救计划；
- 开发及实施最佳管理实践的必要资源。

（改编自USEPA 1999）

在国家、地区及地方各级引入立法，鼓励对地下水资源进行合理管理，这是改善法规控制的一个方法。法律文献或其他文件中应该认可机构（如政府机关、其他实体等）对地下水抽取和使用的管理权。此外，促进制定公平有效的地下水保护策略，还必须明确使用权（如公有还是私有）及使用权的转移、修改或废止条件（UN 1989）。限制过度抽取地下水，谨慎管理机井的设置和抽取，可最大限度地降低地下水抽取对相关淡水生态系统的影响。如果机井的位置比较深或离河流比较远，则它与地下水源的水文联系就会比较少，因而可能会延缓抽取对地表水的影响。另外，让抽水机井定期停工，也可使地下水有机会得以恢复，从而为湿地及河流提供更多的水。为保障抽取水的水质好，供水机井应该经常停工，因为超负荷的机井可能会使天然化学物质及人类活动所带来的污染物含量增加。制订机井运行计划时应该把生态需要考虑在内，这样可以大大降低地下水抽取对淡水生态系统的影响。

地下水管理的一个重要问题就是保证地下水供应的水量和水质，也就是说，要保证持续供应高品质的补给水，保护重要补给区不受开发的影响，保证污染物不能进入地下水。

土地使用变化改变了土壤的渗透模式和渗透能力，因此，要保证持续供应高品质的补给水是越来越困难了。而且，若要使用人工补给（如废水注入和渗透池塘）来增加地下水供应，还必须要规定对注入水的水质进行评估（见上文地下水“技术策略”下所提到的为增加地下水资源而进行的人工注水）。

保护补给区的策略包括地方政府机构（及非政府组织）收购补给区土地和地方政府实施管制，如土地使用规划、区域划分及其他管理方法。

防止污染物进入地下水，需要在地下水受到污染之前就明确可能的污染源，以实施恰当的策略来减少或消除污染物。地下水最常见的污染源有农业污染、燃料污染或是化学品储存设施所造成的污染。地下水基金会编写了一本实用手册——《利用技术制定污染源名录：小社区入门指南》（可从 http://www.groundwater.org/pe/actt/actt.html 下载）。这本指南说明了各种污染物的威胁，介绍了评估威胁范围的方法，并提出了减少这些威胁的策略（GF 2002b）。

最后，采取水资源保护行动（详见本章有关地表水的部分），减少对地下水的需求，也可减少对这一重要水源的压力。

（二）国际制度及法律策略

表 4-4 总结了与地下水管理有关的国际法律和政策及一些介绍世界各地实用方法的重要文献。

三、社区策略

过去水资源管理主要以规模大且资本密集型的集中方法为主。相比之下，地方性策略是一种更实用、更有效的选择。无论是发达国家还是发展中国家都有很多实例说明地方政策是综合性水资源管理政策和工程的宝贵补充。注重地方团体的需要并将其建议 / 方案纳入考虑，可以最有效地利用资源，最大限度地减少对环境所造成的负面影响。地方社团的工作若要取得有效的成果，就必须与政府密切合作。政府可以为地方社团提供知识库和工具，使其能够影响决策，同时也能保证它们更加坚定地支持政策，保证政策的连续性（Brooks 2000）。下文将介绍一些地方行动，这些行动全都利用培训和政策倡议的方式来解决地下水过度开采问题。

许多政府、大学及非政府组织计划都包括向地方地下水保护计划提供培训、技术支持和提高能力援助。大部分计划都提供培训机会，还有一些为改善计划提供财政支持。例如，蓝色星球基金会（Blue Planet Foundation 2002）就资助了一些与水资源有关的培训项目。与水有关的各种环境问题（如水保护、水循环、水处理、水质或与水有关的政治及经济问题）就是这些项目的焦点。威斯康星州资助了一个项目，该项目的目标是分析饮用水测试结果、分享地下水数据并提供地下水水流模型。地下水基金会也向有志于保护地下水水质及水量的市民和社区提供各种服务及出版物。有关地下水基金会计划的更多详情，可登录其网站：http://www.groundwater.org/。

——作者：Ronald Bjorkland 和 Catherine Pringle

表 4-4 国际制度及法律规定

国际
International Law Commission, Resolution on Confined Transboundary Groundwater, 2 Y.B. Int'l L. Comm'n 135 (1994)
Seoul Rules on International Groundwaters, International Law Association (1986)
Resolution VIII.40, Guidelines for rendering the use of groundwater compatible with the conservation of wetlands: "Wetlands: water, life and culture." 8th Meeting of the Conference of the Contracting Parties to the Convention on Wetlands (Ramsar, Iran, 1971) Valencia, Spain, 18–26 November 2002
Transboundary Groundwaters: The Bellagio Draft Treaty, available at: 29 Nat. Resources J. 676 (1989)
Matsumoto, Kyoko. 2002. "Transboundary Groundwater and International Law: Past Practices and Current Implications." Oregon State University. Master's paper
Barberis, Julio, International Groundwater Resources Law, in U.N. Food and Agriculture Organization Legislation Study No. 40 (1986)
Groundwater and its Susceptibility to Degradation: A Global Assessment of the Problem and Options for Management (United Nations, May 2003)
Guidelines on Monitoring and Assessment of Transboundary Groundwaters, UN/ECE Task Force on Monitoring and Assessment (2000)
Internationally Shared (Transboundary) Aquifer Resources Management, Int'l Assoc. of Hydrogeologists and UN Econ., Social., and Cultural Org. (2001)
Barberis, Julio, The Development of International Law of Transboundary Groundwater, 31 Nat. Res. J. 167 (1991)
Hayton, Robert D. & Utton, Albert E., Transboundary Groundwaters: The Bellagio Draft Treaty, 29 Nat. Resources J. 663 (1989)
Hayton, Robert D., The Law of International Aquifers, 22 N.R.J. 71 (1982)
Teclaff, Ludwik A. & Utton, Albert E., eds., International Groundwater Law (1981)
Llamas, R. & Custodio, E., Intensively Exploited Aquifers: Main Concepts, Relevant Facts, and Some Suggestions, IHP-VI, Series on Groundwater No. 4, UNESCO (2002)
欧洲
Council Directive 80/68/EEC of 17 December 1979 On the Protection of Groundwater Against Pollution Caused by Certain Dangerous Substances
UN/ECE Charter on Ground-Water Management, U.N. Doc. E/ECE/1197, ECE/ENVWA/12, U.N. Sales No. E.89.II.E.21 (1989)
Arrangement relatif a la Protection, a l'Utilization et a la Realimentation de la Nappe souterraine franco-suisse du Genevois (Arrangement on the Protection, Utilization and Recharge of the Franco-Swiss Genevese Aquifer) (Sept. 1977) (Unofficial English Translation)
Food and Agriculture Organization of the United Nations, Legislative and Research Branch, Groundwater Legislation in Europe (1964)
Lefevere, J., Integrating Groundwater Quality Control into European Community Water Policy, 8 Rev. Eur. Community & Int'l Envtl. L. 291 (1999)
Eckstein, Gabrid, Application of International Water Law to Transboundary Groundwater Resources, and the Slovak-Hungarian Dispute Over Gabcikovo-Nagymaros, 19 Suffolk Transnt'l L.R. 67 (1995)
中东
Feitelson, Eran & Haddad, Marwan, Identification of Joint Management Structures for Shared Aquifers: A Cooperative Palestinian-Israeli Effort, World Bank Technical Paper No. 415 (1998)
北美
Anderson, T.L., & Snyder, P.S., A Free Market Solution To Groundwater Allocation In Georgia
Chavez, O. E., Mining of Internationally Shared Aquifers: The El Paso-Juarez Case, 40 Nat. Resources J. 237 (2000)
Ingram, Helen, Transboundary Groundwater on the U.S.-Mexico Border: Is the Glass Half Full, Half Empty or Even on the Table?, 40 Nat. Resources J. 198 (2000)
Mumme, P. Stephen, The La Paz Symposium on Transboundary Groundwater Management on the U.S.-Mexican Border, 40 Nat. Resources J. 435 (2000)
Arias, Hector M. International Groundwaters: The Upper San Pedro River Basin Case, 40 Nat. Resources J. 199 (2000)

土地的使用与管理

人类把土地用于各种不同的目的，其中包括城市发展、休闲娱乐、食品和木材生产。另外，土地还被用做矿产和金属开采，以进行能源生产和作为多种产品的原材料。这些活动都对淡水生态系统具有破坏作用，可导致很多生态系统中水量的下降和水质变化，破坏河岸地区和湿地，严重损害这些生态系统的生物多样性。

本部分将探讨导致淡水生态系统发生变化的 5 种土地使用活动：

- 农业；
- 城市化和工业化；
- 林业；
- 矿业；
- 休闲娱乐。

针对上述各种活动，本部分还提出了各种策略，以减少这些活动对基本保护目标和保护对象的威胁，并最终消除这些威胁。

第一节 农 业

引 言

目前，农业用地占全球土地总量的 23%（不包括南极洲和格陵兰），这一比例远远高于其他活动的用地。美国大陆 10 亿公顷的土地有近一半用于农牧业生产（U.S. Bureau of the Census 1990），西欧 60% 的土地用于农业生产（Thompson and Polet 2000）。农业生产包括农作物生产和畜牧业：

耕地（如种地）和非耕地都可用于种植农作物。其中非耕地农作物生产包括果园、葡萄园以及用于生产咖啡、橡胶、棕榈油等的树木种植园。耕地农作物生产在世界有些地区居主导地位，例如，亚洲 90% 的农作物生产都离不开耕地（WRI 2000）。

畜牧业可生产肉、蛋、奶和皮毛。草场、牧场和动物养殖场上饲养禽畜。美国环保局指出，动物养殖场即以厩养或圈养的方式饲养禽畜的地方，一年中不少于 45 天，而且在养殖场范围内没有农作物、植被、饲料种植以及收获后的残留物。如果饲养禽畜的密度超过规定的数量（依禽畜种类而异），那么该饲养场就称为集约化动物养殖场。集约化动物养殖场是一个点污染源。

农业生产需要从生态系统中取水，并将污染物排放到生态系统中，因此可对淡水生态环境造成破坏。全球来自地下和地表的用水有大约 2/3 都用于农业（Postel 1993）。而且，大部分用水又都通过蒸发进入大气，未能对地表水进行补充。灌溉除了减少水量，还可导致水质的严重下降，因为灌溉可以把回水或径流带入淡水生态系统，可是用来提高农业产量的投放物和被侵蚀土壤早已经把这些水给污染了。农业用地中可对淡水生态系统造成污染的主要污染物包括：泥沙、氮、磷、细菌、农药中的化学物质以及人工合成材料等。在美国，农业共导致约 60% 的湖泊与河流被污染（Carey 1991）(USEPA 2000)。

农业对淡水生态系统的破坏还包括直接把淡水生态系统转化为农业用地。过去 30 年来，农业用地的面积一直在缓慢增长，但这一趋势却掩盖了一些地区性变化（FAO 2000）。例如，过去几十年来，虽然美国、西欧和大洋洲地区的农业用地量一直在减少，但发展中国家的农业发展却远远超出了全球平均水平（National Research Council Committee on Sustainable Agriculture and the Environment in the Humid Tropics 1993）。

转化为农业用地的主要是湿地和河岸地区。在美国 48 个大陆州中，只有一半还未被人类定居的湿地

专栏 4-11 大沼泽地湿地转化为农田

大沼泽地湿地幅员辽阔，其农业化始于 19 世纪末，截至 1948 年，河渠、堤坝、水泵及控水构筑物等复杂的基础设施已经把 800 000 英亩的湿地转化成了农田。此外，水文状况和农业径流的改变也加速了过养作用，影响了存留湿地的质量、功能和生物完整性（McPherson and Halley 1997）。

佛罗里达州的东大沼泽地农业区，这里曾经是一片湿地，现在已开沟泄水。摄　影：Gary M. Stolz U.S. Fish and Wildlife Service

得以保留下来（National Research Council 1995），大部分损失的湿地都被农业生产所征用（Brinson and Malvarez 2002）。而在欧洲，被保留下来的湿地都是那些环境恶劣的湿地，如那些位于主要河流河漫滩崎岖地形或是湖缘地区的湿地等。虽然美国和欧洲湿地面积的缩小速度已显著下降，但发展中国家的湿地被用于农业开发的速度却仍然很快。据估计，因转换为农业生产而损失的河岸植被总量也很高（如 70% ～ 90% 的美国河岸植被丧失）（Palmer 1994）。这些土地的利用价值很高，因为它们都有不规则的冲击层，其土壤肥沃。

农业对淡水生态系统的影响

农业活动已经或者正在对淡水生态系统造成破坏。密集的农业耕作经常会导致淡水生态系统过养作用，造成淡水脱氧，生成有毒物质，以及淡水生物多样性普遍下降。目前，《拉姆萨尔公约》指定湖区已有超过 46% 的地方发生了水质下降，而过养作用就是其中的主要原因（EEA 2001）。农业的发展已在全球范围内使得大量湿地丧失。仅西班牙一国，过去 25 年间丧失的湿地就已超过 60%（Casado et al. 1992）。北美地区也有一半的原始湿地生境已不复存在，其中因农业发展而丧失的湿地就占了 85% ～ 87%（NRC 2001）。下面将对各个生态要素进行具体探讨，以此详细说明农业活动对淡水生态系统的影响。

一、水文状况

农业会改变相关淡水生态系统的水文状况，主要是由于重型机械和牲畜踩踏会压实土壤，从而改变该地区的土壤结构。土壤的变化可降低土壤的入渗和蓄水能力，从而影响入渗、渗透和地表水流间的平衡。湿地被转化成农业用地时，径流要增加 200% ～ 400%（Administration Floodplain Management Task Force 1994）。此外，人类还兴建了许多构筑物，使土地适用于农牧业生产，或便于为农业生产输水。这些构筑物可以增加洪流发生的频率、严重程度和不可预见性，也会延长枯水期和干旱期的时间，从而影响整个流域的水文状况。

另外，正如我们在“水的使用与管理”部分中曾经提到的，直接抽取淡水用于农业生产也可改变水文状况。从全球范围来讲，人类取水的 70% 用于灌溉（WRI 2000）。1995 年，除南部和西南部地区利用地下水资源较多外，美国 63% 的灌溉用水都来自地表水源（Solley et al. 1995）。如前文“水的使用和管理”部分所述，抽取淡水可改变淡水生态系统的水流模式和水位。在枯水期开采地表水或地下水会降低水位，给生物多样性带来悲剧性的后果。相反，在比较潮湿的地区，兴建运河、水库等灌溉基础设施会导致水量过多，破坏水平衡，对常驻生物多样性造成同样可怕的后果（Prasad 1994）。

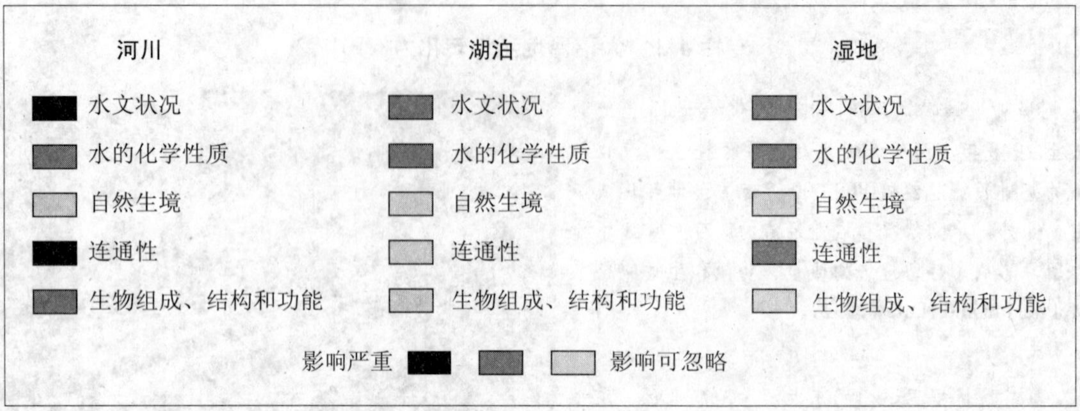

图 4-15 农业对淡水生态系统影响一览

二、水的化学性质

因农作物生产而进入淡水生态系统的主要化学物质有化肥、除草剂和杀虫剂；因畜牧生产而进入淡水的主要化学物质包括粪便及农药和荷尔蒙等。大部分化学污染都是从污染点以径流或地表水流的方式进入淡水生态系统的。农业污染物可分为营养物、可生物降解有机物、重金属、合成有机化合物以及盐和细菌（Clapham et al. 1998）。

（一）营养物

氮和磷等营养物过剩是美国湖泊的首要污染问题，也是美国溪流河川的第三大污染来源（USEPA 2000）。营养物污染可以加速过养作用，导致水藻大量繁殖及以分解水藻为生的细菌种群暴发性增长，而细菌分解过程又会耗尽水中的氧气，从而危害其他水生生物。

农业生产所造成的营养物过剩可归为两类：化肥的施用和粪便的生产。历史上，粪便和其他有机废物是主要的农用肥料，而且作物实行轮作，以补充土壤中的必要成分。但现在，合成化肥使用得比较多，过磷酸钙、尿素、无水氨等正在取代天然肥料，因为这些合成化肥不仅成本低廉，而且通常可以提高产量，使农民可以在较少的土地上生产出更多的粮食（Uri 1999）。但合成化肥的施用速度一般都超出了作物吸收的限度，于是，剩余的营养物就残留在土壤中，通过渗透进入淡水生态系统。

硝酸盐污染不仅是地表水也是地下水的一个重大威胁。一般来讲，地下水的硝酸盐污染与化肥和其他氮肥的施用量以及土壤的渗透性直接相关。例如，在中国北方化肥施用严重地区进行的地下水取样发现，有一半样本中的硝酸盐含量高于可安全饮用的限度（Zhang et al. 1996）。

（二）可生物降解有机物

畜牧业产生的动物废物也会产生营养物，危及地表和地下水（de Haan et al. 1997）。草场常位于靠近小溪或地势较陡的地方，容易形成粪便径流（Line et al. 2000）。如果牲畜饲养的密度很高，巨量废物就很难得到处理。动物垃圾把氮和磷排放到淡水生态系统中，成为主要有机物来源。1985—1989 年报道的发生在英格兰和威尔士的农业污染事件中，超过半数与牛厩肥有关，另有 20% 与青贮渗出液有关（Thompson 1996）。畜牧活动废物中的生化需氧量比人类排泄物高出 100 ～ 200 倍（Thompson 1996），可是动物废物的处理远不如人类废物处理规范。如果水体的生化需氧量超过 10 毫克 / 升，则该水体被认为已遭破坏，必须要有耗氧细菌来进行分解（Thorton et al. 1999）。此外，其他有机物来源还包括动物尸体、正在进行处理的废水以及作物收割废弃物。

（三）重金属

农业用地造成的重金属污染虽不如城市化和采矿用地严重，但一些合成肥料和农药中含有锌、铜、铬以及汞等金属。其他重金属来源还包括含铅的农药以及有些含铜和锌的饲料（Clapham et al. 1998; de Haan

爱荷华州农田中的一小片湿地。
摄影：Tim McCabe/NRCS

et al. 1997）。过多的重金属在土壤里堆积，最终通过径流或土壤渗透进入淡水生态系统。在干旱地区，这种作用尤其明显：灌溉径流被不透水的黏土层锁住，充满植物的根系区，最后导致植物被淹死。为解决这一问题，农民把地下水排到当地的水体中。但废水可能已被汞、硒、硼、钼、锂、砷等微量元素严重污染，可以严重毒害水禽，导致很多鸟类的畸形、生殖障碍，甚至死亡。灌溉径流和废水污染是一个全球性的问题，在美国西部、澳大利亚、中亚、墨西哥等地都有发生（Lemly et al. 2000）。

（四）合成有机化合物

对淡水生态系统完整性构成最大危害的是那些即便含量水平低也能造成危害的剧毒物质及可以长期存在并可在水生环境中积累的物质（Clapham et al. 1998）。这些化学物质的转移情况和最终结果可以通过其与土壤颗粒的结合及其分解所需的分解时间来推断。有些化学物质容易渗入地下水中，水溶性很好，但通常不能与土壤颗粒结合，也不易分解，而那些最终进入地表水和径流的化学物质则非常容易与土壤颗粒结合。土壤性质、生境条件和管理措施同样也会左右化学物质对淡水生态系统的影响（National Research Council Committee on Long-Range Soil and Water Conservation 1993）。

大部分合成有机化合物来自施用的农药。美国地质调查局（USGS）“国家水质评估计划”（NAWQA）的研究表明，95% 的河流和 60% 的地下水井取样中至少含有一种农药。在农业区，多数取样地点至少含有五种不同的农药。农业区最常见的除草剂包括莠去津、异丙甲草胺、氰草津、甲草胺等；最常用的农药是 DDT，其次是狄氏剂和氯丹。截至 20 世纪 80 年代，这些农药的施用都曾受到严格限制（USGS 2001）。一些药剂，包括抗生素、类固醇、激素等，也经常用于畜牧业，成为水生环境中合成有机物的又一个污染

专栏 4-12 弗洛伊德飓风造成的洪灾把营养物带到河流流域

1999 年，弗洛伊德飓风（Hurricane Floyd）给北卡罗来纳州带来了严重的洪水灾害，一些受灾最严重的地区恰好是生猪主产地。坐落在百年河漫滩上的农场把未经处理的粪便储存在废水氧化塘和地面上，却被洪水冲进了河流和沿海地区。最终，这些水系充斥了各种营养物、有机物、抗生素、激素及其他化合物，导致严重的脱氧作用及细菌和水藻的大量繁殖〔其中包括剧毒的赤潮藻（*Pfiesteria piscicida*）〕，大量的鱼类死亡，并加剧了合成污染物的污染(Floegel 2000)(选自新闻文章“The Dirt on Factory Farms: Environmental and Consumer Impacts of Confined Animal Feeding Operations”, Volume 21, Number 7 and 8)。

弗洛伊德飓风后，北卡罗来纳州洪水中的生猪。图片提供：North Carolina Division of Emergency Management

源。大部分化学物质对水生生物和人类健康的影响尚不明确，但人们目前所关注的问题包括生理过程异常、生殖障碍、癌症发病率升高、耐药菌增加及化学品协同作用毒性增加（Kolpin et al. 2002）。现已发现，一些合成有机化合物与新生儿生理缺陷、身体畸形、免疫系统缺陷和生殖障碍等问题有关（Colborn and Thayer 2000）。

（五）盐和细菌

盐和细菌进入淡水生态系统后，会进一步改变这些水系的化学特性。地下水和地表水中含盐，可降低水的稀释能力，加速土壤沥滤，并导致对土壤的侵蚀（Clapham et al. 1998）。这一现象在干旱地区的灌溉农田最常见。径流中的粪便可以把有毒细菌带到地表水中，增加疾病的发生率和生化需氧量。

三、自然生境条件

土壤侵蚀以及河川、湖泊及湿地中沉积下来的泥沙，成为农业活动导致自然生境条件恶化的主因。加剧农业土壤侵蚀的活动包括：大规模的机械耕作；进行连作而非轮作；缩短甚至取消休耕期；把农业耕作扩展到较易受侵蚀的土地上；破坏森林覆盖、草场和防风林；草场的过度放牧（Harris 1990）。

1987 年，美国约有 25% 的农田、8% 的草场和 13% 的牧场被迅速侵蚀（National Research Council Committee on Long-Range Soil and Water Conservation 1993）；俄罗斯的情况与美国相似；印度和中国的速度是美俄的两倍。而这四个国家拥有全球半数以上的耕地（Harris 1990）。土壤被侵蚀及随后的泥沙沉积在热带地区也很严重，因为这里土壤稀薄，而且降雨量大（National Research Council Committee on Sustainable Agriculture and the Environment in the Humid Tropics 1993）。很多被侵蚀的泥沙沉积在淡水生态系统中。一项研究报告称，每年流入海洋的泥沙已从 90 亿吨增加到 230 亿～450 亿吨（National Research Council Committee on Long-Range Soil and Water Conservation 1993）。

大量的泥沙会严重降低湖泊的蓄水能力。泥沙沉积到水柱底部，会覆盖鱼类宝贵的产卵地；漂浮在水柱中的泥沙使能透入激流的阳光减少，制约着植物的生长能力，进而减少水生有机物的遮蔽和基质，也减少了它们的食物来源（National Research Council Committee on Restoration and Aquatic Ecosystems 1992）。当泥沙沉积量超过运送量时，泥沙沉积开始给流水带来问题。细沙会进入底流带的孔隙里，堵塞

大雨后的径流把表层土、农用化学品以及其他污染物最终带到河川湖泊当中。
摄影：Lynn Betts/NRCS

水生无脊椎动物的宝贵生境（Hancock 2002）。此外，泥沙还会覆盖各种基质（如卵石、巨石、木质残体、落叶），从而危害那些依赖这些基质寻找遮蔽、进行饲育和产卵的水生生物。

河道整治、河岸清理以及河岸侵蚀也会改变淡水生境，这些活动常与把土地用于农业生产有关。河岸清理和过度放牧会影响河岸荫庇，使夏季日最高气温升高（Karr and Schlosser 1978; Quinn et al. 1992）。沿河岸放牧以及在河道边缘种植庄稼也都会增加河岸坍塌的机会及泥沙输送量，从而导致河道变宽、沉积以及基流降低。最终，河水变暖，水流变浅，基质趋于单一（National Research Council Committee on Restoration and Aquatic Ecosystems 1992）。河道取直工程也常与农业发展有关，但这种行为会使河流生境结构简单化，从而减少有效生境类型，最终，浅滩池塘生境序列会消失，河曲减少，基质改变，河水流速提高，悬浮泥沙增加，水温升高（National Research Council Committee on Restoration and Aquatic Ecosystems 1992）。

四、生物组成及相互作用

农业给水生生物区系造成了巨大的影响。美国国家环境保护局1998年提交给国会的国家水质报告指出：41%的河川和42%的湖泊、水库和池塘都无法完全供养水生生物。而且，无论是河川、湖泊，还是水库、池塘，水生生物生境系统受到的破坏都要比淡水的其他价值（如饮用、游泳、休闲等）所受到的破坏多。农业是主要的破坏来源（USEPA 2000）。许多研究都致力于确定农业用地是如何改变淡水生态系统的生物组成的。研究文献表明，随着盆地农业用地的增加，无脊椎动物和鱼类群落的完整性呈下降趋势（Roth et al. 1996; Lammert and Allan 1999; Cuffney et al. 2000），但下降的有关细节和具体原因等尚不明确。

在流水中，生境的丧失是造成生物损害的主要原因（Allan and Flecker 1993）。土壤侵蚀引起泥沙沉积，不仅可以改变水质，而且还可以改变许多物种所必需的生境，加之木质残体的丧失和河岸树木砍伐导致的水温升高，无脊椎动物的丰度（Richards and Host 1994）、鱼类物种的分布（Allan 1995）以及软体动物种群的完整性（Diamond et al. 2002）都受到了损害。美国和加拿大71%的淡水贝类或者濒危，或者受到威胁，或者需要特别关注（Williams et al. 1993）。有迹象表明，农业区河流里的优势物种已发生更替，不耐受类群减少，耐受类群的丰度增加。

该图显示了从长江排放的大量沉积物进入中国南海。摄影：Jacques Descloitres，MODIS Land Science Team，NASA

另外，丰度峰值原来出现在秋季，现在已转变成出现在夏季（Lenat and Crawford 1994）。这一切都证明生物群落的结构和功能已经发生巨变。

至于池塘、湖泊和湿地，施用化肥的农田径流带来了氮和磷，增加了这些水域发生过养作用的条件。有害水藻的大量繁殖和大型植物的生长会改变自然条件，减少可照射到水里的阳光，分解氧气，改变食物网的结构（National Research Council Committee on Restoration and Aquatic Ecosystems 1992）。一些水藻的大量繁殖是有毒的，可导致鱼类死亡。蓝藻大量繁殖时，可释放出神经毒素和肝毒素，对人和牲畜的毒性很强（Lawton and Codd 1993）。用于防洪和灌溉目的水坝排水闸对水位可起到稳定作用，却会使鱼类无法进入沿海或湿地边缘的产卵地，从而影响其繁殖；河渠和引水坝则会打开本来封闭的盆地，使当地独特的生物区系受到外来物种的入侵（Naiman et al. 1995）。

五、连通性

横向、垂直和纵向连通性对维持淡水生态系统的功能至关重要。控洪措施以及把河漫滩用于农业生产的普遍做法已经把激流和河漫滩分隔开来，所有主要河流全都如此，只有一些热带水系除外（Allan and Flecker 1993）。河流 - 河漫滩连通性对保持生物多样性至关重要（Welcomme 1979）。如果河漫滩湿地要维持原状，那么附近的湖泊河川中就必须有水溢出，这样才能补充湿地的水分和沉积物。但如果因为农业耕作而将湿地的水分排干或是将整个湿地填平，则集水区内就会失去其宝贵的连通性。这样，河漫滩在分散高地和上游洪流时就起不到应有的作用，或者不再具有可实现这一功能的机制。另外，河漫滩补充地下水的能力也将有所下降。最终，如前文所述，抽取地表水和地下水用于灌溉，会降低地表水的基面。

地表水和地下水之间的联系有利于污染物的交

换，使两者全都容易受到污染，虽然可能只是其中的一个水源直接受到了严重污染。由于淡水生态系统中存在着纵向连通性，在集水区源头进行的农业生产可对下游水体产生深远影响。来自溪流源头的大量泥沙和营养物最终会进入湖泊，造成过养作用和生物生境的丧失，尽管湖泊附近的大部分区域还未被开发。有些小水坝的兴建是为了给灌溉供水和给牲畜提供饮用水，它们会妨碍有机生物的运动，影响洄游种群。总而言之，淡水生态系统中的任何构筑物（如涵洞、水坝、桥梁、引水坝）都可能改变淡水生态系统内部或系统之间的连通性。

减轻／减少农业对淡水生态系统影响的策略

减少／减轻农业对淡水生态系统影响的策略有两个：一是减少把淡水生态系统转化为农业用地；二是改进农业生产，降低其对淡水生态系统的危害。目前已形成一系列的最佳管理实践，并制定了各种各样的法律来影响人们实行这些最佳管理实践活动。减少土地功能的转化和改进农业生产同样重要，因此本节将介绍这两方面的策略。

一、技术策略

（一）减轻／减少农业用地转化对淡水生态系统影响的技术策略

减轻农业用地转化对生态系统所造成危害的技术策略都是以恢复生态系统为中心的，其中包括恢复湿地和河岸地区。这些技术策略因恢复地区的类型和地点而异，但湿地和河岸恢复的成功都取决于周围大环境的改善。例如，独立的恢复活动只有在相关生态过程（如洪水）不受干扰的前提下才更具持续性。制定流域范围和全国水平的淡水生态系统恢复策略时，应对小规模的恢复工作提供指导，并保证这些工作取得成功（National Research Council Committee on Restoration and Aquatic Ecosystems 1992）。

湿地恢复工作已经在许多方面实现了改善：地表水文和水质、野生动物的生存状况、废水处理、矿井排水以及暴雨的存留和控制（Mitsch and Gosselink 1993）。湿地恢复措施包括重建以前的湿地和（或）修复已遭破坏的湿地。前者会增加湿地的净面积，而后者则会恢复或改善这些系统的功能。此外，我们还可以发展和创建湿地。发展指改变现有湿地的状况，以强化或侧重其某项或某些功能；创建指建立一块从

爱荷华州一个被水藻覆盖的湖泊。
摄影：Lynn Betts/NRCS

不存在的湿地（Tiner 1998），经常作为一种缓解或补偿性措施，以符合湿地保护规定。例如，美国联邦湿地保护法要求，如果湿地不可避免地被用于其他用途，则必须要创建新的湿地来替代或缓解其损失。同样，《拉姆萨尔公约》要求签约国根据据公约规定，针对指定湿地的损失提出补偿性措施，其中包括生境的重建和恢复（DEFRA 2002）。

减轻湿地损失国家研究咨询委员会（National Research Council Committee on Mitigation Wetland Losses）推荐了十项策略，以促进减少湿地损失的工作取得成功（National Research Council 2001）：

1）考虑水文地貌、生态景观和气候等因素，把减轻影响基地选在与所参照湿地特征相似的环境中。

2）要有动态地理景观，要考虑到当前及未来的水文条件，避免选择易受极端不稳定因素影响的地区，保证缓冲带的宽度及与其他淡水水体的连通性。

3）恢复和发展水文条件的自然变化，确保水位和水流的波动幅度与自然周期和频率相似，尽可能重建天然水文状况，人工基础设施只作为最后的选择。

4）只要条件允许，选择恢复湿地而不是创建湿地，因为前者比后者更具可行性和持续性。

5）湿地设计要避免过度工程化的结构，养护工作越少越好。

6）尽可能依靠本地种子库，要特别注意种植的高度、深度、土壤类型以及季节变化，要选择适当的基因类型以确保植被存活。

7）提供适当多样化的地貌，使适应不同具体水文期的动植物建立起丰富的多样性。

8）要注意地下条件，包括土壤和泥沙的地球化学特性和物理特性、地下水的水量和水质、内生动物群落等；要确定土壤的渗透性、质地和地层，以及土壤和水的化学结构，这些对于湿地的功能都有重要意义。

9）要考虑在严重退化或受干扰地区创建和恢复湿地所面临问题的复杂性。这些地方可能需要更为积极的管理，但对实现某些减轻影响的目标却意义重大，如提高水质和改善泥沙沉积状况，或者在被干扰地区建立生境。

10）作为适应性管理的一部分，要实施早期监控。全面的监控计划可以发现潜在的问题，以便采取纠正措施。监控对象包括生态过程（水位波动幅度、鸟类筑巢情况等）、生态结构（植被、泥沙、营养物等）以及外来物种入侵。

农业区的大部分湿地恢复工作都包括：停止农作物的栽种、禁止家畜入内、拆除排水衬砌、填平排水沟及拆除防洪设施等。如果湿地的原始海拔因侵蚀或泥沙沉积而被改变，则还必须要清走泥沙。地貌的重建要与天然地表水和地下水的水文一致，这就要求移走填平湿地的物质，或者补充物质到被疏浚过的湿地。最后，污染物的控制对成功恢复湿地也是非常必要的（National Research Council Committee on Restoration and Aquatic Ecosystems 1992）。一般来讲，本地种子库可以为重建当地植物群落奠定基础，但并非所有的物种都会回归，而且外来物种入侵的可能性也比较大。动物虽然会回归，但所恢复群落与原群落的相似度将由许多因素共同决定，如与源种群的接近度、湿地恢复的质量等。

湿地的恢复和创建是一门新兴科学，其长期效果尚需明确，但湿地的恢复比创建往往成功，主要有四个原因：①原来的湿地能够实现预期的功能；②土壤通常还在原地；③原来的水文通常可以恢复；④通常具有水生植物的天然种子库，便于植物群落的重建（Tiner 1998）。印度奇利卡发展局（奥里萨邦）就有一个修复受损湿地的案例。奇利卡湖面积为 116 500 公顷，是《拉姆萨尔公约》指定保护对象。该项目的一个重要组成部分就是恢复这里的天然水流和盐度。将连接潟湖与海洋河道中的淤泥清除，不仅可以发展潟湖的渔业，而且还可减少外来淡水植物物种的入侵。

有关湿地生态及湿地恢复或创建的设计、实施、监控和管理项目的具体信息，请参阅下述出版物和网站：

- Interagency Working Group on Wetlands Restoration (National Ocean and Atmospheric Administration, U.S. EPA, Army Corps of Engineers, Fish and Wildlife Service, and the Natural Resources Conservation Service). 2003. “An Introduction and User’s Guide to Wetland Restoration, Creation, and Enhancement”. Washington, DC. http://www.nmfs.noaa.gov/habitat/habitatconservation/publications/index.htm.
- Tiner, R. 1998. In Search of Swampland. A Wetland Sourcebook and Field Guide. Rutgers University Press, New Brunswick, NJ.
- Mitsch, W.J. and J.G. Gosselink. 1993. Wetlands.

佛罗里达州佩利肯岛国家野生动物保护区（Pelican Island National Wildlife Refuge）的湿地恢复工程。摄影：George Gentry/USFWS

2nd edition. VanNostrand Reinhold, New York, NY.

- The Ramsar Convention on Wetlands. The Ramsar Convention's Resources on Wetland Restoration http://www.ramsar.org/strp_rest_index.htm.
- Kentula, M.E. 1999. Restoration, Creation, and Recovery of Wetlands. Wetland Restoration and Creation. National Water Summary on Wetland Resources. U.S. Geological Survey Water Supply Paper 2425 http://water. usgs.gov/nwsum/WSP 2425/restoration.html.
- Northern Prairie Science Center and Midcontinent Ecological Science Center. 1996. Wetland restoration bibliography. (Version30SEP2002) http://www. npwrc.usgs.gov/resource/literatr/wetresto/wetresto. htm.

（二）减轻／减少农业活动对淡水生态系统影响的技术策略

减少和减轻农业对淡水生态系统威胁的技术策略旨在减少农业用地中的能量、氮、磷、农药、土壤、盐分以及微量元素的净损失量（National Research Council Committee on Long-Range Soil and Water Conservation 1993）。因为农业污染的主要来源是地表径流或是扩散源，大部分技术策略都以改进对农业用地的管理为目标。这些策略通常统一称做农业最佳管理实践。

农业最佳管理实践通常都是一些自愿活动，可归为四个范畴：污染源控制、构筑物控制、耕作方法及管理办法。各范畴具体农业最佳管理实践活动包括（Waskom 1994）：

- 污染源控制：
  - 一生产者自愿限制使用某种标记的农药；
  - 一环保局的强制性标记限制；
  - 一地方对施用氮肥的限制。
- 构筑物控制：
  - 一草皮水道和滤土带；
  - 一滴灌和波涌灌溉系统；
  - 一加肥灌溉虹吸装置；
  - 一灌溉尾水回收系统。
- 耕作方法：
  - 一保护性耕作；
  - 一覆盖种植；
  - 一轮作；
  - 一分裂施氮等技术的应用。
- 管理方法：
  - 一病虫害综合防治（IPM）；
  - 一灌溉时间安排；
  - 一土壤和水分析；

等高耕作。梯田和基层缓冲带有助于减少农业区对水质的影响。摄影：Jeff Vanuga/NRCS

—记录农药和化肥的施用情况。

科罗拉多州大学合作推广服务中心总结出九条指导原则，用来保护水资源免受农业土地使用的威胁。下面列出的是精简版，详情可参阅 http://www.colostate.edu/Depts/SoilCrop/extension/WQ/WQPubs.html。

（1）管理氮肥施用，保护水质，同时最大限度地发展农作物生产，取得经济回报。选择合适的化肥、合适的施用量和合适的施用时机都是关键因素，这样可以最大限度地保证作物吸收和减少损失。应该选用释放缓慢的化肥，小剂量多次施用，而不是大剂量少次施用，而且还要避免秋季施用。

（2）管理灌溉，最大限度地减少把土壤表面和作物根部的化学物质、营养物和泥沙冲走的可能。更新灌溉设备，根据作物需要进行灌溉，避免产生径流，促进渗透。避免施用农药后的深度渗透。

（3）根据农艺率收集、贮存和施用动物粪便，保护水质，同时最大限度地保证作物的生长和经济回报。尽管施用粪肥有益于农业生产，并可减少氮肥的施用，但不要在已经饱和的土壤中施用。

（4）控制农业生产中磷的需求量，最大限度地减少对水源的破坏，同时最大限度地促进作物生长和经济回报。磷通常随被侵蚀的土壤一起运动，因此控制磷进入水中的量与控制土壤侵蚀密切相关。

（5）采用病虫害综合防治方法来进行虫害控制决策。在虫害发生可能性最大的时机施用适当的农药；把化学和生物控制手段结合起来；种植对普通虫害具有一定抵抗力的作物，将损失降到最低；同时可以考虑轮作和点状处理。

（6）只在必要时施用农药，并采用副作用最小的施用方式；对所有化学品施用者进行培训和认证；选用最适合当地条件的农药，如土壤类型、地下水的距离、侵蚀的可能性等，尽可能减少浪费和残留。

（7）记录所有施用的农药和化肥；记录灌溉用水分析、底土硝酸盐、目标产量与实际产量、施用时间、化学物质和水的利用率。

（8）保护地下水免受因储存、混合、装载农药和化肥的设施溢出或泄漏而造成的污染。存储农药和化肥的建筑物应距离水源至少 100 英尺，采用水泥地面，并上锁防护，同时还应备有次级防护容器以防溢出。

（9）保护水源免受潜在污染的威胁。保护好水井，安装防逆流装置，把化学品存放在远离水源的地方，监控井水的水质（Waskom 1994）。

除上面列出的原则之外，还应考虑采取措施减少畜牧业所造成的污染。此时，最佳管理实践应减少因饲养、动物饮水、动物尸体处理、径流控制以及粪便管理等活动而造成的危害。虽然最佳管理实践的实施千差万别，但减少畜牧活动对淡水生态系统的危害主

新生的玉米生长在去年黄豆作物的残留物中。这一耕种方法可以保持土壤的湿度，减少土壤风蚀。摄影 :Tim McCabe/NRCS

要集中在以下几点（Warrington 2000）：

- 防止动物进入河川、湖泊以及河岸地区。
- 使饲养区远离高水位（河漫滩）的水体。
- 引导未受污染的径流不经过牧区；避免径流流经牧区。
- 提供多个饲养和饮水地点，以便分散粪便；让这些地点远离地表水。
- 把饲料存储在远离地表水的封闭干燥区域里；用容器喂养，而不是直接在地面上喂食。
- 尽快处理动物尸体，尸体存放时间不能超过 48 小时。
- 如果没有动物尸体处理服务，掩埋地点要尽可能远离水井、取水口和地表水，距最高季节性水位深度至少 1.2 米，而且掩埋地点要分散。
- 堆肥要远离渗透土壤，远离地表和地下水。
- 避免径流积聚动物粪便（无论是固体的还是液体的）；避免径流直接进入地表水；修建相当于液体肥料储存设施总容纳量大的截水沟或沟渠，以防发生溢出或泄漏。
- 不要在废物有可能迅速进入地表或地下水的土地上施用粪肥。
- 为多余粪便寻找新的市场或处理点。

许多州、机构和组织都有特别适合各自地区的农业最佳管理实践指导手册，可以在各州环境机构或大学推广服务中心办公室获取。如：

科罗拉多州：科罗拉多农业最佳管理实践手册，可从科罗拉多州大学合作推广服务中心以及科罗拉多农业部获取，也可在线获取：http://www.colostate.edu/Depts/SoilCrop/extension/WQ/WQPubs.html。

北卡罗来纳州：塔 - 帕姆利科盆地（Tar-Pamlico）农业最佳管理实践手册，可从环境资源部获取，网址：http://www.enr.state.nc.us/DSWC/pages/tar-pamlicoBMP.html。

此外，美国环保局“国家农业非点源污染控制管理办法”也提供了一份农业最佳管理实践指导手册，网址：http://epa/gov/owow/nps/agmm/index.html。

另外，在美国环保局和农业部自然资源保护局的支持下，普渡大学（Purdue）推出了一个“四核心”项目，提供有关最佳管理实践的实用信息。“四核心”项目（http://www.ctic.purdue.edu/Core4/Core 4.html）的合作伙伴包括 60 多个农民组织、农业企业、各州及联邦政府机构、大学和其他农业领导者。该项目的重点就在于推动四项最佳管理实践的实施，以期减少 80% 农田所造成的水污染。这四项最佳管理实践分别是：保护性耕作、营养物管理、病虫害防治和保护性缓冲：

保护性耕作：保护性耕作包括用农作物残留物

专栏 4-13 发展可替代有机磷酸酯的农药

施用在加利福尼亚州萨克拉门托和圣华金河流域果园的有机磷酸酯农药（二嗪农和毒死蜱）已进入萨克拉门托河（Sacramento）和圣华金河（San Joaquin），正在危害水生无脊椎动物及其他物种。因此，根据《清洁水法》第 303（d）项，这两个河流被列为已遭破坏水体，对每天可施用的农药剂量设定了上限。加州大学找到了一些可行的替代措施，其中包括通过生物控制信息素干扰交配、隔年休眠以及比较温和的喷洒化学品休眠等。加州大学还发明了休眠喷洒替代品计算器，用来帮助果农计算各种替代品的成本。果农和行业组织还出版和发放了有机磷酸酯（OP）喷洒剂替代品的资料（UCIPM 1999）。1992 － 1997 年，有报告显示，杏园（有机磷酸酯施用的主产业）的施用量下降了 22% ～ 57%，也就是说有 30% ～ 48% 的果农不再使用这些化学品，而使用其他危害较小方法的果农人数大幅增长（Epstein et al. 2001）。

覆盖 30% 以上的地表，以减少水流对土壤的侵蚀。保护性耕作可分为几类：免耕或条耕，即收割后和下次种植前这段时间不去翻动土壤，或者只是翻动窄幅的土壤；垄耕，即将条耕用于垄上，但垄间留有作物残留物；覆盖耕作，即耕作整片土地，但仅限于种植前和种植期间。

营养物管理：营养物管理的目标是最大限度地利用营养物，以减少径流和受污染淡水中的过剩营养物。有各种文件、软件包和机构工作人员可以帮助农民制订营养物管理计划。例如，沃尔考斯基（R.P. Wolkowski）所著的《营养物管理指南》，http://ipcm.wisc.edu/pubs/pdf/stepbystep.pdf；明尼苏达推广服务中心推出的一个名为“明尼苏达州营养物管理计划者”的软件，http://wrc.coafes.umn.edu/EQIP/software.htm。营养物管理过程可简单描述如下：绘制农田图；测定土壤的营养物、pH 值和有机物；评估以往的作物序列及其与土壤和作物营养物含量的关系；确定营养物的来源和形式（如粪肥的营养成分、覆盖作物的固氮作用等）；确定管理计划中需特别考虑的敏感区域；决定施肥的最佳剂量、时间和方式；把所有这些信息纳入到营养物管理计划中；每年对所制订的管理计划进行回顾和更新。

畜牧业在营养物管理上有其特殊的考虑。2002 年，美国环保局制定了一项最终规则，要求在颁发许可证之前，所有集约化动物养殖农场都必须依据《清洁水法》，制订出一项“营养物综合管理计划”(CNMPs) 来。美国许多州的项目都可对畜牧业管理提供帮助和指导。此外，农业部自然资源保护局也会帮助牧民制订全面的营养物管理计划，而且国务院农业研究基金会全国联合会还提供培训讲习班，有关培训信息可见 http://www.nasdahq.org/nasda/nasda/Foundation/CMNP。

病虫害防治：病虫害综合防治（IPM）指明智利用传统、耕作和生物方法，来控制病虫害和外来入侵物种，尽可能减少其对环境、非目标生物和人类健康的影响。病虫害综合防治的指导原则有：消灭病虫害问题，而不是消灭所有的害虫；只在利大于弊的情况下施用化学农药和进行灌溉；考虑所有的管理选择，其中包括生物控制和耕作控制。监控是病虫害综合防治项目取得成功的关键，只有达到关键阈值，才能启动合适的行动。其他病虫害综合防治控制的方法还包括：天敌、抗害品种、生境管理和改变耕作习惯等。要获取更多相关信息，可参阅“病虫害综合防治年历”（http://www.ipmalmanac.com/）以及加州大学病虫害综合防治在线（http://www.ipm.ucdavis.edu/）。

保护性缓冲：保护性缓冲指的是任何永久性植被带，用来减缓径流，减少进入地表水的营养物、污染物和泥沙，稳固淡水生态系统的岸滩。保护性缓冲有各种形式，其中包括缓冲带、地边界、过滤带、草皮水道、植物防雪墙、河岸缓冲带、防护林 / 防风林（草地、灌木或树木）以及湿地等。地貌、排水密度、土壤和气候等因素将决定缓冲带在防治污染方面的有效性，在设计时应考虑在内（Lowrance et al. 1997）。尽管缓冲带的设立可能费用很高，还会导致农民的耕地面积缩小，但却有利于水质的提高，从而最终让全社会受益（Stonehouse 1999）。

鉴于农业对水的需求量巨大，而且会对水质造成影响，因此应该考虑哪些技术策略可以保护水资源。提高灌溉效率可以改善水质，具体而言可：①减少地表径流和地下排水；②减少地下排水中的污染物含量；③可以更高效地利用农用化学品；④控制灌溉引起的侵蚀和泥沙沉积（Cohen 1998）。人们已提出很多提高灌溉效率的技术解决方案，其中证明可有效减少用水的包括：土壤湿度监测、渠道输水自动化、尾水回收 / 再利用、微灌溉、波涌灌溉、激光平地、低能耗高精度（LEPA）自动喷水系统、有限灌溉 / 旱作农业、阀门管道和渠道衬砌等（Cohen 1998）。有关高效灌溉技术的详细信息可参见如下出版物：

- Environmental and Energy Study Institute (1997). The role of improved irrigation technologies in helping farmers meet environmental and economic challenges. Washington, DC., Environmental and Energy Study Institute.
- Negri, D. and J. Hanchar (1989). Water conservation through irrigation technology. Washington, DC, United States Department of Agriculture, Economic Research Service. Agriculture Information Bulletin Number 576.

若要了解更多水资源保护技术策略的信息，还可参见“水的使用和管理”一节有关地表水引水的部分。

另外，需要我们重点考虑的还有可持续农业和有机农业。两者虽然全都超出了传统农业的范畴，但却为保护淡水生态系统免受农业影响带来了巨大希望。可持续农业很难定义，但大多数定义都包含以下内容：区别对待土地资源、保护和发展自然资源、经济可行性、提高和稳定产量、提高生活品质、代际公平和风险缓冲等（Eswaran 1991）。在发展中国家，土壤正在迅速退化，使人们废弃现有农田，不断去开辟新的土地。因此，在这些国家进行教育，鼓励人们从事可持续的农业活动就变得尤其重要。美国农业部的“可持续农业研究教育”项目（SARE）可提供研究和教育基金，相关信息可登录其网站查询（http://www.sare.org/）。国家可持续农业运动联合公司是一个可靠的非政府机构信息源（http://www.sustainableagriculture.net/）。有机农业比可持续农业更进一步，完全不使用合成农药或肥料。有机农业是农业各部门中发展最快的，在过去的十年间，其销售额每年增长 20%。国家可持续农业信息处也是一个很好的信息源，可指导感兴趣的农民如何种植有机作物，其中包括单个作物类型的详细信息以及具体的病虫害问题等（http://attra.ncat.org/organic.html）。

二、制度和法律策略

如果说减少土地转化所造成环境影响的技术策略以恢复失去的生态系统为中心，那么制度策略总的来讲就是要保护现存的生态系统不会继续丧失。下文将讨论美国和国际上的相关制度和法律，以减少或减轻淡水生态系统转化为农业用地的影响及农业活动对淡水生态系统的影响。

（一）美国减轻 / 减少淡水生态系统农业化影响的制度和法律

1. 利用《清洁水法》第 404 条，保护湿地免于开发

在美国，《清洁水法》的第 404 条是保护现存湿地的制度框架。该法律规定，所有可能导致湿地被破坏或改变的活动必须取得美国陆军工程兵团颁发的许可证。第 404 条规定：第一，申请人必须尽一切可能避免开发湿地；第二，尽可能减少对湿地的破坏；最后，如果湿地被破坏，必须建造或恢复等面积或更大面积的同类型湿地。此外，该条款还规定了公示期限，给湿地保护人员和他人提供了施加影响的机会。

尽管有此立法，美国在法律方面依然存在着大量的漏洞，还在不停地失去湿地。例如，如果可以增加产量或者建造农舍，法律允许湿地被填平用做农业用途。塞拉俱乐部的报告指出：“这一许可很容易被滥用，人们可以利用它来走后门，转化湿地用途，改变河流位置，以达到发展的目的”（Sierra Club 2002）。此外，国家科学院和总审计局还发现第 404 条规定中对湿地减少的补偿措施无法实现立法所规定的“无净损失”目标（USEPA 2003）。由于存在这些不一致的地方，很多人提议对第 404 条有关许可证颁发的内容进行法律改革。

2. 利用联邦立法，鼓励保护湿地和河岸

“保护储备计划”和“湿地保留计划”由美国农

专栏 4-14 墨西哥湾的“死亡区”

每年夏季，墨西哥湾都会出现一个严重贫氧或缺氧的死亡区，对各种生物造成了极大的威胁，导致动物迁徙或死亡。1999 年，死亡区的面积达 20 000 平方千米。大量营养物从密西西比河流域的农田流入墨西哥湾，这就是该死亡区形成的主要原因。多余的营养物加速了过养作用的进程，高水平的磷和氮促使水藻大量繁殖，随之而来的就是细菌数量的激增。大量的细菌需消耗很多氧气，水中其他生物可利用的氧气便会减少，使水体不再适合大部分水生有机生物生活了。因为受害面积大，对生态系统和人们的生计影响严重，在环保局的领导下，已发出国家倡议。

进入墨西哥湾的氮大部分源自明尼苏达、爱荷华、伊利诺伊、印第安纳和俄亥俄等州的农田（Mississippi River/Gulf of Mexico Watershed nutrient Task Force 2001）。密西西比河河口处的大量开沟挖渠和河岸、湿地的农田化，使这里彻底失去了自然过滤能力，因而使这些污染物得以直接进入墨西哥湾。

若要把墨西哥湾的死亡区恢复到原来状态，最有效的办法就是让农民采用最佳管理实践（如杜绝秋季施肥、增加河流缓冲带等）。环保局正利用现有的立法和资助渠道，鼓励和帮助农民改善农田营养物管理。世界资源研究所发现，营养物收购是减少密西西比河流域氮排放量的最佳政策手段。尽管其他方法，如收取氮肥税、资助农民开展保护性耕作等，也可以减少氮的排放量，但这些方法都会带来农业收入的损失（Greenhalgh and Sauer 2003）。对造成该问题的农民来讲，他们并不清楚该少投放多少氮肥才可以在保证经济可行性的同时缩小死亡区的面积。一项研究发现，在不影响产量、利润和食物成本的前提下，可以减少 20% 的氮投放（Doering et al. 1999）。

尽管导致墨西哥湾缺氧问题的各州都有自己的办法来减少氮投放量，只有明尼苏达州的做法值得推广。在赞布罗河（Zumbro）流域，一对一的教育给农业生产带来了巨变，其中包括每英亩少投放高达 50 磅的氮肥。尽管农业活动的效果要在墨西哥湾显现出来还需要一定的时间，但针对各州和各个社区特别设计的推广、教育和技术支持将有望减少密西西比河流域水体的含氮量。

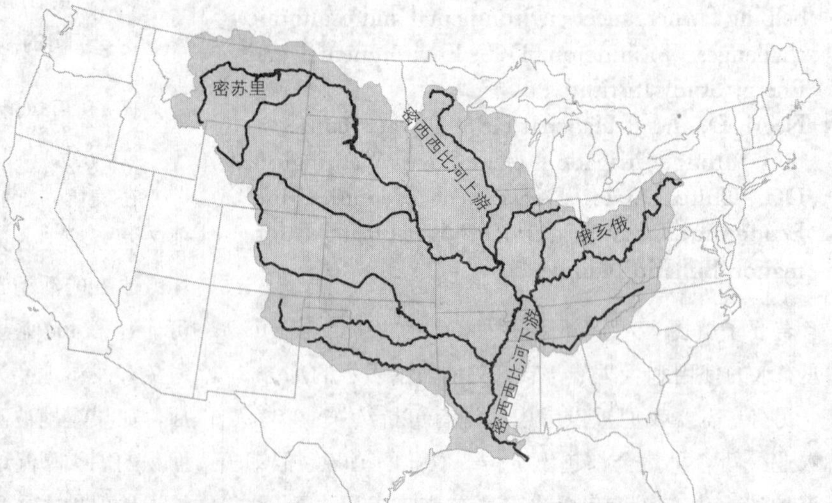

密西西比河流域

业部自然资源保护局负责管理，为土地持有人提供长期保护地役权和款项，以恢复和保护湿地或河岸生境；“野生动物合作伙伴计划”通过美国鱼类及野生动物管理局，向土地持有人提供财政和技术支持，以保护、恢复和发展湿地及河岸地区；“大沼泽”计划（Swampbuster program）则把那些变湿地为农田的人排除在外，使他们不能享受美国农业部许多计划的利益。农民无法利用这些计划的主要障碍包括对这些计划不了解，以及在申请参与这些计划的过程中得不到足够的支持。要获取有关这些项目的信息，有如下途径：

美国农业部的农场服务局为农民提供支持，总结了农民可利用的保护机会，并介绍了如何利用这些机会（http://www.fsa.usda.gov/dafp/cepd/crpinfo.htm）。

《农场法》网给出了可为保护区保护计划和湿地保护计划提供本地支持的机构和州机构的链接（http://www.fb-net.org/index.html）。

专栏 4-15　国家污染物排放消除系统

集约化动物养殖场（CAFO）必须根据《清洁水法》第 502（14）条取得“国家污染物排放消除系统”（NPDES）许可证。在这一计划中，美国农业部将通过现有的“环境质量激励计划”（EQIP）和其他《农场法案》计划为经营者提供技术和财政帮助（EQIP 2002）。养殖场经营者必须拟定和提交年度报告，设计和执行粪便和废水处理计划，并接受公众检查。此外，环保局和美国农业部已同意所有的养殖场到 2009 年都要制定“营养物综合管理计划”（CNMP’s），对水质影响大的养殖场［如粪便生产多、把垃圾直接投放到水体以及严重影响水质并不能满足特定用水需要（如饮用、适于水生生物生存等）的养殖场］须率先遵守（USDA and USEPA 1999）。关于如何进入“国家污染物排放消除系统”，可参见“清洁水网”的《结束污染许可：如何审查及加强所在州的水污染许可》，下载网址：http://www.cwn.org/docs/publication/permit/permithandbook.html。还有一份报告详述了美国 30 个州在防治牧场污染上的失败经历，报告题目是《美国的动物工厂：各州预防牲畜废物污染的失败所在》，可从 www.cwn.org 订购。

一家未实行粪便和废水处理的农场。摄影：Tim McCabe/NRCS

美国农业部合作推广服务中心为这些计划提供技术支持和实际帮助，并与提供本地支持的大学建立了链接（http://www.csrees.usda.gov）。

美国鱼类及野生动物管理局的“鱼类和野生动物合作伙伴计划”的主页上有对计划详情及申请程序的详细说明（http://partners.fws.gov/）。

3. 利用州计划和州立法，鼓励保护湿地和河岸地区

很多州也都制订计划，鼓励甚至强制人们对湿地进行保护。有些湿地受保护地役权的保护，于是有些州减免了它们的地产税；而有些农民从事生境保护，包括恢复或保护湿地及河岸地区，所以有些州便减免了他们的地产税。各州湿地管理者协会为保护湿地做出了示范立法：“SWANCC 决议：填补空白的州湿地管理条例”，网址 http://www.aswm.org/swp/states.htm。该网址还给出了目前已有湿地保护立法的各州一览表。野生动物保护者出版的一份文件也很实用，题为《美国的保护工作：州政府对生境保护的激励》(Defenders of Wildlife 2002 #575)，网址为 http://www.biodiversitypartners.org/pubs/CinAReport/Intro.html，总结了各州政府鼓励或要求人们去保护生境（其中包括保护湿地和河岸地区）的规定。

4. 利用湿地补偿银行，保护湿地

湿地补偿银行指先创建或恢复湿地，然后按照《清洁水法》的规定，把湿地以信贷的方式卖给开发者。持批评意见者认为这种方式存在几个弊端：①常常失败；②恢复或创建的湿地很难长期维持；③湿地功能的测量和替换既困难又不可靠；④缺少法律框架来确保这些湿地的保护可以持久化；⑤通常在湿地创建活动还不能确定是否成功时就已放出信贷（Goldman-Carter and McCallie 1996）。可换个角度来看这个问题，补偿银行可以避免把湿地补偿工作交到那些对湿地创建所知无几的人手中，而是交到那些知识丰富的湿地恢复专业人士手中，因此更容易也更经常能够达到预期目的，从理论上不会增加公众的负担（Albrecht and Wenzel 1996）。湿地补偿银行可能最适合个体土地持有者，他们所持有的湿地占美国现存湿地的很大比重。现有立法使土地持有者很难出售土地，但如果

他们可以出售湿地信贷，那么湿地便可得到保护。土地持有者一方面能感觉到他们为湿地保护作出了贡献；另一方面还可从中获利。若能以银行信贷的形式出售土地亩数，农民可能会把恢复湿地作为一个可行的选择，替代继续耕作（Albrecht and Wenzel 1996）。

（二）美国减少 / 减轻农业活动对淡水生态系统影响的制度和法律

美国政府主要通过农业部广泛参与到农业企业和农业活动中。自然资源保护局是农业部下属的一个机构，负责管理受农业影响的自然资源问题。其他负责淡水保护并对农业产业化有一定影响的联邦机构有美国环保局、鱼类及野生动物管理局和土地管理局。支持保护河川、湖泊、湿地和地下水免受农业危害的联邦立法有《清洁水法》和《农场法》。

1. 利用《清洁水法》的各种规定，保护淡水生态系统免受农业活动影响

《清洁水法》对点污染源和非点污染源都进行了部分规约。第 402 条要求所有的点污染源排放必须取得“国家污染物排放清理系统”（NPDES）许可证，而且许可证须每五年复核一次。最近，集约化动物养殖场也被列为点污染源，现正接受有关法律的规范。

农业对淡水生态系统的污染主要通过非点污染源。《清洁水法》的第 303 条和 319 条专门针对非点污染源，要求各州确定所有受到污染的水域，并针对每个水域制订清洁计划，而且这些计划需要获得联邦政府环保局的批准。第 319 条设立了各种基金，用来资助清洁计划的实施。目前，清洁计划的核心是“日最大负荷总量”（TMDL）这一概念。根据环保局的说明，日最大负荷总量指的是点污染源、非点污染源以及自然环境中可以排放到有水质限制水体中的污染物（如磷、泥沙等）的数量或性质（如生化需氧量）。如果污染物的排放量超过了日最大负荷总量，就违反了“适用水质标准”（环保局术语）。各州都有指定机构（如环境质量部门）来决定合适的日最大负荷总量，公众可以参与其中，环境保护者和有关社区成员都可对负荷总量的确定施加影响，并确保适当减少负荷总量。

2. 利用《沿海地区管理法》来保护淡水生态系统免受农业活动影响

1990 年出台的《沿海区法重新授权修正案》（CZARA）第 6217 条规定，必须采取管理措施防止非点源污染物进入沿海水域，要求沿海各州向环保局及国家海洋和大气管理局提交“沿海非点源污染控制计划”）。为帮助实施保护沿海水域管理措施，环保局还制定了“沿海水域非点源污染管理措施的指导原则”，其中包含了针对农业的有关信息，可参阅 www.epa.gov/owow/nps/MMGI。

3. 应用《农场法》的各项规定，保护淡水生态系统免受农业活动影响

自从《农场法》于 20 世纪 20 年代出台以来，约每六年修订一次，2002 年，美国农业部的最新《农场法》被采用。其中的第二篇即保护篇，修订了现有的计划项目，增加了与保护淡水生态系统有关的新计划。《农场法》的条款规定了在农田上从事淡水保护活动的资金来源、技术支持以及各种信息。有关 2002 年版《农业法》条款的详细信息可浏览 http://www.usda.gov/farmbill。其主要条款包括：

保护私有牧场倡议（CPLG）：为保护私有牧场提供技术支持和资助。

保护储备计划（CRP）：提供年租金和费用分担支持，以建立长期的具有资源保护功能的植被覆盖。

保护安全计划（CSP）：奖励环保诉求，激励关注农田水源安全的行动。

环境质量激励计划（EQIP）：提供资助和费用分担的机会。其优先项目包括：减少非点源污染（特别是日最大负荷总量超标流域的非点源污染），减少排放和土壤侵蚀以及泥沙沉积（特别是侵蚀严重的农田），并促进濒危物种生境的恢复。

保护地下和地表水倡议：是“环境质量激励计划”下的一个倡议，为实施可行性水保护行动的生产者提供费用分担机会、激励资金和贷款等。

资源保护和发展计划（RC&D）：是一个社区自发发展计划，由地方成立一个委员会，负责制定和实施发展项目，其中包括水资源保护。

湿地保留计划（WRP）：早已存在，但仍有扩大潜力，利用保护地役权或分担湿地恢复费用，允许土地持有者恢复和保护湿地。

其他重要条款还有“大湖区流域土壤侵蚀和泥沙控制计划”、“沙漠终端湖泊计划”、“小流域恢复计划”

和“基层水源保护计划”等。

4. 利用联邦和各州的资助与激励计划，保护淡水生态系统

通常，保护活动的投入都属前载型，也就是说，启动费用高，维持费用低。一些保护活动会不断带来利益上的小损失，如土地面积会因湿地恢复或河岸缓冲带的加宽而缩小。下面列出的策略中包括一些普遍适用的计划，用于鼓励农民采取保护淡水生态系统的做法或行动：

保护地役权。保护地役权指的是自愿达成的法律协议，即土地持有者出于保护目的选择放弃某些土地权，如土地细分权、耕作权或伐木权等。这些地权可以出售或捐赠给合格的地役权所有者（如政府机构、土地信托等），然后为保护土地而永久性休耕，但土地持有者依然持有身份，没有放弃自己的出售权。保护地役权可以保护河岸缓冲带、湿地以及其他重要地区，不失为一种减少农业影响的经济有效的方式。它不仅可以锁住营养物、分散地表水流，还可以补充地下水。尽管保护地役权对土地安置的动机通常具有利他性，捐赠通常还是可以用来抵税和减免地产和财产税的。“鱼类及野生动物合作伙伴计划”通过鱼类及野生动物管理局购买和管理地役权，以实现环境保护的目标。该计划在蒙大拿州的 H2-O 牧场以地役权的方式购买了 3 800 英亩的土地，使得 35 个已经干涸的牛轭形湿地得以恢复，同时还加强了其他 15 块湿地。有关该计划的详细信息可浏览鱼类及野生动物管理局山地－草原地区网站上的“技术”页，网址 http://mountain-prairie.fws.gov/。

费用分担。费用分担是机构惯常采用的一种策略。机构出一部分资金帮助实施保护策略，其余部分由土地持有人支付。费用分担可增加农牧民出资购买设备或采取新做法的可行性。例如，弗吉尼亚州已制订费用分担计划，支持农民为保护水质而采用最佳管理实践。这一计划由当地水土保护区负责管理，农牧民需提交标准化的申请，资金分配时会优先考虑那些最有利于水质保护的项目。

营养物交换。营养物交换计划为保证流域内水质达标带来了灵活性，是实行日最大负荷总量限制的常用方式。流域内的每个污染源都有一个可接受负荷总量配额，各污染源可买卖配额。有的污染源可以用较低投入控制污染，这样就可以把剩余的配额出售给那些控制污染成本比购买配额费用还高的污染源。营养物计划管理起来比较繁琐，但对以下两种情况非常有效：一是点源污染和非点源污染共存；二是点源污染的污染控制成本比较高。塔－帕姆利科河流域可作为实施营养物交换的范例，网址为 http://h20.enr.state.nc.us/nps/tarpam.htm。

补贴。补贴（如赠款、贷款、税收补贴、费用免除或回扣等）都可用来反对污染，鼓励保护淡水生态系统（Clapham 1998）。但是，补贴也可能成为有害行为的根本原因。例如，希腊某一地区（《拉姆萨尔公约》指定的几个保护湿地都在这里）的农业活动导致了湿地的退化，地方农业当局所推行的化肥、农药和机械补贴就对此负有很大责任（Pyrovetsi and Daoutopoulos 1999）。取消或修正这些补贴将更利于减少农业对环境的影响。

使用费。可调整公共牧场的使用费，使改善经营行为的人受益，同时也可惩罚那些继续破坏环境的行为。

尽管税收、监管和补贴可以成为富裕国家有效影响农业生产的制度性策略，但对低收入国家的适用性却要差一些。制度不完善，就会使监管不利，这时市场手段可遏制对环境的破坏。政策改革应提倡提高效率和消除贫困（Steinfeld et al. 1997）。地方赋权是取得成功的必要条件。

研究现有政策可以揭示破坏性行为背后的动因，如税收刺激、土地使用权的不稳定等。发展和提高自然资源管理机构的能力至关重要，因为正是这些机构的工作人员负责深入到农业从业人员中去，并培养他们的能力。此外，还要建立激励机制，鼓励改良土地的投入，恢复被废弃的土地，并为可持续生产的产品开创市场（National Research Council Committee on Sustainable Agriculture and the Environment in the Humid Tropics 1993）。

（三）国际制度和法律规定

本节对国际上重要的法律和公约进行总结，还将介绍一些与保护淡水生态系统免受农业活动影响有关的地区性方法和国家法律。许多国家都有保护淡水生态系统免受土地使用活动影响的国家和次国家级管理

蒙大拿州 H2-O 牧场上的牛轭形湿地恢复前（上图）和恢复中（下图）的情况。“渔业和野生动物合作伙伴计划”以购买地役权的方式使湿地得以恢复。
摄影：Greg Neudecker/USFWS。

政策和监管框架，而且这些政策和框架的复杂性都很类似。

1. 欧洲

1992 年联合国欧洲经济委员会制定的《保护和利用跨界水道和国际湖泊公约》强化了国家措施，强制各方防止、控制和减少点污染源和非点污染源的水体污染。欧洲境内跨国界改善水质的倡议包括《合作保护和可持续利用多瑙河公约》和新签署的《保护莱茵河公约》。《多瑙河公约》缔约国承诺共同努力，保护、改善和合理利用多瑙河流域的地表和地下水，并致力于减少从流域污染源到黑海的污染物排放量。2001 年采用的《莱茵河公约》将作为河岸国家与欧盟间国际合作的基础，替代《保护莱茵河免受污染国际委员会协议》（1963 年波恩）和 1976 年的《保护莱茵河免受化学污染公约》。新公约的目标是进行国际合作，持续发展莱茵河，进一步改善其生态状况以及整体防洪能力。除水质和水量问题外，将来还要把地下水问题也纳入到公约规定之中（ICPR 2001）。

2. 拉丁美洲

可持续农业网络是由多个非营利性保护团体结成

的联盟，致力于保护热带地区的生态和改变热带地区商业和农业的面貌。国际环保组织雨林联盟为该网络的秘书处。该网络认为，社会和生态系统健康依赖于对环境友善、对社会公平和在经济上可行的农业。自1991年以来，该网络制定了一些指导原则，对农业出口进行认真负责的管理；根据环境和社会标准，通过共同参与，以一种透明且独立的形式，对香蕉、咖啡、可可、柑橘和花草等进行认证。达到可持续农业网络标准的农场可取得认证，并可在销售产品时使用雨林联盟认证标签。作为回报，这些农场赢得了市场，而这一市场也愈发要求对农场进行认真负责的管理。要了解更多详情，请登录 www.rainforest-alliance.org。

3. 国际有机农业

国际有机农业运动联盟（IFOAM）的宗旨就是引导和扶持各种形式的有机运动，并将其结合起来；目标就是在全世界范围内以有机农业原则为基础，采用从生态、社会和经济等各方面都合理的农业体系。该联盟列出了一份基本标准清单，为几乎所有国家的有机农业监管和国际卫生组织 / 粮农组织的食品法典提供了一个框架，并成为全世界有机农业组织的一个公共平台。为促使国际社会承认其认证计划，国际有机农业运动联盟设立了国际有机认证服务公司（International Organic Accreditation Services Inc., IOAS）。该公司的目的就是确保认证计划在达到国际有机农业运动联盟基本标准的前提下，还要符合认证标准，从而确保全球范围内的统一性和兼容性。若要深入了解国际有机农业运动联盟，请登录 www.ifoam.org。

三、社区策略

社区是信息和支持的重要来源，也是独立生产者的资源。这些生产者非常依赖其地方合作推广代理、农业杂志和通信上的信息以及与其他农民或家庭成员共享的知识（Molnar et al. 2001）。全世界所有的小农场主全都如此。在希腊的农村，从事最密集农业活动的农民正是了解农业对环境影响最少的人。他们对水质的了解更是少之又少，尽管其耕作地点就在国际环保政策所保护的几个拉姆萨尔湿地附近。因此，农村地区的地方培训、教育和激励计划对保护淡水资源至关重要，应该引起重视（Pyrovetsi and Daoutopoulos 1999）。联合国粮农组织鼓励公共管理机构不仅要实施具体的保护计划，还要在农村社区推动、指导和推广更多形式的可持续发展土地使用活动（FAO 1988）。鉴于大多数保护淡水的农业计划都是自发性的，获得农民和社区的认可极为关键。保护计划必须设法满足不同农民的需求。一项对威尔士自发环境保护计划的研究得出了如下结论：潜在的参与者很多，他们有环保意识，但却被目前的计划结构排斥疏漏了，究其原因，要么是因为他们的农场面积不够大，要么是因为补偿计划只给大生产者带来利润，而小生产者享受不到。因此，分析和修订现有政策可提高社区的参与度（Wilson 1996）。

不管是否从事农业产业，社区成员都可共同努力，保护淡水生态系统免受不断扩张的农业工业化的危害。为有机产品或可持续产品开拓地方市场，是推动社区内良性农业生产的好方法。开拓市场可利用伙

表 4-5 国际制度及法律规定

国际
International and Interstate Regulation of Water Pollution Proceedings by the Conference on International and Interstate Regulation of Water Pollution (1970)
Agenda 21, Chapter 18: Protection Of The Quality And Supply Of Freshwater Resources: Application Of Integrated Approaches To The Development, Management And Use Of Water Resources
Nollkaemper, Andre, The Legal Regime for Transboundary Water Pollution: Between Discretion and Constraint (Dordrecht: Martinus Nijhoff/Graham & Trotman, 1993)
Dobbert, J.P., Water Pollution and International River Law, 35 Y.B. of the A.A.A. 60 (1965)
Nollkaemper, Andre, The Legal Regime for Transboundary Water Pollution: Between Discretion and Constraint (Dordrecht: Martinus Nijhoff/Graham & Trotman, 1993)

续表 4-5

非洲
African Convention on the Conservation of Nature and Natural Resources. Done in Algiers, 15 September 1968. Revised Protocol on Shared Watercourses in the Southern African Development Community, Done August 7, 2000
中东
Agreement of the Republic of Kazakhstan, Republic of Kyrgyzstan, Republic of Tajikistan, Tuskmenistan, and Republic of Uzbekistan on joint activities in addressing the Aral Sea. Signed 26 March 1993 The Syrian-Iraqi Agreement on the Utilization of the Euphrates Waters, signed April 1990
亚洲
Agreement on the Cooperation for the Sustainable Development of the Mekong River Basin. Done in Chiang Rai, 4 April 1995. Cambodia, Lao People's Republic, Thailand and Viet Nam Hills, P.R., et al., Transboundary Pollution Between Guandong Provinbce and Hong Kong: Threats to Water Quality in the Pearl River Estuary and their Implications for Environmental Policy and Planning, 41 J. Env't Plan & Mgmt. 355 (1998) Railton, W. Scott, June, The Rhetoric and Reality of Water Quality Protection in China, 7 Pac. Rim L. & Pol'y 859 (1998).
欧洲
Convention on Cooperation for the Protection and Sustainable Use of the Danube River. Done in Sofia, 29 June 1994 Protocol concerning the establishment of an International Commission to Protect the Mosel against Pollution. Signed at Paris on 20 December 1961; Came into force on 1 July 1962. France, Federal Republic of Germany, and Luxembourg Agreement on the International Commission for the protection of the Rhine against pollution (with protocol of signature). Signed at Bern on 29 April 1963; Came into force on 1 May 1965. Switzerland, Federal Republic of Germany, France, Luxembourg and Netherlands Agreement for the protection of the Rhine against chemical pollution (with annexes). Signed at Bonn on 3 December 1976 Came into force on 1 February 1979. 16 I.L.M. 242 (1976). Switzerland, European Economic Community, Federal Republic of Germany, France, Luxembourg and the Netherlands Convention on the Protection of the Rhine. Done at Rotterdam, January 22, 1998. Federal Republic of Germany, France, Luxembourg, the Netherlands, Switzerland, and the European Union Convention on the Protection of Lake Constance Against Pollution, UN Legislative Texts, UN Doc. ST/LEG/SER.B./12 438 (1960) Convention Concerning the Frontier Waters Against Pollution, 1972. Rev. Gen. de Droit Int'l Publ. 265 (1975). Switzerland and Italy van Dunne, Jan M., ed., Non-Point Source River Pollution - The Case of the River Meuse: Technical, Legal, Economics and Political Aspects (Kluwer Law Int'l 1997) Schwabach, Aaron, The Sandoz Spill: the Failure of International Law to Protect the Rhine from Pollution, 16 Ecology L.Q. 443 (1989) Vinogravov, S.V. & Wouters, P.K., The Caspian Sea: Quest for a New Legal Regime, 9 Leiden J. Int'l L. 87 (1996)
北美
Great Lakes Water Quality Agreement, Canada & United States of America, 30 U.S.T.S. 1383, T.I.A.S. 9257, amended 1983, T.I.A.S. 10798 (1978)

伴关系、教育和推广。生产者也许有兴趣改变生产，但对财政稳定性却有顾虑和担忧。如果有可靠的买主购买其特色食品，他们的顾虑就可打消。制订推广计划是影响整个社区的另外一个方法。一群了解情况的公民可以在施加影响方面发挥很大作用，因为他们可以把问题、原因及可能的解决办法告知利益相关者、当选官员以及那些破坏水质的人。《步步为营：流域有效推广指南》一书可作为推广的有用指导，网上版本也可登录环保局流域研究院网站：http://www.epa.gov/watertrain。

第二节　城市化与工业化

引　言

城市化包括商业、工业和住宅的发展、运输通道以及与以上所有活动相关的景观设计（The Heinz Center 2002）。一般来讲，商业、工业和住宅用地的密度直接影响淡水生态系统及其生物多样性：高密度发展的城市地区与发展密度较低的郊区和远郊相比，排放了更多的污染物，会对淡水生态系统造成更严重的影响。

尽管城市地区只占全球土地面积的1%，但与农业和其他土地使用方式相比，人们通常认为城市地区的发展对淡水生态系统的完整性造成更大的威胁。城市的一个主要区别性特征就是可逆性。一旦土地上建造了建筑物或者土地被铺平了，只有积极主动地拆除这些基本设施才能把发展已停止的地方恢复到自然状态。相比之下，废弃了的耕地会最终回到一种更自然的状态，并为植被所覆盖。例如，美国东北部的大片森林景观就是19世纪末开始的退耕还林的结果（Foster et al. 1998）。城市发展应该精心规划，要全面考虑其对生态系统质量和功能性的影响。

2000年，全球人口有47%（即29亿人）居住在城市里。到2030年，这一数字估计将达到50亿，即占全部人口的60%。未来30年里全世界将增加22亿人口，其中21亿将出现在城市地区（UNPD 2002）。还是在这30年间，发展中国家城市居民的数量据估计将翻一番（UNPD 2002）。发展中国家城市发展的速度很可能超过基础设施保护淡水生态系统所必需的处理能力，因此会加重城市发展所带来的影响（Gleick 1993）。

发达国家的城市发展模式也普遍存在问题。在许多发达国家，城市人口正往郊区、远郊或其他中小型城市移动（World Resources Institute et al. 1996）。这种城市扩张对淡水生态系统带来了严重的有害影响，因为城市扩张导致人均占地量的增加（USGS 1999）、基础设施建设的增加、能源的过度消耗以及污染问题（World Resources Institute et al. 1996），从而进一步加重城市发展对水源的影响。此外，近来发达国家中人均用水量也出现激增，这一点已经在“水的使用与管理”部分谈及。从全球范围来考虑，美国家庭的平均用水量（1 300升／天）远远超出发展中国家的水平（300升／天）（Naiman and Turner 2000）。

城市发展地点的选择也会影响到对淡水生态系统和生物多样性所造成威胁的严重程度和特点（World Resources Institute et al. 1996）。对地方来说，城市发展通常会在以下方面给自然资源造成更大危害：城市发展取代了优良农田；城市发展地点位于或靠近脆弱的生态系统；城市发展地点位于地形起伏较大的地区，这样会带来严重的侵蚀和泥沙沉积问题。城市化造成各种威胁，威胁性质因地区而异。在干旱地区发展城市，会导致水质严重下降；如果是在热带地区，土壤侵蚀、泥沙沉积和污染物的转移将对淡水生态系统造成重大威胁。在富裕地区，郊区的扩张与来自草地和公路的合成化学污染物的高含量是联系在一起的；在贫困地区，高密度城市产生的污水会超出污水处理设施的处理能力。

城市地区最常见的工业就是淡水生态系统的主要污染源。全球主要的工业包括造纸、金属加工、炼油和发电。美国的造纸业主要位于东南部和太平洋沿岸西北部地区；金属加工业集中在大湖区；石油开采和冶炼是得克萨斯州的主产业，同时还在加利福尼亚州、密西西比河下游和大西洋沿岸中部等密集地区进行（Kollar and Macauley 1980）。工业对淡水生态系统造成多种威胁：水的抽取、污水排放、大气污染、化学品泄漏和意外风险的增加等。目前，工业用水占全球淡水用水量的20%，其中美国占7%。而美国工业所使用的淡水中，82%来自地表水，18%来自地下水，只有1%来自再生水（Solley et al. 1995）。到2025年，工业用水和污染排放预计将增加4倍，这还是在必须采用降低污染技术的情况下（United Nations Commission on Sustainable Development 1997）。发展中国家的工业发展可能更快，很可能是因为这些国家的环境法不是很严格，所以跨国公司把生产转移到这些国家，这样可以节省有关费用。尽管地方公司和政府可从保护水质的工作中获得既得利益，但它们却没有经济能力来装备清洁技术（Gleick 1993）。工业带来的大气污染（如煤电厂、钢铁厂、纸浆和造纸厂以及机动车辆的排放物等）以雨、雪、雾等形式回到地表，进入淡水生态系统，也会给淡水生态系统造成严重影响（Soares 1999）。

城市化/工业化对淡水生态系统的影响

继农业之后，改变淡水生态系统的三大主要原因（水文改造、城市径流/雨水管道和市政点源污染）基本上都源于城市环境（USEPA 2000b）。暗渠、防洪基础设施、小溪流填平、湿地排水及所有与城市化有关的活动都会改变土地和水之间的连通性。城市用地会大大改变淡水生态系统的化学和水文性质，并影响淡水生态系统的其他各生态要素，详见下文。

一、水文状况

城市的发展会在很大程度上改变淡水生态系统的天然水循环。城市发展导致的水文改变通常会降低基流、改变洪水和泥沙状况以及现有生境、提升水温并危害生物群落（USEPA 1997）。城市化导致这些变化的原因主要有三个，即不透水地表覆盖导致暴雨输送，大量取水和排放废水，以及为有效地把水从陆地排放到河流系统而对河流河道、湖泊流域或湿地进行物理改造。城市发展造成淡水水文改变，影响范围远远超出城市发展的区域，因为流域内的水循环是相互联系在一起的。

（一）不透水地表

不透水地表指的是任何阻止透水的材料。公路、停车场、屋顶等都会增加城市地区不透水地表的覆盖面积，减少渗透到土壤中的水分。只要一个流域地表不透水达到5%，这些影响就开始显现（Couch and Hamilton 2002）。

随着不透水地表覆盖的增加，暴雨会以更高的流

新奥尔良都市风光。
摄影：Michael Maples/USACE

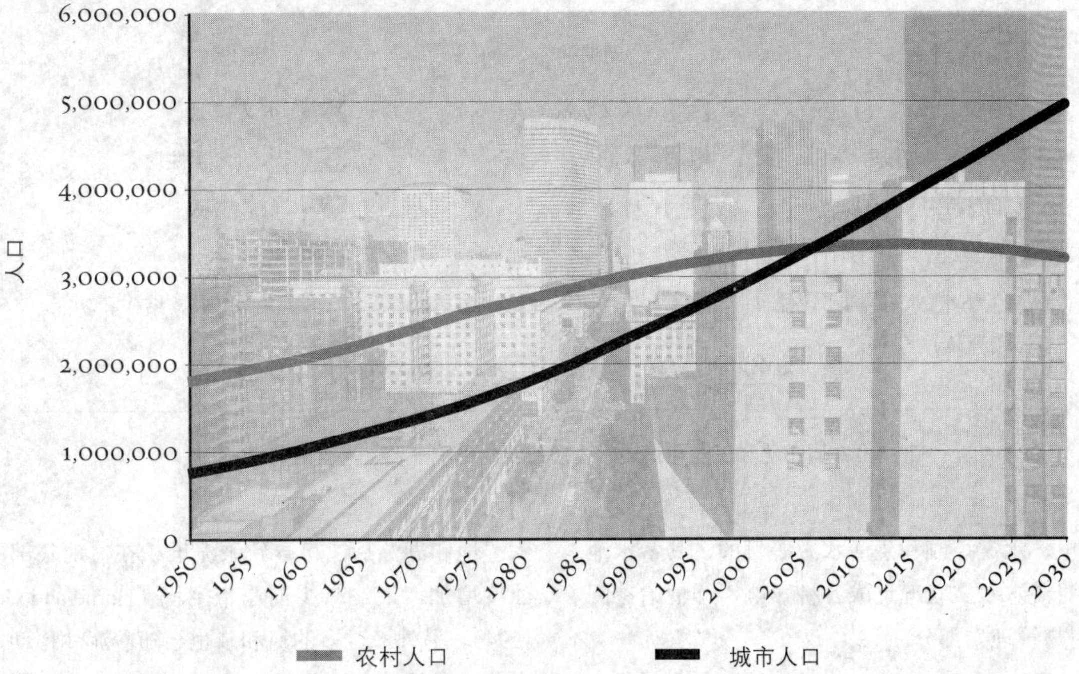

图 4-16　1950—2030 年全球农村和城市人口分布

数据来源：联合国秘书处经济和社会事务部人口分部。2002 世界人口预测修正数据，2003 世界人口预测修正数据。http://www.esa.un.org/unup。摄影：Gary Wilson/NRCS

速流经流域，进入淡水水体。同时，因为土壤失去了渗透能力，地表径流的流量也会增加（Dunne and Leopold 1978）。增加的地表径流，连同传统的暴雨控制方法，会导致河川溪流的洪流在发生时机、持续时间、频率以及量级上的变化。同样，湖泊和湿地的水位及其浮动情况也会发生改变（详情参见附录 A）。所有淡水生态系统的基流水位都有可能下降，因为水流通道已从渗透变成了地表径流，并最终导致地表水的基面下降。比较城市河流和森林河流的水文不难发现，雨后城市地区洪流发生的滞后时间（到达峰值泄洪量的时间）缩短，且泄洪量的峰值变大，但泄洪时间缩短。

（二）与废水相关的淡水抽取

为满足城市地区生活、商业和工业用水需求，大量抽取水资源会改变淡水生态系统的水文状况，导致过度取水区的基流水位下降，并使补给区或排放区自然枯水期的基流水位上涨。例如，在科罗拉多州丹佛市南普拉特河（South Platte）下游，废水可占到河流流量的 69% ～ 100%（Dennehy et al. 1998）。

（三）淡水生态系统的物理控制

与城市化和城市用水相关的工程结构，包括排水、管道、蓄洪池和滞洪池、河道整治、防洪堤和水坝等，会进一步改变淡水生态系统的水文状况，其中又以激流水域的变化最为显著。输水速度的加快和水灾严重程度的增加，导致河岸不稳、河道加宽、河床下降（Gregory et al. 1992）。很多工程结构的兴建都是为了遏制和延缓输水，以便缓解洪水的影响。但这些工程会导致洪峰的下降、水位波动的减少和河漫滩洪水的发生，而这三者都是保持河流和河岸生态健康的必要条件（Gregory et al. 1991; Allan 1995）。

无论是出于城市化对空间的需要，还是作为城市化的结果，湿地常常被牺牲或改变。截至 1992 年，俄勒冈州波特兰市于 1981 年确立的湿地已有 40% 因为人类活动和干旱而遭到毁坏，其余的湿地也因城市用地活动（如施工、附近区域的挖掘等）的间接影响而退化（Holland et al. 1995）。如前所述，湿地的消失还会导致其他环境功能的丧失，如控洪。

最后，流经城市地区的河流上经常建有水坝，用

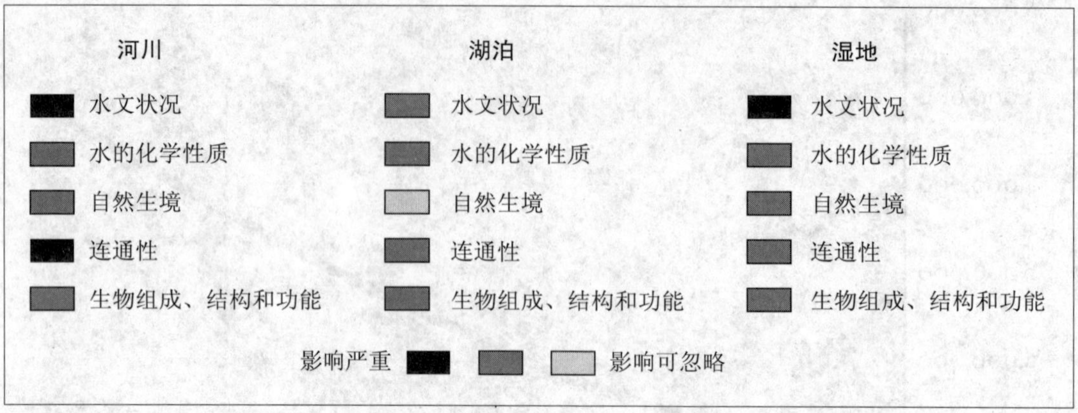

图 4-17 城市化和工业化对淡水生态系统的影响一览（可变性较大）

于水利发电、水灾控制和生活水源等目的，其蓄水池和水库会对淡水水文状况造成各种影响，详情请参阅“水的使用与管理”部分。

二、自然生境条件

城市发展会直接或间接改变淡水生境，其中直接改变包括清除河岸植被；兴建道路交叉点、防洪堤及地下输水道；排干湿地水分；进行河道整治，改变河床；对基质进行物理清除（如清除木质残体、疏浚等）。生境的间接改变常由侵蚀和泥沙沉积等过程导致，而且有时水文和物理化学状况的改变过大，会使受影响地区不再适合部分或大多数本地生物区系的生存。

（一）对淡水生境的直接改变

对淡水生境改变最大的是与水的利用和管理有关的各种构筑物的建造和安装。这些构筑物的影响在“水的使用与管理”部分曾有详细讨论。

（二）对淡水生境的间接改变

泥沙是城市暴雨径流中的最主要污染物（Clapham 1999）。城市的发展和建设加重了侵蚀，形成了泥沙，在湿热带地区尤为严重，因为那里的城市建设通常位于陡峭的斜坡之上（Harper and Brown 1998）。建筑活动可使工地的泥沙流失量比施工前翻一番（Guy 1965）。被侵蚀的土壤进入河川溪流后，以细沙的形式沉积在基质上，减少了生境的多样性，形成了一个统一的沉积生境（Pedersen and Perkins 1986）。被侵蚀的土壤进入湿地和湖泊后，可导致淤泥堆积在盆地底部，水的浊度增加，最终减少河岸带生境（Horne and Goldman 1994）。另外，过多的氮和磷也会随着泥沙移动，引发水藻过量繁殖和植物过度生长，最终导致光区生境的减少（Jeppesen et al. 1998）。

三、水的化学性质

淡水污染物来自非点源污染（如地表径流）或点源污染（如管道排水），可改变淡水生态系统水的化学性质。与非点源污染有关的污染物来自土壤表面或接近土壤表面，由径流或暴雨排水系统带入淡水生态系统。尽管非点源污染的影响严重，而且在各地都普遍发生，但其污染物的种类很难确定，使得治理和缓解工作难以进行（Rast 1998）。与点污染源有关的污染物通过管道进入水体，主要是工业基地、废水处理厂或暴雨排水系统排出的污水。园林肥料、无污水收集设施的开发区和建筑工地是城市地区淡水营养物的主要非点源来源。城市水道中来自点源污染或非点源污染的主要污染包括：水温、营养物（即氮和磷）、重金属、可生物降解有机物、激素和医药化学品以及合成有机化合物等（Clapham et al. 1998a）。

（一）水温

工业排放的废水、河岸植被的破坏、基流的减少以及城市径流都会给地表水带来热污染。工业冷却用水通常排放到受纳水体中，使排水管附近和下游的水温升高。城市暴雨径流经不透水地表加热，可使

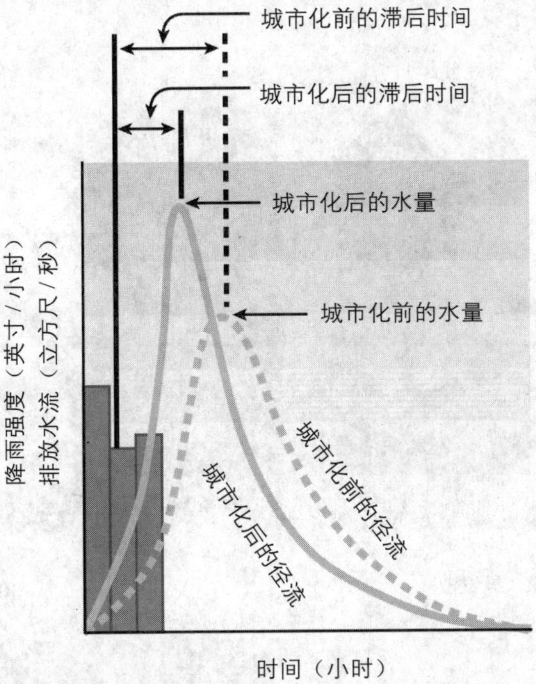

图 4-18　城市化前后的水文状况对比

来源：The Federal Interagency Stream Restoration Working Group. 1998. Stream Corridor Restoration: Principles, Processes, and Practices

受纳河流的温度波动比森林区河流的温度波动高出 10 ～ 15℃（Pluhowski 1970）。温度的变化，无论是局部还是扩展到整个水体，都会影响到对温度变化敏感的有机生物的生境有效性。此外，温度还会影响溶解氧水平和 pH 值等化学因素，从而进一步改变环境条件。

（二）营养物

氮和磷是植物生长和发展最常用的肥料。尽管氮和磷是动植物所必需的而且在很多情况下也是有益的营养物，但其含量过高也会导致淡水水体系统的退化。城市环境中氮和磷的来源包括化肥、废水处理厂和其他工业生产的排放物、动物粪便、腐烂的有机物、大气沉降以及基本地质条件等。美国地质调查局“国家水质评估计划”（NAWQA）报告称，城市地区淡水的含磷量最高。尽管氮污染是农业流域最严重的问题，但很多氮污染源来自城市，其中包括汽车尾气和煤电厂产生的氮氧化物的大气沉降。

过量的氮可导致水生系统的过养作用。大量的氮会促进植物的过度生长，最常见的就是蓝藻的过度繁殖。这些水藻释放出有毒物质，给野生动物、牲畜和人类带来危害（Lawton and Codd 1993）。此外，水藻分解时，微生物要消耗氧气，导致水中缺氧，最终使水生生物相继死亡。在美国，过养作用使近 50% 的湖区和 30% 的河流河段达不到指定的用水标准，或者被认定已遭受破坏（USEPA 2000b）。营养物过剩造成的破坏在干旱地区的城市尤为严重，因为那里排放的废水可能占到整个流量相当大的比例。有关淡水生态系统中氮、磷作用的详情，参见附录 A。

（三）重金属

土壤和岩石的侵蚀是淡水中重金属的天然来源，然而，城市地区重金属的含量远远超出天然水平。例如，在法国的塞纳河流域，源头农村和中游地区的人口增长了 8 倍，导致河流金属含量也翻了一番（Horowitz et al. 1999）。

因城市发展而进入水体的常见金属包括铅、锌、铜、铁、汞、镉、镍、铬、锰等。其中前三种在很多城市地区暴雨中的金属含量占绝大部分（Clapham 1998）。汽车的运行和养护是城市地区重金属污染的非工业污染源（Mielke et al. 2000）。此外，垃圾填埋场和危险废物堆放场的渗滤液和径流也会把金属带到

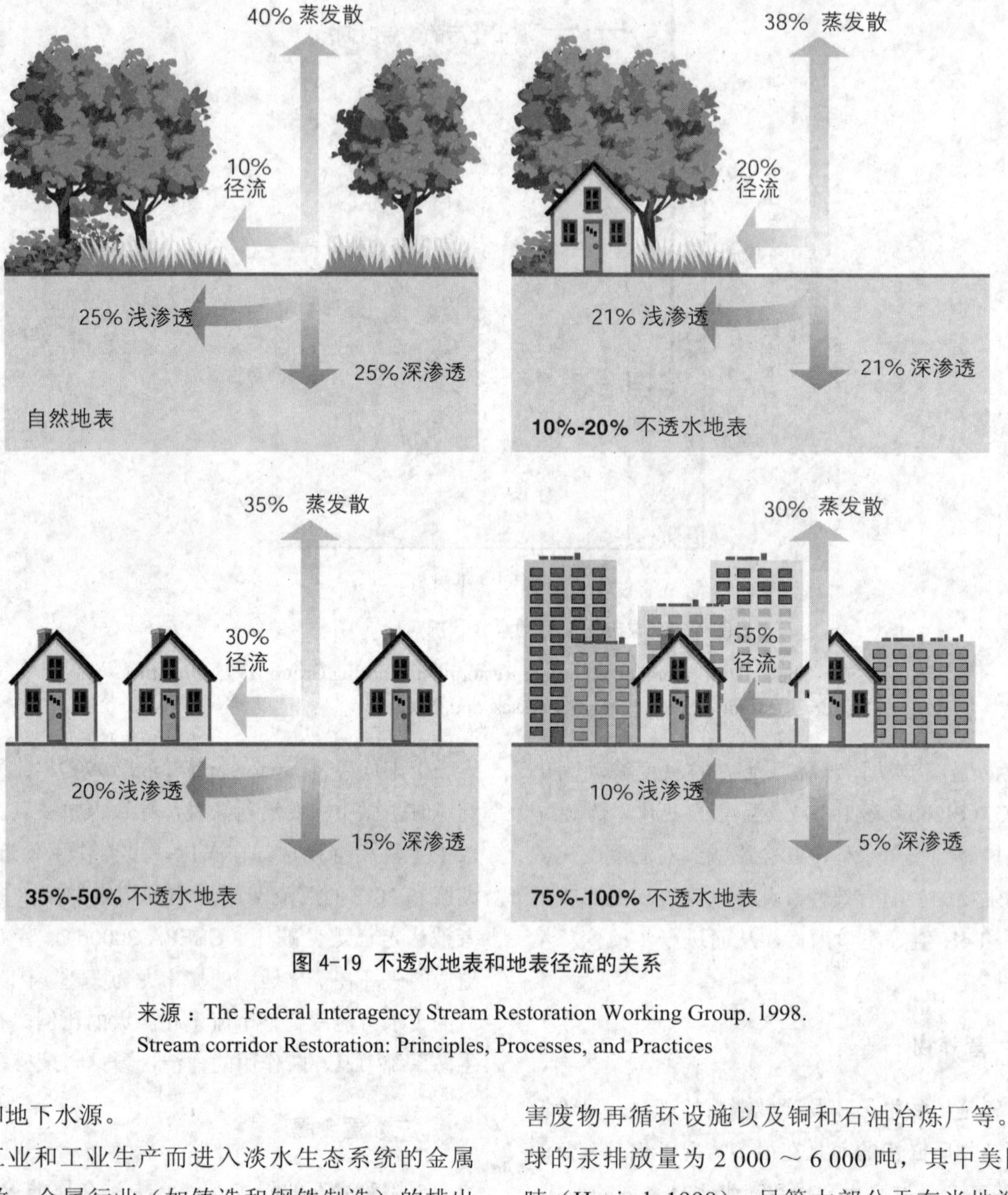

图 4-19 不透水地表和地表径流的关系

来源：The Federal Interagency Stream Restoration Working Group. 1998. Stream corridor Restoration: Principles, Processes, and Practices

地表水和地下水源。

因工业和工业生产而进入淡水生态系统的金属不计其数。金属行业（如铸造和钢铁制造）的排出物中，多种金属的含量都很高。铸造厂每熔炼 1 吨金属，就要产生 20 立方米的废水，其中铜、铅、镉、镍的含量都很高。炼钢厂每出产 1 吨钢材便可产生高达 80 立方米的废水，其中含有铅、铬和锌等金属。炼油厂也会排出含有某些金属的废水（World Bank Group 1998）。另外，金属还可通过工业排放到空气中的污染物进入淡水生态系统。例如，大气沉降就是汞进入美国密歇根湖的主要途径（Landis et al. 2002）。汞排放的主要来源包括矿物燃料、电站锅炉、垃圾焚烧炉、铁、钢、焦炭和石灰生产厂、有害废物再循环设施以及铜和石油冶炼厂等。每年全球的汞排放量为 2 000 ～ 6 000 吨，其中美国为 158 吨（Hanisch 1998）。尽管大部分汞在当地沉降，但有些形式的汞可在空气中存留平均一年的时间，因而可以传播到很远的地方（Lindqvist and Rodhe 1985）。决定淡水中金属命运的因素包括有机物的含量、pH 值、泥沙的特点和地形等。颗粒有机物的含量水平高可导致金属含量的增高，因为金属很容易与有机物结合。有些地方泥沙比较细，水流缓慢，而有些地方的水流静止不动，这些地方的金属含量也比较高（Wilber and Hunter 1979; Rhodes and Cahill 1999）。人们发现金属也可在水生生物的机体组织中积累，导致生物群落结构的改变和丰度的下降（Moraes

河岸植被的破坏可导致宝贵的生境、河岸稳固功能和泥沙过滤功能的丧失。
图片提供：NRCS

et al. 2003）。有数据显示，在过去 20 年间，重金属的含量有所下降，很可能是增强对点源污染控制的结果。但最近，城市径流的金属含量却呈现出上升的趋势（Foster and Charlesworth 1996）。

（四）可生物降解有机物

与污水排放典型相关的细菌是粪大肠菌群，如果该菌群水平升高，会带来疾病。这些菌群还可作为衡量其他致病生物体（包括病毒）的指标。细菌感染在发展中国家是个严重问题，因为他们没有足够的污水处理基础设施，只能把污水通过管道或暴雨径流排放到淡水生态系统中。有的地方虽有污水处理基础设施，但却不能满足人口增长的需要，溢出的污水会使细菌达到有害水平。在南非，有的大聚居区里污水处理设施有限，径流中的粪大肠菌群含量与污水排放点测量的数据相差无几（Jagals 1997）。1998 年，美国对休闲娱乐区施加了 240 条限制，以避免从城市带来细菌污染（USEPA 2000b）。

（五）激素和化学药剂

激素和药剂经过人体后，以城市污水的方式进入淡水生态系统。这些人类消费的副产品在水生生物食物网中聚积，形成致癌物质和内分泌干扰物，导致对水生生物的普遍危害（Ludwig et al. 1993）。除水生生物相继死亡之外，包括肿瘤、出生缺陷、免疫系统功能失调以及生殖能力的降低和丧失等在内的健康问题都可归因于天然及合成有毒物质（Rolland 2000）。

（六）合成有机化合物

城市环境中最常见的合成有机化合物均来自家用化学品。洗涤剂、清洁用品、肥料、农药、油漆和油等都成为车道和草坪径流的一部分。这些合成有机化合物通过径流、雨水排水、洗漱池和厕所等途径进入地表水。莠去津是最常见的非农用除草剂，它其中的一个用途就是保持道路畅通（Aldous and Turrell 1994）。DDT 现在在美国已经禁用，但在许多发展中国家仍在使用，以控制可给人类健康带来严重危害的害虫，如传播疟疾病毒的蚊子。生态系统健康和公众健康之间的矛盾目前还在世界上很多地方存在（Ryding and Thorton 1998）。很多合成有机化合物在城市地下水中也可以检测到（Aldous and Turrell 1994; Bourgine et al. 1994; Bamford et al. 2002）。

城市地区的商业和工业活动是合成有机化合物的另一个来源，其中最为人们所熟知的合成污染物是多氯联苯（PCB）和多环芳烃（PAH）。这两类物质属致癌性剧毒物质，本来用于工业目的，排放出去后可长时间在淡水生态系统的泥沙中存留。多氯联苯和多环芳烃还可在大气中传播，从而可进入距离污染源很远的水体（Offenberg and Baker 2000; Bamford et al. 2002）。石油工业的设备故障可导致原油污染（如管道泄漏和油轮溢油），也可给淡水生态系统带来灾难性的破坏。油和油脂常见于大部分制造业的排放物中。俄亥俄州的凯霍加河（Cuyahoga）和纽约州的哈德孙河（Hudson）曾因被油污染而燃烧。冶油厂也会释放出剧毒且可挥发的有机化合物，如苯、甲苯、二甲苯等。纸浆业会生成不可生物降解的有毒氯化有机物，如二噁英和呋喃（Clapham et al. 1998a; World Bank Group 1998）。大部分合成物质都很难通过标准处理过程进行处理，而且处理成本昂贵；要把这些污染物从废水和废气中清除干净，即便是采用强化处理，也是收效甚微（Clapham et al. 1998a）。

四、连通性

如“水的使用与管理”部分所述，城市地区常见的建筑障碍物，如水坝、防洪堤、涵洞、引水坝以及河岸加固材料和相关的碎石基等，都对淡水生态系统的连通性构成严重威胁。

城市地区进行地表和地下水开采，以用于市政、商业和工业目的，可导致河道、湖盆和湿地出现脱水期。这一影响还会随干旱而加剧，而且在干旱地区的许多城市中心早已司空见惯。此外，城市地区不透水面积的增加，也阻断了降雨和地下水间的垂直联系；补水区地面铺设也使淡水生态系统的水位进一步降低。

缺氧或者有毒的死亡区，即水生系统的某部分已不再适合生物栖息，可以带来纵向的阻断。细菌和水藻大量繁殖的时期会出现水体缺氧，因为水藻的大量繁殖耗尽了氧气，使环境不再适合大部分水生生物生存。如前所述，细菌和水藻的大量繁殖发生在城市径流或排泄物带来过剩营养物之后。未经处理的污水或其他商用废水排放的地方会暂时或长时间处于有毒状态，不适合生物生存。当以色列亚尔孔河（Yarqon）排放物中的有机物含量超过10毫克/升生物需氧量时，几乎所有的鱼类都逃离了这里（Gafny et al. 2000）。因为河流源头的稀释能力有限，这里的工业点源污染尤其有害（Mainstone and Parr 2002）。无论是因为缺水还是严重污染，淡水生态系统间的连通性一旦丧失，就会影响有机生物（特别是溯河洄游鱼类和其他洄游物种）的运动。

五、生物组成及相互作用

美国环保局列出了城市环境导致水生生物群落结构发生变化的三个最常见因素：水温的上升、溶解氧的枯竭和泥沙沉积的增加（USEPA 2006b）。物种的生命过程和行为特征与泥沙、基质、生境和水文等非生物因素相一致（Richards et al. 1997），而所有这些非生物因素都会被城市环境中的活动改变。在生物群落方面，城市用地引发的淡水变化会改变水生生物的优势、多样性和丰度。敏感物种通常会减少，非敏感物种增加（Lenat and Crawford 1994），但非敏感物种可能包括一些外来物种（见“外来入侵物种”部分的介绍）。南科罗拉多州、内布拉斯加州和怀俄明州的南普拉特河就发生了优势鱼种的更替，以及丹佛市内和下游河流中无脊椎动物数量的普遍下降。鳟鱼曾经是森林地区河流中的优势鱼种，但在城市地区河流中，吸盘鱼、翻车鱼和大口鲈鱼占据了优势（Dennehy et al. 1998）。

水温的细微变化也会对物种和生物群落造成影响。温度决定新陈代谢率、对食物的需求和生物发展进程（Naiman and Turner 2000）。例如，温度高于或

专栏 4-16 氮对瑞典特鲁门湖的影响

20世纪中叶，过多的氮从一个不断发展的城镇和一家亚麻工厂排放到瑞典的特鲁门湖（Trummern）。这些氮的流入显著改变了特鲁门湖水的化学性质，使其从营养物不足变成营养物过剩。在停止向湖中排放废水的十年后，湖泊的状况仍然改变甚微，这是因为营养物已在湖底沉积了厚厚一层，即便外部污染已经清除，内部循环仍足以使过养作用条件长久存在（Bjork 1994）。

低于合适温度时，卵的孵化就会提早或推迟（Beacham and Murray 1990）。除水温变化外，天然河岸植被的破坏也损害了外部碳的主要来源，给整个生物群落带来级联效应（France et al. 1996）。随着更多的阳光照射到水面，初级生产者繁荣发展（Gregory et al. 1991），水藻生物量增加，生态系统的新陈代谢进程也发生了改变（France et al. 1996）。这一问题在河流源头、湿地和小湖泊中尤其严重，因为这些水体在未受干扰的时候大部分都为森林所覆盖。

不透水地表的增加和污水排放系统的存在会加快暴雨径流的流速，从而也增加受纳河流的流速。城市洪流流动方式的改变可带来数不胜数的影响。生境多样化的减少、与河漫滩的联系被切断以及悬浮泥沙的增加是激流系统中影响生物群落的三个主要因素（Stranko and Rodney 2001）。鱼类群落若想成为优势鱼种，必须要变成适应各种环境的通才，而不是适应不同生境的各种专才。城市湿地里水文周期的改变和补水量的降低，对生物群落也可造成巨大影响。这些变化不仅会影响水生生物，还会影响已适应当地水位变化的植被、涉禽类和两栖动物（Holland et al. 1995; Mcpherson and Halley 1997）。

营养物和毒素首先影响的是敏感物种，但当污染达到极限水平时，所有的生物都会遭受威胁。人们知道，营养物过量通常会降低溶解氧的含量，对淡水贝类造成威胁（Sparks and Strayer 1998），因为贝类的组织中会积累毒素，所以常被作为衡量指标来衡量有毒污染物（Chafik et al. 2001）。汞和多氯联苯等化学物质可长时间存留在鱼类和贝类的身体组织里，对人类和其他以被污染组织为食的生物构成健康威胁。当氧气水平降至最低或者有毒物质达到致命剂量时，就会发生鱼类大量死亡，甚至在当地消亡（特别是贝类）的惨剧（Gafny et al. 2000; Diamond et al. 2002）。

近来发现，一类叫做有机氯的污染物（通常是工业生产的副产品）可以干扰控制野生动物正常发育和繁殖的天然化学物质（Colborn and Thayer 2000）。这些化合物在水生环境中无处不在，与出生畸形、雄性鱼雌性化和雌性鱼雄性化有关（Colborn and Clement 1992）。化学物质的存留对淡水生物区系还造成了其他的可见影响，其中包括病变、过度生长和鱼鳍侵蚀（USEPA 2000a）。除工业排污会对生物造成影响外，用于工业目的的取水，即冷却水的抽取，同样可以杀死或威胁取水管附近的有机生物（例如，大量的鱼类

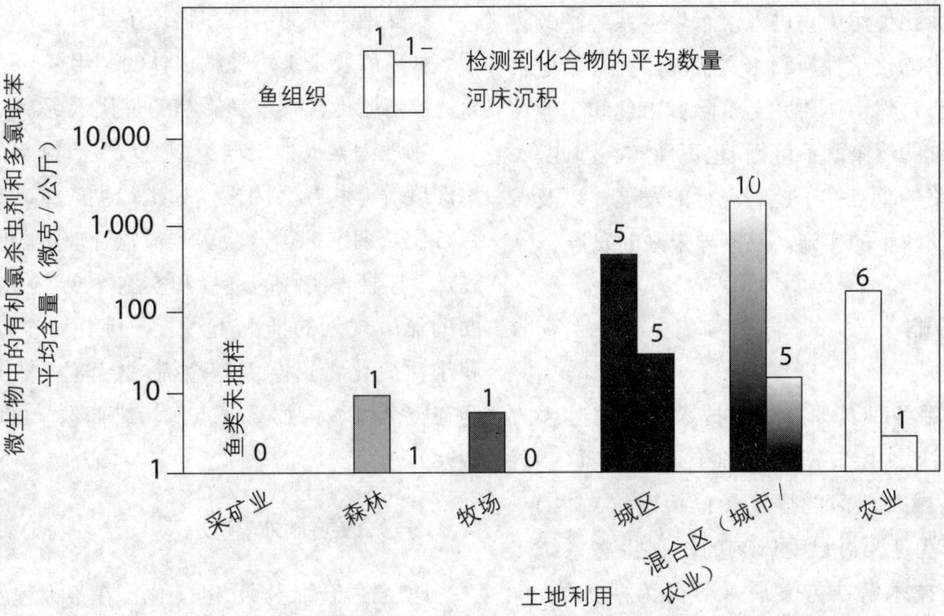

图 4-20　城市和混合（城市 / 农业）土地使用区中的多氯联苯和有机氯杀虫剂含量最高

来源：Dennehy, K.F., D.W. Litke, C.M. Tate, S.L. McMahon, P.B. McMahon, B.W. Bruce, R.A. Kimbrough, and J.S. Heiny. Water Quality in the South Platte River Basin, Colorado, Nebraska, and Wyoming, 1992–1995. U.S. Geological Survey Circular 1167. http://water.usgs.gov/pubs/circ/circ1167.

水污染导致鱼类死亡。
摄影：W.L. French/USFWS

和鱼卵会被发电厂、造纸厂、炼油厂、化学品和金属加工厂等的冷却水输送管道吸进去）。

减轻／减少城市化和工业化对淡水生态系统影响的策略

城市化和工业化使污染物进入淡水生态系统，改变了淡水系统中水的化学性质和水文状况，并对其他生态要素造成影响。然而，要完全消除城市化和工业化对淡水生态系统的污染既不可行，也不现实。因此，减轻这种威胁策略的重点在于控制现行的发展，以及管理未来的规划及政策的实施，以指导未来的发展。

一、技术策略

我们可以利用各种具体有效的技术策略来减少城市土地使用对淡水生态系统的影响。通常，这些策略不是要提高城市地区的排水（包括雨水在内）的质量或数量，就是要对已受影响的淡水生态系统进行物理修复。技术解决方案通常可分为两大类：一是控制分散污染源的排水进入水体（即点源污染）；二是通过最佳管理实践来控制污染源扩散（即非点源污染）。

减少城市化和工业化对淡水生态系统影响的技术策略包括以下几种最佳管理实践：改善雨水和非雨水的排放，开展物理修复工作（见下文）。实施某种最佳管理实践，可以控制污染水平，但要取决于以下几个因素（USEPA 1999）：

- 阴雨天气的数量、降水强度和持续时间；
- 最佳管理实践清除污染物的效果；
- 受纳水体的水质和物理条件；
- 当前及未来对受纳水体的利用；
- 附近是否有未受影响的替代水源。

物理因素（如土壤类型、坡度、排水面积和地下水深度等）和社会因素（如土地供应量、安全性和是否方便长期维护等）会影响最佳管理实践的选择。不过，最佳管理实践的选择和实施不应该在缺少更为全面的流域规划的情况下进行，因为一个地点的水文和水质变化将影响到整个流域，随意安装设施可能会在整个流域内加重非点源污染问题（Peterson et al. 1998）。

（一）改善雨水排放

地表径流输送雨水的变化可在很大程度上改变淡水水体的水文状况和淡水水体之间的连通性，也可改变排放到淡水水体中的媒介污染物，这些影响合在一起又可改变淡水的水文状况、化学特性及生物群落。因此，改善雨水排放的策略理所当然地要么是提高雨水本身排放的数量和质量，要么就是减少雨水排放中的主要污染源，如家庭和草坪护理产品、建筑材料及相关污染等。

1. 控制雨水径流

与雨水径流相关的最佳管理实践致力于减少雨水流量、雨水中的污染物以及雨水的污染源（Clapham et al. 1998b）。这些办法可分为以下几大类（USEPA 1999b）：

- 结构性最佳管理实践：

一渗滤系统，如渗透盆地和多孔路面；

一存留系统，如盆地和地下水窖；

一储存系统，如湿池塘；

一构建湿地系统；

一过滤系统，如介质过滤和生物存留系统；

一植被系统，如草地过滤带和沼泽植被；

一尽量减少与不透水表面的直接连接；

一其他系统及供应商可提供的系统，如油 / 水分离器和动力装置。

- 非结构性最佳管理实践：

一汽车产品和家庭有害物质的处置；

一商业和零售业的良好内部管理；

一工业的良好内部管理；

一化肥、农药和除草剂的改良使用；

一草坪残体管理；

一动物废物处置；

一养护，如集水池的清洁、街道和停车场的清扫、道路和河道的维护等；

一对非法排放的检查和消除；

一教育和推广计划；

一在暴雨排水入口处喷字标识；

一低冲击开发和土地使用规划。

在年降雨量低的地区实施雨水管理，虽然听起来似乎有悖常理，但干旱和半干旱地区的雨水管理尤为重要，主要是因为这里河流的稀释能力低。在这些地区，选择雨水管理办法时应强调以下几个原则（Caraco, 2000 #386）：

- 根据干旱流域的情况，慎重选择和调整雨水控制办法；
- 尽量减少灌溉对雨水的需要；
- 保护地下水资源，鼓励补充水；
- 减少下游河道侵蚀和高地泥沙流失。

把延长滞洪池塘、沙滤池和屋顶集水装置用于植物灌溉和饮用水，这些方法非常值得在干燥环境中推荐使用。在潮湿地区取得成功的典型管理技术在少雨地区却变得不切实际或没有效果，其中包括湿池塘、雨水湿地和沼泽地（Caraco 2000）。

本书不会长篇讨论雨水的具体管理办法，因为有关这个话题的信息众多，采用的最佳管理实践也不一而足，且最佳管理实践执行的技术性也都比较强。有关这一问题的有用资源包括：

- The Center for Watershed Protection's Stormwater Managers Resource Center, http://www.stormwatercenter.net
- *Controlling Urban Runoff: A Practical Manual for Planning and Designing Urban BMP's* (Schueler 1987)
- Stormwater Strategies: Community Responses to Runoff Pollution, produced by NRDC at http://nrdc.org/water/pollution/storm/stoinx.asp
- EPA's NPDES Phase II National Menu of Best Management Practices for Storm Water Phase II http://cfpub.epa. gov/npdes/stormwater/menuofbmps/menu.cfm
- Preliminary data summary of urban stormwater best management practices (USEPA 1999b)
- Texas Nonpoint SourceBOOK: stormwater management guide, www.txnpsbook.org

2. 减少建筑污染

与城市化和工业化有关的建筑施工可通过雨水径流和污水排放系统直接向淡水生态系统输送泥沙、化学品和其他污染物。但是，管理措施可以减少这些不利影响。在建筑活动开始前，应先制定雨水、泥沙和侵蚀管理方案，把土壤类型、级别和与地表水的距离考虑在内，许多州都要求，这些方案必须在建筑施工开始前提交和获得批准。全面的指导原则可参见美国环保局第 832-R-92-005 号报告，《建筑活动的雨水管理：制订防污染计划和进行最佳管理实践》。

3. 减少家庭和草坪养护所产生的污染物

业主及居民可能有意或无意地把污染物排放到雨水排放系统，例如把清洁产品撒到邻近家园的排水渠和排水沟中。公众教育运动通常能有效地减少这种做法。然而，更重要的污染物来源却是私人草坪和园艺

专栏 4-17 在佛罗里达州的印第安河礁湖实施最佳的管理实践

佛罗里达州布里瓦德县（Brevard）的印第安河礁湖（Indian River Lagoon）是国家级重要湖泊，城市雨水污染对其造成了一些不利影响。一些城市分流域必须要实施最佳管理实践，以帮助消除进入礁湖的污染物。最佳管理实践的推行由《清洁水法》第 319 条规定的资金和一项水资源公用事业费资助。人们在雨水排水管道的末端安装了泥沙箱，在雨水排放到礁湖之前把泥沙截留下来。泥沙箱每年需清理六次，三年共截留了 202 立方米的泥沙。此外，这里还修建了渗透沟和保湿池塘系统，种植了植被，用于脱氮除磷和控制水土流失。监测表明，该系统清除了 120 英亩住宅区 60% 雨水中的污染物，否则这些污染物都将进入潟湖（USEPA 2002a）。

活动及其产品。美国约 70% 的业主每年给草坪施肥至少一次。其中，三分之二的人施用率变化很大（CWP 2000），其余的三分之一依靠草坪服务机构提供的基础服务包，包括每年施用肥料和农药 6 ～ 8 次，施氮率往往超过 200 磅 /（英亩 · 年），比施用于高尔夫球场绿地的还要多（Klein 1990）。土壤压实和邻近不透水表面可增加这些营养物和农药通过暴雨径流进入地表水体的可能性。但有一些管理办法能减少这种可能性，大致可以总结为以下八个关键步骤（CWP 2000）：

- 草坪转换：减少草地面积，用维护成本较低的园艺替代草地；
- 土壤建设：评估测试土壤的营养物需要和 pH 值，给土壤通气；
- 草种选择：选择适合在当地生长且生命力强的草种；
- 刈割和茅草管理：刈割后留下剪下的部分，增加割草高度，降低修剪频率；
- 最小量施肥：只在土壤测试显示肥料不足时才进行施肥，施用危害小的肥料，如封装氮肥或有机氮堆肥；
- 杂草控制和容忍：使用替代控制方法，如种植和焚烧；容忍一些杂草的生长；
- 综合病虫害管理：健康的草坪应该能够抵御害虫，使用低危害的方法除害，如杀虫肥皂和生物控制；
- 合理灌溉：少浇水，深度不超过 6 英寸（约 15 厘米）；清晨浇水；可考虑坡形人行道，以便收集雨水灌溉草坪。

以上许多概念构成了园艺技术的基本框架，名为节水型园艺，即明智选择和安排园艺植物的种类，在考虑气候、土壤和方位等因素的基础上，尽量减少养护和必要的投入。减少在住宅区附近投放肥料、水和农药的量，可以降低径流和渗透到地下水的污染负荷，同时也可减少市政用水。由于节水型园艺属具体区域园艺技术，可从当地推广机构获取相关信息。上述大部分内容也适用于商业发展。

（二）改善非雨水排放

非雨水排放（如化粪池、污水管和工业排污的流出物）也会使污染物进入淡水生态系统，改变淡水生态系统的水流。化粪池系统在远郊和中小城镇周围低密度发展区的问题最为严重。减少单个化粪池累积影响的策略包括：减少故障率、选择合适的位置以及安装更加有效的技术等。美国各州都对化粪池系统的选址有规定。下水道把污水从城市输送到各种污水处理设施，但有时在到达这些设施前，因暴雨、溢出和排水网络的非法连接等原因，污染物会被释放出来。在美国，仍有一些污水处理系统会把达到有害程度的污染物释放到受纳水体中。发展中国家往往没有污水排放基础设施，或者处理能力不足，跟不上大多数城市中心发展的需要。

处理生活污水的技术很发达，通常首先利用重力分离出固体，继而在厌氧沉淀池中进行化学或生物分解，然后废物在滞留池中氧化，并进行氯消毒（Pereira 1937）。通过安装升级设备，可以进一步降低污染物排放水平。升级设备可进行硝化（把氨氧化成硝酸盐）、反硝化（把硝酸盐还原成氮气）和物理 - 化学处理（去除已溶解的金属和有机物）（USEPA 1999a）。

鉴于其化学复杂性，工业废水的排放可以说是独

很多社区现在都已开始对雨水排水通道进行标示，以免公众在这些地方堆放垃圾，污染水源。
摄影：Amy Smith/NRCS

一无二的。《清洁水法》要求，工业废水在排放到公有处理厂（POTW）前必须先进行预处理，因为市政处理设施往往不能有效地去除工业部门所产生的各种污染物（USEPA 1999）。这样就把清洁的负担加在了污染物生产者的头上。大多数工业现在都已发展了废水处理技术，但由于资金限制或对污染的忽视，各行业在经营时可能并没有改善基础设施来控制污染。

针对几个主要行业的一些建议表明，要减少和减轻工业污染对淡水生态系统的影响，存在着各种可能性（World Bank Group 1998）：

（1）钢铁制造业可以回收利用废水，从而把生产1吨钢材的废水排放量从80立方米/吨降低到5立方米/吨，最好降到1立方米/吨以下。所余废水中的重金属可通过沉降过程进一步减少。首先沉淀重金属，然后再进行过滤。

（2）石油冶炼业可重复使用冷却水和废水，减少所生成的废水；回收和重复使用酚类、腐蚀剂和其他有毒溶剂；使用干清扫而不是冲洗技术。此外，还要重视排放控制，因为重要的淡水污染物均来自炼油厂的气体排放。

（3）造纸和纸浆工业可以通过降低产品的白皙度来减少废水中的污染物，因为用来漂白制品的氯化合物是淡水生态系统的主要污染物。白皙度较低的纸制品还可以利用（回收纤维）。造纸废水完全回收是可行的。可以通过干化过程来减少污染物的排放量和含量，即在回收炉中燃烧纸浆中的化学物质，使用高效的清洗和漂白设备。一个典型的废水处理系统可包括中和、筛选、沉淀、浮选（用于清除水中的固体）以及生物处理（用来减少有机物含量和消灭有毒有机物）等。其中生物处理包括活性污泥法、曝气塘和厌氧发酵。

世界银行做出了一系列报告，用来防治污染和减少特定行业的污染。这些报告可在线浏览：http://lnweb18.worldbank.org/essd/envext.nsf/51ByDocName/Pollution Preventionand Abatement Handbook Industry Sector Guidelines。每份报告都对有关行业污水中的污染物水平提出了建议，并提供了各种方法，教人们如何通过污染防治和技术处理把污染物控制在建议水平之内。

其他有关改进工业做法及其对淡水生态系统影响的有用资源还包括：

- MaESTro 环保技术数据库 http://www.unep.or.jp/ maestro2/。
- 国际环境技术中心 http://www.unep.or.jp/。
- 清洁生产网 www. cleaner production.com，是一个污染防治和清洁生产的信息交流中心。该网站可订购由伯顿·哈默（Burton Hamner）编辑的2002年版光盘《清洁生产及污染控制数字

施用在家庭草坪上的肥料和农药通过雨水径流进入地表水体。
摄影：Lynn Betts/NRCS

图书馆》。

- 世界银行集团的《污染防治和缓解手册：走向清洁生产》(1998)，为50多个行业提供了污染防治策略，有文本和可下载版本，网址：http://lnweb18.worldbank.org/ESSD/envext.nsf/51ByDocName/PollutionPreventionandAbatementHandbook。

（三）进行物理恢复

恢复湿地、河岸植被和河道的几何形状，是减轻城市发展对淡水生态系统影响的三种最常见的活动。这些活动不仅能恢复部分自然环境，而且湿地和河岸地区还可缓和因发展而造成的影响。例如，一个健康的湿地可过滤掉污染物，降低雨水注入河流的速度；一片功能正常的河岸森林可吸收营养物，分散城市洪流带来的能量；恢复河流的曲折可防止土壤侵蚀，促进下游多样生境的自然发展。恢复工作也可用来逆转或减缓湖泊的过养作用，并创建河道内因沉淀或修建河道而丧失的生境。所有这些因地制宜且技术性强的活动都可能需要科学家和工程师队伍。关于恢复水生生境问题的材料数量很多，其中一些有用的资源包括：

- *National Research Council Committee on Restoration and Aquatic Ecosystems* (National Research Council Committee on Restoration and Aquatic Ecosystems 1992)
- *Restoration and Management of Lakes and Reservoirs* (Cooke *et al.* 1993)
- *Restoring Streams in Cities: A Guide for Planners, Policymakers, and Citizens* (Riley 1998)

二、制度和法律策略

保护淡水生态系统的最有效方法之一就是对国家、各州和地方各级的立法施加影响。了解确定立法和所关注区域环境决策方面的复杂性，是关键的第一步工作。然后，了解由谁或者什么机构负责行政和管理监督，以便最有效地平衡各种问题，这一点也同样关键。下面将深入回顾美国用于减少/减轻城市化和工业化对淡水生态系统影响的现有制度和法律策略。最后，对一些重要的国际制度和法律进行了总结，以供世界各地发达国家和发展中国家使用。

（一）美国的制度和法律规定

1. 利用《清洁水法》和其他联邦法律

联邦政府对水质的监督始于1972年《联邦水污

位于缅因州巴克斯波特镇（Bucksport）的造纸厂。摄　影：Casey Theberge/NOAA

染控制法》（FWPCA）的出台。当时，环保局开始负责确定水质标准并大量资助当地基础设施改善项目，以确保水质达标。《清洁水法》于 1977 年对美国环保局的责任进行了修订，其中包括为所有点源排放颁发许可证。1987 年，国会批准了对《清洁水法》的修订，更多地关注非点源排放，制定了污水和废水处理厂建设项目，设立了州周转金，支持基础更为广泛的项目，如改进基础设施、开展最佳管理实践、购买敏感土地、恢复湿地以及清理废弃厂房等。《清洁水法》有关减少城市化和工业化威胁的条款包括：

- 第 402 条，通过“国家污染物排放清除系统”（NPDES）来解决点源污染问题，要求所有的点源排放都必须取得核准许可证。
- 第 319 条，即非点源污染计划，要求各州制订非点源污染管理计划，但却不具有管制性。一旦环保局批准，可按第 319 条规定发放补助金，以帮助执行非点源污染计划。
- 第 401 条，要求各州对向其境内水体排放废水的联邦项目进行认证，如美国陆军工程兵团的项目或环保局批准的“国家污染物排放清除系统”许可证。认证必须表明，排放不会威胁受纳水体的公开水质标准。
- 第 404 条，涉及填平水体所用的疏浚物或填充物，通常与湿地有关，但也适用于所有地表水，由环保局和美国陆军工程兵团共同管理。兵团负责许可证的发放。按照可取性逐渐降低的顺序，最好是避免进行填充，其次是尽量减少受影响的地区，最后是补偿所遭受的损失。补偿所遭受的损失也称为“无净损失”，就是我们常听说的联邦政策主张：如果有 1 英亩的湿地被破坏，就必须在其他地方建立或恢复 1 英亩的湿地。
- 第 304 条，要求环保局制定工业废水排放国家质量标准。
- 《清洁水法修正案》，特别是其中的第 303(d)项，要求通过确立日最大负荷总量来保证美国所有河流都达到最低水质标准。

《清洁水法》为美国提供了一个对政策和发展施加影响的框架，以减少城市对淡水的影响，或者使其影响最小化。根据《清洁水法》，美国已经推出了许多行动指南，用来指导或终止有害活动，实施和鼓励有益活动。本部分的结尾就列出了其中一些方法和资源的清单。

其他直接影响淡水水质的联邦法律还包括：《资源保护和回收法》（1976）、《联邦杀虫剂、杀菌剂和杀鼠剂法》（1947）、《有毒物质控制法》（1976）和《污染预防法》（1990）等。

美国环保局是一个监管机构，但美国地质调查局（USGS）却没有监管的任务，而是一个国家级的自然科研机构，可以为保护城市水质的工作人员提供有用的数据、工具和策略。其中的水资源司可提供数据和技术资料，以帮助明确问题，制定恰当的策略，保护城市地区的淡水资源。此外，还有一些水文数据、生化数据、地理信息系统的分层信息和地方出版物及案例研究等，可以协助评估和监测所关注流域。美国地质勘探局的“你们流域的科学”计划（http://www.usgs.gov/wsc ）和“国家水质评估计划”是两个特别重要的计划。“国家水质评估计划”（http://water.usgs.gov/nawqa）是一个数据收集和综合性的计划，始于1991年，旨在获取有关水文、化学、水生生态系统生境及有关全美50大集水区和含水层土地使用的长期标准数据，为决策的出台和政策的发展提供信息。

2. 让各州政府参与污染物清理

《清洁水法》规定的大部分管理和日常活动已移交给各州政府。州一级的举措是为了满足或超出联邦政府关于淡水问题的要求，保存/恢复对本州和州民有益的东西。《清洁水法修正案》第303（d）项要求各州每四年制定一份受损水体的优先排序名单，并明确具体污染物（该名单可参见www.epa.gov/owow/tmdl），然后要求各州制订清理各个受损水体的计划。这些清理计划的目标即满足或改善河流的既定日最大负荷总量。根据美国环保局的定义，日最大负荷总量是指污染物的数量（如磷、沉积物）和污染物的性质（如生物需氧量），这些污染物从点源、非点源和天然污染源被排放到有水质限制的受纳水体中。凡是污染物负荷高于日最大负荷总量，就违反了所适用的水质标准。

保护淡水免受城市污染的一个有力措施就是参与制定日最大负荷总量。 日最大负荷总量的制定是一个公开的过程，合理的倡议可以确保日最大负荷总量的标准能够保护所关注的水体。清洁水网出版了一本手册，题为《连锁反应》，为如何参与制订流域清理计划提供了详细信息。本指南可以在线阅读：www.cwn.org/docs/publications/ripple/，同时还附有一个非常实用的制定和评价日最大负荷总量的工具箱。参与制订清理计划的第一步工作就是收集信息（Frey 2001）。例如，找出是什么污染物给你最喜欢的水体带来了问题，什么时候进行清理，而且还可要求有关部门向你邮寄有关水体的一些材料。任何清理计划都需要考虑以下基本问题：

- 清理计划是否设置了每日限额？
- 清理计划是否涵盖了污染物的所有来源？
- 清理计划是否包括安全限度？
- 清理计划是否考虑了河流流量和温度等的季节性变化？
- 清理计划是否有减少污染的实施计划？
- 清理计划的实施切实可行吗？是否能达到清洁目的？
- 清理计划是否有监测计划？
- 清理计划是否提出水质改善项目的重要事件？

“全国污染物排放清除系统”管理城市地区的点源排放，主要是污水处理设施、雨水渠和工业排放。您所在地区已发放许可证的具体资料可在“环境事实”（Envirofacts数据库）查询：www.epa.org/enviro/index_java.html。明确主要污染源，掌握这些设施是否工作正常，可以帮助决定应采取的优先行动，不论这个活动是要帮助减少污染，还是要问责一贯疏忽的污染物排放者。

值得注意的是，最近直接与城市发展有关的水质问题（如污水处理、城市废水和污水处理厂的污泥处理）的财政负担有了变化，由联邦政府指定的个别州负责。建立或扩大筹资机制，如收费、环境税、债券发行和周转贷款基金等，可以为各州提供保护水质所需的资金。

另外，还有一些有价值的互联网信息，可以利用《清洁水法》减少城市化和工业化对淡水生态系统的影响，包括：

- *Saving our Watersheds: A Field Guide to Watershed Restoration Using TMDLs.* http://www.nwf.org/watersheds/fieldguide/index.html
- EPA's TMDL website. http://www.epa.gov/owow/tmdl
- American Rivers: *Using the Clean Water Act/The Clean Water Toolkit.* http://americanrivers.org/cleanwatertoolkit/default.htm
- The River Network looks at the Clean Water Act on a state-by-state basis at http://www.rivernetwork.org/cleanwater/cwa_search.asp

3. 参与制定地方规划

对土地使用和开发进行管理，是地方政府的主要职责，因此，在地方一级对规划施加影响、制定条例、推广和恢复行动都为积极主动地保护湿地免遭城市化影响提供了机会。

把精明发展或可持续发展概念（如保护区分区、绿地保护和低冲击开发等）纳入到县、市一级的发展规划中，可以减轻发展对包括淡水生态系统在内的自然生态系统的影响。环保局确立了精明发展的通性（USEPA 2002b）：

- 发展不仅要在经济上可行，还要维护开放的空间、自然资源和本地物种的生境。
- 迅速批准可同时发展经济、社会和环境的项目。
- 保持和加强现有的基础设施，在适当时候扩充设施以服务现有和新的居民。
- 有利于社区、非营利部门、公共部门和私营部门之间的合作。
- 紧凑发展要把重点放在现有或计划中的交通设施上。
- 发展仅限于有生态意义的地区。

实现精明发展目标的方法多种多样，其中一个明确的方法就是低冲击开发。

低冲击开发是一种设计策略，把宽泛的规划策略和具体的基地规划融合在一起，旨在保持发展地区流域的天然水文状况。马里兰州环境资源局一直在乔治王子县致力于完善这一方法，并在该县应用其各项原则。低冲击开发的目标很全面，涵盖了从总体规划到社区接受和参与的整个规划进程，可归纳如下（MD Department of Environmental Resources 1999）：

- 为受纳水体提供更好的环境保护技术。
- 提供经济刺激，鼓励敏感环境的发展。
- 充分开发环境敏感基地的规划和设计潜力。
- 鼓励对公众进行教育，并鼓励公众参与环境保护。
- 在环境管理的基础上帮助社区建设。
- 降低雨水基础设施的建设和维护费用。
- 引入雨水管理的新概念、新技术和管理目标，如微观管理和多功能景观特征（生物滞留区、沼泽地和保护区）；模仿或复制水文功能；维护受纳河流的生态 / 生物完整性。
- 鼓励规则制度的灵活性，使创新工程和基地规划可促进精明发展。
- 鼓励就现行的雨水管理办法进行经济、环境和技术可行性和适用性讨论，寻找替代方法。

乔治王子县环境资源署编写的《低冲击开发设计策略手册》对这一方法进行了描述，给出了具体的实施指导原则，可在线浏览，网址为：http:/www.goprincegeorgescounty.com/Government/AgencyIndex/DER/PPD/LID/LiDNatl.pdf。

个别发展也可以纳入到战略规划之中，保护性施工方法可大大降低对五大生态要素的影响，而这五大生态要素对保持水生生态系统的健康又是必不可少的。对邻近或淡水生态系统内部所进行的发展尤其如此。在这种情况下，我们要考虑的重要因素包括：最小用地面积和临街面积、构筑物后移、清理限制、木材采伐限制、侵蚀和沉积控制、污水处理以及对不符合规定用途做法的惩罚性规定等。威斯康辛州制订了一个完备的海岸分区管理计划，可以通过“威斯康星州自然资源部海岸管理计划”获取，网址为：http://www.dnr.state.wi.us/org/water/wm/dsfm/shore/title.htm。

城市规划机构中的环境保护部门越来越受欢迎。这些部门致力于减少用地面积和不透水地表的面积，增加绿地或天然植被面积。绿地可以使淡水生态系统、土地持有者和整个社区受益。如果设计合理，绿地还可以保护湿地、河岸等敏感地貌，保护野生动物生境，提供休闲场所，同时还能美化业主的居住环境。美国佐治亚州的阿森斯（Athens）修建了一条绿色通道，或称线性公园，用来连接和增加绿地的面积。绿色通道的一部分为奥科尼河（Oconee）沿岸450英亩的河漫滩和沼泽提供了保护。邻近绿色通道的房产价值比远离的相似房产要高出很多，使个人业主从中受益。进而，这些高价值房产的地税也很高，从而大大增加了税收，使整个社区从中受益（Nelson et al. 2002）。

有关土地使用规划的进一步信息，可参阅：

- The Low Impact Development Center at http://www.lowimpactdevelopment.org
- The University of Georgia's Institute of Ecology Office of Public Service and Outreach offers publications on and sample ordinances for conservation subdivisions, conservation easements, transferable development rights and greenway planning. http://

outreach.ecology.uga.edu/publications.html

- Planners Web at http://www.plannersweb.com, especially the Sprawl Guide at www.plannersweb.com/sprawl. See "solutions" page and "resources" page for technical reports, current news articles, case studies and links to other valuable resources.
- Smart Growth On-line at http://www.smartgrowth.org houses a wealth of on-line reports on smart growth as it pertains to the urban environment.

解决跨地缘政治边界问题的一个比较实用的方法就是建立一个流域机构或支持当地的管理机构。例如，通常几个县都会把废水排放到同一个湖泊或河网中，因此，若要保护该水体，所有政府就必须要进行合作，而建立和支持跨界流域联盟就是实现合作的一个好方法。流域联盟可以为流域发展和解决流域内的水质问题提供技术性建议，并协调各个政府机构，使流域保护利益最大化。

（二）国际制度和法律规定

有一些国际管制政策或规章可能有助于减少城市化对淡水生态系统的威胁。

178 个政府 1992 年在联合国环境与发展大会上（巴西里约热内卢）通过的《21 世纪议程》，是一个为实现全球、国家和地方可持续发展而制订的综合性计划。《议程》第 18 章阐明了淡水资源的全球发展和管理目标，主要包括大幅增加安全饮用水源和基本卫生设施。其中有些规定与城市环境中的淡水保护关系密切，包括：促进建设可持续发展的人类居住区、保持生物多样性及安全使用有毒化学品和对危险废物实行管理。该议程最实用的方面可能就在于各社区可以制定和执行各自的地方性《21 世纪议程》，但每项计划都应包括：整个社区要充分参与、对当前情况进行评估、设定大目标下的具体目标并建立监测和报告程序等。作为该项议程的一部分，地方当局都要制定社区性的《21 世纪议程》。更多信息请登录 http://www.un.org/esa/sustdev/tech_coop/water/water.htm。有关现有地方性《21 世纪议程》的完备信息和如何制定地方性《21 世纪议程》的具体指导，可登录全球发展研究中心的网站（http://www.gdrc.org/uem/la21/la21.html）。

在发展中国家，废水也许是对城市地区淡水生态系统造成最大威胁也是唯一威胁的一个因素。我们必须对来自市政、商业或工业的废水进行审慎管理，这样才能确保对淡水资源的保护。在发展中国家，废水管理计划可能尚不存在，也可能已经制订但尚未施行。世界银行建议制定流域规模或国家规模的废水管理方案，涉及如下几个方面的内容（World Bank Group 1998）：

- 建立领导组织，把股份持有人包括在内；
- 确立广泛目标；
- 确定可衡量的具体目标；
- 制定并评估所有的可能策略；
- 选择最佳策略，然后进行实施和监测。

液压疏浚机喷洒出一层薄薄的疏浚物，以恢复马里兰州黑水野生动物保护区的湿地。《清洁水法》第 401 条要求各州对把废水排放到其水体的联邦项目进行认证。
图片提供：U.S. Army Corps of Engineers

专栏 4-18 佐治亚州的埃托瓦河流域

埃托瓦河（Etowah）是库萨河系（Coosa）的一个重要支流，亚特兰大大都市向河中排放废水。从亚特兰大市中心向外，埃托瓦河流域内的 6 个县迅速发展，赢得了全美发展最快县的美名（U.S. Bureau of the Census 2001），但这里发展的压力也是巨大的。

佐治亚州的埃托瓦河。摄影：Candace Stoughton/TNC

埃托瓦河是 91 个本地鱼种的栖息地，其中 14 个已灭绝，3 个是联邦保护鱼类，2 个是地方特有种，还有 5 个是州级保护鱼种（Burkhead et al. 1997）。如此丰富的生物多样性一直承受着长期的农业发展、阿来图纳湖（Allatoona）水库和城市化进程所带来的各种压力。在埃托瓦河排水网络中，许多支流流域已不再符合指定的用途，泥沙和营养丰富的城市径流也已对阿来图纳湖构成威胁。问题是阿来图纳湖是否还能继续作为饮用水水源和休闲场所，其中后者是一个每年可以带来 9000 万美元收益的产业。埃托瓦河中下游的许多支流排水网络也面临着同样的威胁，早已不再支持其指定用途了。公民、当地政府官员和科学家对这些问题的日益关注为组织建立伙伴关系、致力于保护埃托瓦河流域提供了动力。

1996 年，埃托瓦河上游联盟（UERA）成立，其代表来自埃托瓦河流域阿来图纳湖上游的五个县。联盟的使命是"为保持自然风光和埃托瓦河上游流域的水质提供区域性领导和教育，以满足业主、经济和环境繁荣的需要"。为最好地完成这一使命，联盟在整个流域召开会议，征求公众意见，确定流域保护的优先次序和策略。随后，联盟申请并获得了《清洁水法》第 319 条所规定的资助，在整个流域建立了 20 个非点源污染的最佳管理实践和示范点，其中包括河岸恢复、改造不合格的化粪池、种植干热型本土植物以及铺设多孔路面等。

因为联盟需要技术、科学和实用信息来实施、监测和评价这些最佳管理实践的有效性，联盟和佐治亚大学之间就形成了一个功能强大且互惠互利的独特伙伴关系。佐治亚大学开设了一门课程，生态、环境工程、林业、环境设计及法律等许多学科的学生都可以来学习。每个学期，学生都结成小组，并选择一个项目，以此来满足联盟的信息需求。这样，项目产品就可给埃托瓦河上游联盟和上游流域的人们提供有关筹款、恢复、条例制定等各种信息。而且许多项目已经用于保护活动的实施，其中包括：采用一项保护细分条例；制定州级法律允许转让发展权；建立区域性绿地计划。

城市的扩张侵占了阿来图纳湖。摄影：Candace Stoughton/TNC。航拍飞机由南翼（South Wings）提供

欲了解更多信息，请访问佐治亚大学生态研究所办公室的公共服务和推广网（网址：http://outreach.ecology.uga.edu/etowah.html）。佐治亚大学埃托瓦实习课程可浏览 http://outreach/ecology.uga.edu/etowah/main/html。尽管该项目是为了满足埃托瓦河流域的具体需要，适合那里的具体条件，但其中大部分信息都具有广泛的适用性。有关 HCP 的信息，可登录 www.etowahhcp.org；有关埃托瓦河上游联盟的具体信息，请浏览 http://www.etowahriver.org。

以下这些组织可为发展中国家城市地区的淡水保护工作提供出版物和其他支持：

- 全球发展研究中心，www.grdc.org；
- 世界自然基金会，www.panda.org；
- 世界银行，www.worldbank.org；
- 联合国发展计划署，www.undp.org；
- 联合国教科文组织，www.unesco.org。

三、社区策略

社区成员团结一致共同保护水资源是所有污染控制策略的必要组成部分。污染要在源头终止，如果个人和企业都认识到了这一点，那就没有必要在污染物释放到流域中之后再采取复杂的清理行动了。来自社区的共同声音还会影响地方、各州和联邦政策的制定，而这些政策对保护淡水资源来说至关重要。

教育和推广活动可以让社区成员意识到他们的个人行动和决定会给其居住环境带来影响。这样的活动应该帮助社区成员了解自己和当地流域之间的联系及如何更好地在那里生活（Schueler 2000）。有关草坪养护和市政垃圾处理等话题的新闻和广播广告（如 http://comnet.org/local/orgs/hrwc/ie/ietk.htm）、让市民了解天然和人为环境之间相互联系的流域标签以及标识流域边界的公路牌等，都可以让人们意识到自己在环境中所处的位置，增强他们的归属感。还有一种方法就是在雨水排水口写上诸如这样的文字："请勿倾倒垃圾，该下水管道通往哈德孙河"。此外，还可举办讨论会，参加地方博览会，给学校开设课程，对社区的各个部门进行教育。鼓励志愿者参加河流或湖泊的清理或水质监测活动，这样做不仅可以帮助完成保护工作，还可以对社区成员进行环保教育。

一个接受过教育的社区可以变成一个活跃的社区。感兴趣的人可以成立一个宣传组，或为已经建立的团体打开新的篇章。当地居民小组可以进行水质监测，参加集体活动，在制定相关决策时代表公众利益，还可负责监督，并可能领导进一步的教育运动。在美国，这些团体可从政府部门（如环保局的"319 清洁水行动"补助）或私人处获得资助，河流网络的网站上（http://www.rivernetwork.org/library/libfundir.cfm）列出了许多资助来源的名单。另外，维持基金通常来自会员费和捐助。通常，市民团体还非常依赖志愿者和合作关系。当地的印刷公司可捐助文件复印件和信封，与大学的合作关系则可提供专业支持和 / 或测量水质和土壤的实验室服务等。

志愿者帮助清理佐治亚州的康纳索加河（Conasauga River）。
摄影：George Ivey/TNC

哥斯达黎加的本地木材。
摄影：Jeffrey Brown

第三节　林 业

引 言

全球范围内共约有39亿公顷的森林，其中95%为天然林，5%为人工林（FAO 2000），而且很多森林都位于热带纬度地区（47%）。全球林地当中，有51%位于主要交通基础设施10千米以内，因此很容易被砍伐。除木制品和纸制品外，森林还为人类提供了狩猎和休闲场所，同时还有广泛的生态系统服务功能，包括吸收碳、为野生动物提供生境以及保护流域等。

今天，很多热带地区的木材砍伐率相当高，且大多不可恢复，从每公顷1立方米（玻利维亚和赞比亚）到每公顷34立方米（巴西）不等。1996年，仅美国一个发达国家就砍伐了4.75亿立方米的木材，其中3.5亿立方米来自私人土地。在美国，大部分私人土地上的伐木活动都发生在东北部，而公有土地上的伐木活动则发生在西部（自20世纪80年代以来，公有土地的伐木率呈下降趋势）。木材砍伐方法有选择性砍伐（约占62%）和皆伐（约占总量的38%）两种（USDA Forest Service 2000）。从全球来讲，大多数伐木活动都发生在现有的天然林区或者主要由本地树种长成而非人工栽种的林区（FAO 1998）。人工育林或树木耕作［即栽种非本地树种的森林，偶尔也会选用本地树种，但通常会选择同龄树种，并使树木之间保持一定间距（FAO 1998）］越来越普遍，特别是在中国、印度、俄罗斯和美国（FAO 2000）。最常见的人工林树种有松属（*Pinus*）、桉属（*Eucalyptus*）和金合欢属（*Acacia*）。人工育林尽管只占可砍伐林地面积的5%，其原木供应量却能占到全球总量的约35%。

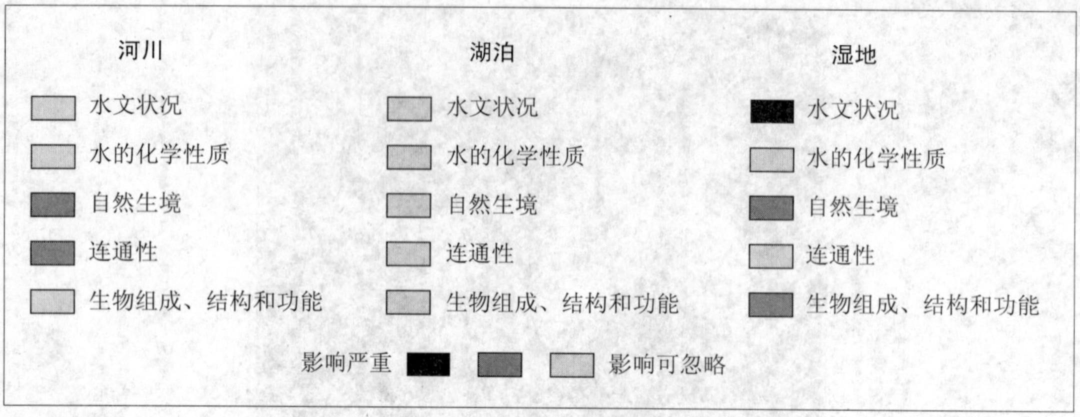

图 4-21 森林对淡水生态系统影响一览

林业对淡水生态系统的影响

林业对淡水生态系统的影响表现为侵蚀、泥沙沉积、肥料和农药进入淡水生态系统、改变进入这些生态系统的径流或补水。林业还会直接危害水生生境，体现在减少木质残体、升高水温和淤塞基质等方面。然而，危害的程度可受很多因素的影响，如砍伐率和砍伐方法、林分改造、植被管理以及在流域内选择从事上述活动的地点等（FAO 2000）。林业还经常要求修建和养护公路以及其他基础设施，如跨河桥、集材道和木材装车厂等。这些基础设施的修建通常也会对淡水生态系统构成最大威胁（Megahan 1980; Clapham et al. 1998）。

一、水文状况

原木生产通过降低砍伐区的蒸散量和渗透率来改变淡水生态系统的水文状况，这些影响在湿地地区尤为严重。公路和小径会进一步改变水文状况，原因在于土壤被压实，形成侵蚀冲沟，使地表水流增大，渗透量和潜流量减少，导致雨水以更快的速度进入淡水生态系统。即便人们很注意道路的养护，以减少林业对淡水生态系统的影响，一旦伐木工作完成，道路还是会失去养护，而且很可能多年后才会被人发现（Tetra Tech Inc. 2001）。清除残余物和林下植被，会使地表暴露出来，同样会增加地表水流和侵蚀作用。

这些因素合在一起，共同改变了河流的水流和洪流特点。例如，一小块流域皆伐后河流流量会比皆伐前增加 28%，进入河流的雨水量也会变大（峰值水量增加，洪流消退时间缩短）（Swank et al. 2001）。伐木道路引起的渗透率下降和土壤暴露也会减少地下水补水量。采伐面积、采伐树种和采伐地点可以决定水文改变的严重程度。例如，美国东北部地区在流域内发生疏伐和皆伐后曾出现河水流量、直接径流和地下水补水量的增加。但如果伐木活动发生在高地，而且采伐的只是松树的话，水文的改变只会持续一年时间；可如果采伐的是河岸地带，且采伐的是硬木，并伴有林下植被的破坏，那么水文的改变就会在采伐活动结束后持续长达 6 年的时间（Bent 2001）。

二、自然生境条件

林业影响淡水生境条件的主要途径有侵蚀、泥沙沉积、树枝和塌树等地面碎片的减少。林业活动需要对美国河流约 6% 的泥沙污染负责（Firehock 1991）。侵蚀来源包括道路、木材滑道和密集的基地筹备等。常见的侵蚀作用有平面侵蚀及切沟侵蚀，在地势陡峭的地区还可能对道路和斜坡造成大规模破坏。伐木活动可以使侵蚀速度从每年每英亩不足 0.1 吨增加到约 0.25 吨（如进行道路建设时）（Stednick 2000）。移动的土壤能否进入水体取决于受干扰区域的范围及其与受纳水体的距离。

尽管林业活动引发的侵蚀持续时间相对较短，但其导致的淡水生态系统泥沙沉积持续的时间却比较长。一项对北卡罗来纳州阿巴拉契亚南部山脉泥沙生产和排放进行的长期研究发现，在林业活动终

横跨干涸河床的伐木道路。在雨季，类似受损的支流会把砾石、淤泥和碎片冲入加拿大不列颠哥伦比亚省温哥华岛的瓦尔布兰溪（Walbran Creek）。
摄影：Richard Boyce

止 15 年后，采伐区下游测量地的泥沙量仍然比采伐前要高出近 50%（Swank et al. 2001）。如果管理不得当，当地的泥沙沉积可能会非常严重。20 世纪 40 ～ 60 年代，爱达荷州萨蒙河的南叉支流（South Fork Salmon）曾遭受严重采伐，每年的泥沙流入量从 23 200 吨增加到 73 000 吨。多余的泥土掩埋了整个流域的河床，导致河道泥沙沉积、基质多样性丧失和池塘生境被掩埋，最终导致鲑鱼繁殖率降至历史最低点（Megahan et al. 1992）。

河岸森林对维护淡水生态系统的完整性起到了独特的作用。在开放式林业中，河岸森林可能被完全伐光，或者被选择性采伐而发生功能上的改变。人工林经营者可能会把水体周边的天然植被清理掉，代之以有经济价值的同龄单一树种。单一树种的发展和最终的采伐会影响河岸的功能。河岸森林的破坏会使高地侵蚀和水体之间失去缓冲，从而使泥沙直接进入受纳水体。河岸植被的清除还带走了淡水生态系统十分宝贵的木质残体（这些残体本可以为无脊椎动物和鱼类提供栖息地和庇护所）（Gregory et al. 1991），影响河道的形态以及水文、泥沙的状况（Gurnell 1995），同时还会影响水温的浮动，而所有这些方面都是本地物种对生境不可或缺的要求（Agee 1988）。

三、水的化学性质

林业活动带来的污染物（如肥料、农药、杀虫剂和木材防腐剂等）和因森林干扰而释放的营养物会影响附近淡水生态系统的水质。尽管林业比农业和城市用地带来的污染物少，还是会把氮、钾、钙、镁和磷等物质释放到淡水生态系统中（Stednick 2000）。进入受纳水体污染物的量取决于干扰的严重程度、与受纳水体的距离、是否有河岸带及河岸带的状况、当地的具体物理条件等因素。

林业施肥也会给淡水生态系统带来大量的污染物。飞机喷洒的农药如果施用过度，或者在营养物吸收率低的时候喷洒，都可能污染地表水。关于林业施肥导致的营养物危害，不同的研究报告也有很大的出入。对磷矿粉肥应用于英国山地森林的研究发现，静水中磷的含量水平高这一现象可持续长达 5 年的时间，同时伴有水藻生长的增加，但这种影响还没有到改变营养状态的严重程度（Swift 1990）。在美国，有发现证明施肥后氮的含量有小幅或中幅增加，要恢复到采伐前的含量，需要 6 ～ 8 周的时间（Stednick 2000）。

农药也用于林业（例如防止损害树木、为防止幼苗扎根而抑制林下植物生长、防止虫害对伐木的影响等），但还不是很普遍［森林用地占美国陆地面积的 16%，但只有 1% 的农药施用在林业用地上（Pimentel and Levitan 1986）］。其中，林业农药施用活动的绝大部分都发生在人工森林，而且呈上升趋势（Dubois et al. 1999）。林业施药主要采取面喷施的方式。实地研究表明，除草剂在河水中的残留水平不高，持续时间

直升机在向皆伐迹地喷洒杀虫剂。
摄影：Robyn Hertz/BLM。

也不长，除非是直接施用到上游小型河流里（Neary and Michael 1996）。

四、连通性

林业可影响淡水生态系统内部的连通性。树木砍伐和人工育林中快速生长的单一树种可以改变水位、水分蒸散的速度以及土壤的湿度。采伐期间的土壤压实会降低土壤渗透率、增加径流速度，进而改变淡水生态系统的垂直连通性（Ferguson 1996）。径流加大会生成洪流，并很快达到峰值，也会增加洪水发生的频率。另外，林业活动会增加水流中的泥沙含量，导致河道变深，最终降低洪流的发生率（Dunne 1978）。两者都会改变河流与河漫滩间的横向联系。林业用地上常见的道路交叉又会导致其纵向联系的切断，这是因为水坝、桥梁和涵洞常会阻碍鱼类的游动和木质残体的流动（Roni 2002）。

五、生物组成及相互作用

林业活动会导致淡水生态系统生境质量的下降，虽然可能只是短时间的下降（Naiman et al. 1998）。即便是最友好的采伐方式也会影响淡水生态系统的功能，改变水生生物群落的营养结构，使其从异养转变为自养（Garman and Moring 1991; France et al. 1996）。例如，河流排入新近被皆伐的天然森林，可导致其垂直结构的变化（Trayler and Davis 1998），同时也可改变物种丰度、生物量及底栖无脊椎动物功能群体的组成变化（Stone and Wallace 1998）。

林业活动的影响在人工育林中最为显著。成熟的人工森林从生态上与天然森林不同，而这些不同会导致森林内部或邻近水生系统的生物发生变化，即便没有进行采伐活动也是如此。人工森林采伐后和重新造林期间，水生系统暴露在变化的条件之下，生物群落结构可能会受到影响。人工森林还会降低淡水生态系统废弃物输入的多样性，从而使真菌（Laitung et al. 2002）和无脊椎动物（Ormerod et al. 1993）的丰度和种类双双下降。

许多伐木活动会导致侵蚀速度加快，由此产生的泥沙可能会阻塞和掩埋基质，导致无脊椎水生生物种类和丰度的显著下降（Trayler 1998）。此外，泥沙还可掩埋鱼卵，增加幼鱼和成年鱼的死亡率（Henley 2000），以及蝾螈种群数量的下降（Conner 1988）。

减轻／减少林业对淡水生态系统影响的策略

有一系列的技术策略或最佳管理实践（BMPs）可以用来减少林业对淡水生态系统的影响。在原油冶

在加拿大不列颠哥伦比亚省温哥华岛的一个陡峭斜坡上，木材堆垛机正在采伐树木，山脊线上只留下为数不多的几棵树。
摄影：Richard Boyce

炼地区，法律和制度策略更为适用，因为在这些地区，林业是用来保护敏感生境和重要生态过程的。

一、技术策略

破坏性的林业活动，如皆伐和道路建设，会给淡水生态系统带来大量的径流、泥沙和污染物。这些活动的影响通过实施最佳管理实践可以得到改变或缓解。最佳管理实践可归为以下三类：改进采伐方法、改善河岸管理以及减少道路修建和养护的影响。为取得最佳效果，从业人员、组织机构以及其他利益相关者应共同协作，确立最佳管理实践，并以适当的规模实行最佳管理实践（如在具体地点和整个流域同时进行）(Bisson et al. 1992)。

（一）改进伐木方式

皆伐和选择性采伐这两种伐木方式各有优缺点。对任何伐木方式的管理都会最终决定其对附近淡水生态系统的影响。为有效减少对环境的影响，两种方式都要求采用最佳管理实践。

树木采伐之后，放倒的树木必须要运出森林以进行进一步的加工。运输木材有两种技术可用：滑道集材和动力集材。滑道集材指的是把木料在地面上拖动运到装载地，既可以用器械也可以用动物来完成，但必须有滑道。这种方式可导致土壤压实，且容易侵蚀土壤。装载地是指对木料进行处理并装上卡车运往工厂的地方。动力集材指的是通过缆索、直升机、气球、起重机等把木料吊离地面并运往装载地。动力集材对淡水的威胁较小，但往往成本要高一些，还有可能损伤名贵木材（Smith et al. 1997）。装载地和滑道都会导致土壤被严重压实。可减少这些影响的最佳管理实践包括：采伐结束后恢复滑道的植被（Virginia Department of Forestry 2001），选择和使用采伐设备以最大限度地降低对当地水体的影响（Smith et al. 1997），把装载地建在坡度最小（如 2% ～ 5%）和有合适排水设施并且排水效果良好的地方。

此外，还需采取合理措施，减少采伐设备维护和物质存放所造成的淡水污染（Virginia Department of Forestry 2001）。伐木活动应安排在尽量避免威胁河川、湖泊和湿地的时间和地点进行（如避免在河流附近和湿地地区伐木、在主要雨季到来前尽量减少伐木活动等）。

伐木活动结束之后，应实施最佳管理实践，促进植被再生，并维持森林中原生植物的高比例和动物种类的多样性。采伐活动结束后，要迅速植树，保持防风林和种子源，这些行动对快速稳定森林对淡水生态系统的保护功能非常重要。

环保局“国家森林非点源污染控制管理办法”中所提出的改进伐木方法的最佳管理实践（Tetra Tech Inc. 2001）包括：

- 根据从现场勘察获得的信息，对伐木计划进行改动，凡是可以保护土壤免受侵蚀、减少地表水泥沙沉积或其他形式污染的必要或谨慎做法，都要予以考虑。

俄勒冈州的一块皆伐迹地。
摄影：Steve Hillebrand/USFWS

- 只要有可能，伐树活动就要远离河道，不要让碎片进入河道，除非鱼类或野生动物生境专门需要这些碎片。
- 砍伐时无意倒在水道中的树木必须立即清除。
- 从水体中清除残留枝丫，并将其放置到超过正常高水位线或洪水线的位置，以防被输送到下游河段。
- 给采伐地留出足够的残留枝丫，并将其铺开，以提供良好的地面覆盖，减少伐木后的水土流失。

（二）改善河岸管理

对河岸地区（经常被称做河岸管理带或河边管理区）进行适当管理，也能减少伐木活动的影响。河岸地区具有减少林业活动对淡水生态系统影响的功能，对河岸本身进行必要管理就是实现这种功能的核心。在伐木活动开始前就应制订管理计划，对伐木量和伐木类型、伐木时间和重新造林等都要做出说明。计划中还需说明如何保持异龄林树种以及良好的土质，以确保土壤的渗透、脱氮和锁水能力。从根本上讲，为进行更深入的保护，这些计划应把河岸区内的各种资源价值（经济、社会、文化和环境）都纳入考虑。

为实现不同的管理目标，我们可以改变一些因素，其中包括河岸带的宽度和该地区的采伐限制类型。大多数专家都建议河岸带的宽度至少为 50 ～ 100 英尺（Phillips et al. 2000）。确定河岸地区适宜宽度的方法有两个：①由坡度和水体决定的固定或标准宽度；②由具体地点的具体条件决定的可变宽度，其中要考虑的因素包括植被特点、地形条件、现有的动植物物种以及土地对干扰的敏感度等（Phillips et al. 2000）。

环保局“国家森林非点源污染控制管理办法”所提出的改善河岸管理的最佳管理实践（Tetra Tech Inc. 2001）包括：

- 尽量减少暴露河岸管理区的森林土壤，不要在河边管理区进行滑道操作或使用其他重型机械。
- 把装载地、移动锯木厂和公路设在河岸管理区之外。
- 在河岸管理区内限制机械整地，鼓励种植自然植被、播撒树种和进行人工栽植。
- 在河岸管理区内限制农药和化肥的施用，为所有流动河流建立农药施用缓冲区。
- 定向伐木，使木材远离河流，防止残留枝丫和有机废弃物进入水体。清除残留枝丫和碎片，除非与渔业生物学家协商后认为应该把大型木质残体留在河流中。
- 为维护河边管理区的完整性，实施采伐限制。

（三）减少道路修建和养护的影响

减少道路修建和养护影响的最佳管理实践致力于通过改变道路的地点、密度、设计、排水、施工和养护来减少泥沙的携带量。有关森林道路的最佳管理实践有很多，且技术含量通常都很高。为简单明了起见，本部分将从三个方面来讨论森林道路的最佳管理实践，即道路修建、道路养护和跨河设施。

1．道路修建

道路的设计和修建因地而异，取决于土壤条件、地形状况和伐木方式。侵蚀主要发生在道路修建过程中和道路刚刚修建完成之后，因此在这些时候必须实施最佳管理实践，以保护淡水资源免受林业活动的影响。道路最好建在天然地势较低的地方，并且符合自然地貌条件（Montana DNRC 2002）。道路设计要有效地把水清离道路，但又不能增加泥沙含量（Grace 2002）。而且道路的长度、宽度和填充材料要就低不就高。另外，加固道路边坡也可大大减少侵蚀（Swift Jr. 1984, Grace 2000）。

环保局“国家森林非点源污染控制管理办法”中所提出的缓解道路修建影响的最佳管理实践（Tetra Tech Inc. 2001）包括：

- 按照采伐前的规划设计施工，选择适当的施工时间，限制地面干扰行动，尽量减少侵蚀。
- 在道路建设过程中，操作设备时尽量减少挖掘出来的材料意外顺山坡滑下。
- 妥善处置公路建设过程中所产生的有机废弃物。
- 防止残留枝丫进入溪流，要及时清理意外进入溪流的残留枝丫，以防残留枝丫积累带来问题。
- 在水分含量适中的时候压实路基；进行表面修整和坡度处理，使路面设计利于排水。
- 当土壤含水量高时，立即停止土方作业，并对部分已完成作业的地方进行防水处理。
- 如果需要使用土坑或砂石坑，把采石场、砂石坑和土坑建在河岸管理区之外，而且还要高于任何 50 年一遇的洪水水位，避免挖掘低于该水位的地方。

环保局“国家森林非点源污染控制管理办法”所提出的缓解道路表面排水影响的最佳管理实践（Tetra Tech Inc. 2001）包括：

- 按一定间距安装地面排水控制设施，在流量和流速达到侵蚀道路表面水平前排掉雨水；把雨水排放到森林地面上，使雨水可以分散和渗透。
- 安装道岔、翼渠和斜坡，以分散径流和减少直接进入水道的路面排水量。
- 安装适当的泥沙控制装置，锁住径流中的悬浮泥沙，防止其排放到水环境中。

环保局“国家森林非点源污染控制管理办法”中所提出的加固道路边坡的最佳管理实践（Tetra Tech Inc. 2001）包括：

- 实地考察拟建道路的陡峭斜坡或切入山坡，以确定这些地点是否是修建道路的最佳地点。
- 利用稻草包、秸秆覆盖、撒草种、液压覆盖以及其他防治侵蚀和恢复植被的方法，加固边坡。
- 尽量减少水土流失，确保道路稳固。
- 稳定并恢复受干扰地区的植被。

2．道路养护

合理的道路管理和养护可以减少土壤侵蚀和径流

蒙大拿州库特奈国家森林（Kootenai National Forest）阔茨溪（Quartz Creek）流域跨河设施的恢复（左图为恢复前，右图为恢复后）。图片提供：USDA Forest Service

中的污染物。淡水生态系统可从以下各种活动中受益：定期检查道路的完整性；对最佳管理实践的实施进行评估和维护；对道路使用、使用时间及道路上所生成的灰尘等进行管理（Palone and Todd 1997）。在伐木活动结束后，如果不再需要，应马上关闭这些道路，但应保持正常的排水功能，直到道路重新长出植被，或是等到下一个采伐季节的来临。

环保局“国家森林非点源污染控制管理办法”中所提出的道路养护的最佳管理实践（Tetra Tech Inc. 2001）包括：

- 平整和改造道路时要保护现有表面材料；保留已有路拱的自动排水原有截面；避免使用护堤或拆除已有护堤（那些专门作为边坡防护的除外）和其他阻碍正常地表径流的不正常构筑物。
- 必要时，通过修剪草地、修补或重铺的方式来养护路面。
- 必要时，清除道路河道进出口、集水区、涵洞和道路交叉设施中的障碍。
- 在冰雪解冻之前清除所有碎片，这些碎片是从位于地表水上游的冬季道路或集材滑道进地表水的。
- 在陡峭易受侵蚀的集材滑道上设置防侵蚀障碍物。
- 缓解夏季干旱期的灰尘问题。

针对湿润气候条件、冬季天气、道路封闭和停止使用等情形，也都制定了相应的最佳管理实践。

3. 跨河设施

很多适用于跨河设施的最佳管理实践同样适用于湿地。首先，尽量减少跨河设施的数目，这是最重要的一点。跨河设施确实有必要时，应将管理重点放在选址和设计上，因为这些路段通常会对水质构成最大的潜在威胁（Grace 2002）。

环保局“国家森林非点源污染控制管理办法”中所提出的跨河设施养护的最佳管理实践（Tetra Tech Inc. 2001）包括：

- 基于实地调查得到的信息，对伐木计划进行修改，凡是有利于保护地表水免受泥沙和其他污染物污染及可确保鱼类通行的必要或审慎做法，都要予以考虑。
- 建造跨河设施时，尽量减少水土流失和泥沙沉积。避免让器械进入水中；避免在雨中、丰水期或洄游鱼类产卵期施工；尽量选取合适的角度并在水流较窄的地方修建设施；保持整个设施的坡度。
- 建造适合环境和符合条件的跨河设施，种类包括桥梁、浅滩和涵洞等，这些设施都有各自适合的不同条件。
- 如果临时性跨河设施不再需要，或者一旦伐木活动结束，应马上清除涵洞和原木跨河设施以维持足够的水流；清除临时跨河设施的填充材料，使河道恢复到项目实施前的大小。
- 伐木活动期间及结束后，确保所有涵洞畅通并且功能正常。

改善跨河设施中鱼类通道的最佳管理实践包括：

- 如果河流上有鱼类产卵区，则避免在卵孵化期施工。
- 设计和修建跨河设施时，需根据当地有关河流特点和鱼类数量的具体信息来考虑鱼类通道的设置。下面就按照从优到劣的顺序来推荐一些类型的鱼类通道：桥梁、无底或原木涵洞、嵌入式金属涵洞、非嵌入式涵洞以及有障碍板的涵洞。

为保护河川、湿地和湖泊，其他林业活动也需要认真设计并实行最佳管理实践。在决定如何管理林地来保护淡水生态系统时，需考虑场地准备、森林再造、火灾管理和疾病控制等事项。要获取与水质保护有关的各州林业最佳管理实践的明确信息，请登录 www.usabmp.net 浏览《水质及伐木者的最佳管理实践》。

二、制度和法律策略

制度和法律策略通常是对土地使用施加影响最为有效的方式，无论是改进林业活动，还是减少林业活动对淡水生态系统的影响，都是如此。以下将分别讨论美国和国际上的制度以及法律策略。

（一）美国的制度和法律规定

1. 利用联邦林业局和环境保护立法

美国有两个联邦法案管理林业经营和林业活动，保护淡水生态系统，分别是《清洁水法》和《沿海地区管理法》。但这两个法案都不是明确针对林业的；相反，两者都是限制污染活动、鼓励减轻和减少污染的法律。《清洁水法》第208条要求制订州级防治水污染管理计划；第319条对有关非点源污染的规定适用于林业；第404条限制疏浚和填平水体，但林业活动通常不受其限制。1990年的《沿海地区管理法重新授权修正案》（CZARA）要求采取管理措施，阻止非点源污染进入沿海水域。《修正案》要求沿海各州（包括大湖区）向环保局和国家海洋和大气管理局提交沿海非点源污染控制计划，最后由环保局制定适用于林业的管理措施文件。该法案明确指出公众有必要参与州计划设计的方方面面。

《清洁水法》和《沿海地区管理法重新授权修正案》中都提出了一些资助计划，以减轻林业活动对淡水生态系统的影响。有关资助来源的信息可参阅：

- A state and local government guide to environmental program funding alternatives, available at www.epa.gov/owow/nps/MMGI/funding.html
- A catalog of federal funding sources for watershed protection, available at www.epa.gov/owow/watershed/wacademy/fund.html
- Clean water state revolving loan web site at www.epa.gov/OWM/finan.html

《国家森林管理法》（NFMA）和《国家环境政策法》（NEPA）对林业也有重大影响。1976年，《国家森林管理法》确认了保护和改善国家林地水源的必要性，并制订了"土地和资源管理计划"（LRMPs），以保护和改善国家林地水源。该计划明确了水源，并提出为保护这些水源而需采取的必要管理行动。此计划需定期进行调整，并要接受公众的检查和评议。《国家森林管理法》通过各种规定对多种情况下的伐木活动进行了规范，保护了淡水生态系统。例如，在乔治华盛顿国家森林中，牛疖蝾螈的保护就是通过修改"土地和资源管理计划"并禁止在其主要栖息地伐木得以实现的（Zaber 1998）。有关《国家森林管理法》如何保护物种的详情，可登录www.defenders.org/pubs/sfor01.htm，查阅《南方的教训：利用〈国家森林管理法〉——野生动物的保护者——来拯救物种》（Zaber 1998）。《国家环境政策法》要求所有联邦机构（包括美国农业部森林服务处）提交"环境影响报告"（EISs），以影响公有土地的活动，而且农业部必须对这些报告书进行审核。所有报告书都要接受公众的检查，并在www.epa.gov/compliance/nepa/current/index.html上公示。

2. 让各州政府和当地政府参与改进林业活动

环保局负责监管各州的林业管理工作。各州都制定了自己的管理方法，并将充分保护淡水生态系统的活动纳入其中。很多州都有州立林业活动法或非点源污染管理计划，为具体的林业活动提供了自然资源保护的框架。通常这些活动都在很大程度上取决于最佳管理实践。负责监管林业活动的州级机构可以制定指导原则，并交给公众审核。另外，州级机构还可选择让利益相关者参与制定指导原则，然后再将指导原则公示。尽管第二种做法比较复杂，需要投入较长的时间，但由于指导原则已经融入了利益相关者自己的观点，所以实行起来速度会比较快，而且遭受的阻力也会比较小（Phillips et al. 2000）。指导原则可能是自发性的，也可能是规定性的，也可能二者兼而有之。大部分指导原则都要求实施具体的管理行为。北卡罗来纳州的指导原则更具灵活性。该州制定了森林用地标准，但如何达到标准取决于土地持有者或伐木工自身。另外，北卡罗来纳州还加强了州级泥沙沉积污染立法（Chapter 179, Senate bill 379），而在此之前，林业活动都不受该项法律的限制。随后北卡罗来纳州对该法律内容进行了修改，规定只有采用最佳管理实践的地点和达到水质保护要求的区域才可获得法律豁免（North Carolina Division of Forest Resource 1989）。

有些州要求伐木活动开始之前提交计划，而有的州还没有这样的要求。我们应该努力推进立法，强制规定必须对这些计划进行准备和核准。这些计划通常由土地管理者自己制订，应该因地制宜。计划中应明确伐木区域和需要特别保护的区域（如湿地和陡峭的斜坡）。计划还应包括以下信息：伐木的时间、安排、设计、道路和其他基础设施（集材道、装载厂、跨河设施等）的修建和养护、采伐地的准备、伐木实践及重新造林。这些森林管理计划要接受公众的审核，而且还要立法，要求必须召开公众会议，为负责淡水生态系统保护的管理人提供一个论坛。

所有管理性议程都必须要认识并考虑到森林持有者的类型是多种多样的，既有非产业私有者、产业私有者，也有公共持有者。其中，非产业持有者拥有大部分林地（Smith 1994）。这些持有者的价值观和考虑重点差异较大。其中一些人居住在林地上，只偶尔伐木创收；另一些人则从事类似产业的活动，伐木是其主要收入来源。林地持有者既可能有很强的环保意识，也可能根本没有环保意识。私有财产权对他们来说一般是最重要的，如要侵犯这些权利需十分当心。产业私有者（如惠好公司和乔治亚-太平洋公司）拥有林地是出于商业目的，它们管理这些土地也是为了得到持续的经济回报。然而，可持续发展林业概念的出现和越来越多的宣传也使林地持有者树立了一些新的价值观，其中包括保护环境和确保林地未来的可持续发展（Palone and Todd 1997）。产业林地私有者一般持有大片土地，并在上面从事比较密集的植树造林活动（Smith 1994），他们常常使用游说手段来影响公共政策。公共林地持有者（林业机构）所面临的挑战就是对林地进行管理，使其用于多种用途。在共有土地上进行的伐木活动要接受公众的监督。而且共有林地上的木材生产在管理议程上通常排序也比较靠后；但如果把木材生产作为一项主要的管理目标，那么育林活动就会比较密集（Smith 1994）。

在任何促使人们采取无污染管理行为的运动中，信息和教育计划都至关重要。该计划可以包括召开研讨会、对伐木工和林地持有者进行培训、实行报告制度、进行实地参观以及编写信息手册等。这些计划可以由州级林业机构、自然资源机构、大学推广服务中心乃至当地政府来执行。有关州级森林法的更多详情，请登录野生生物保护者网站 www.defenders.org/states/publications/stforestrylaws.html 查询。要获取与联邦和州级林业机构及大学院、系、推广办公室的链接请登录 www.epa.gov/agriculture/forestry.html。

（二）国际制度和法律规定

可以用来解决森林资源问题的还有几个国际性的协议；这些协议全都把水资源保护作为全球森林资源管理活动所必需的一部分。1992 年联合国环境和发展大会上生成了两个重要文件。第一个文件是一套题为《关于所有类型森林的管理、养护和可持续开发的无法律约束力的全球协商一致意见的原则声明》的指导原则。如题目所示，这些原则属自发型，缺少强制执行的力度，但为各国就实现可持续森林管理达成共识迈出了一大步。这一指导原则鼓励增进国际间的合作、支持、技术转让和无歧视贸易，降低关税以便更好地进入市场并保证比较好的价格，而且这一原则还可帮助贫困国家保护森林资源（Fletcher 1995）。大会生成的第二个文件就是《21世纪议程》。该议程是一种可持续发展的行动方案，在城市化部分已有介绍。该议程第 11 章讨论的就是全球森林问题。同样，该议程提出了各国在未来世纪为实现森林可持续发展应采取的自觉行动。这些行动分属四个计划领域：①维持森林的多角色和多功能；②保护和实现森林管理的可持续性；③推动森林高效利用和评估；④制订计划和定期进行评估。制定地方性《21 世纪议程》有利于保护淡水资源免受林业活动的威胁。

木材认证是国际和国内普遍采用的另一种手段，用来鼓励保护自然环境（包括淡水生态系统）的林业活动。认证制度还可以推动对社会负责且在经济上可行的森林管理行动。认证依据行为标准授予，评估由认证机构做出。森林管理委员会（FSC）自 1993 年开始提供全球认证服务；“可持续林业倡议计划”（SFI）是美国林业产业发起的一项计划；欧洲的“泛欧森林认证体系”（PEFC）是范围最广的一项认证计划。获得认证资格的标准差别很大，但对各认证选择进行研究之后，有关公民可给造成污染的林业活动施压，要求他们取得认证。为大规模林业活动取得认证，一个重要的动机就是避免人们的批评和引发有关环境的讨论（Fletcher et al. 2002）。这一点再加上认证所带来的经济利益，如专门市场的价格溢价和进入更广阔市场的机会，也许足以影响林地持有者或伐木机构，促使其实施必要的管理计划以获得认证。

有关现有认证计划的更多信息，请登录下列网站：

- Forest Stewardship Council: www.fscus.org
- Sustainable Forestry Institution: www.afandpa.org
- Pan European Forest Certification: www.pefc.org
- International Organization for Standardization: www.iso.org
- Canadian Standards Association: www.csa-international.org/certification/forestry/
- Smartwood: www.smartwood.org

经森林管理委员会认证的木材。
图片提供：Forest Stewardship Council

- Forest Certification Watch: http://certificationwatch.org
- Global Institute of Sustainable Forestry: http://research.yale.edu/gisf/index.html
- International Institute for Environment and Develop: Forestry and Landuse http://www.iied.org/forestry/index.html
- IUCN Forest Conservation Programme: http://www.iucn.org/themes/fcp/home.html

可持续林业和认证观察组织也可提供一些现有计划的信息（www.certificationwatch.org）。

三、社区策略

地方当局和公民可采取多种行动来确保在进行林业活动的同时，还要维持淡水生态系统的健康。首先，地方当局可以要求所有公共建设项目都使用有认证的木材，比如西班牙的巴塞罗那就只使用森林管理委员会认证的木材来建设其公共项目。第二，地方当局和公民可鼓励或要求当地的林业管理达到合理认证的标准。最后，可提高社区成员对实行负责任林业管理重要性的认识（WWF 2001）。地方当局可以采取哪些步骤来推动负责任的林业管理，有关此问题的详细信息，请参阅世界自然基金会的报告《地方当局可以改变现状！》，网址：www.panda.org/downloads/europe/LA_brochure.pdf。

在社区，能动性对于保护淡水生态系统免遭不良林业活动破坏可以说是很有用的工具。目前为达到这一目的，成立了很多监管和倡议团体，其中许多团体是地方性的，可以最有效地处理当地问题。与现有团体结成伙伴关系，或者在有需要的地方发展新的团体，都可以提高环保工作者和有关公民推进淡水保护进程的能力。此外，这些团体还可提供有关林业机构和林地持有者的可靠信息：他们采取了哪些行动、是否遵守环境条例以及是否自愿参加计划等。这些团体取得经验之后，还可以就如何接触林地持有者或机构为他人提出建议。一些从事森林保护比较突出或活跃的组织名录如下：

- 山茱萸联盟：www.dogwood alliance.org。
- 国家森林保护联盟：www.forestadvocate.org。
- 芯材中心：www.heartwood.org。
- 俄勒冈自然资源委员会：www.onrc.org。

要获取更为完整的从事森林保护和恢复工作机构的名录，请登录“保护森林”网（www.defendtheforest.org）。

第四节　矿 业

引 言

矿业开采资源，为生产和商业供应能源（石油、天然气和煤）和所需原材料（金属、碎石和沙子）。矿业是一个全球性行业，规模大小不等，从事矿业的实体从大型跨国企业到独立工匠无所不包。虽然采矿活动使用的土地面积比例相对较小，但矿业活动对淡水生态系统所造成的局部影响却可能非常严重。采矿活动既可以在淡水生态系统中进行（如黄金开采、沙石开采等），也可在其邻近地区进行，而且开采工艺和提取方法都需用水，必然会改变水文状况或自然生境条件。采矿用水或流经矿区的水往往会被污染，污染物包括酸、泥沙和重金属。这些污染物要么是采矿活动所需要的物质，要么就是采矿活动的副产品（Kelly 1988）。

矿产开采过程包括五个阶段：勘探，开发，开采，选矿（浓缩所需物质）以及处理。开采方法因所需物质及其地理位置的不同而存在很大差异，但一般都可归为露天开采（例如水中沙石开采、条带开采、山顶采矿）或地下开采（如横坑采矿、深采矿）两大类。矿区一般包括下述所有或部分特点：基础设施，如道路、办公室、加油站；堆浸桩（以滤去低级矿石）；矿物存储；尾矿蓄水池或池塘；非目标物质废物堆（National Research Council 1999）。提取所需物质一般可分为四个程序：钻孔、爆破、挖掘（或装载）和运输。

开采矿物的主要类型包括石油和天然气、煤炭和硬石矿物（如黄金）。各矿物类型的开采方法不同，下面将逐一进行讨论。

一、石油和天然气

矿物燃料目前占全球能源的绝大部分，其中石油是最基本的能源，另外对天然气的需求也在不断增加。从全球范围来讲，中东是石油生产最多的地区。此外，俄罗斯和里海地区的石油生产也越来越重要（OECD/IEA 2002）。天然气储备分布广泛，整个北美地区、

墨西哥北部的一个矿。
摄影：Adriel Heisey

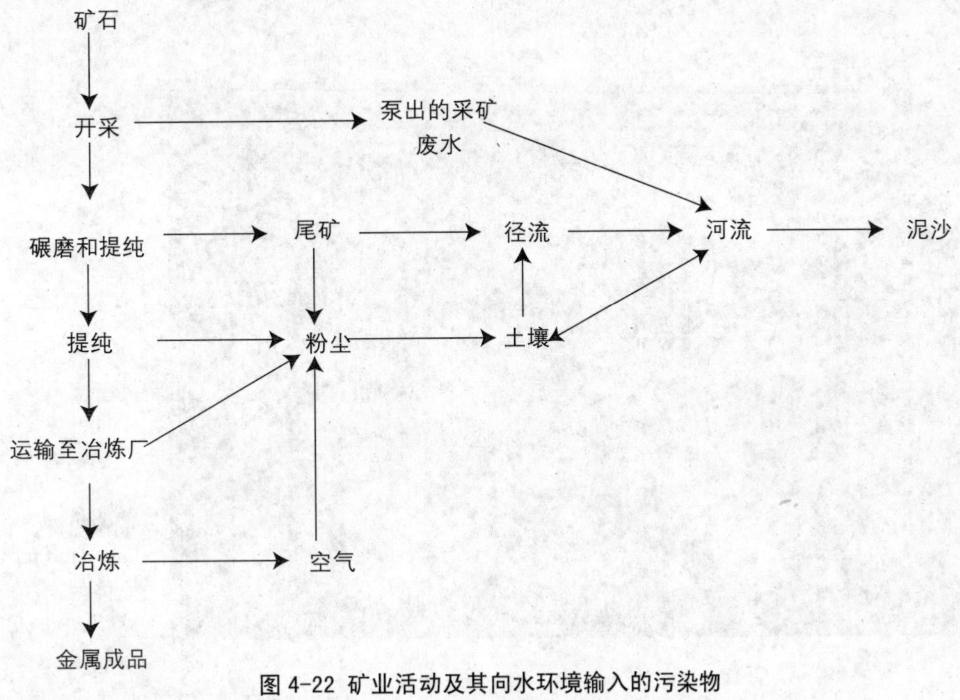

图 4-22 矿业活动及其向水环境输入的污染物

来源：改写自 Kelly 1998

前苏联、亚洲和大洋洲都有大量储备（ENI 2003）。石油和天然气的开采要通过钻入地下的深井来进行。矿坑或闭式循环系统用来控制开采出来的非目标物质和废物。探矿时可能会建成非生产性矿井，填堵时要采取对地下水水质有保护作用的方式。如果油井能出油，就会进行套管，将石油 / 天然气输走。天然气一般无需借助外力便可流动，但石油的流动可能需要使用酸来溶解障碍物，或使用特殊的流体来粉碎岩石。油井可能无需外力便可出油，但也可能需要一个提升系统来开采所需物质。第二次和第三次从油藏中开采剩余的石油时，可能需要往里填注各种流体。石油和非目标物质的分离以及存储都在开采现场进行，最后输送到各地。

二、煤

煤用于能源生产已有几个世纪的时间，世界上的主要煤产国包括美国、德国、前苏联和中国（Kelly 1988），其他预计可成为煤主产区的国家和地区包括南非、澳大利亚、印度、印度尼西亚和拉丁美洲（OECD/IEA 2002）。在采矿业中，采煤的重要性排名第三，仅次于石油和天然气，每年约出产 45 亿吨，年产值达 1 750 亿美元（Crowson 1992）。如果煤带靠近地表且呈水平分布，则可进行露天开采。只需爆破覆盖层并将其从采矿地清走，便可找到煤带。世界上约有 30% 的硬煤都是露天开采的（Buchanan and Brenkley 1994）。其他的采煤活动在地下进行，煤层通常位于地下很深的地方。为从这些煤层采煤，须修建很多的隧道和立柱，而且一般还需使用水泵把地下含水层中的水连续不断地从隧道中抽出来。

三、硬石采矿

硬石采矿可用来开采几乎所有种类的矿物（煤除外）和金属，其中金、银、铜、镍、锌、铅是最常见的开采金属。金、铜和铁是美国产量最高的三种金属（Macdonald 2002）。在环保局的有毒排放物质清单上，硬石采矿业排放的有毒物质比 2000 年监测的其他任何产业都要多（USEPA 2002）。每种矿业都有其独特的开采方式，但很多对淡水生态系统的威胁都是相似的。例如，黄金存在于冲积沉积物当中，因此，大部分开采活动都发生在河床上或邻近河床的地方（USGS 2003）。河床泥沙中的黄金一般采用砂金开采的方法来进行开采，即利用重力和水把矿物和冲

密歇根州北休伦湖（North Lake Huron）的石灰石开采活动。
摄影：Harold E. Malde

积土分离开来。黄金开采可采用露天开采和地下开采两种方式。大多数黄金开采技术都会使用汞来吸附黄金颗粒，使用氰化物进行堆浸，但这些物质的含量一旦升高，会给淡水生态系统造成极大的毒害作用。按产量排序，黄金的三个生产大国分别是南非、美国和澳大利亚（USGS 2003）。黄金开采业包含了许多非正规部门，在发展中国家尤其如此——如巴西（Cleary and Thorton 1994）、加纳和厄瓜多尔（IIED 2002b），这使得开采监管和执行合理措施的难度加大。

四、沙石

沙石资源丰富，全球都有分布。尽管沙石的价格低廉，但全球的开采量却十分巨大（IIED 2002a），主要用来供应当地的建筑和工业市场。美国无疑是世界上沙石最大的生产和消费国（USGS 2003）。沙石主要来自河流的河漫滩及河床。鉴于沙石资源所在地、开采量及其开采活动在全球的分布情况，与其他矿物开采相比，沙石开采对淡水生态系统的影响范围可能是最大的。

矿业对淡水生态系统的影响

矿业对淡水生态系统的影响取决于其规模、强度、与水源的距离、地质背景和采矿作业等因素。影响可能是局部的，如含水层的枯竭；也可能是深远的，如泥沙的移动。而且影响存在的时间也存在着很大差别。矿业带来的混浊度可能是暂时的，但矿业活动输送到淡水生态系统中的金属和化学物质则会存留数年、数十年乃至更长时间。下面将研究上述四种矿业活动对淡水生态系统各要素的影响。

一、水文状况

矿业活动经常需要用水来开采矿物资源和原材料，有时甚至需要改变淡水生态系统本身才能开展采矿活动。无论是抽取地下水还是地表水，即便是矿业活动本身，都会以各种途径改变淡水生态系统的水文状况。

在淡水生态系统中从事矿业活动（如沙石开采等），可改变当地的河床面貌。矿业活动可导致河床加深、加宽，不仅会降低河流的水位，而且还会改变地下水和地表水之间的交换平衡，导致一些流域含水层蓄水不足，而另一些流域的地表蓄水量下降（MasPla et al. 1999）。

为蓄水修建的基坑湖和人工湖往往会在开采活动停止后留下来，并可能大大改变流域的水文平衡，因为这些湖阻断了地下含水层，使地下水无法流入矿坑

伯奇溪（Birch Creek）的上游正积极进行砂金开采作业，造成伯奇溪泥沙含量大，溪水流入阿拉斯加 12 英里溪（12 Mile Creek）清澈的水流中。图片提供：USGA。

下方的含水层（National Research Council 1999）。在德国尼德劳西茨（NIederlausitz）采煤区，基坑湖可存贮高达 40 亿立方米的水，而这些水本来是应该进入水文系统的（Werner et al. 2001）。

采矿业需要抽取地下水，也许是为了采矿活动（如煤炭的地下开采或释放煤层沼气）的进行而将水抽走，也许就是采矿过程本身的需要，总之要抽取大量的水，使地下含水层形成一个地下水降落漏斗，大大改变了地下水和地表水之间的交换。煤层挖掘可以创建新的潜流路径，从而进一步改变水文状况（Bonta et al. 1992）。这些变化可影响地表和地下水文，范围远远超出采矿地，甚至可能波及邻近的流域（Bonta et al. 1992, Zipper et al. 1997）。

无论是为方便矿业活动的进行，还是作为采矿过程的一部分，从地表和地下抽取的水都有可能被直接排放到当地的河川湖泊中。排放的时间和水量同样会改变受纳淡水生态系统的水文状况。

最后，各种采矿及矿山复垦过程可导致自然土壤地层的改变，也会改变土壤的水文特征，进而影响水流进入地表水（Guebert and Gardner 2001）和地下水（Liu et al. 1997）。

二、自然生境条件

矿业可影响淡水生态系统的自然生境条件，其中最极端的做法就是把水体用于采矿过程之中，如黄金开采、溪流中的沙石开采以及山顶采煤等。此外，泥沙的过度沉积、基础水位的下降以及水温的升高等因素也可导致生境的改变。

砂金开采是利用水和重力把黄金颗粒和冲积沉积

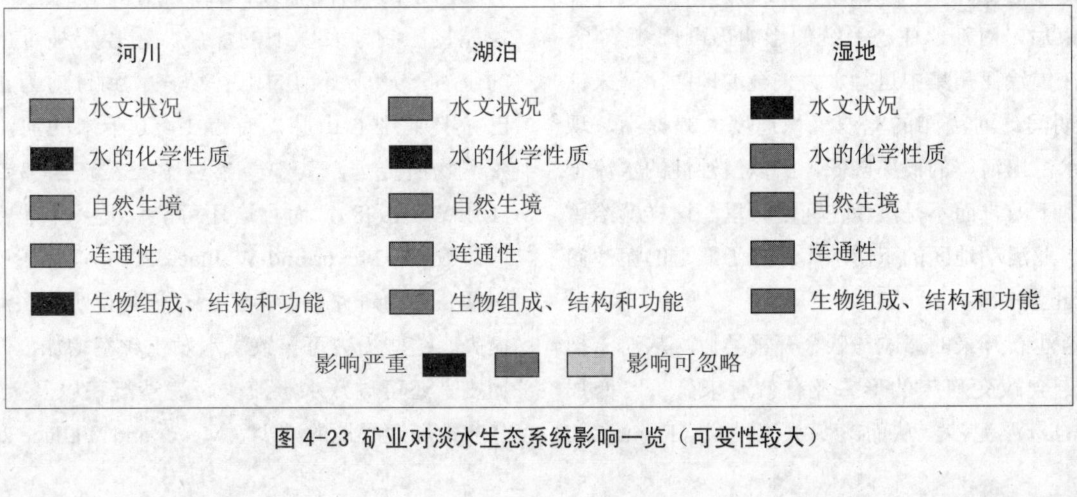

图 4-23　矿业对淡水生态系统影响一览（可变性较大）

这里本来是一条坡度大的砾石床分叉型河流。在一家大型露天铜矿作业发生泄漏后，细粒尾矿填满了这条菲律宾河流。摄影：Dr. Geoff Pickup

物分离开来。收集沉积物的方法因地点而异。疏浚用来收集水下沉积物；液压卸载方法是用水枪来爆破河流阶地。所有非目标物质都被冲入水道，造成河水浊度超高，并使河道变浅（Kligerman et al. 2001）。下游沉积的泥沙被砂金开采活动搅动后可覆盖产卵地，改变河床和河岸形态（National Research Council 1999, Wanty et al. 1999）。砂金开采方法也可能会严重影响生境的改变程度，使水质因混浊而发生退化。在阿拉斯加的某条河流中，我们没有监测到吸扬式挖泥船带来太多的干扰，河水浊度很高也只是短暂的现象，并且在规定的标准之内。但如果使用重型设备来清除河床的沉积物，并在分离活动完成后进行恢复，则再生河床不够稳定，造成河水浊度持续增高以及河岸侵蚀和河床形态的改变（Wanty et al. 1999）。即使矿业活动结束后，对淡水生态系统的影响仍可持续多年。例如，在佐治亚州集中进行水力采金的地区，开采活动持续期间，河漫滩的泥沙沉积速度大幅提高，现在，洪水溢出河岸的概率降低，所以侵蚀性的水流把泥沙冲到下游，而不是沉积在河漫滩里。这样就给曾经从事矿业活动地区的下游水库带来了严重的泥沙问题（Leigh 1994）。

河道沙石开采的影响与砂金开采类似。从河床把沙石采走会改变河床的形态及有效河床荷重，增加水柱中的悬浮泥沙，从而改变水流模式（Rivier and Sequier 1985）。这些改变综合在一起可以共同改变上下游的生境特点（Kondolf 1994）。现已证明，河床为砾石的河流会因这些改变而增加河道的宽度、池塘的表面积和浅滩生境之间的距离（Brown et al. 1998）。池塘可被悬浮的泥沙填充，创造出一个较为一致的环境，缺乏典型的生境多样性。在采矿坑上游，可能会发生横向和纵向的侵蚀，山顶也可能被削平，从而影响水流的特点和温度、河岸的稳定性以及河岸覆盖和淤积的存在（Meador and Layher 1998）。沙石开采所造成的河道变宽会减少洪水发生的频率，减少河漫滩生境的数量（Brown et al. 1998）。

山顶采煤是一种广受争议的煤炭开采方式，部分原因就在于其对水生生境的影响。山顶采煤首先要清除山顶的森林，然后爆破并用推土机把山顶推平，才能接触到地表以下的煤层。覆盖层被堆放在附近的山谷，形成所谓的山谷填充。到目前为止，在阿巴拉契亚中心山脉，有近 1 450 千米的河流被煤层覆盖物所掩埋，其中一半以上发生在西弗吉尼亚州（USFWS 1998），而且这还可能仅是一个非常保守的估计数字（Meyer and Walllace 2001）。尽管明确针对山顶开采的研究不多，但已有记载说明源头河流遭受损失。这些损失可导致洪水发生频率增加，严重程度加剧，还可导致水土流失、泥沙沉积以及宝贵生境、产卵地和避暑地的减少（Meyer and Wallace 2001）。

西弗吉尼亚州凯福德山脉（Kayford）的山顶采矿作业。
摄影：Vivian Stockman。航拍飞机由南翼（South Wings）提供

三、水的化学性质

矿业可大大增加进入受纳水体的各种物质。其中，化学物质可能来自开采过程中，如从非目标物质中提取和提纯目标物质时，或者来自废物堆，即在废物暴露在大气中时，会分解、变形以及引起某些成分的流动。这些物质的释放可以是孤立和暂时的，通常选矿工艺生成的产品就属此类；矿址退役后从废料流出的化学浸出物则会造成长期的影响，如酸性矿山废水。硬石开采给淡水系统带来的常见污染物包括铁、锰、铝、锌、镉、铅和其他一些金属（Younger 2000），以及硫酸、酸性废水、硝酸盐和悬浮固体等（National Research Council 1999）。选矿过程中使用的氰化物和汞也通常会进入淡水生态系统。最后，石油基化合物经常会污染石油和天然气开采活动附近的水域。

酸性矿山废水对矿业活动附近土地和水体的影响是最严重的，同时也是最持久的（IIED 2002a）。开采任何含有硫化物的矿物都有可能生成酸性矿山废水，尽管有些沉淀物比其他沉淀物更容易生成酸性废水（Kelly 1988）。搬运和氧化含有矿物质的硫化物会生成对淡水生态系统有害的污染物。酸性矿山废水可从以下三个方面改变水的化学性质：pH 值、铁沉淀和重金属（Kelly 1988）。酸性废水的 pH 值和金属含量可能不同，但两者都会渗透到土壤当中，或者通过土壤表层径流，污染地下和地表水源。尾矿、覆盖层、露天矿坑和地下作业都可生成酸性废水，而且一旦酸性废水的产生过程开始了，就很难停下来（National Research Council 1999），有可能在长达几个世纪的时间里连续不断地生成污染物（Warhurst 1994b）。煤炭、金属和沙石开采都会生成酸性矿山废水。

重金属污染是矿业给流域造成的又一重大危害。富含金属化合物的物质从地球上一个相对稳定的嵌入位置中开采出来，在地球表面存储起来，或作为废物堆放起来，这样它们很容易受到化学作用的分解并运动起来。例如，煤经常与其他一些金属（包括砷、镉、钴、铜、铅、锌等）同时被发现（Monterroso and Macias 1998）；在新西兰的一个矿厂附近的湿地综合区发现了高浓度的砷、铜和锌（Black and Craw 2001）。重金属可进入淡水生态系统，吸附在泥沙颗粒上或悬浮在径流中。对新西兰的研究发现，雨量充足的冬季是金属含量最高的季节（Black and Craw 2001）。在激流中，金属物质倾向于悬浮在水中或沉降到河床上；当水文浮动使水流流速和水量发生变化时，河床上的金属物质就会重新悬浮起来。金属在悬浮状态下可流动到很远的地方（Kelly 1988）。但静水中金属的命运就完全不同了。在水流缓慢的河流中，金属很快结束悬浮，沉降到底层的泥沙中。鱼类、人类或驾船活动会沿垂直方向搅动底层的泥沙，让金属重新悬浮起

河谷填充会掩埋源头河流，把河流与源头断开，如图中这条位于西弗吉尼亚的河流。
摄影：Vivian Stockman。航拍飞机由南翼（South Wings）提供

来；但与激流相比，这里的金属悬浮要少见得多。金属和准金属可以在淡水系统内循环，但却不会降解为无害物质，因此金属污染成为人们长期关注的问题（National Research Council 1999）。

选矿过程中释放出的化学物质也会改变淡水生态系统的化学状况。黄金开采，特别是小规模和手工艺性的开采，可造成最为严重的污染。黄金开采活动排放的废水经常含有高危险水平的金属、准金属和氰化物（Tarras-Wahlberg et al. 2000）。世界各地水生生态系统的泥沙、植物和动物组织内都含有用于吸附黄金颗粒的汞。许多硬石采矿业的生产过程中都会用到氰化物，因为氰化物具有从低级矿石中提取矿物的经济可行性，其使用正处于上升阶段（Wireman 2000）。开采黄金时，在矿石堆中使用氰化物，引导黄金从矿石中滤出。氰化物属剧毒物质，但自由形式的氰化物可快速降解成无害物质，因此，通常只在矿业活动几千米之内的范围存在。然而，氰化物可与金属结合成复杂的金属氰化物，而金属氰化物则很难降解，而且其影响可以蔓延到矿区 50 千米以外的地方（Tarras-Wahlberg et al. 2000）。

石油开采对地下水的威胁最大，虽然地表水也容易遭受其污染。与石油开采有关的污染物包括碳氢化合物、重金属、氯化物和泥沙。如果钻井操作时没有保护层或者保护层不够完整，就可能导致含水层被石油污染。通常，人们会往注水井里注水，以使石油流入油井，但这些水里可能富含盐类和化学物质，因而也可能给含水层造成污染。另外，储油罐和输油管道的泄漏或破裂会把石油直接排放到地表水中，或者先排放到地表，然后通过地表水流进入地表水，或通过土壤渗透到地下水中（Gauthier-Warinner 2000）。

还有其他一些采矿活动也可改变水的化学性质。由于河道采矿改变了河道和地下水源之间的水交换活动，盐水侵入含水层的情况已发现有所增加（Mas-Pla et al. 1999）。矿业活动结束后留下的矿坑湖往往水质很差，因为它们通常已被金属、化合物和盐类所污染。如果这些湖水通过洪水或渗透与其他水体发生互换，就会污染天然水体，并给生物体群落、迁徙鸟类和陆地野生动物造成危害（National Research Council 1999）。

四、连通性

矿业活动会导致水生生态系统暂时或永久性的破碎。金属和污染物的毒性目前已达到相当水平，迫使鱼类采取逃避行动（Delonay et al. 1995; Woodward et al. 1997）。河谷填充掩埋了源头溪流，切断了整个流

一家废水处理厂，处理加州铁矿山排放的酸性废水。铁矿山还曾开采过黄金、铜和锌。
图片提供：NOAA Restoration Center & Damage Assessment and Restoration Program

域与其珍贵的源头水源之间的联系。这样，依赖源头环境作为洄游、产卵和避暑地的生物就无法再进入对其生命周期某些阶段来说最为理想的环境。水源还是广泛的岩屑堆积和为下游生物群落输送营养物的地方。源头与整个河网其他部分之间连通性的丧失可导致营养物水平和营养物锁定发生变化（Meyer and Wallace 2001）。石油泄漏可长期妨碍生物体在生境间的往返运动。河道消蚀是河道采矿常见的地理形态变化，可切断流水与河流漫滩环境之间的连通性（Leigh 1994）。最后，采矿期间和采矿结束后，地下水和地表水间的互换和联系也会发生变化，从而影响淡水水文的垂直连通性（Choubey 1991; National Research Council 1999）。

五、生物组成及相互作用

排放污染物和改变生境的物理状况是矿业影响淡水生物多样性的主要途径。污染可分为致死性污染和亚致死性污染两类。亚致死性污染指个体行为方式、生理和繁殖能力的改变。无论是污染还是生境的改变，一些物种都会发现受影响地区已不再适合它们栖息了，而其他物种，即耐受物种，则可能占据敏感物种迁出后留下的空间。例如，在西班牙某些煤矿下游的河流中就发现了敏感无脊椎类群和耐受类群的交替。物种的多样性随着电导率、硫酸盐、金属含量和淤泥积聚的增加而下降（Garcia-Criado et al. 2002）。物种的更替和消失会引发群落结构和物种间相互作用的变化。

大部分金属即便是含量低也依然对水生生物有毒害作用，汞和原油污染就是其中的典型代表，说明矿业活动可以危害水生生物区系中的众多物种。黄金开采所使用的汞可达到有毒水平，并在水生环境中长期蓄积，危害无脊椎动物（Clements et al. 1988）和鱼类。汞是一种已知的神经毒素，很容易在生物组织中蓄积和浓缩（Leady and Gottgens 2001）。一旦生物组织中有汞蓄积，就可传给后代，使后代往往产生厌食、嗜睡、肌肉运动失调、视力障碍及其他中枢神经系统紊乱等症状（Hilson 2002）。汞还可影响以被污染水生有机生物为食的哺乳动物、鸟类和人类。发生在淡水生态系统中的原油泄漏可使微生物群落发生变化，使优势群落从异养型物种变成利用碳氢化合物的自养型群落（Obire and Okudo 1997, Il'inskii et al. 1998）。此外，石油污染还会危害两栖动物（Mahaney 1994）、底栖无脊椎动物（Bhattacharyya et al. 2003）、鱼类和哺乳动物（USEPA 2003）。

河道采矿和陆上矿业径流导致的水流混浊和泥沙问题会减少进入废水的光线，导致主要生产者数量的下降，水藻尤其如此。有效食物的减少可对水生生物食物网产生级联效应（Henley et al. 2000）。不耐泥沙的物种会失去其位于河道开采下游的生境，浅滩生境结构的变化又会进一步改变鱼类和无脊椎动物群落（Brown et al. 1998）。山顶采煤使源头水流无法注入山谷，从而丧失其独特的原有生境和避暑地，对生物区系造成直接影响。进而，营养物来源和营养物处理过程以及整个流域的泥沙运动也会发生改变，可能对生物个体、各个物种和各个生物群落产生间接影响（Meyer and Wallace 2001）。

减轻 / 减少矿业对淡水生态系统影响的策略

减少和减轻矿业对淡水生态系统影响的策略包括在开采和关闭矿山时改进矿业活动，并对限制矿业活动的法律和政策施加影响，减少矿业活动对环境的危害。为尽量减少对淡水生态系统的改变，规划采矿活动时须考虑以下因素：采矿地点、灰尘控制、固体废物和液体排放物的管理和处理、灾难避免以及矿厂的关闭、补救和恢复等（Barbour 1994）。

一、技术策略

技术策略可分为采矿过程中的策略和采矿结束后的策略。

（一）采矿过程中的策略

在采矿过程中，对采矿废物（覆盖层、废岩石、尾矿和堆浸过的矿石）和化学品使用要进行合理的计划、管理、处理和处置，以保护附近淡水免受矿业污染。防止大规模的事故和采矿废物的侵蚀（如覆盖层和采矿废料），也有助于最大限度地降低对附近水体的污染。尾矿和堆浸过的矿石通常饱含选矿过程中使用过的化学品，如果管理不到位，很容易污染附近的水体：

（1）尾矿通常以泥浆的形式存在，存放在保留 / 沉淀池里沉淀，然后池中的水又被排放出去。为确保排放物的安全性，需要进行适当的处理。沉淀的物质需要处置，并应考虑其未来的浸出潜力和产生灰尘的可能性，因为灰尘可传播很远的距离，造成污染。

（2）废矿石放在衬层上堆浸，然后进行化学处理。渗滤液应在收集堆周围的渠道中集中起来，进行加工，提取所需物质，然后进行再利用，重复浸出过程。技术策略应努力创造一个封闭的系统，让受污染的溶剂在内部循环，不要发生与外部的交换（IIED 2002a）。

缓解河道采矿影响的技术策略效果有限，因为河道采矿对淡水生态系统的危害几乎完全是因河床物质的提取和损失引起的，而不在于河床内物质是如何被提取的（Brown et al. 1998）。我们可以采用的缓解措施包括：河岸加固；再造植被、设立缓冲带；控制溯源冲刷和过滤的设施和（或）在排放前对冲洗水进行回收（Meador and Layher 1998）。但这些技术缓解影响的效果非常有限，所以最好的策略就是禁止河道采矿（Kondolf and Lyons 1992）。事实上，很多国家，包括英国、德国、荷兰和瑞士在内，都已经在禁止此类采矿了（Kondolf 1997）。

（二）关闭矿址时的策略

一个矿井以何种方式关闭或退役，在很大程度上决定矿址的污染情况。关闭矿址包括清除和处置化学品、拆除建筑以及道路和河道、封堵矿井、废物处理和封盖尾矿、回填坑和积极的水资源管理等（Wireman 2000）。关闭矿址时普遍采用的两个整治任务，即化学品管理和脱水活动结束后的水净化，对防止淡水污染是十分必要的。

采矿过程当中和矿山关闭时应采取的最重要措施就是防止生成酸性矿山废水，而且一旦开始生成就要尽力中止和 / 或存储酸性废水。酸性矿山废水的管理可分为两类，即有计划地放置覆盖材料和进行水管理。处理酸性矿山废水的方法包括：往酸性矿山废水中添加中和剂；确保铁氧化的步骤；建造去除铁、锰和其他共同沉淀物的沉淀池。

矿址关闭后，为防止对受纳水体（含水层和天然水源）造成污染，要对填注矿址和矿区的污染水进行水文干预以及主动和被动的处理。其中，水文干预旨在防止水渗透到矿区，再从矿区流入附近的河流和含水层。主动处理一般要依赖普通废水处理厂完成三个步骤的工作：①氧化；②加入强碱；③加速沉淀。这种处理方法一般能改善水质，使其达到可接受水平，但却需要不断地投入资金和能源。被动处理依靠的是天然能源和生态过程，如人造湿地。在英国，为使经济上可行的矿业污水处理长期进行下去，最初几年会采用主动处理方法，然后再转入被动处理系统（Younger 2000）。

蒙大拿州的一个条带矿。
图片提供：USFWS

把进行过矿业开采的土地用于其他目的，也是减少污染物扩散到淡水的一个策略。例如，把采过矿的土地转变为森林或草地是最大限度减少泥沙流失的选择，同时还可改善矿址土地与有关河川、湖泊和湿地间的生态联系。

二、制度和法律策略

政府规定可以限制矿业活动，为淡水生态系统提供保护。但是，如下所述，与矿业有关的立法很少，而且真正实施的也非常之少。有时，需要改革法律才能改变现行的做法。

（一）美国的制度和法律规定

1. 利用现有的联邦和各州法律

美国农业部的林业局、土地管理局以及内政部下面的几个机构负责管理公共土地上的矿业。然而，联邦政府的矿业法律对淡水的保护非常不足。今天管理公共土地上矿业活动的还是1872年出台的《一般采矿法》，很少有针对现状进行的修订。煤炭开采是唯一专门接受国家级管理的矿业部门。美国露天采矿复垦和执行办公室（OSM）管理和执行1997年制定的《露天采矿控制复垦法》。该机构通常授权各州制定监管程序，要求根据所有煤炭经营活动编制行动和恢复计划（Wireman 2000）。更多信息请浏览 http://www.osmre.gov/osm.htm。另外，水道内的采矿活动（如沙石开采）接受美国陆军工程兵团的管理。

私有土地上的矿业管理一般接受环保局和各州政府的管理。上面没有提及的其他矿业部门一般也接受各州政府的管理。但是，各州政府执行法律时往往面临各种挑战，如预算不足、人员稀缺、违法行为以及对环境的不利影响都源于无知等（Hilliard 1994）。各州绝大部分机构的链接可参见美国劳工部的网站 www.msha.gov/SITEINF1。

矿业活动还必须遵守《清洁水法》《沿海区管理法》和《安全饮用水法》的要求。这些法律规定排水要有排水许可证，还制定了污染者必须达到的水质标准。《安全饮用水法》的各项规定有助于保护含水层，保障水质适合饮用，免遭石油和天然气开采惯常采用的加注液体的污染（Gauthier-Warinner 2000）。《综合环境反应、赔偿和责任法》（CERCLA）（又称《超级基金法》）做出了必要规定，要求环保局帮助严重污染的废弃矿址恢复清洁，责任方也被要求完成清洁任务。

美国有众多的政策和规定可用来减轻矿业活动对淡水生态系统的影响。有关矿业设施排放化学品（环保局的有毒排放物清单）的信息应1986年《应急规划和公众知情权法》的要求对公众开放，网址为

www.epa.gov/tri。这些信息也可用来确定流域中水质问题的根源所在。根据国家环保局的规定，所有需要从联邦政府机构获得许可证或在公有土地上进行新的矿业活动的机构或个人，都必须对可能造成的环境影响进行估测，并确定减少影响的方法，而且估测还必须征求公众的意见和评价。由此做出的“环境影响报告”还须先公示才能被接受并获得认证。科学家和社区成员参与该过程，可强制出台水资源保护议程，否则问题便得不到应有的关注。有关“环境影响报告”的更多信息以及目前正在公示的报告，可登录 http://www.epa.gov/compliance/nepa。

2. *改革联邦和各州矿业立法*

严格矿业立法规定是另一种保护淡水生态系统的方法。很多人都赞成对 1872 年出台的《一般采矿法》进行改革，因为该法律自 125 年前出台以来基本没什么改变，依然允许在公有土地上采矿，而且从业者不用负什么责。另外，该法律也缺少环境保护条款（Mining Policy Center 2003）。促成法律改革的手段有：致信给政府官员，与支持改革的团体结盟，或者对该问题进行新闻宣传。另外，确保保护提议能够充分保护淡水生态系统，对有效改革立法也是必要的。有关改革动议的现状和如何参与的信息，请浏览矿业政策中心的网站：www.mineralpolicy.org。

另一项改革措施就是完善各州的法律和政策，为保护淡水不受矿业活动影响做出充分的规定。蒙大拿州公民已通过了一项法律，禁止新的矿业生产使用氰化物；威斯康辛州暂停颁发新的硫化物生产许可证，直到申请人证明拟采用的技术在矿山关闭时不会生成酸性矿山废水才可以开始采矿（Environmental Law Institute 2000）。2002 年，共有 50 家矿业接受了评估，无一符合此前提（IIED 2002a）。

（二）国际制度和法律规定

无论是现有的公共政策还是拟议公共政策，大部分都是后省式的，即对污染问题进行限制规定，而不是积极预防，即在污染发生之前就致力于减少污染。积极的政策强调污染的预防，鼓励技术改进，提高管理能力，其理论依据是：政策可以保证经济效率，带来环境管理的改善，而环境管理的改善又可提高矿业作业的效率，能源和化学品的投入可减少，生成的废物降到最低水平，如果仍有革新的可能可最大限度地进行回收（Warhurst 1994a）。积极政策包括：激励、信用、贷款、私有化、研发和环境管理系统等（Warhurst 1994a; Environmental Law Institute 2000）。环境法研究所（ELI）推出了一个有关矿业污染的积极政策框架，强调污染预防而不是污染控制（Environmental Law Institute 2000）。在对南北美洲建立该框架的潜力进行评估时，环境法研究所发现了几个薄弱点，大部分国家都需要具体的目标、措施、技术指导和更多的法律工具和政策，来促进和保证有计划的矿址关闭、财政保障、私有化、公众参与、经济激励以及责任追查（Environmental Law Institute 2000）。

尽管有几个国际性协议与矿业有关，但没有一个直接讨论淡水保护问题。1992 年的《生物多样性公约》保护动物多样性免遭人类活动（包括矿业活动）的影响；1989 年的《巴塞尔危险废物贸易公约》禁止包括金属在内的危险废物的跨境运输。《21 世纪议程》推动各种用地的可持续性发展，本书的其他章节曾有详细讨论（可参见“林业和城市化”部分）。美国劳工部的矿井安全和健康管理网站有一个“国际矿业法汇编链接”（http://www.msha.gov/minelink/compend/intermng.htm），网站上还有各国矿业法的链接。拉丁美洲和加勒比地区的矿业和矿业改革可浏览 http://www.iipm-mpri.org；矿业和可持续发展的文件可参见 http://www.natural-resources.org/minerals/CD/sustdev.htm 和 http://www.iied.org/mmsd/global_act/research.html。

三、社区策略

减少矿业对淡水生态系统影响的社区有效策略应以组织、倡导和问责为中心。与已有的监督组织结成伙伴关系或成立自己的社区监督组织，可以把污染者推上公众论坛并接受检查。社区和矿业企业间的关系不一定是敌对的，可与企业就什么是可接受的行为进行沟通；这样做也许足以改变矿业的活动方式，因为一般公司都愿意与当地社区保持良好关系。偶尔也会出现社区的环保需求与矿业公司的经营方式之间冲突升级的情况，此时社区可选择对污染者提起诉讼。

美国已经制订了一些联邦和州计划来帮助社区清

理尚有可能对淡水生态系统造成危害的废弃矿址。例如，“阿巴拉契亚清洁河流倡议”的使命就是“帮助和协调公民团体、大学研究人员、采煤业、企业、环保社区以及有关的地方、州级和联邦政府机构，共同清理遭受酸性废水污染的河流”，并利用联邦和私人基金来完成这一使命。更多信息请登录 http://www.osmre.gov/acsihome.htm。此外，《清洁水法》还规定要把州周转资金用来提供低息贷款，帮助实施非点源污染缓解项目，如重新植树和加固土壤、消散径流污染以及与矿址有关的泥沙控制和收集等。

第五节 休闲娱乐

引 言

人类利用河川、湖泊和湿地进行垂钓、划船和游泳等休闲娱乐活动。享受淡水生态系统所带来的乐趣给人们以远离日常生活的机会，也给拥有休闲娱乐资产的地区提供了更为广泛的经济基础。例如，美国每年有超过 3 000 万的人到淡水生态系统中垂钓，形成了一个 360 亿美元的产业（U.S. Department of the Interior et al. 2002）。但淡水生态系统有时被过度用于休闲娱乐，给生态系统带来了危害，使当地不能再像以往那样吸引人们来消遣。

休闲娱乐对淡水生态系统的影响

与其他无所不在的密集使用土地和水资源的活动（如农业、水坝和引水坝的兴建等）相比，休闲娱乐对淡水生态系统的影响还比较温和。然而，其影响的类型和严重程度因生态系统的条件（如生态系统的类型、气候、地理条件等）不同而存在差异，同时还与休闲活动本身的特点（如类型、强度和频率等）有关（Sun and Walsh 1998）。例如：

- 休闲垂钓可能会损害本地渔业；鱼类养殖可以在很大程度上改变基本的淡水生态系统。
- 水上机动车辆的使用（例如喷气船、装有舷外马达的渔船和快艇等）和相关的基础设施还会导致噪声水平提高、污染物和垃圾增加以及生境退化，从而危害淡水生态系统，这些车辆密集的地区尤其如此。在美国，公民个人所拥有的水上机动车辆已经超过 1 700 万辆（NMMA 2002）。
- 如果给淡水生态系统带来危害的设施和基本建设（如建筑物、码头、防洪堤等）是用来支持休闲娱乐活动的，并且位于淡水生态系统中或邻近地区，则休闲娱乐对淡水的影响会大大增加。

下面将总结垂钓、机动车辆和休闲业的发展对淡水生态系统五大要素的影响。有关在淡水生态系统中建设第二家园的详情，请参阅本部分有关城市化的讨论。

、水文状况

休闲娱乐活动很少直接影响淡水生态系统的水文状况，但也有一些例外。河流上被水坝等围起来的水域（如水坝后面的水库）可能用于休闲目的，尽管与其主要用途（如水利发电、洪水控制、供水等）相比处于次要地位。有关水坝和水库对淡水生态系统水文状况影响的详情，参阅本书“水的使用和管理”部分。

发展湖泊或河岸房地产常常包括基础设施和控洪设施的建设。安装设施和进行基本建设（如防洪堤、海堤、洪墙和运河等）来保护沿岸发展和促进休闲活动，也会改变天然水文过程。这一切合起来可能会减少洪水的发生，最大限度地减少水位波动，使水流流态趋于一致，但会导致沿岸湿地和河漫滩的丧失或损坏。休闲区人流高峰月份的用水需求会给水体带来很大压力，大大减少生态系统的可用水量（UNEP 2001）。

在淡水生态系统及邻近地区，大量的人流、自行车和行驶在道路以外的车辆会压实土壤，大大降低土壤的渗透能力，增加不透水地表面积，从而导致径流的增加。露营场地、停车场、船舶入水处、居民住宅和度假村也会增加不透水地表，进一步增加径流。这

人们在阿拉斯加州的俄罗斯河（Russian）上垂钓。
图片提供：USFWS

些改变会影响降水进入淡水生态系统的速度和水量。

二、自然生境条件

休闲娱乐可改变淡水生态系统的物理形态，或去除淡水生态系统中的基质，以此来改变自然生境条件。改变淡水生态系统的物理形态会改变水生生物、水禽和其他野生动物的生境类型和质量。例如，为改善游泳和划船条件，增加湖泊近岸的边坡，沿岸修建墙体或滞留装置，这样做减少了生物进入岸滩和河漫滩生境的机会，从而影响到营养物的交换、躲避洪水的栖所以及一些鱼类的产卵场所。娱乐基础设施的发展（沙滩、游艇、住宅等）和清除入侵植物物种的做法会减少大型植物的生长，进一步减少宝贵的水生生物生境（Bryan and Scarnecchia 1992）。摩托艇会搅动泥沙，导致水体浊度上升，而泥沙可能沉降在水生生境，甚至会使水生生境窒息（National Research Council Committee on Restoration and Aquatic Ecosystems 1992）。游泳区的踩踏和其他活动会使生境退化，严重限制这些地区的物种发展，而只有最顽强的生物才能在这里存活。陆地上的休闲娱乐活动会进一步威胁水上生境，因为施工活动及人车流量会导致侵蚀。另外，出于发展目的对河岸进行清理，除可导致水温上升（Hammitt and Cole 1998）外，还可减少粗大木质残体的来源（Christensen et al. 1996）。

三、水的化学性质

机动船和游艇通过石油和天然气、碳氢化合物副产品、污水和宠物粪便、垃圾、有毒金属和其他化学品、溶剂、抗冻剂、洗涤剂、泥沙和营养物等来污染淡水生态系统（USEPA 2003）。休闲娱乐中的划船活动是水生生态系统中甲基叔丁基醚（MTBE）的主要来源。甲基叔丁基醚是一种汽油添加剂，可致癌，水溶性高，流动性强，且生物降解性低（Reuter et al. 1988）。划船活动高峰期及船舶停靠区的甲基叔丁基醚含量最高，很可能是发动机启动时燃油泄漏所导致的（An et al. 2002）。受娱乐业增长的刺激，河/湖或

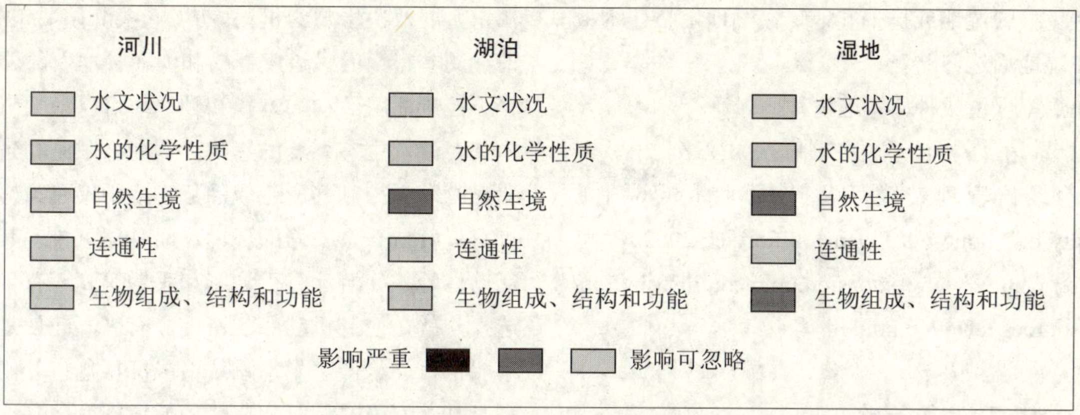

图 4-24 休闲娱乐活动对淡水生态系统影响一览

周边地区的住宅、商业、高尔夫球场、公园和其他方面都会得到发展，从而带来更多的污染。最后，为促进娱乐业发展而进行的管理活动（如除草剂的施用和河流疏浚等）也会带来污染。

四、连通性

水坝和河渠往往与水上娱乐活动有关。请参阅“水的使用与管理”部分有关水坝的说明，水坝对淡水生态系统连通性的影响在那里讨论得很详尽。

五、生物组成及相互作用

休闲娱乐活动可改变淡水生态系统的生物组成，改变方式有鱼类养殖、外来入侵物种的输入、所需物种的过度捕捞以及敏感物种的消失等。有关该问题的详情，请参阅“过度捕捞和渔业管理”及“外来入侵物种”部分的专题讨论。

减轻／减少休闲娱乐活动对淡水生态系统影响的策略

和其他威胁一样，休闲娱乐活动对淡水生态系统的威胁也可以通过实施具体合理的技术、法律和制度以及社区策略得到缓解，甚至消除。

一、技术策略

减少休闲娱乐及其配套发展活动给淡水生态系统所造成影响的技术策略一般包括减少侵蚀、最大限度地减少污染物的排放以及降低对具体生境的破坏的各种最佳管理实践。

- 减少土地和岸线侵蚀：

—避免把草木岸线转化为岸滩。人工设置的岸滩应该有一个渐进的斜坡，例如，每 10 英尺（约 3 米）的水平距离垂直落差为 1 英尺（约 0.3 米）；岸滩应选在波浪最小的地方，远离泉水或流水，填埋沙子时，应在可接受的范围内选择最大的颗粒尺寸，如细砾。

—设立无浪区，以防止波浪侵蚀岸线。

—建造可以让水在下方流动的码头。

—避免建设直接切下斜坡的水岸道路。

- 最大限度地减少污染物的排放：

—禁止在水中使用肥皂或洗发水。

—船只养护时，避免天然气、石油、油漆等的泄漏；在可能的情况下，船只下水前在拖车上加好油。

—需要适当地储存和处理划船时所产生的废水、垃圾和鱼类废物。

—修建码头时，使用未经处理的木材、塑料或金属。

有关减少船艇码头污染的详情，请参见：

—美国环保局第 EPA-841-03-001 号报告：《井然有序的河岸和河水：小艇码头运营者及休闲划船者手册》（可在线阅读：http://www.epa.gov/owow/nps/marinashd-bk2003.pdf）。

—“国家清洁划船运动”，网址：www.cleanboating.org。

- 降低对具体生境的危害：

—仅清除严重影响娱乐活动之处的植物。

一避免损毁湿地或排干湿地；在湿地上搭建木板路，或在湿地周边修路。

一在沿岸保留或种植本地树种。

明尼苏达大学合作推广服务中心列出了一些其他的最佳管理实践以及一系列的事实清单（University of Minnesota Extension Service 2002），可在线查阅：http://www.extension.umn.edu/distribution/naturalresources/DD6946.html。

二、制度和法律策略

地方法令、各州和联邦法律及激励计划对减少娱乐活动或减轻休闲娱乐对淡水生态系统的影响也很有帮助。

美国的制度和法律规定

美国鱼类及野生动物管理局和环保局是对淡水休闲活动进行管理的两个主要联邦机构。在过去的120多年间，鱼类和野生动物管理局一直负责鱼类资源的管理，其辖下的“国家鱼类孵卵系统”负责在全国的水体中培养和投放本地和非本地捕捞鱼种，“过度捕捞和渔业管理”部分对此有进一步解释。环保局对休闲活动进行管理，旨在改善淡水生态系统的水质和水生生物的生存状态。然而，淡水是否用于休闲，这一决定主要取决于州级机构。有关鱼类养殖决策的详情，请参阅本指南的“过度捕捞和渔业管理”部分。

控制休闲活动的方式和频率，可以最大限度地减少其对淡水生态系统的影响。例如，限制和禁止机动船只有助于控制其所造成的危害，不仅可为岸边土地持有者营造一个安静的环境，而且还可推动其他休闲活动体验，如游泳、手划船和垂钓等。还有另外一个选择，就是控制机动船的密度。有时，即使是非机动车船也可能给淡水生态系统造成严重危害。例如，比利时某一河段的划艇和皮艇的通道密度曾高达每分钟15艘，而船只的拖动与搁浅改变了这里的水生生境与河岸生境。为保护淡水生态系统，包括鱼类的产卵活动、植被的生长和水禽的筑巢地点，瓦隆（Walloon）地方当局对独木舟和皮艇的通行时间进行了限制，并规定了最低河流流量标准，河流流量低于该标准时，禁止独木舟通行（Gerard and De Bast 2000）。此外，为具体活动指定具体场所，如指定游泳区、对娱乐活动的发展进行管理等，也可以最大限度地降低休闲娱乐活动所带来的危害。

三、社区策略

河流和流域团体以及湖泊联盟让社区成员有机会形成一致的声音，共同保护特定水体，或者实现社区

为保护高尔夫球场对赞布罗河南叉实施的河道改造。
图片提供：USACE

田纳西州纳什维尔（Nashville）附近坎伯兰河（Cumberland River）上的划船者。
图片提供：USACE

为某一水体而设定的目标。这些团体有效地影响了地方和各州政府的决策，教育使用者和土地持有人认识到生态系统的价值。此外，它们还与政府机构和其他团体合作，监测生态系统的状况及活动的改变对生态系统的影响，而且还作为监管机构，促进地方法令的实施。

下述清单改编自明尼苏达湖泊协会的相关内容，介绍了组建河川、湖泊和湿地社区保护组织的顺序：

1）列出组建河川、湖泊和湿地协会的原因，向当地其他河川、湖泊和湿地协会寻求建议和支持。

2）举行公众集会，邀请所有可能对河川、湖泊或流域感兴趣的人参加，既可以是个人、团体，也可以是企业法人。

3）预定集会场所，并保证集会的时间和日期与其他活动不发生冲突。

4）给集会选出一位领导者和一名书记员，先就河川、湖泊或湿地进行一般性讨论，然后集中讨论所有参与者都感兴趣的具体问题。

5）邀请四五个人参加指导委员会，成立河川、湖泊或流域协会。指导委员会将确立协会名称、书写章程，明确其非营利性质、规章草案和任务说明，并制定河川、湖泊或流域协会董事候选人名单。

6）一旦指导委员会成立，确定召开河川、湖泊或流域协会的第一次正式会议，对规章草案进行表决，选举董事会，投票确定会费数额，并成立委员会以支持其未来的行动。

7）确定年会召开的时间以及一年中可能举办的其他社会活动。

在淡水生态系统的保护工作中，保护工作者最有力的工具就是利用休闲娱乐者对淡水环境的欣赏。推广活动可以教育休闲者，让他们知道自己的行为会给其带来很多乐趣的河流湖泊造成什么样的影响。国家清洁划船运动提供了很多链接，帮助划船者和游艇码头运营商找到最佳管理实践。此外还链接了一些有关划船如何影响生态的报告。

一作者 Rebecca Esselman 和 David Allan

过度捕捞和渔业管理

引 言

在许多国家，淡水生物区系都是重要的食物和收入来源。虽然淡水生态系统的捕鱼量只占人类鱼类消费总量的大约12%（820万吨）（FAO 1999a），但淡水鱼是很大比例世界人口蛋白质和微量元素的主要来源，内陆国家尤其如此。例如，约60%柬埔寨人的动物蛋白质都是从大型淡水湖泊洞里萨湖（Tonle Sap）的渔业资源中获得的（MRC 1977）；在马拉维，淡水捕捞为城市和农村低收入家庭提供了70%～75%的动物蛋白（FAO 1996）。虽然遭受捕捞的淡水生物区系主要作为食物来源，它们也有一些附属用途，包括贸易（例如标本、毛皮和某些部位）、医药产品、装饰产品、肥料、生物控制虫害和杂草以及越来越多的休闲用途。休闲渔业也是地方或区域经济的重要组成部分，发展中国家越来越重视休闲渔业的发展，并将其作为一项主要的创收活动。有关休闲渔业发展情况的记录不是很全面，估计全球每年的收成应超过200万吨（FAO 1999）。

不幸的是，本地内陆渔业记录显示，捕捞渔业[18]的捕捞率已超过可持续发展水平（FAO 1996b）。过度捕捞已经导致全球29%的淡水鱼类灭绝（Harrison and Stiassny 1999）。再加上其他的压力，水生生物区系的过度开发和管理不善将会引发整个地区淡水生物多样性的丧失。显然，本地渔业的崩溃也会对把鱼类作为食物来源的人类产生巨大影响。

过去几十年间孵化场和水产养殖业的巨大发展势头与本地渔业的这一下降趋势旗鼓相当。但不幸的是，孵化场和水产养殖业会造成生态损害，投放的鱼类不仅会与本地鱼类争夺生境和食物，而且还会把疾病、寄生虫和掠食动物带到淡水生态系统中来。例如，在北美太平洋的西北部，孵化的鲑鱼把许多剩余的本地鱼类推向了灭绝的边缘；美国东北部地区的鲑鱼和淡水鳟鱼鱼种也有同样的问题。此外，水产养殖生产在过去几十年里迅速增长，掩盖了天然渔业生产下降的事实及其对内陆和沿海生态系统的影响。水产养殖生产可造成以下后果：转换及污染生境、把外来疾病带给本地物种、与本地物种杂交并削弱本地物种、意外释放外来入侵物种等。

虽然有鳍鱼目前是供人类利用的主要淡水动物群，但在局部或某个地区，其他动物群体可能具有重大意义。软体动物用于生产珍珠，若干种哺乳动物用来提供肉类、皮革和入药。表4-6列出了这些动物的名称及其主要用途。

除少数例外，野生状态的水生植物和河岸植物尚未被大量利用。植物集中起来可以用做各种不同目的：食品［如野生稻（*Zizania palustris L*）、螺旋藻、食用天南星科植物（*Araceae*）、芋属植物（*Colocasia* 和 *Cyrtosperma chamissonis*）等］；观赏［如浪草属植物（*Aponogeton spp.*）、猪笼草（*Sarracenia rubra spp. jonesii*）等］；建筑材料（如芦苇作为茅草）；药品。虽然在全球范围内水生植物对人类营养和资源需求的贡献不大，但在一些欠发达地区，它们却可能对当地非常重要，特别是在粮食短缺时期（WCMC 1998）。

过度捕捞和渔业管理对淡水生态系统的影响

要确定过度捕捞和渔业管理对淡水生态系统的影响，第一步通常是对现有鱼量进行估测，然后再对过度捕捞和渔业管理的影响进行估测。捕捞量很难准确估测，因为有关内陆渔业口岸的数据严重不足，发展中国家尤其如此。非法捕捞、未报告捕捞和无序（IUU）

[18] 捕捞渔业指捕捞天然淡水鱼类资源，与通过水产人工饲养的鱼类捕捞相对而言。

表 4-6 内陆水生动物类群的用途

类群	用途
甲壳类动物（淡水螯虾、虾）	食物
软体动物（贝、蛤）	食物、珍珠
青蛙（主要是蛙科）	食物
鳄鱼科动物	食物、皮革和养殖场种苗
龟类动物［甲鱼，特别是软壳龟（*Trionychidae*）］	食物、药用（特别是东亚）
水禽（鸭、鹅等）	食物、狩猎
毛皮动物［海狸、水獭（*Lutrinae* 亚科）和麝鼠（*Ondatra zibethicus, Neofiber alleni*）］	皮毛
海牛目哺乳动物［海牛（*Trichechidae*）］	食物

资料来源：WCMC 1998。

捕捞[19]等活动导致了这方面信息的空白。其中非法捕捞、未报告捕捞和无序捕捞指的是通过使用炸药和其他爆炸物及毒药杀死鱼类的小规模捕捞活动。

尽管对捕捞和渔业管理进行估测也存在着上述困难，还是有估计值显示在过去 50 年间，全球的淡水捕捞总量增加了 5 倍（Coull 1993）。人口数量的增长、捕捞技术和设备的改进都促成了捕捞量的增加。然而，捕捞量的增加已经严重影响了生物多样性，并需对很多种群生物数量的下降和灭绝负部分责任。过度捕捞[20]是导致这一下降的主要因素，特别是在中南美洲、非洲和亚洲地区。尽管总的来说欧洲和北美现在还没有类似的决定性因素，但它们过去的做法和过度捕捞活动也已经使许多物种濒危。例如，西北太平洋的鲑鱼、大湖区的湖鳟、东北部的鲑鱼和美国中西部的贝类，这些物种的过度捕捞已导致当地鱼类数量的急剧下降和灭绝。18 世纪和 19 世纪时，北美为获得皮毛而密集狩猎海狸和河獭，为制造女性服装而狩猎多种湿地和河岸鸟类（如苍鹭、白鹭和鸬鹚），导致这些物种近乎绝迹。过去几十年来的过度捕捞，再加上其他一些可能因素，已使全球范围内的两栖动物和爬行动物种群数量都呈下降趋势（Houlahan et al. 2000）。

在世界上的一些地区，过度捕捞导致了本地淡水鸟类多样性的下降，其程度让人警醒。目前，中国和其他东南亚国家为满足国内和国际市场的需求，对甲鱼的捕捞已威胁到所有的地方特有物种（TRAFFIC 2000）。世界上有些地区把青蛙腿作为食物，而且对此的需求很高，有发现证明，这一点与欧洲、印度和孟加拉国等地本地蛙数量的显著下降有关（Blaustein and Wake 1990）。单法国一个国家的蛙腿年消费量就在 3 000 ～ 4 000 吨，而每吨蛙腿就需要 20 000 只青蛙（Blaustein and Wake 1995）。休闲娱乐、人类生存和非法狩猎也耗尽了整个热带地区的本地鳄鱼数量，亚洲地区尤其如此。在整个亚洲，许多鳄鱼物种现在正面临灭绝或遭受威胁，需立即进行保护。东非的维多利亚湖（Victoria）曾一度物种丰富，但现在过度捕捞幼鱼的行为已导致鱼存量的迅速枯竭。自 1993 年以来，内陆国家马拉维和乌干达的捕鱼量一直在下降，因为所有与维多利亚湖接壤的国家都在捕捞具有重要商业价值的尼罗河鲈鱼（*Lates niloticus*）（ECES 2003）。1996 年，十个国家（其中包括六个亚洲国家）的淡水鱼捕捞量占到了全球总量的三分之二，仅中国一国的产量就高达 170 万吨，占全球总量的 23%。其他捕捞大国按顺序依次为印度、孟加拉、印度尼西亚、坦桑尼亚、俄罗斯联邦、泰国、乌干达、菲律宾和巴西。

除过度捕捞本地生物种群会带来生态后果外，鱼类养殖也会危害淡水生态系统。鱼类养殖支持的是大规模不断发展的休闲垂钓群体。据估计，垂钓者人数每年可达 5000 万，要花掉 240 亿美元。在美国，这一行业提供了 130 万个工作机会。但是，鱼类养殖活

[19] 非法、未报告和无序捕捞包括：（1）违反捕捞法的非法活动；（2）未报告及错报的捕捞行动和收益；（3）与保护和管理目标不一致的捕捞活动。

[20] 过度捕捞指的是为商业或生存目的，对动植物的利用水平超出该物种维持现有种群数量的自然能力，因而威胁到该物种的生存。

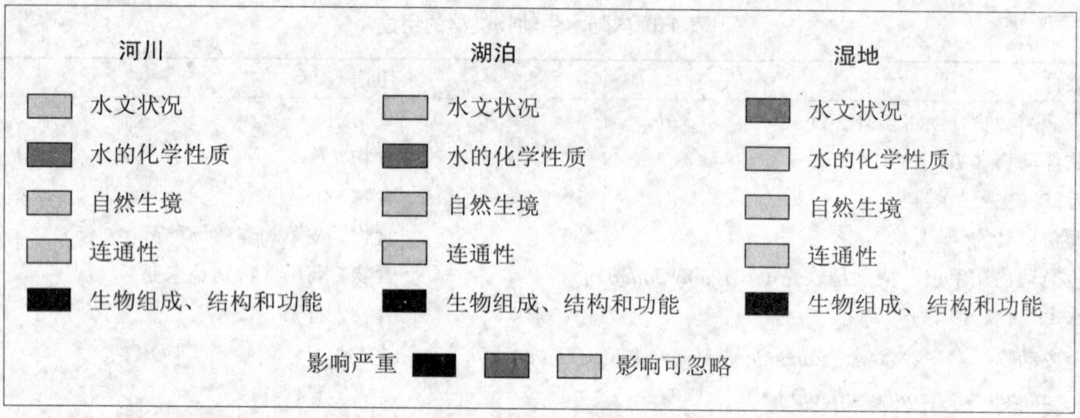

图 4-25 过度捕捞和渔业管理对淡水生态系统影响一览

动会改变淡水生态系统的平衡，把外来物种、基因和疾病带入生态系统。因此我们在做养殖决定时，必须把这些成本也要充分考虑进去。

本部分接下来将指出一些因过度捕捞而濒危的物种，并说明过度捕捞和渔业管理不善是如何危害淡水生态系统的。过度捕捞所造成的具体影响存在着很大的差异，导致这些差异的因素有：具体的生态系统、种群数量管理和特定物种的过度捕捞程度、各生态系统中物种间的相互关系、过度捕捞或管理活动的程度和模式等。本部分不包括过度捕捞和渔业管理对生态要素具体影响的分析。

一、过度捕捞和渔业管理不善导致物种濒危的实例

扩大的产品需求会不断促进对淡水生物区系的过度捕捞和管理。接下来将重点讨论一些因过度捕捞和管理问题而遭受影响的淡水动植物，其中包括哺乳动物、爬行动物、鱼类、软体动物和湿地动物。并用实例说明导致问题的现今和历史根源，以及管理和保护行动的障碍。

（一）哺乳动物

1. 河豚

白鱀豚(*Lipotes vexillifer*)是中国长江的特有物种，如今正面临灭绝的危险。白鱀豚曾经数量众多，有的渔民捕捞白鱀豚作为食物，也有渔民把它作为其他鱼类的竞争对手而对其进行捕杀。20 世纪 50 年代，白鱀豚的数量下降到 6 000 只，今天已不足 200 只（Ames 1991, Mufson 1997）。1975 年以来，中国已立法对白鱀豚进行保护。白鱀豚很可能是所有鲸类动物中遭受威胁最大的物种，被《濒危野生动植物种国际贸易公约》（CITES）列为濒危物种。狩猎、意外捕获、渔民电击、与机动船只碰撞，以及在白鱀豚生境河流上修建水坝、防洪闸门等活动都在促使其数量下降。水坝和防洪闸门不仅妨碍鱼类和白鱀豚的洄游，还会导致它们的食物短缺和繁殖机会下降。尽管已建立了白鱀豚自然保护区，但保护区的面积对于这种在广泛区域内活动的哺乳动物来说太小了。数量稀少的白鱀豚分散在长达 1 900 千米的江水中孤立生活，影响了它们建立和维系社会纽带的能力。此外，水流控制项目的持续发展（如三峡水坝）将进一步打破和改变白鱀豚的生境（Nowak 1997a）。

2. 海牛

海牛曾遍布美国东南部（如佛罗里达）、加勒比和亚马孙地区的河流和沿海海域。18 世纪和 19 世纪，该物种被广泛猎杀，用作食物或用来制造重型皮革。沿海地区的发展也与其数量下降有关。从 18 世纪后期开始，亚马孙海牛（*Trichechus inunguis*）由于商业目的被大量猎杀，而且猎杀活动一直持续了近 200 年。从 1935 年到 20 世纪 60 年代，仅巴西一国每年就要猎杀 4 000 ～ 10 000 头海牛（Nowak 1997b）。面对日益减少的海牛数量，巴西于 1973 年开始从法律上提供保护。然而，生活狩猎和地方商业猎杀仍遍布整个海牛分布区。在哥伦比亚，海牛肉仍在地方市场上出售，而且其价位低于牛肉。在多米尼加共和国和墨西哥，海牛骨用于雕刻和家庭疾病治疗；在波多黎各，一些沿海社区在假日庆祝活动中仍消费海

表 4-7 世界淡水渔业生产报告　单位：百万吨

年份	1990	1992	1994	1995	1996	1997	1998	1999[21]
内陆捕捞量[22]	6.6	6.3	6.7	7.2	7.4	7.5	8.0	8.2
内陆水产养殖量	8.2	9.4	12.1	14.1	16.0	17.6	18.7	19.8
内陆总量	14.8	15.7	18.8	21.4	23.4	25.1	26.7	28.0
内陆＋海洋（全球）总量	99.0	101.7	112.3	116.1	120.3	122.4	117.2	125.2
内陆总量占世界总量 /%	14.9	15.4	16.7	18.4	19.5	20.5	22.8	22.4
内陆捕捞量占内陆总量 /%	44.6	40.1	35.6	33.6	31.6	29.9	30.0	29.3
内陆捕捞量占世界总量 /%	6.7	6.2	6.0	6.2	6.2	6.1	6.8	6.5

来源：FAO 1999。

[21] 初步估计值。

[22] 内陆捕捞量包括在内陆水域捕捞的淡水鱼类和洄游鱼类、淡水软体动物和甲壳类动物的总量。

牛肉，尽管海牛在当地受到法律保护（CSN 2002）。今天，美国约有 2 000 头西印第安海牛 (*Trichechus manatus*) 存活了下来。

3. 海狸

18 世纪和 19 世纪对皮毛的需求促使人们大量猎杀海狸，使得欧洲和北美的海狸（*Castor spp.*）数量显著下降。到 20 世纪初，除偏远地区外，这种以湿地为栖息地的动物已基本从自然生境中消失了。值得庆幸的是，该物种的恢复工作已经取得了巨大的成功。加拿大寒带森林里的海狸数量已恢复到殖民前的水平，在美国也达到了其栖息地的承载水平，这主要归功于立法的努力、物种的重新引进[23]以及管理计划的制订等。例如，针对本地海狸数量的不断下降，1922 年至 1939 年，瑞典引入了 80 只海狸；70 年后，海狸的数量估计已达 100 000 只，而且仍在增加，生活范围也在不断扩大（Bridgham 1995, Göran 1995）。

4. 水獭

巨型河獭（Pteronura brasilienis）是 13 个水獭品种中体型最大的，为南美雨林和河流所特有，因对其皮毛的需求而遭到严重猎杀。1950—1970 年，秘鲁出口了 20 000 张水獭皮；20 世纪 60 年代，巴西出口了 40 000 余张（Grzelewski 2002, WWF 2003, WWF-LC 2003），而实际上猎杀的数量可能还远远不止这些。虽然 1973 年水獭也被列入《濒危野生动植物种国际贸易公约》，委内瑞拉直到 1979 年才禁止猎杀水獭。尽管水獭已被列为保护物种，但其数量尚未反弹，依然面临着遭偷猎者和渔民猎杀的压力。其他压力包括过度捕鱼和污染导致的食物来源不足、生境丧失和疾病等。目前水獭数量的估计在 1 000 ～ 5 000 只。

（二）贝类

除经济价值外，淡水贝类还有重要的水质保障功能。贝类属滤食性动物，为获取氧气和食物，贝类每小时可泵出 40 升的水。此外，贝类还是河流、池塘和湖泊的重要监测指标，因为它们：①对环境条件敏感；②生长缓慢，寿命长；③位于食物链靠近底部的地方；④依靠寄主（鱼类）来繁殖。贝类繁殖的成功取决于水的条件（如温度、养分和氧气水平）和寄主鱼类的存在。如果没有寄主鱼类，贝类的生殖循环便无法完成。大多数贝类品种只有一个寄主鱼类[24]。

美国拥有世界上最多种类的淡水贝类，约有 300 ～ 1 000 个不同品种。尽管贝类具有重要意义，分布也很广泛，仍然有 72% 的美国贝类品种濒危、受到威胁或需要特别关注（Williams and Neves 2003）。虽然环境条件的恶化（如泥沙沉积、污染和

[23] 物种的重新引进是指生物在某个历史时期因人类活动或自然灾害从其自然生境消失或灭绝后，人们把该生物有意转移到本地的做法。该做法是保护环境的一个工具，其重要性越来越大。

[24] 例如，鳟鱼是东部珍珠贝类（*Margaritifera margaritifera*）的寄主。鲱鱼漂浮贝 (*Anodonta implicate*) 只寄生在 3 种溯河鱼类身上：美国鲥鱼 (*Alosa sapidissima*)、鲱鱼(*Alosa pseudoharengus*)和蓝背西鲱 (*Alosa aestivalis*)。适应性较强的鲤鱼 (*Cyprinus* spp.) 和白亚口鱼 (*Catostomus commersoni*) 是东部漂浮贝类 (*Pyganodon cataracta*) 的寄主。

（上图）：白鱀豚，又名中国江豚。
图片提供：Institute of Hydrobiology, the Chinese Academy of Science
（下图）：成年海牛和哺乳中的小海牛。
摄影：Gaylen Rathburn/USFWS

水流调控）及入侵物种（如斑马贝类）是主因，但过去对贝类生物的彻底捕捞也使得其数量严重下降。

美国对贝类的大量捕捞开始于19世纪中期，最初是作为淡水珍珠的来源，然后用于纽扣生产，最后用于珍珠养殖。收成的压力和恶化的环境条件导致美国东北许多地区贝床的消失，特别是密西西比州、俄亥俄州以及田纳西河流域。在纽扣（珍珠）产业时代，至少有50种贝类（其中20种在今天被认为濒危、受到威胁或需特别关注）得到开发利用。1968年，贝壳出口（出口到日本，发展珍珠养殖业）已超过22 000吨。在纽扣业发展高峰期（1916年），共生产了近60亿颗纽扣（Anthony and Downing 2001）。20世纪90年代，贝类出口下降到约4 500吨的水平（Baker 1993）。尽管美国有些州和地方实施了管理和捕捞限制（如对大小、贝种、捕捞季节、捕捞方式的限制和征收许可费等），仍然缺少相关联邦规定，除非该品种已被列入联邦贝类濒危和遭受威胁品种名单（Williams and Neves 2003）。

（三）甲鱼

在全球范围内，约有290个淡水甲鱼和乌龟品种，大部分分布在亚洲（90种以上）、南美洲（60种以上）和北美洲（55种以上）。有些品种分布在不止一个地区，但其余大部分都只限于一个地区。例如，澳大利亚和巴布亚新几内亚的所有甲鱼品种及亚洲的大部分品种都是地方特有种。南北美洲是甲鱼分布区域发生交叉的主要地区（CI 2002）。甲鱼的这种地方特有性为保护工作带来了挑战。大范围捕捞和环境条件的恶

海狸。图片提供：Fish and Wildlife Service

化给这些物种带来了威胁；甲鱼数量下降可带来很严重的后果，但可能不会马上被认识到。甲鱼的生命特征（如长寿、成年甲鱼的高存活率、低能量补充、多习惯类型等）使其难以在长期的压力（如过度捕捞或生境退化）下恢复种群数量。因此，甲鱼的天然数量不太适合可持续性捕捞计划。

最近对甲鱼需求的增加，特别是在亚洲，已使很多野生品种濒临灭绝。所有亚洲品种都用于商业捕捞，其中 75% 要么已遭受威胁，要么已经濒危，18 种已经极危。一种叫做云南闭壳龟（*Cuora yunnanensis*）的品种被认为已经灭绝（CRF 2000）。集中贸易是目前大部分亚洲甲鱼品种所面临的最大威胁（Van Dijk et al. 2000）。其他捕捞压力来自食物、滋补和药用，以及宗教（佛教）仪式的放生。1996 年，香港进口了 3 500 吨甲鱼供食用，这意味着共有 300 多万只甲鱼丧生；1998 年，这一数字增加到了 12 000 吨。

美国每年出口超过 700 万只甲鱼作为宠物或食物，进口超过 30 000 只，其中大部分是在野外捕获的（Orenstein 2001）。在美国的 55 个甲鱼品种中，有 25 个（45%）需要采取保护行动，21 个（38%）受到或正准备接受《濒危物种法案》的保护（ENN 1999）。1993 年以来，美国有些年份出口约 10 000 只软壳甲鱼，但有些年份出口数字超过 30 000 只（CTTC 2002）。美国明尼苏达州最近几年的淡水鳄龟科甲鱼的年捕捞量为 40 吨，加拿大南安大略省为 50 吨。路易斯安那州的一个批发商在 20 世纪 80 年代中期的两年间共采购了 17 吨（1 200 多只）鳄龟科甲鱼（Burke et al. 2000）。

科学家已经证明，某一品种的年捕捞率哪怕仅有 10%（如鳄龟科甲鱼），15 年后也会导致成年甲鱼数量下降 50%。另外，对普通和保护品种甲鱼卵的捕捞也使得问题复杂化。捕捞成年甲鱼和甲鱼幼苗可导致甲鱼数量的下降，而甲鱼卵的损失则又为要降低这一下降速度的工作增加了困难。根据上述种种事实，现在的淡水甲鱼捕捞率显然是不可持续的，并已导致甲鱼数量的下降。有关全球甲鱼捕捞及其影响的详情，请参阅 R. 奥伦斯坦（R. Orenstein）所著的《身穿盔甲的幸存者》一书。

（四）鱼类

1. 鳗鱼

美洲鳗（*Anguilla rostrata*）是一种生长缓慢、成熟晚且在海中产卵的淡水鱼，其栖息地有海洋、海岸和入海口、河川、湖泊和池塘，地理分布包括南格陵兰、北美东海岸、圣劳伦斯河（St. Lawrence）和安大略湖（Ontario）以及密西西比河流域，但其产卵地仅限于巴哈马以东的马尾藻海（Sargasso）。

美洲鳗在不同的生长阶段都可捕捞食用，如幼年鳗、未成熟鳗（黄鳗）和成年鳗（银鳗）等。20 世纪七八十年代，美国鳗鱼的商业捕捞率约为每年 2 000

中国广州市场上出售的各种甲鱼。
图片提供：Andreas Budischek, Vienna, Austria, ISV——International Schildkroeten Vereinigung/Tortoise Trust

吨，1981 年，马里兰州和弗吉尼亚州的商业打捞量[25]都超过了 318 吨（NOAA 2003）。打捞量的增加已导致鳗鱼数量的显著下降。例如，洄游到安大略湖的未成年鳗鱼数量已从 1985 年的约 935 000 条降到 1993 年的约 8 000 条，到 2001 年已接近于零。纽约州、弗吉尼亚州以及加拿大的新伯伦瑞克省和爱荷华王子岛也有鳗鱼数量下降的记载（Sea Web 2003）。除打捞量增加外，其他导致鳗鱼种群数量下降的威胁还包括生境的丧失、污染、未成年鱼无法游经水电机组、外来寄生虫病以及海洋地理变化等。有关鳗鱼种群数量下降的程度和地理分布、人类活动的影响及该物种的生命进程和生态的记载也都比较有限。此外，该物种所引起的管理层的关注很有限，人们也未开展工作来监测其种群数量的变化趋势以及了解其生存所面临的潜在威胁（Sea Web 2003）。

2. 鲟鱼

全球共有 27 个品种的鲟鱼及与其有亲缘关系的匙吻鲟（*Polyodon* spp.）。鲟鱼通常体型庞大（某些品种的鲟鱼身长可超过 4.5 米，重达 1 吨），比较长寿（有的寿命可达 100 余年）（NRDC 2001），而且全都溯河产卵。最近，对里海高价白鲟（*Huso huso*）鱼子酱的需求增加，导致了对该物种的密集捕捞。在过去 20 年里，合法与非法捕捞以及其他因素致使鲟鱼的数量下降了 90% 还不止，许多品种的鲟鱼正面临从本地绝种的威胁，究其原因，有过度捕捞、污染、生境的丧失和水文的改变等。

就在不久以前，里海供应全球95% 的鱼子酱生产；但官方的捕捞数据显示，白鲟的捕捞量已从 20 世纪 70 年代的峰值 30 000 吨降到了 90 年代末峰值数字的十分之一。据估计，前苏联四个共和国的非法捕捞量要比合法捕捞量高出 10 ～ 12 倍。最近一个有关白鲟的报告显示：① 85% 的白鲟都是未成年鱼（平均年龄为 8.4 岁），这就意味着鲟鱼种群数量已被严重消耗，几乎无法通过自然补充来维系；② 7 年内成年鱼的数量下降了 40%，在很多区域甚至没有发现成年鱼样本；③在历史上种群数量曾经庞大的地区，白鲟的数量也有显著下降。美国进口的鱼子酱占所有合法捕捞所生产鱼子酱的 80%，其价格要高出全球市场的平均水平（CITIES 2002）。

为保护白鲟免于灭绝，2001 年签署了《巴黎协议》，使 2002 年五个鲟鱼品种的捕捞量下降了 10%，其中整个里海的捕捞量为 142 吨（CITIES 2002）。然

[25] 打捞量指的是在某个时期内某地捕捞的所有鱼量，不仅限于登陆量，也包括虽捕捞上来但最终被释放以及丢弃的鱼；打捞量可以按重量或数量来计算。相反，捕捞量指的是某一时期在某地捕捞并保留下来的所有鱼的重量或数量。登陆量指的是商业渔民卸载在码头上以及被休闲垂钓者拖上岸的鱼的数量或重量。登陆量在鱼登陆上岸时进行报告。

美洲鳗。
插图：Duane Raver/USFWS

而，很多资源管理者仍认为这一容许捕捞量依然不可持续，所以提出了全面临时禁捕的建议。鱼类及野生动物管理局最近建议把白鲟列为《濒危物种法》濒危物种，从而全面禁止所有鲟鱼鱼子酱的进口（Caviar Emptor 2002）。目前，美国进口的鱼子酱占所有合法捕捞生产的 80%。

3. 鲑鱼

尽管鲑鱼（*Oncorhynchus* spp.）曾一度数量众多，但现在已被过度捕捞，而且由于丧失了合适的生境，已不可能完全恢复到原来状态。西北太平洋的鲑鱼已从历史上 40% 的栖息地消失，其中包括华盛顿州、俄勒冈州、爱达荷州和加利福尼亚州（NRC 1995）。太平洋沿岸原有约 400 个群体[26]的鲑鱼和硬头鳟，现在也已经有一半因过度捕捞和其他因素而绝迹了，即使在现存群体中，几乎 80% 也都处于高度和中度灭绝危险之中（Nehlsen et al. 1991）。太平洋鲑鱼品种的急速下降始于 19 世纪和 20 世纪之交，此前大部分鲑鱼的捕捞量都达到了峰值（大鳞大麻哈鱼的峰值捕捞量出现在 1883 年，红鲑出现在 1898 年，硬头鳟出现在 1892 年）（NPPC 1986）。到 20 世纪 90 年代末，太平洋鲑鱼的丰度只有 19 世纪时的 10% ～ 15%。鲑鱼丰度的下降给整个地区的所有社区都带来了经济损失，导致失业率的攀升。但是，鲑鱼依然是地方经济的主要来源。就在 1988 年，仅华盛顿一州，运动和商业鲑鱼捕捞还给地方经济带来了超过 12.5 亿美元的收入（NCSE 1999），但 1996 年的收入却降至了 1.96 亿美元。

与太平洋鲑鱼相似，大西洋鲑鱼也是一种珍贵的商业和运动鱼种，有着重要的养殖价值。它们一生的大部分时间都生活在北大西洋（从北极圈到东大西洋的葡萄牙）和西大西洋（从冰岛和南格陵兰以南到美国的康涅狄格河）。大西洋鲑鱼一般会在一生中回到出生地河流一到三次产卵[27]。最近 20 年来，大西洋鲑鱼的数量也在下降，现在正处于历史最低水平，一些鲑鱼数量已下降五成。1994—1999 年，可以洄游到北美洲河流的成年鲑鱼数量从 200 000 条降到了 80 000 条（ASF 2002）。1999 年，只有 1 452 条成年鲑鱼洄游到了美国的河流。与太平洋鲑鱼一样，导致大西洋鲑鱼数量下降的原因包括过度捕捞、生境的破坏、环境污染以及水坝和其他障碍导致鲑鱼无法洄游到产卵地。另外，也可能与海洋水温发生变化有关系。

1999 年，美国《濒危物种法》把 26 个不同种群的太平洋鲑鱼列入保护范畴（NCSE 1999）；2000 年，大西洋鲑鱼也被列入保护名单（NOAA 2000）。政府连同商业利益群体正积极努力，防止鲑鱼物种的进一步灭绝。这些努力包括：①减少海洋捕捞；②改善生

[26] 群体指的是一个物种的一部分，拥有环境适应性的遗传差异。各群体都有其独特之处，但适应性可能不明显。“群体”概念是 1940 年由 W·里奇（W. Rich）提出的，对渔业管理特别是鱼类保护具有重要意义。

[27] 太平洋鲑鱼和大西洋鲑鱼的一个主要区别就在于：大西洋鲑鱼一生中可以洄游到出生地河流不只一次，而太平洋鲑鱼只能产一次卵。

白鲟。
摄影：Alexander Masur

境条件，包括进入产卵地的容易程度；③孵化场饲养和本地品种的投放；④发展海上养殖[28]，防止耗尽本地种群；⑤自愿废止商业许可证。有关太平洋鲑鱼历史和现状的详情，可参阅一本不错的文献，即 J. 里察托维奇（J. Lichatowich）写的《失去河流的鲑鱼》一书。

4．鳟鳕鱼

鳟鳕鱼（*Maccullochella macquariensis*）是一种攻击性比较强的顶级掠食性动物，主要以水生昆虫、甲壳类动物和小鱼为生。鳟鳕鱼最初发现于整个墨累—达令（Murray-Darling）河系（澳大利亚的新南威尔士州和维多利亚州），目前仅存两个野生繁殖种群［墨累河部分流域，还有部分迁移到了七溪河（Seven Creeks）］。鳟鳕鱼数量的严重下降可归因于过度捕捞、生境的碎裂和退化（尤其是暗桩和淤积）以及水文的改变。尽管鳟鳕鱼已处濒危状态，捕捞的压力仍然存在，或许部分原因是其外观类似墨累鳕鱼（*Maccullochella peelii peelii*）。鳟鳕鱼恢复计划包括重新选定曾是其历史生境的河流，进行包括清除泥沙、制造微波水流、提供额外的植被覆盖、去除河流里的暗桩等在内的生境改善（Brown et al. 1998, NFAI 2001）。

（五）湿地植物

植物爱好者的收集、商业零售以及这些活动的间接后果（如排水、污染、水文状况的变化）和自然压力（如疾病、天气条件等），可导致一些湿地植物物种数量减少，甚至在当地绝迹。一些植物受到威胁，部分是由于过度采伐，目前已列入保护名单或作为候选保护物种的植物包括：山地猪笼草（*Sarracenia rubra* ssp. *jonesii*）、绿色猪笼草（*Sarracenia oreophila*）、沼泽石竹（*Helonias bullata*）和韦纳奇山（Wenachee）区的棋盘锦葵（*Sidalcea oregano* var. *calva*）。联邦政府和各州机构为保护濒危和已遭受威胁物种名录上的物种，采取了养护和制订管理计划等措施，其中包括消除胁迫因素（如改善被改变了的水文、清除入侵物种、对采伐进行监测等）。

二、过度捕捞所造成的生态危害

大规模的淡水捕捞往往针对目标物种、适当年龄和体型的鱼类进行。过度捕捞会减少物种的种群数量，使其达到临界值，大大增加物种灭绝的可能性。偶然事件如气候压力（如干旱）、性别比例的随机变化、疾病或者人为的进一步干扰，都会使物种恢复的可能性变成几乎为零（Soulé and Simberloff 1986）。在被严重开发利用的地区，捕捞的累积效果一般会逐步改变基因的组成，而成年生物的年龄和体型往往都会变小。捕捞繁殖期的生物（如正在产卵的鲑鱼）会导致基因无法变异，使以后的物种处于天然或人为压力所带来的危险之中（Harvey 2001）。

[28] 海上养殖指的是咸水鱼类的养殖。

华盛顿州皮吉特湾一次作业捕获的鲑鱼（1900 年前后）。图片提供：Museum of History and Industry

过度捕捞和渔业管理不善有可能导致关键物种的减少或消亡。关键物种的存在与否，可决定一个生态系统的营养结构（食物网互动）以及生物地球化学和生物地球物理间的重要关系。由于物种间是通过营养关系相互联系的，如捕食动物－被捕食动物、宿主－寄生等，一个物种的消亡可引发生物组成和群落功能的多米诺效应。物种丧失的影响可以体现在多重空间尺度上，可从河流流经之处遍布到整个流域。这些影响通常表现为食物链的断裂和生境的变化。对一些物种来讲，这种多米诺效应会被食物网冗余[29]部分抵消。

在资源处理、对物理环境的影响和与其他物种的互动方面，不同物种有着不同的速度和途径。因此，物种构成的变化倾向于通过改变生物区系的功能特点来改变生态系统。生态系统的进程可以发生改变（如植被对氮的吸收），进而影响群落进程（如竞争和食草性），这些变化又可回过头来进一步改变群落构成。物种引发的生态系统进程的变化还会改变区域性进程，如海狸塘的甲烷排放、养分转换、水的净化等，并可把影响扩大到物种原始生境以外的地方（Chapin et al. 1997）。例如：

- 海狸是生态系统的工程师，可改变水文、通气性和土壤的碳输入。海狸修建水坝和更改河道，增加了湿地洪流的面积范围、深度和持续时间，这些改变可影响甲烷和二氧化碳等温室气体的生成。
- 通过滤食性进食方式，贝类可影响浮游植物的生态、养分循环和水质。双壳贝每天的过滤速度估计为水柱的 10% ～ 100%。此外，软体动物还是淡水宏观底栖生物量的一个重要组成部分，其寄生虫幼虫会影响鱼类的死亡率（Strayer et al. 1999, Anthony and Downing 2001）。
- 溯河鱼类是在海洋和河流之间运输营养物质和能量的重要载体。虽然大多数鲑鱼种群大部分时间都生活在海洋中，但它们最终会返回河流和溪涧产卵并死亡。产卵后的鲑鱼尸体是水生无脊椎动物和其他直接以鲑鱼组织为食的动物的重要食物来源，间接地也为以这些动物为食的动物提供了食物来源。此外，有证据表明，沿岸植被由于吸收了源于鲑鱼尸体的营养物质，也可直接从中受益。此外，有些动物被鲑鱼尸体和其他偶然觅食的机会吸引过来，增加了种子的传播机会，沿岸植被还可间接从中受益。

[29] 食物网冗余指的是食物网中具有相同“功能”的链接数量。复杂的食物网通常冗余也比较高。

表 4-8 经济上和生态上都具重要意义的美国鱼类（过度捕捞已导致种群数量衰竭，现已列入濒危物种）

名称	地点	主要原因	备注
大西洋鲑鱼 (*Salmo salar*)	北大西洋、加拿大东南和美国东北部的河口以及从俄罗斯的白海到葡萄牙	污染、商业漂网捕捞和水坝	
白鲟 (*Huso huso*)	俄罗斯里海	生境丧失、污染、水坝、过度捕捞和偷猎	
骨尾鱼 (*Gila elegans*)	美国科罗拉多河流域	被视为“垃圾鱼”遭投毒、生境丧失、水坝和水流控制	曾经是该流域最丰富的鱼种
沿海切喉鳟 (*Oncorhynchus clarki clarki*)	美国的华盛顿州和俄勒冈州	生境丧失、孵化场和过度捕捞	
科罗拉多大白鱼 (*Ptychocheilus lucius*)	美国科罗拉多河流域	被视为“垃圾鱼”遭投毒、生境丧失、水坝和水流控制、外来物种入侵	历史上生境众多，曾是人类重要的食物来源
弓背鲑 (*Gila cypha*)	美国科罗拉多河流域	被视为“垃圾鱼”遭投毒、生境丧失、水坝和水流控制、外来物种入侵	缓慢、平稳恢复中
美洲鲑 (*Oncorhynchus clarki henshawi*)	美国内华达州和加利福尼亚州的特拉基河和沃克河（Walker）流域	水流改道、污染、过度捕捞、外来物种入侵	
三角亚口鱼 (*Deltistes luxatus*)	美国克拉马斯流域（俄勒冈州/加利福尼亚州）	水坝、水流改道、过度捕捞、污染、生境丧失、泥沙	
太平洋鲑鱼 (*Oncorhynchus* spp.)	东北太平洋、美国西北部和加拿大西北部河流	历史上的过度捕捞、水坝、泥沙、孵化渔业生产、生境丧失	
密苏里铲鲟 (*Scaphirhynchus albus*)	美国密苏里、黄石下游、密西西比和阿查法拉亚（Atchafalaya）等河流	河道整治、防洪堤、蓄水、污染、过度捕捞	
剃刀背胭脂鱼 (*Xyrauchen texanus*)	美国科罗拉多河流域	被视为“垃圾鱼”遭投毒、生境丧失、水坝和水流控制、外来物种入侵、污染、激素干扰物污染	
短吻鲟 (*Acipenser brevirostrum*)	美国东海岸的河口和河流生境	副渔获物、吸水截留、污染、过度捕捞、水坝和桥梁建设、生境改变、疏浚	

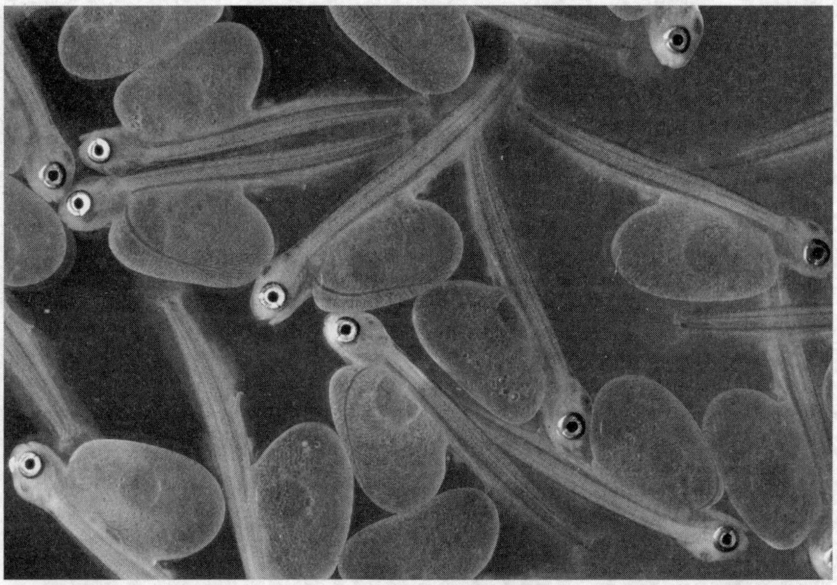

新孵化的鲑鱼苗。
图片提供：Fish and Wildlife Service

减轻／减少过度捕捞对淡水生态系统影响的策略

纵观全球，资源管理者、政策制定者、企业和消费者一般都能认识到这一点，即维持生物资源的可持续生产必须要采取防止过度开发的策略（Coates 2001）。这些策略包括技术改进（如设备、监控野生物种的捕捞情况和现状、改善孵化行为）、以保护环境为目标的法律限制（如确定捕捞的限度和时机、法律实施机制等）以及地方社区的工作。

一、技术策略

减少过度捕捞和管理不当危害的技术策略包括改进捕捞方法和活动或者改善渔业管理自身。下面将就这两种方法进行讨论。

（一）改进捕捞方法和活动

用于饲养和收集野生和非野生鱼群（水产养殖和孵化）的捕捞方法和行动本身有可能会导致过度捕捞。改进不同物种的捕捞方法和行动的技术策略包括以下几种。

1. 野生物种

商业捕捞的一些网鱼方法会把非目标鱼类也捕捞上来。无论是在发达国家还是发展中国家，网鱼都会带来大量的副渔获物[30]。相较河流而言，在海洋捕捞洄游淡水鱼类（如鲑鱼和鳗鱼）和在大型湖泊系统［如非洲的维多利亚湖、坦噶尼喀湖（Tanganyika）以及北美的大湖区］捕捞时，问题尤为严重。据估计，淡水副渔获物约占总捕捞量的25%（FAO 1996b）。

改进捕捞设备和技术可以大大减少捕捞卸鱼的非目标鱼种。选择性捕捞可用于商业和休闲渔业，有助于监控鱼类种群数量。渔轮[31]和渔栅曾广泛用于西北太平洋鲑鱼的捕捞。这两种工具都可捕捞到目标鱼类，并让非目标鱼类继续洄游产卵。活鱼捕捞免去了渔网和鱼钩（高致死率的原因所在）的使用，不仅可以将即将产卵的雌性鱼释放回去，同时还提供了标志流放的机会，释放捕捞上来的鱼以进行监测（鱼群的健康状况），这一方法可以在传统的渔网捕鱼作业结束之后使用。使用渔网捕鱼时，要选择合适的设备，以防将尺寸太小的鱼类或非目标动物（如海狸、甲鱼）捕捞上来，这一点非常重要。使用鱼钩捕渔时，改变诱饵和鱼饵的类型和尺寸对于减少非目标物种捕捞很有效。另外，避免使用铅坠还可降低因铅中毒而导致的

[30] 副渔获物是捕鱼时被捕获但不留下来作为商品出售的鱼类、鸟类、甲鱼和哺乳动物，要么是因为其商业价值低或性别不对，要么是因为不符合管理规定。

[31] 渔轮的工作原理是通过水下机械铲斗在鱼类溯流而上时捕鱼，并把鱼转移到活鱼栏里。鱼栏位于河流之上，流动的水流可给鱼栏供氧。然后用没有结的网状浸网把非目标鱼类放回河流中，把符合规格的鱼运上岸。

越南谭江潟湖（Tam Giang Lagoon）的水产养殖业。
摄影：Paul Insua Cao

湿地水禽的死亡率。

2. 水产养殖

水产养殖[32]有四个主要市场：①人类和动物的食物；②补充本地鱼种；③观赏鱼；④运动捕鱼。其中人类消费是最大的市场。从全球来讲，供人类食用而生产的鱼类包括鲤鱼（*Hypophthalmichthys molitrix, Gypfinns carpio* 及其他）、河鲶（*Ictalurus punctatus*）、罗非鱼、鳗鱼（*Anguilla* spp.）、虱目鱼（*Chanos chanos*）、虹鳟鱼（*Oncorhynchus mykiss*）以及鲑鱼（*Salmo salar*）。尽管水产养殖可以降低捕捞野生鱼群的压力，但也对环境提出了一系列挑战，因为养殖业可能会威胁生态系统的功能、生物多样性及水生动植物的健康。这些挑战包括资源枯竭、水质恶化、物种杂交、遭受捕食以及感染疾病等。对环境安全的养鱼场应该做到：①不应以周围的生态系统为基础，也不该对其进行部分开发；②避免拥挤；③使用农业和其他有机及加工过的废料做食物，不使用鱼食；④遵守有关非本地物种、外来物种和转基因物种等的预防性措施。

3. 孵化场

尽管目前还没有全球孵化场产量的系统数据，但据估计，每天世界各地的孵化场约生产 1.8 亿尾鱼苗，其中 99% 是有鳍鱼。大部分鱼苗最终都要投放到野外，仅北美投放的孵化鲑鱼鱼苗就达 50 亿尾（Harvey 2001）。发展孵化场的目的有：①作为过度捕捞的补偿；②作为生境退化或丧失的补偿；③作为自然变化的缓冲；④为捕捞提供更多储备；⑤保护遭受威胁的鱼群和物种。孵化的鱼类会带来以下威胁：①捕获的样本是孵化和野生群体的混合体；②散播疾病和寄生虫；③野生群体的基因杂交会威胁它们的适应能力；④竞争食物和其他资源，出现负面群体互动；⑤孵化鱼类的适应能力下降；⑥作为生境保护和捕捞管理的替代，逃避实质意义上的环境改善和管理需求（Lichatowich 2003, NWFSC 2003）。

（二）改进管理计划

保护淡水生物多样性，必须要制定对生态安全并且可持续发展的资源管理方案。这些方案的基本纲领包括制定和实施国家及地区的捕捞指导原则和管理计划。此外，强有力的法律和政策统辖对有效管理也至关重要。然而，很多商业和休闲渔业的管理计划还达不到预期效果，究其原因是因为群体丰度、商品价格、捕捞成本、政治限制和财政预算等因素存在着不确定性，还有就是对目标物种的生物特征缺乏足够的了解

[32] 水产养殖指的是饲养鱼类和其他水生生物。在陆地上进行的水产养殖可与农业结合，比如把鱼苗放养在稻田或池塘里（特别是在发展中国家）；在水上进行的水产养殖可直接把鱼苗投放到一个封闭的水域里，或者使鱼苗附着在河川、湖泊、水库或河湾的基质上。

(Hilborn 1994)。为解决这些问题，应具体针对目标物种、环境条件和当地的社会/经济利益形成一个管理框架。管理计划应包括以下有关因素：

- 以科学建议为基础，在预防性为主的大原则下确定年捕获量。
- 包括以生态系统为主导的、时间跨度为多年的管理策略，并应涵盖所有捕捞物种，在确定捕捞量时必须考虑这些内容。
- 使用重视物种保护的设备和技术（如选择性捕捞设备、给渔网上安装出口窗、采取措施减少未成年鱼和非目标物种的丢弃）。
- 从时间和空间上把捕捞区分割成捕捞期/区和保护期/区，并保证分区的实施，从而替换传统的广域渔业；分区应以研究为基础，依从科学建议。
- 在物种处于濒危状态的地方禁止或减少捕捞（无论是商业捕捞还是休闲捕捞）。
- 进行对渔业活动必要的监督和检查。
- 考虑提倡：

－如果捕捞能力超过可用资源和可持续捕捞指导原则限度时，鼓励减少商业捕捞。

－限制或取消对商业捕捞的补贴，因为在历史上，这种做法曾促使人们进行更多的捕捞活动，给资源带来了压力。

－为买断捕捞许可提供便利，以鼓励提前结束捕捞活动。买断可作为最大限度减少过度捕捞的一种方式，并可帮助其他捕捞者实现更高的捕捞率，从而确保为就业部门提供更为安全的财政环境。

淡水生物区系通常被认为是免费的公共财产，因此很容易被开采。阻止过度捕捞的行为是否有效因地理位置不同而存在差异，而且通常也是地方和区域经济和文化的一个职责。激励计划、定价机制以及政治、市场和制度的稳定性都会影响管理计划的有效性(Klaphake et al. 2001)。

二、法律和制度策略

各级政府的政策对改善渔业管理都是必要的。幸运的是，地方、国家和国际制度以及法律工具都鼓励采用安全的淡水生物区系管理政策和计划，详见下文。

（一）美国的制度和法律规定

在美国，州级法律部门和公共机构负责大部分的淡水物种管理工作。这些机构（各州鱼类、猎物或野生生物部门）负责向河流投放非本地鱼种，来满足休闲需求，同时也会把本地鱼种介绍到新的河段。要改善淡水生物的多样性，应该从影响各州机构的政策和实践开始。

联邦法律部门和公共机构也负责管理美国的淡水物种，特别是那些被《濒危物种法》列为已遭受威胁的濒危物种以及被过度捕捞的物种，或是《自然与风景河流法案》(WSRS)指定河流上的关键繁殖地和取食地。美国主要负责渔业管理的联邦机构包括鱼类和野生动物管理局和环保局。鱼类和野生动物管理局已经有120余年的鱼类资源管理历史，掌管着“国家鱼类孵化系统”，负责饲养和投放本地及非本地鱼种到全美国的水体中。环保局管理休闲捕捞活动，而休闲捕捞会影响水质和淡水生态系统内的水生生物。

影响公共机构对休闲捕捞活动进行管理就是在支持淡水生物多样性，因此，美国渔业协会（AFS）推荐以下做法来完善相关的管理办法和规定（AFS 2003）：

- 包括以下渔业目标：既现实又能够实现，并且可以衡量；符合更广泛的生态管理目标；垂钓者容易理解。
- 让垂钓公众参与特别条例规划、制定和实施的各个阶段，从而尽量减少冲突。
- 包括评估措施，要认识到财政和时间限制；还要包括同行审查的评价方法，以此来预测和尽量减少可能存在的不足之处。
- 要认识到在执行和评价特别规定时经常会出现一些意外问题（如集中捕捞的压力、由于鱼钩和处置不当而导致死亡的比率上升等）。
- 与公众和专业团体沟通评估结果。

（二）国际制度和法律规定

对生物多样性威胁认识的逐步加深，已促使人们在联合国框架内或以外修改现有的宣言、公约和国际组织，并制定新的宣言、公约和国际组织。虽然诸如此类的许多工具并非是专门针对淡水生物区系的捕捞活动的，但它们解决的都是可持续发展问题（因此也是反对过度捕捞和保护濒危物种的规定），如《拉姆萨尔（湿地）公约》、《联合国气候变化框架公约》和《国际水道公约》等。

下述国际法和协议对过度捕捞尤为重要：

联合国《海洋法公约》（LOS）：其中的《生物资源规定》（Buck 1994）包含了溯河洄游鱼类和降河洄游鱼类的有关规定：

一溯河洄游鱼群（如鲑鱼、鲟鱼和花条鲈）：联合国《海洋法公约》把溯河鱼群体的主要利益和责任分派给这些鱼类的本地国家。“专属经济区”（EEZ）[33] 以外的溯河洄游鱼群管理条例的实施将通过谈判达成协议。

一降河洄游鱼群（如美洲鳗鱼）：因为这些物种大部分时间都生活在沿海地区，所以联合国《海洋法公约》让沿海国家承担管理责任，并禁止在公海进行捕捞。如果这些物种洄游时要通过几个专属经济区，则需要进行国际合作。

《生物多样性公约》（CBD）：公约有三个目的，即促进生物多样性保护、生物多样性构成成分的可持续利用以及公平、公正地分享生物资源所带来的利益。公约规定了各种义务，要求各签约国履行，包括：①保护辖区内的生物多样性，并在保护辖区外生物多样性时给予合作；②制定并实施保护和持续利用生物多样性的策略和计划等；③监测生物多样性的各种因素；④支持研究、培训和普及教育，以增强对生物多样性重要性的认识（CIESIN 2003）。

《濒危野生动植物种国际贸易公约》（CITES）：该国际协议的目的是确保野生动植物的国际贸易不会对其生存构成威胁，从而为全球 30 000 多个动植物物种提供了不同程度的保护。公约保护的物种包括三组：面临灭绝威胁的物种；不一定遭受灭绝威胁的物种，但必须对其贸易进行控制，以避免威胁其生存；至少在一个国家受到保护的物种，并要求其他公约成员帮助控制其贸易（CITES 2003）。该公约尽管对缔约国有法律约束力，但仍无法替代国家法律；另外，它只为缔约国提供了一个框架，各缔约国在此框架下可采用自己的国内立法来确保公约在国家水平得以实施。

除这些多边工具外，国际上还有很多确立并实施渔业管理计划的双边协议。例如，美国积极与加拿大签署协议，为鲑鱼提供双边保护，并对大西洋和太平洋鱼群提供更为广泛的区域性保护。

很多国际组织通过提供有关鱼群现状、发展趋势、分布和利用情况的全面信息，来支持生物资源保护和可持续管理的有关政策和行动。它们与主要国际公约的秘书处和其他机构（如联合国粮农组织、国际环境和发展研究所等）合作，以方便成员国间的信息传递和政策协调。这些组织和机构的代表包括：世界保护和监测中心（WCMC）、世界自然保护联盟（IUCN）、联合国环境计划（UNEP）以及世界自然基金会（WWF）等（WCMC 2000）。

三、社区策略

生活在河川湖泊流域并以自给性渔业为生的人们是生态系统的一部分。很多人一生的大部分时间都在日复一日地观察着生态系统，并在利用生态系统带给他们的利益（如鱼类）。他们对生态系统的了解既包括生态方面的（如鱼类捕获的重要意义），也包括利用方面的（如人类对鱼类的消费、加工和销售）。这种地方知识可以跨越很长的时间范畴，往往超过个人的寿命。因此，减少过度捕捞威胁的策略若要取得成功，就需要当地的信息和社区支持。例如，有人对整个湄公河流域当地的各种信息进行了系统的编纂，这些信息对在湄公河委员会指导下进行的流域规划具有重要价值（Bao et al. 2000; Valbo-Jφrgensen and Pousen 2000）。此外，突出地方性还可带来其他好处，即促使地方社区和政府机构合作，朝着共同的目标努力。与利益相关者一起工作，通常可提高他们参与渔业管理的积极性和参与程度，其中包括进行监测和数据收集。

一作者 Ronald Bjorkland 和 Catherine Pringle

[33] 专属经济区（EEZ）指的是沿海国家可对其发展和经济增长进行有效管辖的区域。海洋国家可要求的专属经济区范围最多距海岸 370 千米。

外来入侵物种

引　言

外来入侵物种是淡水生态系统物种濒危和灭绝的主要原因（Claudi and Leach 1999, Harrison and Stiassny 1999）。有时，外来入侵物种也被称做非本地物种或入侵物种，但最常用的术语还是外来入侵物种（IAS）。外来入侵物种是“一个外来物种（从现有物种过去或现在自然分布区域以外的地方介绍进来的物种、亚物种或较低的分类，可以是物种生存及随后繁殖的任何部分，如配子、种子、卵或繁殖体），其引进和/或蔓延可危及生物多样性。”[34] 尽管所有外来物种都会对本地生态环境造成影响，但大部分影响都是良性的，危害很难察觉。虽然只有少数几个物种可以达到外来入侵物种水平，但其危害程度却相当严重。

虽然有关外来入侵物种的信息一般来说都不够完整，人们仍然认为外来入侵物种在20世纪导致了北美超过70%淡水物种的灭绝（Williams et al. 1989）。对欧洲、北美、澳大利亚和新西兰的31项有关鱼类引进研究的调查发现，在77%的案例中，引进的外来鱼种减少了本地鱼类种群的数量，或者导致了本地鱼类种群的灭绝。墨西哥所列出的167种濒危淡水鱼类中，有76种是因外来入侵物种引起的（Contreras-Balderas et al. 2002）；在澳大利亚，外来入侵鱼类是22种本地鱼类被列为濒危、易危或稀有鱼类的主导因素（Wager and Jackson 1993）。有关外来入侵物种引进的信息可参阅联合国粮农组织的“引进水生物种数据库”（DIAS）（登录 www.fao.org 后搜索 DIAS）以及联合国粮农组织、世界鱼类中心和其他一些机构合作完成的另一在线数据库“鱼类基地”（www.fishbase.org）（图4-26）。

外来入侵物种的传播可分为有意和无意两种。有意引进包括：渔业管理机构放养外来入侵物种，以实现娱乐休闲目的；在河岸地区种植外来物种，以控制侵蚀；利用自然淡水生态系统（如湖泊）饲养外来物种，用于商业销售（水产养殖）。无意引进包括：从水产养殖设施逃跑的外来入侵物种（包括人工和天然淡水生态系统），以及通过船舶、其他交通运输工具以及其他因素引进的外来入侵物种。

在淡水生态系统外来入侵物种中，因水产养殖和放养而有意引进的外来入侵物种所占比例最大。这种物种引进之所以引人关注，是因为约有三分之一的物种已有不良的生态效应记录。排名前五位的水产养殖和放养外来入侵物种分别是：鲤鱼（*Cyprinus carpio*）、莫桑比克罗非鱼（*Oreochromis mossambicus*）、虹鳟鱼（*Oncorhynchus mykiss*）、大口鲈鱼（*Micropterus salmoides*）和褐鳟（*Salmo trutta*）。表4-9总结了有意和无意把外来入侵物种带到淡水生态系统的各种途径。

通常情况下，人们对引进物种（即使是公认的外来入侵物种）所造成威胁的了解还不全面，因此所做的资源管理决定有可能带来毁灭性的生态后果。例如，人们权衡经济利益和生态代价后形成了一个折中的方法，其中最引人注目的就是引进鲤鱼，因为鲤鱼是淡水生态系统中引进范围最为广泛的物种。1996年，水产养殖共生产了199万吨的鲤鱼（FAO 1999a），虽然这是一种可观的食物来源，但引进湖泊和河流中的本地物种却受到了影响，因为鲤鱼在河流湖泊的底部觅食，这样就会增加淤积和浊度，降低水的透明度，从而损害本地物种（Fuller et al. 1999）。人们认为，阿根廷、委内瑞拉、墨西哥、肯尼亚、印度和其他地方本地鱼类的绝迹都与鲤鱼有关（Wilcomme 1988）。

无意引进外来入侵物种的主要根源是人类。例如，人类的迁移一直是引进物种的途径，因为人们喜欢携带动植物，这种不明智的做法把外来入侵物种、疾病

[34] 该外来入侵物种的定义是在《生物多样性公约》第六次缔约方会议上形成的（决议 VI/23）。

表 4-9 外来入侵物种进入淡水生态系统的途径（Ciruna et al. 2004）

进入途径	进入方式：I= 有意，U= 无意
水族馆（私有）	①（I/U）水族馆的动植物逃逸 / 释放到环境中 ②（U）与水族馆植物 / 宠物有关的病原体、寄生虫和藻类逃逸到环境中
水族馆（公共）	①（I/U）陈列的生物逃逸 / 释放到环境中 ②（I/U）与陈列物种一起运输的生物逃逸 / 释放到环境中
鱼饵	①（I/U）活饵和 / 或活包装（如水生植物）释放 / 逃逸到环境中 ②（U）与活饵和 / 或活包装有关的生物被释放到环境中
生物供应	①（I/U）用于科学研究的生物被释放到环境中 ②（I/U）用于课堂研究的生物逃逸 / 释放到环境中 ③（I/U）与标本研究有关的生物逃逸 / 释放到环境中
运输船只（陆地、水上和空中运输）	①（U）船只排放压载水时释放生物 ②（U）附着在构筑物和设备内外的生物（如污损生物）被释放到环境中 ③（U）污染货物（如木质酒桶、水容器）的生物被释放到环境中
货物	①（I）生物被释放到环境中 ②（U）污染货物（如木产品）的生物被释放到环境中
干船坞 / 码头	①（U）附着在构筑物上被转移的生物 ②（U）排放压载水时被释放的生物
漂浮残体	（U）随垃圾（如瓶子、浮标、网、包装等）漂流的生物被转移地点
（休闲性）渔业和狩猎	①（I/U）用于休闲活动的生物释放，包括作为饲料的生物（如喂鲈鱼的蝌蚪），还包括无意释放的与之有关的生物（如病原体） ②（U）放养鱼种、狩猎物种（如牛蛙）等的逃逸，以及在这些物种运输、移植和 / 或饲养过程中有关生物的释放 ③（U）与渔业设备（如渔线、渔网和浮标）有关的生物引进 ④（I/U）为发展栖息地渔业和狩猎品种而引进的水生植物及其附属物 ⑤（U）加工鱼类 / 猎物时废物所携带生物（特别是病原体和寄生虫）的释放 ⑥（U）和引进鱼类一起释放的生物（特别是病原体和寄生虫）
食物（水产养殖和农业）	①（U）从关养 / 运输货柜中逃逸的动物及其所携带的生物 ②（I/U）出于繁殖和生产目的，私人释放的生物及与其有关的生物 ③（I）为繁殖和生产而经政府批准的生物释放 ④（I/U）与食品包装有关的生物，被释放到丢弃包装的环境中
园艺和植物培植	①（I/U）把植物和与之有关的生物引进到花园、水道和河岸地带 ②（U）与水和土壤储存 / 运输媒介有关的生物引进
虫害控制	（I/U）生物作为生物控制手段被释放，包括与之有关的生物
恢复	①（I/U）为恢复 / 保护栖息地而引进生物（特别是植物和鱼类）及与其有关的生物 （U）与重新引进或已建群的本地物种有关的生物释放
引水工程	（I/U）引水工程（如跨流域调水、运河、水坝和引水坝）导致生物进入新的水系
休闲娱乐	①（U）与休闲娱乐设备（如潜水坦克、筏子、内胎、沙滩车及远足靴等）更换有关的生物释放 ②（I/U）沿着运输通道（道路、小径等）的生物转移
自然扩散和牵连效应	（I/U）生物自主扩散或借助其他生物扩散（如鸟类可以把螺从一个湿地带到另一个湿地）
军事和发展行动	（U）运输军事和发展援助时引进生物
饮用水的运输	（U）与瓶装水有关的生物引进
走私	（I）非法运输生物

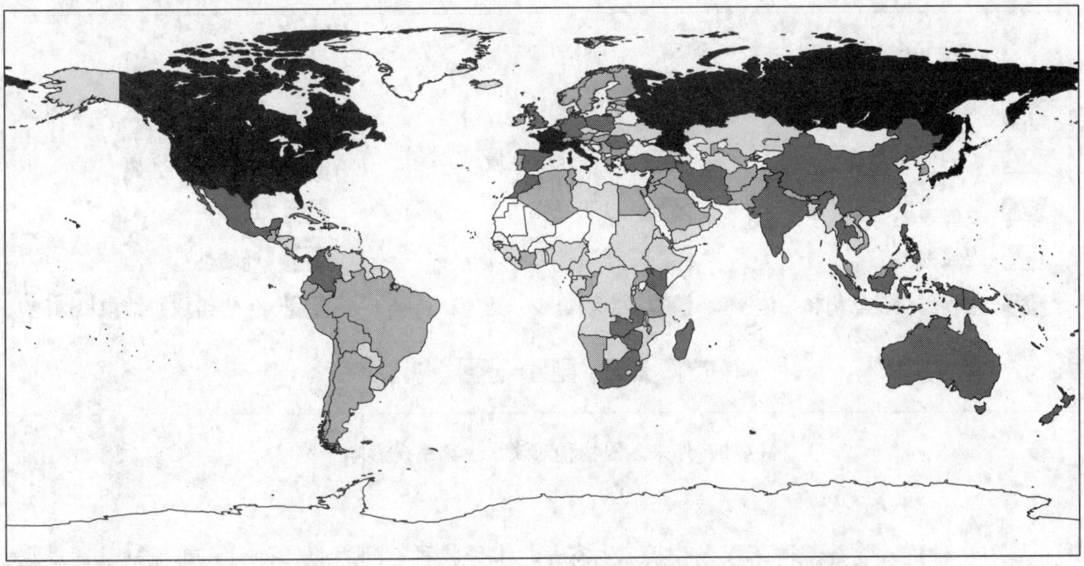

图 4-26 各国引进的淡水物种数量（DIAS）

数据来源：DIAS-Database in Introduction of Aquatic Species, Food and Agriculture Organization of the United Nations, http://www.fao.org/figis/servlet/static?dom=root&xml=Introsp/introsp_s.xml.

和病原体带到新的地点。此外，人们还喜欢邻淡水而居，因此淡水生态系统就特别容易受到外来物种的入侵。与有大量人类居住和活动的地区相比，人迹罕至的偏远地区与贸易中途地区受到外来物种入侵的机会确实比较少（Drake et al. 1989）。外来物种能否在新的生态系统中建群成功，取决于一系列的因素。例如，因水坝、污水排放及跨流域调水等原因发生水量和水质下降的淡水生态系统更容易遭受外来物种的入侵（Heinz Center 2003）。此外，与陆地生态系统一样，淡水生态系统也会因其物种分布格局不同而容易遭受外来物种的入侵。淡水生物多样性通常具有很强的地方性，有着分明的分区（如小型湖泊、河流的一部分或者单一泉水中），这些分区是一些独特的本地生命形式的家园。正因为这些生境的独特特点，淡水物种无法迁移到流域以外的地方去躲避外来入侵物种。所以，生物入侵改变了淡水系统的生物多样性，而且其变化要比陆地系统的显著（Sala et al. 2000）。

随着人口的增长，外来入侵物种问题也可能会越来越严重。人口的增长可能会需要更多的鱼类，这一需求又可能导致水产养殖业的进一步扩大，从而增加外来物种的入侵途径。过去的十年间，水产养殖生产翻了一番，占全世界鱼类和海产品总需求量的二分之一（Naylor et al. 2000）。同样，随着世界各地财富的增加，对外来动植物的需求也会增加，进而导致外来物种通过园艺、宠物贸易、旅游和休闲娱乐活动等途径入侵。

外来入侵物种对淡水生态系统的影响

外来入侵物种通过捕食、杂交、寄生和竞争直接导致本地物种的丰度下降。外来入侵物种还可以影响淡水生态系统的五大要素：水文状况、水的化学性质、连通性、自然生境条件、生物组成及相互作用。然而，这些影响会因入侵物种、入侵程度和被入侵生态系统的脆弱程度而异。因为外来入侵物种的影响广泛，本章将对其影响进行概括性的总结，同时给出一些外来入侵物种危害的实例，并介绍如何评估外来入侵物种的危害，而危害评估是采取适当策略消除或减轻外来入侵物种危害的关键步骤。

一、外来入侵物种对淡水生态系统影响一览

表 4-10 总结了外来入侵物种对淡水生态系统的影响。外来入侵物种可导致各个层面生物多样性的丧

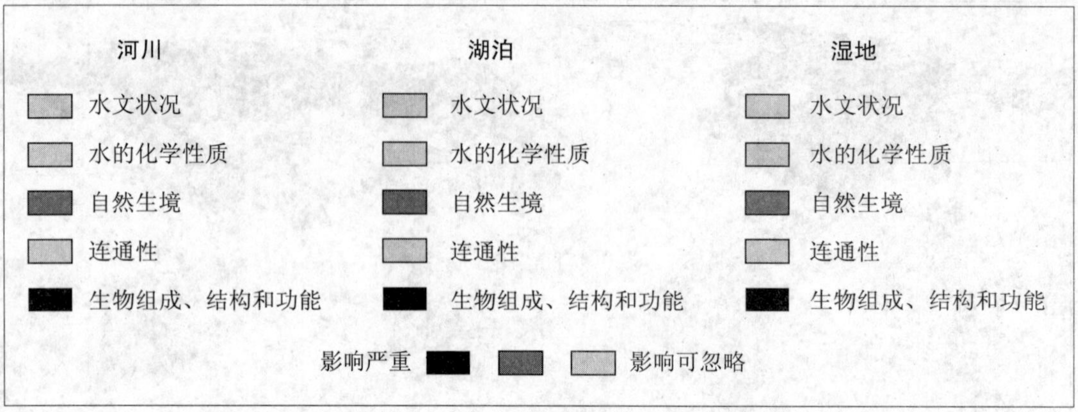

图 4-27 外来入侵物种对淡水生态系统影响一览

失和退化：基因、种群、物种、群落以及生境 / 生态系统等层面。个别外来入侵物种的影响因引进和传播的时间、影响的严重程度、与其他威胁的相互作用以及在整个生态系统引发连锁反应的能力等不同而存在差异（Levine 2000; McNeely et al. 2001; Wilcove et al. 1998）。下面的实例详细介绍了外来入侵物种的典型影响：

（1）本地物种可能在繁殖期与已建群的外来入侵物种相互作用时受到伤害。外来入侵物种对本土基因库的侵蚀既可以直接发生，也可以间接发生。直接侵蚀通过杂交发生，导致后代不育及随之而来的种群数量减少，也可导致基因渗入。基因渗入指本地物种与繁殖力更强的外来入侵物种的基因交换，或者指竞争造成的间接渗入，因为竞争会减少可获得基因材料的种群数量。这些相互作用可产生一个最明显的后果，就是本地物种基因库的削弱，如外来入侵物种（虹鳟鱼）和本地鳟鱼种群［切喉鳟（*Salmo clarki*）］之间的杂交（Campton 1987）；投放到佛罗里达州野外用于狩猎的绿头鸭（*Anas platyrhynchos*）和佛罗里达州本地杂色鸭（*Anas fulvigula fulvigula*）的杂交，后者的生存现已受到杂交的威胁（Ryhmer and Simberloff 1996）。

（2）本地物种可能被更强大和更有力的外来入侵物种替代。引进的绗缝黑螺（*Thiara granifera*）和红边黑螺（*Melanoides tuberculata*）是非洲东北部和亚洲南部亚热带和热带本地螺，进入北美后，导致了一些本地螺群的减少或消失（Contreras-Arquieta and Contreras-Balderas 1999）。这两种塔螺科物种不仅比本地物种竞争力强，而且还难以被其他动物猎食，因此减少了食贝鱼类可获取的食物。

（3）本地物种可能受到外来入侵物种所携带的寄生虫和疾病的伤害，而且外来入侵物种的破坏性行为也会伤害本地物种。除竞争力超过本地螺群外，绗缝黑螺和红边黑螺还是几种危险外来入侵寄生虫的携带者，如肝吸虫鳖（*Clonorchis sinesis*）（中国肝吸虫）、卫氏并殖吸虫（*Paragonimus westermani*）（东方肺吸虫）、嗜眼吸虫（*Philophtalmus* spp.）（鸟类眼吸虫，偶尔也会感染哺乳动物）和台湾棘带吸虫（*Centrocestus formosanus*）（一种吸虫，感染阶段可穿透鱼鳃，造成大量鱼类的严重损伤甚至死亡）。角白蚁（*C. formosanus*）严重感染了美国佛罗里达州和墨西哥的养殖鱼类以及得克萨斯州的野生鱼类，影响了一些受威胁或濒危的鱼类，如泉镖鲈（*Etheostoma fonticola*）、德维尔斯圆吻鲅（*Dionda diaboli*）、格氏镖鲈（*Etheostoma grahami*）、冥真小鲤（*Cyprinella proserpina*）、长鳉（*Cyprinodon elegans*）和珍食蚊鱼（*Gambusia nobilis*）（Mitchell et al. 2000）。红螯虾（*Procambarus clarkii* 或 *P. clarkii*）是美国中南部和墨西哥东北部的本地物种，引进其他地区后，使那些地区生态系统中的鱼类感染上了螯虾瘟疫。克氏原螯虾（*P. clarkii*）还会造成物理上的破坏。它们在土坝中挖洞，破坏堤坝和控水构筑物。克氏原螯虾还会给民众或动物带来健康问题，因为它是几种脊椎动物寄生蠕虫的中间宿主。生态系统中如引进了克氏原螯虾，无脊椎动物集群就会发生巨变，底栖藻类、植物生物量和生产力也都会受到影响，这些变化进而会导致鱼

表 4-10 外来入侵物种对淡水生态环境的生态影响（改编自 Ciruna et al. 2004）

生态因素	影响
自然生境改变	本地生境的丧失 非本地生境和生态小环境的创建 本地生境异质性 / 复杂性的消失 河岸生境的改变 土壤结构 / 组成的改变 微气候的改变 河床 / 河岸稳固性和结构的改变 河流内生境 / 河道形态的改变 有机物质的改变 河流荫蔽 / 可用光线的改变 水温状况的改变 营养状况的改变 泥沙状况的改变 光线水平的改变
水文状况改变	地表水流状况的改变 地表径流状况的改变 地下水状况的改变 土壤湿度状况的改变 蒸散状况的改变
水的化学性质改变	溶解氧含量的改变 溶解矿物质含量的改变 溶解有机物质的改变 浊度的改变 pH 值的改变
连通性改变	横向连通性的改变（如河流－漫滩连通性） 纵向连通性的改变（如上游－下游连通性） 垂直连通性的改变（如河流－地下水通过底流带的连通）
生物群落影响	本地物种的丧失 本地营养结构和相互作用的改变 本地生物群落组成的改变 本地物种丰度和多样性的丧失 本地食物网结构的改变 本地群落结构的改变 本地群落功能的改变 本地生物量的改变 本地初级和次级生产力的改变 本地关键物种优势的改变
物种种群影响	因猎食导致本地物种种群的消失或数量下降 因竞争食物、遮蔽物、生境和其他重要资源导致本地物种种群的消失或数量下降 因外来入侵物种携带病原体 / 寄生虫导致本地物种种群的消失或数量下降 因过度拥挤和侵犯性行为导致本地物种的扩散 / 迁移 本地物种生殖率和繁殖力的下降 本地物种繁殖力的下降 本地物种生长率的下降 本地物种元种群动态的改变 本地物种行为方式的改变
基因影响	因杂交导致基因变异能力的丧失 因基因渗入 / 基因互换导致的基因变异能力的丧失（即本地物种基因库的侵蚀）

长鲥，得克萨斯州的一个本地濒危物种，受到了外来入侵寄生虫的不利影响。

类种群数量的减少。

（4）外来物种引进可产生级联效应或影响整个生态系统，从而可对本地物种造成伤害。在伊利湖，本地绿藻由于斑马贝类（*Dreissena polymorpha*）和白氏斑马贝类（*Dreissen bugnesis*）的建群发展而急剧下降。由于本地绿藻是生态系统中的主要生产者，其下降可导致本地珠蚌的大量灭绝（Schloesser and Nalepa 1994）。斑马贝和白氏斑马贝可拦截有机碎屑，但通常这些碎屑支持摇蚊、蜉蝣和片脚类动物的生存，而这些物种又是鱼类的食物，包括鲈鱼和黄鲈，因此贝类的大肆入侵也导致了这些物种的数量下降。在密西西比河流域，研究人员预计，10 年内斑马贝的入侵将使多达 50% 的本地贝类物种数量减少。而密西西比河流域拥有的本地淡水贝类物种比世界上任何其他河系都多，因此本地贝类的丧失可导致多达 140 种贝类的灭绝。由于本地贝类在养分循环和泥沙混合方面发挥着重要作用，它们的丧失也可能会降低整个密西西比河生态系统的生存能力。

百慕大草（*Cynodon dactylon*）就是一个外来物种，被引进到美国东南部，作为牲畜饲料和草坪；现在东南部的许多河流已经完全被这种草所改变了。百慕大草可以在河流底部形成一层草毯，增加底层的阻力，干扰洪流，消除本地鱼类和无脊椎动物喜欢的冲刷生境（即产卵区）。此外，它还会给黑头呆鱼和其他外来入侵物种创造生境，使其与本地物种竞争，还会帮助水田芥、水生毛茛属植物以及其他外来物种建群。百慕大草创建了一个入侵综合体或入侵大融合（Simberloff 1999），即一个物种的入侵会方便更多的入侵者，结果导致自然演替的中断（Ricciardi 2001）。

鲤鱼是澳大利亚墨累—达令河系的引进物种，已经发展到非常高的密度（如生物量已达 3 144 公斤）（Gehrke et al. 1995）。鲤鱼自身也可引发河岸侵蚀，增加河水浊度，导致营养物含量升高。这些物理和化学条件的改变都会引起一些生态后果，如营养物水平的提高可增加浮游植物的密度，降低水生植物的生长（这是基层被扰乱的一个后果，因为基层是用来支持水下水生植被的，特别是纤弱的物种）。植物生物量的减少和植被覆盖可能会影响无脊椎动物和鱼类的重要生境条件及鱼类的食物资源（Arthington 1991; Koehn et al. 2000）。在受鲤鱼侵扰的河流里，生物量的巨大变化说明了生态系统内主要能源流动的重新定向。

并非所有外来入侵物种的影响都是同样显著的，某些情况下我们可能无法确定应该去寻找哪些症状（Allendorf 1991, Gaffney and Allen 1992）。例如，有大量文献记载捕食可改变物种的组成。然而，捕食要比遗传效应或化感作用容易检测得多，而且可能只是外来物种入侵的一个次要作用。另外，要区别外来入侵物种和其他威胁所造成的影响往往也很困难。例如，尼罗河鲈鱼（*Lates niloticus*）被引进到维多利亚

鲤鱼。
插图：Duane Raver，
Fish and Wildlife Service

湖，最初，慈鲷鱼（*Haplochromine cichlid*）种群数量下降被完全归因于尼罗河鲈鱼的捕食；后来人们才发现，污染和过度利用所导致的富营养化也是一个原因（Pitcher and Hart 1995）。

二、评估外来入侵物种对淡水生态系统的威胁

对外来入侵物种的威胁进行评估，有助于确定不同外来入侵物种的相对影响。一旦发生外来物种入侵，或认定某一外来物种对所关注地区构成迫在眉睫的威胁时，还有助于确定应该优先采取哪些行动。此外，为确立现实的保护目标及制定行之有效且规模相当的威胁消除策略，对威胁进行评估也是一项重要的先期工作。

对外来入侵物种威胁相对重要性的评估可分为四类，这种分类已被证明具有实用价值。威腾伯格和克洛克（Wittenberg and Crock）(2001) 利用这几个分类给所关注地区的外来入侵物种赋值，他们建议给每个分类中符合不止一个标准的外来入侵物种赋予更高的数值。

（一）外来入侵物种目前和可能影响的范围是什么？

地理范围越大，物种的丰度和密度越高，遭受入侵的生境种类就越多，外来入侵物种造成危害的可能性也就越大。这类物种应予以优先考虑，以达到如下目的：阻止新的外来入侵物种建群；消除小范围但迅速发展的侵扰；防止大范围侵扰的继续发展；减少和消除大范围侵扰。按下列顺序排定优先次序可能会比较实用：

- 物种还未到位，但已在附近区域出现并迅速建群。
- 物种已经到位，成为新的种群或者更大侵扰的外点，特别是在其迅速扩张的情况下。
- 物种已经到位，造成严重侵扰，并继续扩张。
- 物种已经到位，造成严重侵扰，但已不再扩张。

此外，现实情况也是个关键因素。例如，保护工作者应该明确那些不能为现有资源所控制的物种或侵扰。

（二）外来入侵物种目前和可能的影响是什么？

外来入侵物种给本地物种种群、群落和生态系统构成最大危害，可能带来一些最严重的问题，如果它们影响到了保护对象、稀有或关键物种、生物群落及生态系统过程，就更是如此。一般来说，对生态系统过程或参数影响较大的外来入侵物种也会对生物群落的组成和结构及本地物种群落造成严重影响。评估外来入侵物种影响首先要解决的问题应与特定保护区的管理目标一致。按下列顺序排定优先次序可能会比较实用：

- 可改变生态系统过程（如泥沙沉积、养分循环、水文状况或其他生态系统过程）的外来入侵物种。这些物种会改变“游戏规则”，常导致生态条件发生巨变，使本地动植物很少能够存活下来。

- 杀死本地物种、寄生在本地物种上或与本地物种杂交、竞争力超过本地物种或比未受侵扰的本地群落更占优势的外来入侵物种。
- 外来入侵物种会：

一阻碍或抑制本地物种补充或再生的；

一减少或毁灭本地物种资源的（如食物、遮蔽物、产卵地等）；

一为外来入侵物种提供原区域不存在资源的；

一显著增加外来入侵植物种子分布或以其他方式有利外来入侵植物发展的。

- 水灾、旱灾或飓风等自然灾害发生之后，通过改变自然演替或妨碍天然群落的恢复来取代或驱逐本地物种的外来入侵物种。要注意的是，反复遭受侵扰的地区更应对该类入侵物种进行优先处理。

（三）外来入侵物种目前和可能影响地区的价值如何？

有的外来入侵物种进一步扩散的可能性很高，因此可能造成更多的危害，特别是它们可能扩散到目前尚未被感染的远方地区的时候。评估这类影响需要解决的问题是：所评估外来入侵物种扩散到新区域的可能性有多大？在已占领区的丰度是否会增加？以及在不加以控制的情况下扩散或丰度增加的速度如何？按下列顺序排定优先次序可能会比较实用：

- 对与保护对象所在地区相连或邻近区域造成侵扰。
- 对重要性不太高的区域造成侵扰。例如，已遭受其他外来入侵物种严重侵扰地区的优先考虑顺序可能会比较低。

（四）控制外来入侵物种的难度有多大？

外来入侵物种的扩散越难控制或防止，它所造成的危害可能越大。以下优先考虑顺序有助于估计控制扩散和进入入侵地点的难易程度以及已知控制措施导致本地物种多边受害的可能性：

- 外来入侵物种通过现有技术和资源便可得到控制或消除，且不需投入太多的理想本地物种便可取代。
- 外来入侵物种可以得到控制，但必须有大量投入，通过积极的恢复计划才能实现理想本地物种的替代。
- 外来入侵物种难以通过现有技术和资源得到控制或消除，如果实施控制可能导致其他理想物种的大量受损和/或有助其他外来物种入侵。
- 外来入侵物种通过现有技术和资源很难得到控制。
- 最后，以下外来入侵物种排在优先处理顺序的最低位置：种群数量正在下降的物种；只在被侵扰地区建群但不会向相对未受侵扰生境扩散的物种；不会影响侵扰恢复的物种。

在种群暴发式扩散前，外来入侵物种经常需要很长时间才能在新的生态系统中建群。图 4-28 展现的就是一个外来物种的入侵过程。一个较大区域里的物种在侵扰的不同阶段可能会有几个种群。图 4-28 说明了预防和早期发现这些种群的优点。有些物种只需几年时间便可达到不可逆转（即不可能完全消灭）的临界丰度，而其他物种则可能需要几十年甚至几个世纪才能达到这个临界值。有些物种的控制采用管理行动便能取得不错的效果；与之相比，有些物种则缺少有效的控制方法，可能只在小片区域或只有少数个体才会达到临界值。

如图 4-27 所示，外来入侵物种一旦扎根并开始成功繁殖，基本上就很难根除了。通常，入侵的速度越慢，就需要投入越多的时间、金钱和行动来实施控制，而且从某一地点彻底根除入侵物种的希望也越渺茫。防止反复入侵就必须要根除一条或多条入侵途径。否则，所做的控制工作就会被随后的入侵抵消。对于尚未开始入侵的外来物种，最有效和最高效的威胁缓解策略就是彻底清除其潜在的传播途径。

尽管有关评估外来入侵动物影响的指导方针有限，还是有很多资源可以用来应对外来入侵植物。详情请参阅以下资源：

- Randall *et al.* (2003) have recently developed a specific threat assessment for invasive plants. It can be found at: http://tncweeds.ucdavis.edu/
- Handbook for Ranking Exotic Plants for Management and Control (Hiebert, R.D. and Stubbendieck, J. (1993) Denver, CO)
- Australia's National Weeds Strategy: http://www.weeds.org.au/nws.htm

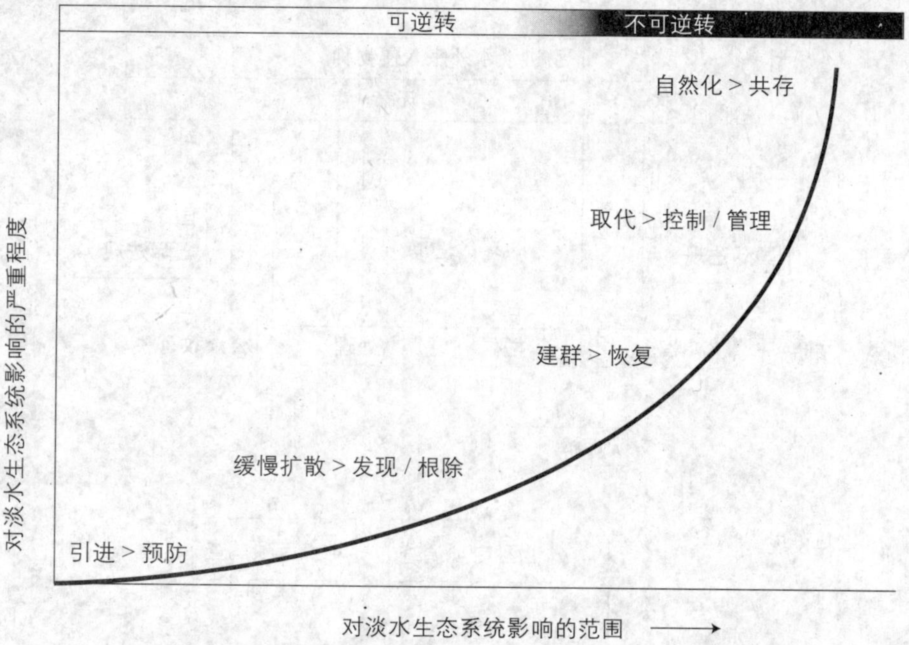

图 4-28 外来入侵物种的侵扰周期及侵扰各阶段的威胁缓解策略

资料来源.：改编自 The Invasive Species Initiative Charter, The Nature Conservancy, 2002

减轻 / 减少外来入侵物种对淡水生态系统影响的策略

减轻外来入侵物种对淡水生态系统影响的策略可分为以下四类：

- 预防；
- 早发现、早根除；
- 控制；
- 缓解。

其中，早发现、早根除与控制和缓解经常一起作为以管理为基础的方法。图 4-28 概括了针对外来入侵物种侵扰不同阶段可采取的策略类型。

这四类策略同样适用于减轻外来入侵物种威胁的技术策略、法律和制度策略以及社区策略。

一、技术策略

（一）预防

“少做预防胜过多做治疗”，这句谚语概括了减轻外来入侵物种威胁的预防策略，而预防策略是最经得起考验的策略。一旦外来物种建群，特别是在入侵开始之后建群，就将会非常难以根除。大部分根除外来物种的尝试都失败了，而且即使失败了，代价也通常很高。一旦根除失败，整个社会将会受到破坏，而且管理成本将是永久性的（Wittenberg and Crock 2001）。

物种可以从世界的一个地方转移到另外一个地方，特别是通过贸易、旅行、观光和运输等途径，而人类活动正是这种现象大量增加的主要途径。经济和美学原因使外来入侵物种的输入大量增加，经常导致更多物种入侵本地生态系统，并带来灾难性后果。外来入侵物种可通过有意或无意引进进入一个地点。

有意引进是有意转移生物体的行为结果。淡水外来入侵物种的有意引进途径主要包括：

- 园艺贸易（如柽柳、紫马鞭草、荸荠、俄罗斯橄榄）；
- 为发展休闲渔业有意投放鱼类（如欧洲褐鳟）；
- 外来入侵物种饲料鱼和淡水螯虾通过诱饵桶进行转移，而且科技的最新进展使得垂钓者可以更远距离地运输活饵；
- 水族贸易中的宠物被释放到野外（如红耳龟、鲤鱼和牛蛙）；
- 从养殖场逃离的物种（如罗非鱼、大西洋鲑鱼）。

历史上有关动植物物种有意引进的研究不多，很难确定它们给生态系统和本地物种会带来什么样的影

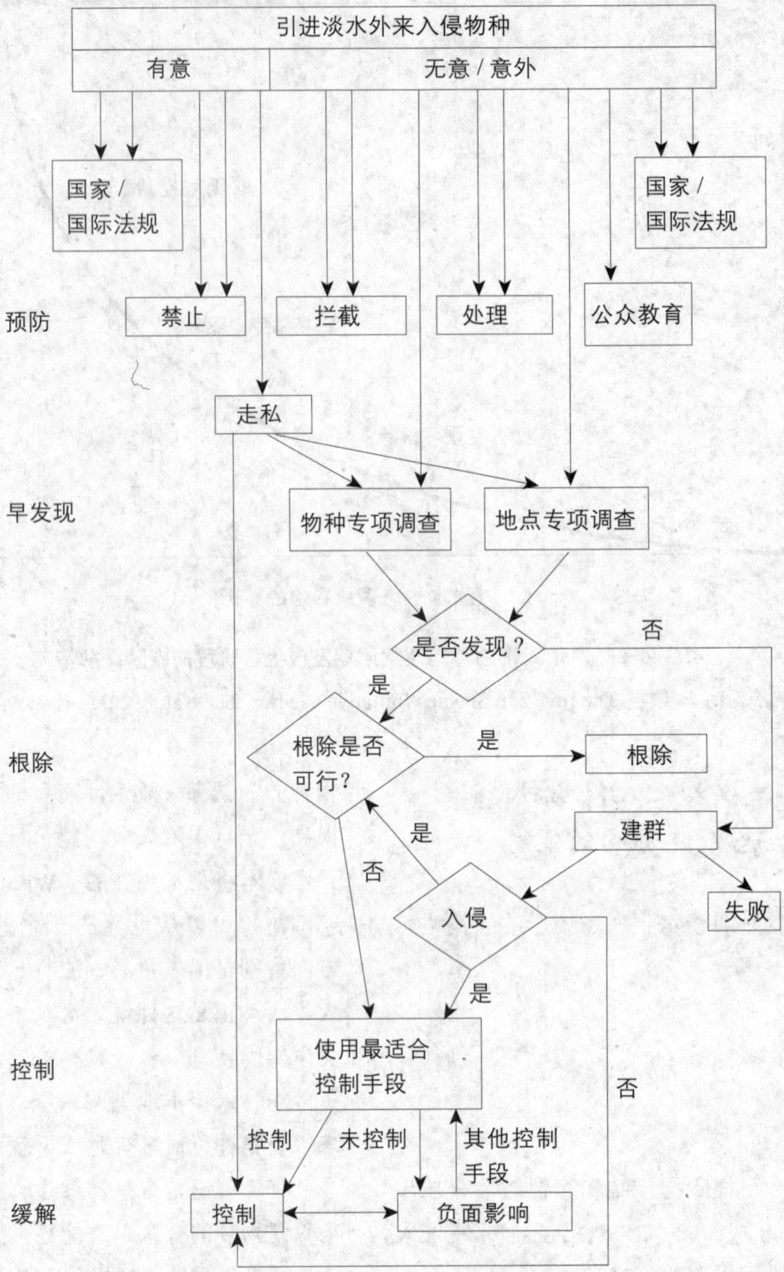

图 4-29 外来入侵物种的处理策略一览

来源：改编自 Wittenberg and Crock, 2001

响。

当物种搭上了人类活动、货物贸易或交通车辆的“顺风车”时，就出现了意外引进。淡水外来入侵物种意外引进的重要途径如下：

（1）船舶压载水

一艘船的压载水可以包含数百个物种。平均来讲，一艘油轮每个航程都会释放约 2.4 亿个生物体到周围的水体。北美大湖区的斑马贝也许就是通过压载水引进的最著名的物种（Wittenberg and Crock 2001）。目前，海洋中压载水交换仍是国际船舶运输建议使用的主要处理方法（图 4-29）。在世界大部分地区，压载水交换都是自发的，但一些国家正在考虑是否采取强制措施。在海上进行压载水交换可能存在困难，而且也不一定能够消灭所有外来物种的生物区系。其他可

专栏 4-19 水族爱好者释放的外来入侵鱼类

每年，超过 2 000 种、约 150 万条外来淡水鱼和海洋鱼类被输入到美国，用于水族贸易。不幸的是，每年都有一些外来入侵鱼类被释放到野外。业余爱好者在搬迁时可能无法带走他们的鱼，或者可能已对水族箱失去了兴趣。鱼类被释放还有可能是因为它们的体型已超过了鱼缸的尺寸，或者是其健康状况不够理想。

红魔鬼（Cichlasoma citrinellum）。
图片提供：Florida Fish and Wildlife Conservation Commission

目前，在美国的开放水域，已捕捞到大约 185 个不同品种的外来入侵鱼类，其中 75 种据知已建立繁殖种群。一半以上的鱼类引进都是被释放或从水族馆逃逸的。因为其中许多都是热带地区的本地物种，对水温的需求通常会妨碍它们在温带地区生存。因此，在美国，大多数引进鱼类都是在佛罗里达州、得克萨斯州和西南部地区建群，包括一些棘鳍类热带淡水鱼（如奥斯卡鱼、美洲慈鲷、珠宝鱼、斑马慈鲷、红魔鬼、斑点罗非鱼等）以及一些极小型的淡水观赏鱼，如剑尾鱼、新月鱼、帆鱼和甲鲶鱼等。金鱼是中国的一个本地物种，是为数不多的温带水族物种在美国各地建群的例子。

避免把不需要的宠物鱼释放到淡水生态系统中，应遵循下述替代处理方法：

- 返还给本地宠物商店进行再销售或再贸易。
- 送给另一位爱好者、专业办公室的水族馆、博物馆、公共水族馆或动物园。
- 捐赠给一个公共机构，如学校、养老院、医院或监狱等。
- 如果这些方法都不可用，也不要把鱼类释放到野外，应该给它们实施安乐死，如果可以，把热带鱼暴露于低温下，相当于实行天然（和致命）麻醉。

摘编自：美国内政部地质调查局非本地水生物物种网站“外来鱼类的释放问题”，网址：http://nas.er.usgs.gov/fishes/dont_rel.html。

供选择的处理方法包括：取水口过滤系统、紫外线照射、饮用水处理法、用发动机的废热进行热处理以及把压载水倾倒给陆地植物以处理污水。在海上清洁压载水、进行化学或紫外线照射处理的成本也不容忽视，但与引进外来物种所导致的经济和生态代价相比就显得不足道了。

（2）压载水箱沉积物

压载水有利于传播远洋（开放水域）物种，而压载水箱所携带的泥沙则利于地面居住物种的传播。压载水可以在航程中进行交换，但不容易把泥沙排放出去。

（3）船身污物和牵连效应

渔船、航船和机械先泊在港口或者码头一段时间，然后再开往一个新的目的地，这就给外来入侵物种传播带来了最大的风险。美国的划船爱好者，即使划的是皮艇和木筏，也往往会无意中把物种从一个水体带到另外一个水体。植物物种可能会缠在船的螺旋桨上，斑马贝类可能会附着在船的底部，携带入侵物种的鱼饵可以吸附在各种表面。有关处理船身污物和牵连效应的策略，请登录：www.ProtectYourWaters.net。

通常，一个外来入侵物种首次完成引进和建群后，会继续扩张其影响范围，对新的生态系统展开新的建群。有些物种的第一次引进尽管是发生在很久以前，但多年后如果障碍被清除，或者新的扩散途径被人类活动打开后，仍可爆炸性地扩张其影响范围。因此，了解这些天然障碍是控制计划的基础。

有些构筑物把本不相连的淡水生态系统连接起来，也是把外来入侵物种传播到新的流域的一个途径。例如，安大略湖和伊利湖之间韦兰运河（Welland）的完工使得海七鳃鳗（*Petromyzon marinus*）扩散到

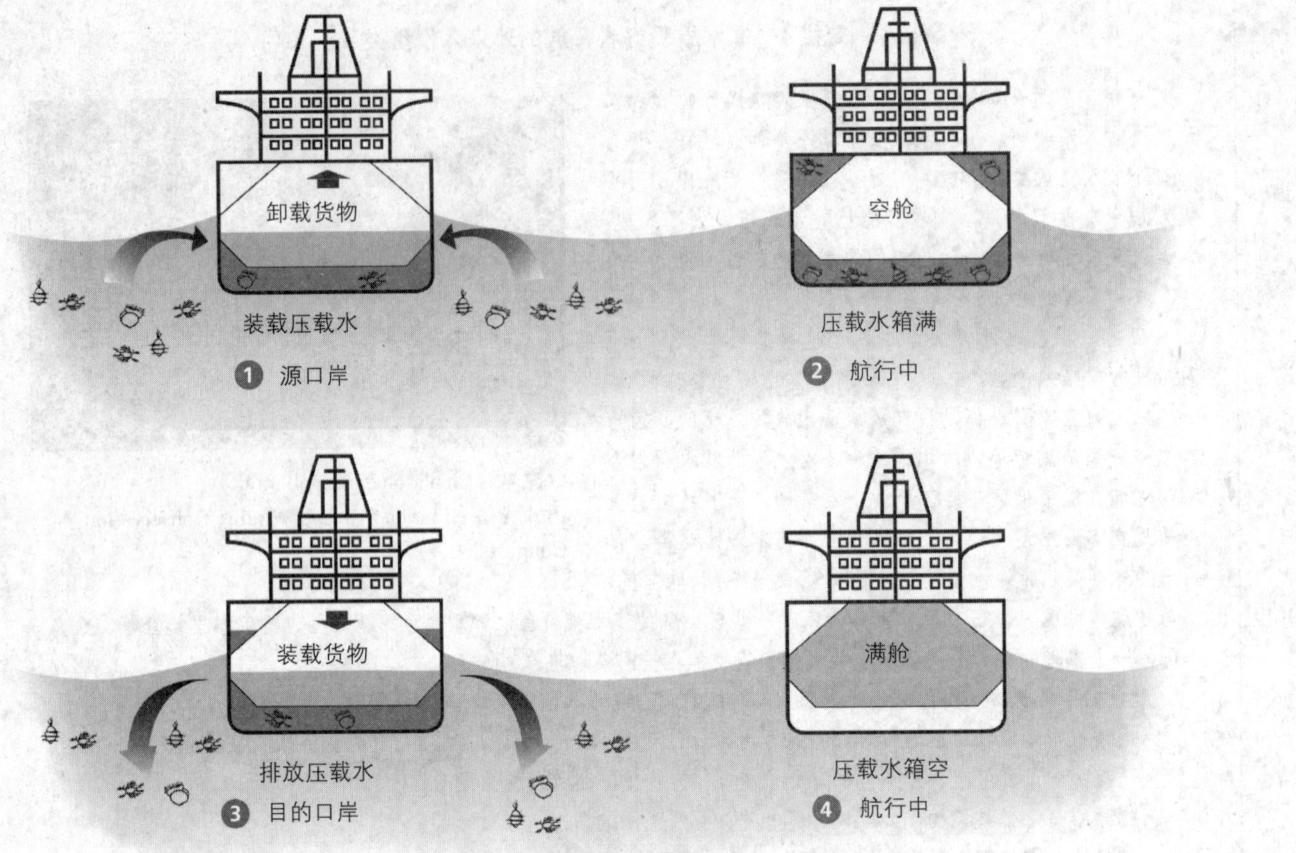

图 4-30 油轮压载水的装载与排放

来源：图片提供 GloBallast, International Maritime Organization，http://www.globallast.imo.org

其他湖泊河流系统；苏伊士运河的开通也开启了数百个红海物种涌入地中海的通道。

有关传播途径的更全面信息，请参阅：

- Gregory M. Ruiz and James T. Carlton, Editors, 2001. *Pathways of Invasion: Strategies for Management across Space and Time.* Island Press, Washington, DC. This is the symposium volume arising out of the November 1999 GISP conference on pathways.
- Washington Sea Grant Program, *Pathways of Aquatic Introduction: American Fisheries Society Position on Introductions of Aquatic Species.*
- ORTEP Association, The Netherlands, *Pathways of Introduction and the Ecological and Economic Impacts of Invasive Species.*

基于传播途径而不是单个物种的封堵方法是目的国家口岸集中防止外来物种入侵的最有效手段，其策略包括：

（1）通过检查和罚款来拦截外来入侵物种

出口前或进口货物抵达时是解决意外引进的最好时机，货物检查经常可以截获很多无意和有意引进的外来入侵物种。对携带禁运物种的船只进行罚款和没收，可以促使人们遵守相关规定。显然，实施该策略不仅需要相关规定，还需要进口口岸有足够的工作人员。此外，在往来受侵扰水体中途设立船只清洗站，并要求划船爱好者使用这些清洗站，这样也有助于减少“搭顺风车”的外来入侵物种从一个地方传播到另一个地方。

（2）通过处理被污染的物质来清除外来入侵物种

如果货物及其包装材料或装运箱涉嫌受到外来入侵物质的污染，货物处理可有助于消除这一威胁。处理方法包括应用生物杀灭剂（如熏蒸、喷洒农药）、水浸泡、热处理和冷处理、加压或辐照等。同上，实施这一策略也要求不仅要有相关规定，还要在进口口岸安排足够的工作人员。

（3）通过禁止涉嫌污染商品入境来限制外来入侵物种

在某些情况下，可能有必要对特定的高风险产品、产地或路线颁布贸易禁令。根据世界贸易组织的《卫生和植物检疫协定》，成员国有权采取卫生和植物检疫措施，在必要的范围内保护人类和动植物的生命或健康，前提是这些措施应以科学原则为基础并有足够的科学证据来支持（Wittenberg and Crock 2001）。

（4）通过教育来减少外来入侵物种的引进

教育是成功防止和管理外来入侵物种方法的一个关键组成部分。公众可以通过自愿行为成为减少外来入侵物种引进的倡导者和预防措施的支持者。公众和有关公司都应该认识到，预防措施是旅行和贸易的必要方面，只有这样才是对未来商业和自然环境的爱护。教育的重心应该是加强人们对限制和管制行动以及外来物种入侵所带来的环境和经济风险的了解。

有关淡水外来入侵物种的其他信息，可参阅：

- 100th Meridian Initiative—A Strategic Approach to Prevent the Western Spread of Zebra Mussels and Other Aquatic Nuisance Species, U.S. Fish and Wildlife Service for the Western Regional Panel 100th Meridian Initiative. Cooperative effort between state, provincial, and federal agencies to prevent the westward spread of zebra mussels and other aquatic nuisance species in North America
- A Model Comprehensive State Management Plan for the Prevention and Control of Nonindigenous Aquatic Nuisance Species, Great Lakes Commission, January 1996
- Ballast Water Management, U.S. Coast Guard
- Exotic Policy: An International Joint Commission White Paper on Policies for the Prevention of the Invasion of the Great Lakes by Exotic Organisms, Eric Reeves, July 1999
- FICMNEW Pulling Together: National Goal 1—Effective Prevention, Part of FICMNEW's national strategy for invasive plant management
- Guide to Noxious Weed Prevention Practices (Word document), U.S. Department of Agriculture, Forest Service, Version 1, July 5, 2001
- How to Prevent the Spread of Noxious Weeds, Bureau of Land Management, Environmental Education
- IUCN Guidelines for the Prevention of Biodiversity Loss Caused by Alien Invasive Species, Prepared by the Species Survival Commission, Invasive Species Specialist Group. Approved February 2000.
- IPlants: Invasive Plants and the Nursery Industry—How should we prevent exotic plants from becoming invasive pests?, Meredith Hall, Undergraduate Senior Thesis in Environmental Studies, Brown University, Spring 2000
- Invasive Alien Species—How to Address One of the Greatest Threats to Biodiversity: A Toolkit of Best Prevention and Management Practices, CAB International on behalf of the Global Invasive Species Program, 2001
- Legislation, Regulation and Policy for the Prevention and Control of Nonindigenous Aquatic Nuisance Species: Model Guidance for Great lakes Jurisdictions, Approved by the Great Lakes Panel on Aquatic Nuisance Species, Prepared by: Great Lakes Commission
- Plan for the Prevention and Control of Nonindigenous Aquatic Nuisance Species in the Colorado River Basin, Draft plan for consideration by the Colorado River Fish and Wildlife Council, December 1998

（二）管理

一旦外来入侵物种已在特定地点建群，以管理为基础的方法就成为最合适的选择。以管理为基础的方法包括：及早发现和根除、控制扩散和减轻危害。根除是最可取但往往也是最困难的办法。当根除未能成功，外来入侵物种已经在某地建群后，控制将是退而求其次的最佳管理选择。控制策略可分为遏制（即限制物种进入某个特定地区）和更为严格的控制（即抑制外来入侵物种的种群数量，保持低于可接受的限度）。如果这三种管理方法都不可用，或效果都不理想，最后的选择就是减轻外来入侵物种对本地生物和生态系统的影响，也就是说，寻求与外来入侵物种共同生活的最好方式。

1. 及早发现和根除

在外来入侵物种有机会控制生态系统之前，及早

机械清理佛罗里达州瓦库拉泉（Wakulla Springs）中的黑藻。摄影：J. Schardt/Florida DEP

发现对成功根除至关重要。及早发现的一个最好的办法就是建立起一个定期调查以寻找新建群物种的制度。那些负责执行调查的人员需要接受如何管理有关工具的培训，利用和熟悉自然环境（如生态经营者、渔民以及有关公众）的团体也可提供大量信息。调查可集中寻找保护区内的特定物种，也可在保护区或保护区的某些地点寻找外来入侵物种。

调查的频率和时间很重要。新来入侵者的可能影响范围需要与当地的气候条件一起考虑。有些入侵者可能在某个季节难以发现，在另一个季节则要容易一些。调查设计应考虑到这些因素，并做特别记录。数据收集记录应说明所发现的物种、位置、取样日期和所采取的行动。应当收集和保存大部分外来入侵物种种群的证据标本。如果根据地方信息不足以做出权威认定，应将材料送交有关专家。地方和地区博物馆是寻求入侵物种认定意见的很好的起点，此外，还有一些专门的国际服务机构。国际生物网（BioNET International）就是一个全球性网络，旨在培养分类能力，它们与地方的网络联系也可帮助我们找到地方专家（http://www.bionet-intl.org）。专家分类鉴定中心（ETI）有一个分类学家因特网数据库（http://www.eti.uva.nl/database/WTD.html）。最近在《生物多样性公约》框架下开启的“全球生物分类计划”也将成为这一领域的宝贵资源。

继及早发现之后，根除外来入侵物种可能是一个具有成本效益的成功解决方案。然而，在开展根除工作前，要仔细分析其成本和成功的可能性，并动员足够的资源。以往根除成功的计划分别以机械控制、化学控制和以生境管理为基础，其中机械控制以手工拔草或手工拾螺为例；化学控制以给脊椎动物使用有毒诱饵为例；生境管理以恢复河道内水流状况和捕捞入侵鱼类为例。欲了解更多有关这些和其他控制方法的信息，请参阅下面控制部分的内容。大多数根除计划需要采用几种不同的方法，而且只有在资金充足和利益相关者做出承诺的情况下才能采用。对新入侵物种的反应越迅速，根除就越有可能取得成功。

如需详细了解及早发现和根除的方法，请参阅“全球入侵物种计划”所推出的文献，《外来入侵物种——最佳预防及管理实践工具包》（2001），网址：http://www.cabi-bioscience.ch/www.gisp/gtcsum.htm。

2. 控制扩散

遏制外来入侵物种是一种特殊形式的控制。遏制的目的是限制外来入侵物种的扩散，并把其种群遏制在特定的地区；然后，再通过各种方法，连同划定的遏制边界，对外来入侵物种的种群数量进行控制。任何超越这个区域的个体和群体都要被根除，以防止它

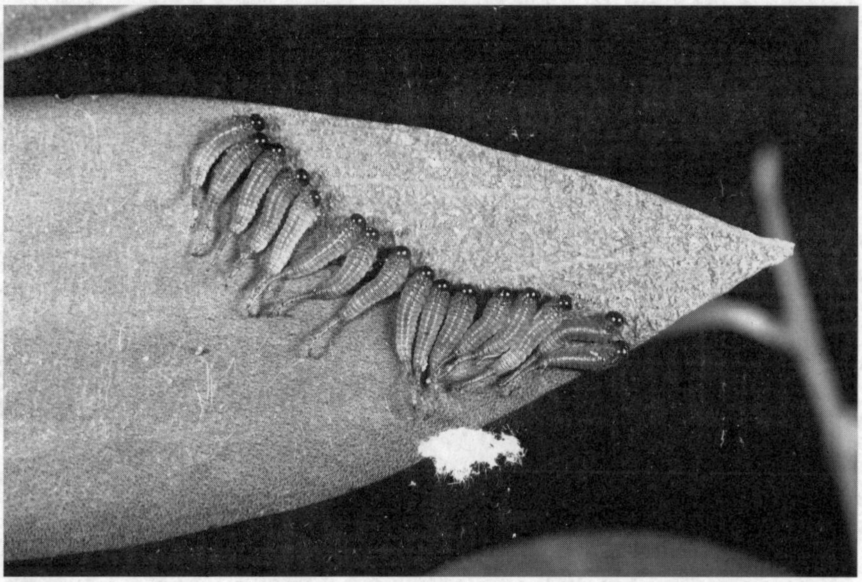

生物控制的实例——孵化一天的锯蝇幼虫正在吞噬外来入侵物种白千层属植物的叶子。
摄影：Jason Stanley/USDA ARS

们被引进到遏制区以外的地方。遏制和根除之间的界限并不总是明确的。遏制计划需要明确的目标：外来入侵物种的传播不能超越某些障碍、某些生境不容外来物种建群和侵犯等。为确立这些参数，保护工作者首先必须清楚地了解为什么要采取遏制措施（例如，为保护特定地区或生境免遭入侵，赢得时间以调动其他控制或根除措施等）。遏制计划的一个重要组成部分就是能够迅速发现外来入侵物种的新侵扰，无论是从遏制地区边缘传播的，还是在全新地区发生的，以便尽快采取控制措施。这些新的侵扰刚开始的时候密度很低，这也使得及早发现富有挑战性。

对淡水生境外来入侵物种的遏制措施取得成功的几率较大。例如，很多河流的流域都是通过人工运河连接的，而人工运河有助于外来入侵物种在河系间传播。然而，运河只是狭窄的通道，经运河通道引进的外来物种可通过修建障碍、限制交通以及其他措施加以阻断。

传统的外来入侵物种控制方法就是降低该物种的密度和丰度，使其低于可接受限度，因为只有低于此限度，外来入侵物种对淡水生物多样性所造成的危害才可以接受。但实现管理目标的可接受限度到底应定为多少，并不总是很清楚，研究外来入侵物种如何影响目标淡水物种和生态系统各要素的自然变异范围不失为一个良好的起点。

把外来入侵物种的种群数量控制在明确的可接受临界值以内，可以改变竞争平衡，对本地物种有利。外来入侵物种被削弱后，给本地物种以恢复的机会，甚至可进一步降低外来入侵物种的丰度，在个别情况下，还可能导致外来入侵物种的灭绝（特别是结合对生境的恢复，支持本地物种，实现完整自然生态系统的回归），但这显然不是控制措施的主要目标。

现有的外来入侵物种控制方法包括机械控制、化学控制、生物控制和生境管理。我们应该查阅现有的文献和专业知识，以确定针对特定物种最为有效的控制方法。

（1）机械控制

机械控制指直接将外来入侵物种的个体用手工工具或机械清除。绞车和机械收割机可适用于较大的植物。在许多情况下，机械控制方法可以控制甚至根除小规模的外来入侵物种侵扰。该方法的缺点在于它属劳动密集型工作。大部分手工工作的成本都很高，并且需要重复多年才能清除所有的外来物种个体。

机械控制方法的效力取决于物种。例如，有些植物物种只要有一部分能跟土壤接触便可存活和生长［例如欧洲和北美的一个外来入侵物种日本矢车菊（*Fallopia japonica*），哪怕根茎片段不足 1 克都可再生］。植物被连根拔起后能否再生，如果缺少这方面的信息，就应该进行一些简单的测试，以便发现不同处理方案的效力，以及确定处理残留物的方法，比如堆肥或焚烧等。

钓鱼可以被看做是一种机械或手动控制。垂钓外来入侵物种可使其种群数量有效地降低到可接受的水

专栏 4-20 一个成功的故事：大湖区海七鳃鳗的控制

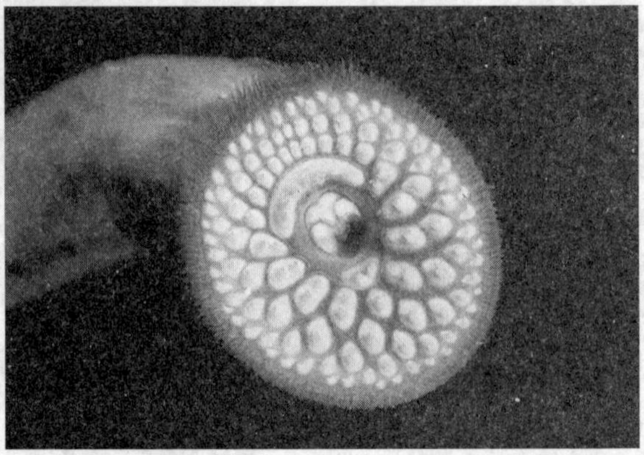

海七鳃鳗的嘴。图片提供：the Great Lakes Sea Grant Network Exotic Species Graphics Library。

大湖区是加拿大和美国共享的宝贵资源，超过 4 000 万人依赖大湖为其提供食物、饮用水和休闲娱乐，仅渔业每年就可给该地区带来 40 亿美元的收益，大湖区不仅提供了休闲垂钓的场所，还提供了 75 000 个就业机会。然而，大湖区的渔业健康不断受到各种威胁，如生境的丧失、污染和外来物种入侵等，其中包括海七鳃鳗的侵扰。

海七鳃鳗是大西洋本地的原始洄游鱼类，在大湖区没有商业价值，其他鱼类通常也不会以其为食。海七鳃鳗没有颌骨，其圆形的嘴形成一个吸盘，遍布锋利、喇叭状的牙齿，中间是一个有锉痕的舌头。海七鳃鳗用吸盘和牙齿吸附在鱼类身上，利用舌头来锉穿鱼的鳞片和皮肤，以便吸食鱼类的血液和体液。一条海七鳃鳗在成年期间可毁掉 40 磅（18 千克）的鱼类。海七鳃鳗的破坏性巨大，在某些情况下，7 条受到攻击的鱼只有 1 条可存活下来，这大大加速了大湖湖鳟渔业的崩溃：截止到 20 世纪 60 年代，休伦湖和苏必利尔湖的年度收成从 1 500 万磅下降到 30 万磅。

海七鳃鳗通过海运渠道从大西洋进入大湖区，于 20 世纪 30 年代在安大略湖首次被发现。尼亚加拉瀑布作为天然屏障，使海七鳃鳗无法进入伊利湖、休伦湖、密歇根湖和苏必利尔湖。然而，当韦兰运河于 1919 年被加深后，海七鳃鳗获得了进入大湖区其他湖泊的机会。截止到 1938 年，海七鳃鳗已经入侵所有五大湖。1995 年，美国和加拿大政府设立了大湖渔业委员会来控制海七鳃鳗，协调研究并改善渔业。控制计划根据海七鳃鳗的不同生命阶段，采用多项技术来对其实施打击。成年海七鳃鳗洄游产卵，然后死亡；受精卵孵化成幼虫，隐藏在河流底部，以残体和水藻为生，平均需要 3 ～ 6 年的时间才能转化成可寄生的成年海七鳃鳗。成年海七鳃鳗迁移到大湖区，有 12 ～ 20 个月的时间以鱼类为生。从卵到成年，一个完整的生命周期平均需要 5 ～ 8 年才能完成。

大湖区海七鳃鳗的控制一直非常成功，正在实施的行动已使大多数区域里的海七鳃鳗数量减少了 90%，为鱼类的生存和繁殖创造了健康的环境。虽然大湖区里的海七鳃鳗不可能完全消灭，通过持续的合作和支持，还是可以把其种群数量限制在一定水平，减少对大湖区水生群落的影响。目前，该控制计划包括四项策略：

- 海七鳃鳗杀剂：3- 三氟甲基 -4- 硝基（TFM，水杉总黄酮）可杀死河流中的海七鳃鳗幼卵，但对其他淡水物种的影响不大。水杉总黄酮会定期施用于大湖区约 175 条河流中。尽管水杉总黄酮很有效，但这种控制方法成本很高，大湖渔业委员会倾向于减少其使用。

吸附在湖鳟身体上的海七鳃鳗。
图片提供：U.S. Fish and Wildlife Service

- 设置障碍：现有的障碍物不仅可阻止海七鳃鳗洄游产卵，还能尽量避免干扰其他鱼类通行。较新的设计包括速度障碍，这一障碍充分利用了海七鳃鳗游泳能力不强的特点；电气障碍，可击退准备产卵的海七鳃鳗，但对其他鱼类或动物没有危害；可调整脊障，在海七鳃鳗产卵期间充气，阻止其通行，然后在每年余下的其他时间放气，允许其他鱼类通行。
- 不育雄性释放技术：每年对雄性海七鳃鳗进行集中绝育，释放回河流后，绝育雄性会与正常雄性争夺产卵雌性；产卵海七鳃鳗和绝育雄性于产卵后死亡。评估表明，在使用该技术的地方，海七鳃鳗卵的孵化数量有所下降。
- 诱捕：海七鳃鳗诱捕可在整个大湖区的各个不同地点实施，往往与设置障碍一起进行。诱捕的设计就是捕捉洄游产卵的海七鳃鳗。

欲了解更多有关海七鳃鳗的信息和可供学习的资源，请登录大湖渔业委员会网站：www.glfc.org。

平，同时也可成为该地区其他管理活动的资金来源。控制不仅不产生费用，还能赚钱，这是一种罕见的情况。但需要引起关注的是，某些鱼类外来入侵物种可能成为有价值的商品，人们可能会认为应予以保留，以便继续创收，因此这种做法也增加了激励一些个人传播外来入侵鱼种到新区域的风险。此外，在许多情况下，休闲垂钓不会减少目标物种的种群数量。

（2）化学控制

化学控制指把化学除草剂和杀虫剂应用于外来入侵物种。化学控制作为短期的解决方案往往非常有效。和机械控制中的劳动力成本相比，化学控制的费用相对低廉。但化学控制的主要缺点在于，重复使用不仅会增加成本，还会对本地物种产生影响，可能成为一种选择压力，使外来入侵物种演变出对这些化学品的抵抗力。

诸如草甘膦与2,4- D这样的除草剂已广泛应用于世界各地，成为迅速有效控制淡水环境中杂草的手段。然而，正是因为它们的非选择性，才更难直接施用到水中的外来入侵植物上，所以损害本地物种的可能性也就越大。鱼藤酮是一种鱼类毒药，有时被用来控制池塘和其他小型水体中的外来入侵物种。这种方法可有效地消灭物种，但它的非选择性却意味着其影响将波及其他物种和群落。

（3）生物控制

生物控制指有意使用上层营养级生物种群（天敌）来遏制外来入侵物种的种群数量。如果成功，生物控制非常符合成本效益，而且可以一劳永逸。

传统生物控制通常涉及从外来入侵物种的本地环境引进天敌到其新入侵的区域。由于外来入侵物种通常被引入到没有天敌的新环境中，它们在新的生态系统中往往生长和（或）繁殖得更为活跃。引进天敌的挑选将以其宿主特异性为依据，尽量减少或消除任何可能出现的对本地物种的影响。引进外来入侵物种天敌的目的不是根除外来入侵物种，而是减少其与本地物种的竞争，从而降低其密度及其对环境的影响。对水草采取传统生物控制的方法一直大有所为，并已出现一些成功的案例。环保管理人员已经认识到，传统的生物控制如果遵照现代协议，如《国际植物保护公约》的《外来生物防治剂输入和释放行为守则》，也可以为解决许多外来入侵物种的问题提供一个大有希望的方法。

然而，有人认为此种生物控制引进了另外一个具有潜在问题的物种，风险太大。这些批评意见往往说明，在制定控制策略时应纳入非自我维持方法，包括：

- 大规模释放不育雄性，减少下一代的数量；
- 诱导宿主（植物）对外来入侵物种产生抵抗力；
- 大量释放病原体、寄生物或者不能有效繁殖和存活的天敌来实施生物控制。大规模或大量释放可快速控制外来入侵物种的种群数量。

（4）生境管理——改变非生物因素

大多数外来物种的入侵都是由人为干扰淡水生态系统造成的。在某些情况下，对淡水外来入侵物种的控制源自本生态系统健康状况的改善，包括恢复水质、解决水体的过养作用和污染问题，甚至可以包括恢复生态系统的自然水流状况。关于消除人类使用和管理土地及水资源活动所造成威胁的策略，请参阅本章的其他部分。

3. 减轻危害

如果根除、遏制和控制不能成为解决外来入侵物种问题的选择，或者未能成功管理外来入侵物种，我们最后的手段就是要找到一种方法与该物种共存，并减轻其对淡水生物多样性的影响。这种情况下采用的缓解方法不同于遏制和控制：缓解活动的开展不直接影响外来入侵物种，而是侧重于减轻外来入侵物种对本地物种和生态系统的影响。最简单但也许是最极端的缓解方法可能就是把濒危物种可长久存续的种群转移到一个没有外来入侵物种侵扰的生态系统中，或者转移到不会再发生外来物种侵扰并且已恢复的生态系统中。

二、法律和制度策略

有效的预防和管理不仅需要国家法律框架，而且经常还需要以共同目标和一致的国际标准为基础的双边、地区以及全球范围的共同行动。目前，已有50余个全球性和多边的“软”法律工具（协议、行为守则以及技术指导文件等）来解决外来入侵物种问题。其中涵盖了陆地、海洋、淡水、湿地和沿海等各生态系统，以及导致外来物种引进的过程和途径等。世界自然保护联盟（IUCN）（2000）对这些国际法律工具进行了总结，成为与外来入侵物种有关的法律问题的一个实用资源。尽管凡事总有例外，但国际法律工具通常都比较宽泛，各国还需要制定自己的国家立法和规定来操作这些工具。

有的国家已经制定了法律措施来减轻和减少外来入侵物种的威胁，而且在制定相关政策时，都横跨了众多的政府部门，也都经历了漫长的时间过程。因此，国家政策通常比较零散，在术语上也存在着不一致的现象，而且还可能不便于实施。在可能的情况下，建立、简化或加强国家立法框架时应遵循下列目标：

- 统一的目标和范围；
- 标准化术语；
- 执行措施，以防止不必要的引进；
- 支持早期预警机制；
- 提供管理措施，包括恢复本地生物多样性；
- 鼓励遵守和问责制（Wittenberg and Crock 2001）。

（一）美国的制度和法律规定

下面对与外来入侵物种有关的美国联邦法律和在防治外来入侵物种中发挥重要作用的机构进行一下总结。本总结改编自考恩(Corn)等人 1999 年出版的《有害外来物种：国会该解决的问题》一书。有关州一级的机构和政策，请登录 http://laws.fws.gov/lawsdigest/indx.html 查询。美国有关淡水外来入侵物种的联邦法律非常零散，而且缺乏法律来关注在跨行业和跨生境范围内对外来入侵物种的拦截、防止和控制等宏观问题。还有一些法律尽管不是直接针对外来入侵物种的控制和防治的，却可能有助于限制其引进。下面对与外来入侵物种的引进、防治和控制有关的现有法律进行一个简要概述，所有法律都可在线查阅：http://laws.fws.gov/lawsdigest/html。

1.《莱西法案》

《莱西法案》(Lacey Act)最初于 1990 年开始实施，1998 年进行了修订，规定输入、输出、出售、接收、获取或购买因违反美国或部落法而获取、占有、运输或销售鱼类、野生动植物的行为属违法行为。此外，《莱西法案》还规定，从事州际或国际因违反各州法律或国外法律而获取、占有、运输或销售鱼类、野生动植物的商业活动也属非法行为。该法案的具体条款授权联邦政府根据人道精神和健康条件，制定要求并颁发输入野生动物和鸟类的许可证，在管制一些外来入侵物种方面可能比较有用，虽然其作用可能只是间接的。

2.《动物损害控制法》

《动物损害控制法》（Animal Damage Control Act）最初于 1931 年颁布，是动植物卫生检疫局（APHIS）实施其“野生生物服务计划”（WS）的主要章程依据。《动物损害控制法》赋予动植物卫生检疫局控制联邦、各州或私有土地上野生动物损害及解决外来入侵物种（如海狸鼠、燕八哥、欧洲椋鸟和僧鹦鹉）问题的权力。1991 年，国会对《动物损害控制法》进行了修正，专门把“野生生物服务计划”所监测和控制的棕树蛇添加到了外来入侵物种名单上。

3.《国家环境政策法》

《国家环境政策法》（NEPA）要求联邦政府机构考虑其行动对环境所产生的影响。为产生环境影响的主要联邦行动编写“环境影响报告”（EIS）是实现这一目标的主要机制。各机构不仅要编写“环境影响报告”，还要对其他机构编写的“环境影响报告”进行评价。如果联邦行动可以影响引进外来入侵物种的风险，从而可能对环境产生重大影响，此时适用《国家环境政策法》。

启动《国家环境政策法》，就有大量机会来分析拟议行动的“环境影响报告”。分析的结果可能是要修改或放弃一些行动或找出替代办法，因为原来拟议的行动可能会引进外来入侵物种，并对环境造成重大影响。

4.《濒危物种法案》

《濒危物种法案》（ESA）为稀有或濒临灭绝的物种提供了强有力的保护，也为管理外来入侵物种创造了一个工具。《濒危物种法案》可以预防联邦机构引进可能损害濒危或受威胁物种的外来物种。外来物种的引进可以由美国鱼类和野生动物管理局或国家海洋渔业局（NMFS）给出意见，以确定引进（或导致引进的行动）是否会危及稀有或濒危物种的存活。如果另一个实体甚至个体公民的行动在引进外来物种时可能导致所列物种死亡，《濒危物种法案》则可要求没收许可证。例如，在西北太平洋，引入大西洋鲑鱼或发展其养殖会威胁《濒危物种法案》所保护的本地太平洋鲑鱼物种，这就是反对物种引进的一个重要论点。

美国农业部农业研究所的植物病理学家正在研究如何遏制入侵的欧亚水聚藻。摄影：Brian Prechtel/USDA ARS

5. 1990年《非本地水生有害物种预防和控制法案》

《非本地水生有害物种预防和控制法案》（Nonindigenous Aquatic Nuisance Prevention and Control Act，NANPCA）设立了一个联邦计划，以防止水生外来入侵物种和棕树蛇的引进并控制这些物种的扩散，由美国鱼类和野生动物管理局、海岸警卫队、美国环保局、美国陆军工程兵兵团及国家海洋和大气管理局共同负责实施，并组成“水生有害物种特别工作组”（ANSTF）。这些机构通力合作，制订保护、监测、控制和研究计划。“水生有害物种特别工作组”研究并向国会报告：①确定哪些区域的压载水交换并不构成环境威胁；②评估大湖区以外美国水域的生态特征，及经济利益是否受到外来入侵物种的威胁；③确定是否需要采取措施控制船只进入大湖区以外的美国水域；④明确和评价减少有意引进水生外来入侵物种负面影响风险的方法。欲了解更多关于“水生有害物种特别工作组”和各州关于水生外来入侵物种管理计划的链接和信息，请登陆 http://anstaskforce.gov/。

《非本地水生有害物种预防和控制法案》授权各州州长提交以下文件：①向“水生有害物种特别工作组”提交全面的水生外来入侵物种管理计划以供审批，计划应确定需要技术和财政援助的领域或活动；②向负责土建工程的陆军部长助理提交公共设施管理计划以供审批，计划需明确需要技术和财政援助的公共设施。各州授权发放补助，实施核准的管理计划，其中联邦政府所占份额最高不超过总成本的75%，每个公共设施管理计划的份额最高不超过50%。

该法案规定由海岸警卫队制定规章，以防止引进和传播水生外来入侵物种，防止其通过船舶压载水进入大湖区，并对违反这些规定的行为进行民事和刑事处罚。该法案还鼓励运输部长通过国际海事组织与其他国家就如何预防和控制无意引进外来水生物种问题进行磋商。此外，该法案还规定由美国陆军工程兵团：①制定研究和技术计划，以控制公共设施及其周围无害环境的斑马贝类；②提供控制方法的有关信息。

6.《外来物种防治和实施法案》

《外来物种防治和实施行法案》(Alien Species Prevention and Enforcement Act, ASPEA)（39 U.S.C. 3015；106 Stat. 1774）认定通过邮件运送某些植物和动物为违法行为，其中包括上述很多法律所隐含的内容。然而，该法案在防止外来入侵物种的引入方面似乎收效不大，特别是如果发件人不知晓已把上述法律禁运的东西装入邮包的时候。

7.《13112 号行政令》

有关入侵物种的《13112 号行政令》(Executive Order 13112）于 1999 年 2 月 3 日由克林顿总统签发，旨在防止引进外来入侵物种，并规定联邦机构要改进协调工作，根据跨机构入侵物种委员会制定的“国家入侵物种管理计划”，控制外来物种并最大限度地减少其影响。该行政令规定，所有联邦机构都要重视外来入侵物种问题，并避免采取可能增加外来入侵物种问题的行动。入侵物种委员会在咨询委员会的支持下，还需就国际合作提出建议，促进有关外来入侵物种记录工作和监控的网络建设，并鼓励发展外来入侵物种的信息共享系统。

（二）机构责任

美国的各种机构都负有处理外来入侵物种问题的责任。在有些机构（如检疫局)，外来入侵物种占机构工作量很大一部分；在另一些机构（如海岸警卫队)，外来入侵物种只是其职责的一小部分。

1. 美国农业部的机构和计划

农业研究所（ARS)。美国农业研究所为农业部其他机构提供科学和技术支持，重点在于入境口岸的检测技术、外来入侵物种的快速确定系统以及农药的应用技术。农业研究所共有 200 多名研究人员，每年花费 1 亿多美元，在 40 多个地点开展以生物为基础的虫害管理计划研究。此外，研究所还帮助对特定外来入侵物种进行监测（如地面、空中和卫星监测大叶戟树和其他杂草种类)。

动植物卫生检疫局（APHIS)。通过在 178 个美国入境口岸实施农业检疫程序，检疫局开展预先清关、决定许可、进行处理、检查调查和根除入侵等工作，以防止引进某些外来入侵物种，对美国的农业生产和自然生态系统造成威胁。只有检疫局有处理外来物种初步入侵的临时权力。在国内，检疫局与联邦政府和各州机构以及非政府组织合作，在外来入侵物种建群前对其进行检测、遏制和根除。

自然资源保护局（NRCS)。自然资源保护局管理“环境质量激励计划”(EQIP)、“野生动物栖息地激励计划”(WHIP）和“湿地保留计划”(WRP)，负责给各州的优先项目发放款项。外来入侵物种是一个可获得资助的领域。自然资源保护局向私人土地持有者提供自然资源保护信息，其中也包括有关外来入侵物种的信息。除了提供植物指南恢复本土植物群落外，保护局的植物网站（http://plants.usda.gov）还提供了各州有害杂草名单、入侵植物名单以及有关杂草物种生物学和管理信息重要资源的链接。

合作研究、教育和推广局 CSREES)。虽然合作研究、教育和推广局的“国家研究启动竞争性资助计划”目前还未确定以外来入侵物种为中心的具体研究课题，仍有几个项目支持增进对外来入侵物种了解的研究。此外，该服务处的其他启动基金支持有关最佳管理实践的研究，通过生物、化学、养殖和机械做法以及对外来入侵物种的管理，来对外来入侵物种进行安全高效的控制，最大限度地提高虫害控制和封堵效果，尽可能发挥成本效益。

经济研究所（ERS)。经济研究所制定决策工具，可用于比较外来入侵植物入侵的后果和可能的控制成本。该研究所考虑了生态破坏的直接和间接人力成本，以及潜在不良后果的替代控制方法。

环境和自然资源研究委员会（CENR)。. 环境和自然资源研究委员会是全国科学技术委员会（NSTC）的一个分支，成立目的是为全国科学技术委员会提供咨询和协助，以提高联邦机构在环境和自然资源领域研究和发展工作的效率和生产率。该委员会解决科学政策以及研究和发展等问题，确定跨越机构界限，并提供一个正式的机制，协调机构间有关国内与国际环境和自然资源的问题。委员会已经确定，把外来入侵物种作为生态系统综合研究的一个优先重点项目。委员会的成员代表分别来自白宫、美国国家海洋和大气管理局（NOAA）、史密森学会、美国环保局、能源部（DOE）、美国航天局（NASA）、美国国家科学基金会（NSF）、农业部（USDA）、管理和预算局（OMB）、内政部（DOI）、卫生部（DHHS）、运输部（DOT）、国防部（DHUD）、国务院（DOD）、联邦紧急事务管理局（FEMA）、田纳西流域管理局、气象协调员办公室、中央情报局和环境质量委员会等。

农场服务局（FSA）。在对“保护储备计划”进行管理的过程中，农场服务局要求所有参与者对登记在册土地上的外来入侵植物、昆虫和其他不受欢迎的物种实施控制。

林业局。林业局负责管理一些合作计划，促进合作伙伴关系，鼓励非产业森林土地所有者进行森林管理，其中包括控制外来入侵物种。林业局开展了几个外来入侵物种重点研究项目，其中包括对外来入侵物种进行生态研究，以在控制/消灭外来入侵植物（如美国南部的葛根及爱达荷州的黄星蓟、斑点矢车菊和大叶戟树）后开展基地的恢复建设。此外，林业局还致力于控制和减少外来入侵昆虫的影响，如亚洲天牛、舞毒蛾、铁杉球蚜和褐尾蛾等。该机构还进行疾病研究（如控制巴特纳特溃疡），并选择具有抗病基因（如荷兰榆树病、松树脂溃疡和白松疱锈病）的树种。

联邦机构间有毒和外来杂草管理委员会（FICMNEW）是一个由各机构代表组成的委员会，其中包括农业部、内政部、交通部、国防部和能源部等机构的代表。该委员会促进合作，采用综合生态的方法来管理联邦土地上的外来入侵植物，并为私人土地提供技术援助。

2. 美国商业部的机构和计划

美国国家海洋和大气管理局（NOAA）。美国国家海洋和大气管理局给若干领域的计划提供基金，包括防止和控制对海洋环境入侵的蔓延，对切萨皮克湾的压载水进行管理以及对外来入侵物种的危害进行经济评估。根据《国家入侵物种法案》，海洋和大气管理局应资助下列研究议题：确定外来物种的引进途径；制定有成本效益的防治方法；研发有效的控制方法，以最大限度地减少生态破坏；明确已建群外来入侵物种的传播机制，进而形成防止或减缓有关外来入侵物种传播的保障和议定书。管理局下属的大湖区环境研究实验室已花费数百万美元来研究外来入侵物种对大湖区的影响，斑马贝类就是其研究重点。此外，该实验室还对引入的牡蛎疾病和虾病毒进行研究。另外，海洋和大气管理局还提供研究生奖学金，鼓励水生外来入侵物种的研究。

国家海洋基金学院计划。美国国家海洋和大气管理局依据《非本地水生有害物种预防和控制法案》，在研究水生外来入侵物种方面发挥了重大作用。管理局的“海洋基金”计划负责管理一项竞争性的研究资助计划，研究涉及水生外来入侵物种的各个方面，其中也包括发展压载水管理技术。这项计划可资助对外来入侵物种威胁的研究、教育和推广，具体支持的研究包括：外来入侵物种的生物学和生活史研究；外来入侵物种对生态系统的影响，包括成本和效益在内的社会经济分析；控制和缓解办法；防止引进新的外来入侵物种；减少已建群外来入侵物种的传播。这一计划的资助（包括推广在内）费用平均每年约为280万美元。

3. 美国国防部的机构和计划

国防部（DOD）制订了若干计划，以减少外来入侵物种的威胁。其中包括：海军的压载水管理政策；与武装部队害虫治理委员会和国家野生动植物研究中心合作，致力于利用化学方式来控制棕树蛇；维护有毒和有害植物管理信息系统。国防部的“入侵物种管理计划”旨在防止外来入侵物种入境美国，控制目前国防部设施中已有的外来入侵物种，并通过使用本土植物来恢复国防部辖下的土地。

美国陆军工程兵团（the Corps）。陆军工程兵团的“水生植物管理计划”支持水生植物控制；“斑马贝类业务管理计划”支持斑马贝类的研究工作。兵团还支持国防部上述计划的更为广泛的举措。兵团还制订了若干控制计划，其中包括“水生植物控制计划”、“斑马贝类计划”以及“水产增长消除计划”等。另外，兵团还开展了许多侧重于外来入侵物种的研究项目。“水生植物控制研究计划”（APCRP）提供了一些有效、经济并与环境相容的技术，用来鉴定、评估和管理水生植物的问题，这一计划实施已有30余年的时间。“斑马贝类计划”是唯一由联邦政府授权的斑马贝类控制研究计划，并获得授权执行成本分担协议，即由联邦政府支付50%，各州及地方政府支付50%，以便管理那些不属兵团和其他联邦机构管辖水道中的外来入侵水生植物问题。此外，兵团还在进行一项“芝加哥沟渠扩散屏障研究”，以确定有效措施来限制水生外来入侵物种的传播。

4. 美国内政部的机构和计划

土地管理局（BLM）。土地管理局外来入侵物种的工作重点在于控制外来入侵植物。其下属的“杂草防治合作伙伴计划”是一项行动计划，旨在预防和控制有毒杂草在公共土地上扩散。此外，管理局还制订了“沟通和环境教育计划”，以帮助防控有毒杂草在公共土地上扩散。土地管理局还采取一些具体的政策来解决杂草侵扰问题，并已把入侵杂草列为机构的最优先考虑事项。检疫局通过与土地管理局签订谅解备忘录，来管理土地管理局下辖土地上的外来入侵物种。管理局要求，只有本地物种数量不足或无法维持或实现正常运作条件和生物健康时，牧场才可使用外来物种的植物。

垦务局（BOR）。垦务局负责的计划用来控制侵扰供水系统的外来入侵物种，包括水库、河流、配水渠等。有些物种(如斑马贝、中国大闸蟹、黑藻和水葫芦等)会阻碍水流，减少休闲活动的准入空间，并可能给建筑物造成结构性破坏。垦务局通过各种支持再造的法规和指令，制订综合虫害管理计划，处理外来入侵物种问题。

鱼类和野生动物管理局（FWS）。鱼类和野生动物管理局把与外来入侵物种有关的工作重点放在外来入侵物种的引进和传播上，在可行和必要的情况下，对已经建群的外来物种实施控制。当拟引进的外来入侵物种或其他活动有可能损害《濒危物种法案》所保护的物种时，《濒危物种法案》授权鱼类和野生动物管理局参与管理。

鱼类和野生动物管理局有关扣押或没收生物的规定禁止把任何外来入侵物种释放到野外。扣押或没收的物种可以被送回其适合的栖息地：①返回出口国(如知悉)，需经协商，并且费用由出口国负担；②返回曾是该物种历史生境的国家，该国应该是《濒危野生动植物种国际贸易公约》缔约国，协商后费用由缔约国负担。

《野生鸟类保护法》：鱼类和野生动物管理局还对外来入侵鸟类的管理和输入进行了规范，涉及一切鸟蛋和小鸟，但不包括家禽、已死亡的体育猎杀鸟类及博物馆标本、科学标本和鸟类制成品，也不包括该法律指定的10个鸟类家族成员。

鱼类和野生动物管理局制订了多项计划，以解决外来入侵物种的管理和控制问题。管理局与“水生有害物种特别工作组”合作，领导全国各地水生外来入侵物种的管理和控制计划及其实施工作。“国家野生动植物保护系统”成立了入侵物种研究小组，审查有关策略，并就外来入侵物种的可能试点项目提出建议。此外，外来入侵物种问题已列入保护区综合养护计划。作为整体生境恢复活动的一部分，鱼类和野生动物管理局还开展若干生境恢复计划，以恢复外来入侵物种导致的退化生境。

地质调查局（USGS）。地质调查局生物资源司的工作重点就是研究外来物种入侵的影响因素，以及外来入侵物种对生态系统过程、本地物种和景观变化的影响，特别是对内政部下辖土地的影响。地质调查局的计划涉及以下内容：确定和报告新的入侵，并做出环境风险评估；确定监测方法；测定外来入侵物种的影响，确定易受侵扰的生境；确定监测方法；建设区域性和全国性的外来入侵物种信息系统。地质调查局的“国家生物信息基础设施”为外来入侵物种信息的记载、传播和汇总提供了方便。调查局目前的工作重点在于少数侵扰性极高的外来物种，分别分布在大湖区和东部水道和湿地、沿岸生态系统以及夏威夷；另外一个工作重点则是西部牧场上的外来入侵植物。此外，调查局还负责管理非本地水生有害物种数据库以及若干地区性数据库（如夏威夷、科罗拉多高原和北部草原）。

国家公园管理处（NPS）。国家公园管理处管辖超过8 300万英亩的土地，其中有大约200个公园已经认识到外来入侵物种是资源管理的重要威胁。管理处的政策禁止在一些情况下引进外来物种，而且所属单位要使用综合病虫害管理方法来消除或控制外来入侵物种。管理处下属公园的渔业规定禁止绝大部分诱饵鱼（无论死活）的使用（除非在特别指定的水域），以此来减少外来入侵物种引进或传播的可能性。指定水域也只限于那些外来入侵物种已经建群的地方，并且还需有科学数据表明引入更多的外来入侵物种个体或类型不会影响本地物种的种群数量，同时还要求公园的管理计划中没有消除外来入侵物种的需要。国家公园管理处有特殊规定，要尽量减少斑马贝类和其他水生外来入侵物种在圣克罗伊国家级风景河道的传播。

5. 美国国务院的机构和计划

国务院从事谈判和签订国际条约以及与外来入侵物种有关的地区性和双边性工作，例如，在双边工作中，美国国务院与中国共同努力以解决亚洲天牛的入侵问题；与南太平洋国家合作，提高对控制棕树蛇蔓延必要性的认识；与国际海事组织进行磋商，制定条约以解决通过压载水引进外来入侵物种的问题。国务院的工作重点就是保护生物多样性的价值，减少生态和经济影响，对控制外来入侵物种所采取行动的贸易影响和其他经济后果进行管理，并协调好确定和限制外来物种入侵途径的需要与维护人类商业的必要性两者之间的关系。

6. 美国运输部的机构和计划

根据《非本地水生有害物种预防和控制法案》，海岸警卫队负责制订和实施压载水管理计划，尽量减少前面提到的远洋轮船通过压载水把外来入侵物种带入美国的可能性。

7. 美国环保局的机构和计划

美国环保局建立水产养殖项目经营许可证的标准，以此来规范外来入侵物种的管理。环保局要求申请人向环保局充分证明，若水产养殖项目中培育的种群不属于当地地理区域，引进种群对本地动植物群的不利影响要尽可能最小，引进品种的商业价值总额要等于或大于被取代或受影响的本地动植物。

环保局根据三个法规来控制和管理外来入侵物种。《清洁水法》允许环保局把外来入侵物种作为点源和非点源污染物。因此，环保局可以设定点源排放限制，如对船舶压载水进行限制。

环保局根据要求对所有的环境影响报告进行审查。审查工作由地方办公室来完成，审查内容包括明确审议拟采取的行动是否有引进外来入侵物种的可能。

对外来入侵物种相关风险的研究，是环保局的研究和开发专长。另外，环保局还要监控外来入侵物种在各生态系统类型中的传播范围。环保局制定了若干研究和监测计划，经过修改可用于外来入侵物种的全面评估。“环境监测和评估计划”（EMAP）和“区域脆弱性计划”（ReVA）就是其中的两例。

有关负责外来入侵物种问题的其他美国联邦和州级政策及机构的详情，请参阅：

- *National Management Plan: Meeting the Invasive Species Challenge,* National Invasive Species Council, January 18, 2001, http://invasivespecies.gov/council/nmp.shtml
- U.S. Congress, Office of Technology Assessment. 1993. Harmful Non-indigenous Species in the United States. OTAF-565. U.S. Government Printing Office. Washington, DC. 391 pp. http://www.wws.princeton.edu/~ota/disk1/1993/9325_.html
- *The Paradox of United States Alien Species Law,* IUCN Country Report, Marc Miller, 11/8/1999
- List of Laws and Regulations (Federal and State): http://www.invasivespecies.gov/laws/main.shtml
- Various State Laws in each state: http://laws.fws.gov/lawsdigest/indx.html
- *Harmful Alien Species: Issues for Congress,* M. Lynne Corn, Eugene H. Buck, Jean Rawson, and Eric Fischer, Resources, Science and Industry Division, April 8, 1999
- *Noxious Weed Control Policy and Classification System,* Oregon Department of Agriculture, Noxious Weed Control Program, 2001
- NR-22. *Improved Cooperative Management of Invasive Species,* National Governors' Association
- *APHIS Weed Policy 2000–2002,* U.S. Department of Agriculture, Animal & Plant Health Inspection Service, Plant Protection and Quarantine
- *Draft Action Plan for the Noxious Weeds Program* (January 2002), Comments Open Until March 29, 2002
- U.S. Department of Agriculture, Animal and Plant Health Inspection Service, Plant Protection and Quarantine
- *Pacific Northwest Region Noxious Weed Policy & Strategic Plan,* U.S. Department of Agriculture, Forest Service, August 1999
- *Partners Against Weeds, An Action Plan for the Bureau of Land Management,* U.S. Department of

Interior, Bureau of Land Management

- *Preserving Our Natural Heritage—A Strategic Plan for Managing Invasive Alien Plants on National Park Systems Land*
- *A Binational Canadian–U.S. Ballast Water Research Strategy,* Policy Position of the Great Lakes Panel on Aquatic Nuisance Species, February 1998
- *Analysis of Laws & Policies Concerning Exotic Invasions of the Great Lakes,* Office of Great Lakes, Michigan Department of Environmental Quality, March 15, 1999
- *Ballast Water Management Policy Statement,* Adopted by the Great Lakes Panel on Aquatic Nuisance Species, March 2001
- *Exotics and Public Policy in the Great Lakes,* The Results of a Workshop at the Biennial Great Lakes Water Quality Forum in Milwaukee, Wisconsin, September 23 and 26, 1999
- *Exotic Policy: An International Joint Commission White Paper on Policies for the Prevention of the Invasion of the Great Lakes by Exotic Organisms,* Eric Reeves, July 1999
- *Guidance for Information and Education Efforts for the Prevention and Control of Aquatic Nuisance Species in the Great Lakes,* Policy Position of the Great Lakes Panel on Aquatic Nuisance Species, June 1997
- *Report to Congress—Findings Conclusions, and Recommendations of the Intentional Introductions Policy Review,* Aquatic Nuisance Species (ANS) Task Force, March 1994
- *Research Guidance for the Prevention and Control of Nonindigenous Aquatic Nuisance Species in the Great Lakes,* Policy Position of the Great Lakes Panel on Aquatic Nuisance Species, December 1996
- *Draft Action Plan—National Early Warning and Rapid Response System For Invasive Plants in the United States* (March 15, 2002) (Word document)
- Federal Interagency Committee for the Management of Noxious and Exotic Weeds (FICMNEW)
- *FICMNEW's Pulling Together: National Goal 2—Effective Control,* Part of FICMNEW's national strategy for invasive plant management.

（三）国际制度和法律规定

非政府组织一直是使国际社会集中关注外来入侵物种引进问题的重要力量。1982 年和 1988 年，环境问题科学委员会（SCOPE）聘请科学家和专家来研究外来入侵物种威胁的实质，研究成果出现在众多的书籍之中，其中包括题目为《从全球视角看生物入侵》（1989）的综合性图书。这本书明确指出，外来入侵物种可能会损害生态系统的功能，而且随着全球生物迁移地理障碍的大规模瓦解，外来入侵物种会影响所有的生态系统。1996 年，国际自然保护联盟制定并发布了《防止生物多样性因生物入侵而丧失的指导方针》的文件草案，重点提出了一些降低外来入侵物种导致生物多样性丧失风险的建议（见《生物多样性公约》第 8（h）条）。

志愿者在拔除爱达荷州鲑鱼河沿岸的矢车菊。摄影：Jerry Asher/BLM。

表 4-11 主要国际和大陆协议及有关外来入侵物种规定一览表

《联合国生物多样性公约》（CBD）（1992），www.biodiv.org 第 8（h）条。各缔约方"防止引进、控制或根除那些威胁生态系统、生境或本地物种的外来入侵物种。"
《联合国生物多样性公约生物安全卡塔赫纳议定书》（蒙特利尔 2000），www.biodiv.org 议定书的目标是确保因现代生物技术而发生改变的生物活体在有足够保护的情况下进行转移、处置和利用，否则可能对生物多样性的保护和可持续利用造成不利影响。
《联合国海洋法公约》（蒙特哥贝 1982），www.un.org/Depts/los/losconv1.html 第 196 条。各国应采取一切必要措施，防止、减少和控制有意或无意把物种（无论是外来物种还是新物种）引进到特定的海洋环境中，因为这样可能带来重大的有害变化。
《关于特别是作为水禽栖息地的国际重要湿地公约》（拉姆萨尔 1971），www.ramsar.org COP 7- 有关入侵物种和湿地的第 VII.14 项决议
《野生动物迁徙物种保护公约》（波恩 1979），www.wcmc.org.uk/cms/ 濒危野生动物迁徙物种的栖息地缔约国（附录一）应防止、减少或控制危害（包括可能进一步危害）该物种的因素，包括外来入侵物种（第 III 条第 (4)(c) 项）。《附录二：迁徙物种协议》严格限制引进对迁徙物种不利的外来入侵物种，如已引进，要对其进行严格控制（第 V 条第（5）（e）项）。
《国际水道非航行使用法公约》（纽约 1997），www.un.org 水道国家应采取一切必要措施，防止把外来或新物种引进国际水道（第 22 条）。
《国际植物保护公约》（罗马 1951，1997 年修订），www.fao.org/legal/treaties 创建了一种国际制度，通过公约缔约国采取卫生和检疫措施，防止植物虫害和植物产品的扩散和引进。缔约国建立国际植物保护组织，并同意就信息交换和国际检疫措施标准进行合作。
世界贸易组织（WTO）《卫生与植物卫生措施实施协议》（马拉喀什 1995），www.wto.org/english/tratop_e/sps_e/sps_e.htm WTO 协议的补充协议，适用于直接或间接影响国际贸易的所有卫生检疫措施。
《国际卫生条例》（日内瓦 1982），www.who.int/emc/IHR/int_regs.html 在尽量不干扰世界交通的情况下，防止疾病的国际传播，确保最大安全。条例强调使用国际上通用的流行病学原则，监测、减少或根除感染源，改善码头、机场及其附近区域的卫生状况，防止传播媒介的扩散，鼓励在国家水平开展流行病学活动。
《北美自由贸易协定》（1982），www.sice.oas.org/tradee.asp#NAFTA 各缔约国都可以采取、维持或使用任何必要的卫生或检疫措施，来保护境内人类、动物和植物的生命和健康（第 712 条第（1）项）。各缔约国都须调整其有关动植物病虫害引进、建群或传播的卫生或检疫措施，把地区间的运输和处理条件考虑在内（第 716 条）。
《北美环境合作协议》（1993），www.cec.org 环境合作委员会的理事会可就有害外来入侵物种提出建议（第 10 条第（2）（h）项）。
世界自然保护联盟关于《防止外来入侵物种导致生物多样性丧失的指导原则》（2000），www.iucn.org/themes/ssc/pubs/policy/invasivesEng.htm 《指导原则》旨在增加对外来入侵物种影响的认识和理解，为防止引进、再引进以及控制和根除外来入侵物种提供指导。
《控制和管理船舶压载水以减少有害水生物和病原体转移的指导原则》（国际海洋组织 1997），www.imo.org 为最大限度地降低压载水和泥沙排放带来有害生物和病原体的风险提供指导和策略（第 A.868(29) 项决议）。
《负责任渔业行为守则》（联合国粮农组织 1995），www.fao.org/fi/agreem/codecond/ficonde.asp 鼓励建立法律和管理框架以促进负责任的水产养殖，包括在把外来物种引进到跨国界淡水生态系统之前，与邻国进行协商。应尽量减少外来品种或基因变异品种，特别是在很可能进入非本地国的其他国家时。应尽量减少基因改良和外来物种给野生物种的基因和疾病所带来的影响。

续表 4-11

《外来生物防治剂输入和释放行为守则》（联合国粮农组织 1995），www.fao.org 为公众和私人引进国际上可接受的程序（特别是在缺少有关国家立法或法律依据不足时），方便生物防治剂的输入、输出和释放。《行为守则》对输入国的具体职责进行了概述，在输出生物防治剂时，输出国当局有责任确保遵守输入国的有关规定。
《防止外来入侵物种的引进》（国际民用航空组织 1998），www.icao.int/icao/end/res/a32_9.htm 第 A-32-9 项决议。敦促所有缔约国通过民用航空当局帮助减少以民用航空这一运输形式把入侵物种引进到非自然栖息地的风险。要求国际民用航空组织理事会与其他联合国组织合作，确定国际民用航空组织可采用的降低入侵物种引进风险的措施。

根据环境问题科学委员会和国际自然保护联盟的建议，1977 年制订了“全球入侵物种计划”（GISP）。该计划的任务就是保护生物多样性和维持人类的生计，最大限度地减少外来入侵物种的传播和影响。其目标是通过提供一个全球设想和在各个级别上催化这一设想的实现，以完成其任务。该计划创建了一个“全球入侵物种计划伙伴关系网”（GISP Partnership Network），由来自世界各地的外来入侵物种方面的科学家和技术专家组成。“全球入侵物种计划”的利益相关者包括政府、政府间组织、非政府组织、学术机构以及私营部门等。虽然其合作伙伴遍布世界各地，但其服务的主要对象却是发展中国家和支持可持续发展的机构。

随着对外来入侵物种影响的认识日益加深，各国倾向于自我反省，并注重自我保护。以“全球入侵物种计划伙伴关系”为基础的倡议鼓励各国要认识到，他们不可能在自己的边界内完全解决这个问题。根据定义，外来入侵物种本身就是一个国际性问题。此项计划有助于使各国政府和其他机构分享经验，努力合作来解决国家和地区问题。

“全球入侵物种计划”的工作方式与其他国际组织类似，都是为了防止采用以部门为重点的孤立办法来解决外来入侵物种问题，因为那样可能导致重复工作和政策失效。例如，“全球入侵物种计划伙伴关系网”促使各国政府、环保团体以及贸易行业共同努力，进行积极的、富有建设性的对话。它所提供的服务包括：

- 提高人们对外来入侵物种威胁的认识，通过国家和国际有关组织和框架，增加解决问题的可能性；
- 在各国政府之间、政府和私营部门之间以及不同学科之间建立联系；
- 使数据库网络化，为外来入侵物种问题和专门知识提供一个通道；
- 设计并共同主办研讨会，进行策略规划，确定优先次序，并开发更好的新工具以应对外来入侵物种的威胁；
- 总结科学和技术信息，并随时向决策者、科学家、教育家和其他人员提供这些信息；
- 在项目设计和计划中支持合作伙伴关系，以尽量减少外来入侵物种的传播和影响。

表 4-11 节选自《外来入侵物种的全球性战略》（Global Strategy of Invasive Alien Species）（2001），总结了一些重大的国际协议，并列出了有关外来入侵物种的规定。

除了以上国际法律、政策和指导方针，国际非政府组织也制定了一些有用的文件，其中包括在全球范围内解决外来入侵物种问题的建议：

- Invasive Alien Species—How to Address One of the Greatest Threats to Biodiversity: A Toolkit of Best Prevention and Management Practices, CAB International on behalf of the Global Invasive Species Program, 2001
- IUCN Policy Recommendations Papers for the Sixth Meeting of the Conference of the Parties to the Convention on Biological Diversity (COP6), April 7–19, 2002, The Hague, Netherlands
- Alien Species That Threaten Ecosystems, Habitats or Species: Recommendations, April 2002 (Word document)
- IUCN Guidelines for the Prevention of Biodiversity Loss caused by Alien Invasive Species (Word document)

三、社区策略

提高公众意识并结合志愿者行动，对降低外来入侵物种对本地的威胁至关重要。在世界各地的淡水生态系统中，志愿者在外来入侵物种的预防和帮助防止其蔓延方面都位于最前线。志愿人员大大增加了对入侵者的警戒力度，而且因为大多数志愿者都在其所监测水体的附近生活和休闲，他们会经常造访那里，对情况非常熟悉，能够及时发现异常情况。志愿人员的参与还意味着增加公众对外来入侵物种的了解，从而使有更多的人采取预防措施，防止这些讨厌的入侵者传播扩散。几乎所有减轻外来入侵物种影响的工作都必须要把志愿人员的监测纳入考虑范围。

—作者 Kristine Ciruna

参考文献

水的使用与管理

水坝

American Rivers. 2002a. Lessons learned from the Fort Edward Dam Removal. http://www.americanrivers.org/tableofcontents/lessonslearned.htm [23 Oct. 2002].

———. 2002b. Who is FERC? What is relicensing? http://www.americanrivers.org/hydropowertoolkit/meetferc.htm [23 Oct. 2002].

———. 2002c. Toolkit—Hydropower Dam Reform. 14 Steps of the Relicensing Process. http://www.amrivers.org/damremovaltoolkit/damremovalcosts.htm [23 Oct. 2002].

———. 2002d. Removal of the Edwards Dam in Maine. http://www.amrivers.org/tableofcontents/sskennebec.htm [27 Jan. 2003].

Amoros, C. 2001. Connectivity and biocomplexity in riverine floodplains. Presentation at 1st International Symposium on Landscape Dynamics of Riverine Corridors, Ascona, Switzerland, March 25–30, 2001. http://www.riverine-landscapes.ch/amoros.htm [28 Jan. 2003].

Arthington, A.H.. 1998. Comparative Evaluation of Environmental flow Assessment Techniques: Review of Holistic Methodologies. Land and Water Resources Research and Development Corporation Occasional Paper 26/98.

Bednarek, A.T. 2001. Undamming rivers: A review of the ecological impacts of dam removal. Environmental Management 27(6): 803–814.

Ben-David, M., T.A. Hanley, and D.M. Schell. 1998. Fertilization of terrestrial vegetation by spawning pacific salmon: the role of flooding and predator activity. Oikos 83:47–55.

Bissell, R.E. 2001. A participatory approach to strategic planning. Dams and development: A new framework for decision-making. Environment 43(7): 37–40.

Bolling, D.M. and River Network. (1994). How to Save a River: A Handbook for Citizen Action. Island Press, Washington, DC. 266 pp.

(BRec) U.S. Bureau of Reclamation. 1980. Safety Evaluation of Existing Dams. Government Printing Office, Washington, DC.

———. 2002. Managing Water in the American West. http://www.usbr.gov/main/what/who.html [17 Oct. 2002].

Brizga, S.O., A. Arthington, S.J. Choy, M.J. Kennard, S. Mackay, and B. Pusey. 2002 Benchmarking, a new 'top-down' methodology for assessing environmental flows in Australian rivers. Environmental Flows 2002: 4th Ecohydraulics Symposium, Cape Town, South Africa, 3–8 Mar 2002. (World Meeting Number 000 5997).

Chao, B.E. 1991. Man, water and a global sea level. EOS, Transactions of the American Geophysical Union 72: 492.

———. 1995. Anthropogenic impact on global geodynamics due to reservoir water impoundment. Geophysical Research Letters 22: 3529–3532.

(CFRTAC) Clark Fork River Technical Assistance Committee. 2003. Site History. About the Milltown Reservoir Site. http://www.clarkforkoptions.org/SiteHistory.asp [29 Jan. 2003].

Chesapeake Bay Program. 2002. Passage Restoration website. http://www.chesapeakebay.net/fishpass.htm [13 Oct. 2002].

Collier, M., R.H. Webb, and J.C. Schmiudt. 1996. Dams and Rivers. A Primer on the Downstream Effects of Dams. U.S. Geological Survey Circular 1126. U.S. Geological Survey, Denver, CO. 94 pp.

Collier, M., R.H. Webb, and E.D. Andrews. 1997. Experimental flooding in the Grand Canyon. Scientific American 276:82–89.

Counihan, T.D., A.T. Miller, M.G. Mesa, and M.J. Parsley. 1998. The effects of dissolved gas supersaturation on white sturgeon larvae. Transactions of the American Fisheries Society 127(2): 316–322.

Curry, R.A., J. Gehrels, D.L. Noakes, and R. Swainson. 1994. Effects of river fluctuations on groundwater discharge through brook trout, Salvelinus fontinalis, spawning and incubation habitats. Hydrobiologia 277: 121–134.

Décamps, H. 1984. Biology of regulated rivers in France. *In*, Lillehammer, A. and S.J. Saltveit (ed). Regulated Rivers. Oslo University Press, Oslo, Norway.

Décamps, H., M. Fortune, F. Gazelle, and G. Pautou. 1988. Historical influence of man on the riparian dynamics of a fluvial landscape. Landscape Ecology 1: 163–173.

Delaney, R.L. and M.R. Craig. 1997. Longitudinal Changes in Mississippi River Floodplain Structure. USGS Project Status Reports 97–02. http://www.umesc.usgs.gov/reports_publications/psrs/psr_1997_02.html [28 Jan. 2003].

(DSE) Deutsche Stiftung fur internationale Entwicklung. 1998. Partnership for Transboundary Water Management—an Area of Action for Policy Dialogue. Annual Report 1998. http://www.dse.de/aktuell/jb98ef.htm [20 Oct. 2002].

Dister, E., D. Goemer, P. Obrdlik, P. Petermann, and E. Schneider. 1990. Water management and ecological perspectives of the Upper Rhine's floodplains. Regulated Rivers 5: 1–15

Dooley, J.H., and K.M. Paulson. 2003. Engineered Large Woody Debris, for Aquatic, riparian and Upland Habitats. http://www.elwdsystems.com/pdf/dooley_paulson.pdf [30 Jan 2003].

Dudgeon, D. 2000. Large-scale hydrological changes in tropical Asia: Prospects for riverine biodiversity. BioScience 50(9) 793–806.

Echeverria, J.D., P. Barrow, and R. Roos-Collins. 1989. Rivers at Risk: The Concerned Citizen's Guide to Hydropower. Island Press, Washington, DC. 217 pp.

Eltson, R., J. Colt, P. Frelier, M. Mayberr, and W. Maslen. 1997. Differential diagnosis of gas emboli in the gills of steelhead and other salmonid fish. Journal of Aquatic Animal Health 9(4): 258–264.

Endangered Species Coalition. 2001. Testimony of David S. Wilcove, Senior Ecologist, Before the Fisheries, Wildlife and Water Subcommittee of the Senate Environment and Public Works Committee, May 9, 2001. http://www.stopextinction.org/News/News.cfm?ID=74&c=13 [24 Oct. 2002].

(FERC) Federal Energy Regulatory Commission. 2002a. FERC Homepage. http://www.ferc.fed.us/About/about.htm [13 Sept 2002].

———. 2002b. Hydropower. http://www.ferc.gov/hydro/docs/waterpwr.htm [15 Oct. 2002].

Flavin, C., H. French, G. Gardner, S. Dunn, R. Engleman, B. Halweil, L. Mastny, A.P. McGinn, D. Nierenberg, M. Renner, and L. Starke. 2002. State of the World 2002. The Worldwatch Institute, Washington, DC. 265 pp.

Flecker, A.S. 1997. Habitat modification by tropical fish: environmental heterogeneity and the variability of interaction strength. Journal of the North American Benthological Society 16:286–295.

Freeman, M.C., C.M. Pringle, E.A. Greathouse, and B.J. Freeman. *In press.* Ecosystem-level consequences of migratory faunal depletion caused by dams. Transactions of American Fisheries Society.

Freeman, R. 2002. Harnessing the restoration potential of artificial floods. Conservation in Practice 3(2): 34–38.

Friends of the River Narmada. 2002. Sardar Sarovar Project. http://www.narmada.org/index.html [19 Oct. 2002].

Galay, V.J. 1983. Causes of river bed degradation. Water Resources Research 19: 1057–1090.

Glase, J.D. 1994 Evaluation of Artificially Constructed Side Channels as Habitat for Salmonids in the Trinity River, Northern California, 1991–1993. Progress Report. USFWS Trinity River Restoration Program. Weaverville, CA. 55 pp. Text website http://www.krisweb.com/biblio/regional/klamath_trinity/glaseside.pdf [14 Oct. 2002].

Glasser, S.P. 2000. Hydromodifications-dams, diversions, return flows and other alterations of natural water flows, In G.F. Dissmeyer (ed.). Drinking Water from Forests and Grasslands. A Synthesis of the Scientific Literature. U.S. Depart of Agriculture, Forest Service, Southern Research Station, Ashville, NC. General Technical Report SRS-39. 246 pp.

Gleick, P. H. 2000. The World's Water. 2000–2001. The Biennial Report on Freshwater Resources. Island Press, Washington, DC. 313 pp.

Golz, E. 1994. Bed degradation: nature causes, countermeasures. Water Science and Technology 29: 325–333

Gosse, J.P. 1963. Le milieu aquatique et l'écologie des poisson dans la région de Yangambi'. Ann. Mus. R. Afr. Cent. Zoo 116:113–270.

Haeuber, R.A. and W.K. Michener. 1998. Policy implications of recent natural and managed floods. BioScience 48(9): 765–772.

Hall, C.A.S. 1972. Migration and metabolism in a temperate stream ecosystem. Ecology 53:585–604.

Haynes, H.B.N. 1983. Groundwater and stream ecology. Hydrobiologia 100:93–99.

Hart, D.D, T.E. Johnson, K.L. Bushaw-Newton, R.J. Horwitz, A.T. Bednarek, D.F. Charles, D.A. Kreeger, and D.J. Velinsky. 2002. Dam Removal: challenges and opportunities for ecological research and river restoration. BioScience 52(8): 669–681.

Hart, D.D. and N.L. Poff. 2002. A special section on dam removal and river restoration. BioScience 52(8): 653–655.

Heinz Center. 2002. Dam Removal: Science and Decision Making. Washington, DC. 221 pp.

Horn, A.J. and C.R. Goldman. 1994. Limnology, 2nd edition. McGraw-Hill, Inc. New York, NY. 576 pp.

Hulse, D., S. Gregory, and J. Baker (eds.). 2002. Willamette River Basin Planning Atlas. Trajectories of Environmental and Ecological Change. Oregon State University Press, Corvallis, OR. 178 pp.

(HRC) Hydropower Reform Coalition. 1997. Relicensing Tool Kit: Guidelines for effective participation in the FERC relicensing process. 37 pp.

(HRC) Hydropower Reform Coalition. 2000. Hydropower Reform Toolkit and Hydropower Reform Information Kit. http://www.amrivers.org/hydropowertoolkit/default.htm [15 Sept. 2002].

Hutchins, D. A. M. and K. W. Bruland. 1998. Iron-limited diatom growth and Si:N uptake rations in a coastal upwelling. Nature 393: 561–64.

(IRN) International Rivers Network. 2002a. Fish passage impasse at Fort Halifax Dam. River Revival Bulletin 40, Sept. 5, 2002. http://www.irn.org/revival/decom/index.asp?id=bulletins/rrb40.html [12 Oct. 2002].

———. 2002b. Dam Removal: The International Experience. http://www.irn.org/revival/decom/brochure/rrpt3.html [12 Sept. 2002].

———. 2002c. Latvia-Dam removed to restore salmon and spawning areas. River Revival Bulletin 41, Oct 3, 2002. http://www.irn.org/revival/decom/index.asp?id=bulletins/rrb41.html [25 Oct. 2002].

———. 2002d. Reviving the World's Rivers: Technical Challenges. Decommissioning Methods. http://www.irn.org/revival/decom/brochure/rrpt5.html [23 October 2002].

Ittekkot, V., C. Humborg, and P. Schafer. 2000. Hydrological alterations and marine biogeochemistry: a silicate issue? BioScience 50: 776–792.

(IUCN) The World Conservation Union. 2002. Environmental flows and international watercourses. Environmental Law Programme Newsletter 1: 4–7.

Jobin, W. R. (1998). Sustainable management for dams and waters. Lewis Publishers, Boca Raton, FL. 265 pp.

Johnson, S.E.; and B.E. Graber. 2002. Enlisting the social sciences in decisions about dam removal. BioScience 52(8): 731–738.

Junk, W.J. 1999. The flood pulse concept of large rivers: Learning from the tropics. River Ecosystem Concepts 115 (3): 261–280. Archiv fur Hydrobiologie. Supplementband

Junk, W.J., P.B. Bayley, and R.E. Sparks. 1989. The flood pulse concept in river-floodplain system. Proceedings of the International Large River Symposium, pp. 110–127, Canadian. Special Publication of Fisheries and Aquatic Sciences 106.

Justic, D., N. N. Rabelais., and R. E. Turner. 1995. Stoichiometric nutrient balance and origin of coastal eutrophication. Marine Pollution Bulletin 30: 41–46.

Keller, E. A., and G. M. Kondolf. 1990. Groundwater and fluvial processes: selected observations. Groundwater geomorphology: The role of subsurface water in earth-surface processes and landforms. Special Paper—Geological Society of America 252: 319–340.

Kennebec Coalition. 1999. A River Reborn. Benefits for People and Wildlife of the Kennebec River following the Removal of Edwards Dam. http://www.tu.org/newstand/library_pdfs/edwards-web.pdf [20 Aug. 2002].

Kerr, G.R., and H. Reheis 2002. Apalachicola-Chattahoochee-Flint River Basin Compact Alabama-Coosa-Tallapoosa River Basin Compact http://www.dnr.state.ga.us/dnr/environ/outreach_files/intwatplan_files/actlette.pdf [24 Jan. 2003].

Kowalewski, M., G.E.A. Serrano, K.W. Flessa, and G.A. Goodfriend. 2000. Dead delta's former productivity: two trillion shells at the mouth of the Colorado River. Geology 28:1059–1062.

Lemly, A.D., S.E. Finger, and M.K. Nelson. 1993. Annual Review: sources and impacts of irrigation drainwater contaminants in arid wetlands. Environmental Toxicology and Chemistry 12:2265–2279.

Leopold, L. 1990. Closing Remarks, *In* Colorado River Ecology and Dame Management. National Academy Press, Washington, DC. 276 pp.

Lovett, R. 1999. As salmon stage disappearing act, dams may too. Science 284: 574–575.

Lutz, D.S. 1995. Gas supersaturation and gas bubble trauma in fish downstream from a Midwestern reservoir. Transactions of the American Fisheries Society 124(3): 423–436.

Maclin, E., and M. Bowman (eds.). 2002. The ecology of dam removal. A summary of benefits and impacts. American Rivers, Washington, DC. 15 pp. http://www.amrivers.org/damremovaltoolkit/ecologyofdamremoval.htm [12 Sept. 2002].

Maclin, E., and M. Sicchio. 1999. Dam Removal success Stories: Restoring Rivers Through Selective Removal of Dams that Don't Make Sense. Friends of the Earth, American Rivers, and Trout Unlimited. 176 pp.

March, J.G., J.P. Benstead, C.M. Pringle, and F. N. Scatena. 2003. Damming tropical island streams: problems, solutions and alternatives. BioScience 53(11): 1069–1078.

McCully, P. 2001. Silenced Rivers. The Ecology and Politics of Large Dams. Zed Books, London, United Kingdom. 359 pp.

McDonald, G., R. Mclaughlin and S. McKinley. 2001. Fish Passage: Concepts, Application and Evaluation-Great Lakes Tributary Streams. A summary report for the Great Lakes Fishery Commission Sponsored Workshop, Feb 2–3, 2001. 24 pp.

(MHB) Mississippi Headwaters Board. 2002. Homepage. http://www.mhbriverwatch.dst.mn.us/about_mhb/index.htm [21 Oct. 2002].

Miller, G.T. 2001. Living in the Environment Wadsworth Biological Series. Belmont, CA.

Molles, M.C., Jr., C.S. Crawford, L.M. Ellis, H.M. Valett, and C.N. Dahm. 1998. Managed flooding for riparian ecosystem restoration. BioScience 48(9): 749–756.

(MRC) Mekong River Commission. Homepage. http://www.mrcmekong.org/ [20 Oct. 2002].

Nilsson, C., and K. Berggren 2000. 2000. Alterations of riparian ecosystems caused by river regulation. BioScience 50(9): 783–792.

(NRC) National Research Council. 1983. Safety of Existing Dams: Evaluation and Improvement National Academy Press, Washington, DC.

———. 1985. Safety of Dams: Flood and Earthquake Criteria. National Academy Press, Washington, DC.

———. 1998. New Directions in Water Resource Planning for the U.S. Army Corps of Engineers. National Academy Press, Washington, DC.

———. 1999. U.S. Committee on Watershed Management. New Strategies for America's Watersheds. National Academy Press, Washington, DC. 311 pp.

(NWSRS) National Wild and Scenic Rivers System. Homepage http://www.nps.gov/rivers/ [18 Oct. 2002].

Odeh, M. (ed.). 1999. Innovations in Fish Passage Technology. American Fisheries Society, Bethesda, MD. 224 pp.

———. 2000. Advances in Fish Passage Technology: Engineering Design and Biological Evaluation. American Fisheries Society, Bethesda, MD. 170 pp.

(ORBC) Ohio River Basin Commission. 2002. Introduction. http://www.orbcinterstate.org/introduction.htm [17 Oct. 2002].

Otto, B. 2000. Paying for Dam Removal: a guide to selected funding sources. American Rivers, Washington, DC. 110 pp. http://www.amrivers.org/docs/PDR-color.pdf [21 Oct. 2002].

Pielou, E.C. 1998. Fresh Water. University of Chicago Press, Chicago, IL. 275 pp.

Philips, J.D. 2001. Sedimentation in bottomland hardwoods downstream of an east Texas dam. Environmental Geology 40(7): 860–868.

Poff, N.L., and D.D. Hart. 2002. How dams vary and why it matters of the emerging science of dam removal. BioScience 52(8): 659–668.

Postel, S., and Richter, B.D. 2003. Rivers for Life: Managing Water for People and Nature. Island Press, Washington, DC. 240pp.

Postel, S.L., J.I. Morrison, and P.H. Gleick. 1998. Allocating freshwater to aquatic ecosystems: the case of the Colorado River Delta. International Water 23: 119–123.

Prakash, A. 2002. Farakka barrage causes concern, both upstream and downstream. http://www.cyberbangladesh.org/concern.txt [12 Sept. 2002].

Pringle, C. M. 2004. Cumulative and interacting effects of altered hydrology and contaminant transport: Ecological patterns in wildlife of global concern. *In:* Holland, M. E. Blood and L. Schaffer (eds.) Achieving Sustainable Systems: A Web of Connections. Island Press, Washington, DC..

Pringle, C.M. 2001a. Hydrologic connectivity and the management of biological reserves: A global perspective. Ecological Applications 11:981–998.

———. 2001b. Hydrologic connectivity: A call for greater emphasis in wilderness management. International Journal of Wilderness 7(3):21–26.

———. 2000. Riverine Connectivity: Conservation and management implications for remnant natural areas in complex landscapes. Plenary Talk, Verhandlungen Internationals Verein. Limnol. 27:1149–1164.

Pringle, C. M., and F. J. Triska. 2000. Emergent biological patterns and surface-subsurface interactions at landscape scales, Chapter 7, pp. 167–193. *In:* J. B. Jones and P. J. Mulholland (eds.) Stream and groundwaters. Academic Press.

Pringle, C.M., M. Freeman, and B. Freeman. 2000. Regional effects of hydrologic alterations on riverine macrobiota in the New World: Tropical-temperate comparisons. BioScience 50: 807–823.

River Alliance of Wisconsin. 2000. Dam removal down under: River Alliance shares Wisconsin Experience with Australia. Sept. 28, 2000 News Release. http://www.wisconsinrivers.org/NR0928.html [21 Oct. 2002].

River Alliance of Wisconsin and Trout Unlimited. 2000. Dam Removal: A Citizen's Guide to Restoring Rivers.

Richter, B.D., J.V. Baumgartner, J. Powell, and D.P. Braun. 1996. A method for assessing hydrologic alteration within ecosystems. Conservation Biology 10(4): 1163–1174.

Roberts, T.R. 1993. Commentary. Just another dammed river? Negative impacts of Pak Mun Dam on fish of the Mekong Basin. Natural History Bulletin of Siam Society. 41: 105–133.

Rosenberg, D.M., P. McCully, and C.M. Pringle. 2000. Global scale environmental effects of hydrological alterations: introduction. BioScience 50(9):746–751.

(RWESA) Rivers Watch East and Southeast Asia. 2002. Progress Report of Thai Baan Research. Findings of Community-Based Research on the Impacts of Opening Pak Mun Dam Gates in Thailand. http://www.rwesa.org/pakmun2nd.html [25 Oct. 2002].

Ryan, B.A., E.M. Dawley and R.A. Nelson. 2000. Modeling the effects of supersaturated dissolved gas on resident aquatic biota in the main-stem Snake and Columbia Rivers. North American Journal of Fisheries Management 20(1): 192–204.

Schramm, H.L., Jr., M.A. Eggleton, and R.M. Mayo. 2000. Habitat conservation and creation: invoking the flood-pulse concept to enhance fisheries in the lower Mississippi River. Polish Archives of Hydrobiology 47 (1): 45–62.

Sinha, M., M.K. Mukhopadhyay, P. Mitra, M.M. Bagghi, and H.C. Karamkar. 1996. Impact of Farakka Barrage on the hydrology and fishery of the Hooghly estuary. Estuaries 19(3): 710–722.

Speece, R.E. 1994. Lateral thinking solves stratification problems. Water Quality International 3: 12–15.

Strayer, D.L., D.C. Hunter, L.C. Smith, and C.K. Borg. 1994. Distribution, abundance, and the roles of freshwater clams (Bivalvisa, Unionidae) in the freshwater tidal Hudson River. Freshwater Biology 31:239–248.

Tanzeema, S., and I.M. Faisal. 2001. Sharing the Ganges: a critical analysis of the water sharing treaties. Water Policy 3(1): 18–28.

Tharme, R.E., and J.M. King. 1998. Development of the Building Block Methodology for Instream Flow Assessments and Supporting Research on the Effects of Different Magnitude Flows on Riverine Ecosystems. Water Research Commission Report No. 576/1/98, Cape Town, South Africa.

The Aspen Institute. 2002. Dam Removal. A New Option for a New Century. 81 pp. http://www.aspeninst.org/eee/pdfs/damremovaloption.pdf [28 Jan. 2003].

(TNC) The Nature Conservancy. 2002. Flow Restoration Database. 36 pp.

(TNRCM) The Natural Resources Council of Maine. 2003. Benefits and Impacts of Removal of the Edwards Dam. According to FERC's Final Environmental Impact Statement. http://www.maineenvironment.org/news/waterpress/benefits.htm [28 Jan. 2003].

Tockner. K, F. Alard, and J.V. Ward. 2000. An extension of the floodplain concept. Hydrological Processes 14(16-17): 2861–2883.

Tracy, R. 2000. Existing Information Analysis. Flow and Sediment Regime. Lewis River Hydroelectric Projects. USDA Forest Service, Gifford Pinchot National Forest. http://www.fs.fed.us/gpnf/forest-administration/ferc/lewis/documents/20020718-01-eia-instream-sediment.pdf [28 Jan. 2003].

Trout Unlimited. 2002. Small Dams Campaign. http://www.tu.org/small_dams/ [10 Sept. 2002].

Turner, R.E., N. Qureshi, N.N. Rabelais, Q. Dortch, D. Justic, R.F. Shaw, and J. Cope. 1998. Fluctuating silicate: nitrate ratios and coastal plankton food webs. Proc. Natl. Acad. Sci., USA 95: 13048–51.

(USACE) United States Army Corps of Engineers. 2002a. Improving Salmon Passage. Final. Lower Snake River Juvenile Salmon Migratory Feasibility Environmental Report. 55 pp. http://www.nww.usace.army.mil/lsr/final_fseis/study_kit/summary.pdf [13 Sept. 2002].

———. 2002b. National Inventory of Dams. http://crunch.tec.army.mil/nid/webpages/nid.cfm [11 Oct. 2002].

———. 2002c. Homepage. http://www.hq.usace.army.mil/history/brief3.htm [10 Sept. 2002].

(USEPA) U.S. Environmental Protection Agency. 1999. The national survey of mercury concentrations in fish: Data base summary 1990–95. http://www.epa.gov/ost/fish/mercurydata.html [24 Oct. 2002].

———. 2002. Section 404 of the Clean Water Act: An Overview. http://www.epa.gov/owow/wetlands/facts/fact10.html [16 Oct. 2002].

(USFWS) U.S. Fish and Wildlife Service. 2002. General Statistics for Endangered Species. (Data current as of 10/25/2002). http://ecos.fws.gov/servlet/TessStatReport [25 Oct. 2002].

Van Ginkel, C.E., B.C. Hohls, and E. Vermaak. 2001. A Ceratium hirundinella (O.F. Mueller) bloom in Hartbeespoort Dam, South Africa. Water south Africa 27(2): 269–276.

Vincke, P. P., and I. Thiaw. 1995. Contribution de la Coopération internationale de la Belgique à la conservation de la diversité biologique. Parks 5(2). http://bch-cbd.naturalsciences.be/belgium/contribution/cooperation/ann2.htm [25 Oct. 2002].

Wallin, P. and R.R. Haberman. 1992. People Protecting Rivers: A collection of Lessons from Successful Grassroots Activists. River Network, Portland, OR. 72 pp.

Ward, J.V. 1982. Ecological aspects of stream regulation: responses in downstream lotic reaches. Wat. Poll. Mgnt. Reviews (New Delhi) 2:1–26.

———. 1985. Thermal characteristics of running water. Hydrobiologia 125:31–46.

———. 1986. Altitudinal zonation in a Rocky Mountain stream. Arch. Hydrobiol. Suppl. (Monogr. Beiträge) 74:133–199.

———. 1988. Riverine-wetland interaction. *In*, Sharitz, R.R. and J.W. Gibbons. (eds.). Freshwater wetlands and wildlife. U.S. Dep. Energy, Oak Ridge, TN.

Ward, J.V. and J.A. Stanford. 1989. Riverine ecosystems: the influence of man on catchment dynamics and fish ecology. *In:* Dodge, D.P. (ed.). Proceedings of the International Large River Symposium. Can. Spec. Publ. Fish Aquat. Sci. 106.

Waters, T.F. 1995. Sediments in Streams. Sources, Biological Effects and Control. Monograph 7. American Fisheries Society, Bethesda, MD. 251 pp.

(WCD) World Commission on Dams. (2000). Dams and Development: A New Framework for Decision-making. The Report of the World Commission on Dams. Earthscan, London, United Kingdom. 404 pp.

Webster, I.T., B.S. Sherman, M. Bormans, and G. Jones. 2000. Management strategies for cyanobacterial blooms in an impounded lowland river. Regulated Rivers: Research and Management 16(5): 513–525.

Welcomme, R.L. 1979. Fisheries Ecology of Floodplain Rivers. Longman, London. 317 pp.

Wetzel, R.G. 1983. Limnology. W.B. Saunders, Philadelphia, PA. 743 pp.

Williams, P. 2000. Restoring living rivers. http://www.igc.org/igc/en/hl/10004204076/hl9.html [10 Sept. 2002].

Willson, M.F., S.M. Gende, and B.H. Marston. 1998. Fish and the forest. BioScience 48:455–462.

Wilson, S.F., R.P. Bio, and V. Craig. 2001. Footprint Impacts of Hydroelectric Development on Coarse Woody Debris: An Assessment of Vancouver Island Watershed. Report prepared for BC Hydro-Bridge Coastal Fish and Wildlife Restoration Program. 23 pp.

World Bank. 2002. Fish Passages. http://www.worldbank.org/html/fpd/em/hydro/fp.stm [13 Oct. 2002].

地表水引水

Acharya, G. 1997. Incentive measures for the conservation of biodiversity in inland water systems. Paper presented at 8th Session of the Global Biodiversity Forum, Montreal, Canada.

American Rivers. 2002. Texas' Guadalupe River is one of America's most endangered rivers. The future of the river hinges on protecting instream flows. http://www.amrivers.org/mostendangered/guadalupe2002.htm [04 Nov 2002]

———. 2003. Little Tennessee River Basin. River restoration case study: Hydropower Reform. http://www.amrivers.org/hydropowertoolkit/littletennesseecasestudy.htm [24 Jan. 2003].

Arthington, A.H., and R.L. Welcomme. 1995. The Condition of Large River Systems of the World, *In*, Armantrout, N.B. (ed.). Conditions of the World's Aquatic Habitats. Proceedings of the First World Fisheries Congress, Theme 1. Oxford and IBH Publishing Co., Pvt. Ltd., New Delhi, India. 411 pp.

BBC News. 2002. Dead Sea in danger. http://news.bbc.co.uk/2/hi/middle_east/392442.stm [16 Nov 2002].

Benstead, J.P., J.G. March, C.M. Pringle, and F.B. Scatena. 1999. Effects of a low-head dam and water abstraction on migratory tropical stream biota. Ecological Applications 9: 656–668.

(BLM) Bureau of Land Management (in press 2002). Draft environmental Impact Statement: Walker Lake, Nevada.

Busch, D.E., and S.D. Smith. 1995. Mechanisms associated with decline of woody species in riparian ecosystems of the southwestern U.S. Ecological Monographs 65(3): 347–370.

Cahill, T.A., E.A. Gearhart, T.E. Gill, D.A. Gillette, and J.S. Reid. 1996. Saltating particles, playa crusts and dust aerosols at Owens(dry) Lake, California. Earth Surface Processes and Landforms 21: 621–637.

Cascadia Times. 2002. Water in the West. The Struggle for Water in the Desert. http://www.waterinthewest.org/riverbasins/riogrande/riogrande.htm [10 Nov. 2002]

Castle, A. 1999. Water Rights Law—Prior Appropriation. http://profs.lp.findlaw.com/water/water_1.html [07 Nov. 2002].

(CDG) China Development Gateway. 2002. Project Introduction. Wanjiazhai Water Control Project http://www.chinagate.com.cn/english/1405.htm [06 Jan 2003].

(CEC) Commission for Environmental Cooperation. 2001. North American Boundary and Transboundary Inland Water Management Report. Éditions Yvon Blais, Montréal, Canada. 218 pp. http://www.cec.org/files/pdf/LAWPOLICY/NAELP7e.pdf [16 Dec. 2002].

(CGLG) Council of Great Lakes Governors. 2002. Great Lakes Water Management Governance. http://www.cglg.org/projects/water/ [18 Sept. 2002]

Chang, G. 2002. The problem with water, Part II. The Jamestown Foundation China Brief 2 (20), October 10, 2002. http://china.jamestown.org/index.htm [06 Jan 2003].

Clyma, W., and M.S. Shafique. 2001. Basin-wide water management concepts for the new millennium. Presented at the 94th annual meeting of the American Society of Agricultural Engineers, Sacramento, CA, 30 July–August, 2001

(CNS) China News Service. 2002. World-level trans-valley water transfer of Yellow River is successful in Shanxi. http://www.enviroinfo.org.cn/Water_Conservation/Water_Transfer_Allocation/e102117_en.htm [06 Jan 2003].

(COA) City of Albuquerque. 2002a. Angostura Diversion–Dual Canal Conveyance. http://www.cabq.gov/water resources/angosturadiversion.html. [21 Jan. 2003].

———. 2000b. San Juan-Chama Diversion Project http://www.cabq.gov/waterresources/sjc.html [21 Jan. 2003].

Coates, D. 2001. Biodiversity and fisheries management opportunities in the Mekong River Basin. Presented at the Blue Millennium: Managing Global Fisheries for Biodiversity thematic workshop. Victoria, British Columbia, Canada. 40 pp. http://www.unep.org/bpsp/Fisheries/Fisheries Case Studies/COATES.pdf [09 Dec. 2002].

Covalla, E., C. Pandarinath, J. Williams, and A. Wingo. 2001. Managing Agricultural Water Impacts. http://ambient.2y.net/wingo/projects/water/e497/e497/e497.html [25 Sept. 2002]

(CVIOG) Carl Vinson Institute of Government. 2001. Georgia Joint Comprehensive State Water Plan Study. http://www.cviog.uga.edu/water/news/01-12.pdf [13 Dec. 2002].

Davies, B.R., and J. Day. 1998. Vanishing Waters. University of Cape Town Press, Cape Town, South Africa. 487 pp.

Davies, B.R., M. Thoms, and M. Meador. 1992. An assessment of the ecological impacts of interbasin transfers, and their threats to river basin integrity and conservation. Aquatic Conservation 2(4): 325–349.

Day. J.C., and F. Quinn. 1992. Water Diversion and Export: Learning from Canadian Experience. Canadian Association of Geographers Public Issues Committee, No. 1. 215 pp.

(DEFRA) Department for Environment, Food and Rural Affairs. 2002. The Ramsar Convention. English and European Wildlife Issues. http://www.defra.gov.uk/wildlife-countryside/ewd/ewd10.htm [14 Nov. 2002].

de Moor, A.P. 2001. Perverse Incentives. Subsidies and Sustainable Development: Key Issues and Reform Strategies. Earth Council, San Jose, Costa Rica. http://www.ecouncil.ac.cr/rio/focus/report/english/subsidies/chap5.htm [25 Sept 2002].

de Moor, A.P., and Calamai, P. 1997. Subsidizing Unsustainable Development. Undermining the Earth with Public Funds. Earth Council, San Jose, Costa Rica. 77 pp.

(ENN) Environmental News Network. 2002. Lebanon taps river at the center of Israel row. Reuters, October 17, 2002. http://www.enn.com/news/wire-stories/2002/10/10172002/reu_48733.asp [30 Oct. 2002].

(ENS) Environmental News Service. 2001. The disappearance of Dojran Lake. October 16, 2001. http://ens-news.com/ens/oct2001/2001/-10-16-03.asp [31 Oct. 2002]. N. Dokovska.

Environment Canada. 2002. Water—How we share it. http://www.ec.gc.ca/water/en/info/pubs/primer/e_prim07.htm [16 Sept. 2002].

Florida Wildlife Federation. 2002. Resolution for the Protection of the Apalachicola-Chattahoochee-Flint and Alabama-Coosa-Tallapoosa River Basins. http://www.flawildlife.org/pubs/fwn-6-00/apalch.htm [13 Dec. 2002].

Gibbins, C.N., M.J. Jeffries, and C. Soulsby. 2000. Impacts of an interbasin water transfer: distribution and abundance of Micronecta poweri (Insecta: Corixidae) in the River Wear, north-east England. Aquatic Conservation: Marine and Freshwater Ecosystems 10(2): 103–115.

Gillilan, D.M., and T.C. Brown. 1997. Instream Flow Protection. Seeking a Balance in western Water Use. Island Press, Washington, DC. 417 pp.

Glasser, S.F. 2000. Hydromodifications—Dams, Diversions, Return Flows, and Other Alterations of Natural Water Flows: In Dissmeyer, G.E. (ed.). Drinking Water from Forests and Grasslands. USDA Forest Service, Southern Research Station, Ashville, NC. 246 pp.

Gleick, P.H. 2000. The changing water paradigm. A look at twenty-first century water resource development. Water International 25(1): 127–138.

Golladay, S.W., and C.L. Hax. 1995. Effects of an engineered flow disturbance on meiofauna in a north Texas prairie stream. Journal of the North American Benthological Society 14(3): 404–413.

Heimlich, R.E., K.D. Wiebe, R. Classen, D. Gadsby, and R.M. House. 1998. Wetlands and Agriculture: private interests and public benefits. Agricultural Economics Report 765. 104 pp. http://www.ers.usda.gov/publications/aer765/aer765f.pdf [08 Nov. 2002].

Hertelin, L. 1999. Lake Winnepeg Regulation. Churchill-Nelson River Diversion Project in the Crees of Northern Manitoba. A working paper of the World Commission on Dams. http://www.damsreport.org/docs/kbase/contrib/soc205.pdf [21 Jan. 2003].

(IUCN) World Conservation Union. 2002. 'Environmental flows' and international watercourses. Newsletter 1: 4–7.

Jehl, D. 2002. In race to tap the Euphrates, the upper hand is upstream. New York Times, August 25, 2002.

Kentula, M.E. 1999. Restoration, Creation, and Recovery of Wetlands. Wetland Restoration and Creation. National Water Summary on Wetland Resources. U.S. Geological Survey Water Supply Paper 2425. http://water.usgs.gov/nwsum/WSP2425/restoration.html [25 Jan. 2003].

Kilgour, D.M., and A. Dinar. 1995. Are stable agreements for sharing international river waters now possible? The World Bank (Agriculture and Natural Resources Department, Agricultural Policies Division).

Kingsford, R.T. 2000. Ecological impacts of dams, water diversions and river management on floodplain wetlands in Australia. Australian Journal of Ecology 25: 109–127.

Kingsford, R.T., and R.F. Thomas. 2001. Changing Water Regime and Wetland Habitat on the Lower Murrumbidgee Floodplain of the Murrumbidgee River in Arid Australia. Report to Environment Australia. http://www.npws.nsw.gov.au/wildlife/lower_murrumbidgee/lower_murrumbidgee_section1.pdf [22 Jan. 2003].

Living Lakes. 2003. Lake Characteristic. Mono Lake. Homepage. http://www.livinglakes.org/mono/ [22 Jan. 2003].

Loch, J.S., A.J. Derksen, M.E. Hora, and R.B. Oetting. 1979. Potential effects of exotic fish species on Manitoba: an impact assessment of the Garrison Diversion Unit. Technical Report of Fisheries and Marine Services (Canada). No. 838. 43 pp.

MacDonnell, L.J. 1999. From Reclamation to Sustainability. Water, Agriculture, and the Environment in the American West University Press of Colorado, Niwot, CO. 385 pp.

MacDonnell, L.J., and S.F. Bates (eds.). 1993. Natural Resources Policy and Law. Island Press, Washington, DC. 241 pp.

Manitoba Hydro. 2003. Churchill River Diversion. http://www.hydro.mb.ca/issues/churchill_river_diversion.shtml [22 Jan. 2003].

March, J.G., J.P. Benstead, C.M. Pringle, and F. N. Scatena. 1998. Migratory drift of larval amphidromous shrimps in two tropical streams, Puerto Rico. Freshwater Biology 40:1–14.

———. 2003. Damming tropical island streams: problems, solutions and alternatives. BioScience 53(11):1069–1078.

Marking, L.L., T.D. Bills, J.J. Rach, and S.J. Grabowski. 1983. Chemical control of fish and fish eggs in the Garrison Diversion Unit, North Dakota. North American Journal of Fisheries Management 3(4): 410–418.

McIvor, C.C., J.A. Ley, and R.D. Bjork. 1994. Changes in Freshwater Inflows From the Everglades to Florida Bay Including Effects on Biota and Biotic Processes: a Review: *In,* Davis, S.M., J.C. Ogden, and W.A. Park, (eds.) Everglades: The Ecosystem and its Restoration. St. Lucie Press, Boca Raton, FL. 826 pp.

Mitsch, W.J. and J.G. Gosselink. 1993. Wetlands. 2nd edition. VanNostrand Reinhold, New York, NY. 722 pp.

Nabhan, G.P., and A.R. Holdsworth. 1998. Water Diversion and Impoundment. State of the Sonoran Desert Biome: Uniqueness, Biodiversity, Threats and the Adequacy of Protection in the Sonoran Bioregion. http://alic.arid.arizona.edu/sonoran/documents/nabhan/db_h2odiversion.html [22 Jan. 2003].

(NRC) National Research Council. 1992. Restoration of Aquatic Ecosystems. Science, Technology, and Public Policy. National Academy Press, Washington, DC. 552 pp.

(NRCS) Natural Resources Conservation Service. 2002. Farmbill 2002. Conservation Provisions Overview. http://www.nrcs.usda.gov/programs/farmbill/2002/pdf/ConsProv.pdf [Nov. 10, 2002].

(NRDC) Natural Resources Defense Council. 2002. Water Subsidies. Clean Water & Oceans: Water Conservation & Restoration: In Brief: FAQs http://www.nrdc.org/water/conservation/qsubs.asp [Sept. 24, 2002].

(NRLC) Natural Resources Law Center. 1997. Restoring the Waters. University of Colorado School of Law, Boulder, CO. 64 pp.

(NSWEPA) New South Wales Environmental Protection Agency. 2002. Backgrounder. Water. http://www.epa.nsw.gov.au/soe/soe2000/bw/ 15 Nov. 2002]

Ono, Y. 1996. Citizen's work to protect Chitose River. World Rivers Review 11(5). http://www.irn.org/pubs/wrr/9612/chitose.html [15 Nov. 2002].

(OTA) Office of Technology Assistance. 1983. Technologies Affecting Surface Water Storage and Delivery. *In,* Water-Related Technologies for Sustainable Agriculture in U.S. Arid/Semiarid Lands. OTA-F-212, Washington, DC.

(PCFFA) Pacific Coast Federation of Fisherman's Association. 2001. News Release. Court Ruling Against Klamath Irrigators Gives Lower River Salmon Fishermen a Chance for Survival. http://www.pcffa.org/pr01-1nw.htm [22 Jan. 2003].

Peberdy, K. 1998. The making of a wetland. Wildfowl and Wetlands 124:16–19.

People's Daily. 2001. South-North Water Diversion Project to Benefit 300 Million Chinese. Dec. 26, 2001.

Postel, S. 1997. Last Oasis. Facing Water Scarcity. W.W. Norton and Co., New York, NY. 239 pp.

Pringle, C.M. 1997. Exploring how disturbance is transmitted upstream: going against the flow. Journal of the American Benthological Society. 16:425–438.

———. 2000. Threats to U.S. public lands from cumulative hydrologic alterations outside their boundaries. Ecological Applications 10(4):971–989.

Pringle, C.M., F.N. Scatena, P. Paaby-Hansen, and M. Núñez-Ferrera. 2000. River conservation in Latin American and the Caribbean. *In* (Boone, P.J., B.R. Davies and G.E. Petts, eds.) Global Perspectives on river conservation: Science, Policy and Practice. John Wiley and Sons, Ltd., New York, NY.

Rivernet. 2002. The Spanish National Hydrological Plan. Save The Delta Of The Ebro. The Spanish National Hydrological Plan (SNHP) and the Social Opposition to the Transference of Water from the River Ebro to Other River Basins. http://www.rivernet.org/Iberian/deltaebro/savethedelta.htm [13 Dec. 2002].

Shane, E.B. 2001. Water rights and Gila River III: the Winters doctrine goes underground. Water Law Review 4(2):397–417.

Snaddon, C.D., and B.R. Davies. 1998. A preliminary assessment of the effects of a small South African inter-basin water transfer on discharge and invertebrate community structure. Regulated Rivers: Research and Management 14(54): 421–441.

Snaddon, C.D., B.R. Davies, and M. Wishart. 2000. A Global Overview of Interbasin Water Transfer Schemes, with an Appraisal of their Ecological, Socio-Economic and Socio-Political Implications, and Recommendations for Their Management. Foundation for Water Research, Bucks, United Kingdom.

Söderqvist, T. 2002. Constructed wetlands as nitrogen sinks in southern Sweden: an empirical analysis of cost determinants. Ecological Engineering 19(2):161–173.

(TCWN) Tennessee Clean Water Network. 2002. Homepage. http://www.tcwn.org/Library/WetLands/Endangered_Rivers.htm [22 Jan. 2003].

Terpstra, P.M.J. 1999. Options for closed water systems: sustainable water management. Water Science and Technology 39(5): 65–72.

Texas Observer. 2002. The Rights of a River. Environmentalists Stake a Radical Claim to the Water in the Guadalupe. June 21, 2002. http://www.texasobserver.org/showArticle.asp? ArticleID=759 [04 Nov 2002]. J. Bernstein

The League of Women Voters. 2002. Where We Stand. Protecting Our Natural Resources. Water. http://www.lwv.org/where/protecting/water_pg2.html [12 Dec. 2002].

Tiner, R. 1998. In search of Swampland. A Wetland Sourcebook and Field Guide. Rutgers University Press, New Brunswick, NJ. 264 pp.

(UNDESA) United Nations Department of Economic and Social Affairs. 2002. Jordan and Israel Announce Project to Save Dead Sea. http://www.johannesburgsummit.org/html/whats_new/feature_story33.htm [15 Nov. 2002].

(UNESCO) United Nations Educational, Scientific and Cultural Organization. 1999. Inter Basin Water Transfer. http://www.worldwatercouncil.org/Vision/Documents/IWBTReport.PDF [09 Dec. 2002].

(USACE) United States Army Corps of Engineers. 2003. The U.S. Army Corps of Engineers Regulatory Program Overview. http://www.usace.army.mil/inet/functions/cw/cecwo/reg/oceover.htm [22 Jan. 2003].

(USEPA) United States Environmental Protection Agency. 2003a. Wetlands. Clean Water Act, Section 404. http://www.epa.gov/owow/wetlands/regs/sec404.html [22 Jan. 2003].

———. 2003b. Wetlands. Section 10 of the Rivers and Harbors Appropriation Act of 1899. http://www.epa.gov/owow/wetlands/regs/sect10.html [22 Jan. 2003].

(USFWS) United States Fish and Wildlife Service. 2002a. Upper Colorado River Endangered Fish Recovery Program. http://mountain-prairie.fws.gov/coloradoriver/Index.htm [15 Sept. 2002].

———. 2002b. Stillwater National Wildlife Refuge Complex. Draft Environmental Impact Statement for the Comprehensive Plan and Boundary Revision. Summary. Portland, OR. 51 pp.

US Water News. 2003. Work begins on huge China water-diversion project. January 2003. http://www.uswater-news.com/archives/arcglobal/3worbeg01.html [06 Jan 2003].

Vidthayanon, C., and M. Kottelat. 1995. First record of Abbottina rivularis (Cyprinidae: Gobioninae) from the Mekong basin. Japan Journal of Icthyology 41: 463–465.

WaterWatch. 2002. Water Law Basics. http://www.waterwatch.org/waterlaw.html [08 Nov. 2002].

World Bank. 1997. World Bank provides U.S. $400 million loan for China water project. News Release No. 97/1375/EAP. http://www.worldbank.org/html/extdr/extme/1375.htm [06 Jan 2003].

(WWBWC) Walla Walla Basin Water Council. 2002. http://www.wwbwc.org/Main_Pages/Projects/Flows/Flows.htm [Sept 25, 2002].

(WWF) World Wildlife Fund. 2001. The EU Dimension of the Spanish National Hydrological Plan. http://archive.panda.org/europe/freshwater/regional/spain-nhp-eu.html [13 Dec. 2002].

(WWI) WorldWatch Institute. 2002. Irrigation issues: efficiency of irrigation systems. http://www.orst.edu/instruction/bi301/irrigati.htm [17 Sept. 2002].

Yardas, D. 1996. Lahontan Valley Wetlands, Nevada. *In*, Restoring the Wetlands, Natural Resources Law Center, University of Colorado School of Law, Denver, CO., p 14–16.

Yu, X. 1983. Possible Effects of the Proposed Eastern Transfer Route on the Fish Stock of the Principal Water Bodies along the Course, *In*, Biswas, A.K., Z. Dakang, J.E. Nickum, and L. Changming (eds.). 1983. Long-distance Water Transfer: A Chinese Case Study and International Experiences. Tycooly International Publishing Limited, Dublin, Ireland. 417 pp.

河床及河岸结构的改变

(ARMCANZ) Agriculture and Resource Management Council of Australia and New Zealand. 2000. Floodplain Management in Australia: Best Practice Principles and Guidelines. http://www.dpiwe.tas.gov.au/inter.nsf/WebPages/RPIO-4YQ6V4?open [02 Dec. 2002].

Arner, D.H., H.R. Robinette, J.E. Fraiser, and M.H. Gray. 1975. Report on the effects of channelization modification on the Luxapalila River. *In*, Symposium on Stream Channel modification, Harrisonburg, VA, pp 77–96.

———. 1976. Effects of channelization of the Luxapalila River on fish, aquatic invertebrates, water quality, and fur bearers. Report No. FWS/OBS-76/08. Office of Biological Services, Fish and Wildlife Service, U.S. Department of the Interior, Washington, DC.

Bree, T., and C. Cunnane. 1980. The effect of arterial drainage on flood magnitude, In Project 5.1 of the International Hydrological Programme. Casebook of methods of computation of quantitative changes in the hydrological regimen of river basins due to human activities. UNESCO.

Brookes, A. 1988. Channelized Rivers. Perspectives for Environmental Management. John Wiley and Sons, Chichester, England. 326 pp.

———. 1996. River Restoration Experience in Northern Europe. *In*, Brookes, A. and F.D. Shields (eds.), River Channel Restoration. Guiding Principles for Sustainable Projects. John Wiley and Sons, Chichester, England. 433 pp.

Brookes, A., and F.G. Shields, Jr. 1996. Perspectives in River Channel Restoration, *In*, Brookes, A., and F.D. Shields (eds.), River Channel Restoration. Guiding Principles for Sustainable Projects. John Wiley and Sons, Chichester, England. 433 pp.

Brown, C.M., G.T. Decker, R.W. Pierce, and T.M. Brandt. 2002. Applying Natural Channel Design Philosophy to the Restoration of Inland Native Fish Habitat. http://mountain-prairie.fws.gov/pfw/r6pfw2h16.htm [02 Dec. 2002].

Canterbury, J.H. 1972. Channelization—the farmer's friend. Soil Conservation 38: 23–24.

Close P., and J. Lieschke. 2002. Rehabilitating Elwood Canal and Elster Creek, Victoria: An Assessment of Impacts on Native Freshwater Fish. http://home.vicnet.net.au/~earthcare/cnlfront.htm [16 Jan. 2003].

Cooper, W.E., and L.B. Crowder. 1979. Patterns of predation in simple and complex environments in Predator-Prey Systems in Fisheries Management, pp. 257–267.

Florsheim, J. and J.F. Mount 2000. Intentional levee breaches as a restoration tool. http://watershed.ucdavis.edu/crg/product.asp?var=%2206%22 [Jan 15, 2003].

Funk, J.L., and J.W. Robinson. 1974. Changes in the channel in the lower Missouri River and effects on fish and wildlife. Aquatic Series II, Missouri Department of Conservation, Jefferson City, MO.

Griffin, C.B. 1999. Watershed councils: an emerging form of public participation in natural resource management. Journal of the American Water Resources Association 35(3): 505–518.

Grimes, D.J. 1975. Release of sediment-bound coliforms by dredging. Applied Microbiology 29:109–111.

Hawaii. 2002. Chapter 6: Hydromodifications—Channelization, Channel Modification, Dams, Stream and Shoreline Erosion. Part III-Management Measures for Hydromodification. http://www.hawaii.gov/dbedt/czm/III-Hydromodifications.pdf [26 Nov. 2002].

(IUCN) The World Conservation Union. Towards the sustainable management of Sahelian floodplains.

Koebel, J.W. 1995. An historical perspective on the Kissimmee River restoration project. Restoration Ecology 3(3): 149–159.

Kondolf, M. 2002. Geomorphology in river restoration. http://www.laep.ced.berkeley.edu/people/kondolf/restoration/restoration.html [29 Nov. 2002].

Lockwood, L.J., and S.L. Pimm. 1999. When does restoration succeed? *In*, Weiher, E. and P.A. Keddy (eds.),

Ecological Assembly Rules: Perspectives, Advances, Retreats. Cambridge University Press, Cambridge, United Kingdom.

Lopinot, A.C. 1972. Channelized streams and ditches in Illinois. Illinois Department of Conservation, Division of Fisheries. Special Fisheries Report #35. 59 pp.

Mason, C.F. 1995. River Management and Mammal Populations, *In*, Harper, D.M., and A.J.C. Ferguson (eds.), The Ecological Basis for River Management. John Wiley and Sons, Chichester, England. 614 pp.

(MCCIS) Marquette County Community Information System. 2003. Great Lakes Water Levels. http://www.mqtinfo.org/planningeduc0026.asp [14 Jan 2003].

(MCWA) Mokelumne-Cosumnes Watershed Alliance. 2002. Lower Cosumnes and Mokelumne Rivers. Feasibility Study. http://mcwatershed.org/cosumnes/cosumnes.html [15 Jan. 2003].

Mitchell, M.S. 2003. By Lakes' Restless Edge. Erosion Control. http://www.forester.net/ecm_0205_lakes.html [08 Jan 2003].

Mullen, M.W., and B.E. Allison. 1999. Stakeholder involvement and social capital: keys to watershed management success in Alabama. Journal of the American Water Resources Association 35(3): 655–662.

Newson, M. 1992. Land, Water and Development. River Basin Systems and their Sustainable Management. Routledge, London, United Kingdom. 351 pp.

(NIPC) Northeastern Illinois Planning Commission. 2002. A Guidebook for Local Government Officials. www.nipc.cog.il.us/protect_nature_docs/Stream,%20Lake,%20and%20Wetland%20Protection.DOC [04 Dec. 2002].

(NRC) National Research Council. 1992. Restoration of Aquatic Ecosystems. National Research Council, Washington, DC. 552 pp.

(NRCS) Natural Resources Conservation Service. 2002. Homepage. http://www.nrcs.usda.gov [03 Dec. 2002].

Sammell, E.A., J.A. Baker, and R.A. Brackley. 1966. Water resources of the Ipswich River Basin, Massachusetts. Water supply Paper 1826, Geological survey, U.S. Department of the Interior, Washington, DC.

Shankman, D., and S.A. Samson. 1991. Channelization effects on Obion river Flooding, Western Tennessee. Water Resources Bulletin 21(2): 247–254.

Shields Jr., F.G. 1996. Hydraulic and Hydrologic Stability, *In*, Brookes, A., and F.D. Shields (eds.), River Channel Restoration. Guiding Principles for Sustainable Projects. John Wiley and Sons, Chichester, England. 433 pp.

Simpson, P.W., J.R. Newman, M.A. Keirn, R.M. Matter, and P.A. Guthrie. 1982. Manual of Stream Alteration Impacts on fish and Wildlife. Report No. FWS/oBS-82-24. Office of Biological Services, Fish and Wildlife Service, U.S. Department of the Interior. 155 pp.

UC Davis News. 2000. Using Levee Breaches to Restore Habitat, Control Floods. (Nov. 9th, 2000). http://www.news.ucdavis.edu/news_releases/11.00/news_levee_breaches.html [15 Jan. 2003].

(USACE) United States Army Corps of Engineers. 2002a. The Atchafalaya Basin Project http://www.mvn.usace.army.mil/pao/bro/AtchafalayaBasinProject.pdf [29 Nov. 2002].

———. 2002b. Napa River Flood Protection Project. http://www.spk.usace.army.mil/civ/napa/history.html [03 Dec. 2002].

(USEPA) United States Environmental Protection Agency. 2002a. Hydromodification. http://www.epa.gov/reg3wapd/nps/pdf/de_hydromodification.pdf [29 Nov. 2002].

———. 2002b. Mississippi River Basin Challenges. A Background to Channelization/Navigation on the Mississippi River. http://www.epa.gov/msbasin/navigation.htm [29 Nov. 2002].

Ward, J.V., K. Tockner, U. Uehlinger, and F. Malard. 2001. Understanding natural patterns and processes in river corridors as the basis for effective river restoration. Regulated rivers Research and Management 17:311–323.

Wyzga, B. 1993. River response to channel regulation: case study of the Raba River, Carpathians, Poland. Earth surface Processes and Landforms 18(6): 541–556.

地下水开采

Algharianí, A.A. 1999. Environmental impact assessment and remediation of groundwater mining in northern Libya. Presentation at Water Management in Arid Zones Workshop, The United Nations University, Médenine, Tunisia, Oct. 18–22, 1999. http://www.unu.edu/land/Tunisia_booklet.doc [15 Nov. 2002].

Alley, W.M., T.E. Reilly, and O.L. Franke. 1999. Sustainability of Ground-Water Resources. U.S. Geological Survey Circular 1186. Denver, CO. 80 pp.

American Rivers. 1999a. Sprawl Called Worst Threat Facing Nation's Rivers Today. http://www.americanrivers.org/pressrelease/pressmersanpedro1999.htm [20 Nov. 2002].

———. 1999b. Threat: Sprawl, Groundwater Pumping. Upper San Pedro River. http://www.americanrivers.org/mostendangered/uppersanpedro1999.htm [23 Nov. 2002].

(AWR) Arizona Water Resources. 2000. Recharge Project to Protect San Pedro Flow. News Briefs 8(5). http://ag.arizona.edu/AZWATER/awr/mar00/news.htm [23 Nov. 2002].

Ayelel, T. and S.A. Al Shadily. 2000. Some of the engineering geological and hydrogeological problems and conditions of Ethiopia and Yemen. Acra Geologica Universitatis Comenianae 55:51–62.

(BLM) Bureau of Land Management. 2002. San Pedro Riparian National Conservation Area. http://azwww.az.blm.gov/tfo/spnca/spnca-info.html [22 Nov. 2002].

Blue Planet Foundation. (2002). Homepage: http://www.blueplanetfoundation.com/ [22 Nov. 2002].

Briggs, M. 1996. Riparian Ecosystem Recovery in Arid Lands. Strategies and References. University of Arizona Press, Tucson, AZ. 159 pp.

Brooks, D. 2000. Water: Local-level Management. http://www.idrc.ca/books/996/05part3.htm [17 Jan. 2003].

CalFed. 1998. CalFed and Groundwater http://www.grac.org/spring98/calfed.htm [20 Nov. 2002].

Davies, B., and J. Day. 1998. Vanishing WatersUniversity of Cape town Press, Cape Town, South Africa. 487 pp.

(DOI) Department of Interior. 2000. Federal Funding Will Help Protect San Pedro River Flows, San Pedro Riparian National Conservation Area. http://www.doi.gov/news/archives/000307.html [23 Nov. 2002].

Ezcurra, E., and M. Maziri-Hiriat. 1996. Are Megacities viable? —A cautionary tale from Mexico City. Environment 38: 26–31.

(FEMP) Federal Energy Management Program. 2003. Federal Water Conservation Projects. 2000 Federal Water Management Award Winners. http://www.eren.doe.gov/femp/techassist/waterconserve_projects.html [18 Jan. 2003].

Fetter, C. W. 1994. Applied Hydrogeology. 3rd edition. Macmillan, New York, NY.

Freeze, R.A., and J.A. Cherry. 1979. Groundwater. Prentice-Hall, Inc. Englewood Cliffs, NJ. 604 pp.

Gale, J., D. Line, D. Osmond, S. Coffey, J. Spooner, J. Arnold, T. Hoban, and R. Wimberley. 1993. Evaluation of the experimental Rural Clean Water Program. United States Environmental Protection Agency, EPA-841-R-93-005 http://h2osparc.wq.ncsu.edu/info/rcwp/index.html [21 Nov. 2002].

(GEM) Groundwater Education in Michigan. 2002. Michigan Drinking Water. http://www.gem.msu.edu/gw/mi_water.html [22 Nov. 2002].

(GF) Groundwater Foundation. 2002a. Groundwater Basics. http://www.groundwater.org/GWBasics/whatisgw.htm [13 Nov. 2002].

———. 2002b. Using Technology to Conduct a Contaminant Source Survey: a Primer for Small Communities. Groundwater Foundation, Lincoln, NE. http://www.groundwater.org/ProgEvent/ACTTprimer10-02.pdf [22 Nov. 2002]

Gleick, P.H. (ed.). 1993. Water in Crisis. A Guide to the World's Fresh Water Resources. Oxford University Press, New York, NY. 473 pp.

Gleick, P.H. 2000. The World's Water 2000–2001. The Biennial Report on Freshwater Resources. Island Press, Washington, DC. 315 pp.

Haasz, D. 1999. Enhancing the prospects for water demand management in California. Pacific Institute Report, Spring 1999: 6–8. http://www.pacinst.org/pi report/spring99n1.pdf

Hunt, S. 1990. Quest for water. IDRC Reports 18 (4): 8–9. http://idrinfo.idrc.ca/Archive/ReportsINTRA/pdfs/v18n4e/108920.pdf [24 Nov. 2002].

Irrigation Journal. 1994. Irrigation survey. Jan–Feb.

Lopez, A., and C. Morales. 2002. Integrated Management of River Basins in the Mediterranean region: Sustainable Water for Nature and Food. 42 pp. http://www.riob.org/ag2002/docs/iucn01.PDF. [17 Jan 2003].

Johnson, G., D. Cosgrove, and M. Lovell. 1998. Eastern Snake River Plain—Estimates of Surface & Groundwater Interaction. http://imnh.isu.edu/digitalatlas/hydr/snakervr/esgwi.htm [20 Nov. 2002].

Kidd, J. 2002. Groundwater. A North American Resource. A Discussion Paper. http://www.cec.org/files/pdf/LAWPOLICY/water_disucssion-e1.pdf [17 Jan. 2003].

Lierong, L. 2002. Groundwater resources exploitation in China. http://www.lanl.gov/chinawater/documents/lilierong.pdf [18 Nov. 2002].

Massachusetts. 1999. Sample Impervious Surface Zoning Bylaw. (Based on a bylaw developed by the Town of Mashpee). http://www.state.ma.us/dep/brp/dws/files/IMPSURZB.doc [20 Nov. 2002].

Morgan, A.V. 2002. Mexico city: A Megacity with Big Problems. http://www.science.uwaterloo.ca/earth/waton/mexico.html [25 Nov. 2002].

Morris, E.E., and W.V. Bush. 1996. Extent and Source of Saltwater Intrusion into the Alluvial Aquifer near Brinkley, Arkansas, 1984. U.S. Geological Survey Water-Resources Investigations Report 85–4322. 123 pp.

National Land and Water Resources Audit 2001. Australian Natural Resources Atlas. Water resources-allocation and uses-Australia. http://audit.ea.gov.au/anra/water/water_frame.cfm?region_code=AUS [18 Nov. 2002].

(NRC) National Research Council. 1992. Water Transfers in the West. Efficiency, Equity, and the Environment. National Academy Press, Washington, DC. 300 pp.

———. 2000. Investigationg Groundwater Systems on Regional and National Scales. National Academy Press, Washington, DC. 143 pp.

Planet Ark. 2000. Factbox—The how, where and cost of salinity. http://www.planetark.org/dailynewsstory.cfm?newsid=8868 [15 Nov. 2002].

Poland. J.F., B.E. Lofgren, R.L. Ireland, and R.G. Pugh. 1975. Land Subsidence in the San Joaquin Valley, California, as of 1972. U.S. Geological Survey Professional Paper 437-H. Reston, VA.

Postel, S. 1999. Pillar of Sand. Can the Irrigation Miracle Last? W.W. Norton, New York, NY. 313 pp.

———. 2001. Growing more food with less water. Scientific American 284 (2): 46.

Postel, S., J.I. Morrison, and P.H. Gleick. 1998. Allocating freshwater to aquatic ecosystems: the case of the Colorado River delta. International Water Resources Association 23:119–125.

Potworowski, A. 1990. A taste of salt. IDRC Reports 18 (4): 10. http://idrinfo.idrc.ca/Archive/ReportsINTRA/pdfs/v18n4e/108921.pdf [24 Nov. 2002].

Reisner, M. 1993. Cadillac Desert: The American West and Its Disappearing Water. Penguine, New York, NY.

(SADC) Southern African Development Community. 2002. Water use in SADC countries. http://www.sadcwscu.org.ls/programme/groundwater/prog_groundprog_stats_sheet2.htm [18 Nov. 2002].

Saliba, B.C., and D.B. Bush. 1987. Water Markets in Theory and Practice. Market Transfers, Water Values, and Public Policy. Westview Press, Boulder, CO. 273 pp.

Sampat, P. 2000. Deep Trouble. The Hidden Threat of Groundwater Pollution. Worldwatch Paper 154. Worldwatch Institute, Washington, DC. 55 pp.

Seiler, K.P. and W. Lindner. 1995. Near-surface and deep groundwaters. Journal of Hydrology 165(1–4): 33–44.

Shane, E.B. 2001. Water rights and the Gila River III: the Winters Doctrine goes underground. Water Law Review 4(2): 397–417.

Shiklomanov, I.A. 1997. Comprehensive Assessment of the Freshwater Resources of the World: Assessment of

Water Resources and Water Availability in the World. World Meterological Organization and Stockholm Environment Institute. Stockholm, Sweden.

Smart Growth America. 2002. Paving Our Way to Water Shortages: How Sprawl Aggravates the Effects of Drought. Executive Summary. http://www.smartgrowthamerica.org/waterexecsum.html [20 Nov. 2002].

Stromberg, J.C. 1992. Riparian mesquite forests: a review of their ecology, threats, and recovery potential. Journal of the Arizona-Nevada Academy of Science 26: 97–100.

(TNC) The Nature Conservancy. 2000. San Pedro River. http://www.lastgreatplaces.org/SanPedro/conserve_efforts.html [18 Jan. 2003].

———. 2002. Another link for the world-class San Pedro River. The Nature Conservancy of Arizona acquires farm to restore river and wildlife habitat. http://nature.org/wherewework/northamerica/states/arizona/press/press754.html [18 Jan. 2003].

(TSHA) Texas State Historical Association. 2002. The Handbook of Texas. Toothless Blindcat. http://www.tsha.utexas.edu/handbook/online/articles/view/TT/tft1.html [18 Jan. 2003].

(UN) United Nations. 1989. Charter on Ground-Water Management (as adopted by the Economic Commission for Europe at its forty-fourth session by decision E (44)). http://www.internationalwaterlaw.org/RegionalDocs/Groundwater_Charter.htm - GROUNDWATER STRATEGIES [17 Jan. 2003].

(USEPA) U.S. Environmental Protection Agency. 1999. Safe Drinking Water Act, Section 1429. Ground Water Report to Congress. Office of Water, Washington, DC. 56 pp.

———. 2001. A Guidebook of Financial Tools, Section 6: Tools for Lowering Costs, United States Environmental Protection Agency, Environmental Finance Program. http://www.epa.gov/efinpage/guidbk98/gbk6.htm [21 Nov. 2001].

(USGS) United States Geological Survey. 1999a. Ground Water. http://capp.water.usgs.gov/GIP/gw_gip/index.html [14 Nov. 2002].

———. 1999b. Land Subsidence in the United States. U.S. Geological Survey Circular 1182. Reston, VA.

———. 2002. Concepts for National Assessment of Water Availability and Use. U.S. Geological Survey Circular 1223. Reston, VA. http://pubs.water.usgs.gov/circ1223/ [22 Nov. 2002].

Winter, T.C., J.W. Harvey, O.L. Franke, and W.M. Alley. 1998. Ground Water and Surface Water: A Single Resource. U.S. Geological Survey Circular 1139. Reston, VA.

(WRI) World Resources Institute. 2002. Water: the Challenge for Mexico City. http://www.wri.org/wri/wr-96-97/ee_b1.html [25 Nov. 2002].

World Water Forum. 2000. Presentation at the 2nd World Water Forum. http://www.worldwaterforum.net/Dossiers/docs/Russia_session.pdf [18 Nov. 2002]

Yahyaoui, H., and M. Ouessar. 1999. Withdrawal impacts on piezometric and chemical characteristics of groundwater in the arid regions of Tunisia: case of Zeuss-Koutine water table. Presentation at Water Management in Arid Zones workshop, The United Nations University, Médenine, Tunisia, Oct. 18–22, 1999. http://www.unu.edu/land/Tunisia_booklet.doc [15 Nov. 2002].

土地利用

农业

Administration Floodplain Management Task Force. 1994. Science of floodplain management into the 21st century. Washington, DC: 144.

Al-Ahamadi, M.E., G. Jones and J. Dottridge. 1994. Agricultural production or conservation of groundwater? A case study of the wajid aquifer, Saudi Arabia. Groundwater—drought, pollution and management. C. Reeve, and J. Watts. Rotterdam, A. A. Balkema.

Albrecht, V., and M. Wenzel. 1996. A view from the private sector. Mitigation banking: Theory and practice. L. L. Marsh, D.R. Porter, and D.A. Salvesen. Washington, DC., Island Press.

Allan, J.D. 1995. Stream ecology. Structure and function of running waters. London, Chapman & Hall.

Allan, J.D. and A.S. Flecker. 1993. "Biodiversity conservation in running waters." BioScience 43(1): 32–44.

ANS (1995). Wetlands are more than mere swamps. Philadelphia, PA, The Academy of Natural Sciences.

Bellows, B. 2002. Protecting water quality on organic farms. Fayetteville, AK, Appropriate Technology Transfer for Rural Areas.

Brinson, M.M., and A.I. Malvarez. 2002. "Temperate freshwater wetlands: Types, status, and threats." Environmental Conservation 29(2): 115–133.

Carey, A.E. 1991. Agriculture, agricultural chemicals, and water quality. Agriculture and the environment: The 1991 yearbook of agriculture. D.T. Smith. Washington, DC, United States Department of Agriculture, US Government Printing Office.

Carpenter, S.R., N.F. Caraco, D.L. Correll, R.W. Howarth, A.N. Sharpley, and V.H. Smith. 1998. "Nonpoint pollution of surface waters with phosphorus and nitrogen." Ecological Applications 8(3): 559–568.

Clapham, W.B. J., L. Granat, M.M. Holland, H.M. Keller, L. Lijklema, S. Lofgren, W. Rast, S.O. Ryding, J.A. Thorton, and L. Vermes. 1998. *In*, Human activities in the drainage basin as sources of nonpoint pollutants. Assessment and control of nonpoing source pollution of aquatic ecosystems. J.A. Thorton, W. Rast, C.C. Holland, G. Jolankai, and S.O. Ryding (eds.). Paris, The Parthenon Publishing Group. 23: 113–216.

Colborn, T., and K. Thayer. 2000. "Aquatic ecosystems: Harbingers of endocrine disruption." Ecological Applications 10(4): 949–957.

Cross, F.B., and R.E. Moss. 1987. Historic changes in fish communities and aquatic habitats in plains streams of Kansas. *In*, Community and evolutionary ecology of north American stream fishes. W.J. Matthews, and D.C. Heins (eds.). Norman, OK, University of Oklahoma Press: 155–165.

Cuffney, T.F., M.R. Meador, S.D. Porter, and M. E. Gurtz. 2000. "Responses of physical, chemical, and biological indicators of water quality to a gradient of agricultural land use in the Yakima river basin, Washington." Environmental Monitoring and Assessment 64(1): 259–270.

de Haan, C., H. Steinfeld, and H. Blackburn. 1997. Livestock & the environment: Finding a balance. Brussels, European Commission Directorate-General for Development, Development Policy, Sustainable Development, and Natural Resources.

Decamps, H., M. Fortune, F. Gazelle, and G. Pautou. 1988. "Historical influence of man on the riparian dynamics of a fluvial landscape." Landscape Ecology 1(3): 163–173.

Detenbeck, N.E., S.M. Galatowitsch, J. Atkinson, and H. Ball. 1999. "Evaluating perturbations and developing restoration strategies for inland wetlands in the great lakes basin." Wetlands 19(4): 789–820.

Diamond, J.M., D.W. Bressler, and V.B. Serveiss. 2002. "Assessing relationships between human land uses and the decline of native mussels, fish, and macroinvertebrates in the clinch and powell river watershed, USA." Environmental Toxicology and Chemistry 21(6): 1147–1155.

Doering, O.C., F. Diaz-Hermelo, C. Howard, R. Heimlich, F. Hitzhusen, R. Kazmierczack, J. Lee, L. Libby, W. Milton, T. Prato, and M. O. Ribaudo. 1999. Evaluation of the economic costs and benefits of methods for reducing nutrient loads to the Gulf of Mexico. Washington, D.C., National Atmospheric and Oceanic Administration: 137.

Epstein, L., S. Bassein, F.G. Zalom, and L.R. Wilhoit. 2001. "Changes in pest management practice in almond orchards during the rainy season in California, USA." Agriculture, Ecosystems & Environment 83(1–2): 111–120.

Eswaran, H. 1991. Sustainable agriculture in developing countries: Challenges and the U.S. Role. Agriculture and the environment: The 1991 yearbook of agriculture. D.T. Smith. Washington, DC, U.S. Department of Agriculture.

FAO. 1988. A soil conservation strategy for Africa. Rome, Food and Agriculture Organization: 14.

———. 2000. Statistical databases, Food and Agriculture Organization of the United Nations. 2003.

Foster, D.R. 1992. "Land-use history (1730–1990) and vegetation dynamics in central New England, USA." Journal of Ecology 80: 753–772.

Gleick, P.H. (ed.). 1993. Water in crisis a guide to the world's fresh water resources. New York, Oxford University Press.

Goldman-Carter, J., and G. McCallie (1996). An environmentalist's perspective—time for a reality check. *In*, Mitigation banking: Theory and practice. L.L. Marsh, D.R. Porter, and D.A. Salvesen (eds.). Washington, DC, Island Press.

Greenhalgh, S., and A. Sauer. 2003. Awakening the dead zone: An investment for agriculture, water quality, and climate change. Washington, DC., World Resources Institute: 24.

Gregory, S.V., F.J. Swanson, W.A. McKee, and K.W. Cummins. 1991. "An ecosystem perspective of riparian zones: Focus on links between land and water." BioScience 41(8): 540–551.

Hancock, P.J. 2002. "Human impacts on the stream-groundwater exchange zone." Environmental Management 29(6): 763–781.

Harding, J.S., E.F. Benfield, P.V. Bolstad, G.S. Helfman, and E.B.D. Jones, III. 1998. "Stream biodiversity: The ghost of land use past." Proceedings of the National Academy of Sciences 95: 14843–14847.

Harris, J.M. 1990. World agriculture and the environment. New York, NY, Garland Publishing, Inc.

Jeffery, R.C.V., and P.M. Chooye 1991. "The peoples role in wetlands management—the Zambian initiative." Landscape and Urban Planning 20(1--3): 73–79.

Karr, J.R., and I.J. Schlosser. 1978. "Water resources and the land-water interface." Science 201(21): 229–234.

Kolpin, D.W., E.T. Furlong, M.T. Meyer, E.M. Thurman, S.D. Zaugg, L.B. Barber, and H.T. Buxton. 2002. "Pharmaceuticals, hormones, and other organic wastewater contaminants in us streams, 1999–2000: A national reconnaissance." Environmental Science & Technology 36(6): 1202–1211.

Lammert, M., and J.D. Allan. 1999. "Environmental auditing. Assessing biotic integrity of streams: Effects of scale in measuring the influence of land use/cover and habitat structure on fish and macroinvertebrates." Environmental Management 23(2): 257–270.

Lawton, L.A. and G.A. Codd. 1993. "Cyanobacterial (blue-green algae) toxins and their significance in U.K. and European waters." Journal of the Institute of Water and Environmental Management.

Lemly, A.D., R.T. Kingsford, and J.R. Thompson. 2000. "Irrigated agriculture and wildlife conservation: Conflict on a global scale." Environmental Management 25(5): 485–512.

Lenat, D.R. and J.K. Crawford. 1994. "Effects of land-use on water-quality and aquatic biota of 3 north-Carolina piedmont streams." Hydrobiologia 294(3): 185–199.

Line, D.E., W.A. Harman, G.D. Jennings, E.J. Thompson, and D.L. Osmond. 2000. "Nonpoint-source pollutant load reductions associated with livestock exclusion." Journal of Environmental Quality 29: 1882–1890.

Lowrance, R., L.S. Altier, J.D. Newbold, R.R. Schnabel, P.M. Groffman, J.M. Denver, D.L. Correll, J.W. Gilliam, J.L. Robinson, R.B. Brinsfield, K.W. Staver, W. Lucas, and A.H. Todd. 1997. "Water quality functions of riparian forest buffers in Chesapeake bay watersheds." Environmental Management 21(5): 687–712.

McPherson, B.F., and R. Halley. 1997. The south Florida environment: A region under stress. Denver, CO, USGS.

Minnesota Pollution Control Agency. 2000. "Oxygen-poor 'dead zone' links gulf of Mexico with Minnesota waters." Minnesota Environment (November 2000).

Mississippi River/Gulf of Mexico Watershed Nutrient Task Force. 2001. Action plan for reducing, mitigating, and controlling hypoxia in the northern gulf of Mexico. Washington, DC, U.S. Environmental Protection Agency: 36.

Molnar, J.J., A. Bitto, and G. Brant. 2001. Paths and barriers perceived by small and limited resource farmers. Auburn, AL, Auburn University.

Molnar, J.J., T. Hoban, J.D. Parrish, and M. Futreal. 1997. Industrialization of agriculture: Trends, spatial patterns, and implications for field-level application by the NRCS. Washington, DC, Natural Resources Conservation Service, Social Sciences Institute.

Myers, D.N., K.D. Metzker, and S. Davis. 2000. Status and trends in suspended-sediment discharge, soil erosion and conservation tillage in the Maumee river basin—Ohio, Michigan and Indiana. Washington, DC, United State Geological Survey: 45.

Naiman, R.J., J.J. Magnuson, D.M. McKnight, and J. A. Stanford, Eds. 1995. The freshwater imperative; a research agenda. Washington, DC, Island Press.

National Research Council. 1995. Wetlands: Characteristics and boundaries. Washington, DC, National Academy Press.

National Research Council. 2001. Compensating for wetland losses under the clean water act. Washington, DC, National Academies Press.

National Research Council Committee on Long-Range Soil and Water Conservation. 1993. Soil and water quality: An agenda for agriculture. Washington, DC, National Academy Press.

National Research Council Committee on Restoration and Aquatic Ecosystems. 1992. Restoration of aquatic ecosystems. Washington, DC, National Academy Press.

National Research Council Committee on Sustainable Agriculture and the Environment in the Humid Tropics. 1993. Sustainable agriculture and the environment in the humid tropics. Washington DC, National Academy Press.

North Plains Ground Water District (unknown). Ogallala aquifer, North Plains Ground Water District. 2003.

NRCS. 1997. Water quality and agriculture; status, conditions and trends. Washington, DC, Natural Resources Conservation Service.

Oakley, P. 1991. "The concept of participation in development." Landscape and Urban Planning 20 (1–3): 115–122.

Palmer, T. 1994. Lifelines: The case for river conservation. Washington DC, Island Press.

Postel, S.L. 1993. Water and agriculture. *In*, Water in crisis: a guide to the world's fresh water resources. P.H. Gleick. New York, Oxford University Press: 56–66.

Prasad, R. 1994. Groundwater utilization and management in the state of Karnataka in India. *In*, Groundwater-drought, pollution and management. C. Reeve and J. Watts (eds.). Rotterdam, A.A. Balkema.

Pyrovetsi, M., and G. Daoutopoulos. 1999. "Farmers' needs for nature conservation education in Greece." Journal of Environmental Management 56(2): 147–157.

Quinn, J.M., R.B. Williamson, R.K. Smith, and M.L. Vickers. 1992. "Effects of riparian grazing and channelization on streams in Southland, New Zealand. 2. Benthic invertebrates." New Zealand Journal of Marine and Freshwater Research 26(2): 259–273.

Richards, C., and G. Host. 1994. "Examining land-use influences on stream habitats and macroinvertebrates—a GIS approach." Water Resources Bulletin 30(4): 729–738.

Rickerl, D.H., L.L. Janssen, and R. Woodland. 2000. "Buffered wetlands in agricultural landscapes in the prairie pothole region: Environmental, agronomic, and economic evaluations." Journal of Soil and Water Conservation 55(2): 220–225.

Roth, N.E., D.J. Allan, and D.L. Erickson. 1996. "Landscape influences on stream biotic integrity assessed at multiple spatial scales." Landscape Ecology 11(3): 141–156.

Sierra Club. 2002. Changes to wetlands permitting rules threaten our streams and wetlands. The Sierra Club. 2003.

Smith, D.T. (ed.). 1991. Agriculture and the environment: The 1991 yearbook of agriculture. Washington, DC, United States Department of Agriculture, US Government Printing Office.

Solley, W.B., R.R. Pierce, and H.A. Perlman. 1995. Estimated use of water in the United States in 1995. Washington DC, US Geological Survey.

Stanners, D., and P. Bourdeau, Eds. 1995. Europe's environment, the dobris assessment. Copenhagen, European Environment Agency.

Steinfeld, H., C. de Haan, and H. Blackburn. 1997. Livestock—environment interactions: Issues and options. Brussels, European Commission Directorate-General for Development, Development Policy, Sustainable Development, and Natural Resources.

Stonehouse, D.P. 1999. "Economic evaluation of on-farm conservation practices in the great lakes region of north America." Environmetrics 10(4): 505–520.

Thompson, J.R., and G. Polet. 2000. "Hydrology and land use in a sahelian floodplain wetland." Wetlands 20(4): 639–659.

Thompson, T.D.E. 1996. Interactive elements of catchment ecosystems: Agriculture. Multiple land use and catchment management, Scotland, The Macaulay Land Use Research Institute.

Thorton, J.A., W. Rast, C.C. Holland, G. Jolankai, and S. O. Ryding, Eds. 1999. Assessment and control of non-poing source pollution of aquatic ecosystems. Man and the biosphere. Paris, The Parthenon Publishing Group.

Turner, M. G. 1990. "Landscape changes in nine rural counties in Georgia." Photogrammetric Engineering and Remote Sensing 56(3): 379–386.

UCIPM. 1999. Water quality and ipm annual report, University of California Statewide Integrated Pest Management Program. 2003.

Uri, N.D. 1999. Agriculture and the environment. Commack, NY, Nova Science Publishers, Inc.

U.S. Bureau of the Census. 1990. Statistical abstract of the United States, 1990: The national data book. Washington DC, U.S. Department of Commerce: 991.

USDA and USEPA. 1999. Unified national strategy for animal feeding operations. Washington, DC, U.S. Department of Agriculture and U.S. Environmental Protection Agency.

USEPA. 2000. The quality of our nation's waters. A summary of the national water quality inventory: 1998 report to congress, USEPA Office of Water: 20.

USEPA. 2002. EPA and agriculture working together to improve America's waters, US Environmental Protection Agency.

USEPA. 2003. Protecting and restoring America's wetlands: Agency actions to improve mitigation and further the goal of "no net loss" of wetlands, U.S. Environmental Protection Agency.

USGS. A systematic approach to understanding nutrients and pesticides, National Water Quality Assessment.

USGS. 2001. Selected findings and current perspectives on urban and agricultural water quality by the national water-quality assessment program, US Geological Survey.

Warrington, P. 2000. Best management practices to protect water quality from nonpoint source pollution, British Columbia Lake Stewardship Society.

Waskom, R.M. 1994. Best management practices for Colorado agriculture: An overview, Colorado State University Cooperative Extension and Colorado Department of Agriculture.

Welcomme, R.L. 1979. Fisheries ecology of floodplain rivers. London, UK, Longman.

Williams, J.D., M.L. Warren, K.S. Cummings, J.L. Harris, and R.J. Neves. 1993. "Conservation status of fresh-water mussels of the united-states and Canada." Fisheries 18(9): 6–22.

Wilson, G.A. 1996. "Farmer environmental attitudes and esa participation." Geoforum 27(2): 115–131.

WRI. 2000. People and ecosystems: The fraying web of life. Washington, DC, World Resources Institute, United Nations Development Programme, the World Bank and United Nations Environment Programme.

Zhang, W.L., Z.X. Tian, N. Zhang, and X.Q. Li. 1996. Nitrate pollution of groundwater in northern China. Agriculture, Ecosystems and Environment 59: 223–31,

Zedler, J.B. 1997. Restoring the nation's wetlands; why, where and how? Principles of conservation biology. G. K. Meffe and C. R. Carroll. Sunderland, MA, Sinauer Associates, Inc.

城市化

Aldous, P.J., and J. Turrell. 1994. Atrazine concentrations in chalk aquifers and the implications for future water treatment. *In*, Groundwater: Drought, pollution and management. C. Reeve, and C.D. Watts (eds.). Rotterdam, UK, A.A. Balkema.

Allan, J.D. 1995. Stream ecology. Structure and function of running waters. London, Chapman & Hall.

American Planning Association. 1996. Growing smart legislative guidebook. Chicago, IL, APA Planners Press.

Arnold, C.L., and J.C, Gibbons. 1996. "Impervious surface coverage: The emergence of a key environmental indicator." Journal of the American Planning Association 62(2): 243–258.

Bamford, H.A., F.C. Ko, and J.E. Baker. 2002. "Seasonal and annual air-water exchange of polychlorinated biphenyls across Baltimore harbor and the northern Chesapeake bay." Environmental Science & Technology 36(20): 4245–4252.

Beacham, T.D., and C.B. Murray. 1990. "Temperature, egg size, and development of embryos and alevins of five species of pacific salmon: A comparative analysis." Transactions of the American Fisheries Society 119: 927–945.

Bjork, S. 1994. Restoration of lakes through sediment removal- lake trummen, Sweden. *In*, Restoration of lake ecosystems: A holistic approach. M Eiseltova (eds.). Gloucester, UK, International Waterfowl and Wetlands Research Bureau.

Boon, P.J., B.R. Davies, and G.E. Petts, Eds. 2000. Global perspectives on river conservation: Science. Policy and practice. Chichester, John Wiley & Sons, Ltd.

Bourgine, F., J.I. Chapman, and H. Kerai. 1994. Removal of organic compounds from a groundwater in an urban area near London. *In*, Groundwater: Drought, pollution and management C. Reeve and C.D. Watts (eds.). Rotterdam, UK, A. A. Balkema.

Brinson, M.M., and A.I. Malvarez. 2002. "Temperate freshwater wetlands: Types, status, and threats." Environmental Conservation 29(2): 115–133.

Burkhead, N.M., S.J. Walsh, B.J. Freeman, and J.D. Williams. 1997. Status and restoration of the etowah river, an imperiled southern appalachian ecosystem. *In*, Aquatic fauna in peril: The southeastern perspective. G.W. Benz, and D.E. Collins (eds.). Decatur, GA, Southeastern Aquatic Research Institute, Lenz Design and Communications.

Carpenter, S.R., N.F. Caraco, D.L. Correll, R.W. Howarth, A.N. Sharpley, and V.H. Smith. 1998. "Nonpoint pollution of surface waters with phosphorus and nitrogen." Ecological Applications 8(3): 559–568.

Chafik, A., M. Cheggour, D. Cossa and S.B.M. Sifeddine. 2001. "Quality of Moroccan Atlantic coastal waters: Water monitoring and mussel watching." Aquatic Living Resources 14(4): 239–249.

Clapham, W.B.J., L. Granat, M.M. Holland, H.M. Keller, L. Lijklema, S. Lofgren, W. Rast, S.O. Ryding, J.A. Thorton, and L. Vermes. 1998a. Human activities in the drainage basin as sources of nonpoint pollutants. *In*, Assessment and control of nonpoing source pollution of aquatic ecosystems: A practical approach. J.A. Thorton, W. Rast, C.C. Holland, G. Jolankai, and S.O. Ryding (eds.). Paris, UNESCO and The Parthenon Publishing Group.

Clapham, W.B.J., A.J. Davenport, M.M. Holland, W. Rast, S.O. Ryding, and J.A. Thorton. 1998b. Available nonpoint source pollution control measures. *In*, Assessment and control of nonpoint source pollution of aquatic systems: A practical approach. J.A. Thorton, W. Rast, M.M. Holland, G. Jolankai, and S.O. Ryding (eds.). Paris, UNESCO and The Parthenon Publishing Group.

Colborn, T., and C. Clement, Eds. 1992. Chemically-induced alterations in sexual and functional development: The wildlife/human connection. Princeton, New Jersey, Princeton Scientific.

Colborn, T., and K. Thayer. 2000. "Aquatic ecosystems: Harbingers of endocrine disruption." Ecological Applications 10(4): 949–957.

Cooke, R.A., E.B. Welch, S.A. Peterson, and P.R. Newroth, Eds. 1993. Restoration and management of lakes and reservoirs. Boca Raton, FL, Lewis Publishers.

Couch, C., and P. Hamilton. 2002. Effects of urbanization of stream ecosystems, U.S. Geological Survey. 2002.

CWP. 2000. Nutrient movement from the lawn to the stream. *In*, The practice of watershed protection. T.R. Schueler and H.K. Holland (eds.). Ellicott City, MD, The Center for Watershed Protection.

CWP. 2003a. Managing non-stormwater discharges. http://www.cwp.org/non-stormwater_discharges.html.

CWP. 2003b. Stormwater management practices. http://www.cwp.org/stormwater_practices.html.

Dennehy, K.F., D.W. Litke, C.M. Tate, S.L. Qi, P.B. McMahon, B.W. Bruce, R.A. Kimbrough, and J.S. Heiny 1998. Water quality in the south platte river basin, Colorado, Nebraska, and Wyoming, 1992–95: U.S. Geological survey circular 1167, U.S. Geological Survey.

Department of Environmental Resources. 1999. Low-impact development: An integrated design approach. Maryland, Prince Georges's County, Maryland Department of Environmental Resources: 150.

Diamond, J.M., D.W. Bressler, and V.B. Serveiss. 2002. "Assessing relationships between human land uses and the decline of native mussels, fish, and macroinvertebrates in the clinch and powell river watershed, USA." Environmental Toxicology and Chemistry 21(6): 1147–1155.

Dudgeon, D., S. Choowaew, and S-C Ho. 2000. River conservation in south-east Asia. *In*, Global perspectives on river conservation: Science, policy and practice. P.J. Boon, B.R. Davies, and G.E. Petts (eds.). Chichester, John Wiley & Sons, Ltd.

Duke, L.D. 2000. Practical pollution prevention emphasized for industrial stormwater. *In*, The practice of watershed protection. T.R. Schueler, and H.K. Holland (eds.). Ellicott City, MD, The Center for Watershed Protection.

Dunne, T., and L.B. Leopold. 1978. Water in environmental planning. New York, W.H. Freeman & Co.

Ehrenfeld, J.G. 2000. "Evaluating wetlands within an urban context." Ecological Engineering 15(3–4): 253–265.

Fiorino, D.J. 1995. Making environmental policy. Berkeley, CA, University of California Press.

Forman, R.T.T., and L.E. Alexander. 1998. "Roads and their major ecological effects." Annual Review of Ecology and Systematics 29: 207–231.

Foster, D.R., G. Motzkin, and B. Slater. 1998. "Land-use history as long-term broad-scale disturbance: Regional forest dynamics in central New England." Ecosystems 1: 96–119.

Foster, I.D.L., and S.M. Charlesworth. 1996. "Heavy metals in the hydrologic cycle: Trends and explanations." Hydrological Processes 10(2): 227–261.

France, R., H. Culbert, and R. Peters. 1996. "Decreased carbon and nutrient input to boreal lakes from particulate organic matter following riparian clear cutting." Environmental Management 20(4): 579–583.

Frey, M. 2001. The ripple effect: How to make waves in the turbulent world of watershed cleanup plans. Washington, DC, Clean Water Network.

Gafny, S., M. Goren, and A. Gasith. 2000. "Habitat condition and fish assemblage structure in a coastal Mediterranean stream (yarqon, Israel) receiving domestic effluent." Hydrobiologia 422: 319–330.

Gleick, P.H. (ed.). 1993. Water in crisis a guide to the world's fresh water resources. New York, Oxford University Press.

Gopal, B. 2000. River conservation in the Indian sub-continent. *In*, Global perspectives on river conservation: Science, policy and practice. P.J. Boon, B.R. Davies, and G.E. Petts (eds.). Chichester, John Wiley & Sons, Ltd.

Gregory, K.J., R.J. Davis, and P.W. Downs. 1992. "Identification of river channel change due to urbanization." Applied Geography 12: 299–318.

Gregory, S.V., F.J. Swanson, W.A. Mckee, and K.W. Cummins. 1991. "An ecosystem perspective of riparian zones: Focus on links between land and water." BioScience 41(8): 540–551.

Guy, H.P. 1965. Residential construction and sedimentation at Kensington, Maryland. Proceedings of the federal interagency sedimentation conference 1963.

Hanisch, C. 1998. Environmental Science & Technology 32: 176a–179a.

Harper, D., and T. Brown, Eds. 1998. The sustainable management of tropical catchments. Chichester, John Wiley & Sons Ltd.

Holland, C.C., J.E. Honea, S.E. Gwin, and M.E. Kentula. 1995. "Wetland degradation and loss in the rapidly urbanizing area of Portland, Oregon." Wetlands 15(4): 336–345.

Horne, A.J., and C.R. Goldman. 1994. Limnology. New York, McGraw-Hill, Inc.

Horowitz, A.J., M. Meybeck, Z. Idlafkih, and E. Biger. 1999. "Variations in trace element geochemistry in the Seine river basin based on floodplain deposits and bed sediments." Hydrological Processes 13: 1329–1340.

Jagals, P. 1997. "Stormwater runoff from typical developed and developing south African urban developments: Definitely not for swimming." Water Science and Technology 35(11–12): 133–140.

Jeppesen, E., M. Sondergaard, M. Sondergaard, and K. Christofferson, Eds. 1998. The structuring role of submerged macrophytes in lakes. New York, Springer-Verlag.

Klein, R.D. 1990. Protecting the aquatic environment from the effects of golf courses. Maryland Line, MD, Community and Environmental Defense Association: 54.

Kollar, K.L., and P. Macauley. 1980. "Water requirements for industrial development." Journal of the American Water Works Association 72(1): 2–9.

Landis, M.S., A.F. Vette, and G.J. Keeler. 2002. "Atmospheric mercury in the lake Michigan basin: Influence of the Chicago Gary urban area." Environmental Science & Technology 36(21): 4508–4517.

Lawton, L.A., and G.A. Codd. 1993. "Cyanobacterial (blue-green algae) toxins and their significance in U.K. and European waters." Journal of the Institute of Water and Environmental Management.

Lenat, D.R., and J.K. Crawford. 1994. "Effects of land-use on water-quality and aquatic biota of 3 north-Carolina piedmont streams." Hydrobiologia 294(3): 185–199.

Lindqvist, O., and H. Rodhe. 1985. Tellus 37B: 136–159.

Ludwig, J.P., J.P. Giesy, C.L. Summer, W. Bowerman, R. Aulerich, S. Bursian, H.J. Auman, P.D. Jones, L.L. Williams, D.E. Tillitt, and M. Gilbertson. 1993. "A comparison of water-quality criteria for the great lakes based on human and wildlife health." Journal of Great Lakes Research 19(4): 789–807.

Mainstone, C.P., and W. Parr. 2002. "Phosphorus in rivers—ecology and management." Science of the Total Environment 282: 25–47.

Mcpherson, BF., and R. Halley. 1997. The south Florida environment: A region under stress. Denver, CO, USGS.

Mielke, H. W., C.R. Gonzales, M.K. Smith, and P.W. Mielke. 2000. "Quantities and associations of lead, zinc, cadmium, manganese, chromium, nickel, vanadium, and copper in fresh Mississippi delta alluvium and new Orleans alluvial soils." The Science of the Total Environment 246: 249–259.

Moore, K.M., and S.V. Gregory. 1988. "Summer habitat utilization and ecology of cutthroat trout fry (salmo clarki) in cascade mountain streams." Canadian Journal of Fisheries and Aquatic Sciences 45: 1921–1930.

Moraes, R., P. Gerhard, L. Andersson, J. Sturve, S. Rauch, and S. Molander. 2003. "Establishing causality between exposure to metals and effects on fish." Human and Ecological Risk Assessment 9(1): 149–169.

Naiman, R.J., and M.G. Turner. 2000. "A future perspective on north America's freshwater ecosystems." Ecological Applications 10(4): 958–970.

National Research Council Committee on Restoration and Aquatic Ecosystems. 1992. Restoration of aquatic ecosystems. Washington, DC, National Academy Press.

Nelson, N., J. Dorfman, and L. Fowler. 2002. The potential for community forests to be self-financing: An hedonic analysis of the enhancement value of Georgia's trees. Athens, GA, Office of Public Service and Outreach, University of Georgia's College of Environment and Design: 24.

Odell, K.M. 1994. "Water-quality in the shingle creek basin, Florida, before and after wastewater diversion." Journal of Environmental Quality 23(3): 563–571.

Offenberg, J.H., and J.E. Baker. 2000. "PCBS and PAHS in southern lake Michigan in 1994 and 1995: Urban atmospheric influences and long-term declines." Journal of Great Lakes Research 26(2): 196–208.

Pedersen, E.R., and M.A. Perkins. 1986. "The use of benthic invertebrate data for evaluating impacts of urban runoff." Hydrobiologia 139: 13–22.

Pereira, H.C. 1973. Land use and water resources in temperate and tropical climates. Cambridge, Cambridge University Press.

Peterson, A., R. Reznick, S. Hedin, M. Hendges, and D. Dunlap. 1998. Guidebook of best management practices for Michigan watersheds. Lansing, MI, Michigan Department of Environmental Quality: 59.

Pluhowski, E.J. 1970. Urbanization and its effect on the temperature of streams in Long Island, New York. Washington DC, United States Geological Survey.

Poff, N.L., D.J. Allan, M.B. Bain, J.R. Karr, K.L. Prestegaard, B.D. Richter, R.E. Sparks, and J.C. Stromberg. 1997. "The natural flow regime: A paradigm for conservation and restoration of riverine ecosystems." BioScience 47: 769–784.

Rast, W. 1998. Introduction. *In*, Assessment and control of nonpoint source pollution of aquatic ecosystems: A practical approach. J.A. Thorton, W. Rast, M.M. Holland, G. Jolankai and S.O. Ryding (eds.). Paris, UNESCO and the Parthenon Publishing Group.

Rhodes, B.L., and R.A. Cahill. 1999. "Geomorphological assessment of sediment contamination in an urban stream system." Applied Geochemistry 14(459–83).

Richards, C., R.J. Haro, L.B. Johnson, and G.E. Host. 1997. "Catchment and reach-scale properties as indicators of macroinvertebrate species traits." Freshwater Biology 37: 219–230.

Riley, A.L. 1998. Restoring streams in cities: A guide for planners, policymakers, and citizens. Washington, DC, Island Press.

Rolland, R.M. 2000. "A review of chemically-induced alterations in thyroid and vitamin a status from field studies of wildlife and fish." Journal of Wildlife Diseases 36(4): 615–635.

Ryding, S.O., and J.A. Thorton. 1998. Types of aquatic pollutants, impacts on water quality and determination of critical levels. *In*, Assessment and control of nonpoing source pollution of aquatic ecosystems: A practical approach. J.A. Thorton, W. Rast, C.C. Holland, G. Jolankai, and S.O. Ryding (eds.). Paris, UNESCO and The Parthenon Publishing Group.

Schueler, T.R. 1987. Controlling urban runoff: A practical manual for planning and designing urban bmp's. Washington, DC, Metropolitan Washington Council of Governments.

Schueler, T.R. 2000. On watershed education. *In*, The practice of watershed protection. T.R. Schueler, and H.K. Holland (eds.). Ellicott City, MD, The Center for Watershed Protection.

Schueler, T.R., and H.K. Holland, Eds. 2000. The practice of watershed protection. Ellicott City, MD, Center for Watershed Protection.

Seabrook, C. 1997. EPA slams metro streams. The Atlanta Journal/The Atlanta Constitution. Atlanta, GA.

Soares, C. 1999. Environmental technology and economics: Sustainable development in industry. Boston, Butterworth Heinemann.

Solley, W.B., R.R. Pierce, and H.A. Perlman. 1995. Estimated use of water in the united states in 1995. Washington DC, U.S. Geological Survey.

Sparks, B.L., and D.L. Strayer. 1998. "Effects of low dissolved oxygen on juvenile elliptic complanata (bivalvia: Unionidae)." Journal of the North American Benthological Society 17(1): 129–134.

Srinivas, H. 2003. An integrated urban water strategy. www.gdrc.org/uem/water/urban-water.html.

Stranko, S., and W. Rodney. 2001. Habitat quality and biological integrity assessment of freshwater streams in the saint mary's river watershed, Maryland Department of Natural Resources: 27.

The Heinz Center. 2002. The state of the nation's ecosystems: Measuring the lands, waters, and living resources of the united states. Cambridge, The Heinz Center: 270.

Thorton, J.A., W. Rast, C.C. Holland, G. Jolankai, and S.O. Ryding, Eds. 1999. Assessment and control of nonpoing source pollution of aquatic ecosystems. Man and the biosphere. Paris, The Parthenon Publishing Group.

United Nations Commission on Sustainable Development. 1997. Comprehensive assessment of the freshwater resources of the world: Report of the secretary-general to the fifth session of the commission on sustainable development. New York, United Nations.

UNPD. 2002. World urbanization prospects: The 2001 revision. New York, United Nations Population Division.

U.S. Bureau of the Census. 2001. 100 fastest growing counties. 2002. http://eire.census.gov/popest/data/counties/tables/CO-EST2001-11.php.

USEPA. 1992. Storm water management for construction activities; developing pollution prevention plans and best management practices. Washington DC, U.S. Environmental Protection Agency, Office of Water: 290.

———. 1993. Guidance specifying management measures for sources of nonpoint pollution in coastal waters. Washington, DC, USEPA, Office of Water.

———. 1997. Urbanization and streams: Studies of hydrologic impacts. Washington, DC, USEPA Office of Water: 18.

———. 1999a. Introduction to the national pretreatment program. Washington, DC, USEPA, Office of Wastewater Management.

———. 1999b. Preliminary data summary of urban stormwater best management practices. Washington DC, USEPA.

———. 2000a. National conference on urban water resource management and protection. Chicago, IL, USEPA.

———. 2000b. The quality of our nation's waters. A summary of the national water quality inventory: 1998 report to congress, USEPA Office of Water: 20.

———. 2002a. Section 319 success stories volume iii: The successful implementation of the clean water act's section 319 nonpoint source pollution program. Washington, DC, United States Environmental Protection Agency, Office of Water.

———. 2002b. Sustainable communities: Putting wetlands to work in your watershed. Washington DC, USEPA: 4.

USGS. 1999. Status and trends of the nation's biological resources. Washington, DC, United States Geological Survey.

———. 2002. A systematic approach to understanding nutrients and pesticides. http://water.usgs.gov/nawqa.

Wang, L.Z., J. Lyons, P. Kanehl, R. Bannerman and E. Emmons (2000). "Watershed urbanization and changes in fish communities in southeastern Wisconsin streams." Journal of the American Water Resources Association 36(5): 1173–1189.

Wilber, W.G. and J.V. Hunter. 1979. "The impact of urbanization of the distribution of heavy metals in bottom sediments of the saddle river." Water Resources Bulletin 15: 790–800.

Wohl, E.E. (ed.). 2000. Inland flood hazards: Human, riparian, and aquatic communities. Cambridge, Cambridge University Press.

World Bank Group. 1998. Pollution prevention and abatement handbook, 1998: Toward cleaner production. Washington, DC, The World Bank.

World Resources Institute, United Nations Environment Programme, United Nations Development Programme and The World Bank. 1996. World Resources 1996–97. A guide to the global environment: The urban environment. Washington DC, World Resources Institute: 400.

林业

Agee, J.K. 1988. Successional dynamics in forest riparian zones. *In*, Streamside management: Riparian wildlife and forestry interactions. K.J. Raedeke (eds.). Seattle, WA, Institute of Forest Resources, University of Washington.

Askew, G.R., and T.M. Williams. 1984. "Sediment concentrations from intensively prepared wetland sites." Southern Journal of Applied Forestry 8: 152–157.

Batzer, D.P., C.R. Jackson, and M. Mosner. 2000. "Influences of riparian logging on plants and invertebrates in small, depressional wetlands of Georgia, USA." Hydrobiologia 441(1–3): 123–132.

Bent, G.C. 2001. "Effects of forest-management activities on runoff components and groundwater recharge to quabbin reservoir, central Massachusetts." Forest Ecology and Management 143(1–3): 115–129.

Bisson, P.A., T.P. Quinn, G.H. Reeves, and S.H. Gregory. 1992. Best management practices, cumulative effects, and long-term trends in fish abundance in pacific northwest river systems. *In*, Watershed management: Balancing sustainablility and environmental change. R.J. Naiman (eds.). New York, NY, Springer-Verlag.

Clapham, W.B.J., Granat, L., M.M. Holland, H.M. Keller, L. Lijklema, S. Lofgren, W. Rast, S.O. Ryding, J.A. Thorton, and L. Vermes. 1998. Human activities in the drainage basin as sources of nonpoint pollutants. *In*, Assessment and control of nonpoing source pollution of aquatic ecosystems: A practical approach. J.A. Thorton, W. Rast, C.C. Holland, G. Jolankai, and S.O. Ryding (eds.). Paris, UNESCO and The Parthenon Publishing Group.

Cubbage, F.W. 1991. "Public regulation of private forestry; pro-active policy responses." Journal of Forestry 89(12): 31–35.

Defenders of Wildlife. 2000. State forestry laws. Albuquerque, NM, Defenders of Wildlife: 58.

Dubois, M.R., K. Mcnabb, and T.J. Straka. 1999. "Costs and cost trends for forestry practices in the south." Forest Landowner 58: 3–8.

FAO. 1998. Forest resource assessment 2000: Terms and definitions. Rome, Food and Agriculture Organization.

———. 2000. Global forest resources assessment 2000. Rome, Food and Agriculture Organization.

Fenn, ME., M.A. Poth, and A.J.D. 1984. "Nitrogen excess in north American ecosystems: Predisposing factors, ecosystem responses, and management strategies." Ecological Applications 8: 706–733.

Firehock, K. 1991. Virginia's erosion and sediment control law: A citizen's action guide. Arlington, VA, Izaak Walton League of America.

Flaspohler, D.J., C.J.F. Huckins, B.R. Bub, and P.J. Van Dusen. 2002. "Temporal patterns in aquatic and avian communities following selective logging in the upper great lakes region." Forest Science 48(2): 339–349.

Fletcher, R., M. Rickenbach, and E. Hansen. 2002. Forest certification in north America. Corvallis, OR, Oregon State University Extension Service.

Fletcher, S. 1995. International forest agreements: Current status. Washington, DC, Environment and Natural Resources Policy Division, Congressional Research Service.

France, R., H. Culbert, and R. Peters. 1996. "Decreased carbon and nutrient input to boreal lakes from particulate organic matter following riparian clear cutting." Environmental Management 20(4): 579–583.

Garman, G.C., and J.R. Moring. 1991. "Initial effects of deforestation on physical characteristics of a boreal river." Hydrobiologia 209(1): 29–37.

Garman, G.C., and J.R. Moring. 1993. "Diet and annual production of 2 boreal river fishes following clear-cut logging." Environmental Biology of Fishes 36(3): 301–311.

Grace, J.M. 2000. "Forest road sideslopes and soil conservation techniques." Journal of Soil and Water Conservation 55(1): 96–101.

Grace, J.M. 2002. Overview of best management practices related to forest roads: The southern states. American Society of Agricultural Engineers Annual International Meeting, Chicago, IL.

Green, W.D., W.B. Stuart, and J.V. Perumpral. 1983. Skidder and tire size effects on soil compaction. St. Joseph, MI, American Society of Agriculture and Engineering: 16.

Gregory, S.V., F.J. Swanson, W.A. Mckee, and K.W. Cummins. 1991. "An ecosystem perspective of riparian zones: Focus on links between land and water." BioScience 41(8): 540–551.

Irland, L.C., and J.F. Connors. 1994. "State nonpoint source programs affecting forestry: The 12 northeastern states." Northern Journal of Applied Forestry 11(1): 5–11.

Laitung, B., J.L. Pretty, E. Chauvet, and M. Dobson. 2002. "Response of aquatic hypomycete communities to enhanced stream retention in areas impacted by commercial forestry." Freshwater Biology 47(2): 313–323.

Lockaby, B.G., R.G. Clawson, K. Flynn, R.B. Rummer, J.S. Meadows, J.S. Stokes, and J.A. Stanturf. 1997. "Influence of harvesting on biogeochemical exchange in sheetflow and soil processes in a eutrophic floodplain forest." Forest Ecology and Management 90: 187–194.

Malmer, A., and H. Grip. 1994. "Converting tropical rain-forest to forest plantation in sabah, malaysia. 2. Effects on nutrient dynamics and net losses in streamwater." Hydrological Processes 8(3): 195–209.

May, C.L. 2002. "Debris flows through different forest age classes in the central Oregon coast range." Journal of the American Water Resources Association 38(4): 1097–1113.

Megahan, W.F. 1980. Nonpoint source pollution from forestry activities in the western united states: Results of recent research and research needs. U.S. Forestry and Water Quality: What course in the 80's? Proceedings of the Water Pollution Control Federation Seminar., Richmond, VA.

Megahan, W.G., J.P. Potyondy, and K.A. Seyedbagheri. 1992. Best management practices and cumulative effects from sedimentation in the south fork salmon river: An Idaho case study. *In*, Watershed management: Balancing sustainability and environmental change. R.J. Naiman (eds.). New York, NY, Springer-Verlag.

Montana DNRC. 2002. Best management practices (BMPS) for forestry in Montana. Missoula, MT, Montana Department of Natural Resources and Conservation.

Naiman, R.J., K.L. Fetherston, S.J. Mckay, and J. Chen. 1998. Riparian forests. *In*, River ecology and management: Lessions from the pacific coastal ecoregion. R.J. Naiman, and R.E. Bilby (eds.). New York, NY, Springer-Verlag.

Neary, D.G., and J.L. Michael. 1996. "Herbicides—protecting long-term sustainability and water quality in forest ecosystems." New Zealand Journal of Forestry Science 26(1/2): 241–264.

Nisbet, T.R. 2001. "The role of forest management in controlling diffuse pollution in U.K. forestry." Forest Ecology and Management 143(1–3): 215–226.

North Carolina Divison of Forest Resources. 1989. Forest practices guidelines related to water quality, NC Division of Forest Resources, Department of Environment, Health, and Natural Resources: 10.

Ormerod, S.J., S.D. Rundle, E.C. Lloyd, and A.A. Douglas. 1993. "The influence of riparian management on the habitat structure and macroinvertebrate communities of upland streams draining plantation forests." Journal of Applied Ecology 30(1): 13–24.

Palone, R.S., and A.H. Todd (eds.). 1997. Chesapeake bay riparian handbook: A guide for establishing and maintaining riparian forest buffers. Radnor, PA, USDA Forest Service.

Phillips, M.J., L.W. Swift, and C.R. Blinn. 2000. Best management practices for riparian areas. *In*, Riparian management in forests of the continental eastern united states. E.S. Verry, J.W. Hornbeck, and C.A. Dolloff (eds.). Boca Raton, FL, Lewis Publishers.

Pimentel, D., and L. Levitan. 1986. "Pesticides: Amounts applied and amounts reaching pests." BioScience 36(2): 86–91.

Reid, L.M. 1998. Cumulative watershed effects and watershed analysis. *In*, River ecology and management: Lessons from the pacific coastal ecoregion. R.J. Naiman, and R.E. Bilby (eds.). New York, Springer-Verlag.

Smith, D.M. 1994. The forests of the united states. *In*, Regional silviculture of the united states. J.W. Barrett (eds.). New York, NY, John Wiley & Sons, Inc.

Smith, D.M., B.C. Larson, M.J. Kelty, and P.M.S. Ashton. 1997. The practice of silviculture: Applied forest ecology. New York, NY, John Wiley & Sons, Inc.

Stednick, J.D. 2000. Timber management. *In*, Drinking water from forests and grasslands: A synthesis of the scientific literature. General technical report SRS-39. G.E. Dissmeyer (eds.). Washington, DC, U.S. Department of Agriculture, Forest Service.

Stone, M.K., and J.B. Wallace. 1998. "Long-term recovery of a mountain stream from clear-cut logging: The effects of forest succession on benthic invertebrate community structure." Freshwater Biology 39(1): 151–169.

Sun, G., S.G. McNulty, J.P. Shepard, D.M. Amatya, H. Riekerk, N.B. Comerford, W. Skaggs, and L. Swift, Jr. 2001. "Effects of timber management on the hydrology of wetland forests in the southern united states." Forest Ecology and Management 143(1–3): 227–236.

Sun, G., H. Riekerk, and N.B. Comerford. 1998. "Modeling the hydrologic impacts of forest harvest on flatwoods." Journal of American Water Resource Association 34: 843–854.

Swank, W.T., J.M. Vose, and K.J. Elliott. 2001. "Long-term hydrologic and water quality responses following

commercial clearcutting of mixed hardwoods on a southern appalachian catchment." Forest Ecology and Management 143(1–3): 163–178.
Swift, D.W. 1990. Nutrient enrichment of Scottish lochs and reservoirs with particular reference to the impact of forest fertilization. Medmenham, UK, Water Research Center.
Swift, Jr., L.W. 1984. "Soil losses from roadbeds and cut and fill slopes in the southern appalachian mountains." Southern Journal of Applied Forestry 8(4): 209–215.
Tennessee Department of Agriculture Division of Forestry. 2003. Silviculture options.
Tetra Tech Inc. 2001. National management measures to control nonpoint source pollution from forestry (draft). Fairfax, VA, US Environmental Protection Agency, Office of Water.
Trayler, K.M., and J.A. Davis. 1998. "Forestry impacts and the vertical distribution of stream invertebrates in south-western Australia." Freshwater Biology 40(2): 331–342.
USDA Forest Service. 2000. U.S. Forest facts and historical trends. Washington, DC, U.S. Department of Agriculture Forest Service.
USEPA. 2003. Managing nonpoint source pollution from forestry. http://www.epa.gov/owow/nps/facts/point8.htm.
Virginia Department of Forestry. 2001. Forestry bmp guide for Virginia, Virginia Department of Forestry: 33.
WWF. 2001. Local authorities can make a difference; the role of local authorities in promoting responsible forest management. Brussels, Belgium, World Wildlife Fund for Nature: 20.
Zaber, D.J. 1998. Southern lessons: Saving species through the national forest management act, Defenders of Wildlife.

矿业

Barbour, A.K. 1994. Mining non-ferrous metals. *In*, Mining and its environmental impact. M.W. Hester, and R.M. Harrison (eds.). Cambridge, Royal Society of Chemistry.
Bhattacharyya, S., P.L. Klerks, and J.A. Nyman. 2003. "Toxicity to freshwater organisms from oils and oil spill chemical treatments in laboratory microcosms." Environmental Pollution 122(2): 205–215.
Black, A., and D. Craw. 2001. "Arsenic, copper and zinc occurrence at the wangaloa coal mine, southeast otago, new Zealand." International Journal of Coal Geology 45(2–3): 181–193.
Bonta, J.V., C.R. Amerman, W.A. Dick, G.F. Hall, T.J. Harlukowicz, A.C. Razem, and N.E. Smeck. 1992. "Impact of surface coal-mining on 3 Ohio watersheds—physical conditions and groundwater hydrology." Water Resources Bulletin 28(3): 577–596.
Brown, A.V., M.M. Lyttle, and K.B. Brown. 1998. "Impacts of gravel mining on gravel bed streams." Transactions of the American Fisheries Society 127(6): 979–994.
Buchanan, D.J., and D. Brenkley. 1994. Green coal mining. *In*, Mining and its environmental impact. R.E. Hester, and R.M. Harrison (eds.). Cambridge, Royal Society of Chemistry.
Choubey, V.D. 1991. "Hydrogeological and environmental-impact of coal-mining, Jharia coalfield, India." Environmental Geology and Water Sciences 17(3): 185–194.
Cleary, D., and I. Thorton. 1994. The environmental impact of gold mining in the Brazilian Amazon. *In*, Mining and its environmental impact. R.E. Hester, and R.M. Harrison (eds.). Cambridge, Royal Society of Chemistry.
Clements, W.H., D.S. Cherry, and J. Cairns Jr. 1988. "The impact of heavy metals on macroinvertebrate communities: A comparison of observational and experimental results." Canadian Journal of Fisheries and Aquatic Science 45: 2017–2025.
Crowson, P.C.F. 1992. "An international perspective on the U.K. coal industry." Min. Technology July/August: 215–221.
Delonay, A.J., E.E. Little, J. Lipton, D. Woodward, and J. Hansen. 1995. Avoidance response as evidence of injury: The use of behavioral testing in support of natural resource damage assessments. *In*, Environmental tox-

icology and risk assessment. T.W. LaPoint, F.T. Price, and E.E. Little (eds.). Philadelphia, American Society for Testing and Materials.

Environmental Law Institute. 2000. Pollution prevention and mining: A proposed framework for the Americas. Washington, DC, Environmental Law Institute.

Garcia-Criado, F., M. Fernandez-Alaez, and C. Fernandez-Alaez. 2002. "Relationship between benthic assemblage structure and coal mining in the Boeza river basin (Spain)." Archiv Fur Hydrobiologie 154(4): 665–689.

Gauthier-Warinner, R.J. 2000. Oil and gas development. *In*, Drinking water from forests and grasslands: A synthesis of the scientific literature. General technical report SRS-39. G.E. Dissmeyer (eds.). Washington, DC, U.S. Department of Agriculture, Forest Service.

Guebert, M.D., and T.W. Gardner. 2001. "Macropore flow on a reclaimed surface mine: Infiltration and hillslope hydrology." Geomorphology 39 (3–4): 151–169.

Henley, W.F., M.A. Patterson, R.J. Neves, and A.D. Lemly. 2000. "Effects of sedimentation and turbidity on lotic food webs: A concise review for natural resource managers." Reviews in Fisheries Science 8(2): 125–139.

Hilliard, T.J. 1994. States' right, miners' wrongs: Case studies of water contamination from hardrock mining, and the failure of states to prevent it. Washington, DC, Mineral Policy Center, American Fisheries Society, American Rivers and Trout Unlimited: 25.

Hilson, G. 2002. "The environmental impact of small-scale gold mining in Ghana: Identifying problems and possible solutions." Geographical Journal 168: 57–72.

IIED. 2002a. Breaking new ground: The report of the mining, minerals, and sustainable development project. London, International Institute for Environment and Development and the World Business Council for Sustainable Development.

IIED. 2002b. Global report on artisanal and small-scale mining. London, International Institute for Environment and Development and the World Business Council for Sustainable Development.

Il'inskii, V.V., O.V. Porshneva, T.I. Komarova, and T.V. Koronelli. 1998. "The effect of petroleum hydrocarbons on the hydrocarbon-oxidizing bacteriocenosis in the southeast part of the Mozhaiskoe water storage basin." Microbiology 67(2): 220–225.

Kelly, M. 1988. Mining and the freshwater environment. London, Elsevier Applied Science.

Kligerman, D.C., E.L. La Rovere, and M.A. Costa. 2001. "Management challenges on small-scale gold mining activities in Brazil." Environmental Research 87(3): 181–198.

Kondolf, G.M. 1994. "Geomorphic and environmental-effects of instream gravel mining." Landscape and Urban Planning 28(2–3): 225–243.

Kondolf, G.M. 1997. "Hungry water: Effects of dams and gravel mining on river channels." Environmental Management 21: 533–551.

Kondolf, G.M., and J. Lyons. 1992. Impacts of in-stream sand and gravel mining on stream habitat and fish communities including a survey on the Big Rib river, marathon county, Wisconsin. Madison, WI, Wisconsin Department of Natural Resources.

Leady, B.S., and J.F. Gottgens. 2001. "Mercury accumulation in sediment cores and along food chains in two regions of the Brazilian pantanal." Wetlands Ecology and Management 9(4): 349–361.

Leigh, D.S. 1994. "Mercury contamination and floodplain sedimentation from former gold mines in north Georgia." Water Resources Bulletin 40(4): 739–748.

Liu, J., D. Elsworth, and R.J. Matetic. 1997. "Evaluation of the post-mining groundwater regime following longwall mining." Hydrological Processes 11(15): 1945–1961.

Macdonald, A. 2002. Industry in transition: A profile of the north American mining sector. Winnipeg, International Institute for Sustainable Development.

Mahaney, P.A. 1994. "Effects of fresh-water petroleum contamination on amphibian hatching and metamorphosis." Environmental Toxicology and Chemistry 13(2): 259–265.

Mas-Pla, J., R. Montaner, and J. Sola. 1999. "Groundwater resources and quality variations caused by gravel mining in coastal streams." Journal of Hydrology 216(3–4): 197–213.

Meador, M.R., and A.O. Layher. 1998. "Instream sand and gravel mining: Environmental issues and regulatory process in the united states." Fisheries 23(11): 6–13.

Meyer, J.L., and J.B. Wallace. 2001. Lost linkages and lotic ecology: Rediscovering small streams. *In*, Ecology: Achievement and challenge. N.J. Huntly, and S. Levin (eds.), M.C. Press.

Mining Policy Center. 2003. The last American dinosaur: The 1872 mining law. Washington, DC, Mineral Policy Center: 6.

Monterroso, C. and F. Macias. 1998. "Drainage waters affected by pyrite oxidation in a coal mine in Galicia (NW Spain): Composition and mineral stability." Science of the Total Environment 216: 121–132.

National Research Council. 1999. Hardrock mining on federal lands. Washington, DC, National Academy Press.

NMA. 2003. U.S. Coal production by state, 1993–2002. 2003. http://www.nma.org/pdf/c_production.pdf.

Obire, O., and I.V. Okudo. 1997. "Effect of crude oil pollution on a freshwater stream in Nigeria." Discovery and Innovation 9(1–2): 25–32.

OECD/IEA. 2002. World energy outlook: 2002. Paris, Organisation for Economic Cooperation and Development, International Energy Agency.

OSM. 2003. Acid mine drainage. http://www.osmre.gov/amdint.htm.

Ripley, E.A., R.E. Redmann and J. Maxwell. 1979. Environmental impact of mining in Canada. Kingston, Ontario, Centre for Resources Studies, Queens University.

Rivier, B., and J. Sequier. 1985. Physical and biological effects of gravel extraction in river beds. *In*, Habitat modification of freshwater fisheries. J.S. Alabaster (ed.). London, Butterworth.

Tarras-Wahlberg, N.H., A. Flachier, G. Fredriksson, S. Lane, N. Lundberg, and O. Sangfors. 2000. "Environmental impact of small-scale and artisanal gold mining in southern Ecuador—implications for the setting of environmental standards and for the management of small-scale mining operations." Ambio 29(8): 484–491.

USEPA. 2002. 2000 toxics release inventory public data release report. Washington, DC, United States Environmental Protection Agency: 16.

USFWS. 1998. Permitted stream losses due to valley filling in Kentucky, Pennsylvania, Virginia, and West Virginia: A partial inventory. State College, PA, United States Fish and Wildlife Service.

USGS. 2003. Mineral commodity summaries 2003. Washington, DC, United States Geological Survey: 202.

Wanty, R.B., B. Wang, J. Vohden, P.H. Briggs, and A.L. Meier (1999). Regional baseline geochemistry and environmental effects of gold placer mining operations on the fortymile river, eastern Alaska. Washington, DC, United State Geological Survey.

Warhurst, A. 1994a. Environmental best-practice in metals production. *In*, Mining and its environmental impact. R.E. Hester, and R.M. Harrison (eds.). Cambridge, The Royal Society of Chemistry.

———. 1994b. Environmental degradation from mining and mineral processing in developing countries: Corporate responses and national policies. Paris, Organisation for economic cooperation and development: 89.

Werner, F., F. Bilek, and L. Luckner. 2001. "Impact of regional groundwater flow on the water quality of an old post-mining lake." Ecological Engineering 17(2–3): 133–142.

Wireman, M. 2000. Hardrock mining. *In*, Drinking water from forests and grasslands: A synthesis of the scientific literature. General technical report SRS-39. G.E. Dissmeyer (eds.). Washington, DC, U.S. Department of Agriculture, Forest Service.

Woodward, D.F., J.N. Goldstein, A.M. Farag, and W.G. Brumbaugh. 1997. "Cutthroat trout avoidance of metals and conditions characteristic of a mining waste site: Coeur d'alene river, Idaho." Transactions of the American Fisheries Society 126(4): 699–706.

Younger, P.L. 2000. "Holistic remedial strategies for short- and long-term water pollution from abandoned mines." Transactions of the Institution of Mining and Metallurgy Section a-Mining Technology 109: A210–A218.

Zipper, C., W. Balfour, R. Roth, and J. Randolph. 1997. "Domestic water supply impacts by underground coal mining in Virginia, USA." Environmental Geology 29(1/2): 84–93.

休闲娱乐

Adams, S., C.A. Frissell, and B.E. Rieman. 2001. "Geography of invasion in mountain streams: Consequences of headwater lake fish introductions." Ecosystems 4(4): 296–307.

AFS. 2003. AFS policy statement #28: Special fishing regulations for managing freshwater sport fisheries (abbreviated). http://www.fisheries.org/Public_Affairs/Policy_Statements/ps_28a.shtml.

An, Y.J., D.H. Kampbell, and G.W. Sewell. 2002. "Water quality at five marinas in lake texoma as related to methyl tert-butyl ether (MTBE)." Environmental Pollution 118(3): 331–336.

Aznar, J.C., A. Dervieux, and P. Grillas. 2003. "Association between aquatic vegetation and landscape indicators of human pressure." Wetlands 23(1): 149–160.

Bryan, M.D., and D.L. Scarnecchia. 1992. "Species richness, composition, and abundance of fish larvae and juveniles inhabiting natural and developed shorelines of a glacial Iowa lake." Environmental Biology of Fishes 35(4): 329–341.

Christensen, D.L., B.R. Herwig, D.E. Schindler, and S.R. Carpenter. 1996. "Impacts of lakeshore residential development on coarse woody debris in north temperate lakes." Ecological Applications 6(4): 1143–1149.

Edington, J.M., and M.A. Edington. 1986. Ecology, recreation and tourism. Cambridge, Cambridge University Press.

FAPEL. 2003. All you need to know about the boating restriction regulations. http://www.fapel.org/english/anmoto15.htm.

Ferry, M.C., and A.S. Deller. 1996. "Review of factors affecting the distribution and abundance of waterfowl in shallow-water habitats of Chesapeake bay." Estuaries 19(2A): 272–278.

Garber, S.D., and J. Burger. 1995. "A 20-yr study documenting the relationship between turtle decline and human recreation." Ecological Applications 5(4): 1151–1162.

Gerard, P., and B. De Bast. 2000. "Restriction of the circulation of small pleasure boats on the rivers of Wallonia, Belgium." Fisheries Management and Ecology 7(1–2): 139–143.

Hammitt, W.E., and D.N. Cole. 1998. Wildland recreation: Ecology and management. New York, John Wiley & Sons, Inc.

Mackie, G.L. 1991. "Biology of exotic zebra mussel, *dreissena polymorpha*, in relation to native bivalves and its potential impact in lake St. Clair." Hydrobiologia 219: 251–268.

Maxted, J.R., R.A. Eskin, S.B. Weisberg, and F.W. Kutz. 1997. "The ecological condition of dead-end canals of the Delaware and Maryland coastal bays." Estuaries 20(2): 319–327.

MDEP. 1994. Mandatory shoreland zoning act. 2003. http://www.maine.gov/dep/blwq/docstand/ip-shore.htm.

Minnesota Lakes Association. 2001. Organizing a lake association. http://www.shorelandmanagement.org/quick/ol.html.

National Research Council Committee on Restoration and Aquatic Ecosystems. 1992. Restoration of aquatic ecosystems. Washington, DC, National Academy Press.

NMMA. 2002. Boating at a glance 2002: Facts and figures. Chicago, IL, National Marine Manufacturing Association.

Parker, B.R., D.W. Schindler, D.B. Donald, and R.S. Anderson. 2001. "The effects of stocking and removal of a nonnative salmonid on the plankton of an alpine lake." Ecosystems 4(4): 334–345.

Pilliod, D.S., and C.R. Peterson. 2001. "Local and landscape effects of introduced trout on amphibians in historically fishless watersheds." Ecosystems 4(4): 322–333.

Poff, N.L., D.J. Allan, M.B. Bain, J.R. Karr, K.L. Prestegaard, B.D. Richter, R.E. Sparks, and J.C. Stromberg.

1997. “The natural flow regime: A paradigm for conservation and restoration of riverine ecosystems.” BioScience 47: 769–784.

Reuter, J.E., B.C. Allen, R.C. Richards, J.F. Pankow, C.R. Goldman, R.L. Scholl, and J.S. Seyfried. 1988. “Concentration, sources, and fate of the gasoline oxygenate methyl tert-butyl ether (MTBE) in a multiple-use lake.” Environmental Science & Technology 32: 3666–3672.

Schindler, D.E., R.A. Knapp, and P.R. Leavitt. 2001. “Alteration of nutrient cycles and algal production resulting from fish introductions into mountain lakes.” Ecosystems 4(4): 308–321.

Schnaiberg, J., J. Riera, M.G. Turner, and P.R. Voss. 2002. “Explaining human settlement patterns in a recreational lake district: Vilas county, Wisconsin, USA.” Environmental Management 30(1): 24–34.

Sun, D. and D. Walsh. 1998. “Review of studies on environmental impacts of recreation and tourism in Australia.” Journal of Environmental Management 53(4): 323–338.

U.S. Department of the Interior, U.S. Fish and Wildlife Service, Department of Commerce and U.S. Census Bureau. 2002. 2001 national survey of fishing, hunting, and wildlife-associated recreation. Washington, DC, U.S. Fish and Wildlife Service: 170.

UNEP. 2001. Tourism's three main impact areas. http://www.uneptie.org/pc/tourism/sust-tourism/env-3main.htm#natres.

University of Minnesota Extension Service. 2002. Protecting our waters: Shoreland best management practices. http://www.extension.umn.edu/distribution/naturalresources/DD6946.html.

USEPA. 2003. Shipshape shores and waters. Washington, DC, United States Environmental Protection Agency Office of Wetlands, Oceans and Watersheds: 17.

过度捕捞

(AFS) Atlantic Salmon Federation. 2002. The Atlantic salmon. http://www.asf.ca/Overall/atlsalm.html [22 Feb. 2003].

Ames, M.H. 1991. Saving some cetaceans may require captive breeding. Work on bottlenose dolphin may be applies to the Baiji. BioScience 41(11): 746–749.

Anthony, J.L., and J.A. Downing. 2000. Exploitation trajectory of a declining fauna: a century of freshwater mussel fisheries in North America. Canadian Journal of Fisheries and Aquatic Sciences 58(10): 2071–2090.

Baker, P.M. 1993. Resource management: a shell exporter's perspective, in Cummings, K.S., A.C. Buchanan, and L.M. Koch (eds.). Conservation and Management of Freshwater Mussels. Proceedings of a symposium. Illinois Natural History Survey, Champaign, IL.

Bao, T. Q., K. Bouakhamvongsa, S. Chan, T. Phommavong, A.F. Poulsen, P. Rukawoma, U. Suntornratana, D.V. Tien, T.T. Tuan, N.T. Tung, J. Valbo-Jørgensen, S. Viravong, and N. Yoorong 2001. Local Knowledge in the Study of River Fish Biology: Experiences from the Mekong. Mekong development Series No. 1, 22 pp, Mekong River Commission, Phnom Penh, ISSN: 1680–4023

Barzyk, J.E. 1999. Turtles in crisis: the Asian food markets. http://www.tortoisetrust.org/articles/asia.html [20 Feb. 2003].

Blaustein, A.R., and D.B. Wake. 1990. Declining amphibian populations: a global phenomenon. TREE 5(7): 203–204.

———. 1995. The puzzle of declining amphibian populations. Scientific American 272(4): 52–57.

Bridgham, S.D., C.A. Johnston, J. Pastor, and K. Updegraff. 1995. Potential feedbacks of northern wetlands on climate change. BioScience 45(4): 262–275.

Brown, A., S. Nicol, and J. Koehn. 1998. Trout Cod (Maccullochella Macquariensis) Recovery Plan. National Heritage Trust, Tasmania, Australia. http://neptune3.galib.uga.edu/cgi-bin/homepage.cgi?style=&_id=80c012cf-1058040154-408&_cc=1 [21 Feb. 2003].

Buck, E.H. 1994. CRS Report for Congress 95-4 ENR. United Nations Convention on the Law of the Sea:

Living Resources Provisions. http://www.ncseonline.org/NLE/CRSreports/Marine/mar-9.cfm?&CFID=6894420&CFTOKEN=95483054 [25 Feb. 2003].

Burke, V.J. J.E. Lovich, and J.W. Gibbons. Conservation of Freshwater Turtles, *In*, Klemens, M.W. (ed). Turtle Conservation. Smithsonian Institution Press, Washington, DC. Pp 156–179.

Caviar Emptor. 2002. Support builds for protection of beluga sturgeon. http://www.caviaremptor.org/press_122802.html [21 Feb. 2003].

Chapin, F.S. III, B.H. Walker, R.J. Hobbs, D.U. Hooper, J.H. Lawton, O.E. Sala, and D. Tilman. 1997. Biotic control over the functioning of ecosystems. 277 (5325): 500–504.

(CI) Conservation International. 2002. A proposed Plan for the Conservation of the World's Tortoises and Freshwater Turtles. I. Executive Summary. http://www.zooreach.org/News/India/plan.PDF [20 Feb. 2003].

(CIESIN) Center for International Earth Science Information Network. 2003. Environmental Treaties and Resource Indicators (ENTRI)-UNEP Summary File. Convention On Biological Diversity. http://sedac.ciesin.org/pidb/register/reg-170.rrr.html [25 Feb. 2003].

(CITES) Convention on International Trade in Endangered Species of Wild Fauna and Flora. 2002. Caspian Sea states to resume caviar trade. Press Release. http://www.cites.org/eng/news/press/020306_caviar_resumption.shtml [21 Feb. 2003].

———. 2003. Homepage http://www.cites.org/ [25 Feb. 2003].

Coates, D. 2001. Biodiversity and Fisheries Management Options in the Mekong River Basin. A Blue Millennium report, a project of the United Nations Environmental Program. 38 pp.

Coull, J.R. 1993. World Fisheries Resources. Routledge, New York, NY. 267 pp.

(CRF) Chelonian Research Foundation. 2000. Scientists Say Half of Asia's Turtles Endangered. TRAFFIC Press Release. Turtle and Tortoise Newsletter, 2000, 3:13–14. http://www.chelonian.org/ttn/archives/ttn3/pp13-14.shtml [20 Feb 2003].

(CSN) Caribbean Stranding Network. 2002. Survival of Marine Animals in Danger of Extinction. http://rcv.caribe.net/english/supervivencia.htm [03 Feb. 2003].

(CTTC) California Turtle and Tortoise Club. 2002. United States Submissions for Consideration at CITES COP1. http://www.tortoise.org/conservation/citescop12.html [20 Feb. 2003].

Drammeh, Q.K.L. 2000. Illegal, unreported and unregulated fishing in small-scale marine and inland capture fisheries. Paper prepared for the Expert Consultation on Illegal, Unreported and Unregulated Fishing, Organized by the Government of Australia in Cooperation with FAO, Sydney, Australia, 15–19 May 2000. http://www.fao.org/DOCREP/005/Y3274E/y3274e09.htm - fn109 [12 Feb. 2003].

Dudgeon, D. 1992. Endangered ecosystems: a review of the conservation status of tropical Asian rivers. Hydrobiologia 248: 167–191.

———. 2002. An inventory of riverine biodiversity in monsoonal Asia: present status and conservation challenges. Water Science and Technology 45(11): 11–19.

(ECES) Earth Crash Earth Spirit. 2003. Documenting the Collapse of a Dying Planet. Ecosystem Destruction: Overfishing, Bycatch, and Destructive Fishing Practices. http://eces.org/ec/ecosystems/lakevictoria.shtml-021301 [01 Feb. 2003].

(ENN) Environmental News Network. 1999. Half of world's turtles face extinction, scientists say. http://www.cnn.com/NATURE/9908/27/fresh.turtle.enn/ [20 Feb. 2003].

(FAO) Food and Agriculture Organization (of the United Nations). 1999. The State of World Fisheries and Aquaculture 1998. Rome, Italy. 112 pp.

Gende, S.M., R.T. Edwards, M.F. Willson, and M.S. Wipfli. 2002. Pacific Salmon in Aquatic and Terrestrial Ecosystems. BioScience 52(10): 917–929.

(GOA) Government of Alberta. 2002. Bull Trout. http://www3.gov.ab.ca/srd/fw/threatsp/bt_stat.html [21 Feb. 2003].

Göran, H. 1995. Reintroduction of beaver in Sweden—an early success. http://info.metla.fi/iufro95abs/d1pap147.htm [03 Feb. 2003].

Grzelewski, D. 2002. Otterly Fascinating. Smithsonian Magazine (Nov. 2002).

Haro, A., W. Richkus, K. Whalen, A. Hoar, W. Dieter Bush, S. Lary, T. Brush, and D. Dixon. 2000. Population decline of the American eel: implications for research and management Fisheries. 25(9): 7–16.

Harvey, B. 2001. Biodiversity and Fisheries. Chapter 1: Synthesis Report. A Primer for Planners. A Blue Millennium report, a project of the United Nations Environmental Program. 64 pp.

Helfield J.M., and R.J. Naiman. 2001. Effects of salmon-derived nitrogen on riparian forest growth and implications for stream productivity. Ecology 82(9): 2403–2415.

Hilborn, R. 1994. Uncertainty, risk, and the precautionary principle, *In*, Pikitch, E.K., D.D. Huppert, and M.P. Sissenwine (eds.). Global Trends: Fisheries Management, Vol. 20, American Fisheries Society Symposium. Pp. 100–106.

Houlahan, J.E., C.S. Findlay, B.R. Schmidt, A.H. Meyer, and S.L. Kuzmin. 2000. Quantitative evidence for global amphibian population declines. Nature 404: 752–755.

Klaphake, A., W. Scheumann, and D. R. Schliep. 2001. Biodiversity and International Water Policy. International Agreements and Experiences Related to the Protection of Freshwater Ecosystems. Study on behalf of the Federal Ministry of Environment, Bonn, Germany. 36 pp.

Lichatowich, J. 2003. Salmon Hatcheries: Past, Present and Future. Report for Oregon Business Council. http://www.orbusinesscouncil.org/docs/hatcheries.pdf [24 Feb. 2003].

Mufson, S. 1997. Fabled dolphins face extinction in Yangtze. Washington Post. http://www.washingtonpost.com/wp-srv/inatl/longterm/china/stories/dam120997.htm [06 Feb. 2003].

(NCSE) National Council for Science and the Environment. 1999. CRS Report for Congress. 98–666: Pacific Salmon and Anadromous Trout: Management Under the Endangered Species Act. http://www.ncseonline.org/nle/crsreports/biodiversity/biodv-22.cfm?&CFID=4529292&CFTOKEN=40523692 [22 Feb. 2003].

Nehlsen, W., J.E. Williams, and J.A. Lichatowich. 1991. Pacific salmon at the crossroads: stocks at risk from California, Oregon, Idaho, and Washington. Fisheries 16(2): 4–21.

(NFAI) Native Fish Australia Incorporated. 2001. Trout Cod. http://www.nativefish.asn.au/troutcod.html [21 Feb. 2003].

(NOAA) National Oceanic and Atmospheric Administration. 2002. Atlantic Salmon. An Endangered Population. Atlantic salmon in eight Maine rivers were declared "endangered" on November 13, 2000. http://www.nero.nmfs.gov/atsalmon/ [22 Feb. 2003].

———. 2003. Species Information, American eel Anguilla rostrata. http://noaa.chesapeakebay.net/spc/eel.htm. [19 Feb. 2003].

(NPPC) Northwest Power Planning Council. 1986. Compilation of Information on Salmon and Steelhead Losses in the Columbia River Basin. Portland, OR.

Nowak, R. M. 1997a. Baiji, or Whitefin Dolphin. Mammals of the World. On-line 5.1. The Johns Hopkins University Press. http://www.press.jhu.edu/books/walkers_mammals_of_the_world/cetacea/cetacea.lipotidae.lipotes.html [06 Feb. 2003].

———. 1997b. Mammals of the World. Online 5.1. The Johns Hopkins University Press. http://www.press.jhu.edu/books/walker/sirenia/sirenia.trichechidae.trichechus.html [03 Feb. 2003].

(NRC) National Research Council. 1995. New Management Approach Needed to Restore Pacific Salmon Populations. Released Nov. 8, 1995. http://web.outsideonline.com/news/ozone/salmon.html [22 Feb. 2003].

(NRDC) Natural Resources Defense Council. 2001. Caviar Emptor. http://www.nrdc.org/wildlife/fish/caviar.asp [21 Feb. 2003].

(NWFSC) Northwest Fisheries Science Center. 2003. Salmon Hatchery Q&As. http://www.nwfsc.noaa.gov/Q&A/ - risks [24 Feb. 2003].

Orenstein, R. Survivors in Armor. 2001. Turtles, Tortoises and Terrapins. Key Porter Books, Toronto. 308 pp.

Revenga, C., J. Brunner, N. Henninger, K. Kassem, and R. Payne. 2000. Pilot Analysis of Global Ecosystems: Freshwater Systems. World Resources Institute, Washington, DC. 100 pp.

Sea Web. 2003. American Eel Decline http://www.seaweb.org/background/book/american_eels.html [19 Feb. 2003].

Soulé, M.E., and D. Simberloff. 1986. What do genetics and ecology tell us about the design of nature-reserves. Biological Conservation 35(1): 19–40.

Strayer, D.L., N.F. Caraco, J.J. Cole, S. Findlay, and M.L. Pace. 1999. Transformation of freshwater ecosystems by bivalves. BioScience 49(1): 19–27.

TRAFFIC. 2000. Half of Asia's freshwater turtles endangered. http://www.traffic.org/news/turtles.html [10 Feb. 2003].

(USFWS) U.S. Fish and Wildlife Service. 1999. A Chronology of Bull Trout Events http://www.r1.fws.gov/news/bulltrout/bullchron_fnl.htm [21 Feb. 2003].

Valbo-Jørgensen, J., and A.F. Poulsen. 2000. Using Local Knowledge as a Research Tool in the Study of River Fish Biology: Experiences from the Mekong. *In*, Environment, Development and Sustainability, Volume 2 (Nos. 3–4): 253–276.

Van Dijk, P.P, B.L. Stuart, and G.J. Rhodin (eds.). 2000. Asian Turtle Trade. Proceedings of a Workshop on Conservation and Trade of Freshwater Turtles and Tortoises in Asia. Chelonian Research Monographs no. 2: 13–14.

(WCMC) World Conservation Monitoring Centre. 1998. Freshwater Biodiversity: a preliminary global assessment. http://www.unep-wcmc.org/ [11 Feb. 2003].

(WCMC) World Conservation Monitoring Centre. 2000. Biodiversity Assessment Programme Strategic Development Plan 1996–2000. http://www.grida.no/enrin/biodiv/biodiv/pubs/wcmc2.htm [11 Mar 2003].

Williams, J.D., and R.J. Neves. 2003. Freshwater mussels: a neglected and declining aquatic resource. http://biology.usgs.gov/s+t/noframe/f076.htm - 15629 [19 Feb. 2003].

Williams, J.E., J.E. Johnson, D.A. Hendrickson, S. Contreras-Balderas, J. D. Williams, M. Navarro-Mendoza, D.E. McAllister, and J.E. Deacon. 1989. Fishes of North America endangered, threatened, or of special concern. 1989. Fisheries 14(6): 2–20.

Wipfli, M.S., J.P. Hudson, D.T. Chaloner, and J.P. Caouette. 1999. Influence of salmon spawner densities on stream productivity in southeast Alaska. Canadian Journal of Fisheries and Aquatic Sciences 56(9): 1600–1611.

(WWF) World Wildlife Fund. 2003. Giant river otters. http://www.wwfguianas.org/feat_spec_giant_otter.htm [04 Feb. 2003]

(WWF-LC) World Wildlife Fund–Latin America and Caribbean. 2003. Trouble in paradise: threats to an endangered species' new refuge. http://www.panda.org/about_wwf/where_we_work/latin_america_and_caribbean/where/peru/JTHF_profile6.cfm [04 Feb. 2003].

外来入侵物种

Alexander, G.R. 1977. Consumption of small trout by large predatory brown trout in the Norht Branch of the Au Sable River, Michigan, Michigan Department of Natural Resources, Fisheries Research Report no. 1855:1–26.

Allendorf, F.W. 1991. Ecological and genetic effects of fish introductions: synthesis and recommendations. Can. J. Fish. Aquat. Sci. 48 (Suppl. 1): 178–181.

Anonymous. 1997a. National policy on introductions and transfers of aquatic organisms.

Anonymous 1997b. Recommended actions to address marine Non-Indigenous Species (NIS) issues in Washington.

Aquatic Nuisance Species Task Force. 2003. web site: http://www.anstaskforce.gov/

Arthington, A.H. 1991. The ecological and genetic impacts of introduced freshwater fishes in Australia. Canadian Journal of Fisheries and Aquatic Sciences 48 (Suppl. 1): 33–44.

Ashton, P.J., and D.S. Mitchell. 1989. Aquatic plants: patterns and modes of invasion, attributes of invading species and assessment of control programs. *In*, Biological Invasions: A Global Perspective. SCOPE 37, (eds. Drake, J.A., H.A. Mooney, F. diCastri, R.H. Groves, F.J. Kruger, M. Rejmanek, and M. Williamson). J. Wiley and Sons, New York, pp. 111–154.

Bills, T.D., D.A. Johnson, and J.H. Selgeby. 1992. Effects of a lampricide treatment on ruffe and other nontarget fish in the Brule River, Brule, Wisconsin, Phase 2. Special report, National Fisheries Research Center, La Crosse, WI.

Bradford, D.F., F. Tabatabai, and D.M. Graber. 1993. Isolation of remaining populations of the native frog, Rana muscosa, by introduced fishes in Sequoia and Kings Canyon National Parks. Conservation Biology 7:882–888.

Bright, C. 1998. Bio-invasions, in Worldwatch Reader 1998, (eds. Brown and Ayers). Worldwatch Institute, Washington, DC, pp. 115–133.

Bright, C. 1998. Life Out of Bounds. Bioinvasion in a Borderless World. The Worldwatch Alert Series. W.W. Norton and Co., New York. 287 p.

Busiahn, T. R. 1993. Can the ruffe be contained before it becomes YOUR problem? Fisheries, Vol. 18, No.8:22–23.

Campton, D.E. 1987. Natural hybridization and introgression in fishes: methods of detection and genetic interpretation. Pages 161–192 in N. Ryman and F. Utter, editors. *Population genetics and fishery management.* University of Washington Press, Seattle, WA.

Carl, G.C., W.A. Clemens, and C.C. Lindsey. 1959. The fresh-water fishes of British Columbia. British Columbia Provincial Museum Handbook No. 5.

Carl, G.C., and C.J. Guiget. 1972. Alien Animals in British Columbia. British Columbia Povincial Museum Handbook No. 14.

Carlton, James. T. 2000. Global change and biological invasions in the oceans *In*, Mooney, H., and R. Hobbs (eds.). Invasives in a changing world. Island Press, Washington, DC.

Chew, R.L. 1972. The failure of largemouth bass, Micropterus salmoides floridanus (LeSueur), to spawn in eutrophic, overcrowded environments. Proceedings of the Annual Conference of the Southeastern Association of Game and Fish Commissioners 26:306–319.

Ciruna, K.A., L.A. Meyerson, and A. Gutierrez. 2004. The ecological and socio-economic impacts of invasive alien species in inland water ecosystems. Report to the Conservation on Biological Diversity on behalf of the Global Invasive Species Programme, Washington, DC pp. 34.

Chevassus, B. 1979. Hybridization in salmonids: results and perspectives. Aquaculture 17:113–128.

Claudi, R., and J.H. Leach (eds.). 1999. Nonindigenous Freshwater Organisms: Vectors, Biology, and Impacts. Lewis Publ., 464 pp.

Clemens, W.A., D.S. Rawson, and J. McHugh. 1939. A biological survey of Okanagan Lake, British Columbia. Fish. Res. Bd. Can., Bull. 56, pp1–70.

Conner, J.V., R.P. Gallagher, and M.F. Chatry. 1980. Larval evidence for natural reproduction of the grass carp (Ctenopharyngodon idelola) in the lower Mississippi River. Proceedings of the Fourth Annual Larval Fish Conference, Biological Services Program, National Power Plant Team, Ann Arbor, Michigan, FWS/OBS-80/43:1–19.

Contreras-Arquieta, A. and S. Contreras-Balderas. 1999. Description, biology and ecological impact of the screw snail Thiara tuberculata (Müller, 1774) (Gasteropoda:Thiaridae) in Mexico. *In*, Non-indigenous freshwater organisms: vectors, biology and impacts (Claudi, R. and J.H. Leach eds.). Lewis Publishers, Boca Raton, USA. pp 151–160.

Contreras-Balderas, S., P. Almada-Villela, M.L. Lozano-Vilano, and M.E. García-Ramírez. 2002. Freshwater fish at risk or extinct in Méxoco. Rev. Fish Biol. Fish., 12:241–251.

Courtenay W.R. Jr. 1978. Biological impacts of introduced species and management policy in Florida. *In*, Man, R. (ed.). Exotic Species in Mariculture. The MIT Press, Cambridge, Massachusetts, and, London, England.

Courtenay, W.R. Jr. and J.N. Taylor. 1986. Strategies for reducing risks from introductions of aquatic organisms: a philosophical perspective. Fisheries 11(2):30–33.

Crossman, E.J. 1991. Introduced freshwater fishes: a review of the North American perspective with emphasis on Canada. Can. J. Fish. Aquat. Sci. 48 (Suppl. 1):46–57.

Drake, J.A. et al. 1989. Biological Invasions: A Global Perspective. Wiley, Chichester, UK. Vol 37.

Drost, C.A., and G. M. Fellers. 1996. Collapse of a regional frog fauna in the Yosemite area of the California Sierra Nevada, USA. Conservation Biology 10:414–425.

Dudley, T. 2003. Exotic Species in Aquatic Ecosystems. Pacific Research Institute, Oakland, California.

Ernst, C.H., J.E. Lovich, and R.W. Barbour. 1994. Turtles of the United States and Canada. Smithsonian Institution Press, Washington, DC. 578 pp.

FAO. 2002. The State of World Fisheries and Aquaculture. Rome, Food and Agriculture Organization.

Farmer, J. 1996. Park Service preys on lake trout. High Country News, Vol. 28, No. 15.

Ferguson, M. 1989. The impact of introduced species on native species with emphasis on genetics. Can. Soc. Zoo. Bull. 20:6–7.

Ferguson, M. 1990. The genetic impact of introduced fishes on native species. Can. J. Zool. 68:1053–1057.

Flecker, A.S., and C.R. Townsend. Community-wide consequences of trout introduction in New Zealand Streams, *In*, F.B. Samson and F.L. Knopf (eds.). 1996. Ecosystem Management Selected Readings. Springer, New York, NY. p 203–215.

Forester, T.S., and J.M. Lawrence. 1978. Effects of grass carp and carp on populations of bluegill and largemouth bass in ponds. Transactions of the American Fisheries Society 107(1):172–175.

Fuller, P.L., L.G. Nico, and J.D. Williams. 1999. Nonindigenous Fishes Introduced into Inland Waters of the United States. Special Publication 27. American Fisheries Society, Bethesda, MD. 613 pp.

Gaffney, P. and S.K. Allen. 1992. Genetic aspects of introduction and transfer of mollusks. Journal of Shellfish Research 11:535–538.

Gehrke, P.C., P. Brown, C.B. Schiller, D.B. Moffatt, and A.M. Bruce. 1995. River regulation and fish communities in the Murray Darling River system, Australia. Regulated Rivers: Research and Management 11: 363–375.

Gumbart, D. 2002. The Nature Conservancy of Connecticut's Director of Ecological Management, personal communication.

Heinz Center. 2003. The State of the Nation's Ecosystems: Measuring the Lands, Waters, and Living Resources of the United States. Cambridge University Press, Washington, DC. 270 pp.

Hiebert, R.D., and J. Stubbendieck. 1993. Handbook for Ranking Exotic Plants for Management and Control. National Park Research Report NPS/NRMWRO/NRR-93/08.

Hill, K., 1979. Wildlife inspector. Fla. Wildl. 33(2):17–22.

Hocutt, C.H. 1984. Toward the development of an environmental ethic for exotic fishes. p. 374-385. *In*, W.R. Courtenay, Jr. and J.R. Stauffer, Jr. (eds.). Distribution, biology and management of exotic fishes. Johns Hopkins University Press, Baltimore, MD.

Hoshovsky, M.C., and L. Anderson. 2000. Egeria densa Planchon. *In*, Bossard, C.C., J.M. Randall, and M.C. Hoshovsky (eds.). Invasive Plants of California's Wildlands. University of California Press, Berkeley.

Johnson, L.E. and D.K. Padilla. 1996. Geographic spread of exotic species: ecological lessons and opportunities from the invasion of the zebra mussel Dressena polymorpha. Biological Conservation 78: 23–33.

Koehn, J., A. Brumley, and P.C. Gehrke. 2000. Managing the Impacts of Carp. Bureau of Resource Sciences, Canberra. 247 pp.

Kohler, C.C. 1986. Strategies for reducing risks from introductions of aquatic organisms. Fisheries, 11(2):2–3

Kohler, C.C. and W.R. Courtenay, Jr. 1986a. Regulating introduced aquatic species: a review of past initiatives. Fisheries, Vol. 11, No.2: 34–38.

Kohler, C.C., and W.R. Courtenay, Jr. 1986b. American Fisheries Society position on introductions of aquatic species. Fisheries 11(2):39–42.

Kolar, C., and D. Lodge. 2000. Freshwater nonindigenous species: interactions with other global changes. *In*, Mooney, H., and R. Hobbs (eds.). Invasives in a changing world. Island Press, Washington, DC.

Larkin, P.A. 1956. Interspecific competition and population control in freshwater fish.

Larkin, P.A. 1979. Predator-prey relations in fishes; An overview of the theory, 13–22. *In*, H. Clepper (ed.). Predator-prey systems in fisheries management Sport Fishing Institute, Washington, DC.

Leach, J.H., and C.A. Lewis. 1991. Fish introductions in Canada: provincial views and regulations. Can. J. Fish. Aquat. Sci., Vol. 48 (Suppl. 1):156–161.

Levine, J.M. 2000. Species diversity and biological invasions: relating local process to community pattern. Science 288: 852–854.

Litvak, M.K., and N.E. Mandrak. 1993. Ecology of freshwater bait-fish use in Canada and the United States. Fisheries, 18(12):6–13.

Loope, L. L., P. G. Sanchez, P. W. Tarr, W. L. Loope, and R. L. Anderson. 1988. Biological invasions of arid land nature reserves. Biological Conservation 44:95–118.

Lovich, J.E. 1997. Wildlife as weeds. pp. 46-51. J. Lovich, J. Randall, and M. Kelly (eds.). Proceedings California Exotic Pest Plant Council Symposium '96.

Ludwig, H.R. Jr. 1995. Bait bucket transfer potential between the Mississippi and the Hudson Bay watersheds. Master's thesis, North Dakota State University, Fargo.

Ludwig, H.R., Jr., and J.A. Leitch. 1996. Interbasin transfer of aquatic biota via anglers' bait buckets. Fisheries, 21(7):14–161.

Luiselli, L., M. Capula, D. Capizzi, E. Filippi, V.T. Jesus, and C. Anibaldi. 1997. Problems for conservation of pond turtles (Emys orbicularis) in central Italy: is the introduced red-eared turtle (Trachemys scripta) a serious threat. Chelonian Conservation and Biology 2:417–419.

MacDonald, D.W., L.L. Loope, M.B. Usher, and O. Hamann. 1989. Wildlife conservation and the invasion of nature reserves by introduced species: a global perspective, *In*, Drake, J.A., H.A. Mooney, F. diCastri, R.H. Groves, F.J. Kruger, M. Rejmanek, and M. Williamson(eds.). Biological Invasions: A Global Perspective. SCOPE 37, J. Wiley and Sons, New York pp. 215–255.

Mack, Richard N. 2000. Assessing the extent, status, and dynamism of plant invasions: current and emerging approaches. *In*, Mooney, Harold, and Richard Hobbs (eds.) Invasives in a changing world. Island Press, Washington, DC.

Mandrak, N.E. 1989. Potential invasion of the Great Lakes by fish species associated with climatic warming. Great Lakes Res. 15:306–316.

Manning, E. 1995. Bleak future for cutthroat. High Country news Vol. 27, No.8.

Marsden, J.E. 1993. Responding to aquatic pest species: control or management? Fisheries 18: 4–5.

McCoid, M.J. 1995. Alien reptiles and amphibians. Pages 433–437 *In*, Laroe, E.T., G.S. Farris, C.E. Puckett, P.D. Doran, and M.J. Mac, (eds.). Our living resources: a report to the nation on the distribution, abundance, and health of U.S. plants, animals, and ecosystems. U.S. Department of the Interior, National Biological Service, Washington, DC. 530 p.

McKeown, S. 1978. Hawaiian reptiles and amphibians. Oriental Publishing Company Honolulu. 80 p.

McKnight, B.N. 1993. Biological Pollutions. The Control and Impact of Invasive Exotic Species. Indiana Academy of Science, Indianapolis. 261 p.

McNeely, J.A. et al. (eds.). 2001. Global Strategy on Invasive Alien Species. IUCN, Gland, Switzerland.

Meisner, J.D., J.S. Rosenfeld, and H.A. Reiger. 1988. The role of groundwater in the impact of climatic warming on stream salmonines. Fisheries 13(3):2–8.

Meronek, T.G., F.A. Copes, and D.W. Coble. 1995. A summary of bait regulations in north central United·States. Fisheries 20(11):16–23.

Miller, R.R., J.D. Williams, and J.E. Williams. 1989. Extinctions of North American fishes during the past century. Fisheries (Bethesda) 14(6):22–38.

Mills, E.L., J.H. Leach, J.T. Carlton, and C.L. Secor. 1994. Exotic species and the integrity of the Great Lakes. Lessons from the Past BioScience 44(10): 666–676.

Minckley, W.L., and J.E. Deacon. 1968. Southwestern fishes and the enigma of "endangered species." Science 159(3822):1424–1432.

Ministry of Environment Lands and Parks Website. http://www.env.gov.bc.ca/fsh/.

Mitchell, A.J., M.J. Salmon, D.G. Huffman, A.E. Goodwin, and T.M. Brandt. 2000. Prevalence and Pathogenicity of a Heterophyid Trematode Infecting the Gills of an Endangered Fish, the Fountain Darter, in Two Central Texas Spring-Fed Rivers. Journal of Aquatic Animal Health. Vol. 12, No. 4, pp. 283–289.

Montana State University Extension (MSU). 1997. Extension Bulletin: Mapping Noxious Weeds in Montana. Bozeman, MT.

Mooney, H.A., and R.V. Hobbs. 2000. Invasive Species in a Changing World. Island Press, Washington, DC. 457 pp.

Moyle, P.B., and R. Nichols. 1974. Decline of the native fish fauna of the Sierra Nevada foothills, Central California, American Midland Naturalist 92:72–83.

Moyle, P.B. 1976. Fish introductions in California: History and impact on native fishes. Biological Conservation 9:101–118.

Moyle, P.J., H.W. Li, and B.A. Barton. 1986. The Frankenstein effect: impact of introduced fishes on native fishes in North America, *In*, Stroud, R.H. (ed.). Fish Culture in Fisheries Management, American Fisheries Society, Bethesda, MD.

National Geographic Society. 1998. Alien Invasion. America's Battle with Alien Animals and Plants. National Geographic Society, Washington, DC.

Nalepon, T.F., and D.W. Schloesser (eds.). 1993. Zebra Mussels. Biology, Impacts, and Control. Lewis Publishers, Boca Raton. 810 p.

Naylor, R., R.J. Goldberg, J.H. Primavera, N. Kautsky, M.C.M. Beveridge, J. Clay, C. Folke, J. Lubchenco, H. Mooney, and M. Troell. 2000. Effect of aquaculture on world fish supplies. *Nature* 405: 1017–1024.

Nico, L.G., and P.L. Fuller. 1999. Spatial and Temporal patterns of nonindigenous fish introductions in the United States. Fisheries 24(1): 16–26.

Pitcher, T.J., and P.J.B. Hart (eds.). 1995. The Impact of Species Changes in African Lakes. Chapman and Hall, London. 601 p.

Parsons, P.A. 1982. Adaptive strategies of colonizing animal species. Geological Review 57:117–148.

Pratt, C.M., W.H. Blust, and J.H. Selgeby. 1992. Ruffe, Gymnocephalus cernuus: newly introduced in North America. Can. J. Fish. Aquat. Sci 49;1616–1618.

Randonski, G.C., N.S. Prosser, R.G. Martin, and R.H. Stroud. 1984. Exotic fishes and sport fishing, p. 313–319. *In*, W.R. Courtenay, Jr and J.R. Stauffer, Jr [ed] Distribution, biology and management of exotic fishes. Johns Hopkins University Press, Baltimore, MD.

Raguso, J. 1993. Bait well choices. Trailer Boats 22(6):28–29.

Rice, J. 1995. Rare native fish found in Utah, then poisoned by mistake. High Country News Vol. 27. No. 22.

Rhymer, J.M., and D. Simberloff. 1996. Extinction by hybridization and introgression. Annu. Rev. Ecol. Syst. 27: 83–109.

Ricciardi, A. 2001. Facilitative interactions among aquatic invaders: is an "invasional meltdown" occurring in the Great Lakes? Can. J. Fish. Aquat. Sci. 58: 2513–2525

Richardson, M.J., and F.G. Whoriskey. 1992. Factors influencing the production of turbidity by goldfish. (Carrasius auratus). Can. J. Zool. 70(8):1585–1589.

Ring, R. 1995. The West's fisheries spin out of control. High Country News, Vol. 27, No. 17.

Rosen, P.C. and C.R. Schwalbe. 1995. Bullfrogs: introduced predators in southwestern wetlands. Pages 452-454 *In*, Laroe, E. T., G. S. Farris, C. E. Puckett, P. D. Doran, and M. J. Mac (eds.). Our living resources: a report to the nation on the distribution, abundance, and health of U.S. plants, animals, and ecosystems. U.S. Department of the Interior, National Biological Service, Washington, DC. 530 p.

Ruesink, J.L., I.M. Parker, M.J. Groom, and P.M.. Kareifva. 1995. Reducing the risks of Non-indigenous Species introductions. BioScience 45: 465–477.

Sala, O.E., F.S. Chapin III, J.J. Armesto, R. Berlow, J. Bloomfield, R. Dirzo, E. Huber-Sanwald, L.F. Huenneke, R.B. Jackson, A. Kinzig, R. Leemans, D. Lodge, H.A. Mooney, M. Oesterheld, N.L. Poff, M.T. Sykes, B.H. Walker, M. Walker, and D.H. Wall. 2000. Global biodiversity scenarios for the year 2100. Science 287: 1770–1774.

Schloesser, D.W., and Nalepa, T.F. 1994. Dramatic decline of unionid bivalves in offshore waters of western Lake Erie after infestation by the zebra mussel Dreissena polymorpha. Canadian Journal of Fisheries and Aquatic Sciences 51, 2234–42

Scott, W.B., and E.J. Crossman. 1973. Freshwater fishes of Canada. Bulletin 184. Fisheries Research Board of Canada. Ottawa.

Shafland, P.L. 1979. Alien fish introductions with special reference to Florida. Fisheries (Bethesda) 4(3):18–24.

Shafland, P.L., and W.M. Lewis. 1984. Terminology associated with introduced organisms. Fisheries 9(4):17–18.

Shafland, P.L. 1986. A review of Florida's efforts to regulate, assess and manage exotic fishes. Fisheries 10(2):20–25

Sharpe, F.P. 1962. Some observations of the feeding habits of brown trout. Progressive Fish-Culturist 24(2):60–64.

Simberloff, C. 1981. Community effects of introduced species, 53–81. *In*, M.H. Nitecki (ed.). Biotic crises in ecological and evolutionary time. Academic Press, Inc., New York.

Simberloff, D., B. Von Holle. 1999. Positive interactions of nonindigenous species: invasion meltdown? *Biological Invasions* 1(1): 21–32.

Smith, S.L. 1976. Behavioural suppression of spawning in largemouth bass by interspecific competition for space within spawning areas. Transactions of the American Fisheries Society 105(6):682–685.

Stroud, R.H. 1969. Conference on exotic fishes and related problems. Sport Fishing Institute Bulletin 203:4–9.

Swingle, H.S. 1957. A repressive factor controlling reproduction in fishes. Proceedings of the Pacific Science Congress 8(1953):865–871.

Taylor, J.N., W.R. Courtenay Jr., and J.A. McCann. 1984. Known impacts of exotic fishes in the continental United States. *In*, W.R. Courtenay, Jr., and J.R. Stauffer, Jr. (ed.). Distribution, biology and management of exotic fishes. Johns Hopkins University Press, Baltimore, MD.

The Nature Conservancy. 2001. Abating the Threat to Biodiversity from Invasive Alien Species: A Business Plan for Engaging the Core Strengths of The Nature Conservancy.

The Nature Conservancy 2000. The Five-S Framework for Site Conservation: A practitioner's handbook for site conservation planning and measuring conservation success.

Tu, Mandy. 2002. Early Detection and Cooperation Prevents the Establishment and Spread of a Severe Invasive Plant Pest into the Connecticut River: A Success Story. The Nature Conservancy's Wildland Invasive Species Team. http://tncweeds.ucdavis.edu/success/ct001/ct001.rtf.

Turner, B.E. (ed.). 1988. Codes of practice and manual of procedures for consideration of introductions and transfers of marine and freshwater organisms. ICES Co-operative Research Report No. 159. 44pp.

United States Geological Survey Press Release. 1994. Earth Stewards Conservation Education Program launched. Fish and Wildlife Service. National Biological Information Infrastructure. National Biological Survey http://biology.usgs.gov/pr/newsrelease/1994/5-24.html.

Wager, R., and P. Jackson. 1993. The action plan for Australian freshwater species. Australian Nature Conservation Agency (ANCA), Endangered Species Program, Project No. 147. Canberra, Australia: ANCA.

Wallen, I.E. 1951. The direct effect of turbidity on fishes. Bulletin of the Oklahoma Agricultural and Mechanical College, Biological Series no. 2, 48(2):1–27.

Wattendorf, B. 1997. Butterfly peacock bass. High Country News, Vol.29, No.12.

Welcomme, R.L. 1988. International Introductions of Inland Aquatic Species. FAO Fisheries Tech. Pap. No. 294. Food and Agriculture Organization of the United Nations, Rome, Italy.

Welcomme, R.L. 1986. International measures for the control of introductions of aquatic organisms. Fisheries, 11(2):4–9.

Wilcove S., D. Rothstein, J. Dubow, A. Phillips, and E. Losos. 1998. Quantifying threats to imperiled species in the United States. BioScience. p 607–615.

Williams, J.E., J.E., Johnson, D.A. Hendrickson, S. Contreras-Balderas, J.D. Williams, M. Navarro-Mendoza, D.E. McAllister, and J.E. Deacon. 1989. Fishes of North America Endangered, Threatened, or of Special Concern. *Fisheries* 14: 2–20.

Wittenberg, R., M.J.W. Crock, (eds.). (2001) Invasive alien species: a toolkit of best prevention and management practices. Wallingford, Oxon, UK; CABI Publishing, 228 pp. Pbk. ISBN 0851995691.

Van Driesche, J., and R. Van Driesche. 2000. Nature Out of Place. Biological Invasions in the Global Age. Island Press, Washington, DC. 363 p.

Vermont Invasive Exotic Plant Fact Sheet 1998. Brazilian elodea, Egeria densa Planch. The Nature Conservancy of Vermont, Vermont Department of Environmental Conservation, and the Vermont Department of Fish and Wildlife. Available at http://www.anr.state.vt.us/dec/waterq/ans/objects/befs.pdf.

第五章

衡量淡水生物多样性保护工作的成效

David Braun

总论与教学目标

本章将探讨如何设计并执行一项可信且具成本效益的淡水监测计划。此项监测计划由适当的专家组及相关支持人员进行指导。具体来说，本章将说明明确监测计划目的、确定监测优先顺序及监测指标的重要性，并介绍明确监测计划目的、确定监测优先顺序及监测指标的方法；本章还将指出监测计划的主要构成要素，确定何时、何地、用何种方法来监测，以及该由谁来进行实际监测；另外，本章还介绍了一些有用的方法，不仅可用于分析所收集的数据，而且还可利用这些数据进行适应性管理，以提高保护工作的效益。本章内容直接建立在第三章和第四章的基础上，重点在于：在各保护区内和各保护区之间，确定淡水保护的优先顺序，明确并减少各保护区内和各保护区之间对保护对象的威胁。图 5-1 说明了本章与整个指南的关系。

第一节 制订淡水监测计划：目的、指标和优先顺序

制订淡水监测计划似乎是一项非常令人生畏的工作。淡水生态系统中几乎有无数的特性需要监测，包括五大生态要素——水文状况、水的化学性质、自然生境条件、连通性和生物组成及相互作用。如果没有认真规划，有限的资源可能就会浪费在那些并不实用的数据的收集上。要解决这一问题，需要明确：①监测计划所要达到的精确目的；②各个目的的优先顺序；③符合计划目的和优先顺序需要的监测指标。正如本指南其他章节所提到的，要确定保护对象和监测指标，了解保护对象所面临的威胁，建立一个概念性生态模型是个非常有用的方法。而且，此方法对于确定该如何衡量保护工作的成功也很有用。

淡水监测计划的目的

监测淡水保护工作需要重点关注以下三类问题：①重点保护对象的状况以及保护工作对它们的影响；②保护对象所面临的威胁状况以及保护工作对这些状况的影响；③有关保护对象及整个生态系统的科学认知的不足。因此，我们需要考虑以下几个方面。

正如第三章所提，各保护区规划应该确定一套组合，包括重点保护对象、形成各保护对象完整性的生态要素，以及根据这些生态要素而为各保护对象设定的保护目标。生态要素连同其衡量指标和有关可接受变化幅度的信息，针对各保护对象提出了一系列的问题，其中包括：“（X要素）的现状或趋势是什么？能否符合具体的保护目标？”例如，有关可接受变化幅度的必要信息可包括：某一特定鱼类物种的数量是否合适；硝酸盐水平是否保持在某一关键阈值之下。

正如第四章所提，各保护区规划应该明确重点保护对象所面临的主要威胁，并制定具体的策略，以减少这些威胁。这两项工作合在一起，再次提出了一系列的问题，其中包括：“（Y威胁）的现状或趋势是什么？保护策略是否对预期的这些威胁产生了影响？”例如，某个水坝的运营商是否使每天的排水量保持某种理想模式？这些变化是否对生态系统健康（其量化形式为：可用生境、某一特定鱼类种群及大型无脊椎动物种群）产生了积极影响？明确以上两点很重要。此外，我们还要明确，实施替代农业活动是否可减少泥沙的流失。

最后，减少科学认知上的不足，有助于提高生态保护工作的效益。科学认知的不足是指对以下几个方面的认识不足：保护对象、影响保护对象完整性的生态要素、生态要素的可接受变化幅度、某一威胁影响保护对象的方式、威胁不同来源的相对重要性、各项保护工作改善保护状况的方法。例如，为了制定合理的保护目标，我们需要了解更多有关某一溪流当中鱼类群落天然组合的信息，包括温度变化是如何影响生物组合的，以及河流可以允许洪水量减少到什么程度，还仍能继续维持其生物多样性。

淡水监测计划中的优先顺序

实行监测计划可利用的资源中几乎没有一个是最理想的。以下标准可有助于将监测工作集中起来，对有限资源进行适当的分配；另外，也有助于我们决定实行监测的时机，是现在开始还是以后再进行监测。此外，这些标准还有助于我们明确开展监测工作所必需的资金投入量。以上各点尽管都很重要，但前两点更是重中之重。

变化幅度。某一生态要素越是偏离其可接受的变化幅度，就越是要对此要素优先进行监测。此外，某种（些）新出现的威胁会使一个或多个生态要素偏离其可接受的变化幅度，这种可能性越大，就越是要对此要素优先进行监测。

威胁的紧迫性。不管是早已存在还是预计将会发生的，威胁的紧迫性随其严重性和影响范围的不同而不同。如果是预期要发生的威胁，则其紧迫性还会因发生的可能性而异。威胁越紧迫——越严重，影响范围越广，影响保护对象的可能性越大——就越要优先

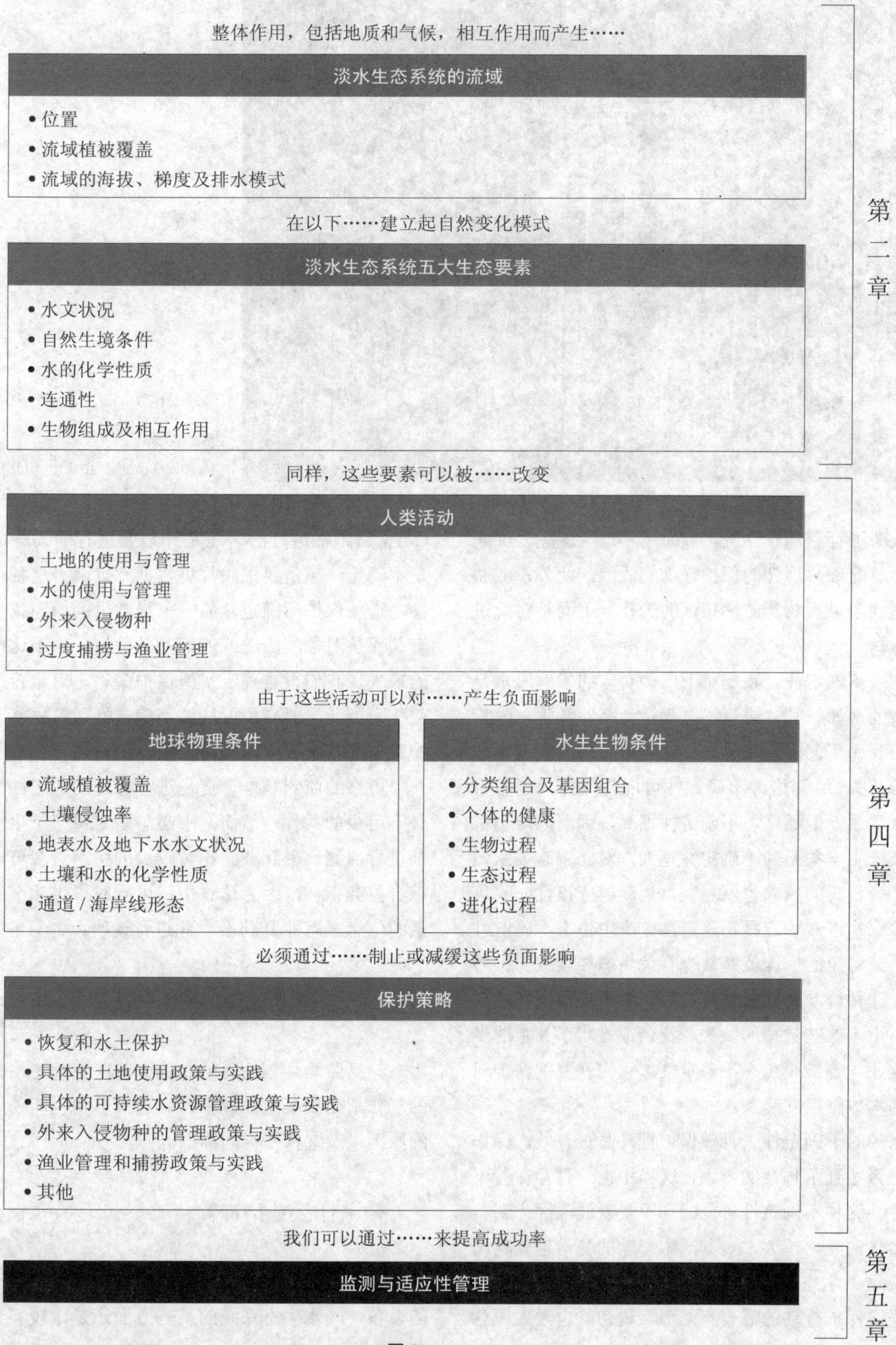
整体作用，包括地质和气候，相互作用而产生……
淡水生态系统的流域
• 位置
• 流域植被覆盖
• 流域的海拔、梯度及排水模式
在以下……建立起自然变化模式
淡水生态系统五大生态要素
• 水文状况
• 自然生境条件
• 水的化学性质
• 连通性
• 生物组成及相互作用
同样，这些要素可以被……改变
人类活动
• 土地的使用与管理
• 水的使用与管理
• 外来入侵物种
• 过度捕捞与渔业管理
由于这些活动可以对……产生负面影响
地球物理条件
• 流域植被覆盖
• 土壤侵蚀率
• 地表水及地下水水文状况
• 土壤和水的化学性质
• 通道 / 海岸线形态
水生生物条件
• 分类组合及基因组合
• 个体的健康
• 生物过程
• 生态过程
• 进化过程
必须通过……制止或减缓这些负面影响
保护策略
• 恢复和水土保护
• 具体的土地使用政策与实践
• 具体的可持续水资源管理政策与实践
• 外来入侵物种的管理政策与实践
• 渔业管理和捕捞政策与实践
• 其他
我们可以通过……来提高成功率
监测与适应性管理
第二章
第四章
第五章

图 5-1

水位监测。
摄影：Jane M. Rohling/USFWS

对此威胁进行监测。而且，威胁越紧迫，就越要优先监测针对此威胁展开的保护行动的成效。此外，威胁的紧迫性还可影响其监测指标的选择。下面将对此进行讨论。

生态不确定性。我们对于保护对象的了解通常是不完整的（如，其关键生态进程是什么？各生态因素间的相互作用怎样？生物与非生物过程之间的关系如何？等等）。尽管这种不确定性可能与保护计划本身没什么联系，但通常，不确定性很高，因而风险也很大。某一生态关系的不确定性越大，对此生态关系做出不正确设想的风险也就越大，也就越应该优先收集相关数据，以减少这种不确定性。产生生态不确定性的一个最常见的原因就是缺少有关生态要素或保护对象本身（种群动态和种群分布等）的历史数据和近期数据。由于这些数据的缺失，我们很难明了其中的变化。因此，要减少生态不确定性，首先就要把保护对象的基本数据建立起来。

保护的不确定性。具体保护行动是否有效，保护行动是否达到了预期的效果，这当中也一直存在着不确定性。这种不确定性可能特别不受欢迎，因为某一生态要素的变化越大，对其产生影响的胁迫也就越严重，或这一生态要素的变化趋势越令人担忧。不过，即使采取保护行动的需要不是那么迫切，也没人愿意把资源浪费在没有效果的保护行动上。具体保护行动（无论是正在进行的，还是计划要进行的）的成效越是不确定，越是要优先收集数据，以减少这种不确定性。造成保护不确定性的一个最常见的原因就是缺乏有关保护对象的历史或近期基础数据。由于这些数据的缺失，我们很难确定实施保护策略之后是否产生了变化。因此，要减少保护的不确定性，首先就要把保护对象的基本数据建立起来。

可靠的监测数据一直是进行合理的适应性管理所必不可少的条件。然而，不必总是对每一个生态要素都进行监测。受到威胁相对较少的生态景观可以使用综合监测指标，因为这一指标可同时提供几个生态要素的信息，附件 B 将会对此进行说明。

在淡水监测计划中选定指标

一旦监测计划的目的和优先顺序明确了，接下来的工作就是要确定监测指标。这一节将说明使用指标的原因以及选择指标的标准。

一、什么是指标?

指标是可以直接被衡量的生态特征。如果有合适的设备，淡水生态系统的某些方面还是比较容易衡量的，如水温、营养物质含量、河水流量、湖泊水位等。

水生无脊椎动物取样。
摄影：Charles Morris/USACE

但另一方面，淡水生态系统某些方面的衡量却面临着较大的挑战，如河漫滩植被的完整性或河底鱼类群落的完整性。直接衡量的好处当然有很多，但直接衡量并不是总能实施的。

如果不能直接衡量或在直接衡量不起作用的情况下，衡量指标便可派上用场了。例如，科学家们几乎从来不去直接衡量河川或溪流的流量，因为这样做不仅技术难度大而且成本高昂，甚至有时根本是不可能的[1]。相反，科学家们可通过测量水位（高度）及河道的形态来估计河流或溪流的流量。直接测量水的化学性质（如农用化学品的浓度）更是一件困难的事情。淡水生态系统中的化学物质可能溶解在水中，也可能附着在泥土颗粒或有机物上，或者与其他化学物质结合在一起；它们还可能通过水里的自然反应，分解到其他化学物质里；也可能被生物机体消耗或吸收，转化成其他的化学形式，或者干脆成为活体或死亡生物质的一部分；同样，它们也可能会融入水体泥沙中的矿物质、有机物和生命物质当中。因此，淡水生态学家和毒理学家一般只对生态系统几个构成要素中的某些化学物质（如水和泥沙中的化学物质）进行衡量，并在此基础上，制定衡量指标，然后再对许多类型的化学物质进行衡量。

二、淡水指标的理想特征

衡量指标必须提供可靠证据，解决具体的监测问题，正如公诉检察官在法庭上需要提出证据一样，或者像医生在诊断病情时需要收集证据一样。不管是用于淡水监测或其他任何与保护行动有关的监测，衡量指标的理想特征都应包括：

科学相关性。衡量指标必须对要衡量的生态要素、胁迫或胁迫来源进行科学合理且明确的评估。实际上，

[1] 这样做需要强行使水流经过一个构筑物，以便直接测量流经的水量。

明确的衡量指标要专门针对计划要进行的衡量工作。例如，我们可以把某种河岸鱼的种群密度作为指标，衡量河流与河漫滩之间的连通性。这一指标的选择或许具有一定的科学依据，即这种河岸鱼只有在洪水期间游到河漫滩湿地，才能成功地进行繁殖。如果之前的研究已经将这种关系很好地确立了起来，如果没有其他生态变量影响此鱼类种群，那这一指标就是合理的。另一方面，如果河漫滩的洪水泛滥不是此鱼类种群的唯一生存条件，如果它们的生存还取决于关键捕食物种的有效性或是对外来寄生物种的易感性，那这一衡量指标就不科学，而且很可能无法有效地评估整个生态系统的连通性。

敏感性。指标必须在整个变化范围内，对要衡量的生态要素、胁迫或胁迫来源三方面的变化具有敏感性，并可将增量变化记录下来，尤其是那些与关键生态阈值一致的变化。例如，某一地区全部生长着某种洼地树种（通过航拍照片可看出），该树种便可作为一种指标，衡量河流与河漫滩之间连接的完整性。究其原理，是因为此类树种只有通过洪水泛滥，才能在河漫滩上聚集生长。事实上，这类树种存活的时间较长，而且一旦长大成熟，就不再容易受洪水泛滥形式变化的影响。实际上，这种树种只需遵循某种类型的洪水干扰，便可在河漫滩上找到新的聚生地，而洪水干扰即使在自然条件下也是每隔几十年才出现一次。因此，为此树种所覆盖的地区几十年也不会发生什么变化，即使由于上游建造水坝，终止了新树种的补充。因此，由航拍照片所做的衡量，无法充分表现出相关生态要素的变化，所以，将其作为衡量指标，依据并不充分。

时效性。测量指标必须及时反映出要衡量的生态要素、胁迫和胁迫来源的一切变化。例如，一个新污染物要几年的时间才能在溪流中的大型无脊椎动物集群中产生变化，或者说，该污染物需要经过几年的时间来积累，才能在溪流鱼类的组织中达到一个不健康水平。另一方面，直接测量水样里的污染物，应该可以立即发现这些变化。能迅速（马上）反映出保护对象或生态要素中的某种变化的指标被称为“领先”指标，而那些反映速度相对较慢的指标被称为“滞后”指标。在前面所提到的例子中，实际水样中的污染物浓度就是领先指标，而对大型无脊椎动物集群组合或鱼类组织中污染物积累的测量则是滞后指标。不过，领先指标并不一定总是最好的选择。例如，直接测量水样中的污染物，需要在大量的地点进行大量的取样，尤其是在流量高峰期；同时还需要进行高成本的实验，以检测出各个水样中的少量污染物。然而，滞后指标却可以说明长时期内污染物的综合影响或平均影响。尽管有些滞后，但这一指标的可靠性高，成本低，而且还可及时进行矫正。

可测量性。衡量指标必须可以用某种实际可行且可重复使用的方法（其结果正确又准确）来进行持续测量。例如，终有一天，我们可以利用一系列水下声敏（声纳）传感器和三维图像记录及模拟识别软件，对某一河流当中的鱼类物种及其种群大小进行监测。然而，这一技术还没有投入日常使用（仍然处在实验阶段，且成本很高）。而一些较为传统的监测方法（包括使用渔网和电击技术）也都有其自身的局限和偏颇。不过，我们对这些局限和偏颇已经非常熟悉和了解了，因此，这些技术还是非常可靠的，其结果也具有很高的可重复性。换言之，这些技术也许并不理想，但却可以完成监测工作。此外，其他利益相关者可能会更信赖那些使用被广泛认可的标准方法所收集到的数据。例如，为了监测美国境内的水文状况和水中的化学性质，美国环保局、地质调查局、美国土木工程师学会、美国公共卫生协会和美国用水工程协会联合起来，坚持使用经科学认证的标准方法目录，来监测美国的水文状况和水的化学性质（参见下面的资源目录）。

社区相关性。对生态要素、胁迫及胁迫来源的监测方法，应该使其他利益相关者也觉得这些方法实用而且最好是容易理解的。淡水保护工作的成功取决于生活在流域内的社区和其他使用水资源的利益相关者的支持——至少是容忍。衡量指标的作用通常非常重要，不仅可以使保护行动具有科学性，而且还可以使较大的社区了解情况。公众或/及其他利益相关者不能理解的衡量指标可能会妨碍保护行动。同时，其他利益相关者（包括政府机构在内）可能已经在使用自己的衡量指标来管理淡水资源了。如果这些指标有用，那就使用这些指标——因为指标的传播价值很重要。

成本效益性。淡水监测的成本包括：设备器材费用、实地人员的工作时间、运输费用（包括运送样品到实地之外的实验室）、数据管理。监测成本还包括与实验室及分析或解读数据的专家签署合同（如有必要）。鉴于保护资源有限，我们所选择的每一个衡量指标都要尽可能地提供有关保护行动和保护成本方面的信息，这一点非常重要。通常，衡量指标越是细致、正确和精确，其成本也就越高，而考虑成本时，既要考虑启动保护工作的成本，也要考虑维持保护行动的成本。例如，一开始，使用自动化设备的成本可能会很高，但从长期来看，却可以大大节省人员的工作时间和实验成本；而且与简单方法比起来，还可以把监测结果更详细地记录下来。

几乎淡水生态系统的每一个方面都有各种涉及广泛的衡量指标。附件 B 总结了淡水生态系统中与五大生态要素有关的衡量指标，并对综合指标进行了说明。相关内容请参见附件 B。

第二节　设计淡水监测计划：监测计划的关键要素

设计监测计划需重点考虑的问题

要弄清楚监测目的、优先监测顺序和衡量指标，需要在制订监测计划时，考虑以下六个关键问题：①是否需要在进行其他实地测量时，同时测量共变量；②何时进行实地测量和取样，实地测量要多久进行一次，每次多长时间；③在何地进行实地测量和取样；④采取何种方法进行实地测量和取样，以及如何处理和分析从实地取回的样本；⑤如何确保测量数据的质量；⑥谁将去做这项工作。显然，这六个关键问题彼此之间相互依赖，联系紧密。

一、决定是否监测共变量

没有共变量的评估数据，某些衡量指标就很难解释。共变量是一种环境变量，一方面对其他变量产生巨大影响，另一方面又可以受不同环境条件的控制。例如，湖面的水温受流域径流量的影响，同时也取决于测量水温时的具体日期、年份和当时的气温。因此，测量日期、年份和当时气温都是湖面水温的共变量。如果制订监测计划时没有考虑到这些共变量数据，就很可能无法准确解读核心监测数据。因此，还是以湖面水温为例，如果湖面水温的测量数据仅是几年以来的数据，但却没有当天、当年和当时的气温记录，那这些数据对任何保护目的来说都很可能没什么用。如果这些数据具有很高的可变性，或者说，如果这些测量数据的采集很随意，要么在清早，要么在傍晚，没有连贯性，也就不可能确定水温是否也真的产生了更多的变化。简言之，即使湖面的平均水温升高了，我们也无法判定是气候已经变暖，还是流域内的人类活动导致了这种变化。

以下是一些常见的监测淡水生态系统共变量的例子：

- 雨水径流携带很多污染物（包括被侵蚀的土壤）进入淡水系统。径流量越大，各污染物的总量（或含量）也就越大。河川或溪流里污染物的含量受两个变量影响：水中污染物的浓度（即单位流量里的污染物量，如每升水中有多少毫克硝酸盐）和溪流的水流量（即单位时间的流量）。要评估径流受污染的程度及减少径流的保护策略的效果，不仅必须要检验污染物浓度，还必须要检验污染物含量。因此，溪流流量就是监测径流污染的共变量。
- 世界任何地方的降雨和降雪都含有稀释的化学物质，这些化学物质来源于自然界，给许多人类活动带来了某些方面的影响。例如，海洋沿岸的降雨通常含有海盐，其浓度是可以测量的，因为云层中的水分一部分来自海洋表面飞溅的水珠。同样，由于发电厂、工业、机动车和农业活动所导致的空气污染，美国很多地方的降雨和降雪中都含有大量的硝酸盐和硫酸盐，而且其中的 pH 值也大大降低了。对降水中主要化学变量的浓度进行监测，有助于区分为减少径流污染而采取的陆地保护策略影响与大气沉降中的变量影响。因此，雨雪中的几种化学物质变量就是监测某些污染的共变量。

共变量的监测取样时间应该与相应监测指标的取样时间一样（见下文）。通常，共变量的监测取样地点通常（但并不总是这样）也应该与相应的变量一样（见下文），但又并非总是如此。

二、制定监测时间表

要在什么时候对淡水指标及相关变量进行监测，需要考虑以下几个要素，这样做将大大有助于这一问题的解答：

- 启动——何时开始；
- 时间安排——随机监测、常规监测（如总是在每一天的同一时间进行）还是由外在触发条件来决定监测时间；
- 频率——在一年内及多年间进行监测的次数；
- 持续时间——持续多少年；
- 一致性——是否长期使用同一种监测方法，或者间断使用高强度和低强度方法。

对上述各个要素的考虑首先应该基于生态保护的需要，其次才是生态保护的能力。

决定何时开始进行监测，这主要是个确定优先顺序的问题（见上文）。为监测各项指标（及相关共变量）选择合适的时间，确定监测的频率、持续的时间和一致性，首先取决于该指标或其共变量的变化幅度（不管是已知值，还是预期值）。换言之，决定何时进行监测首先就是要决定如何对变化幅度进行取样，以便获得正确且精确的信息。淡水系统的保护工作者们一般应该遵守以下标准：

我们必须对每天或每周所发生的重要（或不可预测）变化的测量进行更多的监测。例如，要说明河道流量的变化模式，通常需要使用自动设备，测量每天甚至每小时的河道流量。

累计指标或平均指标可能只需进行季节性或年度的测量。例如，对溪流底栖无脊椎动物群落组合的监测可能只需要一年一次，但应该始终在一年当中的同一时间进行。

因具体事件不同而不同的指标，需要与这些具体事件进行同步监测。例如，雨水径流、周边田地里的化肥分布情况或者上游某一水坝的运行都可能会改变湖水的化学性质。要了解这些事件的影响，就需要在事件发生时（包括发生前与发生后的短时间内）对水质进行监测。

进行评估保护行动成效的实验，需要在保护行动开始前、保护过程中和保护行动结束后展开监测。

要确定受大量不可控因素（如天气、利益相关者的行动、人口增长）影响的实地实验的统计趋势，也需要增加一年内的监测次数并进行多年长期监测，以便获得可靠的数据。

要确定生态特性（威胁或保护行动对这些特性的改变是缓慢或滞后的）的统计趋势，也需要进行多年的长期监测，才能获得可靠数据。

在有的生态系统中，各利益相关者中的任何一方都可对生态条件产生影响；保护对象的完整性或保护行动的成效具有一定的不确定性；随着我们对生态系统（以及几乎所有保护区）了解的深入，保护管理工作也在不断地发展。在这些生态系统中进行适应性管理，需要进行下面两种监测：

—基线监测：在开展保护行动前对生态条件进行综合监测，以便与将来的条件进行比较；

—持续性监测：只要保护行动还在进行或是我们还在继续关注，就要继续进行监测。

制定合适的取样时间表所面临的最大障碍通常是要了解或制定出每一个指标或共变量的预期变化幅度。了解导致这些变化的外部因素，或是构建这些外部因素的模型，也都颇有裨益。有些测量容易受天气或不可预测的人类行为的影响，它们的可变性最大。之前对某一保护区或是邻近流域进行监测所获得的数据，也可以提供有关可变性的重要信息。同样，从其他在类似地区采取类似策略而进行的保护项目中所获得的经验，也可提供有关可变性的重要信息。

正如前文所提，确定取样时间表也取决于计划能力——某一计划自身是否有能力开展监测，而且必须与其他合作伙伴一起进行监测。不管怎样，监测工作的进展取决于可利用的资源。监测活动越频繁，监测的地点就越多，监测的成本也就越大。幸运的是，我们可以利用规模经济（如购买自动监测设备，减少实地作业时间及/或实地作业人员，或是减少实验室的工作成本等）来控制其中的一些成本。此外，志愿者也可以来帮忙，但要对其进行适当的培训和管理。无论怎样都不可避免地要做出妥协。

三、确定在何处实施监测

整个保护区内有不同的地理区域或地点，而大多数保护问题——不管是涉及保护对象的完整性及其面临的威胁，还是对其认识的不足——都与之相关。要解决保护问题，需要集中在这些区域内进行精确的监测。同样，在这些地区内选择监测地点，不仅需要仔细考虑当前的科学需要，还要考虑可利用的自然条件。

选择取样地点要考虑以下几个方面：

一个或多个保护对象可能与一些特定的大生境或地形地貌环境有关，要确定对此类对象完整性的监测状态或监测趋势，需对这些特定环境进行取样。

要评估某一保护区内人类活动（包括保护行动本身）对生态条件的累积性影响，需对该保护区地势较低地区（下游或者顺梯度地区）的生态条件进行监测。

在某一保护区不同次级流域里，不同的人类活动（包括保护行动本身）也会对生态条件产生影响。要评估人类活动的累积影响，需对各次级流域地势较低地区（下游或者顺梯度地区）的生态条件进行监测。

要评估某一保护区限定区域内人类活动（包括保护行动本身）的影响，需对产生影响地区上方（上游或逆梯度）及下方（下游或顺梯度）的生态条件进行监测。

要评估具体保护策略的影响，需对每个策略实施地区及一个或多个尚未实施该保护策略的地区（即可比地区）的生态条件进行监测。实施实地保护策略的地区被称做处理区，而未实施实地保护策略的地区被称做控制区[2]。

对参照点和保护点的监测，通常可有利于评估保护对象完整性和所面临威胁的现状与趋势的评估。参照点就选在附近（如河段、湖泊或湿地）人类对生物多样性影响相对较小的地方，但同时又有着与某一个特别保护区或其中具体地带大多相同的环境条件。将保护区（或者其中具体地带）内保护对象的生态条件与参照点的生态条件进行比较，有助于说明共变量对测量指标的作用[3]。

取样地点的选择也要遵循一些重要的标准：

- 避免以下取样地点：
  —到达此地需花费大量的时间和成本，尤其是所获得的数据不能证明花费如此多的时间和成本是合理的，或者在其他地方花费较少的时间和成本便可取得同样的数据；
  —受高度地方性或特殊环境条件的影响，不能代表相关地区，如位于宽阔平缓的坡谷中或水坝（桥梁）下方的狭窄而又陡峭的基岩峡谷；
  —可带来无法承受的安全危害，如有危险通道；
  —容易受环境危害的影响，或是容易遭到蓄意破坏，这些地方可能不宜放置设备或取样标志；
  —由于限制而禁止入内的。
- 利用那些被（或已经被）别人监测过的地点，或者与其他合作伙伴一起实施监测计划。因为他们的机构记录和章程可以指定使用特定的取样地点，以适应监测计划。
- 利用规模经济和志愿者的参与来节约成本（见上文）。但不管怎么样，监测成本增减多少与取样地点的总数有着直接的关系。因此，一个地点使用一种统计方法比较合适，这样做可以“优化”取样地点数量和视察取样地点的次数（取样时间表）（U.S. Department of Agriculture 1997）。

共变量的取样地点通常必须与相关变量和测量指标的取样地点相同，这完全是因为选择共变量的目的就要说明这些变量或指标的可变性。不过，有时情况却并非如此。例如，天气数据可以说明河流流量。尽管监测河流流量的合理地点应该是在流域的底部或底部附近，但在这些地方设置的气象站未必能够提供有

---

[2] 在淡水监测中，要最有效地利用处理区和控制区，需使用配对流域设计。使用了具体处理手段（策略）的流域（通常是次级流域）与其他没有进行处理的区域（控制区）配对。除此之外，控制区与处理区在重要环境条件方面（如土地的使用）的差异必须越小越好。不过，并非所有的地区都可以使用这种监测方法。因此，我们还可以使用上游/下游设计，对处理区的上下游环境条件进行监测。紧邻处理区的上游监测点就是控制区，而对紧邻处理区的下游的监测，可以同时说明控制区和处理区两方面的累积条件。设立控制区和处理区（不管是配对流域设计还是上下游设计）的最大好处就在于可以同时监测实施保护处理前后的生态条件。随之而进行的监测设计通常被称为 BACT（前后控制处理），有时也被称为 BACI（前后控制效果）。要了解有关配对流域设计、上下游设计和 BACT 取样设计的更多详情，参见 USDA 1997 及 USEPA 1997。

[3] 参照点的选择要谨慎。不过，参照点对很多测量指标的使用都很重要（USEPA 1997）。

科学家们正在讨论可能需要的监测地点。
图片提供：Brian Richter/TNC

关整个流域气象条件的代表性数据。相反，如果在整个流域里设置具有空间代表性的气象站则有可能提供更有用的天气数据。

四、选择使用何种监测方法

大部分实地测量、实地取样、取样处理和实验分析的方法在许多参考资料（如本章结尾处所列的目录）里都有明确说明和记录。在这里我们只是提出一些一般标准，以指导在保护区里选择正确的方法。总的来说，越是迫切需要优先监测的，我们所需的数据就越要详细、精确和可靠。

- 有些方法得出的结果更正确、更精确，有些方法可以探测到浓度很低的化学物质，但这些方法的成本通常也更高。不过，我们有时候必须要使用这些方法，才能减少一些关键的不确定性。
- 实地作业中所采用的节省劳动力的方法通常在开始时成本比较高，因为需要购买或者租用设备，但从长期来看，则可以降低每次取样的成本。尤其是使用自动化设备或电子设备的方法虽然刚开始时成本比人工测量方法要高，但收集数据的密度增加了，而每次测量成本却降低了，这样，其成本很快便可收回。
- 与人工测量方法相比，自动化设备或电子设备辅助的实地测量方法更容易受到设备故障和操作失误的影响。不过，所有这些方法都需要对实地操作人员进行相当水平的培训和操练。
- 所有实地测量方法都容易受人员操作错误的影响，结果可造成数据出现质量问题。若要保证数据的质量，需要采用一些相应的质量控制程序（见下文）。
- 与实地测量相比，在实验室对实地样本进行的测量更准确，但以下方面的成本也更高：样本处理、物流、承包方费用以及控制数据质量可能产生的其他问题（见下文）。

确定各个指标的监测方法还需考虑以下问题：

- 合作伙伴，尤其是来自政府机构的合作伙伴，他们通常会采用一些特别的标准测量方法。并在自己的监测工作中使用这些方法。因此，我们也要使用相同的方法，这样可以确保测量的一致性和可比性。甚至有时，这些合作伙伴也可能会要求所有合作者都采用他们的标准方法。
- 有些合作伙伴、社区团体或其他利益相关者之前已经在项目实施地或邻近流域使用过一些监测方法了。我们可考虑使用同样的方法。
- 有些物质既可溶解在水中（因而可为生物所利用），又可以微粒形式存在或被其他微粒物质所吸收。分析水的化学性质，必须把这两种浓度区分开来。如果只是对溶解物质的样本进行分析，需对样本进行过滤，而且通常在实地取样时就对样本进行过滤。而过滤又需要额外的设备及额外的操作培训。

- 同一取样地点内许多化学物质的浓度和水生物种的分布会在空间上随水流和水体混合（既指水体内垂直方向的混合，也指平行方向的混合）的变化或小生境条件的变化而发生变化。例如，许多水生物种任何一天在河岸、沙洲、池塘、浅滩、垂流、不同基质的河床带以及木质残体周围的分布都有所不同。因此，若要对个别取样地点进行适当的监测，通常需要采集可以代表整个地区的样本。

五、数据质量管理

不可靠数据是一切监测计划的破坏者。数据的可靠性指所收集的数据不仅正确和精确，而且还具有代表性、可比性和完整性。如果保护计划的数据不可靠，则对监测数据的解读也可能不准确，或者干脆就无法解读这些数据。因此，每一个测量计划都必须要建立一整套质量保证程序，并且严格执行这一套程序，以保证数据的可靠性。越是要优先进行的监测工作，其质量保证计划就越是要严格。

质量保证程序针对的是因以下几种原因可能出现的问题。任何一个监测计划都可能存在以下某个问题：

- 由于对取样设备和取样容器的设置不当，实地样本在采集时可能会受到污染；
- 由于未能遵守适当的处理和储存程序，实地样本可能在处理过程中变质或受到污染；
- 由于没有遵守标准的取样程序，由于没有进行设备维护，或仅是由于设备故障，实地样本和实地测量数据可能并不正确；
- 由于实地操作人员的粗心大意，实地测量甚至样本标志标示错误；
- 由于其他众多影响取样条件和设备运行的因素，所有测量方法都容易出现统计错误。

质量保证程序可分为两类：质量评估（QA）程序是指利用专业的样本和实验来评估监测数据的质量；质量控制（QC）程序首先是要保证采集样本和测量工作的一致性，而且还要保证误差最小。这两类程序合在一起被称为质量评估 / 控制程序（QA/QC）。正如前文所提，为了确保监测工作达到一定的可靠性，不同的监测问题需要使用不同程度的质量评估 / 控制程序。

质量控制程序通常包括记录及以下几个方面：

- 实地样本采集和进行测量的标准程序；
- 样本处理、保管和运输的标准程序；
- 良好实验室操作的标准程序；
- 设备维护与调试的标准程序；
- 保存实地记录和实验记录的标准程序；

科学家们正在检查水温数据。
图片提供：Lynda Richardson

- 人员监管与培训的标准程序。

对于测量水化学性质的样本，其质量评估程序通常需要进行精心设计，一般要将以下几个方面结合起来（U.S. Department of Agriculture 1997）：

- 采集和分析空白及已知（也称作加标）样本。空白样本仅包括化学意义上的纯净水（蒸馏水、非离子水）。已知或加标样本指已经将一定数量的某种物质导入该样本中，以备以后进行测量。通常，每 20 个分析样本中应该包括一个空白或加标样本；
- 采集和分析重复样本。每 20 个分析样本中应该包括一个重复样本；
- 将重复样本送到其他实验室（如一年一次）；
- 让合作伙伴同时进行重复样本的采集和分析，或者重复进行实地测量；
- 定期对记录进行审查；
- 定期将测量结果与预期范围值进行比较，以便找出因测量错误所导致的不合预期的过高值或过低值。

六、确定由谁来进行监测

对保护工作的成果进行必要的监测显然非常重要。尽管如此，这样的监测既特别费钱又特别费时。不过，特定项目地区可能也会涉及其他一些机构和个人，而且他们也有意分担一部分监测工作。了解某一特定流域的监测现状和监测历史很重要，原因有二：首先，有助于保护工作者避免重复劳动，如果所有参与方都能共享监测数据，包括质量评估 / 控制数据以及有关监测方法的信息，则各方均可受益；其次，有助于同步使用各种具体测量方法和测量指标，如果监测工作建立在已经获得的信息基础上，使用与收集这些信息一致的方法，将有助于减少沟通方面的困难，从而产生一些具有可比性的数据。事实上，我们可以在项目区域各方之间建立一个监测联盟，协调行动，分享监测成果。

监测工作有多种合作伙伴关系，但事实证明，有组织的志愿者通常可发挥很大的作用。当地社区团体和学校也通常对附近的淡水和水生生命有着强烈的兴趣。此外，还有一些组织和大量的出版物也可帮助这些地方团体培养技能，以获取高度可靠而且实用的监测数据。

将以上几个方面结合起来

要全部实施以上几个制订监测计划的步骤，将会产生各种长长的且相互关联的清单，其中包括需要解决的问题、优先监测顺序、合作伙伴、监测指标、共变量、取样地点、取样时间表、监测方法和质量评估 / 控制程序。这些清单需要精炼和修改，以使监测计划达到一个可实施的管理水平。修改清单应该首先要寻找简化监测计划的机会，方法可以是：减少监测地点、简化取样时间表以及减少标准化指标和方法。

将一套完整的监测计划组合起来，需要明确那些最迫切需要监测的保护问题，至少要明确基线监测的周期及与之相随的监测活动。此外，将一套完整的监测计划组合起来还必然要明确一点：万一有限的可用资源又减少了，哪些保护问题的监测可以推迟，或者哪些保护问题的监测强度可以降低。另外，监测规划还要确定所有监测工作的成本，明确监测工作的各具体部分都由谁来实施，并确定各项具体监测工作的资金和其他可用资源。

监测计划通常是逐步组合起来的。首先，我们要列表找出最应优先进行的监测工作，并确定所需成本及由谁来完成这项工作。接着，我们再根据保护优先顺序在监测计划中增加一些其他部分，直至计划可最大限度地利用可用资源。这种逐步增加事项的方法最终可能会产生两种计划：一种是下策计划，其中的监测任务数量只维持在最小限度内，仅包括那些必须要进行的监测，或至少是必须立即开始的监测；另一种是上策计划，可以将所有必需的监测工作全部包括在内。这两个极端计划之间还有许多不同的计划，其差别就在于：何时开始进行监测以及监测的强度如何。如果动用了所有的资源和所有可利用的合作伙伴关系，仍无法实施下策计划，那就说明其中存在着很严重的问题。然而，最可行的计划多介于两个极端之间。

监测工作一旦开始，我们就会了解大量的情况，于是就很可能对某些监测活动进行调整。如果设备和承包人出现问题，要找到监测地点就要比预期的更困难，而整个监测系统也可能不能如期运行。事实证明，弄清楚数据的意义通常总是我们要克服的最大障碍。

各项测量指标、各种测量方法以及各套质量评估/控制程序所产生的数据都需进行仔细分析。一般来说，这些指标、方法和质量评估/控制程序的参考资料会对总结数据或分析数据的程序进行说明。另外，还有许多出版物（见下表）也介绍了一些简单的方法，告诉我们如何对淡水监测数据进行制表和基本解读。这些工作不需要什么复杂的统计程序，虽然某些情况也适合使用一些复杂的统计程序。至于制订监测计划本身，一开始就要找到合适的专家，这一点是无可替代的。

最后还有一条很重要的建议，即要做好监测记录。监测记录的形式应该是安全的，而且要适合分析。纸质记录可能会被烧毁，也可能会掉进河里，或者全部丢失。所有数据都应尽早传输到电脑数据库里（而且还要保存一个备份）。此外，有些监测工作会产生大量的数据。例如，某一自动化设备每隔15分钟就要对水位、水温、pH值、盐分、浑浊度以及溶解氧进行一次测量，再加上要记录测量的日期和时间（这种设备是随时可用的），这样，每天就会产生768项数据，而每年将会产生超过28万项观测数据。因此，我们要充分认识到，电脑需要储存信息的数量巨大。

第三节　保护行动成功的关键——在适应性管理的框架内进行监测

保护行动面临诸多挑战。其中最令人困惑的挑战之一就是这样一种现实：尽管存在大量的不确定性，保护工作者们仍必须努力前行。不确定性包括以下几方面：

- 保护对象的生态特征：保护对象的功能、对其完整性有重要影响的环境条件和环境过程以及它们的时间和空间自然变化；
- 改变这些保护对象及其关键驱动过程和自然变异的各种人类活动以及改变的程度；
- 为阻止或减少这些人类影响而制定的各种保护策略可能会产生的影响，及其成功所必需的实施强度和实施地理范围；
- 实施各种保护策略所需财政资源的有效性以及合作伙伴支持或实行这些保护策略的意愿；
- 替代保护策略可能会产生的经济和社会后果；
- 不同利益相关者——其中可能许多人并不支持保护工作，虽然他们也并不反对保护工作——在整个生态景观区域里合作进行保护行动的意愿。

一旦不确定性问题得到解决，保护行动就不应该无限期地推迟进行，主要有两个重要的原因：①保护工作没有现成的答案；②土地、水和淡水生命目前变化的速度及/或过去变化的程度对淡水生物多样性造成了迫切的威胁。保护工作者们最好一方面清楚地认识到他们所面临的不确定性，并寻找解决这些不确定性的方法；另一方面，继续开展保护工作。要做到这一点，就必须既要保证和尊重所有利益相关者的利益，又要帮助大家利用最好的专业知识来做出管理决定。这就是适应性管理。

适应性管理既是一种哲学理念，也是一种具体的管理方法。作为一种哲学理念，它的核心原则是：保护计划的制订，必须使保护工作者们以最快的速度获得尽可能多并且尽可能准确的信息，而且还可根据所了解的情况及时进行调整。在实践中，这意味着：

把不确定性作为一种假设。即使面临着科学上的不确定性，我们还是要做出决定，还是应该开展保护行动。不过，在开展保护活动的时候，我们应该收集信息以解决不确定性问题。如果将不确定性看做是一种假设，那么，通过认真的科学研究，解决它们的可能性会更大一些。

使利益相关者介入假设确认和假设检验的工作。对于生态景观及其淡水系统，各利益相关者会有不同的认识和不同的不确定性。让所有利益相关者明确他们在认识、检验方法及解决方法方面的差异，有助于取得利益相关者对具体保护行动的支持，或消除他们对这些行动的反对。这样做，可以把不确定性从可能造成冲突的根源转变成为合作的基础。

用新获得的知识去充实保护行动信息、改进保

护行动。监测产生的数据会改变对保护对象的认识，如对以下几方面的认识：保护对象的分布情况和生命周期、保护对象赖以生存的生态要素以及对保护对象生存或持续生存的威胁。同样，我们可以对保护策略进行精炼和改进，以减少威胁，改善保护对象的生态条件。保护规划的各部分工作都应该再三考虑，以便能够得到持续的改进。适应性管理使得这种反复考虑的做法成为可能。

把整个保护行动看做是一项实验。要一一解决各种不确定性问题，可能会使机构间产生摩擦，也可能浪费大量工作，还可能延迟重要的保护行动。继续开展保护行动，需要利益相关者认识到这一点：整个保护计划就是一项实验，保护行动在其中发挥了至关重要的作用。例如，正如上文所述，整个保护工作要面临以下不确定性：各保护对象的生态特征、容易受人类改变影响的程度以及为阻止或减少这种改变而采取的替代保护策略的成效和可能产生的人类影响。人们分享监测结果，可以增加对这些方面的了解，从而也可增加为保护行动取得进展和成功而确定组织、机构和个人所有权的机会。

适应性管理提高了保护工作成功的可能性，而评估保护工作的成功，又为开展适应性管理提供了必要信息。提高保护工作成功的几率，需要使适应性管理成为保护工作不可分割的一部分。

参考文献

	监测总设计	选择测量指标	标准监测方法和监测设备	监测合作伙伴	解读监测数据
Adopt-a-Stream Foundation. 1996. Streamkeeper's Field Guide: Watershed Inventory and Stream Monitoring Methods. pp. 300.	•	•	•	•	•
American Water Works Association and American Public Health Association. 1998. *Standard Methods for the Examination of Water and Wastewater,* 20th Edition. ISBN 0-87553-235-7.			•		•
Bunte, K., and S.R. Abt. 2001. Sampling Surface and Subsurface Particle-Size Distributions in Wadable Gravel- and Cobble-Bed Streams for Analyses in Sediment Transport, Hydraulics, and Streambed Monitoring. U.S. Department of Agriculture, Forest Service, Rocky Mountain Research Station, General Technical Report RMRS-GTR-74. Fort Collins, CO. Online: http://www.fs.fed.us/rm/pubs/rmrs_gtr74.html.			•		•
Cairns, J., Jr., P.V. McCormick, and B.R. Niederlehner. 1993. A Proposed Framework for Developing Indicators of Ecosystem Health. *Hydrobiologia* 263: 1–44.		•			
Dolloff, C.A., D.G. Hankin, and G.H. Reeves. 1993. Basinwide Estimation of Habitat and Fish Populations in Streams. U.S. Forest Service. 36 pp. Online: http://www.srs.fs.usda.gov/pubs/gtr/gtr_se083.pdf.	•	•	•		•
Downes, B.J., et al., 2002. *Monitoring Ecological Impacts: Concepts and Practice in Flowing Waters.* Cambridge University Press, New York.	•	•	•		•
Federal Interagency Stream Restoration Working Group. 1998. *Stream Corridor Restoration: Principles, Processes, and Practices.* U.S. Government Printing Office Item No. 0120-A; SuDocs No. A 57.6/2:EN3/PT.653. ISBN-0-934213-59-3. Online: http://www.nrcs.usda.gov/technical/stream_restoration.	•	•	•		•
Gordon, N.D., T.A. McMahon, and B.L. Finlayson. 1992. *Stream Hydrology: An Introduction for Ecologists.* John Wiley & Sons, New York.			•		•
Grant, G.E., J.E. Duval, G.J. Koerper, and J.L. Fogg. 1992. *XSPRO: A Channel Cross-Section Analyzer.* Technical Note 387, Bureau of Land Management, Denver, CO.			•		
Harrelson, C.C., C.L. Rawlins, and J.P. Potyondy. 1994. *Stream Channel Reference Sites: An Illustrated Guide to Field Technique.* U.S. Department of Agriculture, Forest Service, Rocky Mountain Forest and Range Experiment Station, General Technical Report RM-245. Fort Collins, CO.					

	监测总设计	选择测量指标	标准监测方法和监测设备	监测合作伙伴	解读监测数据
Hauer, F.R., and G.A. Lamberti, editors. 1996. *Methods in Stream Ecology.* Academic Press, New York.		•	•		•
Hem, J.D. 1985. *Study and Interpretation of the Chemical Characteristics of Natural Water.* 3rd Edition. U.S. Geological Survey, Water-Supply Report 2254. Reston, VA.					•
Karr, J.R., and E.W. Chu. 1999. *Restoring Life in Running Waters.* Island Press, Washington, DC.	•	•	•		•
Karr, J.R., K.D. Fausch, P.L. Angermeier, P.R. Yant, and I.J. Schlosser. 1986. *Assessing Biological Integrity in Running Waters: A Method and Its Rationale.* Special Publication Number 5. Illinois Natural History Survey, Champaign, Illinois, USA.	•	•			•
Margoluis, R., and N. Salafsky. 2001. *Is Our Project Succeeding? A Guide to Threat Reduction Assessment for Conservation.* Washington, DC: Biodiversity Support Program. Online: http://www.bsponline.org (a version of this work was also published in *Conservation Biology* 13 (4): 830–841).	•	•			•
Mason, C.F. 1991. *Biology of Freshwater Pollution.* 2nd Edition. Longman Scientific and Technical Books/John Wiley & Sons, New York.			•		•
National Environmental Methods Index. A comprehensive listing and guidance site for environmental monitoring methods. Online: http://www.nemi.gov.	•	•	•	•	•
Clarkson, B.R., B.K. Sorrell, P.N. Reeves, P.D. Champion, T.R. Partridge, and B.D. Clarkson. 2002. Handbook for Monitoring Wetland Condition. Coordinated Monitoring of New Zealand Wetlands. A Ministry of the Environment Sustainable Management Fund Project 74 pp. Online: http://www.wetlandtrust.org.nz/documents/Handbook.pdf.	•	•	•	•	•
Oak Ridge National Laboratory, Environmental Sciences Division, Biological Indicators Program. Guidance on freshwater biological indicator selection. Online: http://www.esd.ornl.gov/programs/bioindicators/.		•			
New Guidelines for management planning for Ramsar sites and other wetlands (Resolution VIII.xx) Online: http://www.ramsar.org/key_res_viii_index_e.htm.	•		•		
Guidelines for establishing and strengthening local communities' and indigenous people's participation in the management of wetlands (Resolution VII.8) Online: http://www.ramsar.org/key_guide_indigenous.htm.				•	

	监测总设计	选择测量指标	标准监测方法和监测设备	监测合作伙伴	解读监测数据
Richter, B.D., J.V. Baumgartner, D.P. Braun, and J. Powell. 1998. A spatial assessment of hydrologic alteration within a river network. *Regulated Rivers* 14:329–340.					•
Richter, B.D., J.V. Baumgartner, J. Powell, and D.P. Braun. 1996. A method for assessing hydrologic alteration within ecosystems. *Conservation Biology* 10:1163–1174.		•		•	•
Rosgen, D. 1996. *Applied River Morphology.* Wildland Hydrology, Inc., Pagosa Springs, CO.			•		•
Saterson, K., R. Margoluis, and N. Salafsky. 1999. *Measuring Conservation Impact: An Interdisciplinary Approach to Project Monitoring and Evaluation.* Biodiversity Support Program, Washington, DC. Online: http://www.bsponline.org.	•	•			•
The Nature Conservancy. 1996. *Hydrologic Monitoring Manual.* Version 4.1. Available from the Freshwater Initiative.			•		
U.S. Department of Agriculture, Natural Resources Conservation Service, National Water and Climate Center, Water Quality Assessment and Monitoring Program: Tools for estimating water quality sample sizes, converting measurement units, analyzing lake nutrient data, etc. Online: http://www.wcc.nrcs.usda.gov/wqam/wqam-tools.html.			•		•
U.S. Department of Agriculture, Natural Resources Conservation Service, National Water and Climate Center, Water Quality Assessment and Monitoring Program: Guidance on Sampling Equipment. Online: http://www.wcc.nrcs.usda.gov/wqam/wqam-sampling.html.			•		
U.S. Department of Agriculture. 1997. *National Handbook of Water Quality Monitoring Part 1.* Natural Resources Conservation Service, Publication 450-Part 600. National Water and Climate Center, Portland, OR. http://www.wcc.nrcs.usda.gov/wqam/wqam-docs.html.			•		•
U.S. Department of Agriculture. 1998. Stream Visual Assessment Protocol. Natural Resources Conservation Service, NWCC-TN-99-1. National Water and Climate Center, Portland, OR. http://www.wcc.nrcs.usda.gov/water/quality/frame/wqam/Guidance_Documents/guidance_documents.html.		•	•		
U.S. Department of Agriculture. 1999. *A Procedure to Estimate the Response of Aquatic Systems to Changes in Phosphorus and Nitrogen Inputs.* Natural Resources Conservation Service, National Water and Climate Center, Portland, OR. http://www.wcc.nrcs.usda.gov/wqam/wqam-docs.html.					•

	监测总设计	选择测量指标	标准监测方法和监测设备	监测合作伙伴	解读监测数据
U.S. Department of Agriculture. 2002. *National Handbook of Water Quality Monitoring, Part 2, Analysis of Water Quality Monitoring Data.* Natural Resources Conservation Service, Publication 450-Part 615. National Water and Climate Center, Portland, OR. http://www.wcc.nrcs.usda.gov/wqam/wqam-docs.html.			•		•
U.S. Department of the Interior, Bureau of Land Management, Riparian Recovery Initiative, guidance on riparian monitoring and assessment, including visual assessment protocols and use of aerial photography. Online: http://www.blm.gov/riparian/tech.htm.	•	•	•		•
U.S. Environmental Protection Agency. 2003. *Volunteer Estuary Monitoring: A Methods Manual, Second Edition,* Office of Water, Office of Wetlands, Oceans and Watersheds, National Estuary Program, Washington, DC. http://www.epa.gov/owow/estuaries/monitor.	•				
U.S. Environmental Protection Agency, Office of Water, Office of Wetlands, Oceans and Watersheds, Guidance on Monitoring and Assessing Water Quality (includes lakes, streams and rivers, estuaries and coastal marine waters). Online: http://www.epa.gov/owow/monitoring/bioassess.html	•	•	•		•
U.S. Environmental Protection Agency. 1991. Voluntary Lake Monitoring. EPA 440-4-91-002, Office of Water, Washington, DC. Online: http://www.epa.gov/volunteer/lake.			•	•	
U.S. Environmental Protection Agency. 1997. *Monitoring Consortiums: A Cost-Effective Means To Enhancing Watershed Data Collection And Analysis.* EPA 841-R-97-006), May 1997, Office of Water, Office of Wetlands, Oceans and Watersheds, Assessment and Watershed Protection Division, Watershed Academy, Information Transfer Series, No. 3, Washington, DC. Online: http://www.epa.gov/owow/watershed/wacademy/its03/mon_cons.pdf.				•	
U.S. Environmental Protection Agency. 1997. *Monitoring Guidance for Determining the Effectiveness of Nonpoint Source Controls.* EPA 841-B-96-004, November, 1997, Office of Water, Office of Wetlands, Oceans and Watersheds, Washington, DC.	•				•
U.S. Environmental Protection Agency. 1997. *Volunteer Stream Monitoring: A Methods Manual.* EPA 841-B-97-003, November 1997, Office of Water, Washington, DC. Online: http://www.epa.gov/volunteer/stream/stream.pdf.			•	•	
U.S. Environmental Protection Agency. 1999. *Rapid Bioassessment Protocols for Use in Streams and Wadeable Rivers: Periphyton, Benthic Macroinvertebrates, and Fish,* 2nd Edition. EPA 841-B-99-002, July 1999, Office of Water, Washington, DC. Online: http://www.epa.gov/owowwtr1/monitoring/rbp/index.html.	•	•	•		•

	监测总设计	选择测量指标	标准监测方法和监测设备	监测合作伙伴	解读监测数据
U.S. Environmental Protection Agency. 2001. Indicators for Monitoring Biological Integrity of Inland, Freshwater Wetlands: A Survey of North American Technical Literature (1990–2000). EPA 843-R-01-001, October, 2001, Office of Water, Wetlands Division, Washington, DC. Online: http://www.epa.gov/owow/wetlands/bawwg/monindicators.pdf.		•			
U.S. Environmental Protection Agency. 2001. *Volunteer Wetland Monitoring: An Introduction and Resource Guide.* EPA 843-B-00-001, December 2001, Office of Water, Office of Wetlands, Oceans and Watersheds, Washington, DC. Online: http://www.epa.gov/owow/wetlands/monitor/volmonitor.pdf.			•	•	
U.S. Geological Survey. 1993. *National Water Summary 1990–91* compiled by R.W. Paulson, E.B. Chase, J.S. Williams, and D.W. Moody, U.S. Geological Survey Water-Supply Paper 2400, Reston, VA.					•
U.S. Geological Survey: National Water-Quality Assessment (NAWQA) Method, Sampling, and Analytical Protocols. Online: http://water.usgs.gov/nawqa/protocols/doc_list.html.			•		
U.S. Geological Survey: Techniques of Water-Resources Investigations Reports. Online: http://water.usgs.gov/pubs/twri.			•		
Vives, P. Tomas. 1996. Monitoring Mediterranean Wetlands: A Methodological Guide. Wetlands International and Instituto da Conservacao da Natureza. 140 pp. Online: http://www.wetlands.org/pubs&/wetland_pub.html.	•	•	•	•	•

附录 A

淡水生态系统类型的生态特点

Kristine Ciruna 和 Allison Aldous

本附录总结了三个主要淡水生态系统类型：湖泊与池塘、河川溪流以及湿地。具体而言，本附录探讨了湖泊与池塘、河川溪流及湿地是如何形成的，及其各自的生态系统是如何因不同的生态要素——水文状况、水的化学性质、自然生境条件、连通性和生物组成及相互作用——而异的。深入了解淡水生态系统的类型及其功能，有助于评估生态系统的健康状况及完整性，了解与这些生态系统相关的具体威胁，有助于制订有效的监测计划以衡量保护工作的成效。

第一节　湖泊与池塘

湖泊是内陆洼地中的静止水体。湖泊的面积差别较大，有不到 1 公顷的小型湖泊，也有上千平方千米的大型开阔水域，如美国和加拿大边境的大湖区。湖泊与池塘的区别不在于面积大小而在于深度。阳光可以直射到池塘的底部，但在湖泊中却不能。因此，池塘的表面面积可能比湖泊还要大。阳光照射不到湖底，这就限制了植物的生长，甚至还通常会使湖底植物灭绝，而这又会影响以植物为生的有机生物的分布。尽管湖泊与池塘不同，鉴于池塘相对比较简单，而且有必要对湖泊进行更多的说明，下文将着重介绍湖泊。

湖泊的形成

首先是在一片相对较平坦的地带形成了一个洼地或是盆地，周围的地面比较高，洼地积水形成湖泊。湖泊积水的方式有四种：来自地下水（渗漏湖）；来自河流；来自周围流域的地面水流；及/或直接落入湖泊表面的降水。由于渗漏湖的湖水大部分来自地下，因此流域面积一般是最小的，而且由于来自地表径流中的污染物比较少，渗漏湖的水质也比较好。表 A-1 全面介绍了各种湖泊类型及其形成过程。湖水通过三个途径流失：向外渗漏到地下水系统、向外流入河流及蒸发散（水生及岸线植物直接蒸发和蒸散的混合）。

湖泊生态要素

湖泊生态系统的生态完整性取决于其生态要素（水文状况、自然生境条件、水的化学性质、连通性和生物组成及相互作用）的状况及相互间的关系。湖泊生态系统每一个独特的生态要素组合都可促成湖泊生态完整性的形成。自然生境条件和水的化学性质是决定湖泊生物相互作用及由此产生的多样性的主要因素。

一、自然生境条件

湖盆的形态或形状对几乎所有的生态要素都有重要影响。随后盆地里的排水及渗漏活动对湖水及泥沙活动的改变，又进一步改变了湖泊的形态。与河道的变化相比，湖泊的这些变化需要相当长的一段时间。

湖泊的地势起伏因深度不同而有很大的变化。正如海深图所示，在不同的深度有不同类型的生境，因而也相应生活着不同的生物群落。

最常用的湖泊形态参数有：湖泊表面面积、容积、

表 A-1　渗漏湖与排水湖

洼地或盆地是湖泊形成的基础，它们本身也是通过各种不同的作用和现象才形成的，因此构成了不同的湖泊类型	
湖泊类型	形成
构造湖	构造湖是由地壳断层和弯曲而形成的，如非洲的断陷湖（Rift）和前苏联的贝加尔湖（Baikal）
火山口湖	火山口湖是火山峰倒塌后（火山爆发或释放后）在火山口或残留洼地上形成的湖泊，如美国俄勒冈州的火山口湖（Crater）
玛珥湖	玛珥湖是由地下火山爆发而形成的，这种火山表面的火山口边缘很低，位于岩石碎片之上，火山物质很少，甚至根本没有火山物质。如果这些雏形火山不再发展，水便会积聚于此，形成小型的深湖，如德国艾费尔（Effiel）地区的湖泊
陨石坑湖	陨石撞击地球所产生的陨石坑也可以形成湖泊的盆地。陨石撞击产生的湖泊很少见。据人们所知，全世界只有 5 个陨石坑湖：波罗的海厄塞尔岛（Osel）萨拉马岛（Saaremaa）上的卡力扎夫湖（Kaalijarv）、阿根廷大查科平原（Gran Chaco）上的卡姆珀·德尔·塞罗湖（Laguna Negra Campo del Ciele）、加纳的博苏姆推湖（Bosumtwi）、印度西部的洛纳尔湖（Lonar）、加拿大魁北克昂加瓦（Ungava）的昂加瓦湖（Ungava）
堰塞湖	大量固结物质滑坡，进入河谷底部，形成堤坝，堤坝后面积水成湖，如美国加利福尼亚东北部的沃纳山脉（Warner）就以这种类型的湖盆为特色
喀斯特湖	喀斯特湖是由水渗透溶解可溶岩（通常是石灰岩 / 喀斯特）而形成的。阿尔卑斯山石灰岩地区就有大量的喀斯特湖
跌水潭湖	河流跌水潭的形成是由于瀑布的作用在瀑布下方形成了一个盆地。如果河流改道，瀑布下方的岩石盆地便可形成一个跌水潭湖，如美国华盛顿州下古力（Lower Coulee）的上端以前曾是个大瀑布，现在陡壁已经干涸，底部形成了福斯湖（Falls）和卡斯尔湖（Castle）
河堤湖	河川到达终点（海洋、大湖或沙漠湿地）时，由于水流速度降低，其中的泥沙突然沉积。同样，如果河流溢出河岸，漫过河漫滩，水流变缓，泥沙也会迅速沉淀。这两种情况都可使沉积的泥沙形成隆起的沙脊，称为“天然河堤”。这些天然河堤就可以积水成湖，如密西西比三角洲的庞恰特雷恩湖（Pontchartrain）和奥里诺科河（Orinoco）河漫滩上的提奈欧湖（Tineo）
新月湖	河流曲折缓慢地流过河漫滩，可形成环状河道；后由于河水淤塞，使这些环状河道受阻或隔离，形成新月湖。澳大利亚达令与墨累河沿岸就有许多新月湖，当地人称之为“死河”
河漫滩湖	泛滥期间，河水溢出河岸，在河漫滩上的洼地里积聚起来，形成河漫滩湖。这种湖泊在亚马孙河沿岸的河漫滩上很常见
冰堰湖	在山岳冰川上，冰川的边缘可能会阻挡河流，形成孤立的湖泊。主要河谷里的冰川向下延伸，可以阻塞某段支流，或者横向冰川可以阻塞干流。但这种阻塞通常都不是永久性的，因为冰川在不断地融化，如蒙大拿州的米苏拉湖（Missoula）
冰蚀湖	冰川前进或后退时，在坚硬基岩上留下一些裂缝及碎裂带，位于冰川盆地的冰蚀湖就是这样形成的，如芬兰的冰蚀湖就是欧洲地区著名的冰蚀湖；美国及加拿大地区的大湖区也是冰蚀湖
冰斗湖	冰川河谷的上端通常由于冰川作用，变成如圆形剧场一般的盆地，称为环谷。真正的环谷一般都比较小和比较浅，但也有一些比较深的环谷。几乎每个山岳冰川里都有冰斗湖。北美洲的科迪勒拉山脉（Cordilleran chains）里就有许多冰斗湖
冰川界崖线湖	在冰川地区，冰可以积聚在出水口较小的河谷里，最后形成大型的岩石盆地，随着冰川的融化，这里会形成界崖线湖。苏格兰有一些这样的冰川界崖线湖，如兰诺赫湖（Rannoch）、埃里赫特湖（Ericht）、奥西恩湖（Ossian）和特里格湖（Treig）。这些湖泊呈辐射状分布在兰诺赫沼泽（Rannoch Moor）的冰釜周围
冰川锅状湖	冰川后退的时候，大冰块与冰川漂移物一起被冲了下来，这些冰块沉积下来形成了冰川锅状湖。冰块融化时，留下了四周陡峭的盆地，当这些盆地蓄满水的时候就形成了锅状湖。北美洲中部平原上有许多这样的锅状湖。它们就是位于中西部平原上的许多淡水池塘，被称为草原壶洞
岩溶湖	在常年冻土地区，局部冰雪融化可以形成湖泊。这种湖泊与锅状湖类似，但却有一个突出的特点，即一大块不相连的埋藏冰决定了锅状湖的位置，而局部融雪湖的位置却是由引起冰融的外来因素决定的。阿拉斯加东部内陆地区有许多这样的岩溶湖。这个地区的永冻土很不稳定，即使此地区的冰雪融化，也不会改变常年结冻的地层。一旦岩溶湖开始形成，就会不断地扩大面积

最大深度、岸线复杂性及最大长度或浪程。这些湖泊形态特点决定了湖泊的温度分层及相应的生物群落类型。湖泊的最大长度 / 浪程决定最大风力与表面湖水相互作用的方向。这一点很重要，因为风浪作用可以把大量的溶解氧带到湖水当中。岸线复杂性指岸线长度与等湖面积圆周长的比值。岸线复杂性相当重要，因为它可以说明湖岸带生物群落按湖水水量比例进一步发展的可能性。

湖泊与森林生态系统一样，都是三维系统，结构也很复杂。湖泊与森林一样，都有光线和温度的自上而下的变化，从而形成了多样性的结构。一般的湖泊包括三个宽阔的区域，每个区域都有其独特的生物群落：滨岸带、远湖带和底栖带。

滨岸带是陆地和淡水生态系统之间的过渡带，指湖边较浅的区域或是近岸区域，阳光无法直接照射到湖底，挺水植物和沉水植物（大型植物）在这里生长。

远湖带是一片开阔的水域，可进一步分为透光带和深底带。透光带从湖面向下延伸到光线照射不到的深度或光线太暗无法进行光合作用的地方。这个区域里生长着浮游植物（悬浮藻类）。深底带在透光带之下，是一片较深的开阔水域，光线无法透过。

底栖带指湖泊的底部，包括沉积的泥沙和腐屑（正在腐烂的死亡有机物）。

二、水文状况

湖盆的形态、湖盆与河流和地下水之间的联系、湖泊的分层结构以及风的影响全都是决定湖泊水文状况的重要因素。水的运动不仅影响营养物的分布，也影响微生物和浮游生物的分布，因此也影响到了各类湖泊生物群落的分布位置。

我们常用两个词来说明湖泊的水文状况：水分平衡和水位。水分平衡指在某一特定时间内流经淡水生态系统的水量，或指流入和流出该系统的水量。水位或是水位波动也可说明湖泊生态系统的水文功能。湖水水位波动包括：

短期波动：由风或气压变化引起的风暴潮和湖面波动，可以使水位在短时间内发生巨大变化，这种变化一般只出现在局部，通常持续的时间比较短暂，水位在几个小时或几天之内又会恢复正常。短期波动对滨岸和近岸生物群落的影响是最小的。

季节性波动：湖泊水位也受蒸发、降水、流域径流及地下水流的季节性影响。水位变化是一种非常规律的季节性循环，干季的时候水位最小，湿季的时候水位最大。

长期波动：水位的长期波动不是周期性的，而且也没有固定的模式，因而也是不可预测的。这些变化的幅度可能会非常大。长期波动的产生是因为气候随时间的变化而变化。降水、蒸发和水温是导致湖泊水位变化的主要因素。气候变化使这些因素产生变化，进而也影响到湖泊的供水。

三、水的化学性质

水的化学性质在决定湖泊系统的生物组成和动态发展方面起到关键作用。这个作用也许比在河流生态系统中的作用还要大。这一作用之所以如此重要，是因为水在湖泊中停留的时间比在河川中的时间长，而且湖水的化学性质因深度而异。因此，水温影响湖水的流动，这一独特方式又会对湖水的化学性质产生密切影响。湖水化学性质有三个重要方面：水温，溶解气体、营养物和矿物质，以及浊度。

（一）水温

水温对所有淡水生态系统（包括湖泊）都很重要，其原因有三：

专栏 A-1 为什么冰会浮在表面

水的温度越高，其分子移动的速度也越快，因而所占的空间也就越大，水的密度或重量也就越小。水温接近4℃时，分子移动变慢，所占空间变小，于是水的密度也就变大。水温低于4℃时，分子移动缓慢，并开始凝结成固状晶体，但水分子中电子和质子的排列使这些晶体排成一列，所占空间比自由移动时大。当水由液体变为固体时，其密度就减小了。这就是为什么冰会浮在表面上的原因！

- 大部分淡水有机生物都是冷血生物，无法调节自己的体温或新陈代谢，所以它们的新陈代谢必须依赖外界温度；
- 所有淡水有机生物都有其独特的生存水温承受范围。因此，温度在决定生物群落结构方面起到关键作用。如果水温低于或高于生存温度，则会导致这些生物的死亡；
- 水温也影响着水化学性质的其他方面，包括所有淡水有机生物生存所必需的溶解氧。溶解氧的浓度与水温成反比，水温越高，溶解氧就越少。

温度分层和温度混合又增加了水温在湖泊生态系统中的重要性。湖水的水温很少从上到下是一致的。密度最小的湖水位于湖面的最上层，然后随着湖水深度的增加，湖水密度也在增加。如果湖水的温度全都不低于4℃，就意味着温度最高的湖水位于最上层，最低的位于湖底。如果水温超过4℃，湖水密度随温度的升高而降低。但如果水温在4℃以下，水的特性就会发生重大变化，水的密度不是随水温的降低而增加，相反却是水温越低，密度越低。这一特性是其他液体所没有的，这也是为什么湖泊和池塘从表面开始结冰一直到底部的原因。

许多湖泊，尤其是那些位于气温日变化或季节性变化较大地区的湖泊，都会按照水温来分层。不同温度的水在湖泊里形成不同的水层，几厘米之内的水温也会发生明显变化。因此，湖水分层更准确地说是层次化的，而不是一种平缓的自上而下的温度渐变。

如果水温发生变化，其密度也会发生变化，于是就形成湖泊的温度分层和湖水混合。任何气温有日变化和季节变化的地方都有温度分层和湖水混合，但在高纬度和高海拔地区尤为突出。一般来说，夏天的天气一直比较温暖，大部分湖泊在接近湖面的地方形成一个温水层，下面是温度较低而且较深的湖水。这一温水层称为“表水层”，而且波浪运动使这里的湖水混合起来。湖水混合现象在表水层的底部消失，于是就出现了“变温层”。变温层的湖水平静温和，随着深度的增加，水温迅速下降，形成“跃温层”。任何在有跃温层的湖泊里游过泳的人都知道，当你跳入水中越过分层界限时，你能感觉到那种冷水所带来的刺激。最深一层湖水被称为“均温层”。均温层指湖底的凉/冷水层。水深不足10米的湖泊一般没有稳定的温度跃层，因为波浪运动可以搅动湖水，使跃温层分界永远不可能持续很长时间，但另一方面，深水湖泊差不多都会有一个跃温层。总而言之，湖泊越深，受风的影响就越小，其分层也就越发明显，而且各层持续的时间也就越长。

随着季节的变化，夜间的水温开始下降，白天温度较高并且浮在上层的湖水，到了晚上温度就会越来越低，沉入湖底。这样，跃温层遭到破坏，深水与浅水混合在一起。这种现象被称为“翻转”。在冬季，如果水温低于4℃，湖泊又会重新分层。实际上，湖面结冰可以减少风对湖水混合的影响，这样冬季湖水更容易形成温度分层，而且分层持续的时间也会更长。接着，春天的时候，气温升高，首先湖面的冰冻消失，接着低于4℃的湖水也消失了。日夜温差的交替也会加快湖水的“翻转”，阻止跃温层的形成，直到日夜气温都很高的时候，春季湖水的翻转循环才会结束，夏季分层开始。

（二）溶解气体、营养物和矿物质

湖水化学性质的第二个重要生态因素是溶解气体和矿物质，尤其是溶解氧、pH值、营养物（含氨和磷的化合物）的独特传导性和含量。此外，还有一些化合物也可对具体湖泊产生重要的影响，包括像钙、镁、二氧化硅、硫和铁这样的溶解矿物质。

1. 溶解氧

氧是水中一切生命所必需的重要元素。湖水的含氧量受三个因素影响：①水温；②水生植物和藻类植物通过光合作用生成氧气的能力；③水生有机生物呼吸和消耗有效氧的速度。

由于光合作用和来自空气中的氧气，表水层溶解氧的含量整个夏季都很高。但均温层的溶解氧含量却因生物生产力而异。如果湖泊的营养物丰富，均温层就会失去所有的氧气来源。因此，夏季均温层所含的溶解氧就会减少，更何况这里的有机生物还在继续呼吸和消耗着氧气；最后，氧气会在湖水底层甚至整个均温层完全消失。有机物质的腐烂也同样消耗氧气，而高大植物和藻类繁殖又会加快有机物质的腐烂，可能会进一步消耗富养湖泊中的氧气。但在营养物不丰富的湖泊里，浮游植物的数量比较少，阳光可以照射到更深的地方，物质腐烂也比较少。浮游植物可以在相对比较深的水层上生活，而且其腐烂所需的氧气量也比较少。有时候，冷水中的溶解氧含量比温水中的高，这时，跃温层以下的溶解氧含量将随深度而增加。在特别深且没有什么生物的湖泊中，整个水体全年的溶解氧含量都很高，几乎达到了100%的饱和状态。湖泊的这些营养差异在秋冬季节一般都会消失。

2. pH 值

pH 值是测量水中氢离子含量的标准，用对数值来表示。水中氢离子含量决定了水是酸性还是碱性的，pH 值为 7 表示水是中性的。将水中所有的溶解气体、矿物质和有机化合物全部排出后便可得到 pH 值。酸性很强的水（即 pH 值大大低于 7）可以分解和溶解各种矿物质和有机物质，甚至是有毒物质。但另一方面，水中氢离子含量低，其 pH 值也就高，因此也被称为碱性水。碱性很强的水也可分解和溶解矿物质和有机物质，但却具有很强的腐蚀性。

大部分湖泊中 pH 值的自然变化范围都在 6～9，取决于地表径流和流域的地质条件以及湖泊的地下水供给带。降雨不单单是水。大气中的水吸收了各种各样的气体，实际上酸性很强。二氧化碳是空气中常见的一种气体，很容易溶解于水，而且溶解时会释放出大量的氢离子。此外，大气当中的水分还可吸收其他气体，包括硫和氧化氮。这些气体都是工厂或汽车尾气所排放的污染物，一旦溶解于水，就会形成硫酸和硝酸，而这些化合物正是造成酸雨的罪魁祸首。当雨水和融化的雪水渗入土壤，又可从土壤里的有机物中另外吸收一些酸性化合物及土壤微生物所释放出来的二氧化碳。

幸运的是，地质条件及水生光合有机生物可以在很大程度上中和流入大部分湖泊的水。从大多数地质构造中分解出来的矿物质，特别是石灰岩和其他形式的碳酸盐岩，可以限制并减少水中氢离子的含量，因而可以维持一个相对稳定的pH值，使其保持在7～8。这种降低水的酸性的能力被称为湖水化学性质的“缓冲能力”或是“酸性中和能力”，取决于可以中和酸性的化合物（如可溶解碳酸盐物质）的含量。同样，水生光合有机生物还可吸收水中的二氧化碳。相反，花岗岩地区的湖泊酸性较高，因为花岗岩对径流没有缓冲作用。另外，在有些罕见的情况下，湖泊中的矿物质含量很高，几乎可以清除水中所有的氢离子。在高压热水从地壳深处涌出地面（如热泉）的地方一般都有这种碱湖；或者，地下水渗出流入沙漠河谷谷底，并在那里蒸发，留下一片高浓度的碱性咸水湖。只有一些罕见而且非常特殊的有机生物才能生活在碱性泉水和湖泊里。

水生物种可以适应不同范围的 pH 值。对于大部分水生有机生物来说，pH 值低于 4 或高于 10，都是有毒的，但也有例外情况。如果 pH 值低于 5 或大于 9，少数有机生物可以适应一段时间。例如，径流及融化的冰雪一般 pH 值比较低。同时，地下水溢流的溶解矿物质含量一般比较高，其 pH 值可以暂时或一直保持在 8 以上。在此环境下生活的有机生物必须要有适应这种 pH 值的能力。

湖水的 pH 值不仅决定湖水对哪些物种是有毒的，也可决定流入湖泊的哪些有机化合物和矿物质能够溶解于水并为植物和微生物所利用，尤其是可以决定哪些营养物可以溶解于水。例如，磷酸盐矿物质对湖泊（及河川）生态系统营养动态的作用就很重要。如果 pH 值高，磷酸盐矿物就不易溶解于水；如果 pH 值低，就容易溶解。我们在前文曾提到过，有些湖泊的均温层可能完全缺氧。造成均温层缺氧的过程也能产生出一氧化碳，而一氧化碳又可以降低均温层的 pH 值，这样就有利于磷酸盐矿物质的溶解。春季和秋季湖水“翻转”时，溶解在水里的磷又在整个湖水中混合起来，成为一个重要的营养物来源。

3. 氮和磷

氮和磷属营养物，在湖泊生态系统动态中的作用至关重要。氮和磷与碳、氧和氢一起是所有生命的基本化学成分。所有有机生物都可从溶解气体（氧、二氧化碳）及水本身当中获得碳、氧和氢。淡水（及陆地）物种的每一个细胞都必须要有一定数量的氮才能工作。尽管空气中氮的含量最丰富，但它在水中却不能溶解。只有转化成其他的化学形式，氮才能溶解于水，而这种转化又需要特别高的温度。例如，闪电可以把氮气转化成氮氧化物，为地球上的生命所吸收。一些特殊的细菌也具有必要的复杂化学特性，可以把氮气转化成可用的形式。当这些细菌长大死亡时，便可将可溶解氮释放到径流及地下水里。氮被释放到陆地和水生生态系统的主要方式是通过大气作用与固氮菌。植物和藻类吸收了这些溶解氮，当它们成为其他有机生物的食物时，又把这一宝贵的元素沿着食物链向上传递。于是，氮就不停地在循环，在一方被吸收，又在另一方被释放到大气里。

此外，有机生物的各个细胞还需要一定数量的磷来实现最基本的新陈代谢和繁殖功能。磷不是一种气体，而是一种矿物质。磷并不常见，而且分布也不均匀。尽管磷可以溶解于水，但溶解的条件却很严格：通过径流或地下水溢流为淡水有机生物所吸收；或者，湖泊不同水温层的翻转可以将均温层里的溶解磷释放出来。植物和藻类吸收这种营养物的速度很快，这样不仅它们自己的细胞可以利用这些营养物，而且最终也可以把其输送到整个食物链中。

湖水中氮和磷的含量决定或限制了湖泊可供养的生物量。不幸的是，人类已经可以利用许多技术来制造可溶氮和可溶磷，并将其用于化肥和洗衣剂等中。人类活动释放出大量的可溶氮和可溶磷，有时可以严重破坏湖泊生态系统，彻底改变生态系统的食物网和生产力，从而完全改变其生物多样性。

4．其他溶解矿物质

其他几种溶解矿物质也具有重要的生态作用，可以决定湖水的化学性质。硅藻是一种常见的水生微生物，在其细胞之内和周围有一个二氧化硅结构。因此，溶解硅（砂）这种矿物质限制了硅藻数量的增加。其他具有生态重要性的溶解矿物质还包括：钙、镁、铁和硫。

钙镁含量高的湖泊称为“硬水湖”；反之则被称为“软水湖”。其他离子（特别是重碳酸盐）的含量与硬度离子（特别是钙）的含量密切相关。这些元素的含量影响到湖水溶解营养物和吸收污染物的能力，也影响到湖水阻止潜在有毒物质分解的能力。

铁和硫酸对于所有水生和陆生生命来说也很重要。它们都需要一些特殊的条件才能溶解于水，并被初级生产者所吸收。铁几乎只在既缺氧又是酸性的水中才能溶解。因此，铁在湖水中溶解的途径只有两个：酸性地下水溢流和湖底泥沙的化学反应。在湖水各温度分层中，湖底泥沙产生化学反应，使均温层也具有这些独特的化学性质。接着各温度层之间的翻转又将铁输送到整个湖泊生态系统中。然而翻转一开始，铁的溶解性也就迅速消失了。硫通过分解各种地质物质进入湖水当中。湖水中的硫有两种存在形式：硫酸盐和硫化氢。这两种物质都是可溶的，是不同类型有机生物的营养物。

上文所提到的矿物质都很重要，除此之外，湖水中溶解矿物质的总量对整个生态系统来说也很重要，我们称之为“溶解固体总量”（TDS）或是某一水体的盐度。溶解固体总量与不同元素的相对数量或比例除影响湖水中的许多重要化学反应外，还可决定什么样的物种最适合在湖泊中生存。在合适的条件下，湖泊可以形成一个化学跃变层，与温度跃变层的形状类似。如果湖底水层的密度很大，就会出现化学跃变层，因为溶解化学物可以随地下水向上渗出到湖床，同时也可随从正被分解的腐屑中所释放出来的累积产物来到湖水里。结果，湖水中溶解化学物的含量非常高，影响到了水的密度。化学跃变层把上层相对纯净的水与下层含有溶解化学物的水分隔开来。

（三）浊度

水生植物和藻类植物是湖泊的初级生产者，需要适合的营养物、水温和阳光。季节变化、周围陆地植被和地形的遮挡以及天空中的云量都可影响阳光照射到湖面。然而，一旦阳光照射到湖面，决定其作用的最重要的因素就是湖水的清澈度。湖水越清澈，阳光透射的距离也就越深，也就可能维持最大深度的光合作用。与清澈度相反的是混浊度，即湖水减弱或阻挡阳光照射的能力。湖水越混浊，阳光的透射力就越弱。

湖水的浊度取决于三个因素：浮游生物、非生命悬浮物质及溶解矿物质。浮游生物指水体里的悬浮藻类（浮游植物）和小动物（浮游动物）。既有阳光又有营养物的地方，浮游生物的生命力也就旺盛。然而，水中浮游生物的生命力越是旺盛，也就越会增加湖水的浊度，从而减少阳光的透射。

非生命悬浮物质包括植物枯落物、泥沙和泥土颗粒。附近流域的雨水径流可以把泥沙和泥土冲到湖里，或者暴雨、波浪运动和季节交替也可把湖底的泥沙和泥土颗粒带起来。根据大小和形状，这些矿物颗粒可以在湖中悬浮几天或者几个星期，最后退出湖水。同样，植物枯落物也会被冲刷进来并被搅起，但使其消失的却是一种合力：自己退出和被水中微生物和大一些的有机生物所消耗。

阳光照射到水中，色谱被水吸收。溶解化学物可以改变光线的颜色，从而影响湖水的浊度。湖水中溶解化学物含量高，湖水颜色就蓝，因为深水更容易吸收红色的光线。由于不同的藻类对不同光谱的光线反应不同，溶解矿物质含量也可影响藻类的多样性和分布情况。此外，湖泊中其他溶解有机物质的含量可能也会比较高，通常是因为该流域里沼泽和永久性湿地的数量很多，所以这里的水呈深褐色，更容易吸收蓝色而非红色的光，因而可以影响藻类的生活条件。

湖水的浊度不仅影响不同藻类物种生活的水深，也可影响阳光透射产生光合作用的深度，另外还可影响到水生动物的水下方向感。许多鱼类、爬行动物、潜水鸟，甚至甲壳类动物都靠水下视力来寻找植物或捕捉其他动物为食；同样，水生被捕食动物也通常要依靠水下视力来逃避捕食者。湖水的浊度及透射阳光的颜色可在很大程度上决定这些物种的有效生境是否合适。

湖水浊度有一种自然变化模式，受气候变化、温度分层、径流模式、泥沙干扰等因素的影响。因此，生活在湖泊中的动植物或是以湖泊为生的动植物也已经进化发展，可以适应或利用这些变化。改变湖泊的初级生产力或是泥沙输入的情况，可以改变湖泊的浊度，也将改变湖泊里的生物动态及鱼类集群和生物群的结构。

四、连通性

湖泊在大一些的地理景观中的位置决定了湖泊与水源的联系，而这种联系又是决定湖泊非生物特点与相应生物群落类型的重要因素。位于河流流域（既有入流也有外流）内的湖泊受河流水文状况及河水化学性质的影响。位于河流源头（只有外流）的湖泊的水文受地下水流和降水的影响。与河流流域没有任何地表联系的湖泊被称为渗漏湖，其水文状况也同样受地下水流和降水的影响。

滨岸带是淡水系统和陆地系统之间的生态过渡带。这里的生命力格外强，有着令人难以置信的丰富的生物多样性。滨岸带上生活着生命力极强的近岸生物群落，是多种多样的鱼类、鸟类和大型无脊椎动物产卵、饲育、寻求庇护和捕食的场所。

湖泊物种的构成是由其历史形成和时间连通性决定的。残湖是大水体的一部分。据推测，这片大水体曾经有一个共同的物种池塘，现在池塘衰退，形成了几个小湖泊。这些湖泊的物种集群和群落类型一般很相似。独湖是孤立形成的一种湖泊，既不是较大水系的一部分，也不是物种池塘的一部分。独湖的物种一般比较贫乏，只有一些相对独特的物种集群。残湖和独湖与大陆桥和大洋岛类似，因为它们都有相似的历史形成过程，都有灭绝和集群的可能，还有着相似的生物群落结构（Ciruna 1999）。

五、生物组成及相互作用

下面总结了湖泊的生物组成及相互作用，并介绍了湖泊的生产力与多样性。

（一）生产力

湖泊生产力取决于氮磷营养物的含量。湖泊的生产活动开始于光合作用。通过光合作用，阳光能量与基本营养物（氮、磷、碳、氧和氢）相结合，创造出一种新的生命物质。前文曾经提到，植物和藻类是所有生态系统（水生及陆地）的初级生产者。氮磷含量决定了湖泊中的营养、营养物或生长状况。根据生产力，湖泊可以分为贫养湖、中养湖和富养湖。贫养湖的天然营养缺乏，其流域里的土壤通常都不太肥沃，氮氢释放量比较小，导致湖泊的生产力比较低。许多渗漏湖都是贫养湖，因为渗漏湖的流域面积通常比较小，因而流入湖泊的地表径流水量也比较小。贫养湖的湖水通常比较清澈而且比较凉，湖底为沙子或砾石，几乎没有浮游生物或植物生长。中养湖介于贫养湖和富养湖之间。富养（营养丰富的）湖的营养物丰富，通常流域面积比较大，内有肥沃的有机土壤或农业用地；人造化肥使这些土地变得肥沃，可以生产出更多的营养物。富养湖的湖底通常都是淤泥，湖水混浊不清，温度较高，这里的浮游生物和植物比较丰富。土地使用的变化，特别是化肥在农业生产中的应用，可以增加湖泊的生产力，使其从贫养变为富养。

组成湖泊自然生物群落的物种随湖泊的生产机制一起进化。因此，由于生产力的不同及其与生物群营养结构的密切关系，富养湖、中养湖和贫养湖的生物组成也大不相同。对湖泊生产机制的改变（如施用化肥或酸沉降）超过其自然变化幅度，将会给湖泊的生态完整性带来巨大的变化。

在湖泊（或河川，见下文）中，并非所有的生物量都来自湖水的初级生产力。湖泊流域里的植被，尤其是周围被水冲入湖泊或是被风吹入湖泊的植被是湖泊生物的一种植物来源。微生物和大型无脊椎动物以这些植物枯落物为食并将其分解，然后又被其他有机生物吃掉，使整个湖泊生态系统生命物质的总量增加。在贫养湖中，陆地植物枯落物是整个食物网最重要的物质来源。在天然富养湖中，陆地植物枯落物只是整个生态系统生产力的一小部分。以陆地植物枯落物为食并将其分解的水生有机生物与那些与以活的水生植物和藻类为食的有机生物大不相同。植物枯落物的数量及其对湖泊生态系统生产力的相对重要性，在很大程度上影响了湖泊的整体多样性。

（二）生物多样性

湖泊的三个主要地带各有其独特的生境特点，因此具有不同的生物群落类型。滨岸带的物种数量最多，是生活在湖泊里的物种和需要利用湖泊的物种的栖息地。滨岸带群落的食物网建立在初级生产者（主要是水生植物）所产生的巨大生物量上。这些水生植物是水藻和无脊椎动物的食物来源和基质，并为鱼类（特别是当年产的幼鱼）和其他有机生物提供庇护所——这一生境与开阔水域环境有着很大的不同。另外，滨岸带通常也是水温最高的地方，而高水温又进一步刺激了湖泊的初级生产力和物种的多样性。此外，这里的生产力也吸引了许多陆地物种和鸟类，它们都以这里丰富的食物为生，包括像蹄类动物这样的食草动物（貘、麋）及浣熊、水獭和苍鹭这样的食肉动物。

前面曾经提到，富养带位于远湖区或水域开阔区，这里可以进行光合作用，因此生活着一群阔水初级生产者（浮游植物或悬浮藻类）。浮游植物悬浮于开阔水域，吸收水中的营养物和阳光中的能量。如果浮游植物的种群密度大，湖水颜色就呈绿色或棕褐色，透明度比较低。富养带中初级生产者的数量最多；实质上，它决定了整个湖泊生态系统的营养结构，不仅湖泊生物区系中其他生物的大部分食物都来源于此，而且湖泊中的大部分溶解氧也都来自这里。浮游动物（生活在开阔水域的小型动物）是初级消费者，以浮游植物为食，然后又会被那些以浮游生物为食的动物（如小鱼）吃掉，而这些动物又成为大一点的食鱼鱼类的食物。有些捕食鸟（如鹰和鱼鹰）也直接从远湖区捕食鱼类。

最后，位于湖泊底部的湖底带也生活着丰富的动物，包括大型无脊椎动物和小型无脊椎动物，如甲壳类动物、昆虫幼卵、软体动物和穴居虫。湖底有机生物的活动可能会搅乱泥沙的上层，而这些富含有机物的泥沙通常可达 2 ～ 5 厘米深。湖底带的生产力主要取决于泥沙中有机物成分和物理结构的数量，有时还取决于鱼类捕食的速度。沙质基质一直在不断变化，对大多数物种来说不是一个稳定的生境。另外，沙质基质的有机物质（食物）供应也比较少，也不是一个躲避鱼类捕食的好的庇护所。因此，在所有底部环境中，沙质基质上的生物多样性是最小的。岩石湖底生境里生活着多种多样的生物，也是躲避捕食者的藏身之地。此外，这里还储藏着大量的有机食物，并为无脊椎动物提供基质。平坦的淤湖泥部也为底栖有机生物提供了丰富的食物，但这里的安全性不高，而且生境结构的形式也不多。但最重要的是，分解者生活在湖底带里。湖泊里的所有死亡物质都要沉到湖底，细菌、真菌和分解者将有机物质分解，以便将其作为营养物再加以利用。

水体的物理性质在很大程度上决定了湖泊的生物特性。湖水的重要物理性质包括：水温、透光度、波浪运动及无机营养物的总含量，其中无机营养物的总含量主要是湖泊流域的一个特性。滨岸带、远湖带和湖底带的生物群落合在一起，构成一个湖泊营养金字塔——能量和营养通过生物的相互作用在湖泊生态系统中流动。以初级生产者为例，由于它们需要阳光（和营养物），因此经常出现在滨岸带和富养带。初级生产者又成为初级消费者（食草动物，如浮游动物）的食物。小鱼是次级消费者（如以浮游生物为食的动物），以浮游动物和无脊椎动物为食。以浮游生物为食的动物不太受生活地和成长地的局限。大型肉食性鱼类位于营养金字塔的顶端，最不会受生活地和成长地的局限。这些营养等级的理想状态可以被视为一个食物链。但实际上，许多有机生物都是杂食动物，不一定仅局限于某一个营养级。消费者尤其如此，它们在一生中不断地变换等级。例如，仔鱼开始的时候仅以细颗粒物质（包括水藻、细菌和腐殖质）为食；长大后，可能会发生变化，改为以大一点的浮游动物为食；最后，当它们成熟后，又以饵料鱼甚至供垂钓的幼鱼为食（高级捕食者）。分解者也是一个有趣的例子。分解者包括细菌、真菌和其他微生物，生活在各个湖泊地带当中，以各种淡水有机物的残骸为食。它们通过活动可以分解或腐蚀有机物质，使其回到无机状态。有些腐烂物质随后又会再生成为氮、磷这样的营养物，而这些营养物又很容易为新的植物生长所利用。碳主要以二氧化碳的形式被释放出来，可以降低底部湖水的 pH 值。而在缺氧地带，有些碳又可以甲烷气体的形式被释放出来。在以碳为主要生命形式的湖底带，分解者对有机物质的氧化作用（呼吸）可使整个夏天湖水中的溶解氧不足，而且还可能会形成一种缺氧的状态。

第二节 河 川

流水生态系统——河川溪流的特点在于：水沿着一个特有的河道在流域中移动，为一群特有的有机生物创造了一个多样但却经常富有挑战性的生境。水量、水源、水流梯度、水流下面的基质、水流在时间上的自然变化以及生态系统在流域中的位置，所有这些因素合在一起，决定了河流生态系统的类型以及生活在其中或以河流为生的有机生物。几乎所有的河川溪流都与其他河川溪流（以及湖泊和湿地）有着直接的纵向联系，并最终与河口和海洋系统也有着直接的纵向联系。这种连通性对能量、物质和生物区系的运动意义重大。河岸带生态系统将河流与陆地生态系统横向联系起来，不仅是这些生态系统的主要生境（如河漫滩是鱼类育苗的地方），而且还为它们提供物质输入（如木质残体可以作为构筑物和营养物）和生态过程（如荫蔽可以改变水温）。河川溪流通常与邻近河漫滩或河川廊道之间密切作用，因此，我们有时把河漫滩与河流看做是一个生态系统，这也不无道理，尤其是在大型河谷当中，因为在这里，季节性泛滥可漫过大面积的周围低地，达几个月之久。此外，一群陆地物种也把河川溪流及其邻近河岸地带作为栖息地和饲养地。

河川溪流的大小大不相同，有位于山区高地的小源头，也有像亚马孙河、密西西比河、刚果河、多瑙河、湄公河和尼罗河这样的大河流。河川溪流是概括性名词，分别指或大或小的流动水体，除此之外，再无其他具体意义。流动水体形成流域的排水网络：高地的小溪流形成大一点的溪流，大一点的溪流又形成河川，最后河川再排泄入海。在这一过程中，流动水体的物理、化学、水文和生物性质都发生了变化。

河系的形成

几乎所有的河流都起源于丘陵地区或山区，但也有的河流源于地下，如石灰岩溶洞，或是源于冰川一角的融化。大部分河流都源于地面上细长凹陷处的中间点，地下水从这里慢慢渗出，周围坡地表面上的径流也顺着小溪流下来，在凹陷处汇集。最后，凹陷底部渗出的水与周围坡地小溪中流下来的水汇在一起，产生足够的侵蚀力，形成了一条可以自我持续发展的永久性河道。正是这种自我持续发展的特点使得真正的河流与不规则地面上的排水不同。起初，水流冲蚀出一条河道，而河道又引导着随后汇入的水流。后来的水流又逐渐使河道加宽加深，形成了河谷，而河水就被困在谷底。

这样解释河流也许会使人们觉得，源头溪流一直在不停地挖掘和拓宽河道。事实也正是如此，但这一过程非常缓慢。一旦重大地质干扰出现，河道就迅速成形，之后其每年的变化就会很小。河道的形状与形成河道的水量及地质原料特点要保持平衡或均势。然而，河流缓慢地冲蚀着下方的整个地理景观，这就是为什么经过几百万年的时间即使最高的山脉也能被冲掉的一个主要原因。

河道内水流的速度越快，就有越多的物质被托起悬浮或被河流带走；水流速度越慢，物质就越不可能

专栏 A-2 河曲的冲刷与沉积

如果你可以在一条河流沿岸建造一座梦想中的房子，你是想把它建在河曲的内侧还是外侧呢？答案是内侧！从河曲内侧带来的泥沙沉积在河岸上，这样你的房产就可以不断地扩大。而河曲外侧一直不断地被冲刷着，很可能有一天，你的房子就会被冲到水里去了。不管怎样，最后的答案是，不要在河漫滩沿岸建造房子，因为它最终会被洪水淹没的。

悬浮起来。结果河川溪流就如同一条巨大的传送带一般，流得快时把物质带起来，流得慢时把物质沉淀下来。了解河流的这一特性，有助于了解河系是如何形成和如何变化的，也有助于了解人类活动对河流功能的影响。

河川溪流的生态要素

河川溪流生态系统的完整性都取决于其生态要素的状况及它们之间的相互关系。河流生态系统的每一套生态要素都对河流生态完整性的形成起到独特的作用。其中水文状况更是决定河流生态系统其他生态要素形成和存在的主要因素。

一、自然生境条件

河流生态系统可以提供丰富的生境类型。在整个生态系统的各个阶段，生境特点各不相同。无论是河流生态系统的宏观特征还是微观特征，都取决于以下因素：流域的地形、植被和气候；河道坡地（梯度）的陡缓；组成河道的物质（是坚硬的岩石还是疏松的物质）；河流携带泥沙和木质残体的数量和组成。此外，无论是在宏观还是微观空间尺度上，河流生态系统都是动态变化的，冲蚀、沉积和河道变迁是其主要变化方式。要成功地保护河流生态系统，除必须充分考虑其这些宏观和微观生境特征外，还要考虑这些特征在时间尺度上的自然变化及其影响和破坏因素。

（一）河流生境的宏观变化

河流等级和河区是划分不同河川溪流生境的两个术语。

1. 河流等级

河流等级指根据河流与支流之间的关系，来划分河网内不同类型的河川溪流。根据著名的斯特拉勒（Strahler）分类法，等级最高的河道（即没有上游支流的源头河道）为一级河流，流入第一个汇流点。两个一级河道汇合处下方的河流为二级河流；两个二级河道汇合时，形成三级河流，依次类推。然而，两个低级河道的交汇并不意味着交汇处下方的河流可以升级（如四级河流与二级河流交汇，但在交汇处下方的河流仍是四级河流）。流域内河流的等级与流域其他可描述性特征的联系非常紧密，如流域面积或河道的累积长度。如果河流等级与河区（见下文）一致，也可说明河道梯度、河道形状、河床物质及河道变迁的速度，而这些又都是决定各河段生物多样性的重要因素。

2. 河区

河流生态系统一般可分为三个河区：源头区、中游区（或传递区）及下游干流区。三个河区都有河道冲蚀、冲蚀物质输送（传递）及沉积作用，但各河区的作用模式各不相同，因而也就形成了不同的生境类型。河区划分概念的重点在于各个分区里最重要的生态作用。

源头区的特点一般是狭长的河谷和陡峭的河坡。陡峭的河坡使河流可以将粗糙甚至比较大的岩屑（如巨砾和大卵石）带走。源头区里河水的冲蚀作用要比沉积作用大。周围土地上不断有地质物质被冲蚀到河道里，抵消了河道内的冲蚀作用。源头区是一个降解区。接着便过渡到中游区或传递区。这里的河道更宽一些，河坡也比较缓一些。在这里，河流开始变得蜿蜒曲折，而且与相对较窄的河漫滩相互作用。中游区或传递区是个过渡带，河流不再携带砾石和细小基质，而是将从源头带来的大部分携带物沉淀下来。河流再往下流就进入下游干流区。干流区的特点是河道又宽又深，梯度较小，因而流速较慢，与河漫滩的相互作用也比较强。河流可以将所携带的一些物质沉积下来，形成新的陆地。这个过程称为“填积”。最后，河流将所携带的物质沉淀到三角洲或河口，称为沉积区。就这样，这三个分区及其相应的作用把河流及其河网变成了一个输送带，输送能量、物质、营养物和有机物。

（二）河流生境的微观变化

在河系的不同分区中，各个河段的生境不同。河段指河川或溪流的一段及其相关的河谷。河段具有独特的地质条件、河道梯度以及流域植被。河流生态系统中各河段的生境条件多种多样，这对整个系统的生物多样性起到了重要作用，因为每一个河段类型里都生活着各具特色的淡水生物群。

河段的地质条件（及其在流域中的位置）不仅可决定河道的梯度，也可决定构成河岸和河床的基质物质类型。基质物质也在很大程度上影响到水流在丰水期悬浮起来的物质量。这些因素的共同作用有力地影响了河段生境的类型，进而影响到物种的多样性。例如，如果河段梯度比较大，而且流经卵石和巨砾，那么其河岸及河床上就会有多种多样的隙缝和隐身之地，但柔软的泥沙却几乎不会在这里的河底出现。如果河段的梯度较小而且流经的是裸露在外的基岩，那它可提供的藏身之地就比较少，底部有柔软泥沙的地方就更少了。如果河段流经的是梯度比较小的河漫滩，那么虽然其可靠庇护所比较少，但柔软的底部泥沙却很丰富。

各河段的地质条件还决定着地下水影响河流的方式和程度。具体而言，河段的地质条件及其在流域中的位置决定了地下水是否能够排入河道，或在多大程度上可以排入河道；或者反之，河水是否可以向下渗透，穿过河道进入地下水系统，或者在多大程度上可以如此。如果地下水进入河道的水量超过其流出的水量，那么此河道就叫做“赢水河段”；反之，如果流出的水量大于流入的水量则称为“亏水河段”。如果河道附近流域里的地下水高程高于河水本身，或者河道周围的地质物质可以直接使地下水流入河道，这时候就会出现“赢水河道”。但如果河道附近地下水系统的高程低于河水本身，或者河道周围的地质物质可以直接使地下水向下渗漏流出河道，就会出现“亏水河道”。从时间上来说，河段既可是“赢水”河段，也可能是“亏水”河段，因为河水和地下水的高程在时间上均可随季节性降水和其他流域动态变化而变化。在干季期间，地下水是许多河流的唯一水源。地下水形成的河流叫做“基流”。基流是河水比较稳定可靠的供水来源，除非含水层和河流表面流势发生重大改变。河水与地下水之间相互作用的模式也影响到一些重要的生态条件，如基流的稳定性、水温和化学性质。

因此，地质条件、河流梯度和附近植被一起也在各个河段形成了另外三个重要的生态生境：河岸带，池塘、浅滩和沙洲及底流带。

1. 河岸带

若要讨论个别河流河段的生境，就必须要说明河川溪流与其临近河岸带的关系。枯水期，河流在河道流动。丰水期（如大暴雨），河水溢出河岸，淹没周围的土地。由此形成的河岸带就是河水溢出河道所泛滥的地方，可能是水流刚刚超过河岸的蓄水线，也可能是在500多年才能一遇的特大洪水期间。如果河道变迁形成了一个真正的河漫滩，那么这些河段上的河漫滩就是河岸带。如果河段上没有河漫滩，那么河岸带就指洪水泛滥所经过的任何土地。不管是哪一种情况，被泛滥淹没的土地面积取决于暴雨的大小和河岸带本身的地形。高水位泛滥可阻止非本地陆地物种在河岸带聚居。

洪水溢出河岸后流速变缓，漫过整个河岸带。这一水文变化带来了几个重要的生态变化。首先，溢出的河水渗透到周围的河漫滩，然后又接着向下渗透，进入地下水系统。流入周围河漫滩的河水越多，河岸带吸收的能量也就越多。其次，河水漫过河漫滩时流速变慢，它所携带的大量悬浮泥沙沉淀下来，形成新的土壤和生境。河漫滩被淹没时，水流的速度进一步减缓，这样许多动物不仅可以在这里躲避干流河道里汹涌的洪水，而且还可以在这里找到取食、产卵和饲育的栖息地。最后，随着洪水消退，河流水位降低，河水、泥沙、营养物和水生生物区系又回到河流里。

河岸带对河流生态系统起到一些重要作用，但其作用取决于河岸带在河流分区所出现的位置。位于河流源头的河岸带，几乎整个河道都在荫蔽之下，不仅水温比较低，而且还会把腐叶营养物带入河流。不管位于河流的哪个分区，河岸带都具有一种河岸稳定性，可以阻挡地表径流里的泥沙和化学物质。此外，河岸带也是各种同时生活在陆地和淡水系统里的动物的重要栖息地，如鱼类、以生活在水面上的成年水栖昆虫为食的鸟类，以及大部分重要生命阶段都需要两种生态系统的两栖动物和爬行动物。

河流源头没有河漫滩，或是河漫滩比较狭小，因此，以洪水为生的植物或是耐洪植物在这里的分布有限。这些生物群落可能只在河道直接沿岸的源头区出现，或是在源头附近的湿润地区出现。另外，源头两岸的木本植物通常会形成林冠，只有一点光线可以照到河道。源头溪流周围的植被也是溪流中植物枯落物和泥沙的固定来源。有些植物枯落物被冲到下游的传递区和下游干流区，以维持那里的重要生态过程。例如，美国和加拿大太平洋西北部地区源头森林的原木和木质残体就供养着从山区一直到海洋的食物链和内陆生境结构（Maser and Sedell 1994）。

河流传递区河段的河岸区一般比源头区的宽，而且还有真正的河漫滩。这些河岸区的植物群落通常因高程高度、土壤类型、泛滥频率和土壤湿度而异。冲蚀和泥沙沉积的局部差异又增添了这里常见植物群落的复杂性和多样性。

河流传递区和下游干流区上的真正河漫滩通常易为农业生产或住宅开发所利用。农业生产和住宅开发通常伴随着以下活动：建造障碍物（如人造堤坝），以阻止河水泛滥到河漫滩；消除本地植被；对河漫滩土壤的干扰。这些开发活动可以在很大程度上改变河流泛滥、冲蚀 / 沉积、有机物和泥沙的输入与输出、河流廊道生境的多样性以及河流的水质。

下游干流区各河段的河岸带上一般生长着独特的植物群落，它们可以适应数量较多的泥沙沉淀、宽阔的河漫滩和大一些的水量。这里的河岸带，尤其是河漫滩深厚而肥沃的冲积土上，以大型河漫滩湿地和靠洪水生存的植物群落为主。这些植物群落（如低地阔叶林）通常具有很高的生产力和生态多样性。另外，这里水流缓慢，也使沼泽植被、固着漂浮植物或漂浮植物及沉水水生植物得以茁壮成长。

2. 池塘、浅滩和沙洲

池塘可以为水生动植物提供丰富多样的生态生境。物理障碍使河道中的水流从侧边或下边流过，冲刷形成一个深水池塘。河流弯曲处的池塘是最常见的一种类型。水流击打着河岸的外侧，冲刷出河岸及河床，将泥沙沉积在下游河曲的内侧。此外，池塘也可能出现在回水处、瀑布下方或是原木堤坝的后面。

浅滩是比较直且比较浅的河道部分，水流在这里产生垂直的波动，一直到河流表面。水面的不停波动可以增加水中的气泡，从而增加水中溶解氧的含量。浅滩出现在池塘下游，有时也会出现在河床物质比较粗糙或是具有一定抗冲蚀性的河道沿岸上。

池塘和浅滩的区别不仅仅在于深浅不同。池塘中的深水（而且温度也比较低）不能与表面水混合；而浅滩中的水全都混合在一起。池塘里有大型木质残体和其他植物枯落物，而浅滩里却没有这些物质。因此，池塘里有许多庇护所，而浅滩里却没有。另外，池塘里可以沉积泥沙，因为池塘的水流非常缓慢，所以泥沙可以沉积在底部，其生境也缺乏多样性。而浅滩当中的水流却不断地把细小颗粒清走，留下更多的空白基质物质。水流缓慢且两岸突出的深水池塘的质量最好，而且这里的鱼类生物量也是最大的。幼鱼喜欢浅滩，因为在这里它们可吃的食物（昆虫和其他无脊椎动物）最丰富。滤食动物（如贝类）也喜欢浅滩的稳定性及其丰富的食物供应。浅滩及其底部基质也为小型动物提供了更多的庇护所。此外，底部为砾石的浅滩上有新鲜的溶解氧，而且细小泥沙的沉淀量也不多（细小泥沙可以使鱼卵窒息），是许多鱼类的主要产卵地。另一方面，在干季，浅滩容易干涸，但池塘却可成为水生生物的庇护所。

沙洲指在河流泛滥或丰水期一结束便在河道内沉积的沙带或沙脊。紧邻河流曲折处或阻塞处的下游一般是形成沙洲最多的地方，因为这里很容易出现水流流速急剧下降，而流速下降又会导致物质沉淀。河流到了枯水期，这些沉淀区就变成裸露的沙洲和砾石，成为许多物种（如昆虫和两栖动物）的卵床和重要栖息地。

3. 底流带

河道里看得见的水与地下水几乎总有着直接的联系。河道两边及底部的砾石、泥沙和断裂基岩上有许多大小不一的气孔、空隙和裂缝，即有许多空白的空间。这些空间里总是充斥着水，这样，紧邻河道的水位便可与河道本身的水位高度大体相当。水和有机物可以在紧邻河道的空隙与河道本身之间自由流动。

这一过渡并不突然——发生在所谓的“底流带”

里。通常，底流带与河道本身一样宽，或者比河道宽一些，但有时它又会比河流两岸宽出 2 ～ 3 千米，因此，隐藏的底流河要比看得见的河流宽得多。底流带不一定是连续的，只出现在河段沿岸的局部地区，如同一根线上串起的珠子。底流带的河水与附近的河水有许多不同之处，其水流速度很少能超过每小时几厘米，而且与河水相比，底流带河水的含氧量比较低，二氧化碳和溶解矿物质的含量却比较高，水温也随规律性的季节变化而变化。底流带河水也与其下方的地下水不同。与周围地下水相比，底流带河水的水流速度快，含氧量高，二氧化碳含量低，有机物质含量高，水温的变化也比较大。

底流带里生活着各种在其他地方找不到的微生物和大型无脊椎动物。然而，许多动物只是在这里生活一段时间。例如，石蝇只有在稚虫期才在这里生活（稚虫是石蝇成年长出翅膀之前的未成熟形式）。其他动物可以随意地在上面的开阔河道和下面的底流带游动。干季时河道干涸；而湿季时河流肆虐，水流汹涌，底流带就成为这些动物的庇护所。各河段底流带的宽度、化学性质、水温和水流速度各不相同，因此在这里栖息的自然生物群落组成也不相同。河段流域及河道的地质条件和水文状况一起形成了底流带的各种动态因素，这一特殊作用就是形成这些变化的原因。

二、水文状况

当然，河川溪流最显著的特点就是水流了。水流包括基流，也包括周围流域的径流。基流指从地下水层流入河流的水，在降水少或没有降水的时期，基流就是河流的水源。

各个河川溪流的水文状况各不相同，这是由气候、地质、地形和流域植被的共同作用决定的。这些因素的空间差异及相关流域或次流域的面积差异，也形成了水文状况的差异。但是，所有河川溪流的水文状况都有以下五个生态特性：

- 水位——某一个特定时间流过河流某一个特定地点的水量；
- 频率——某一水文情况（如大洪水）多久出现一次；
- 持续时间——某一具体水情的持续时间，如极端枯水期的持续时间；
- 发生时机——某一水流事件出现的日期，如洪水或枯水期出现的日期和月份；
- 变化速率——水流每日升降的变化速度。

事实证明，以上术语很实用，可以用来描述河流丰水、枯水及洪水水流变化的年度及跨年度模式。

天然水流范式源于这样一种理解：每个物种都有其独特的水流条件范围，淡水和河岸有机生物或是依赖这些水流条件，或是可以适应这些条件。例如，有些鱼类在泛滥季节会游到河漫滩去产卵、捕食或是逃避其他占据主干河道的物种的捕食。如果洪水发生的时机和持续的时间合适，那么这些鱼类种群就会从中受益。但另一方面，其他物种却可能会受到负面影响。例如，底栖（生活在河底）大型无脊椎动物可能会被从河床上冲走；或者，岸边的树木可能会受到长期洪水泛滥及由此引起的缺氧的威胁，甚至因此而死亡。水位变化的速率也同样重要。如果河流水位升高过快，可能会使一些动物（如两栖动物和爬行动物）滞留在河漫滩上。相反，水位下降可导致水面降低，如果河漫滩上一些幼小植物（如三角叶杨）的根系发育跟不上这种变化，就会因缺水而死亡。

自然枯水条件也很重要。长时间的自然干旱可能会使有些植物（如落羽松）在水位升高漫过其生长的树干之前就在河漫滩上扎下根来。河道枯水期可以使鱼类和其他水生有机生物集中起来，使像大型鱼类或涉水鸟这样的捕食者受益。如果由于人类影响，枯水情况过于严重，或者枯水时间持续过长，大量的物种个体将会死亡，使某些物种的局部种群濒于灭绝。因此，要保护所有的淡水物种，就不能单单只创造一个仅对一些物种一直有利的流态，最好的方法是恢复或保持某个河流的天然水流态。各河流里的物种都已经经历了各种不利水流条件的考验，它们利用许多有利的水流条件，设法在其生长的河流里生存的时间长一些。直到目前，河流的水流变化还主要受气候和环境条件的影响。这种天然水流影响了河流物种的行为（如河漫滩产卵）、生理（如缺氧适应力）和形态（如身体形状）特性。因此，保护河流丰富完整的生物多样性的最好办法就是永远保持河流的天然水流态。

水流态对其他生态系统条件也产生重要影响。水的化学性质、水温、营养循环、氧的有效度及形成河道的地形作用都与河道流量变化有着紧密的联系。因此，天然水流态与河流生态完整性的许多不同方面都有着紧密的联系。

三、水的化学性质

由于河段在大流域网络中的位置、横向和纵向连通性及其基本的地质和气候条件不同，水的化学性质也有着很大的不同。前文有关湖水化学性质一节已经详细介绍了pH值、钙、镁、铁、硫、氮和磷及浊度在形成淡水生物群落结构中的作用。有关淡水这些方面的化学性质，请参照前文。本节将集中介绍水温和溶解氧对水生生物多样性的影响。

（一）水温

水温对河流生态系统生物多样性的影响多种多样。河川溪流的水生生物群落通常是由水温决定的，如冷水群落和温水群落。河流可能（而且经常也确实如此）在源头或中游区是冷水，而到了下游干流区却变成了温水。水温影响卵发育和幼年物种生长的速度以及河流生物群落的繁殖力。水温的季节性变化通常是一种提示，使物种的生命周期与季节变化同步，以有效利用资源。由于气候、海拔、河岸植被及地下水输入的不同，河川溪流各河段各季节的流水水温不同。大河流河段岸边荫蔽的降温作用很小，因此在这里生活的一般都是温水生物群落。而且大河流水量大，其温度变化也比小河流小。此外，大部分大河流河段都位于河流流域系统的终点，一般海拔比较低，气温也较高海拔地区的高。

由于气温每天都在变化，也由于受阳光辐射的影响，小溪流里的水温通常也每天都在变化。如果小溪岸边的荫蔽充足并且/或者海拔位置较高，那么生活在这里的一般都是冷水群落。如果小溪有充足的地下水供应，那么生活在这里的也可能是冷水或冻水群落。最后，冰川对改变河水水温也有重要作用。随着河段距离冰川越来越远，河水水温一般也会从冻水过渡到温水。

（二）溶解氧

流动河系中的溶解氧通常总是接近饱和状态，因而通常不是河流生物群落选择栖息地的一个制约因素。但是，水温升高及/或水流量的减少可以减少河段的溶解氧含量，因而可以改变其生物群落的组成。因此，干旱可能会给生物群落带来很大的威胁。其他可能减少溶解氧含量的因素还有：河段或河区（如停滞回水区）的分解率很高、贫养地下水密布或者贫养湖或水库密布。

四、连通性

河流及其相关淡水系统（地下水、河漫滩、上游区等）之间的联系是许多物种生存的基本条件。连通性有水平的，也有垂直的，有纵向的，也有横向的，具体包括：

上－下游连通性。几乎所有的河川溪流生态系统都与其他河川溪流（及池塘湖泊）有着直接的纵向联系，而且最终与河口及海洋生态系统也产生直接的纵向联系。这种连通性在整个系统能量、物质和生物区系的流动中起到关键作用。

地表－地下水连通性。正如前文所提，地表水与地下水之间的水、溶解物质和有机物的交换发生在底流带。底流带对河流生物群落起到重要作用，在干季河道干涸时，或在湿季河流肆虐、水流汹涌并具有破坏性时，为大型无脊椎动物提供庇护所。各河段底流带的宽度、化学性质、水温情况及水流速度各不相同，因此栖息在其中的自然生物群落的组成也各不相同。

河流－河岸带连通性。河岸生态系统是河川溪流与陆地的横向联系，为这些生态系统提供重要的生境（如鱼类饲育的河漫滩）、物质输入（如作为构筑物和营养物的木质残体）及生态作用（如荫蔽的水温控制）。河岸生态系统也是陆地生态物种的主要生境，可为它们提供水、食物、庇护所和迁徙通道。

从河流源头到河口沿岸的植物群落变化是产生生物多样性和变化适应性的重要原因。尽管许多（也许是大部分）河流廊道的植物群落分布会被打断，但一个连续的本地植物群落廊道是比较理想的。即使在河流的某一段上恢复植被的连通性，也通常会改善生态条件，加强其有益功能。

五、生物组成及相互作用

物理、化学、水文及其他因素影响了河流生态系统及同一河流不同河段内的生物组成及相互作用。不同类型河段里的不同物种也导致了河段类型之间生物群落结构和物种间相互作用的差异。更重要的是，各个河段中的群落变化强烈影响着附近顺河方向和逆河方向河段中的群落变化；反之亦然。河流生态系统食物链和河流连续概念可以更充分地说明这种相互依赖的关系。

河流生态系统实际上有两个食物链，这两个食物链联合起来形成一个更大的食物网。每个生态系统都必须有一些将基本生命成分——碳、氧、氢、氮、磷及其他元素集中起来并融入生命物质当中的过程。河流生态系统中也有许多这样的初级生产过程。然而，河流生态系统也从附近陆地上的初级生产过程中受益。每一个流径都为河川溪流制造出生物量。

直接发生在河川溪流中的初级生产被称为“自生生产”。初级生产者为水藻、硅藻和水生植物。这些水藻和硅藻大部分都生长在阳光可以照射到水面并且特定营养物供应充足的河段沿线。河段沿线有越多的水域可以满足这些条件，这些植物的繁殖力也就越高。硅藻主要含脂质和糖分，营养很高，容易为动物吸收。另外，水藻大部分由纤维素构成，此外还有一些糖分，不像硅藻那样有营养并且容易吸收。因此，初级消费者（食草动物）喜欢吃硅藻，而不喜欢水藻。蜗牛就是这样一个初级消费者，它们把河流岩石上的硅藻（有时是水藻）刮下来吃掉。

从附近陆地上冲进河流里的初级生产被称为“外来生产”。外来生产的主要因素就是植物枯落物及附近土壤里被分解植物所释放出来的溶解的有机分子。外来生产通常是源头溪流的主要生产来源。在溪流源头，附近植被提供了充足的植物枯落物，但同时也形成了充足的荫蔽，限制了自生生产。

外来生产的食物链与自生生产的食物链不同。在外来生产中，细菌和真菌分解固体枯落物，这些微生物的数量不断增长，而其他水生动物又以这些微生物为食。

二级消费者或食肉动物将这两个各不相同的食物链联系起来。食肉动物不管什么食性都以消费者为食，因此可以将两个食物链联系起来。食底泥动物也为这一过程推波助澜，它们可以分解河底的死亡有机物质，使营养物循环，再成为初级生产者的食物。越是到河流的下游，死亡淡水生物群再循环所产生的营养物就越多，而不是从附近流域里输入新鲜的营养。

以上这些关系形成了河流连续概念（Vannote et al. 1989）。这一概念说明，从河流源头到河口的生物群落生境和食物链是变化的。这一概念只适用于常流河，而且在温带地区要比在热带地区更准确。总而言之，河系从源头到河口的生物条件形成了一个复杂的坡度，这一认识很实用。

第三节　湿 地

湿地是陆地生态系统和淡水生态系统之间的群落交错区或过渡带，既有淡水物种也有陆地物种。湿地指土壤表面有水的地方，水在一年中的不同时期（包括生长季节）出现地表之上或地表附近。水的长期存在形成了利于特别适应植物生长的条件，促进了湿地特色土壤的发展。除南极大陆外，其他几个大陆全都有湿地。世界上 56% 的湿地都在热带和亚热带地区，其余的主要分布在北极和次北极地区的寒带泥炭地。

湿地是世界上最富有生产力的生态系统之一，可以同热带雨林和珊瑚礁媲美。同时，它们也是受到最严重威胁的生态系统之一，它们被排干，或者被开垦转变为其他类型的土地，例如森林、农田、居住用地，以及通过大坝、改道的设置和抽取地下水将湿地用于供水。

湿地在流域里起到以下几种重要作用：

- 将流经湿地水流中的污染物、多余营养物和泥沙过滤出来；
- 湿季时阻挡洪水，干旱时释放水分；
- 为许多水鸟、涉水鸟和滨岸鸟类物种提供重要栖息地，这些鸟类在湿地里繁殖，或在迁徙的过程中把湿地作为中途停留地；同时也为许多两栖动物物种提供栖息地，这些两栖动物的数量正在世界范围内减少。

湿地的形成

可以集水并且可以存水的地方形成湿地；集水存水有助于形成湿土，而湿土是湿地动植物群落生存的一个必要条件。有利于湿地形成的地质条件包括：表层土壤比较细致的地区；或是泥炭地，其导水率较低但又有足够的厚度可以存住水。陆地表面附近的不透水基岩也有利于湿地的形成。有利于湿地形成的三个地形位置是：洼地、坡折带和永冻区。

洼地是一种最常见的淡水湿地形成地形，因为地形低，地里容易积水和存水。洼地湿地包括：锅穴、泥塘、草原壶穴和大型洪溢林湿地（如亚马孙流域）。从地质学来看，洼地的形成是由于冰川和水的运动，风、浪和潮作用以及/或者地质构造、沉陷或坍塌。淡水洼地湿地的水源有：地表径流（河流或陆地径流）、地下水排水以及降水。湿地水分的输出包括地表水外流、地下水补给和蒸发散。

坡折带是一种不太常见的湿地形成地形。地下水流过含水层并在地质不连续面排出时形成湿地。坡折带湿地包括边坡沼泽、渗漏湿地及河岸和湖泊湿地，这些湿地都是由河川湖泊沿岸的地下水顺其边缘向上排放而形成的。地下水是这些湿地的主要水源，但地表径流和降水也可以对其进行补充。湿地水分随地表径流和蒸发散排出湿地。

永冻区湿地出现在高纬度比较平坦的地理景观里，如北极地带，这里的深层土终年封冻。深层冻土阻塞了降水流入地下水通道，使其存在表层饱和土壤里。北极的夏天虽然短暂但却炙热，这时表层土会融化。冰冻—融化周期形成了许多永冻区湿地的多边形形态特征。永冻区湿地的唯一水源就是降水和地表径流，湿地的排水通过蒸发散和地表径流。

由于水文地质环境（HGS）不同，以上三种地形中的湿地也有着很大的不同。水文地质环境是对某一流域内湿地位置的一种三维描述，在决定湿地性质中起到重要作用。水文地质环境包括：

1）水流经过的地表和基岩地质矿床，包括土壤厚度、土壤的渗透性、地面坡度、地表地形及水下地质物质的组成和水力特性；

2）湿地在地理景观中的位置（即位于流域的上方还是下方？附近是否有另外一个水体？该景观中的地形起伏是多是少？）；

3）气候。

这三个水文地质环境与水文状况（本身也是一种水文地质环境）一起，决定了湿地的大部分水化学性质、水文周期及土壤的生物地球化学性质，而这些因素又会决定这里的动植物生物多样性。了解水文地质环境，可以使我们很容易认识到五大生态要素及湿地生存所面临的威胁。下面就举例说明一些不同湿地类型的水文地质环境特征。

富营养沼泽位于美国北部、加拿大南部、芬兰和英国的温带冰川地区，是小型的洼地湿地，水源来自地下水排放和降水。富营养沼泽通常出现在平缓起伏的地形上，不是在小型流域的上方，就是在其下方。浅层地下水流过具有渗透性且厚度不均的石灰岩矿床，然后排入沼泽，带来了钙和其他基盐离子，使湿地的pH值增加到7或8。在湿润的气候条件下，降水量大于蒸发散量，可以形成富营养沼泽。如果没有受到农业径流或大气沉降升高的影响，沼泽里的营养输入（如氮和磷）就非常低。这里的水位不断升高，阻止了有机物质的分解，因而土壤里的有机物含量很高。在这些营养贫乏的碱性生态系统里生活着多种多样的本地动植物。

洪溢热带雨林湿地位于秘鲁、哥伦比亚、委内瑞拉和巴西的亚马孙流域上游，是在一片较大且平坦的地理景观里形成的，每年随着河水泛滥，这里的水位要升高和下降几米。地表水和降水/蒸发散是洪溢热带雨林湿地唯一的水源和排水方式。地表水流起源于安第斯山，向西流去。河流流经为森林所覆盖的坡地，其泛滥的节奏取决于坡地上的融雪水。水流流过河道，漫过河岸，泛滥到附近的森林里。降水是季节性的，湿季时雨量大，干季时雨量小。湿地土壤都为黏土，从主要河流沿岸冲蚀和沉积下来。由于泥沙携带量大，这里的水浑浊不清；由于有机植物物质分解得不彻底，使这里的水严重变了色。洪溢热带雨林湿地的水文逐年发生变化，水位高的时候几乎看不到裸露的土地，而水位低的时候土地又都裸露在外，但这里的本地动植物已经适应了水文的这种年度变化。

寒带沼泽位于加拿大中部和南部、阿拉斯加、欧洲北部和俄罗斯。地表泥炭下的地下水水头（即地下水水压）通常很高，尤其是在干旱季节，但它们很少会排到地表。因此，降水是寒带沼泽的主要水源。但降水通常被一些溶解物质稀释了，因此一般是酸性的，缓冲作用比较弱，而且营养贫乏。形成沼泽的气候一般凉爽潮湿，这就减慢了有机物质的分解，有利于泥炭的聚积。寒带泥炭地的物种种类一般较少，因为只有很少一些特殊的物种才能适应这种严酷的环境条件。

春池是一片蓄满水的洼地，通常在丰水期或春季径流期出现。春池具有不同于其他水体的独特特征。这里有着干湿季节的更替，生活着一些食肉动物（如鱼类）物种，养育了一些可以适应这些特征的独特动植物。例如，美国东北部的春池里生活着丰年虫（亦称仙女虾）、钝口螈和林蛙，而且这些动物只能在春池里生活。春池不仅是由水文状况决定的，而且还与其他淡水生态系统缺乏连通性，具有独特的生物组成及相互作用。

湿地的生态要素

湿地生态系统的生态完整性取决于其生态要素的状况和相互作用。各个生态要素对湿地生态完整性都有独特的作用。概念性生态模型可以对这些生态要素进行一个很好的总结。

一、水文状况

湿地的形成、持久性、面积、土壤类型、生物地球化学性质及植被组成是由其水文状况决定的。例如：

- 水文状况决定营养物输入和输出湿地；
- 洪水水情决定土壤的氧化还原形态特征（即好氧还是厌氧），而氧化还原形态特征决定营养物和金属的化学变化；
- 不同水源的分布决定不同溶质（如盐和营养物）的含量；
- 地表水泛滥的时机和持续时间决定泥沙的输送情况；
- 许多植物物种在一定水位之下才可发芽生长，因此，水文周期决定了种子库里的哪些种子可以发芽生长；
- 水位变化通常决定动植物的物种组成，因为这些动植物对河水泛滥都有一定的适应范围；
- 河水泛滥时间过长，造成土壤缺氧，从而阻碍有机物质的分解，形成泥炭。

湿地水文状况的细小变化也能对湿地的化学和物理特性产生重大影响。例如，水位降低可以加重氧化，进而加重有机物质的氧化、土壤的流失和土地的沉陷，从而改变湿地的蓄水能力。同时，水位降低也可增加未被氧化的营养物及碳的含量。水文周期的变化还对动植物群落产生重大影响。水文状况变化可导致对水位变化适应性较差的本地物种丧失，这时，外来入侵物种通常会进入湿地。

详细了解湿地的水分收支和水文周期，可以更好地了解湿地的水文状况。水分收支是对湿地所有水源输入和输出的量化描述。水源输入包括降水（P）、地下水排入（GW_i）、地表水流入（SW_i）和潮（T_i）。水分输出指蒸发散（ET）、地下水补给（GW）、地表水输出（SW）和潮（T_t）。年度入水量和输水量之间的差异就是湿地的蓄水量：

$$(P+GW_i+SW_i+T_i) - (ET+GW+SW+T_t)= \text{蓄水量}$$

水文周期指水位的年度变化，说明河水泛滥的时机和持续时间，其量化表示就是在横坐标轴上标出时间（通常以月计），在纵坐标轴上标出水位高程。例如，巴西某热带河漫滩湿地的水文图显示：在雨季12月到3月间，湿地水位一直上升，而且这时安第斯山上的融雪也流到了地势较低的地区。4月和5月的水位很高，从6月开始，水位下降，从7月一直到11月，水位一直较低。相反，温带富营养沼泽的水文周期相对比较平淡，因为这个生态系统的水源来自地下水，水位一年之中都不会有太大的变化。然而，一些降水事件也可能导致水位发生不规律变化。

二、自然生境条件

湿地最重要的自然生境条件就是土壤的构成和结构，尤其是湿土的构成和结构。湿土为一系列特殊的以微生物为介质的生物地球化学反应提供了一个反应表面，是许多湿地化学变化的媒介，也是植物营养物的第一储存地。

湿土是在缺氧的条件下产生的。不太湍急的水流将湿地淹没，就会形成一个溶解氧梯度。水柱上方因为接近空气，会被氧化。然而，空气中的氧从水柱传播到土壤中的速度很慢，在土壤中呼吸的植物和微生物消耗土壤孔隙里溶解氧的速度远远快于补充的速度。于是，土壤中就出现了缺氧的情况，土壤微生物也开始分解其他合成物（依次为氮、镁、铁、硫、有机分子）来生产能量。氧化还原能力可以衡量缺氧情况。

湿土可分为两种类型：有机土（也称泥炭土或泥灰土）和矿物湿土。由于可用氧含量低及水温低，植物分解的速度缓慢，未完全分解的有机物质在土层上积聚，形成了泥炭土。土壤有机物质含量超过30%就被归为泥炭土。矿物湿土的有机物质含量比较低。矿物湿土与高地矿物土的区别就在于其地球化学特征。矿物湿土中的金属（如铁和镁）可以被降解，并且更容易溶解于水，因而被从土壤剖面上过滤掉了。矿物湿土可以从颜色上识别，因为金属使非湿土呈现出鲜艳的红色、黄色、棕色和橙色，而湿土的颜色却是柔和的浅灰色。

泥炭土和矿物湿土的物理特性在许多重要方面都不相同。有机土的存水量比矿物土大，但其pH值却比较低，因为有机物质的分解可以产生有机酸。另外，有机土中也没有缓冲阳离子，而矿物湿土中却通常会有这种离子。矿物湿土的导水性比较高，但泥炭土的导水性却因土壤的密实度而异。矿物湿土中的有效营养物含量也比泥炭土的高，因为营养物经常附着在有机物质上，植物或微生物无法摄入。

除了用做园艺的泥炭土外，湿地土壤不受人类威胁的直接影响。但是，人类活动却可以间接改变湿地土壤。例如，建造水坝或调节水流可引起湿地水文周期的改变，也可以改变有机物质积聚的速度。

三、水的化学性质

湿地水的化学性质是水文状况、地质背景、土壤和植被类型及人类在湿地内或湿地附近的活动共同作用的产物。以地表水输入为主的湿地，其水的化学性质与相关流域一致。受纳地表水或地下水输入的湿地外流水有限，而且湿地的水分主要是通过蒸发散而流失的，这种湿地的化学物含量比较高，而且还可能含有半咸水或咸水。与美国犹他州大盐湖相连的湿地干盐湖及加拿大中西部地区和美国的永久及半永久草原壶穴就是这样的例子。相反，有些湿地（如泥塘）的水源主要来自降水，水分通过地表水外流或地下水补给流失，这种湿地的化学物含量比较低。有些湿地（如富营养沼泽）受地下水补给的影响很大，其水的化学性质与地下水流过的地质基岩一致。大多数情况下，湿地不只一个水源，因此它们水的化学性质也是不同水源的合成化学性质。

营养物摄取和释放的季节变化模式形成许多湿地的特点。在温带气候带里，生长季节的营养物保持力是最强的，因为这个时期植物的生产力比较高，水柱及泥沙中的微生物也比较活跃。生长季节结束的时候，植物衰老并开始分解，于是大部分营养物都被释放了出来。

（一）氮和磷

像氮和磷这样的溶解营养物是决定湿地特性的一个重要因素。有些湿地（如寒带富营养沼泽和池塘）的氮磷养分有效性较低，而植物的生产力经常会受到养分有效性的限制。这些植物群落已经形成了一种可以有效利用养分的机制，如食肉性和养分从老化组织到新生组织的易位及菌根共生。营养物贫乏的湿地一般是营养物的净汇区，尤其是泥炭地，因为泥炭地中的氮和磷都附着在未被完全分解的有机物上。其他湿地（如河漫滩湿地和滩涂湿地）定期接受富含营养的水流，因此其植物有效利用养分的机制一般比较少。

磷附着在矿物质或有机土嚷颗粒上被输入或输出湿地。磷没有变成气体的阶段，也没有生物化学氧化还原反应。磷的附着形式多种多样，对植物和微生物的有效性也不一样。

氮可以作为地下水或地表水中的硝酸盐输入湿地，或作为有机氮附着在有机化合物上进入湿地，或者通过固氮有机物（如赤杨和蓝藻）固着在大气中。氮经过了许多以微生物为介质的氧化还原反应，其中包括在缺氧条件下硝酸盐降解为铵以及硝酸盐的脱氮作用。在许多缺氧的湿地土壤里，大部分氮都被降解为铵。

但是好事太多就未必是件好事了。大量注入湿地的人工合成营养物现在已经成为一个全球性的严重问题。市政用水中产生的氮和磷、农业径流中的过量化肥以及大气沉降物，这些都给水生生态系统造成了严重的破坏。有效营养物的增加通常对外来物种和杂草物种有利，因此消除了养分的限制，减少了物种多样性，使得蓝藻大量出现，遮挡了本地动植物的阳光，使它们窒息而死。

（二）导电性和 pH 值

pH 值和导电性都是很好的诊断工具，有助于我们了解湿地的特性（如水源），而无需掌握整个水分收支。只要有一个探测器，我们便可迅速而廉价地测出 pH 值和导电性。

pH 值是测量质子含量的逆向措施。酸性湿地（如 pH 值为 4 ～ 6）的土壤为有机土，其植物生产力一般比较低，分解速度也比较慢，缓冲阳离子（如石灰岩中的钙）含量比较少。碱性湿地（如 pH 值为 6 ～ 8）的土壤一般都是矿物土，植物生产力比较高，分解速度比较快，而且还有离子来源。

导电性衡量的是水的导电能力，与正负离子在溶液中的含量成正比。如果地表水导电性低（小于 100 S/cm），则湿地一般以降水为主（如池塘和贫营养沼泽）。如果导电性稍微高一些（如 100 ～ 200 S/cm），则湿地水源可能来自地下水，流经过淋洗能力很差的岩石和土壤（如花岗岩）。有些地理景观中的地质层浸出性很强，如果这里的湿地以地下水输入为主，那么其地表水导电性可高达 800 S/cm。如果主要水源中含沙量很大，河漫滩湿地的导电性也很高（1 000 ～ 10 000 S/m）。另外，咸水的导电性可高达 5 000S/m。

（三）溶解氧

前文有关土壤的部分曾提到，湿地地表水和孔隙水中溶解氧的含量决定了许多物理和生物过程的相对速率。

（四）其他化学变量

各湿地类型都有自己独特的多种水化学构成因素。例如，封闭流域（如大盐湖）中的盐分对湿地来说很重要，因为这里的水分流失全部都通过蒸发散，这就使得盐分集中起来。如果湿地是在石灰岩基岩上形成的［如墨西哥尤卡坦（Yucatan）海岸的喀斯特沼泽及温带地区的富营养沼泽］，那么钙就是湿地的一个重要水化学构成因素。浊度也是许多河漫滩湿地的重要参数。

四、连通性

湿地通过水文与流域联系起来。地表水和地下水在到达湿地之前，通常会流经并穿过其他的生态系统。要保持湿地功能的完整性，这些水文联系也必须完整无缺。

例如，河漫滩湿地与河流相联系，河漫滩的水来自丰水期时河水溢出河岸的水流。这些湿地将洪峰期的洪水储存起来，延缓了河水的泛滥。又比如，草原壶穴的水源是浅层的地下水。如果地下水被抽走用于灌溉，就切断了湿地与其水源的联系，湿地很可能会恶化。

湿地与整个地理景观的连通性对许多动植物来说非常重要。例如，蝾螈在湿地里繁殖，成年后迁徙到高地。如果其繁殖的湿地与高地地区被一道无法逾越的鸿沟给隔开了（如道路），那这个生境对蝾螈种群来说就不再适合生存了。

五、生物组成和相互作用

水文对湿地中动植物物种的分布和丰度产生巨大影响。湿地植物具有独特的形态、生理和繁殖适应性，可适应特殊的水文周期和有时缺氧的湿土。随着周期性或季节性的饱和状态变成永久性的泛滥，湿地的水文条件也不相同，而且湿地植被也有很大的不同，有可以适应湿土的过渡性物种群，也有可以适应长期洪水泛滥的特殊物种。只能在湿地中生活且不能适应干土的物种称为“专性湿地物种”；那些不仅可以适应洪水泛滥而且还可在高地生存的物种称为“兼性湿地物种”。许多外来入侵植物都属于兼性物种。

湿地动植物需要氧气或类似的能量来源来呼吸。许多物种已经进化出一些机制来适应土壤缺氧的情况。有些植物通过一种特殊的细胞（被称为通气组织）或是一种特殊的器官（被称为呼吸根）把氧气从生根带中“抽”出来。两栖动物可以通过皮肤来吸收氧气。有些热带湿地鱼类可以大口呼吸空气，通过肠内壁来吸收氧气。

如果某个湿地的水位浅、无机营养物含量高、初级生产力水平高，这三个因素结合起来，就是有机物（即食物网络中的初级消费者，如昆虫、软体动物和甲壳类动物）发展的理想之地。有些动物以地上的活植物为食（如食草动物 - 食肉动物食物网）；还有些动物以死亡植物的叶子和枝干为食（食腐动物），这些枝叶断落掉进水里，形成营养丰富的有机物质小颗粒，称为腐屑。

有些有机物只是在生命的某个阶段需要湿地。许多鱼类物种利用湿地作为哺育场，成熟时再迁徙到开阔水域。一些两栖动物既有在水中生活的阶段，也有在陆地上生活的阶段（如青蛙和蝾螈）。许多水禽物种在挺水植物上筑巢，却在生产力很高的浅水湿地上养育幼鸟。

参考文献

Ciruna, K.A. 1999. The implications of lake history for conservation biology. Ph.D. dissertation. Department of Zoology, University of Toronto, Toronto, Ontario.

Hutchinson, G.E. 1957. A Treatise on Limnology. Volume 1. Geography, Physics and Chemistry. John Wiley and Sons, Inc., New York.

Maser, C., and J. Sedell. 1994. From the forest to the sea: the ecology of wood in streams, rivers, estuaries, and oceans. St. Lucie Press, Delray Beach, FL.

附录 B

淡水生态完整性指标

David Braun

第二章和第三章介绍了淡水生态完整性的五大生态要素——水文状况、水的化学性质、自然生境条件、连通性和生物组成及相互作用。正如第三章和第四章中所提到的，对淡水生态完整性的威胁就是对这五大要素的改变。本附录将介绍并总结一些常用指标。这些指标已经在针对各个生态要素的淡水保护工作中得到认可。本附录不仅列出了各个生态要素的具体指标，也提出了一些综合指标。第五章详细介绍了如何运用这些指标来衡量保护工作的成效及进行适应性管理。

第一节　五大生态要素指标

一、水文状况

水文学家利用各种指标来说明河川溪流中的水文变化，包括：简单测量（如当年各个月的平均流量）和复杂测量（如某一特定级别丰水期和枯水期时的回水频率，即水流重现的年间隔）。这些指标全都来自对流量所进行的各种方式的测量。

流量是指水在单位时间内流过河道的总量。流量不能直接测量，除非把整条河流限制在一个管道或其他构筑物中。天然河道中的水流速度不同，其变量包括：水在河道中的位置（水平的还是垂直的）及附近是否有不规则的河道形状（如河曲、巨砾、沙洲及木质残体）。因此，从理论上讲，若要直接测量水量，就必须测量河道横断面各个点上水持续流动的速度和方向。但还有一个更实用的方法：只在整个河道横断面上选几个取样点来进行测量，然后再根据测量结果来估计总流量。然而，河道的形式越是复杂，这些测量数据就越不可靠。

此外，流域的流量不用直接测量便可估计出来，那就是使用区域曲线。区域曲线是一个等式，说明流域面积和形状之间的关系以及流域对环境变化的反应。区域曲线是为某一特定地区（地质条件和气候条件一致）里一组非常类似的流域而设计的。区域曲线的绘制和确定，可利用那些可获得必要数据的流域。区域曲线的曲线公式也适用于同一地区的其他流域，这些流域的实际水流数据不是有限的就是不可得的。

另外一种（而且是最常见的）测量河川溪流流量的方法就是测量河水的水位和高程。一般来说，任何一段平直河道里的水位与流量都是一致的。一个简单的对数方程一般就可说明这种关系。然而，这种关系并非完美无缺。水温和泥沙含量的变化、河床河岸的植被、河道的冲蚀和沉积以及大型物体的移动，所有这些因素都无时无刻不影响着天然河道里水位与流量的关系。因此，水位与流量关系标绘图的细节部分可能会有点混乱，但其整个模式仍是可靠的。因此，把水位作为流量的指标，必须要在一定的水流条件范围内，即高流量和低流量范围内反复测量高低水位。这些数据可根据测量地点绘制成一条水位流量关系曲线，表明水位和流量这两个变量之间的一般关系。关系曲线可以根据新的数据定期进行更新，而且也可说明水位流量变化对河道形态和水流模式的影响。当然，绘制水位流量关系曲线必须要有一些流量测量的基本

表 B-1　水文状况指标

变量	指标
河川 / 溪流流量	流速 / 截面估计值 利用水位—流量关系曲线得出的阶段性估计值 利用堰坝或者引水沟得出的阶段性估计值 利用预测方程式得出的阶段性估计值 区域曲线估计
河川 / 溪流高程	阶段性估计值
湖面水位	阶段性估计值
地下水位	水井等势面估计值
地下水流	示踪剂估计值 预测方程式估计值

数据，因为这样才能计算出曲线。由此可见，这个方法中也存在着上文提到的问题。

此外，还有两个方法可以通过测量水位来估计河水流量：

- 小河流可以利用堰坝或引水沟来测量水流。河水必须流经或是穿过这两个构筑物，而这两个构筑物都有固定的几何结构，可以使水位与流量完全一致。当然，建造这样的构筑物，需要对河道本身进行人工改造，因而可能会对生境造成破坏，而且这个方法也只对小河流适用。
- 首先对河道梯度和形状及河水在河床上或没有阻力的河岸上流动的难易程度进行标准测量，在此基础上再进行一个理论性的评估。测量要遵循广泛认可的程序，在水位—流量关系曲线系列方程式的基础上，形成一个方程式或计算机模型。

当然，有时河川溪流的关键问题仅在于水位或水平面本身。而对湖泊湿地来说，水位几乎一直是一个最重要的表水变量。在技术上，测量湖泊湿地中的表水高程与测量流水中的表水高程没什么区别，而且两者也都具有同样的局限性，即不管测量的位置如何，所获得的数据都只是整个系统中一个取样点的数据。

测量地下水的水文变化要比地表水更困难，因为地下水是看不到的。测量水井的深度可以得出非承压含水层中的地下水面，或是承压含水层中的水压，这取决于水井打造的含水层类型。测量数据是地下水高程或水压的取样数据，合在一起可推断出高程或水压的整体分布情况，但前提条件是必须已知水井地面高程。含水层水井的水位图与地面高程的等高线图类似，被称为含水层等势面图。利用无毒化学示踪剂，测定水从一个地点流到另一个地点的时间，这样就可以估算出地下水在两个水井点之间的移动速度，或者应用地质材料特性与等势面梯度方程式，也可估算出地下水在这两个水井点间的移动速度。

二、水的化学性质

水的化学性质指标用来测量水的一般性能及具体成分含量。淡水水体的一般性能包括：水温、pH 值、颜色、盐度和明晰度 / 浊度。淡水水体的化学成分包括：溶解气体（如氧）、溶解在水中并与某一物质结合在一起的营养物（如含氮、磷、碳等元素的分子）、溶解金属及金属颗粒、天然和人造有机物质及其他物质。测量这些性能和成分存在一些特殊的问题。淡水的性能和组成总是随其在水体中位置和深度的变化而变化，同时还随时间的变化而变化（不仅仅是年度或是季节性的变化，有时甚至是时时刻刻的变化。正如前文所述，淡水生态系统中化学物的形式和组成多种多样，而且其形式及在生态系统中的位置也可能随时间而改变），可能被吸收、沉积、消耗、转化，或被水流冲走，甚至变成气体释放到空气中。因此，监测工作只能在某一特定时间测量一些特定位置的几个生态系统成分（如水和泥沙）。而且这些测量数据只能作为整个生态系统水化学性质的指标。

用做研究的水样一经从溪流或湖泊取出，水温就

表 B-2 水的化学性质指标

变量	指标
水的基本性能	多个地点 / 深度原地数据估计值 多个地点 / 深度取样估计值 混合采样估计值
水柱成分	多个地点 / 深度原地数据估计值 多个地点 / 深度取样估计值 混合采样估计值
泥沙成分	孔隙水构成 泥沙固体物质构成
有机物成分	整体有机物构成 器官 / 细胞器构成
生理反应	有机物中的反应酶含量

会马上发生变化，而且一旦暴露在空气中，也会马上进行气体交换。这些变化又会改变水的 pH 值和许多化学成分。因此，在岸上或船上测量的数据只是原地水情的近似值。水样一旦被收集到容器里，其化学性质就发生了变化。因此，从岸上或船上取回的水样应该尽快进行测量，而那些需要运回实验室或以后再测量的水样应该放到冰上，以保持其稳定性，有时还需要用其他化学物进行处理以备保存。

从岸上、船上或实验室取回研究的水样可以单独进行检测，也可混在一起（要标明每一份水的具体数量以备今后重复检测）形成混合采样。正如前文和第五章所提到的，混合采样有助于我们了解一点：许多水域化学物的含量随时间而变化，与地表水流的变化和其他可变性一致。例如，暴雨径流的第一股浪涌通常所携带的天然植物物质最多，而且还携带了许多污染物。因此，对暴雨径流进行适当监测，必须对这一短期变量进行取样。取样方法通常是在暴雨经过的地方提取几个子样本，然后把它们混在一起，形成一个混合采样，以便分析。合成河川溪流混合水样的方法有两个。流量加权混合采样要根据采样时河流流量强度把子样品混合起来；因此，要合成这种混合采样，必须也要同时监测河流流量。时间加权混合采样要根据子样品采集的时间间隔把子样品混合起来（如 USDA 1997，见第五章参考书目）。另外，在湖泊和较深的河流中，深度加权混合采样也很实用。混合采样可使研究者们在某个时间点或某个水文事件持续时间中测量整个水体的一般情况，无需对每一个子样品进行单独分析。

测量水化学性质最常用的淡水生态系统成分包括水、水体中的泥沙及动植物组织：

- 水样通常被称为水柱采样，意指这些水样是从水体中某一垂直位置提取的。检测水柱采样可以确定各种溶解物质和悬浮（颗粒）物质的数量，也可确定某一成分的总含量。
- 从河川、溪流、湖泊或池塘底部提取的泥沙可以提供一些重要的化学数据，因为这些泥沙吸收了水柱中的颗粒物质，其中的孔隙水成分与水柱中的不同，而且泥沙还可把化学物吸附在水中的矿物质和有机物质上。
- 水生植物细胞直接吸收水柱及底部泥沙中的化学物；水生动物通过食物或是体壁吸收这些化学物。然后，水生动物体内的这些化学物又成为其生物量的一部分，或者被隔离在独立的器官或细胞器中。例如，有毒金属通常会聚积在脊椎动物的肝脏里；有机氯聚积在脂肪组织里。因此，分析动物组织，证明化学物的存在，必须要知道哪些组织需要检测。
- 由于受刺激性或有毒化学物的影响，许多有机物也能产生化学物（如一种特别的酶）。水生动物体内这种酶的含量指标可以说明有机物受诱发物质影响的程度。
- 最后，一些科学家建议，以某种水生无脊椎动物类群的出现 / 缺失或相对密度为指标，可说明某种污染物的影响。

表 B-3 自然生境指标

变量	指标
河道 / 岸线勘测	遥感图像可探测的地点和形状 勘测横断面上 / 沿线的地点和性质
河道 / 岸线剖面	横断面沿线的剖面细节 横断面沿线的地形剖面类型
微生生境分布	横断面沿线的微生生境数量 横断面沿线的木质残体数量
植物结构	物种构成
颗粒大小	横断面沿线的取样数据

三、自然生境条件

自然生境条件指标来自对几个空间尺度的测量。第二章、第三章及附录 A 中都曾提到，河川、湿地及湖泊在几个空间尺度上具有地貌变化。这些空间尺度包括：构成基岩的矿物质和有机物质颗粒；由巨砾、木质残体和植被形成的大一些的地貌特征；滨岸、堤岸和底部的整个构造；总面积和总体形状。分别对这些尺度进行测量，可以得到有关各个变量（如平均颗粒大小、河道堑壕、泥沙沉积、河岸或岸线单位距离大型木质残体密度）的数据；或者我们可以利用这些数据来对河道和岸线的形状及稳定性进行分类。重复测量的数据可以说明变化的速度或某些过程（如河道变迁或岸线后退）的速度。

在粗略空间尺度上，利用航空或卫星图像对湿地和开阔水域面积（宽度）、位置和整体形状进行测量，其成本通常比地面勘测低，但结果却同样可靠。这些图像几年之后仍可使用，是一种研究水流模式和时间变化速度的有效手段。当然，这些图像不能提供等深数据。等深数据必须要用技术手段或回声定位法（如声波定位仪）进行直接勘测。在小一些的空间尺度上，测量沿横切面（沿岸—滨岸、上 / 下游—河道、跨河道及跨滨岸和湿地剖面）进行，以记录地形数据和泥沙数据、河道细节及湿地和滨岸的形状，包括大型木质残体及其他形成生境结构物的物质。在更小一些的空间尺度上，可以把人造仪器放置在河床里或滨岸剖面上，或者横跨河道放置仪器，以监测泥沙冲蚀和沉积的情况（如冲刷链）或输送泥沙的类型（如泥沙捕获器、岩芯试样）。这些小空间尺度测量方法有许多仅在各个横断面的特定地点取样或对取样进行测量。此外，还有一些很好的目测评估规程，可以快速收集有关河道、湿地和岸线沿岸生境形式、水质和稳定性的数据。这些规程侧重的是目测标准和检核表，而不是详细的数据测量。有关这些规程的详细信息，请参见第五章的参考文献。

四、连通性

第二章和附录 A 介绍了影响河流生态系统动态的三种连通性：地表－地下水连通性、上－下游连通性和河流－河岸区连通性。湖泊和湿地之间也有类似的连通性。显然，我们可以利用地图、地质数据（如水坝位置及其特性数据库）和遥感图像来检测后两种连通性。然而，通过这些方式产生的指标并不完全可靠，其原因有四：

首先，不是所有能以这些方式测量的构筑物都对水流及生物区系的运动产生阻碍。比如，有些较低的水坝可能和海狸建的天然坝或原木堵塞一样，不能阻止鱼类的洄游。我们必须检测可能受影响的生物群的实际行为，以证明构筑物的阻碍影响。而且构筑物（或其他障碍物，见下文）可能只对某些生物区系有阻碍作用，而对其他生物区系却没有阻碍作用。

其次，不是所有的结构性障碍都可通过遥感图像探测得到，也不是所有的结构性障碍都在地质数据库中有记录。例如，农民可能会在河漫滩上建造堤坝，以减轻河水泛滥对其土地的影响；及 / 或挖掘排水渠，使河水不再频繁溢出河岸。但现有地图或图像中可能不会显示这些活动，因此需要对这些障碍物进行集中勘测，详细记录。

第三，不是所有地表水连通性的间断都是由结构

表 B-4 连通性指标

变量	指标
上－下游连通性	根据地理信息系统和遥感图像做出的障碍物列表
	根据实地勘测做出的障碍物列表
	生物证实的障碍物列表
水区－泛滥区连通性	根据地理信息系统和遥感图像做出的障碍物列表
	根据实地勘测做出的障碍物列表
	生物证实的障碍物列表
地表水－地下水连通性	根据地理信息系统和遥感图像进行的间断测量
	根据地表水与地下水高程相对数据得出的估计值
	根据综合测量及其他实地测量数据得出的估计值

性障碍（如水坝）造成的。对地下水系进行的引水和变更（见下文）也可使河川溪流的某个河段干涸，从而阻碍水生生物区系的运动；况且，化学物和热能的排放也会使某些河段不适合生物生长，因此，许多水生生物区系就不愿意或者根本无法从此经过。要绘出这些障碍物的地图，就必须利用其他地质数据或进行单独勘测。

最后，人造构筑物可能不会改变河流沿线的连通性模式。具体而言，如果水坝建造的地方曾有天然瀑布，本身就无法通过，那么水坝也不会阻碍河流中的运动，或者仅对那些向下游运动的生物区系有阻碍作用。

地质数据和遥感图像不太容易检测到地表水和地下水的连通性。除非由于地下水缺乏，使地表水完全消失，一般遥感图像和传统的地质数据不能说明水在地表水和地下水之间的位置或量级。如果可以把精确的地下水高程数据（即等势面数据）与同样精确的地表水高程数据比较，则调查者可以得出两大水系之间的平均关系或季节性关系估计值。此外，基流的变化也可说明连通性的变化。如果这些数据缺失，可以根据水井横断面及表面标尺来得出指标，或者结合这些数据，从水井横断面及表面标尺中制定出指标。实地测量人员还可对河水基流进行综合测量，在河段沿线多个地点同时测量基流，以确定地下水流入河流或从河流中排出的地点和速度。另外，如果河水水流被打断，形成一个个分立的干湿河段，那么，我们可以通过反复测量残余地表水的面积和分布来确定水流碎裂指标。

五、生物组成及相互作用

有关淡水生态系统生物指标的出版文献有很多，主要是因为这些指标对于评估淡水生态系统的完整性很实用。事实上，在许多国家，生物评估指标已经成为政府水资源监测计划的一个常见部分。我们可以找到一些有关这方面的实用总结（如 Karr and Chu, 1999），第五章后面也已列出许多。

保护区的淡水保护对象可能是个别物种（或某些种群或个别物种的种质）和物种集群，也可能是生态群落或生态系统。然而，某些个别物种（或物种集群）的现状可以成为衡量生物群落或整个生态系统完整性的实用指标。生物指标也可以结合起来，形成生物模式指标（如构成和空间结构）及生物过程指标（如种群动态或演替动态），但这两类指标中可能会有一些重复。

表 B-5 总结了几种可以用于淡水生态系统的生物指标。制作此表的根本原则很简单，虽然由此要做出的选择看起来很复杂。对于个别物种，我们可以从以下方面对保护对象的现状进行跟踪：(a) 丰度，物种是否占据了整个栖息地，以及个别种群在该栖息地中的分布情况；(b) 详细种群统计变量，如年龄、大小及性别比例；(c) 遗传标记，可以说明近交或异系繁殖、遗传隔离及杂交情况；(d) 个别有机物的健康状况。例如，我们可以利用年度种群数量普查以及空间分布数据，来追踪某种鱼类物种的整体丰度和分布情况；利用雄性和雌性的大小及年龄分布，来追踪种群的补充和死亡情况；利用鱼翅的腐蚀、病变、肿瘤、

表 B-5 淡水生态系统的生物指标

因素	变量	指标
物种	模式	
	遗传组成	遗传标记
	数目统计	年龄 / 大小 / 性别结构
	丰度	数量 / 种群大小
	范围	空间分布；碎裂
	过程	
	遗传隔离、突变及杂交	遗传标记
	聚集 / 分散；迁徙	空间分布；运动
	补充、死亡	数量 / 大小 / 种群结构
	健康	疾病、畸形、身体大小及生长速度、污染物的生物累积
集群	模式	
	分类组成	分类丰富度
	数量统计	分类丰度、优势
	范围	空间分布；碎裂
	过程	
	竞争与排斥	分类丰富度、优势；空间优势
生物群落	模式	
	分类组成	关键、特色、敏感物种丰度
	功能组成	关键、特色、敏感功能群、功能共位群丰度、演替系列阶段
	范围	共有特色类群的空间分布
	空间结构	特色功能群、功能共位群、演替系列阶段的空间（水平、垂直）分布
	过程	
	演替	特色功能群、功能共位群、演替系列阶段的空间（水平、垂直）分布
	捕食	捕食者（数量、生物量）优势；被捕食者数量
	食草性	食草动物（数量、生物量）优势
	生产力	生物量；叶绿素 a 生产
	营养动态	关键、特色、敏感功能群丰度；营养链数量
生态系统	模式	
	分类组成	关键、特色、敏感物种丰度
	功能组成	关键、特色、敏感生物群丰度、演替系列阶段
	范围	共有特色生物群落的空间分布
	空间结构	特色生物群落、演替系列阶段的空间（水平、垂直）分布
	过程	
	演替	特色生物群落、演替系列阶段的空间（水平、垂直）分布
	捕食	捕食者（数量、生物量）优势；被捕食者数量
	食草性	食草动物（数量、生物量）优势
	生产力	生物量；叶绿素 a 生产
	营养动态	关键、特色、敏感生物群落丰度；营养链数量

畸形外部器官和寄生情况，来追踪该物种的健康状况；利用某个器官组织中积聚的金属或杀虫剂含量，来追踪该物种受有害化学物影响的情况；而且，不同地点个体物种的遗传标记也可说明相关的遗传隔离或杂交情况。

此外，我们还可以个别物种为指标，说明整个物种集群、生物群落或生态系统的情况，但前提条件是它们必须符合上文提到的实用指标的标准。一般来说，指标物种指某一具体生物群落或生态系统所特有的物种，或是在该生物群落或生态系统中起到根本作用的物种，或是对该生物群落或生态系统中关键驱动过程变化特别敏感的物种。例如，一些水生物种（如鲟鱼和淡水豚）的分布范围广且流动性很强，其现状就是一个很好的衡量大型河流生态系统整体连通性和水质的指标；一些一年生植物物种聚生在刚刚暴露出来的泥地岸边，它们也是一个很好的衡量水文状况及泥沙输送完整性的指标。

有些指标把许多物种的数据结合起来，适用于监测物种集群、生物群落和生态系统尺度的生物反应。其中最简单的指标就是根据特性干扰过程，把物种分为主要类群、功能群或不同演替系列（演替）阶段的典型生物群。我们可以把这些生物群的丰度和比例数据结合在一起，也许还包括其空间分布数据，形成一个衡量整个物种相互作用完整性的指标。例如，河流流域里的某些鱼类物种可以很容易就适应浑浊的河水及淤泥覆盖的河底，而另一些鱼类物种却必须在清澈的水里才能捕食、逃避捕食者、寻找交配对象及寻找筑巢的地方。浊度适应和不适应鱼类物种的比例指标可以提供水生生境一个重要方面的数据。一些最有名的淡水生物指标都是建立在这样一个基本概念上的：不同水生昆虫虫卵类群会受水文变化和污染物含量变化的影响；不同水藻及硅藻（那些生长在水柱及固体表面上的藻类）类群受营养物污染变化的影响；不同的昆虫虫卵和软体动物类群及以这些微生有机物为生的鱼类和两栖动物类群也同样。另外，指标类群的地理范围越广，指标的适用范围也就越广。基于以上原因，淡水水藻、硅藻和底栖大型无脊椎动物指标是当今最常用的生物评估指标。

所有生物模式和生物过程指标都是在一定数量的地点及特定时间里采样得出的数据。在水域及河漫滩环境中，各个地点及地形的生物条件有着天然的不同，而且生物条件也因时间而变化——每时每刻、每个季节或是每年都不相同。例如，浅滩或沙洲中采集的底栖大型无脊椎动物组成样本总是与从深水池塘中采集的样本有着天然的不同；10 月份河漫滩鱼类或一年生植物的数量普查结果可能与 3 月份进行的普查结果不同。只有把用同一方法、在同一类型地点及一年中同一时间取样测量的数据进行比较，水生生物数据分析的结果才有意义。另外，暴雨期间或暴雨刚结束时采集的样本数据与风平浪静时采集的样本数据也不相同。监测淡水生物条件的标准方法都应该包括保证取样具有可靠性和可比性的手段。

第二节　综合指标

生物指标可以扩大形成综合指标。综合指标可以同时说明许多生态变量，因此，可以是对某一生物群落或生态系统各种条件的总结。综合指标可分为两大类：①广谱指标；②多度量指标。

广谱指标是一种简单的生物指标，用于衡量物种、集群、生物群落和生态系统保护对象，其设计有一个特殊标准：不仅要反映一个或两个驱动过程，而且要同时反映出多个过程。因此，广谱指标的变化可以说明其所涵盖所有过程的整体运行情况——集合变量是否在某种整体变化范围内。例如，北美洲的某些淡水贝类物种可以作为综合指标，因为它们同时受以下因素的影响：河流水文和地形变化、浊度及泥沙沉积、水温、pH 值、有毒化学物水平、水柱（其自身也取决于营养物含量和其他变量）中微生物食物的有效性、鱼类物种作为贝类寄生卵（钩介幼虫）寄主的有效性、捕食者的密度——捕食者自己受到河岸生境有效性的局限。最常见的一些贝类物种可能不太受这些变量的影响，不会有许多变化，而且一些特别罕见的贝类物种也可能分布不是那么广泛，没有实用价值。但那些敏感性和分布范围介于中间的物种却可作为综合指标，来衡量河流系统的整体完整性。

同样，把测量河岸森林现状所得的数据结合起来，也可形成比较实用的综合指标和广谱指标。某地河岸森林的组成随以下因素变化：地表和地下水文状况、泥沙沉积、营养物及其他化学物含量及与上游繁殖体来源间的连通性。此外，健康的河岸生态系统也是各种动物的生境，包括那些把被淹没的河谷作为饲育和产卵栖息地的水生脊椎动物，或者以洪水期间从河岸生物群落中冲入河水中的营养物和粗糙植物物质为食的水生脊椎动物。因此，对河岸森林生物群落整体状况测量所得的数据——如生物模式与生物过程完整性数据——也是一种实用的综合指标，可以衡量整个河系的水文状况、地形变化、水的化学性质、连通性及河流—河漫滩相互作用的完整性。目测评估规程正是以这种方法来利用有关河岸森林生物群落的数据的（见第五章后面的参考文献）。然而，在确定应该监测这些生物群落的哪些方面时，我们应该谨慎对待。例如，考虑树木的年龄变化和新树木的补充，这样做可能更实用一些，而不是仅仅考虑不同类群成熟树木的数量，因为有些河岸树种的存活时间很长（如三角叶杨）。

多度量指标同时测量多个生态变量，并将所得数据结合起来，形成一个总指标，衡量淡水生物群落或生态系统的完整性。其中的每一个变量都被视为一个度量。多度量指标的根本概念在于：生物群落或生态系统中没有一个方面对所有主要驱动过程的变化一直都很敏感，而且即使敏感，其反应的速度也不一样。例如，某一水生昆虫物种可能对农用杀虫剂高度敏感，但如果杀虫剂含量超过了最低临界点，这一物种就会消失。同时，如果这种杀虫剂的含量适中，其他昆虫物种可能也能适应；如果杀虫剂含量增加，该物种丰度就会逐渐下降。测量这两个物种的数量和密度，并将数据合成一个混合指标，便可说明在更大范围内的生物对杀虫剂的反应，而不单单是两个物种的独立反应。调查工作者还可以把几个这样的度量指标结合起来，形成更加复杂的指标，而这些复杂的指标又因生态要素改变的数量及其在生态系统中被改变的程度而异。对各个度量的测量一般可按等级划分，如1和5，分别表示极大改变和未被改变。各个度量的级别合在一起（有时还要加权），形成一个总的价值指数或记分指数。

例如，美国中西部的科学家及水质监测机构研发出一种多度量指数，称为“鱼类生物完整性指数”（Fish Index of Biological Integrity，或Fish IBI）。下面是其中最常用的一些度量（改编自Karr and Chu, 1999）：

- 本地鱼类物种数量；
- 浅滩——底栖食虫生物数量；
- 水柱食虫生物数量；
- 水塘——底栖食虫生物数量；
- 不耐物种数量；
- 个体耐性物种相对丰度；
- 杂食动物相对丰度；
- 特产食虫生物相对丰度；
- 顶级食肉动物相对丰度；
- 不健全个体相对丰度。

河流生境条件目测评估规程（见上文）也可用来生成多度量指标，以衡量河流生境的完整性。第五章后面列出了有关这种衡量生境质量总指标的数据来源。

综合指标有一个严重的局限，即如果总指标发生了改变，具体的根源就无法确定，因为这个指标结合了多个来源或多个度量的数据，而这些数据来源又容易受到生物群落或生态系统各种胁迫的影响。评估淡水生态系统各生态要素之间或生态要素与人类影响之间的因果关系，就必须要利用单个度量指标或上文提到的指标进行更细致的评估。

图书在版编目（C I P）数据

淡水生物多样性保护工作实践指南 / （美）思科（Silk,N.），（加）斯如娜（Ciruna,K.）主编；朱琳，刘林军译. -- 北京：中国环境科学出版社，2010.5

ISBN 978-7-5111-0259-1

（TNC自然保护丛书）

书名原文：A Practitioner's Guide To Freshwater Biodiversity Conservation

Ⅰ. ①淡… Ⅱ. ①斯… ②赛… ③朱… ④刘… Ⅲ. ①淡水生物－生物多样性－保护－指南 Ⅳ. ①Q178.51-62

中国版本图书馆CIP数据核字(2010)第077603号

版权登记号 图字：01-2010-1509

A Practitioner's Guide To Freshwater Biodiversity Conservation

封面图片：TNC中国部
项目统筹：郭乔羽 吕彤 张可佳

责任编辑 丁 枚 任海燕
排版制作 杨曙荣
封面设计 玄石至上

出版发行 中国环境科学出版社
（100062 北京崇文区广渠门内大街16号）
网 址：http://www.cesp.com.cn
联系电话：010-67112765（总编室）
发行热线：010-67125803
印 刷 北京画中画印刷有限公司
经 销 各地新华书店
版 次 2010年9月第1版
印 次 2010年9月第1次印刷
开 本 889×1194 1/16
印 张 20.5
字 数 460千字
定 价 49.00元
